KB084776

미소
생물

미소 생물

대백과사전

DK『미소 생물』 편집 위원회
이경아 옮김
이재열 감수

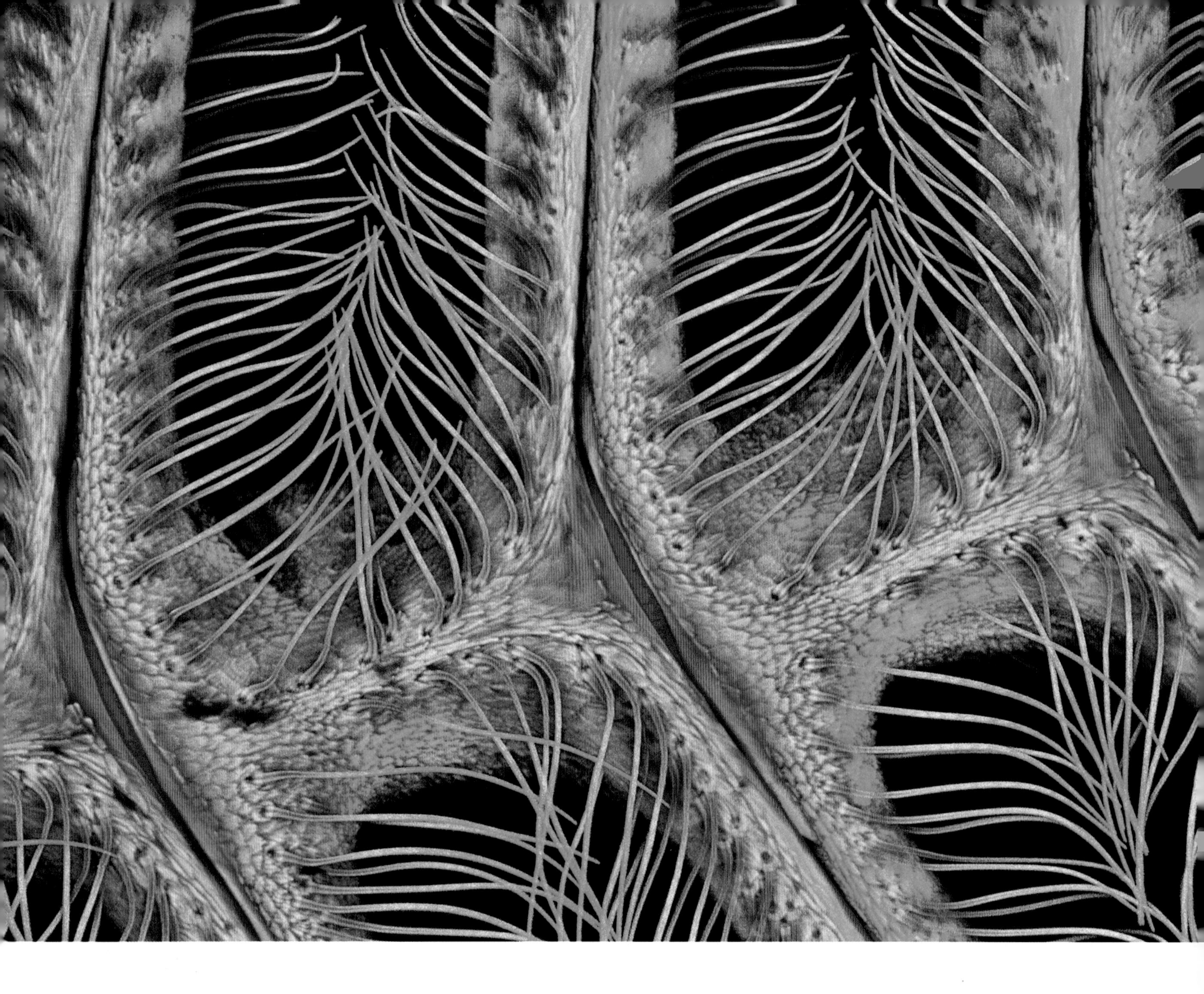

MICRO LIFE

Korean translation edition is published by
arrangement with Dorling Kindersley Limited.

www.dk.com

사이언스
SCIENCE BOOKS 북스

미소 생물

1판 1쇄 찍음 2023년 12월 1일
1판 1쇄 펴냄 2023년 12월 31일

지은이 DK 『미소 생물』 편집 위원회
옮긴이 이경아
펴낸이 박상준
펴낸곳 (주)사이언스북스

출판등록 1997. 3. 24.(제16-1444호)
(우)06027 서울시 강남구 도산대로1길 62
대표전화 515-2000　　팩시밀리 515-2007
편집부 517-4263　　팩시밀리 514-2329
www.sciencebooks.co.kr

ISBN 979-11-92908-03-8 04400
ISBN 979-11-89198-99-2 (세트)

옮긴이

이경아

숙명 여자 대학교 수학과를 졸업했다. 현재 번역 에이전시 엔터스코리아에서 번역가로 활동 중이다. 옮긴 책으로는 『해양』, 『바다 해부 도감』, 『세상 곳곳 수학 쏙쏙』, 『다채로운 모프의 향연 콘 스네이크』, 『자연 해부 도감』, 『10대가 가짜 과학에 빠지지 않는 20가지 방법』, 『농장 해부 도감』, 『귀소 본능』, 『밀림으로 간 유클리드』, 『우주의 점』, 『블랙홀, 웜홀, 타임머신』, 『우표 속의 수학』, 『코스믹 잭팟』, 『나를 발견하는 뇌과학』 등이 있다.

감수

이재열

서울 대학교 농생물학과를 졸업하고 독일 기센 대학교에서 분자 생물학적 기법을 도입한 바이로이드 검출 기술 연구로 박사 학위를 받았다. 독일 막스 플랑크 생화학 연구소에서 박사 후 과정을 마치고 경북 대학교 생명과학부 교수를 지냈다. 경북 대학교 생명과학부 명예 교수이다. 『보이지 않는 권력자』,『바이러스는 과연 적인가?』, 『보이지 않는 보물』, 『우리 몸 미생물 이야기』, 『자연의 지배자들』, 『자연을 닮은 생명 이야기』, 『담장 속의 과학』, 『토기: 내 마음의 그릇』 등을 썼다.

한국어판 책 디자인 김낙훈

참여 필자

데릭 하비 Derek Harvey
리버풀 대학교에서 동물학을 전공하고 진화 생물학에 특히 관심이 많은 박물학자이다. 여러 생물학자 후학을 양성하고 코스타리카, 마다가스카르, 오스트레일리아에서 학생 탐사를 이끌었다.

엘리자베스 우드 Dr. ElizabethWood
산호초 자원의 보존과 지속 가능한 이용을 목표로 활동하는 해양 생물 컨설턴트. 산호초 생태계, 어류의 행동 양식, 산호 생물학에 특히 관심이 많은 다이버이자 해저 사진 작가이다.

마이클 스코트 Michael Scott
자연사 작가이자 환경 보호 운동가, 전 방송인이다. DK『지구의 물질』,『해양』,『자연사』 등에 원고를 기고했다.

톰 잭슨 Tom Jackson
100권이 넘는 책을 쓰고 20년 동안 더욱 많은 부분에 이바지했다. 영국 브리스톨 대학교에서 동물학을 전공했으며 동물원 사육사 겸 환경 보호 운동가로 일해 왔다.

비 퍼크스 Dr. Bea Perks
동물학을 전공하고 임상 약학으로 박사 학위를 받았다. 20년 동안 과학 저술가로 활동하면서《뉴 사이언티스트》와《네이처》에 원고를 기고해 왔다.

감수

마크 바이니 Mark Viney
리버풀 대학교 동물학과 교수로서 기생충인 선충의 생활사와 야생 포유류의 면역학을 연구하고 있다. 런던의 임페리얼 칼리지와 리버풀 열대 의과 대학에서 학위를 받았으며 에든버러와 브리스톨 대학교 교수를 역임했다.

리처드 커비 Dr. Richard Kirby
왕립 협회 대학교의 선임 연구원을 역임하고 현재 독립적으로 활동하는 해양 과학자이다. 플랑크톤과 그로 인해 유지되는 먹이 그물에 관심이 많은 그는 플랑크톤 과학을 널리 알리고자 세계 시민 과학 세키디스크 연구소를 설립했다.

킴 데니스브라이언 Dr. Kim Dennis-Bryan
런던 자연사 박물관에서 어류 화석을 연구하는 것으로 동물학자로서의 첫발을 내디뎠으며 이후 방송 대학에서 자연 과학 강사로 일했다. DK『동물』,『해양』,『선사 시대 생명』을 비롯한 상당수의 과학책을 저술하고 감수했다.

스미스소니언 박물관 Smithsonian
1846년에 설립된, 전 세계에서 가장 규모가 큰 박물관이자 연구 복합 단지인 스미스소니언 협회에는 19개의 박물관, 갤러리, 국립 동물원이 속해 있다. 스미스소니언 컬렉션의 유물, 예술 작품, 표본의 수는 1억 5600만여 점으로, 자연사 박물관이 그 대부분인 1억 2600만 점 이상의 표본과 소장품을 소장하고 있다. 스미스소니언은 예술, 과학, 역사 분야의 공공 교육과 국가적 서비스 및 장학 사업에 힘쓰는 연구 센터로서 명성이 높다.

1쪽 무기물을 함유한 규조류(*Amphora* sp.)의 세포벽, 주사형 전자 현미경.
2~3쪽 포식성 진드기, 주사형 전자 현미경.
4~5쪽 나방 더듬이, 공초점 레이저 주사 현미경.
6~7쪽 윤형동물과 장구말류(단세포 조류), 공초점 레이저 주사 현미경.

이 책은 지속 가능한 미래를 위한 DK의 작은 발걸음의 일환으로 Forest Stewardship Council ™ 인증을 받은 종이로 제작했습니다. 자세한 내용은 다음을 참조하십시오. www.dk.com/our-green-pledge

차례

들어가기

양분 얻기

몸을 움직이는 동력

느끼고 반응하기

움직이기

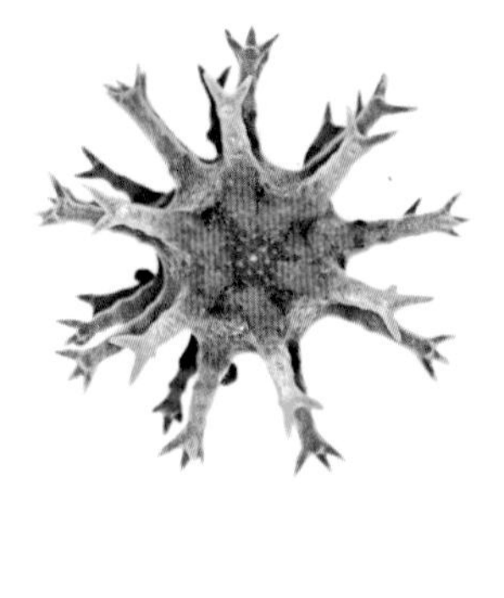

지탱하고 보호하기

번식하기

성장과 변화

서식지와 생활 양식

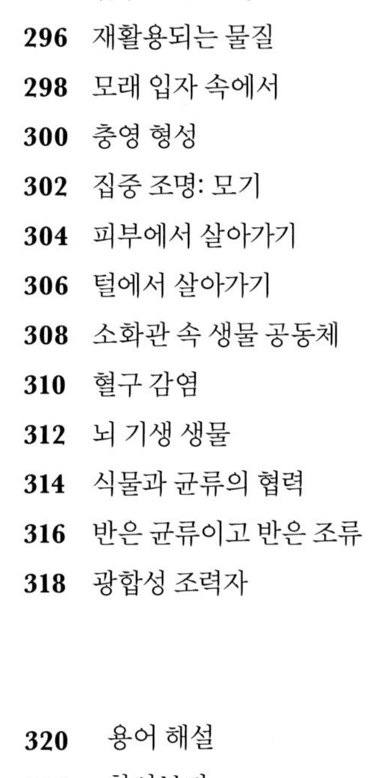

서문

코끼리도 몸집이 크지만 중생대에 번성했던 공룡은 이보다 덩치가 컸으며, 대왕고래는 지구상에 현존하는 동물 가운데 가장 크다고 알려져 있다. 크기가 정말 중요한 것은, 세상이 거물들에 의해 돌아가기 때문이다. 그렇다면 몸집이 크다는 것이 그토록 대단한 걸까? 몸집이 커야 아름다운 걸까?

솔직히 말하면, 그렇지 않다. 지구에 존재하는 작은 생명체의 세계로 환상적인 여행을 떠나 보면 이전까지만 해도 우리의 '큰' 눈에 들어오지 않던 상상을 뛰어넘는 심오한 아름다움이 드러난다. 무지갯빛을 띠며 솜털처럼 떠도는 미세한 섬모, 절묘한 대칭성을 보이는 규조류 조직, 파리 겹눈이 불러일으키는 기하학적 '착시 현상'이 바로 그것이다.

그런데 미시 세계에서는 보이는 모습이 전부가 아니다. 여기에는 우리 인간을 포함한 생명의 기원이 담겨 있으며, 이 모든 복잡한 역사와 여전히 진행 중인 상호 관계는 지구 전체의 생태계에서 본질적 구조를 이루고 있다. 이 책은 지극히 작은 존재를 미시적 기술을 이용해 놀라운 수준으로 묘사하며, 거기에 깃든 이야기를 짤막하게 전해 준다. 눈에 보이지 않는 작은 존재들 사이에서 살아가고 있다는 사실은 놀라우면서도 대단한 일이지만, 우리는 이 존재들의 본질적인 중요성을 인정하거나 이해하지 못하고 있다. 여러분이 몸담은 세계에서 잠시 벗어나 크기가 작다는 이유만으로 이제껏 부인했던 또 다른 세계로 뛰어들어 보자. 바이러스나 세균을 비롯한 미생물처럼 여러분 주변은 물론 몸 안팎에 널리 존재하는 이웃을 만나 보는 것도 좋다. 그중 일부는 우리에게 해를 끼치지만 상당수는 이롭다. 여러분의 체내 기관을 살펴보고, 몸속의 세포를 눈여겨 들여다보고, 곤충이 느끼는 방식과 꽃가루, 씨앗, 홀씨가 작용하는 방식을 알아보자. 행동이 굼뜬 완보동물, 진드기, 호기심에 찬 톡토기의 말똥거리는 눈을 바라보는 것은 어떨까?

눈을 즐겁게 하는 화려함까지 더해진 이 책은 우리가 살아가는 세계의 내부 세계로 들어가는 통로인 셈이다. 그런 세계를 이해하기에는 우리 덩치가 너무 크다고 할 수도 있겠지만 한편으로 비밀을 밝혀낼 만큼 우리는 영리하다.

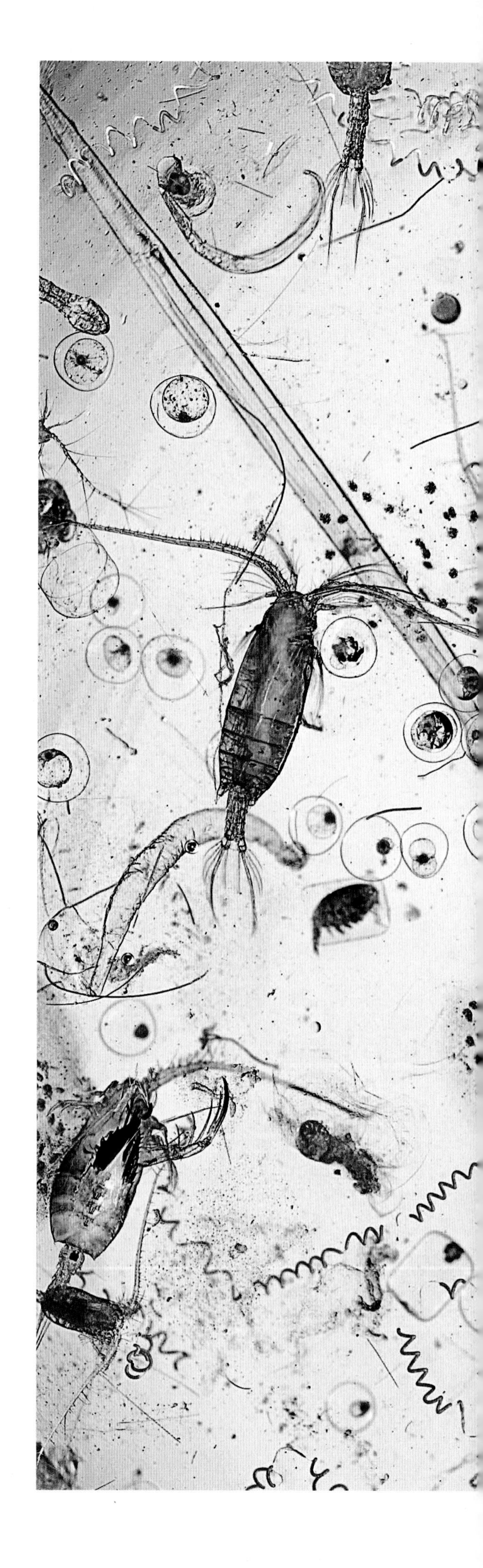

크리스 패컴

박물학자, 방송인, 작가 겸 사진 작가, 환경 보호 운동가

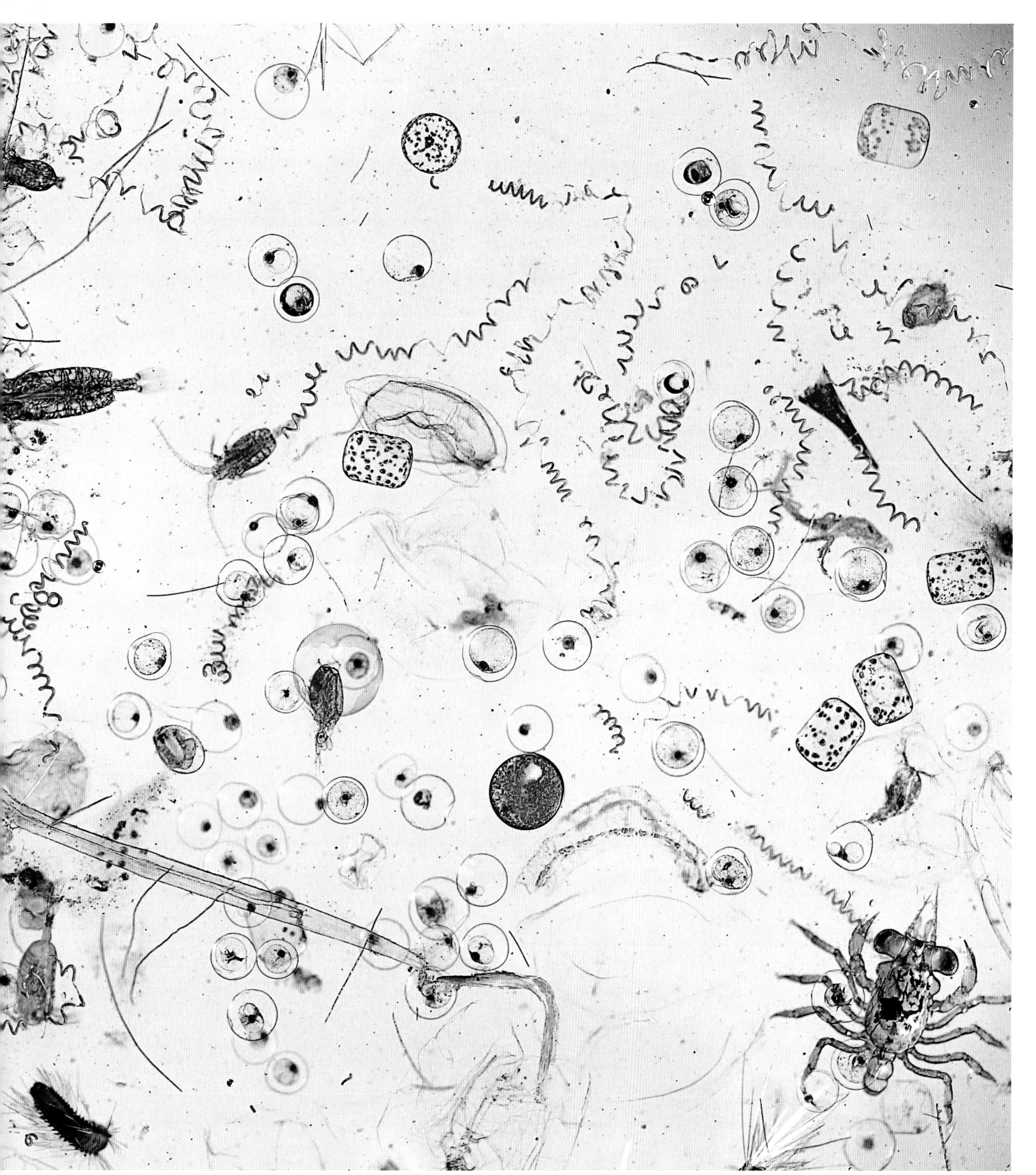

바닷물 한 움큼에 담긴 요각류, 게 유충, 단세포 조류(20배율)

다 자란 연푸른 **부전나비** 애벌레의 몸길이는 13밀리미터에 불과하다.

현미경 검사법의 종류

유리 렌즈를 이용해 빛을 모으는 광학 현미경은 일정한 수준까지만 확대할 수 있다. 고배율에서는 빛의 파장이 해상도를 제한하기 때문에 작은 세균의 크기인 2마이크로미터보다 작으면 상을 분해할 수 없다. 전자기 '렌즈'로 초점을 맞춘 전자 현미경은 파장이 훨씬 작은 전자빔을 이용해 확대력을 높인다. 광학 현미경과 달리 전자 현미경은 언제나 죽은 생물의 표본을 확대하는 데 이용되는데, 전자가 진공 상태에서 최상의 전달력을 보이기 때문이다.

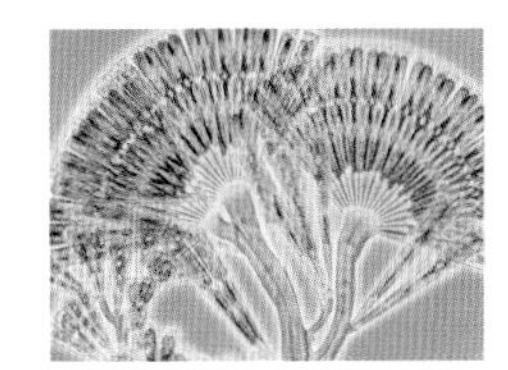

광학 현미경 사진
광학 현미경 사진(light micrograph, LM)은 다양한 기술에 의해 개선되었다. 이 사진은 '위상차'를 이용해 표본을 두드러지게 한다.

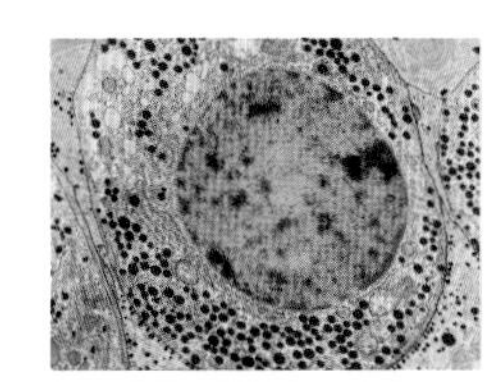

투과형 전자 현미경 사진
투과형 전자 현미경 사진(transmission electron micrograph, TEM)은 전자를 표본의 얇은 박편에 투과시켜 얻는다.

주사형 전자 현미경 사진
주사형 전자 현미경 사진(scanning electron micrograph, SEM)은 고체 표본을 전자빔으로 스캔해 3차원 효과를 얻는다.

눈에 보이지 않는 부분
어린아이의 손톱보다도 작은 연푸른부전나비(*Polyommatus icarus*) 애벌레 사진은 주사형 전자 현미경을 이용해 얻은 것이다. 이런 사진을 얻으려면 죽은 표본을 건조해 금속을 입힌 다음 사진판 위로 전자를 산란시켜야 한다. 이 책에 있는 모든 전자 현미경 사진에서처럼 전자빔의 고정된 파장이 단색 이미지를 만들어 내고 여기에 위색(거짓색)이 추가된다.

미시 세계의 규모

지구상에 존재하는 생명체는 대부분 맨눈으로 보기에 너무 작다. 우리 눈의 최소 초점 거리는 너무 길고 해상도는 형편없이 떨어지기 때문이다. 작은 생명체는 크기의 편차가 큰 편이어서 집먼지진드기는 우리 눈에도 보일 정도지만, 바이러스의 크기는 집먼지 진드기의 5000분의 1 정도에 불과하다. 눈에 보이지 않는 세계를 확대해 보려면 현미경이 필요하다. 유리 렌즈를 이용해 빛을 모으는 현미경은 대상을 1000배까지 확대할 수 있어서 진드기를 여러분이 보고 있는 이 책의 크기만큼 늘일 수 있다. 전자 현미경은 이보다 더 나아가 대상을 100만 배까지 확대함으로써 단세포 내부를 탐험할 수 있게 한다.

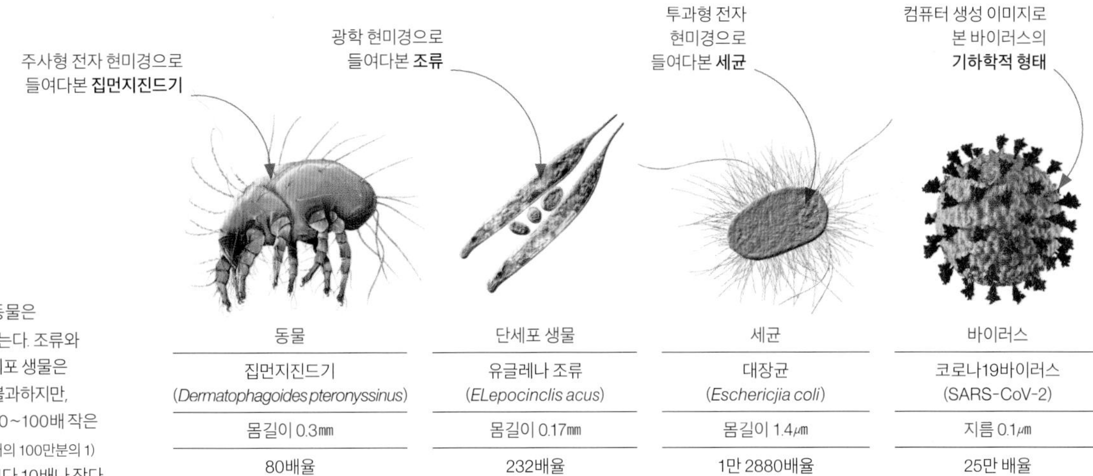

동물	단세포 생물	세균	바이러스
집먼지진드기 (*Dermatophagoides pteronyssinus*)	유글레나 조류 (*ELepocinclis acus*)	대장균 (*Eschericjia coli*)	코로나19바이러스 (SARS-CoV-2)
몸길이 0.3㎜	몸길이 0.17㎜	몸길이 1.4㎛	지름 0.1㎛
80배율	232배율	1만 2880배율	25만 배율

작은 생명체들
진드기처럼 가장 작은 동물은 1밀리미터도 채 되지 않는다. 조류와 아메바처럼 복잡한 단세포 생물은 지름이 0.1밀리미터에 불과하지만, 세균의 크기는 이보다 10~100배 작은 1~2마이크로미터(1미터의 100만분의 1)이고 바이러스는 세균보다 10배나 작다.

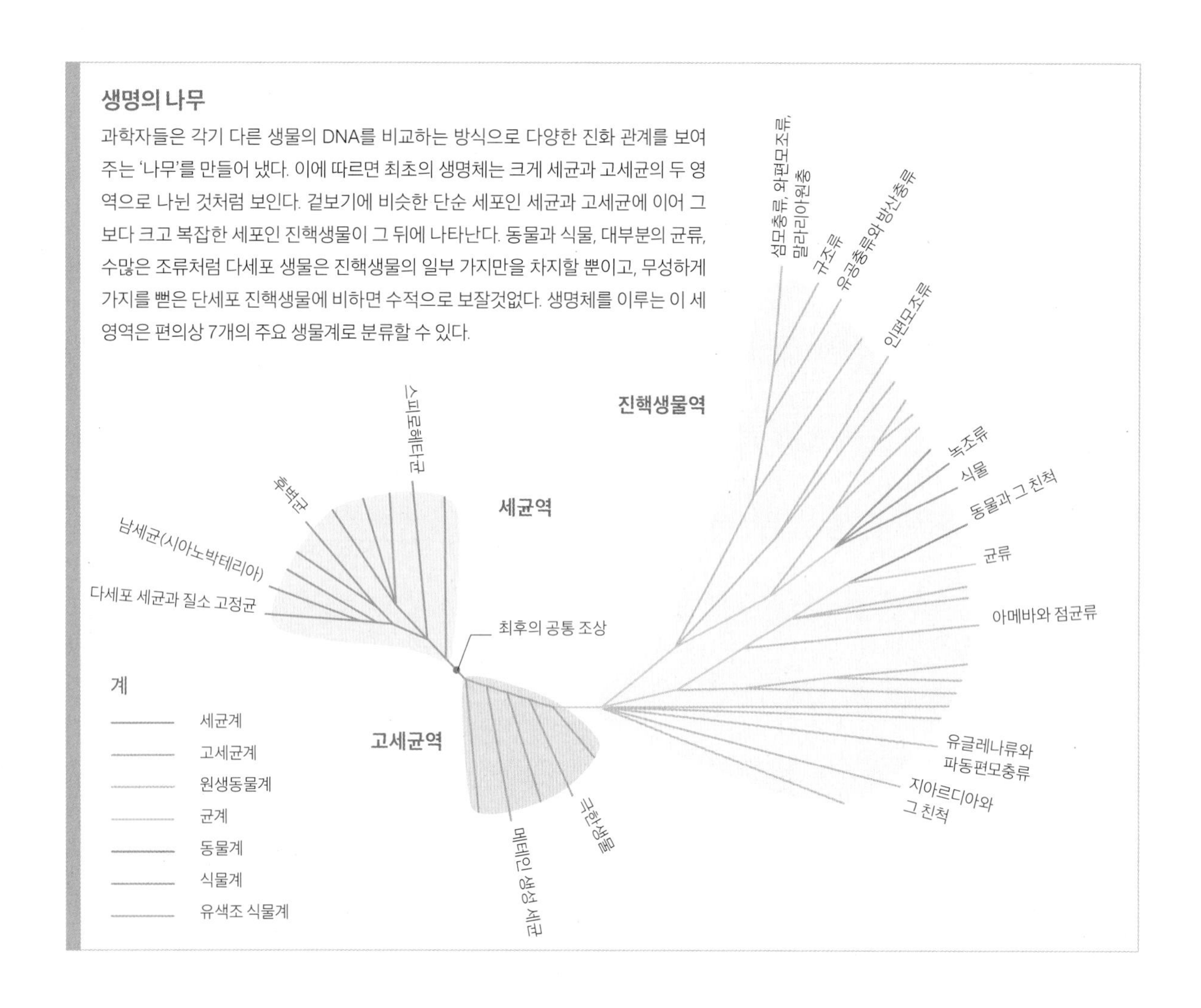

생명의 나무

과학자들은 각기 다른 생물의 DNA를 비교하는 방식으로 다양한 진화 관계를 보여 주는 '나무'를 만들어 냈다. 이에 따르면 최초의 생명체는 크게 세균과 고세균의 두 영역으로 나뉜 것처럼 보인다. 겉보기에 비슷한 단순 세포인 세균과 고세균에 이어 그보다 크고 복잡한 세포인 진핵생물이 그 뒤에 나타난다. 동물과 식물, 대부분의 균류, 수많은 조류처럼 다세포 생물은 진핵생물의 일부 가지만을 차지할 뿐이고, 무성하게 가지를 뻗은 단세포 진핵생물에 비하면 수적으로 보잘것없다. 생명체를 이루는 이 세 영역은 편의상 7개의 주요 생물계로 분류할 수 있다.

생명체의 종류

지구의 모든 생물은 수백만 년에 걸친 진화의 산물로서 같은 조상에게서 나왔다. 가장 오래되고 두터운 층에 속한 생물 상당수는 현미경을 통해서만 관찰할 수 있다. 세균처럼 가장 단순한 단세포 미생물은 분간이 안 될 정도로 똑같아 보이지만, 유전적 · 화학적 구성은 매우 다양해서 진화론적인 측면에서 볼 때 식물인 경우도 있고 동물인 경우도 있다. 그보다 더 복잡한 상당수의 미생물은 과학자들이 이제 막 이해하기 시작한 수준에 불과하다. 지구에는 120만 종이 넘는 생명체가 존재하며 아직 발견되지 않는 수백만 종의 생명체가 있고 대부분은 미시 세계에 속해 있다.

괴짜 메커니즘

말라리아원충점균류(*Lamproderma arcyrioides*)는 분류가 쉽지 않은 미생물이다. DNA는 점균류가 균도 식물도 동물도 아님을 보여 주지만, 그것은 진화 나무의 수많은 가지 중의 하나를 차지한다. 균류와 마찬가지로 버섯 같은 포자낭이 자라지만, 단세포의 아메바로 자란 점균류의 포자는 동물의 근육섬유와 비슷한 섬유를 이용해 움직인다.

버섯 같은 포자낭의 줄기는 식물에서 볼 수 있는 섬유소인 셀룰로스로 이루어져 있다.

세포 복잡성

세균과 고세균은 원핵생물로 분류된다. 원핵생물은 가장 작고 단순한 세포로 이루어져 있으며 복잡한 다세포체로 발전하지 않는다. DNA가 세포 내부에서 다발처럼 뭉친 고리로 나타난다. 다른 미생물, 식물, 동물을 포함한 그 밖의 모든 생물은 더 크고 복잡한 세포를 가진 진핵생물이다. 선형의 진핵생물 DNA 분자는 핵 속에 들어 있으며 세포 분열이 일어날 때는 염색체로 불리는 실로 뭉쳐진다. 진핵생물은 그 밖에도 호흡을 통해 에너지를 만드는 미토콘드리아나 광합성을 하는 엽록체처럼 다양한 기능을 가진 세포 격실을 갖는다.

리보솜
유전 물질 또는 DNA
섬모로 불리는 미세한 털
편모로 불리며 채찍처럼 움직이는 털

세균 · 고세균의 세포

미토콘드리아
리보솜이 덮인 소포체
액포
리소좀
리보솜
핵
골지체

진핵생물의 세포

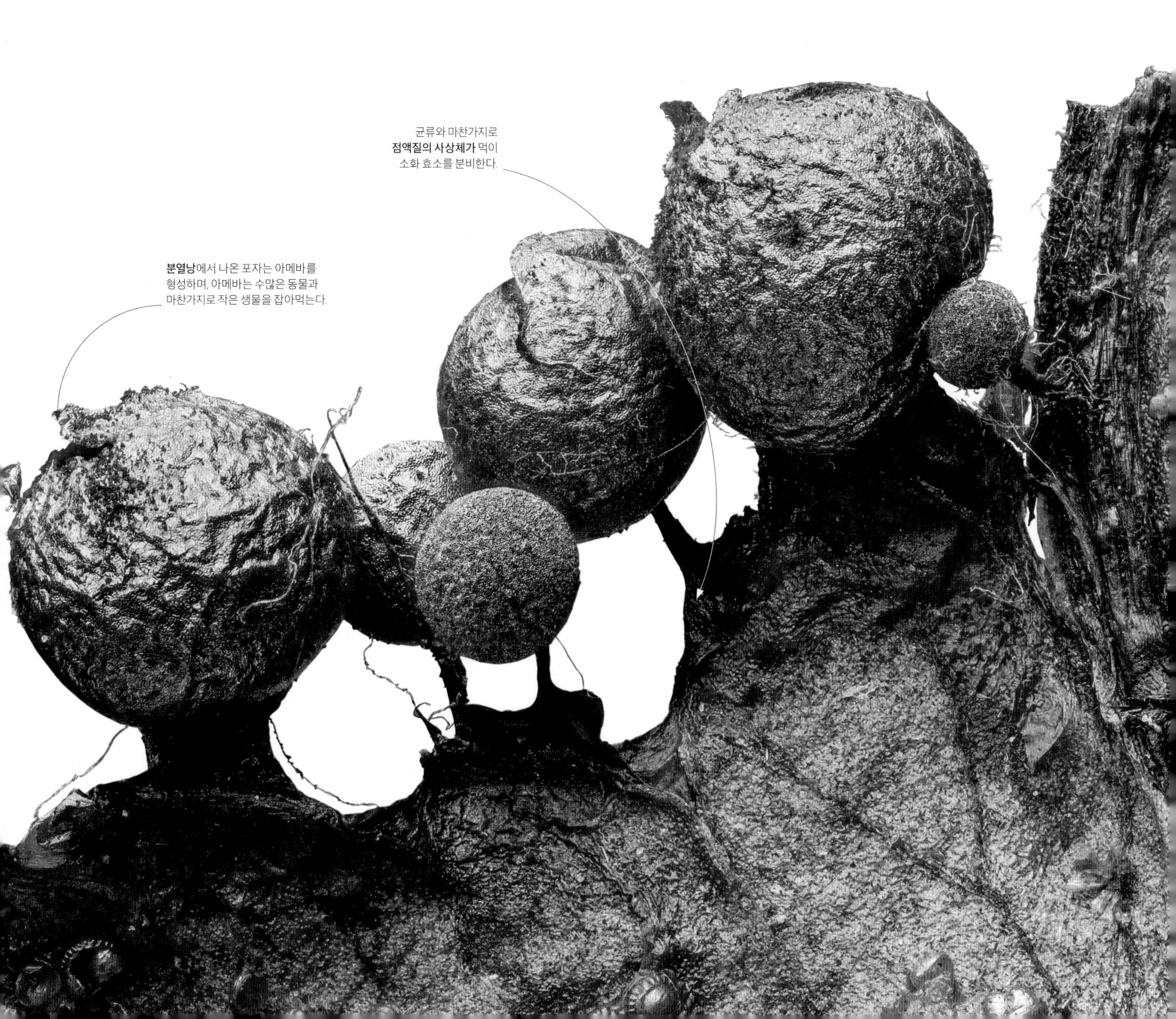

동물의 결합 조직

동물의 몸은 대부분 결합 조직으로 이루어져 있는데 결합 조직은 조직 사이의 공간을 채우는 배경 물질(세포 기질)에 들어 있는 전문 세포로 구성되어 있다. 고밀도의 섬유 조직에는 지지대 역할을 하는 콜라겐 단백질 조직이 포함되어 있으며, 지방이 축적된 지방 조직은 에너지를 저장하는 기능을 수행하는 동시에 단열재의 역할을 한다. 지지대 역할을 하는 골격의 골질은 단단한 무기질로 보강되고 혈액은 몸 전체로 물질을 실어 나른다.

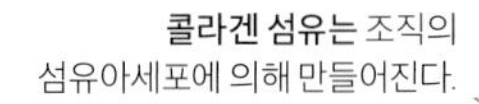

콜라겐 섬유는 조직의 섬유아세포에 의해 만들어진다.

고밀도의 섬유 조직
사람의 피부 진피
주사형 전자 현미경, 1000배율

커다란 지방 방울이 세포의 부피를 대부분 차지한다.

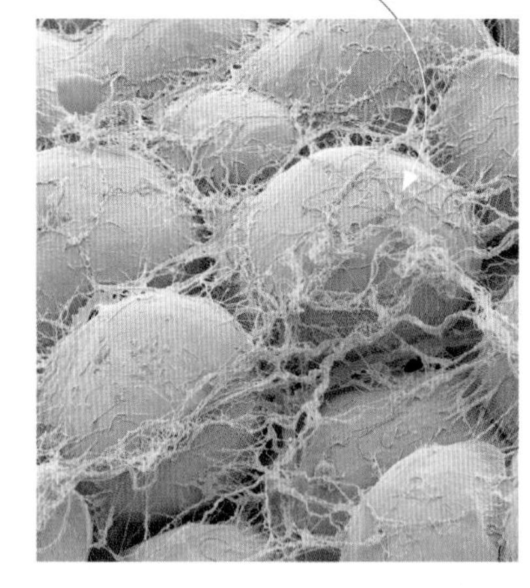

지방 조직
사람의 피하 지방
주사형 전자 현미경, 290배율

지지대 역할을 하는 골질은 무기질인 인산칼슘으로 이루어져 있다.

해면골
사람의 장골(긴뼈)
주사형 전자 현미경, 11배율

그 밖의 동물 조직

상피 조직은 피부의 일부처럼 전신을 덮거나 장기의 내벽을 이루는 얇은 막으로 자라며 몸의 다양한 위치에서 특화된 모습을 보인다. 운동을 담당하는 섬모가 있는 기도의 섬모 상피는 폐에서 입자를 날려 보내고, 장 상피에 분포한 샘은 소화액을 분비한다. 근육과 신경은 전하를 실어 나르는 조직으로 이루어져 있어서 수축을 일으키거나 자극을 전달한다.

점액을 분비하는 배상세포(갈색)는 섬모세포(파란색) 사이에서 나타난다.

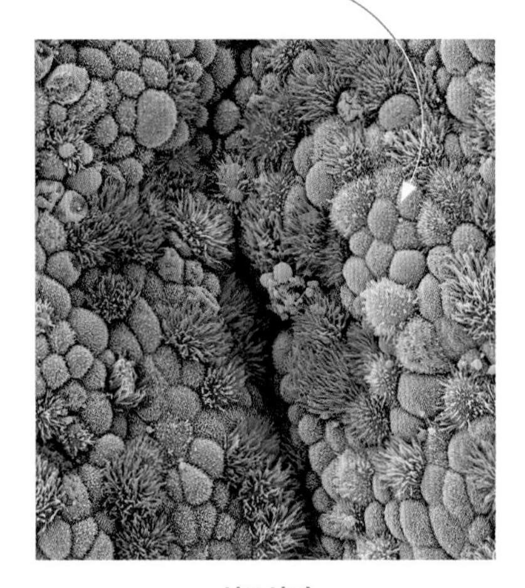

섬모상피
사람의 기관(후두에서 기관지로 이어지는 관 모양의 기도) 내벽
주사형 전자 현미경, 800배율

위공(위오목)은 분비세포로 채워져 있다.

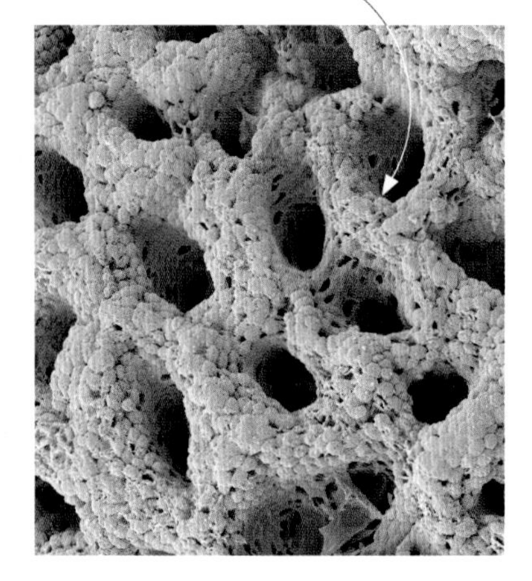

선상피
사람의 위장 내벽
주사형 전자 현미경, 35배율

근세포 다발은 근육 수축을 돕는 단백질 섬유로 채워져 있다.

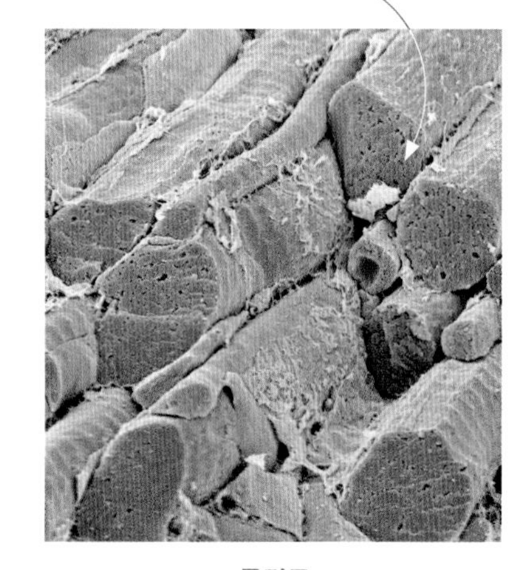

골격근
사람의 사지 골격근
주사형 전자 현미경, 270배율

식물 조직

식물 조직은 표면의 내벽을 형성하는 표피, 수송관 다발로 이루어진 관다발조직(목질부와 체관부), 이들 사이의 기본 조직, 이렇게 3가지 주요 형태로 발달한다. 기본 조직은 식물의 다양한 부분에서 전문화된다. 책상 조직인 잎에서는 광합성을 수행하는 엽록체로 채워지는 데 비해 뿌리나 땅속의 덩이줄기에서는 축적된 녹말립으로 채워질 수도 있다.

틈처럼 생긴 기공(숨구멍)을 2개의 공변세포가 에워싸고 있다.

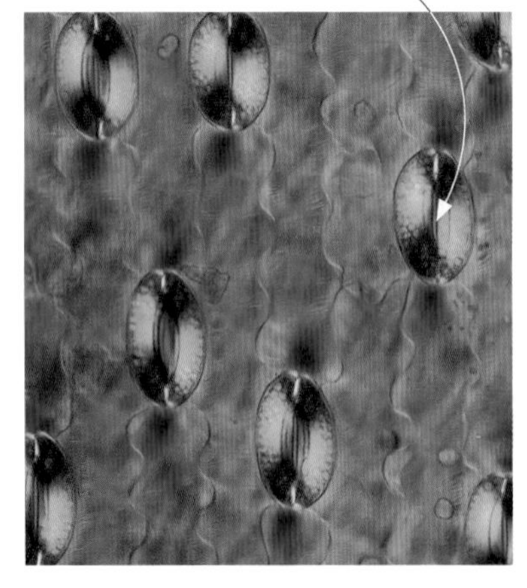

기공이 있는 표피
백합 잎
광학 현미경, 200배율

목질부 관은 물과 무기질을 실어 나른다.

체관부 관은 당분 같은 가용성 양분을 실어 나른다.

관다발 조직
옥수수 줄기
광학 현미경, 100배율

책상세포에는 빛을 흡수하는 엽록체(초록색)가 들어 있다.

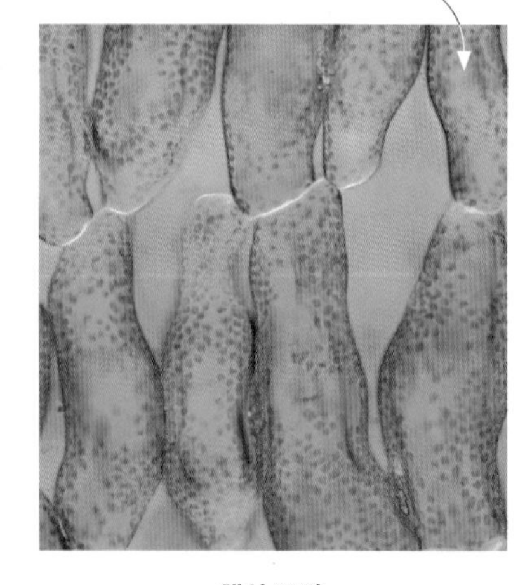

책상 조직
튤립 잎
광학 현미경, 200배율

가까이에서 들여다본 거대 생물

미소 생물(micro life)은 흔히 단세포이지만, 가장 큰 '거대 생물(macro life)'에 이른 생명체는 현미경으로 들여다봐야 하는 작은 세포로 이루어져 있다. 성인의 몸에는 약 30조에 이르는 세포가 존재하며, 고래나 큰 나무에는 그 몇 배에 이르는 세포가 존재하는 것으로 보인다. 동식물마다 생명을 유지하기 위해 특별한 기능을 수행하도록 적응된 다양한 종류의 세포를 갖고 있다. 협업하는 세포를 현미경으로 보면 저마다 독특해 보이는 조직(동물의 경우는 근육, 식물의 잎에서는 빛을 흡수하는 막)을 형성한다. 「현미경 속으로」 코너는 현미경으로 관찰한 거대한 생물의 세부 조직을 보여 준다.

적혈구에는 산소를 운반하는 헤모글로빈이 들어 있다.

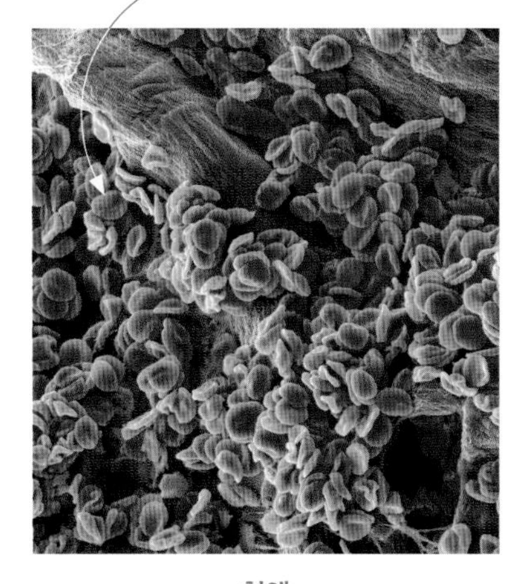

혈액
사람의 말초(순환)혈액
주사형 전자 현미경, 800배율

긴 신경섬유는 전기 신경 자극을 전달한다.

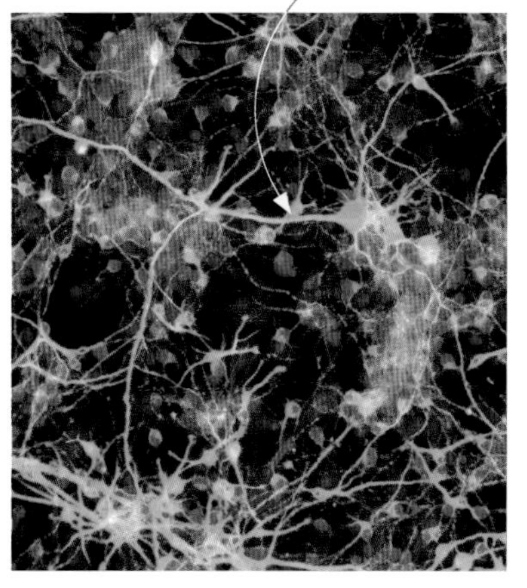

신경 줄기세포
쥐의 줄기세포에서 배양
광학 현미경, 100배율

녹말립은 식물의 주요한 탄수화물 비축 형태이다.

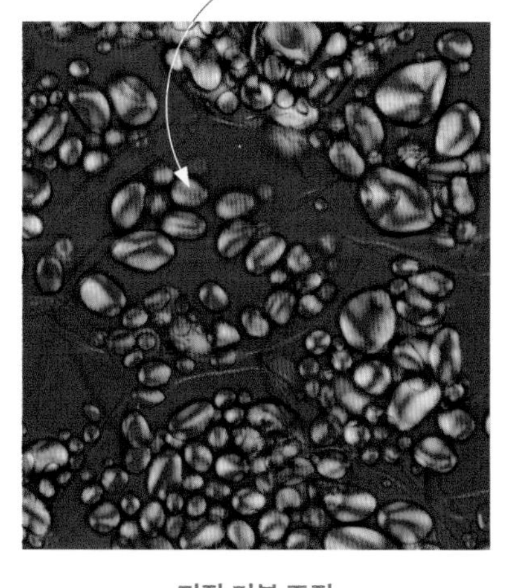

저장 기본 조직
감자 덩이줄기
광학 현미경, 125배율

르펜데스 포셉스(*Lepanthes forceps*)의 **잎몸은** 위아래의 표피 사이에 놓인 광합성 조직으로 이루어져 있다.

기관의 발달 수준

다세포의 몸이 성장하고 발달함에 따라 조직이 결합해 기관이라 불리는 복잡한 구조를 형성한다. 콜롬비아 운무림에 자생하는 일부 르펜데스 난초는 매우 작은 기관을 갖고 있어서 3밀리미터도 안 되는 꽃이 동전 크기의 잎 아래쪽에서 피어난다. 잎과 꽃은 완벽하게 형성된 기관으로 각각 적어도 10여 개의 서로 다른 조직으로 이루어져 있다.

르펜데스 세르시온(*Lepanthes cercion*)의 **작은 꽃에는** 난세포나 꽃가루를 만들어 내는 생식 조직이 들어 있다.

양분 얻기

식물, 조류, 일부 세균처럼 어떤 생물은 햇빛 에너지를 이용해 단순한 화학 물질에서 양분을 만들어 내거나 화학 물질 자체로 양분을 만들어 낸다. 이들이 만들어 낸 유기 물질은 지구에 존재하는 먹이 사슬의 나머지를 이루는 균류, 동물, 그 밖의 수많은 미생물의 먹이가 된다.

태양열로 움직이는 미생물

햇빛은 지구에서 광합성을 하며 살아가는 모든 생물과 이에 의지해 살아가는 존재들에게는 에너지의 궁극적인 원천이다. 햇빛은 식물과 조류 같은 생물에 직접 작용해 물과 이산화탄소에서 탄수화물 먹이를 만들어 낸다. 광합성으로 불리는 이 과정은 30억 년보다 오래전 남세균으로 불리는 수생 미생물에서 최초로 발전했으며, 오늘날에도 비슷한 생물이 광대한 바다에서 작은 물웅덩이에 이르기까지 물이 있는 곳이라면 어디서든 발견된다. 염도가 높은 얕은 만에서는 이보다 복잡하고 성장이 빠른 경쟁자들이 스트로마톨라이트(stromatolite)로 불리는 '살아 있는 암석'을 형성한다.

고대의 생명체
너비가 최대 1미터에 이르는 오스트레일리아 샤크 만의 스트로마톨라이트는 수십억 마리의 미생물에 의해 수천 년에 걸쳐 형성된 암석이다.

스트로마톨라이트는 만조에도 햇빛이 풍부한 바하마와 오스트레일리아의 얕은 바다에서 자란다.

규조류는 남세균보다 더 크고 복잡한 세포이다.

남세균에서 분비된 **끈적끈적한 점액질 실은** 바닷물에서 탄산칼슘을 형성해 남세균 군체에 구조적 토대를 제공한다.

빛으로 움직이는 군집

스트로마톨라이트는 주로 세균의 일종인 남세균에 의해 형성된다. 그러나 스트로마톨라이트가 처음 등장한 이후로 햇빛이 드는 표면을 덮은 살아 있는 얇은 '생물막'에는 규조류를 비롯해 더욱 복잡한 광합성 미생물이 살아가게 되었다. 남세균은 계속해서 끈적끈적한 점액질 실을 분비해 바닷물의 탄산칼슘을 석회암으로 단단하게 굳힌다. 주사형 전자 현미경, 2750배율.

광합성에서 만들어진 산소

광합성이 이루어지는 동안 부산물로 산소가 만들어진다. 수십억 년 전 스트로마톨라이트가 원시 바다를 지배할 당시 남세균에 의한 광합성은 대기 중에 산소를 공급해 주었다. 이런 산화 과정은 오늘날 대기 중에 존재하는 대부분의 산소를 만들어 냈으며, 복잡한 생명체가 빠른 속도로 출현한 캄브리아기 대폭발의 촉발 원인으로 여겨진다.

규조류 세포벽은 분비된 규소에 의해 단단해지며 상당수는 솟아오른 융기 부분 때문에 강화된다.

실 같은 남세균의 내부 구조는 단순하다.

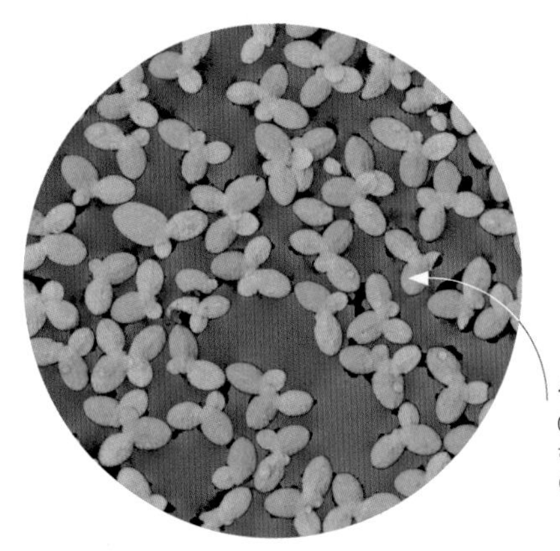
식물마다 길이가 0.8밀리미터를 넘지 않는 하나의 납작한 잎으로 이루어져 있다.

빠른 증식
지구에서 가장 작은 종자식물은 하나의 잎으로 이루어진 분개구리밥(*Wolffia* sp.)이다. 이 식물은 싹을 틔워 급속도로 증식함으로써 한 달 만에 100만 개의 새로운 개체를 만들어 낼 수 있다.

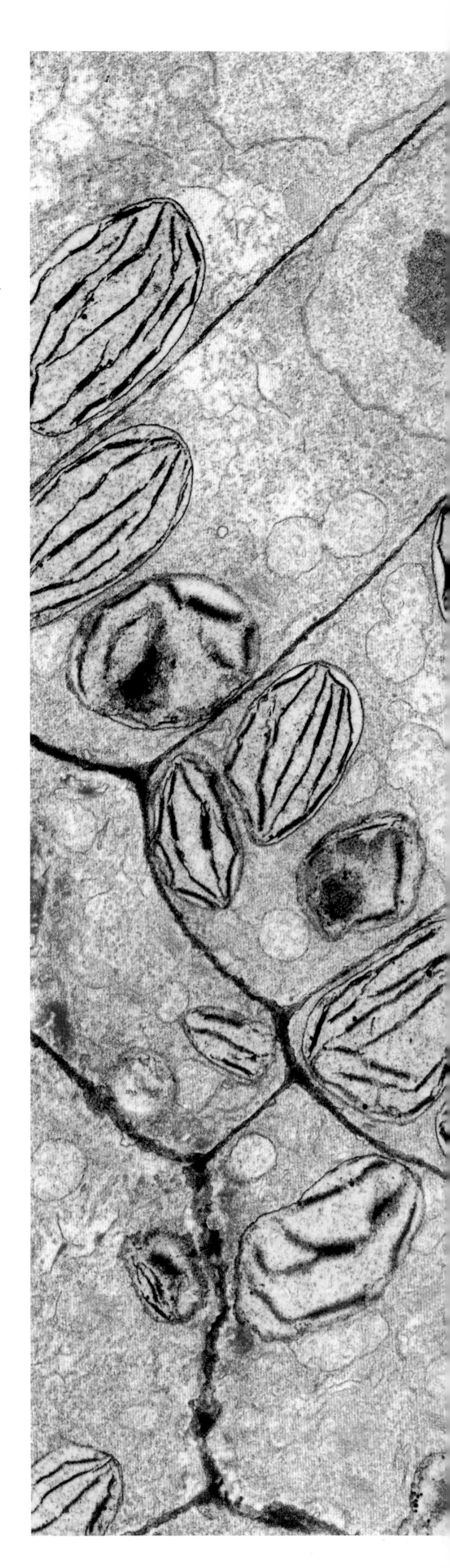
빛 에너지 이용하기
남세균(18~19쪽 참조)처럼 단순한 광합성 세균과 달리 식물과 조류는 엽록체를 이용해 광합성을 한다. 개구리밥(*Spirodella* sp.)의 뿌리에서 초록색으로 보이는 엽록체에는 틸라코이드라는 다수의 어두운 막이 있으며, 여기에는 빛 에너지를 흡수하는 엽록소가 들어 있다. 세포마다 핵(파란색)과 미토콘드리아(노란색)를 갖고 있다. 투과형 전자 현미경, 1만 배.

빛을 흡수하기

생존과 성장에 필요한 양분을 광합성으로 얻기 위해 충분한 양의 빛을 끌어모아야 하는 식물은 엽록체로 불리는 구조 속의 미세한 태양 전지판을 이용한다. 대부분의 식물은 다수의 넓은 잎에 태양 전지판을 갖고 있다. 물에 떠다니는 개구리밥의 잎은 1~2개에 불과하다. 그래도 빠른 속도의 증식을 통해 개구리밥은 '초고속으로' 군체를 형성할 수 있다. 수십억 개에 이르는 엽록체에는 엽록소로 불리는 초록색 화학 물질이 빛 에너지를 흡수해 화학적 에너지로 바꾼 다음 양분으로 전환한다.

떠다니는 태양 전지판

개구리밥의 잎에는 공기층이 있어서 부력을 높인다. 잎에 매달린 뿌리는 무기질뿐만 아니라 물속에 비친 빛도 흡수한다. 분개구리밥의 작은 잎에는 공기층과 뿌리가 없으며, 종자식물 가운데 가장 단순한 형태를 띤다.

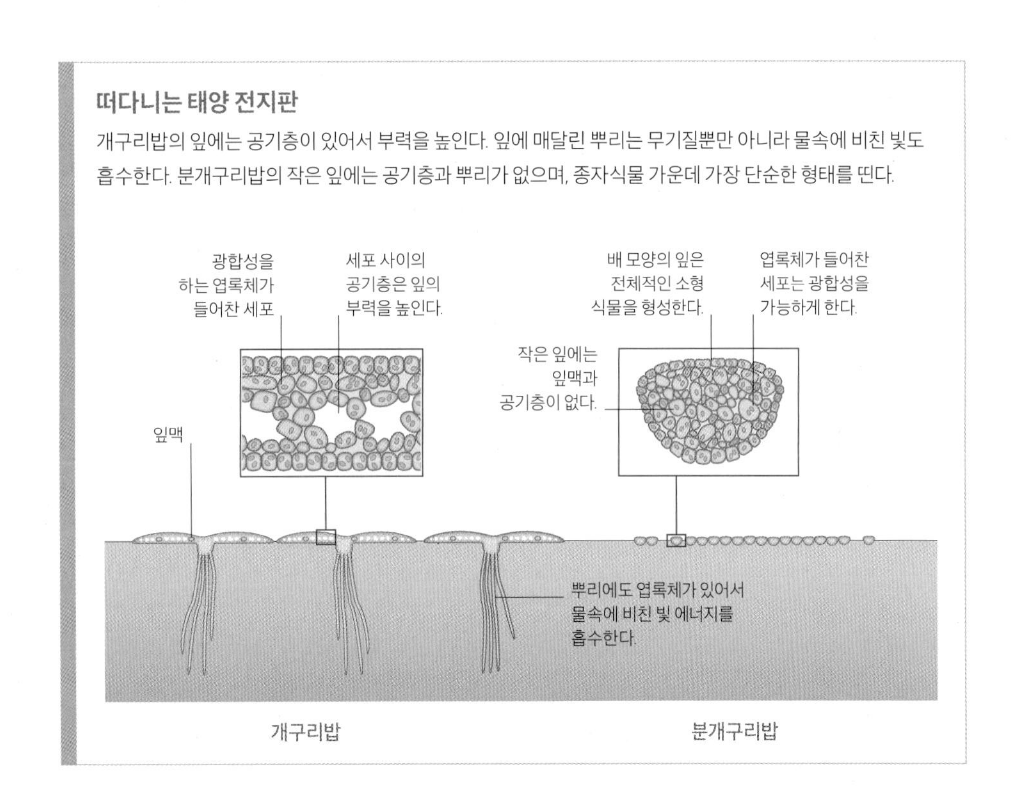

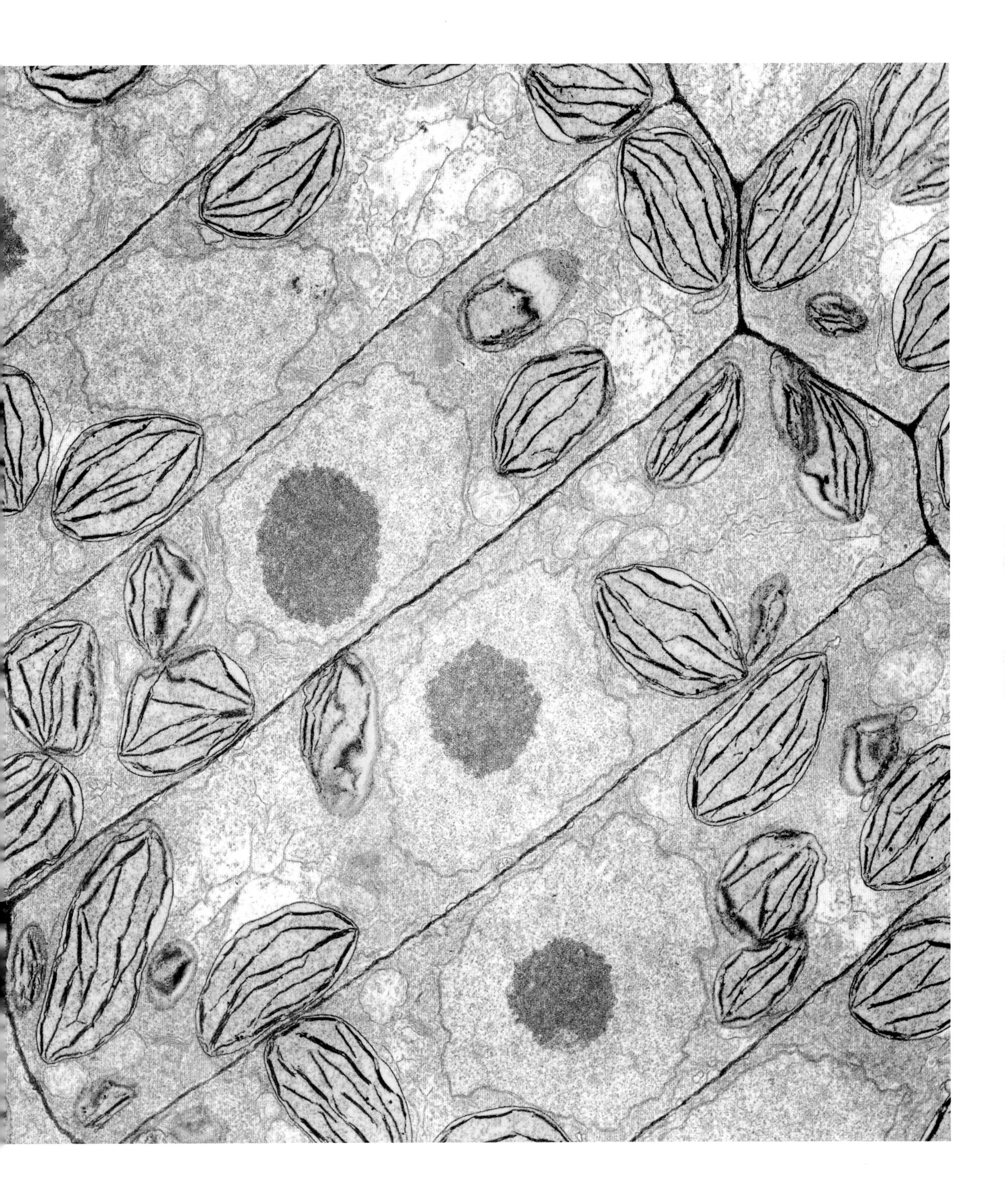

뿌리털

뿌리털은 식물의 뿌리 표면과 뿌리 끝에서 머리털처럼 무리를 이루어 자란다. 뿌리털은 뿌리의 표면층을 형성하는 표피세포가 확장된 것으로 뿌리의 표면적을 크게 늘려 흙에서 물과 무기질을 더 잘 끌어모을 수 있게 한다. 양치식물, 침엽수, 온갖 현화식물(꽃식물)을 비롯한 모든 관다발 식물은 이런 식으로 뿌리털을 이용한다. 이끼 같은 비관다발 식물에서는 뿌리가 자라지 않지만, 머리털 같은 헛뿌리를 이용해 무기질을 흡수한다. 헛뿌리는 발달 측면에서 볼 때 더 큰 식물의 뿌리털과 비슷하다. 각각의 뿌리털은 단세포로서 세포의 내용물이 길게 늘어나면서 매우 길고 좁은 관 모양의 구조를 형성한다. 이 때문에 뿌리털은 매우 약해서 조금만 움직여도 쉽게 손상된다.

무

양분 얻기

어린 무(*Raphanus sativus*)가 잘 자라려면 뿌리에 촘촘하게 엉겨 붙은 털로 물을 빨아들이고 무기질을 흡수해야 한다. 성장하는 뿌리 끝에는 뿌리털이 없는데, 흙을 뚫고 들어가기에는 털이 너무 여리기 때문이다.

뿌리털이 물을 흡수하는 방식

뿌리털은 세포의 외막을 통해 물이 세포 속으로 들어오는 삼투 작용에 의해 물을 흡수한다. 삼투력은 세포 바깥의 토양 수분보다 세포질에 용해된 물질의 농도가 높을 때 생긴다. 이 농도 차이 때문에 세포로 물이 들어온다. 물 분자는 세포막을 자유롭게 드나들 만큼 작다. 용해된 무기질 이온은 너무 커서 세포막을 뚫고 나갈 수 없다. 대신에 세포 내부에서 이루어지는 호흡으로 배출된 에너지를 이용해 능동 수송이라 불리는 과정을 통해 세포에 주입되어야 한다.

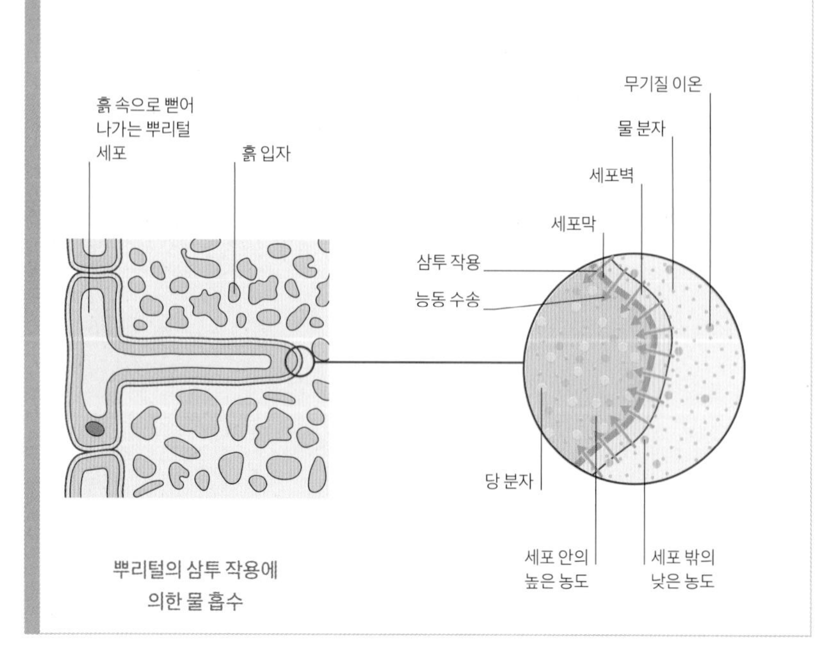

뿌리털의 삼투 작용에 의한 물 흡수

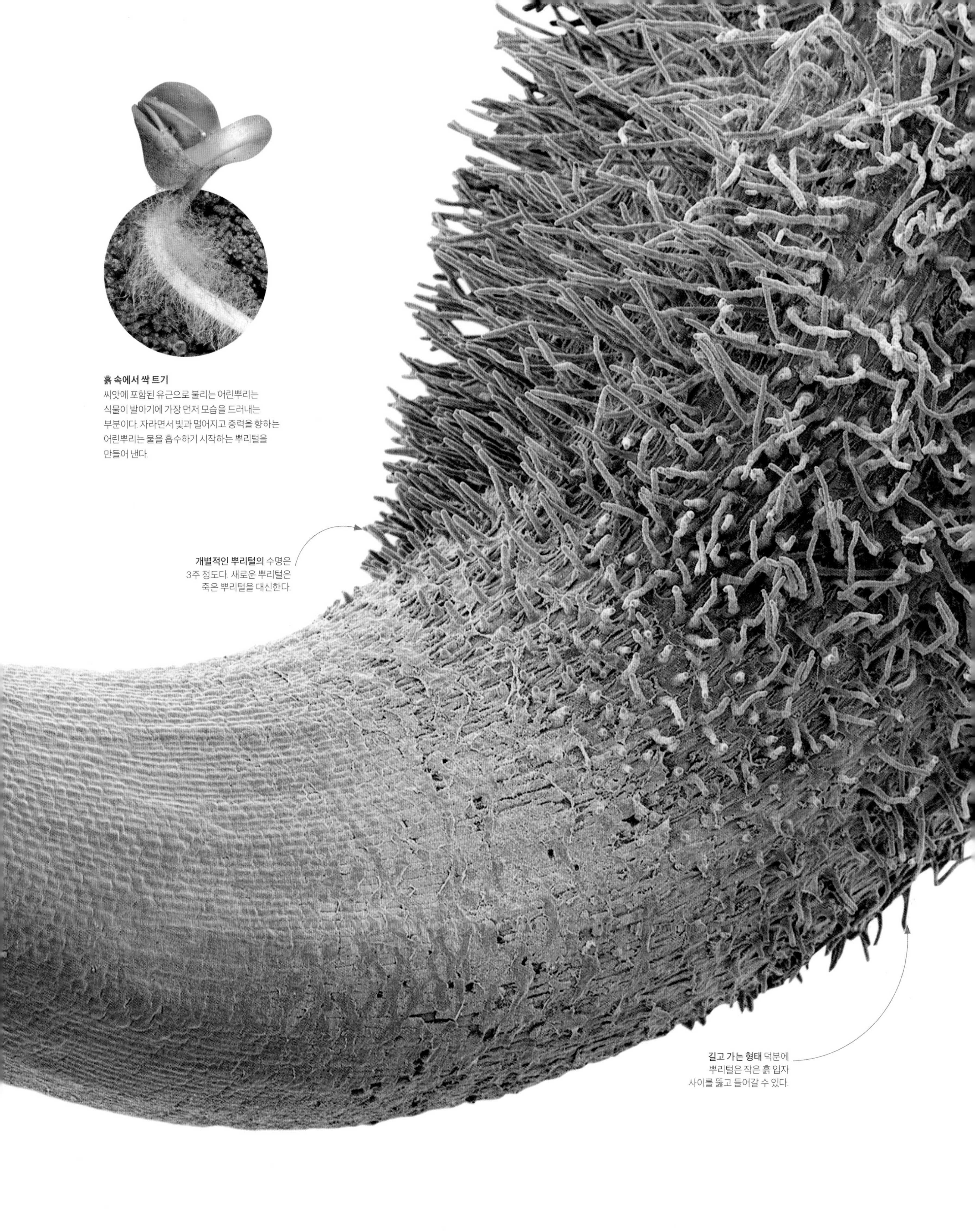

흙 속에서 싹 트기
씨앗에 포함된 유근으로 불리는 어린뿌리는 식물이 발아기에 가장 먼저 모습을 드러내는 부분이다. 자라면서 빛과 멀어지고 중력을 향하는 어린뿌리는 물을 흡수하기 시작하는 뿌리털을 만들어 낸다.

개별적인 뿌리털의 수명은 3주 정도다. 새로운 뿌리털은 죽은 뿌리털을 대신한다.

길고 가는 형태 덕분에 뿌리털은 작은 흙 입자 사이를 뚫고 들어갈 수 있다.

먹이 소화하기

털처럼 생긴 끈끈이주걱의 촉수는 버둥거리는 곤충의 촉감과 움직임에 반응해 안쪽으로 말리고 점질물로 불리는 점액이 먹이에 입혀진다. 점액으로 기문(숨구멍)이 막힌 곤충은 대개 질식하거나 벗어나기 위해 발버둥 치다가 기진맥진해서 죽고 만다.

분비샘에서 점질물을 만든다.

점질물이 먹이를 유인한다.

촉수가 안쪽으로 길게 말린다.

촉수 구부리기

다음 먹이를 위해 점질물을 보충한다.

먹이의 양분을 흡수하고 나면 촉수는 원래 위치로 되돌아온다.

촉수 펴기

죽음에 이르는 접착제

긴잎끈끈이주걱(*Drosera capensis*)은 끈끈이처럼 작용하는 잎으로 똥파리를 잡는다. 촉수 끝에서 달콤한 분비물이 나와 먹이를 유혹하면 먹이는 끈적끈적한 점액에 갇혀 죽고 만다. 잎과 촉수가 곤충을 휘감으면 소화액이 나와 먹이를 분해한다.

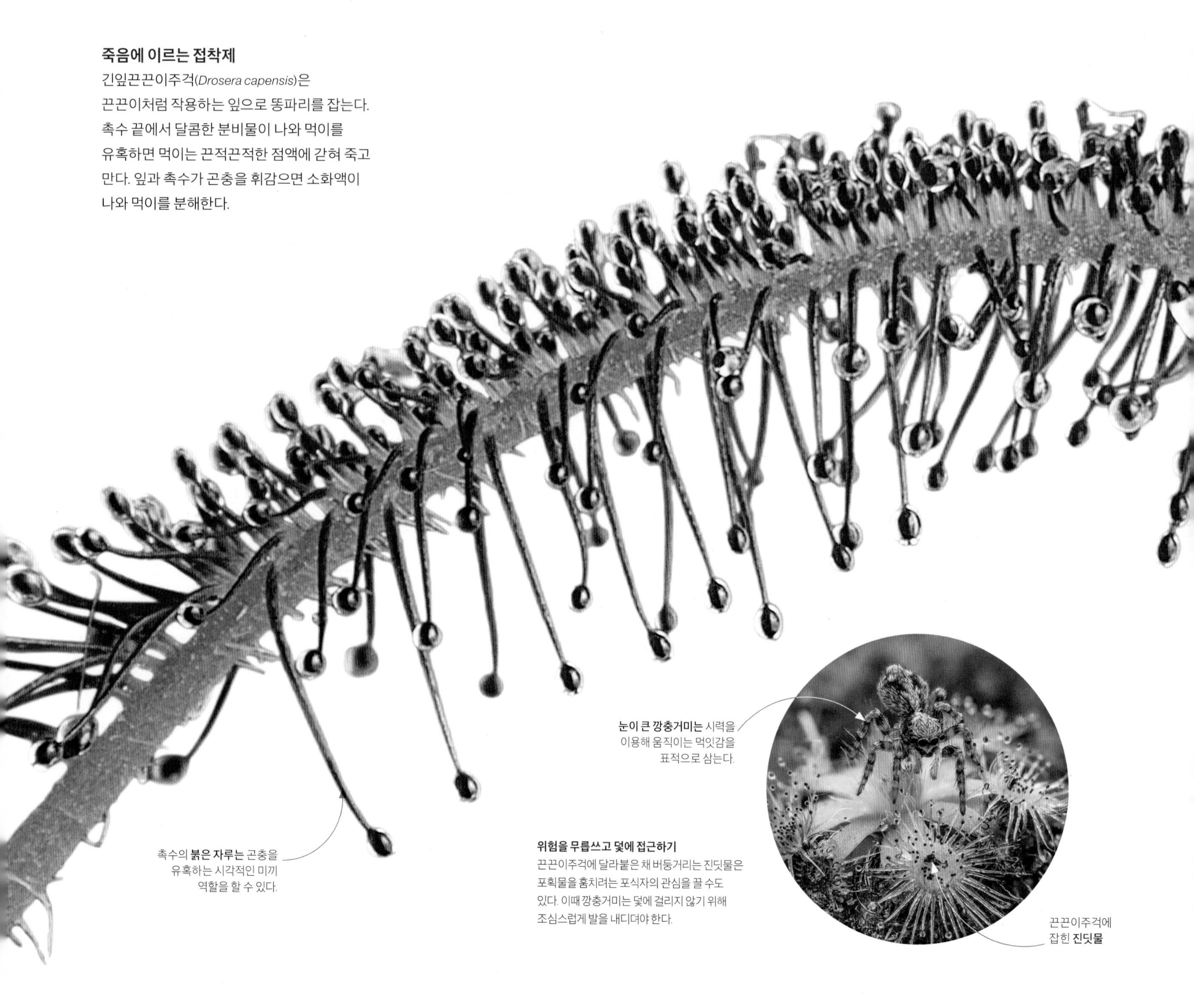

눈이 큰 깡충거미는 시력을 이용해 움직이는 먹잇감을 표적으로 삼는다.

촉수의 **붉은 자루는** 곤충을 유혹하는 시각적인 미끼 역할을 할 수 있다.

위험을 무릅쓰고 덫에 접근하기
끈끈이주걱에 달라붙은 채 버둥거리는 진딧물은 포획물을 훔치려는 포식자의 관심을 끌 수도 있다. 이때 깡충거미는 덫에 걸리지 않기 위해 조심스럽게 발을 내디뎌야 한다.

끈끈이주걱에 잡힌 **진딧물**

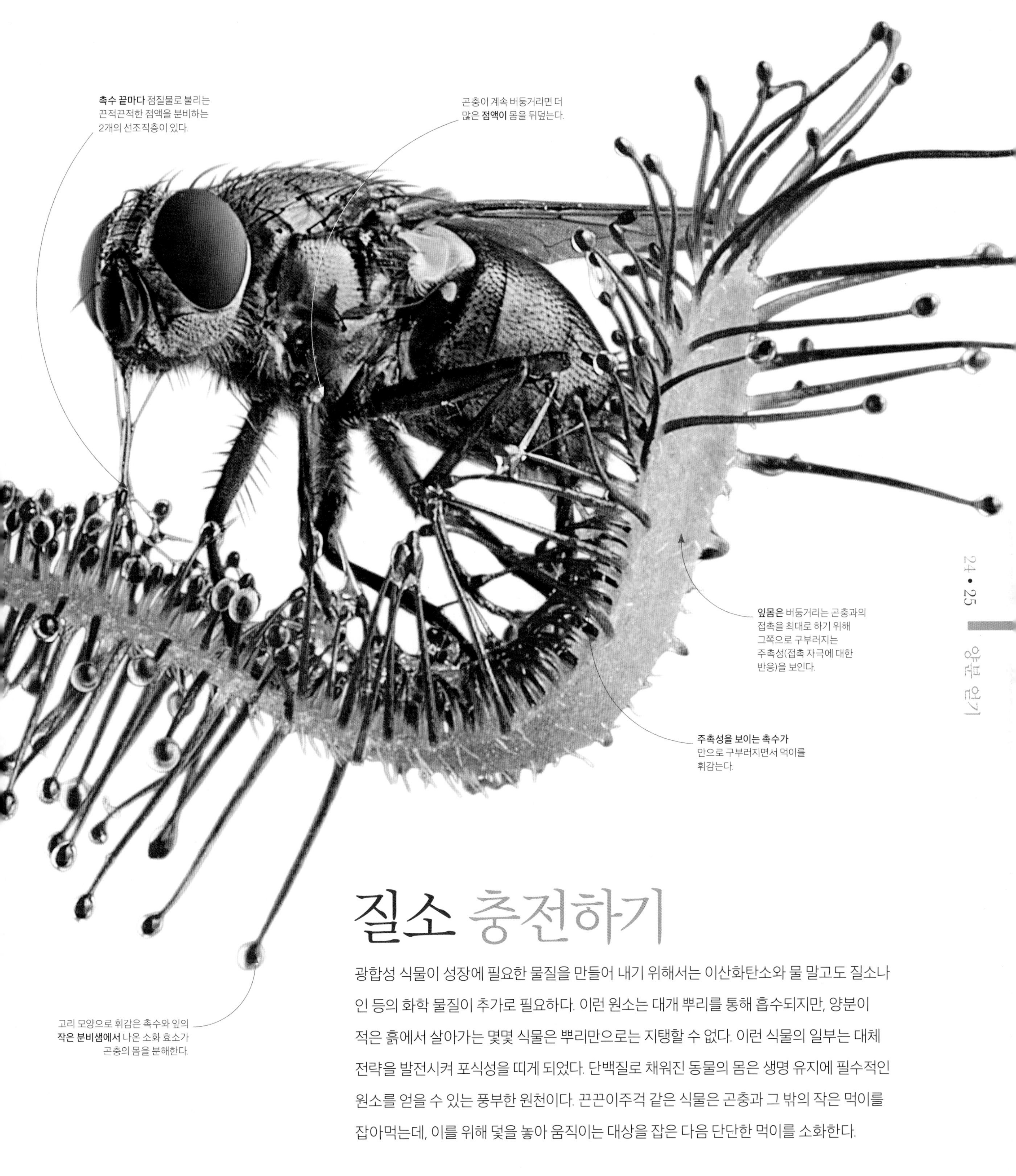

질소 충전하기

광합성 식물이 성장에 필요한 물질을 만들어 내기 위해서는 이산화탄소와 물 말고도 질소나 인 등의 화학 물질이 추가로 필요하다. 이런 원소는 대개 뿌리를 통해 흡수되지만, 양분이 적은 흙에서 살아가는 몇몇 식물은 뿌리만으로는 지탱할 수 없다. 이런 식물의 일부는 대체 전략을 발전시켜 포식성을 띠게 되었다. 단백질로 채워진 동물의 몸은 생명 유지에 필수적인 원소를 얻을 수 있는 풍부한 원천이다. 끈끈이주걱 같은 식물은 곤충과 그 밖의 작은 먹이를 잡아먹는데, 이를 위해 덫을 놓아 움직이는 대상을 잡은 다음 단단한 먹이를 소화한다.

질소 고정하기

모든 생물은 단백질과 그 밖에 질소가 함유된 필수적인 물질을 만들어 내기 위해 질소가 필요하다. 공기의 70퍼센트 이상은 기체 형태의 질소로 이루어져 있지만, 이처럼 단순하고 화학 반응을 일으키지 않는 상태에서 대기 중의 질소를 곧장 얻는 생물은 거의 없다. 동물과 유기물을 분해하는 균류가 먹이를 통해 질소를 얻는 데 비해 식물은 흙에서 광물성 질산염의 형태로 흡수한다. 일부 식물은 '고정' 과정을 통해 대기 중의 질소를 단백질로 바꿀 수 있는 몇몇 미생물과 특별한 관계로 발전해 왔다. 토끼풀, 완두콩, 콩 같은 콩과식물은 뿌리에서 질소를 고정하는 토양 세균과의 공생 관계를 통해 질소 공급을 늘린다.

뿌리혹의 형성
완두콩(*Pisum sativum*)의 뿌리혹은 질소 고정 세균이 뿌리털로 침입해 들어와 증식할 때 불룩해지면서 뿌리의 수송관으로 연결된 혹을 형성된다.

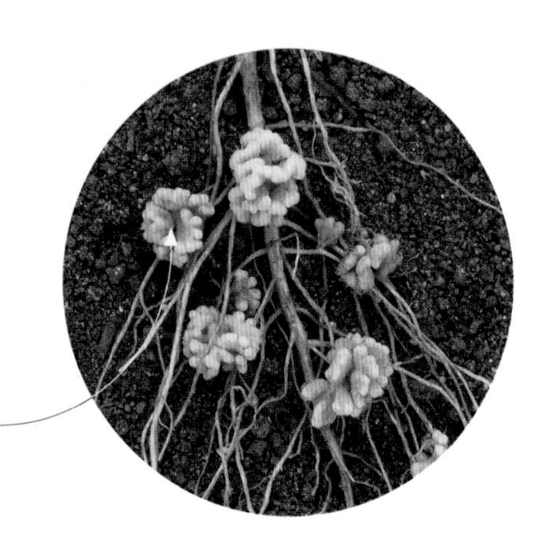

다발처럼 무리 지어 있는 **뿌리혹은** 식물이 만든 벽 내부에 세균을 에워싼다.

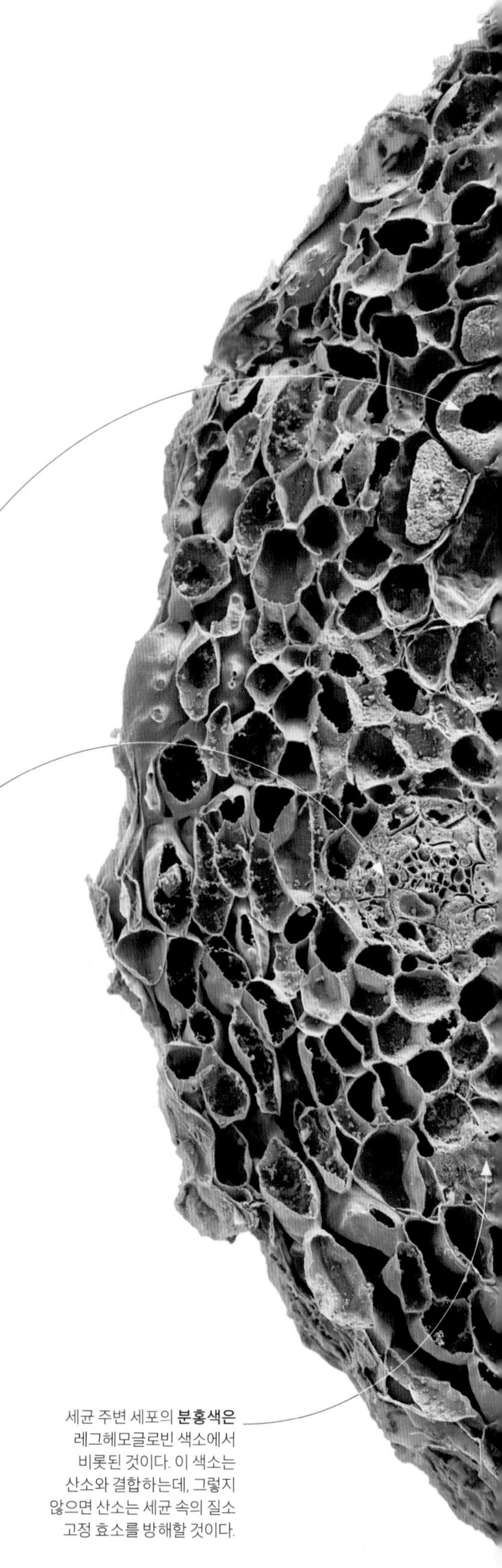

질소를 고정하는 근류균(*Rhizobium*, 파란색)의 구멍에는 질소 고정 효소가 들어차 있어서 대기 중의 질소를 암모늄 화합물로 바꾸고 근류균과 식물은 그로부터 아미노산과 단백질을 만들어 낸다.

관다발(흰색)에는 식물의 수송관이 들어 있어서 질소 화합물은 식물에 전달하고 당분은 뿌리혹에 전달한다.

세균 주변 세포의 **분홍색은** 레그헤모글로빈 색소에서 비롯된 것이다. 이 색소는 산소와 결합하는데, 그렇지 않으면 산소는 세균 속의 질소 고정 효소를 방해할 것이다.

질소의 순환

질소가 생태계를 거쳐 가는 방식은 여러 형태로 질소를 이용할 수 있는 다양한 세균에 달려 있다. 질소 고정 세균이 질소를 대기 중에서 직접 얻는 데 비해 다른 세균은 흙에서 질산염 무기질을 만들어 내거나 질소를 대기 중으로 돌려보내 재사용할 수 있도록 돕는다.

그림 설명

- 생물의 복잡한 유기 질소
- 대기 중의 단순한 무기 질소
- 흙 속의 단순한 무기 질소

식물은 흙 속의 단순한 무기 질소(질산염)를 이용해 단백질처럼 복잡한 유기 질소를 만들어 낸다.

동물은 단백질이 들어 있는 먹이를 먹고 체내에 복잡한 유기 질소를 저장한다.

토양 세균은 죽은 생물의 복잡한 유기 질소를 질산염으로 분해하며, 이 과정이 질산화 작용이다.

콩과식물은 뿌리혹에서 질소 고정 세균을 배양하고, 이들 세균은 콩과식물에 질소를 추가로 제공한다.

질소 고정 세균은 대기 중의 질소를 이용해 단백질 같은 유기 질소를 만들어 낸다.

공기가 잘 통하지 않는 흙 속의 세균은 산소 대신 질산염을 이용해 에너지를 방출한다. 그 부산물로 질소가 대기 중으로 배출되며, 이 과정은 탈질 작용으로 불린다.

간단히 살펴본 질소 순환

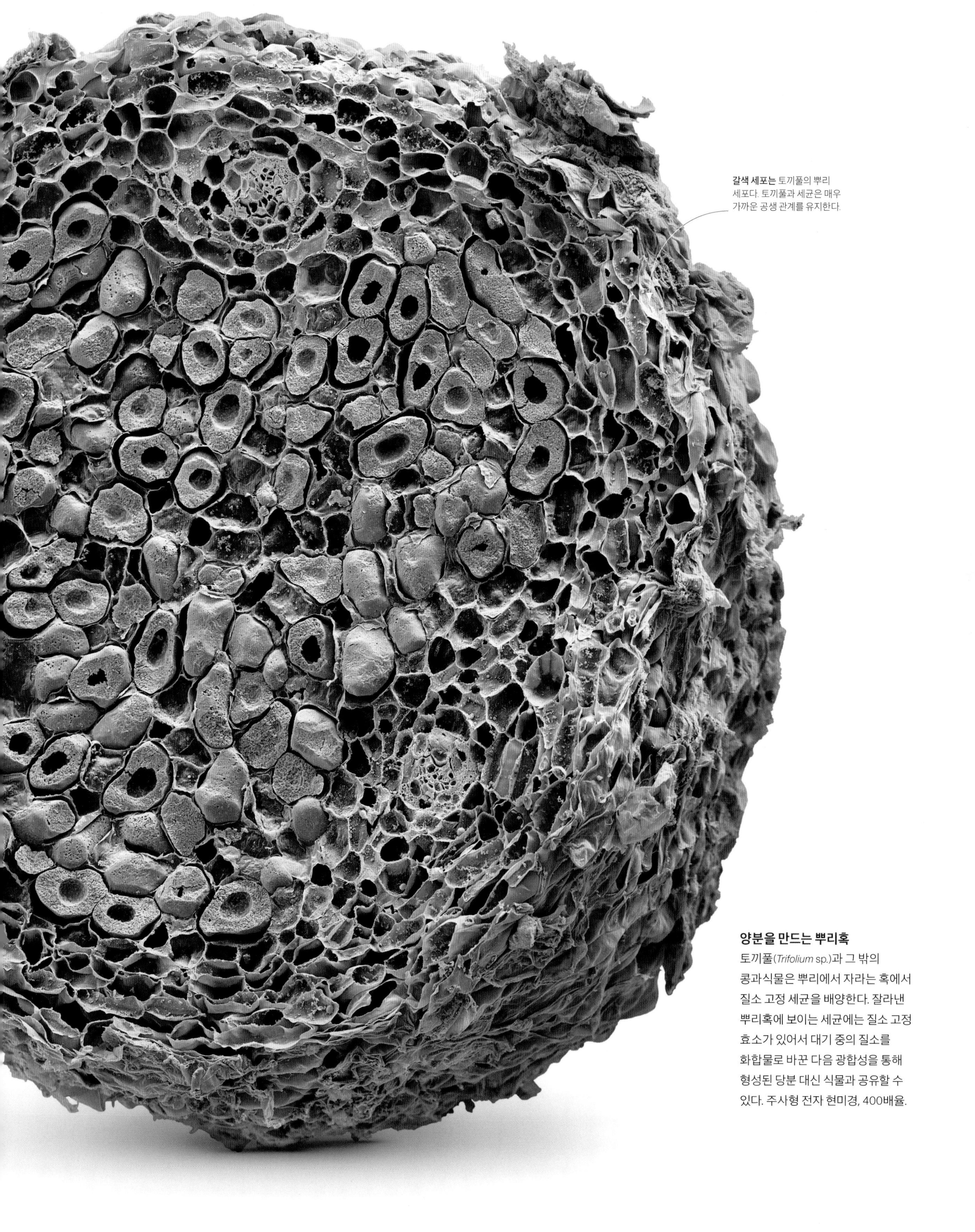

갈색 세포는 토끼풀의 뿌리 세포다. 토끼풀과 세균은 매우 가까운 공생 관계를 유지한다.

양분을 만드는 뿌리혹

토끼풀(*Trifolium* sp.)과 그 밖의 콩과식물은 뿌리에서 자라는 혹에서 질소 고정 세균을 배양한다. 잘라낸 뿌리혹에 보이는 세균에는 질소 고정 효소가 있어서 대기 중의 질소를 화합물로 바꾼 다음 광합성을 통해 형성된 당분 대신 식물과 공유할 수 있다. 주사형 전자 현미경, 400배율.

구형

구 모양의 세균은 구균으로 불린다. 구균은 1개가 단독으로 혹은 2개의 세포가 연결된 쌍구균의 형태로 나타난다. 세포가 분열하더라도 한데 붙어 있으면 세균 군체가 형성된다. 세포의 사슬을 형성하는 구 모양의 세균은 연쇄구균으로 불린다. 그에 비해 세포가 동시에 여러 개의 축으로 분열하면 포도상구균으로 불리는 불규칙한 무리의 세균이 형성된다. 그런 세균 가운데 하나는 황색포도상구균(*Staphylococcus aureus*)으로 사람의 피부에서 흔히 발견된다.

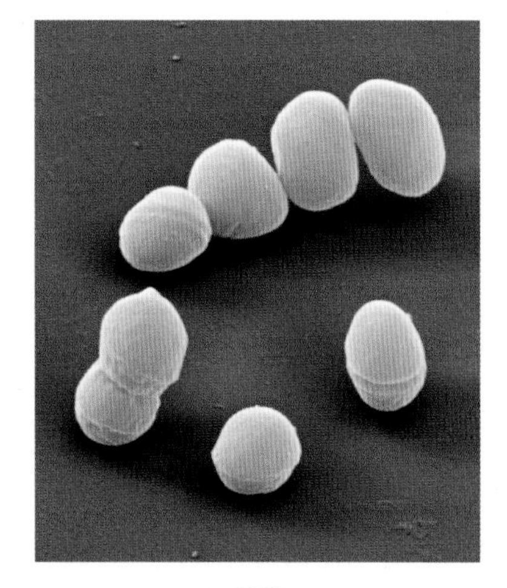

구균
엔테로코커스 페칼리스(*Enterococcus faecalis*)

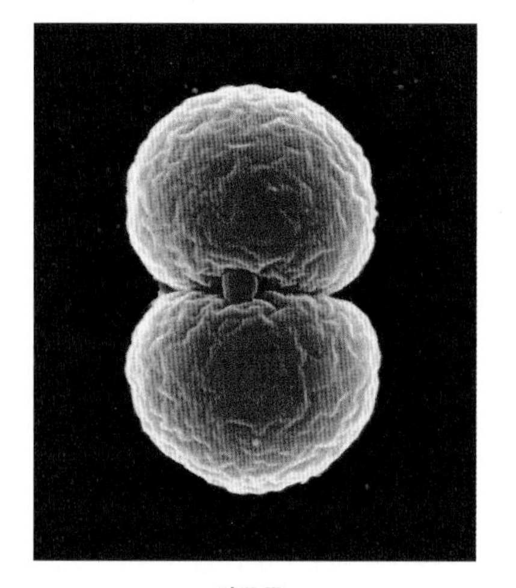

쌍구균
임균(*Neisseria gonorrhoeae*)

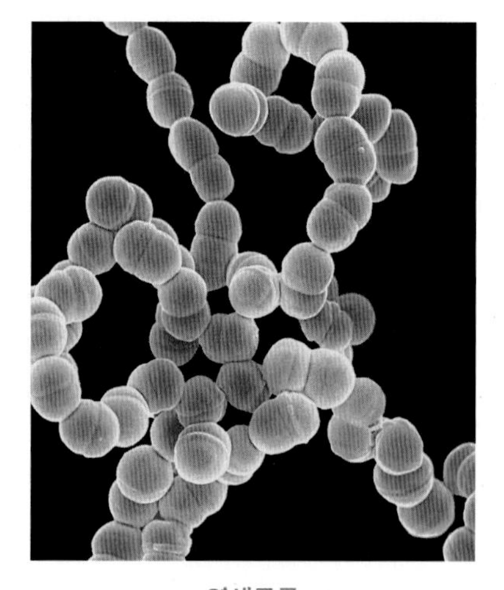

연쇄구균
화농연쇄상구균(*Streptococcus pyogenes*)

막대형

막대형이나 원통형의 세균은 간균으로 불린다. 간균형 세균에는 식중독을 일으킬 수 있는 장내 세균인 대장균(*Escherichia coli*, 30~31쪽 참조)이 포함된다. 구균과 마찬가지로 연쇄간균은 사슬 형태로 존재하지만, 울타리형으로 알려진 일부 연쇄간균은 나란히 무리를 형성한다. 포도상간균(Staphylobacilli)은 포도송이와 비슷하게 뒤섞인 무리에서 발견된다. 구간균은 구균으로 쉽게 오해할 만큼 배우 짧은 막대 형태로 나타난다.

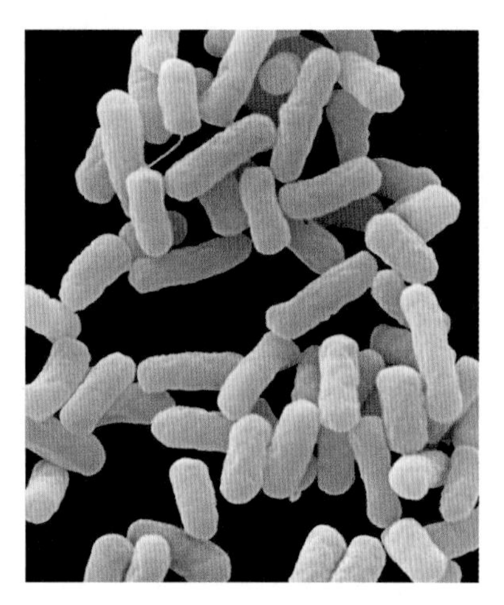

간균
대장균(*Escherichia coli*)

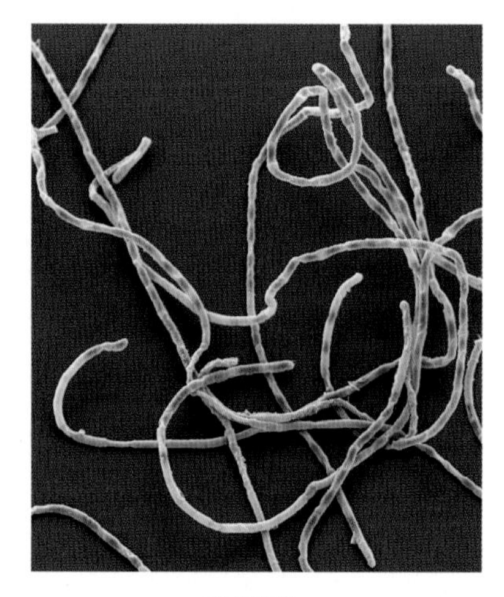

연쇄간균
탄저균(*Bacillus anthracis*)

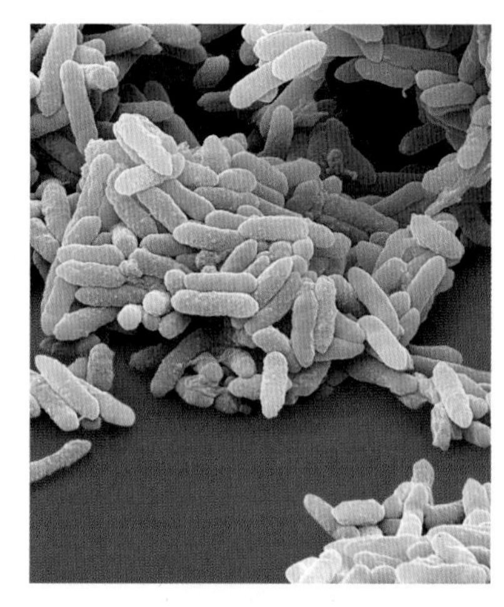

울타리형 연쇄간균
아쿠아스피릴룸(*Aquaspirillum*)

복잡한 형태

세균은 막대형과 구형 외에도 다양한 형태를 보일 수 있다. 여기에는 막대형 세포가 분열 없이 길게 늘어진 방사형과 그보다 세포 구조가 복잡한 나선형도 포함된다(32~33쪽 참조). 나선형 세균에는 단단한 세포를 가진 나선균과 얇고 유연한 스피로헤타의 2가지 유형이 있다. 개중에는 비브리오로 알려진 구부러진 콩 모양의 세균도 있다.

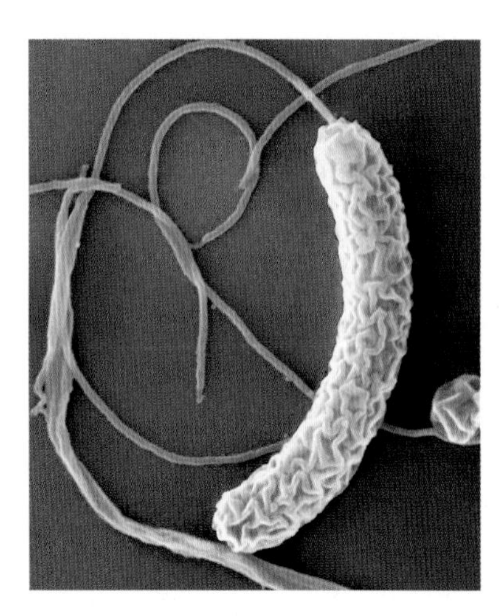

비브리오
콜레라균(*Vibrio cholerae*)

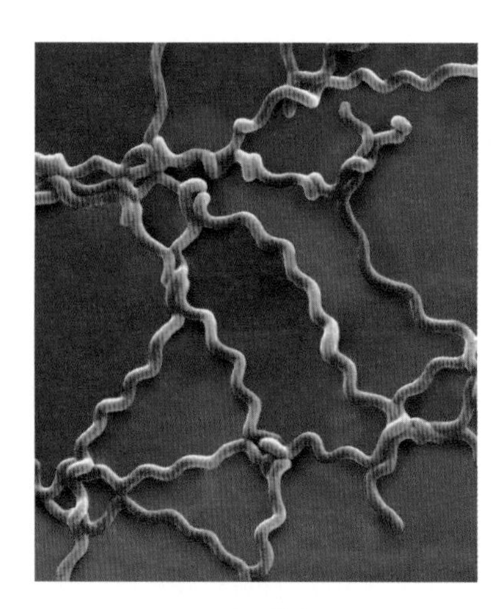

스피로헤타
렙토스피라 인테로간스(*Leptospira interrogans*)

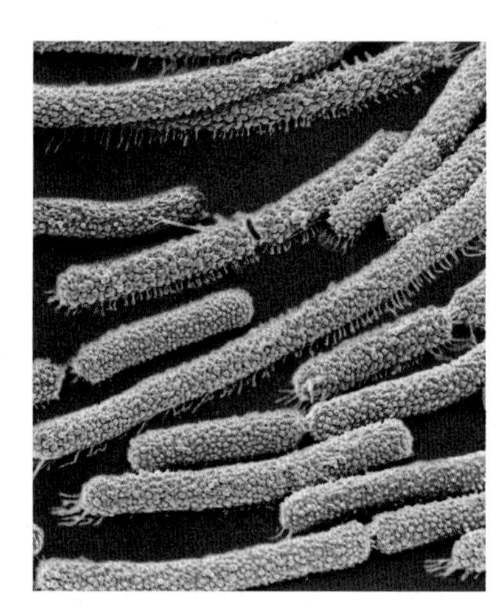

방사균
바킬루스 메가테리움(*Bacillus megaterium*)

세균

세균은 가장 단순한 생명체 가운데 하나로 꼽힌다. 세균은 적어도 40억 년 동안 존재해 왔고, 먹이를 소비하는 최초의 생물이었으며, 고세균과 더불어 최초의 15억~20억 년 동안 지구상 유일한 생명체의 형태였다. 세균은 수십억 년 동안 매우 다양해졌다. 단세포 세균은 길이가 몇 마이크로미터에 불과하지만, 먹이를 먹고 호흡할 수 있는 곳이라면 어디서든 살아갈 수 있다. 어떤 세균은 빛이나 무기질의 에너지를 이용해 스스로 먹이를 만드는 데 비해 나머지 세균은 이미 만들어진 유기물 먹이를 흡수한다. 다양한 종류의 세균은 형태, 사슬과 다발을 형성하는 방식에서 차이를 보인다.

포도상구균
황색포도상구균(*Staphylococcus aureus*)

구간균
브루셀라 아보투스(*Brucella abortus*)

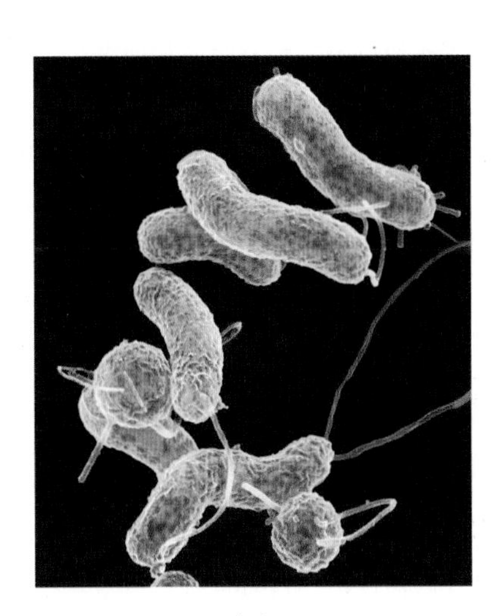

나선균
헬리코박터 파일로리(*Helicobacter pylori*)

세포 다발

유아는 모유 수유를 통해 장에서 살아가는 가장 중요한 세균으로 꼽히는 비피도박테리움(비피더스균, *Bifidobacterium* spp.)을 얻는다. 비피도박테리움은 세포 분열로 다발을 형성하고 독특한 Y자 형태로 여러 개의 축을 따라 증식한다. 그 결과 세포는 무질서한 사슬을 이루며 앞뒤로 뻗어 나간다.

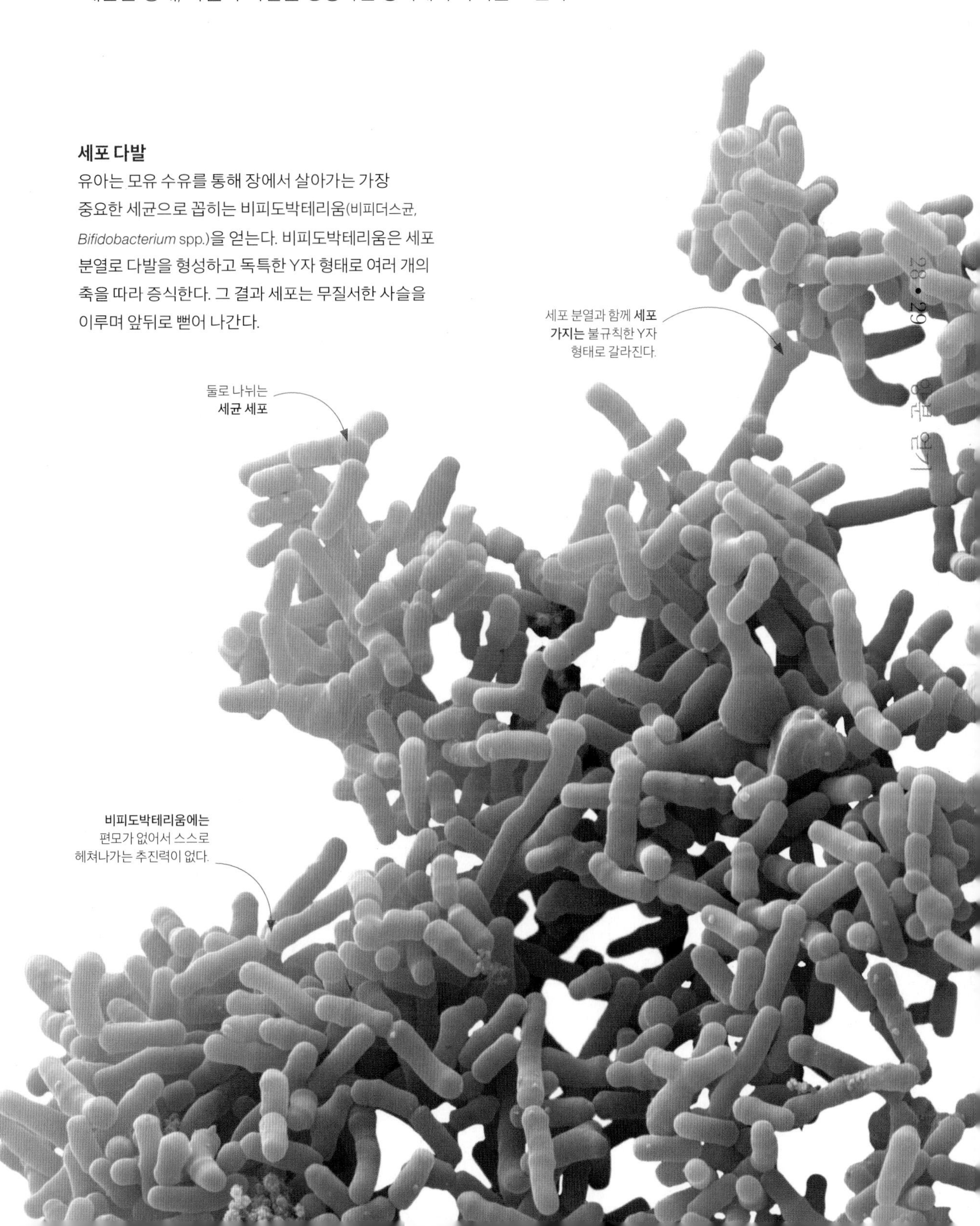

동물의 장에서 흔히 발견되는 대장균(*Escherichia coli*)에 대한 평가는 엇갈린다. 일부 치명적인 균주는 간혹 사망을 초래할 수 있는 심각한 식중독의 원인이 되기도 하지만, 한편으로 대장균은 빵효모, 실험용 생쥐, 초파리(*Drosophila*)와 마찬가지로 중요한 모델 생물 역할을 한다. 모델 생물은 실험실에서 관리하고 연구하기 쉬운 종으로서 생물학, 유전학, 감염학, 질병학 같은 분야의 이해를 도모하기 위한 과학적 연구에 이용된다.

집중 조명 대장균

대부분의 사람들은 대장균과 더욱 친밀하면서도 유익한 관계를 갖는다. 대장균은 사람을 포함한 모든 온혈동물의 아래쪽 장에 기생하며, 사람의 몸에 있는 미생물의 약 0.1퍼센트를 차지하는데 환산하면 1인당 대략 1000억 마리에 해당한다. 대장균은 대변-구강 전염에 의해 장으로 들어가지만, 일단 자리를 잡으면 장에 대량 서식하면서 병원성 세균이나 질병을 일으키는 세균에 의한 감염을 막는 데 도움을 주는 등 해로움보다는 이로움이 더 많다. 장 내에는 유리 산소가 거의 없지만 대장균은 그런 혐기 조건에서도 뛰어난 생존력을 보인다. 또 다양한 화학 물질을 먹고 발효를 통해 에너지를 배출한다. 대장균의 물질 대사를 통해 만들어진 부산물 가운데 하나는 비타민 K2로 더욱 잘 알려진 메나퀴논(menaquinone)이다. 혈액 응고 시스템과 건강한 뼈에 없어서는 안 될 필수 성분인 메나퀴논은 다른 비타민과 마찬가지로 식품을 통해 얻을 수도 있다.

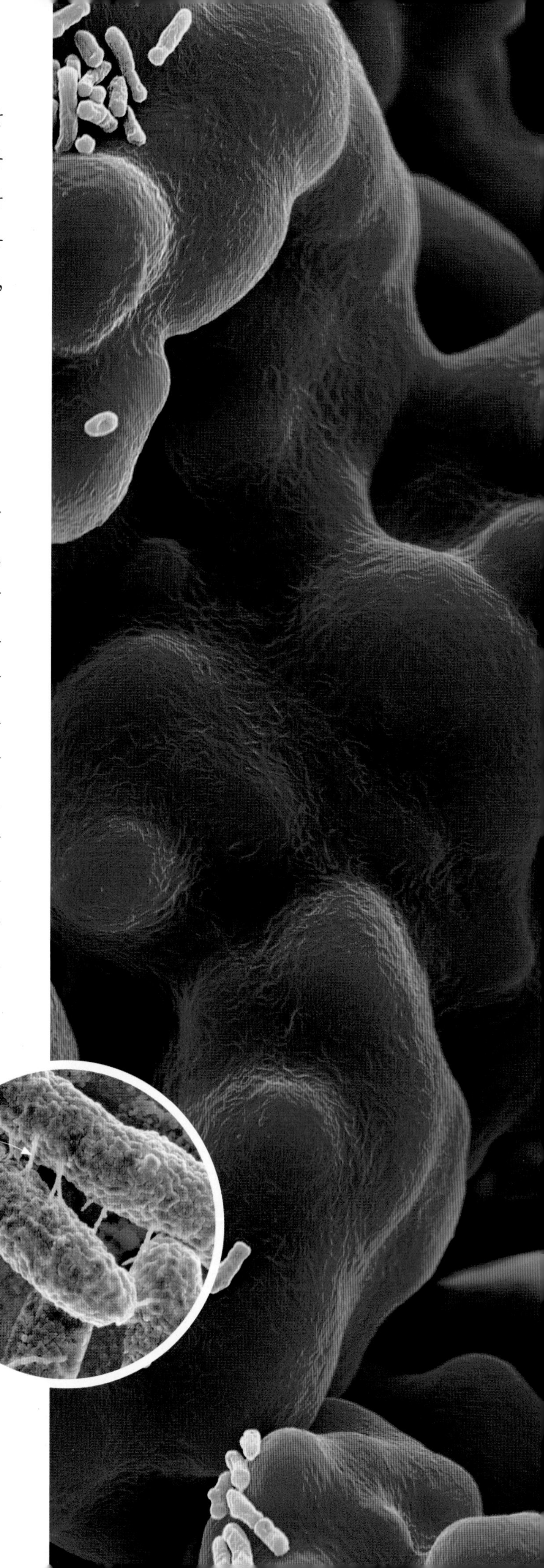

실 같은 선모가 대장균 세포를 연결해 DNA를 전달할 수 있다.

장내 세균
시험관 표본 속의 대장균은 사진에서처럼 노란색 '막대'로 보일 수 있다. 체내에서는 2마이크로미터 길이의 세포가 무성세포 분열을 통해 약 90분마다 세포 수를 2배로 증식한다. 유전적 다양성을 높이고자 접합으로 불리는 과정을 통해 플라스미드(plasmids)라는 DNA 고리를 세포 사이에 전달한다. 주사형 전자 현미경, 7500배율.

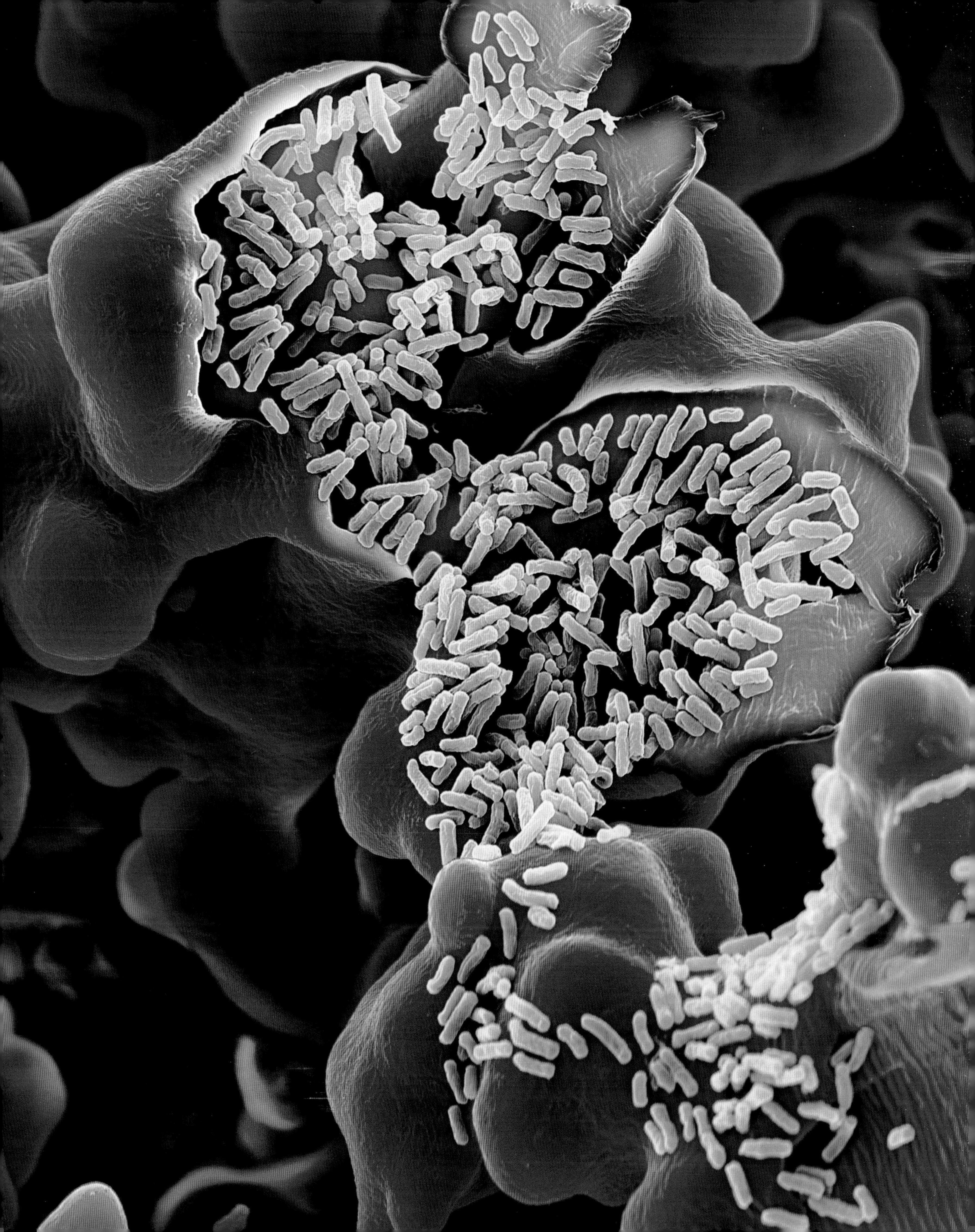

숙주 해치기

세균은 2가지 방식 가운데 하나로 양분을 얻을 수 있다. 독립 영양 생물로 불리는 일부 세균은 식물과 조류처럼 스스로 먹이를 만들어 내는 데 비해 종속 영양 생물로 알려진 세균은 다른 유기체 혹은 그들이 만들어 낸 산물을 소비해 양분을 얻는다. 종속 영양 세균은 효소를 분비해 먹이를 분해하지만, 몇몇 유해 세균의 경우에 이런 효소는 숙주의 몸으로 들어가거나 면역 체계를 뚫는 데 이용될 수도 있다. 해로운 소화 효소는 숙주의 세포를 손상해 질병을 일으키기도 한다. 탄저병처럼 가장 위험한 세균성 질병은 이런 식으로 숙주에게 영향을 주는 반면, 일부 세균은 발암 요인이 되기도 한다.

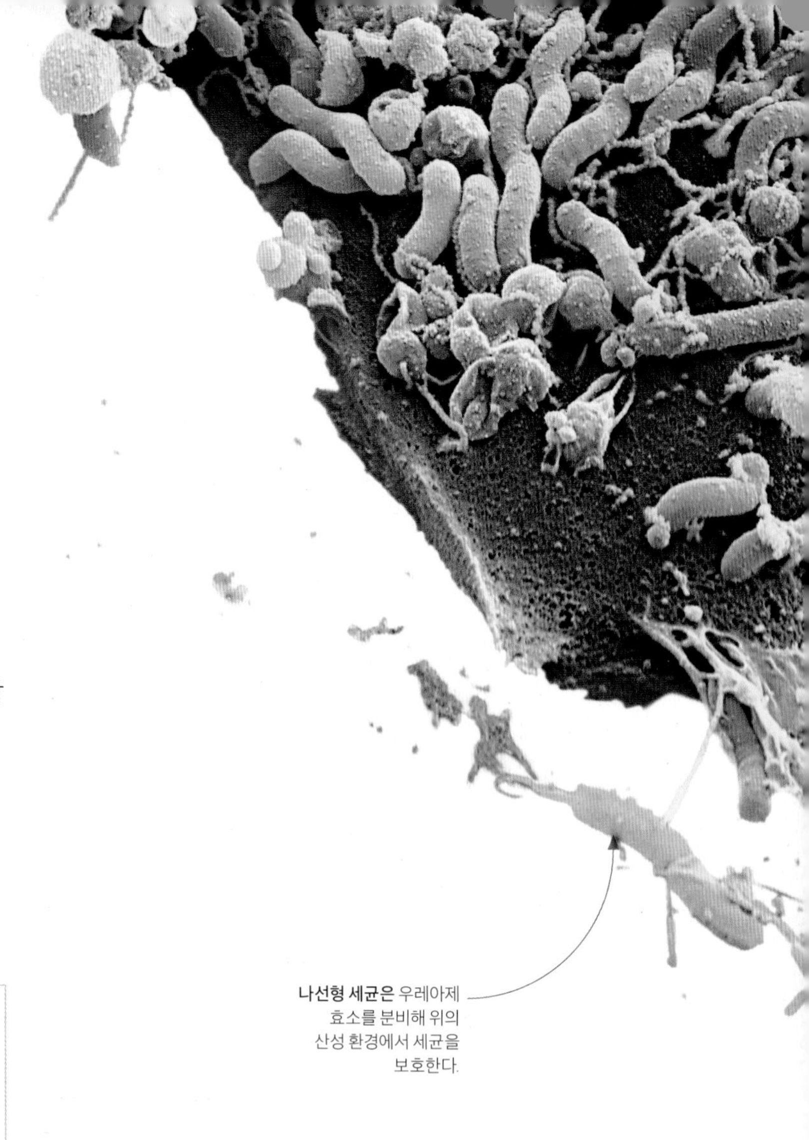

나선형 세균은 우레아제 효소를 분비해 위의 산성 환경에서 세균을 보호한다.

그람 염색법과 그람 양성균

세균을 염색하기 위해 자주색 염료를 사용하는 그람(Gram) 염색법은 세균을 분류할 때 도움이 된다. 그람 양성균에는 염료를 흡수하는 세포벽이 있는 데 비해 그람 음성균은 흡수력을 제한하는 막을 추가로 갖고 있어서 항생제에 더욱 강한 내성을 보인다.

세포벽
세포막
세포질
그람 양성균

외막
내막
세포질
막 사이에 있는 세포벽
그람 음성균

나선형균

포유류의 위에 서식하는 균은 2가지 나선 구조 가운데 하나의 형태를 띤다. 헬리코박터 파일로리 같은 나선균은 바깥쪽 편모 때문에 단단하지만, 스피로헤타 같은 나선균은 안쪽 편모 때문에 유연하다. 스피로헤타의 나선 배열은 세포가 움직일 때 비틀리는 굴곡 운동을 가능하게 한다.

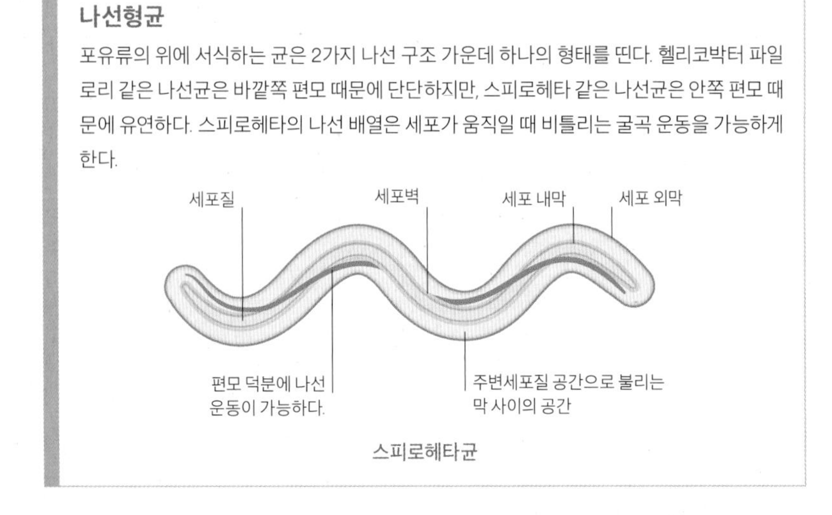

회전하는 편모 덕분에 살모넬라균(*Salmonella*)은 이리저리 헤엄쳐 다닐 수 있다.

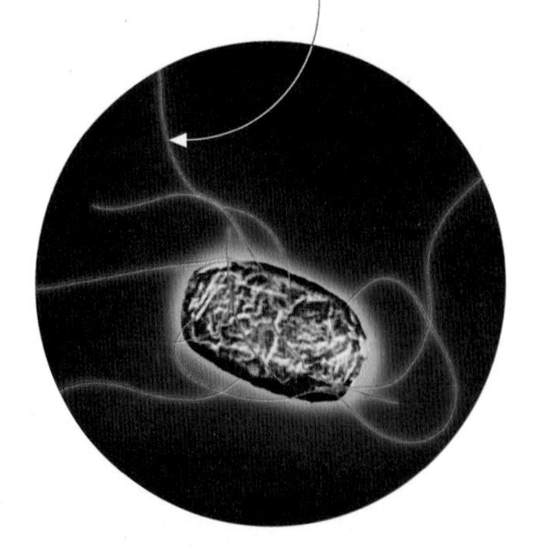

살모넬라균
숙주의 장에 들어간 살모넬라균은 식중독을 일으킨다. 치료에 내성을 보이는 것은 이중 막으로 된 그람 음성균(왼쪽)이다.

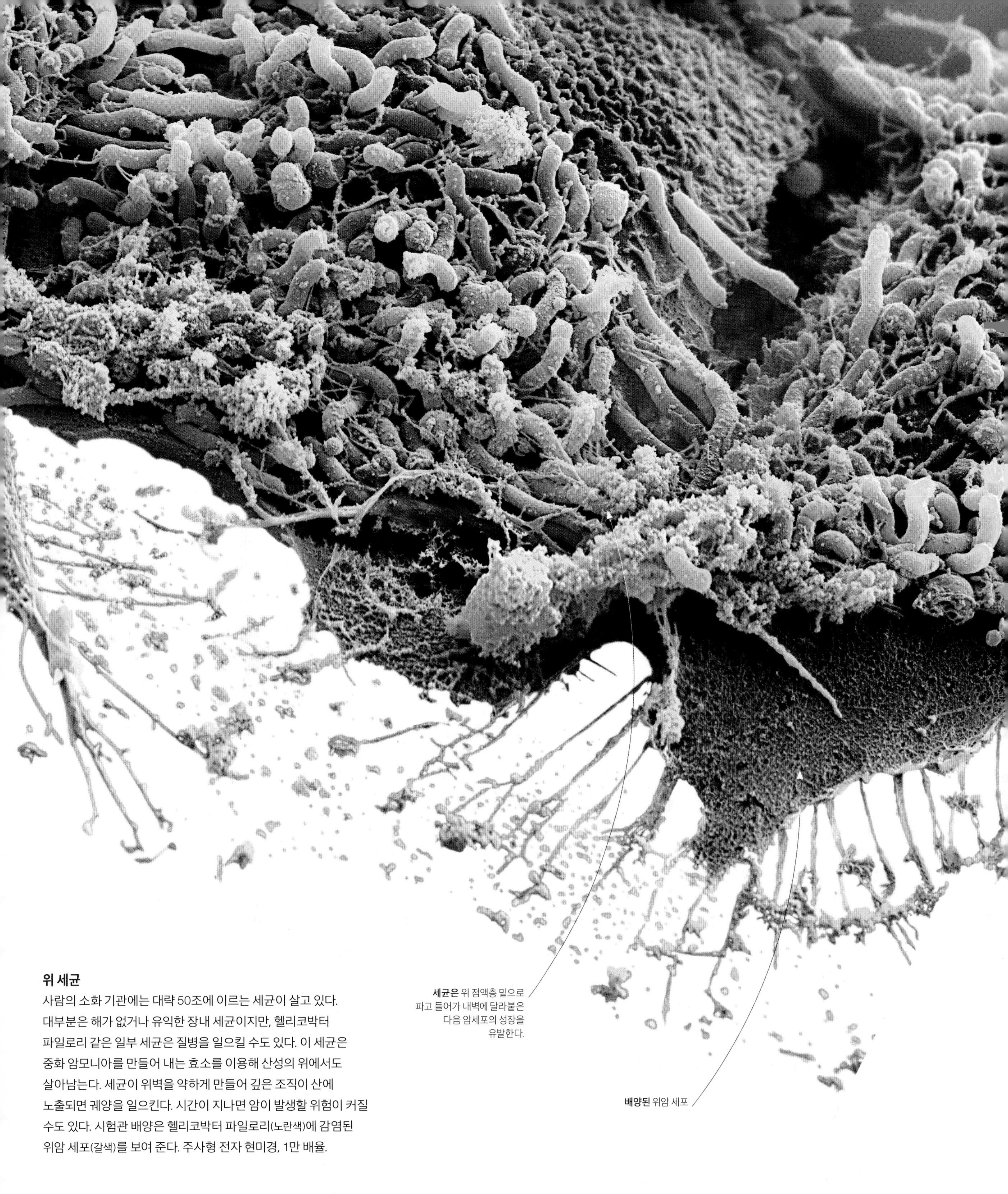

위 세균

사람의 소화 기관에는 대략 50조에 이르는 세균이 살고 있다. 대부분은 해가 없거나 유익한 장내 세균이지만, 헬리코박터 파일로리 같은 일부 세균은 질병을 일으킬 수도 있다. 이 세균은 중화 암모니아를 만들어 내는 효소를 이용해 산성의 위에서도 살아남는다. 세균이 위벽을 약하게 만들어 깊은 조직이 산에 노출되면 궤양을 일으킨다. 시간이 지나면 암이 발생할 위험이 커질 수도 있다. 시험관 배양은 헬리코박터 파일로리(노란색)에 감염된 위암 세포(갈색)를 보여 준다. 주사형 전자 현미경, 1만 배율.

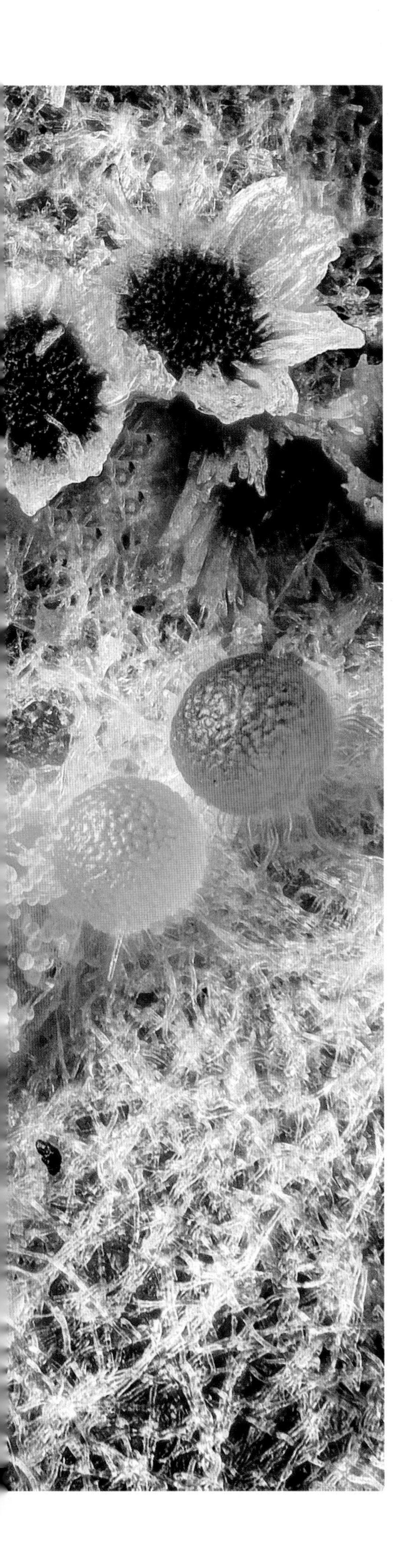

독버섯은 포자를 만들어 내는 균류의 일종이다.

필수불가결한 부패
갈색쥐눈물버섯(*Coprinellus micaceus*)에 연결된 균사는 썩어 가는 통나무에 숨겨져 있다. 이 균사들은 먹이를 얻기 위해 죽은 나무를 썩혀 숲 바닥에 양분을 배출한다.

곰팡이 카펫
흰가루병균(*Erysiphe adunca*)에서 나온 균사의 흰 잔털이 버드나무 잎을 덮고 있다. 흡기로 알려진 균사에서 나온 바늘 모양의 곁가지가 버드나무 잎으로 파고들어 양분을 흡수한다. 균사가 만들어 낸 카펫이 광합성을 제한하면 잎은 손상을 입지만 죽지는 않는다. 형형색색의 과자처럼 보이는 것은 자낭구이다. 너비가 0.3밀리미터도 안 되는 자낭구는 균에서 포자를 만들어 내는 조직이다.

균사가 하는 일

균사는 연쇄적으로 가지를 뻗은 세포로 이루어져 있다. 세포의 소포(소낭)에는 효소로 불리며 생물학적 촉매제 역할을 하는 화학 물질이 들어 있다. 살아 있는 생물이나 죽은 유기 물질로 균사가 침투하면 세포는 효소를 분비해 주변 물질을 분해하는 화학 반응을 일으킨다. 분해된 양분은 균사 세포에 직접 흡수된다.

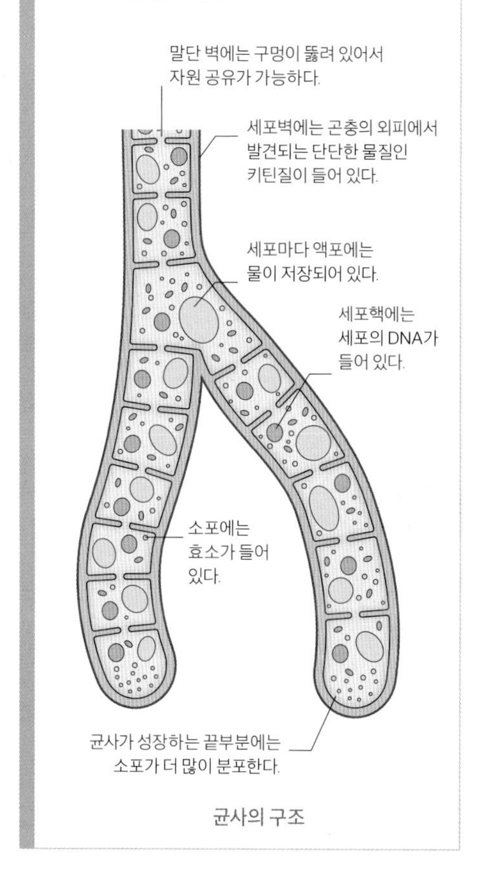

균사의 구조

양분 흡수하기

광합성에 의해 스스로 양분을 만들어 내지 못하는 생물은 살아가고 성장하고 번식하는 데 필요한 에너지를 얻기 위해 다른 방법을 찾아야 한다. 균류는 균사로 불리는 미세한 실을 이용한다. 서로 연결된 균사는 균사체로 알려진 그물망을 형성해 균류의 몸체를 이룬다. 집단을 이룬 균사는 주변에서 양분을 흡수하기 위해 표면적을 넓힌다. 대부분의 균류는 사체 또는 부패 중인 동식물을 먹이로 하는 분해자이다. 그중 일부는 살아 있는 동식물에 기생하면서 먹이를 얻기 위해 조직 깊숙이 파고들기도 한다.

가지를 뻗은 무성 조직의 모습 때문에 '페인트 붓'을 뜻하는 라틴 어 학명이 붙여진 푸른곰팡이(*Penicillium*)는 습한 토양에서는 어디서든 볼 수 있다. 과일이나 빵을 비롯한 식품에 피는 곰팡이로 가장 흔히 접하는 푸른곰팡이는 파란색 맥과 일부 치즈에 덮인 먹을 수 있는 흰색 막으로 나타난다. 이 곰팡이는 세계 최초의 항생제인 페니실린의 천연 원료이다.

다른 균류와 마찬가지로 죽은 동식물 잔해를 분해해 토양을 비옥하

집중 조명 푸른곰팡이

게 하는 유기물로 바꾸는 중요한 분해자 역할을 담당한다. 잔사식생물이 무기물을 먹고 이를 내부에서 소화하는 데 비해 푸른곰팡이처럼 분해자인 균류는 외부의 화학 반응을 통해 먹이를 분해하고 양분을 실 같은 균사로 흡수해 균의 몸을 이루는 균사체를 형성한다. 이 과정에서 균류는 화학 물질을 분비해 같은 먹이를 두고 경쟁할 수도 있는 세균의 성장을 억제한다. 이런 화학 물질은 감염을 억제하는 항생제로 활용되며 지금까지 수억 명에 이르는 생명을 구한 것으로 보인다.

푸른곰팡이는 새로운 균사체로 발달할 수 있는 떨어져나온 균사체를 이용해 무성 생식할 수 있으며 일부 종은 유성 생식도 가능하다. 그러나 대개는 포자를 만들어 자신과 똑같은 존재를 퍼뜨리는 무성 생식에 의존한다. 초소형의 포자는 공기와 물을 통해 퍼진다. 사람이 날마다 들이마시는 푸른곰팡이 포자는 1000~100억 개에 이르는 것으로 추산된다. 대개는 무해하지만 일부 종의 포자는 알레르기 반응을 일으킬 수 있고 더욱 심각한 상황을 유발하기도 한다.

푸른곰팡이 균체 표면에 페니실린의 원료가 되는 **삼출액 방울(노란색)이** 형성되어 있다.

포자 생산
푸른곰팡이는 분생자자루(분홍색 자루)로 불리는 붓 모양의 균사 끝에서 분생포자(노란색)로 알려진 무성 포자를 만들어 낸다. 포자에는 흔히 파란색이나 초록색 색소가 들어 있으며, 이 때문에 푸른(초록)곰팡이로 불린다. 주사형 전자 현미경, 220배율.

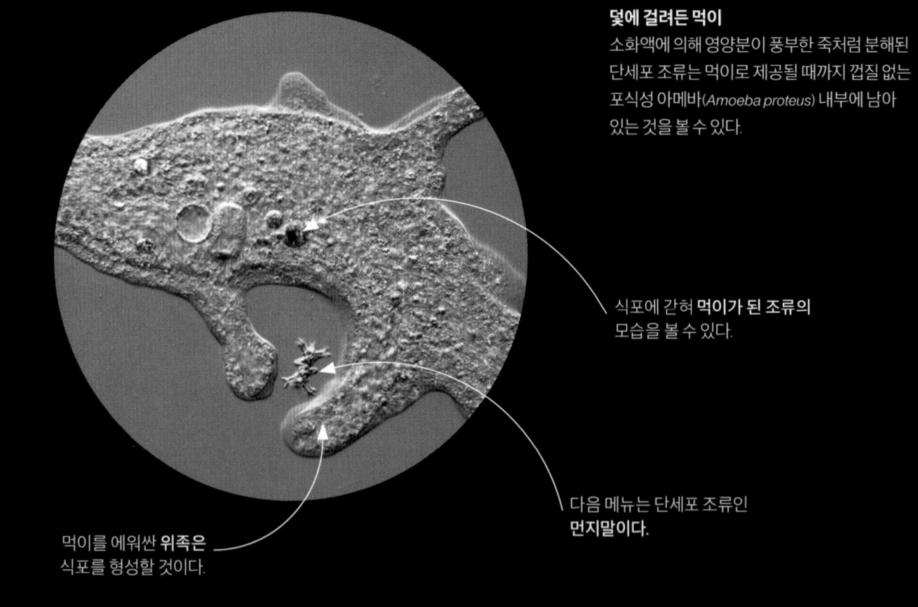

덫에 걸려든 먹이
소화액에 의해 영양분이 풍부한 죽처럼 분해된 단세포 조류는 먹이로 제공될 때까지 껍질 없는 포식성 아메바(*Amoeba proteus*) 내부에 남아 있는 것을 볼 수 있다.

껍질 틈새인 **상족(윗발)을** 통해 아메바는 위족을 뻗는다.

먹이 삼키기

동물과 마찬가지로 수많은 단세포 생물은 유기물 먹이를 먹고 살아간다. 당분처럼 상당수의 양분은 용해되어 세포 표면의 막을 통해 유기체에 흡수된다. 그러나 일부 미생물은 더 단단한 먹이도 처리할 수 있다. 이처럼 형태가 바뀌는 작은 포식자는 얇은 젤리 형태의 세포질을 이용해 바깥쪽을 살펴 위족(가짜 발)을 형성함으로써 세균, 조류, 심지어 가끔은 작은 동물 같은 유기체마저 걸려들게 만든다. 먹이는 거품 같은 식포에 갇히고 거기서 산 채로 소화된다.

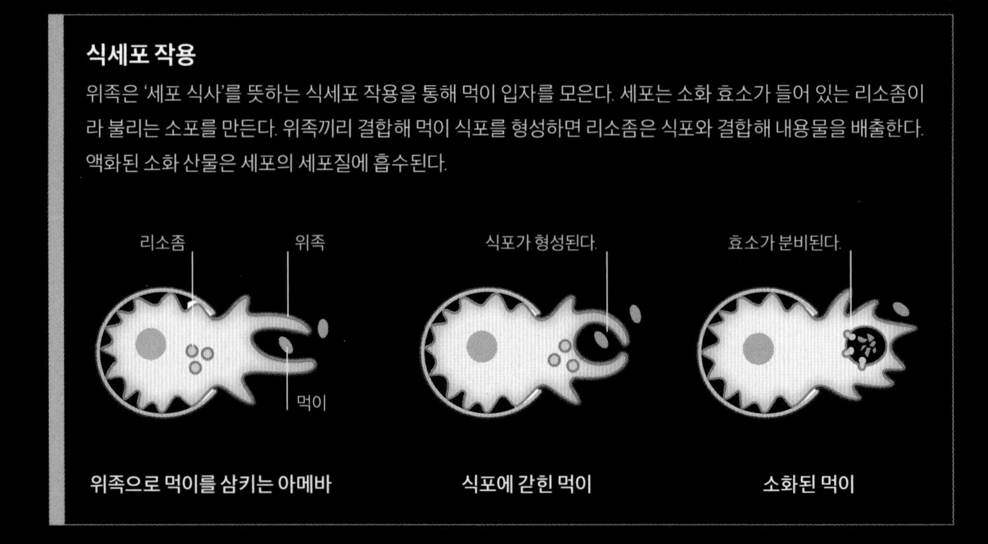

식세포 작용
위족은 '세포 식사'를 뜻하는 식세포 작용을 통해 먹이 입자를 모은다. 세포는 소화 효소가 들어 있는 리소좀이라 불리는 소포를 만든다. 위족끼리 결합해 먹이 식포를 형성하면 리소좀은 식포와 결합해 내용물을 배출한다. 액화된 소화 산물은 세포의 세포질에 흡수된다.

내부의 작은 포식자
실물 크기의 2000배로 보이는 이런 초소형 '꽃병'은 수백 개의 모래 알갱이와 유리 같은 그 밖의 입자로 이루어진 것으로서 껍질이 있는 포식성 아메바(*Difflugia* sp.)의 거처가 돼 준다. 외피로 보호를 받는 미생물은 나팔 모양의 틈새로 위족을 뻗어 먹이를 잡고 더 많은 외피 소재를 수집한다. 입자는 끈적끈적한 분비물에 의해 매우 정교하게 결합한다.

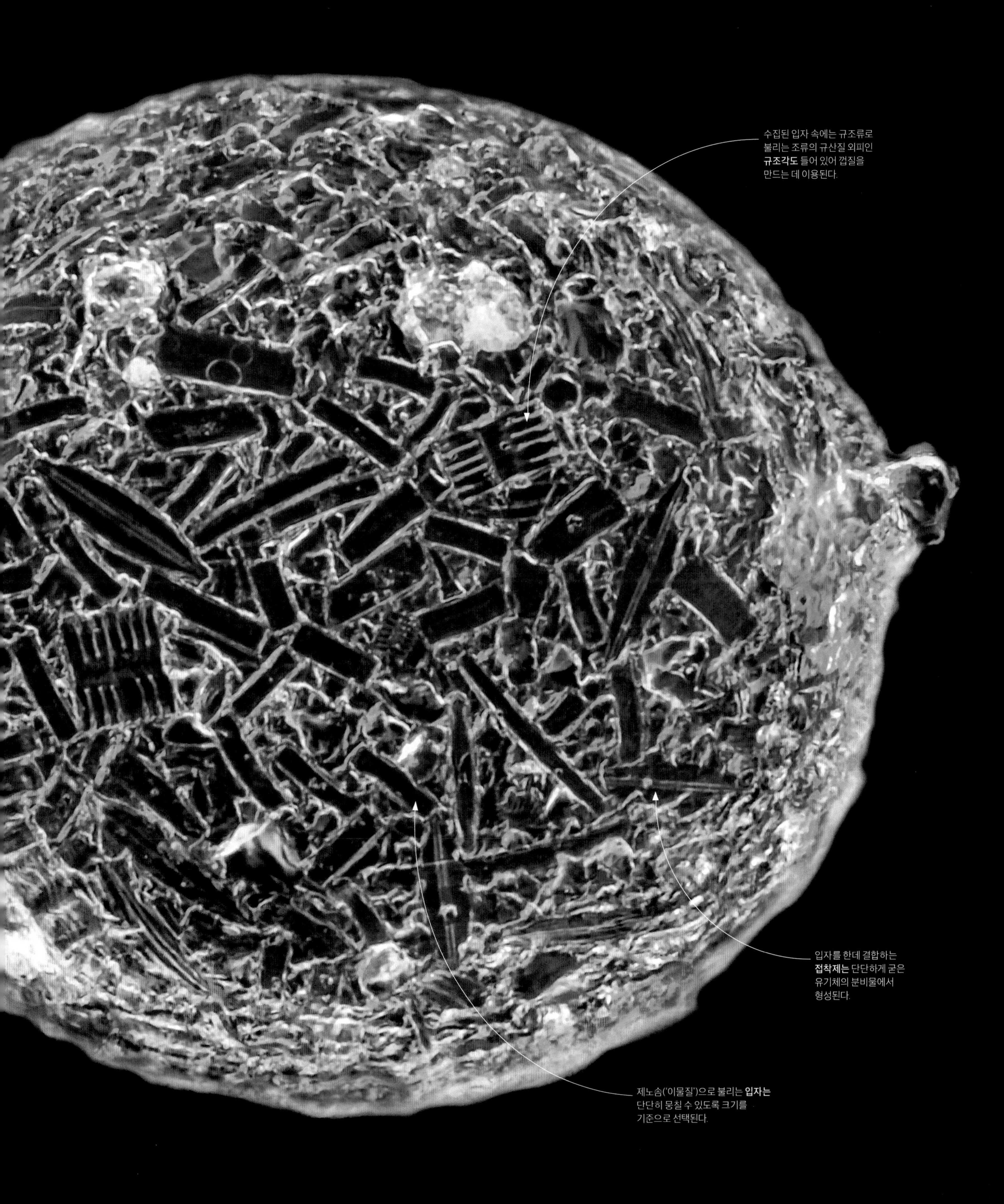
수집된 입자 속에는 규조류로
불리는 조류의 규산질 외피인
규조각도 들어 있어 껍질을
만드는 데 이용된다.
입자를 한데 결합하는
접착제는 단단하게 굳은
유기체의 분비물에서
형성된다.
제노솜('이물질')으로 불리는 **입자는**
단단히 뭉칠 수 있도록 크기를
기준으로 선택된다.

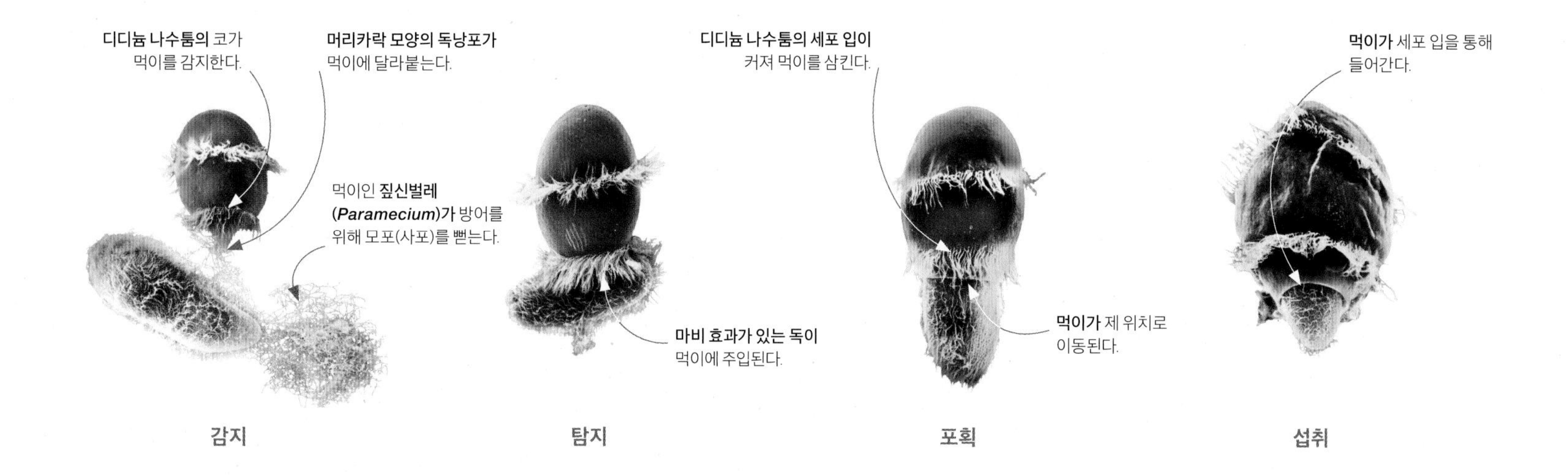

미생물 포식자

포식의 순서
디디늄 나수툼은 먹이를 감지하면 주둥이에 있는 세포소기관에서 독낭포(실 모양의 독세포)가 튀어나온다. 강섬모충속(*Didinium*) 섬모충인 디디늄 나수툼과 그 친척뻘 되는 종은 먹이를 옮겨 팽창한 세포 입으로 완전히 집어삼킨 뒤에 소화할 수 있다.

일부 미생물이 스스로 먹이를 만들거나 죽은 유기물을 먹이로 삼는 데 비해 먹이를 사냥하는 미생물도 있다. 포식성 미생물에는 다양한 먹이와 그 밖의 유기물을 먹는 선택적 포식자, 전적으로 다른 미생물만을 사냥해서 먹는 절대적 포식자의 2가지 유형이 존재한다. 절대적 미생물의 하나로 놀라운 사냥 솜씨를 보이는 디디늄 나수툼(*Didinium nasutum*)은 독낭포(톡시시스트)로 불리는 머리카락 모양의 특수한 조직을 이용해 먹이를 마비시킨다. 먹이가 부족하면 먹이가 회복될 때까지 최대 10년 동안 낭포 상태로 휴면할 수 있다.

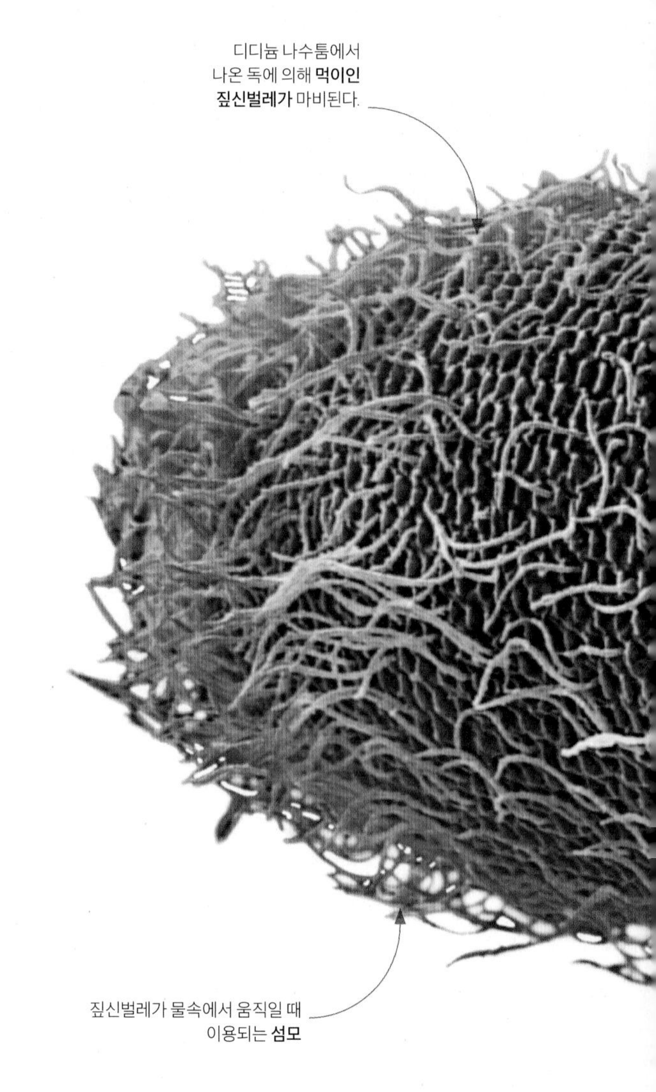

포식성 세균의 먹이 활동

단순한 세균이라도 포식자가 될 수 있다. 사람의 장에서 흔히 발견되는 세균의 일종인 델로비브리오 박테리오보루스(*Bdellovibrio bacteriovorus*)는 식중독의 주요 원인이 되면서 약물에 내성이 있는 대장균을 비롯한 수많은 세균을 박멸하는 것으로 알려져 있다. 이런 포식성 세균은 먹이로 침투해 내부에서부터 죽인다.

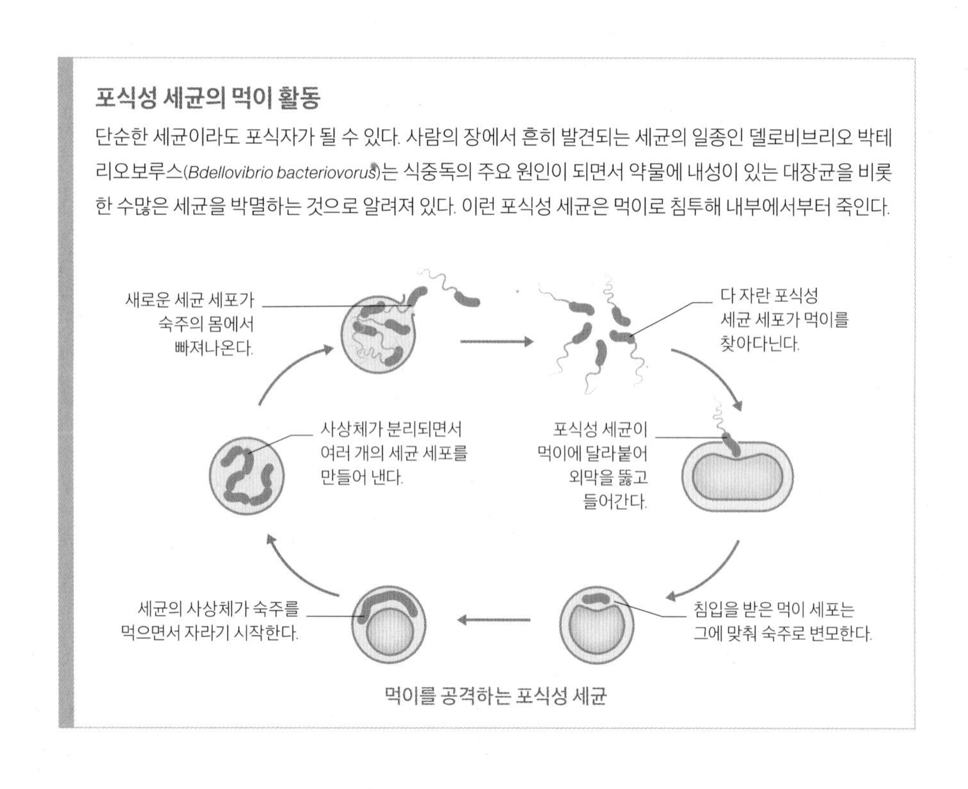

먹이를 공격하는 포식성 세균

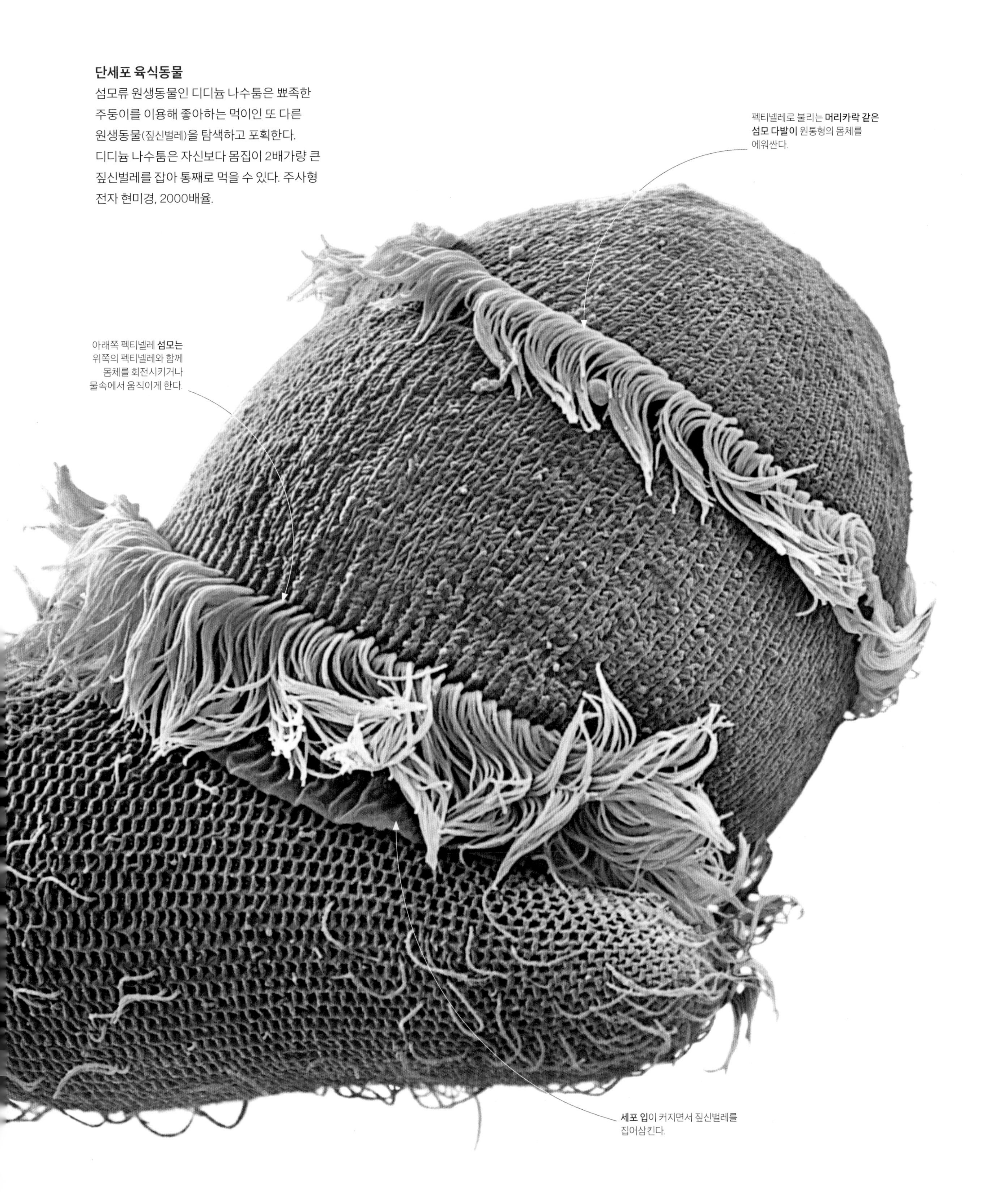

단세포 육식동물

섬모류 원생동물인 디디늄 나수튬은 뾰족한 주둥이를 이용해 좋아하는 먹이인 또 다른 원생동물(짚신벌레)을 탐색하고 포획한다. 디디늄 나수튬은 자신보다 몸집이 2배가량 큰 짚신벌레를 잡아 통째로 먹을 수 있다. 주사형 전자 현미경, 2000배율.

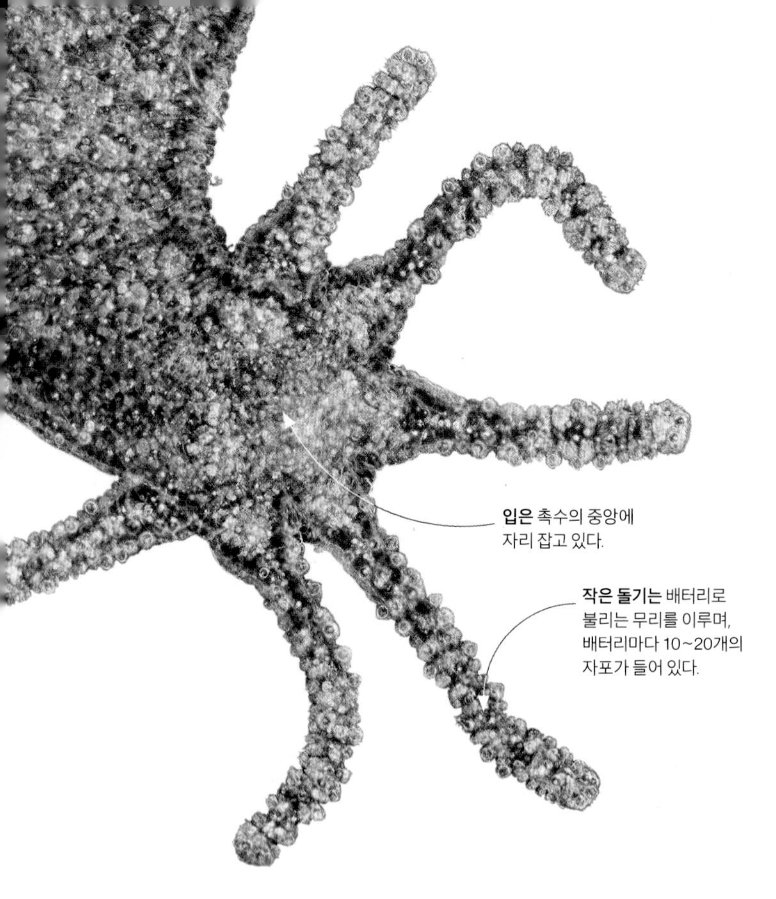

소형 연못 포식자
유능한 포식자인 히드라(*Hydra spp.*)는 몸길이가 15밀리미터도 안되지만 자기 몸집의 절반에 이르는 먹이를 잡을 수 있다. 촉수 근처에서 움직임이 느껴지면 자포에서 독이 배출된다. 먹이는 입을 통해 위강으로 밀려 들어간다.

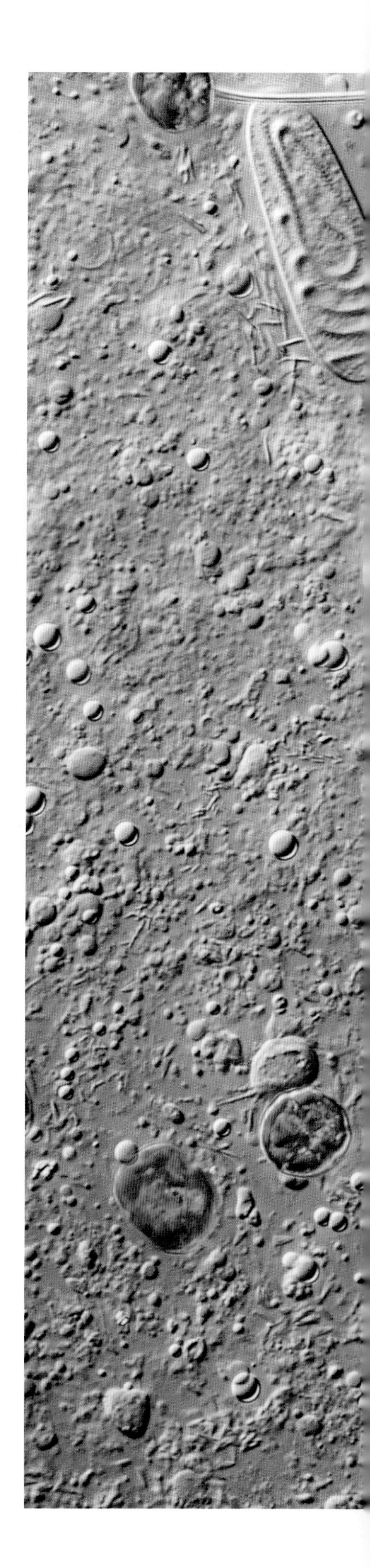

언제든 쏠 준비가 되어 있는
머쉬룸 폴립 디스코소마(*Discosoma*)의 주름에서 발견되는 커다란 자포는 효과가 탁월한 무기이다. 자포는 주로 먹이 섭취가 아닌 방어에 이용된다. 길게 휘감은 가느다란 관에는 작은 돌기가 분포하고 있으며 맨 아래쪽은 가시로 무장하고 있다. 자극을 받은 관은 폭발적인 속도로 가시가 목표물을 뚫을 수 있을 정도의 압력을 순식간에 만들어 낸다. 주황색 구는 산호의 조직에서 살아가는 황록공생조류이다. 광학 현미경, 1300배율.

자세포

히드로충류, 말미잘, 산호, 해파리에게는 주로 먹이를 뚫고, 독을 주입하고, 꼼짝 못 하게 하는 데 쓰이는 독특한 세포 구조인 자포가 있다. 최대 길이가 0.1밀리미터에 이르는 작은 주머니는 속이 비고 가느다란 관이 한쪽 끝에서 나선형으로 뻗어 나와 있다. 한번 독을 내뿜은 관은 안팎이 뒤집혀 다시 독을 내뿜을 수 없으므로 교체되어야 한다. 자포는 동물의 체내에서 발달한 다음 외배엽(외피), 특히 촉수로 이동해 무리를 짓는다.

자포의 유형

자포에는 28가지 종류가 있다. 독을 주입하는 강장동물의 자포에는 대개 가시가 있어서 자사가 먹이에 박혀 있게 한다. 나선 자포는 끈적끈적한 털로 먹이를 꼼짝 못 하게 한다. 꽃말미잘(*Cerianthid*)에서만 볼 수 있는 타이코 낭포(ptychocyst)는 관을 만들어 먹이를 휘감는 데 이용된다.

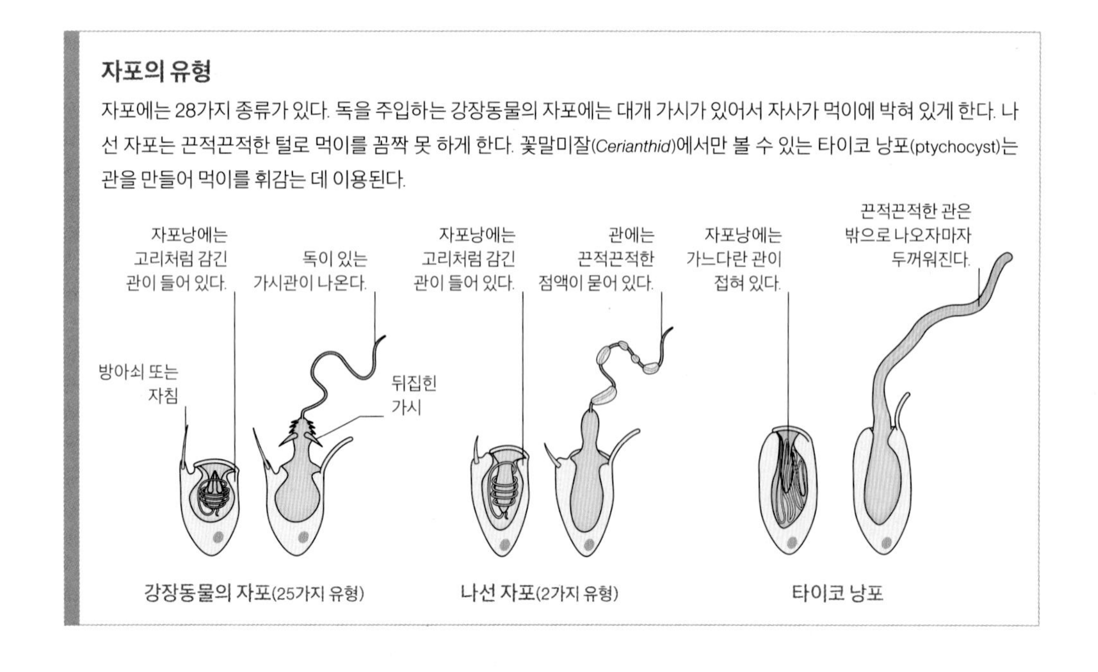

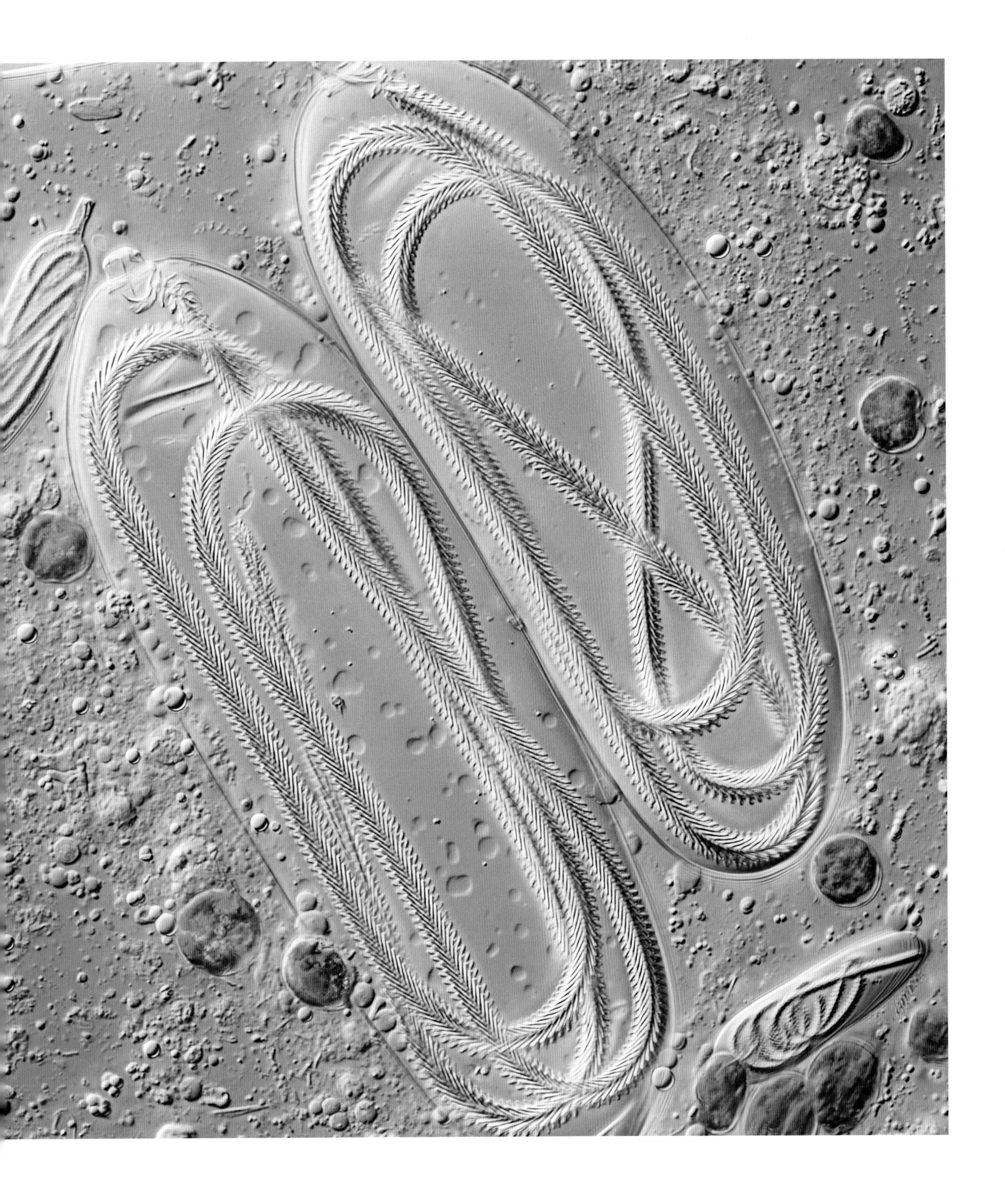

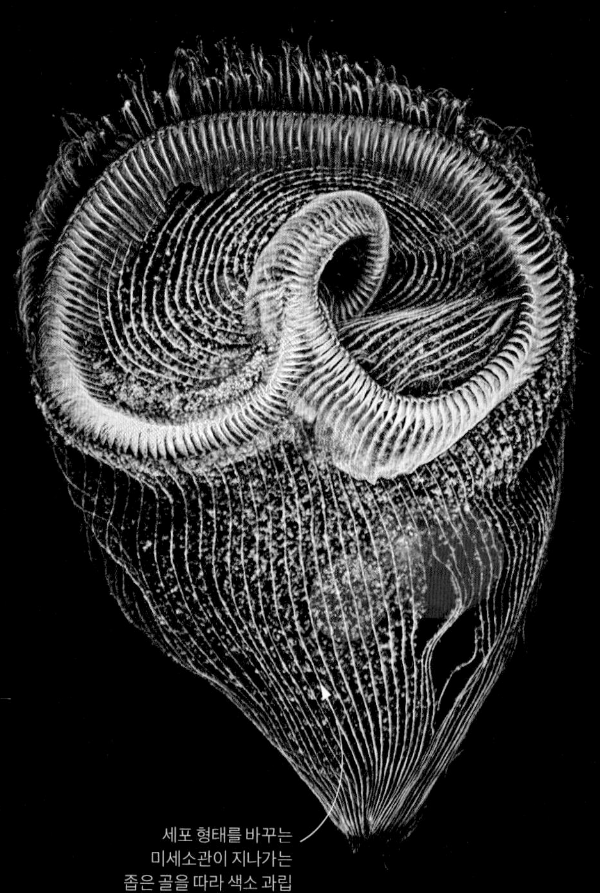

세포 형태를 바꾸는 미세소관이 지나가는 좁은 골을 따라 색소 과립 **줄무늬가 넓게** 나타나 있다.

입자 먹기

미생물부터 벌레, 고래에 이르는 수생 동물은 플랑크톤이나 물에 떠다니는 유기 쇄설물(유기물 파편과 생물 잔해 등 부스러기) 같은 먹이 입자를 먹고 살아간다. 이런 식으로 섭식을 하는 대부분의 미생물은 수동적인 현탁물 식자(부유물 식자)로서 자신들의 섭식 체계로 먹이 입자를 실어나르는 물의 흐름에 의지한다. 능동적인 현탁물 식자는 물살을 헤쳐가며 나아가기도 하고, 퍼 올리거나 실어 나르는 방식으로 물의 흐름을 만들어간다. 몸집이 크고 복잡한 대부분의 동물과 능동적인 현탁물 식자를 비롯한 일부 미생물은 특수한 그물망을 이용해 입자를 여과한다.

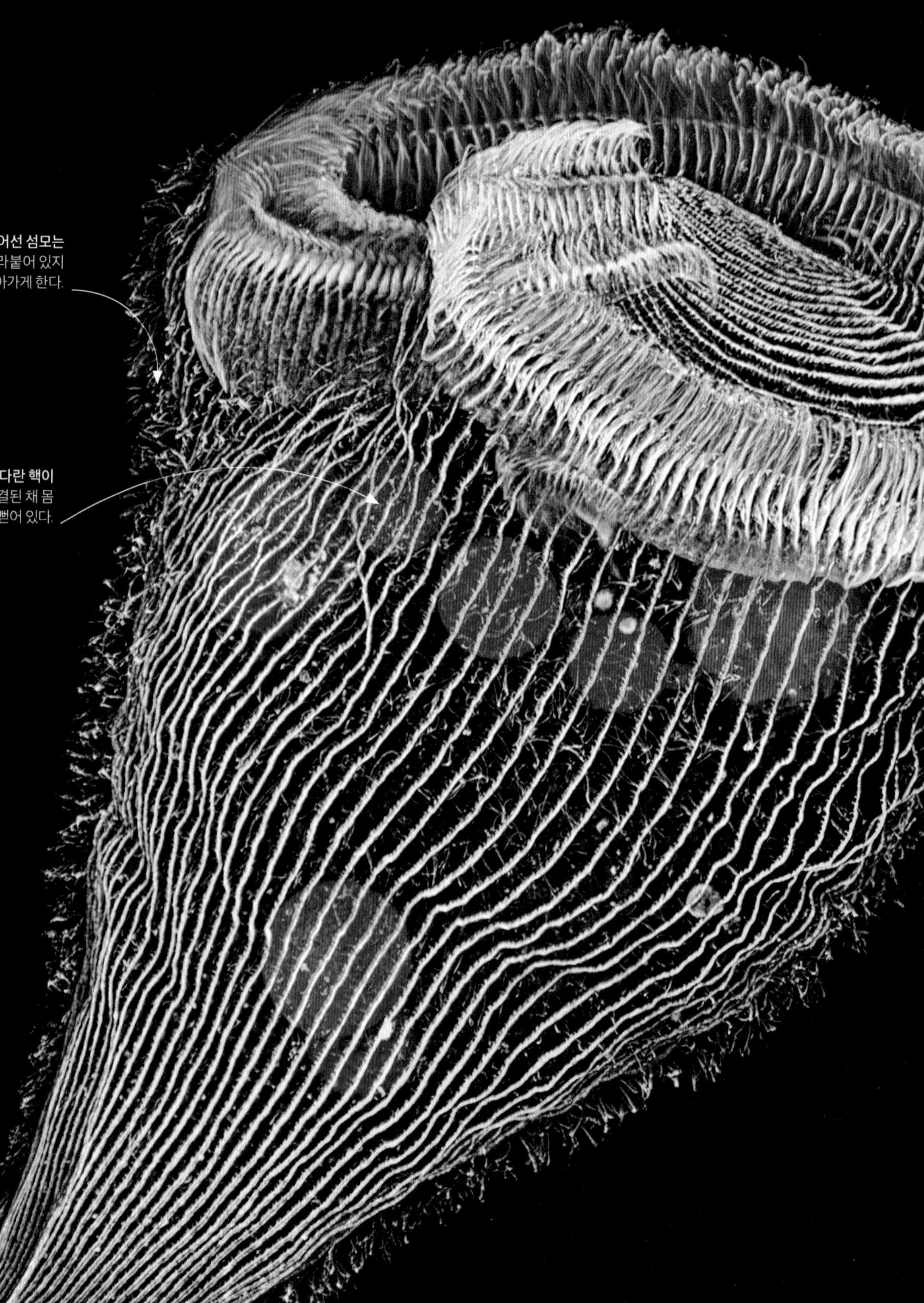

몸에 **줄지어 늘어선 섬모는** 나팔벌레가 표면에 달라붙어 있지 않을 때 물속에서 나아가게 한다.

대핵으로 불리는 **커다란 핵이** 마디로 서로 연결된 채 몸 전체에 뻗어 있다.

단세포, 복잡한 몸

짚신벌레는 하나의 핵과 복잡한 몸을 지닌 나팔 모양의 미생물로서 식물, 동물, 균류 중 어느 하나로 분류할 수 있는 특징은 보이지 않는다. 최대 3밀리미터까지 자랄 수 있어 단세포 기준으로는 큰 편이며 식물에 달라붙어 있거나 이따금 헤엄을 치면서 대개 민물에서 살아간다. 짚신벌레는 섬모류에 속하며, 한 자리에 머물 때는 구부 섬모를 이용해 입처럼 생긴 구멍으로 물이 흘러들게 하는 방식으로 부유물을 먹는다. 주사형 전자 현미경, 100배율.

막판대에 있는 **구부 섬모가** 끊임없이 파닥이면서 소용돌이를 일으켜 먹이 입자를 잡는다.

2~3줄로 빽빽하게 들어찬 섬모에서 형성된 **250여 개의 판은** 막판대로 불리는 입 모양의 구멍을 만든다.

흡착 기관이 식물이나 그 밖의 표면에 싶신벌레를 고정해 준다.

세포마다 활발한 움직임을 보이는 편모를 갖고 있다.

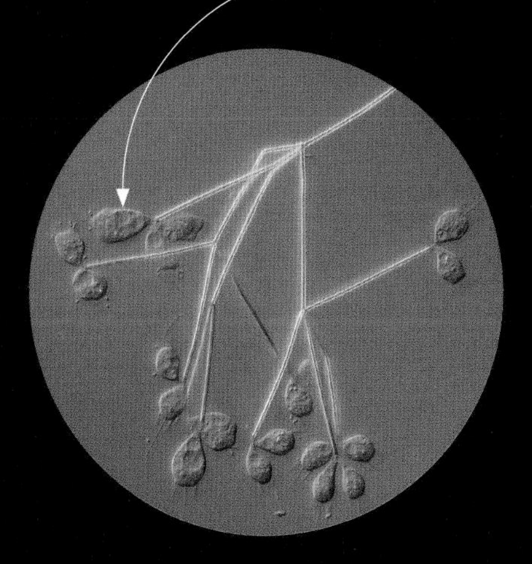

섭식 군체

군체를 이룬 깃편모충류(*Codosiga umbellata*)의 세포마다 편모를 이용해 먹이 흐름을 만들어 낸다. 그렇게 형성된 흐름은 돌출부의 깃부분(미세융모)으로 물을 밀어내 세균 같은 먹이를 가둔다.

현탁물 식자의 유형

미세한 섬모류와 이보다 큰 따개비는 모두 현탁물 식자이지만, 먹이를 수집하는 방식은 다르다. 따개비는 다리 기관이 물살을 향해 쓸고 지나가면서 그물망에 입자를 가두는 여과 섭식자이다. 반면에 섬모류는 물살을 일으키지만 체나 망을 갖고 있지 않아서 입자를 하나씩 삼킨다.

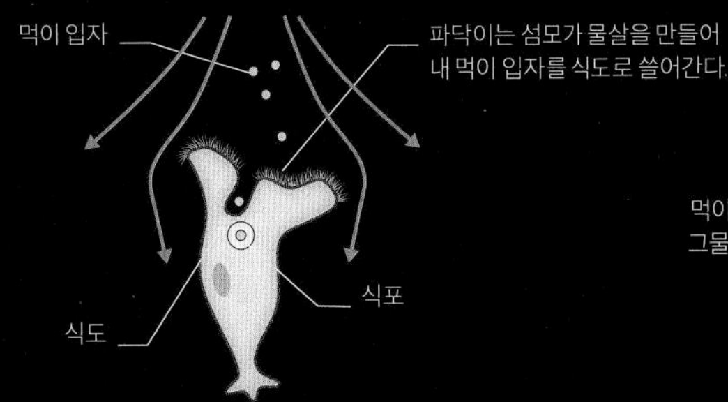

현탁물 식자인 초소형 섬모류

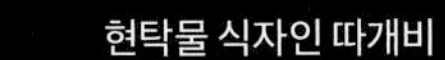

현탁물 식자인 따개비

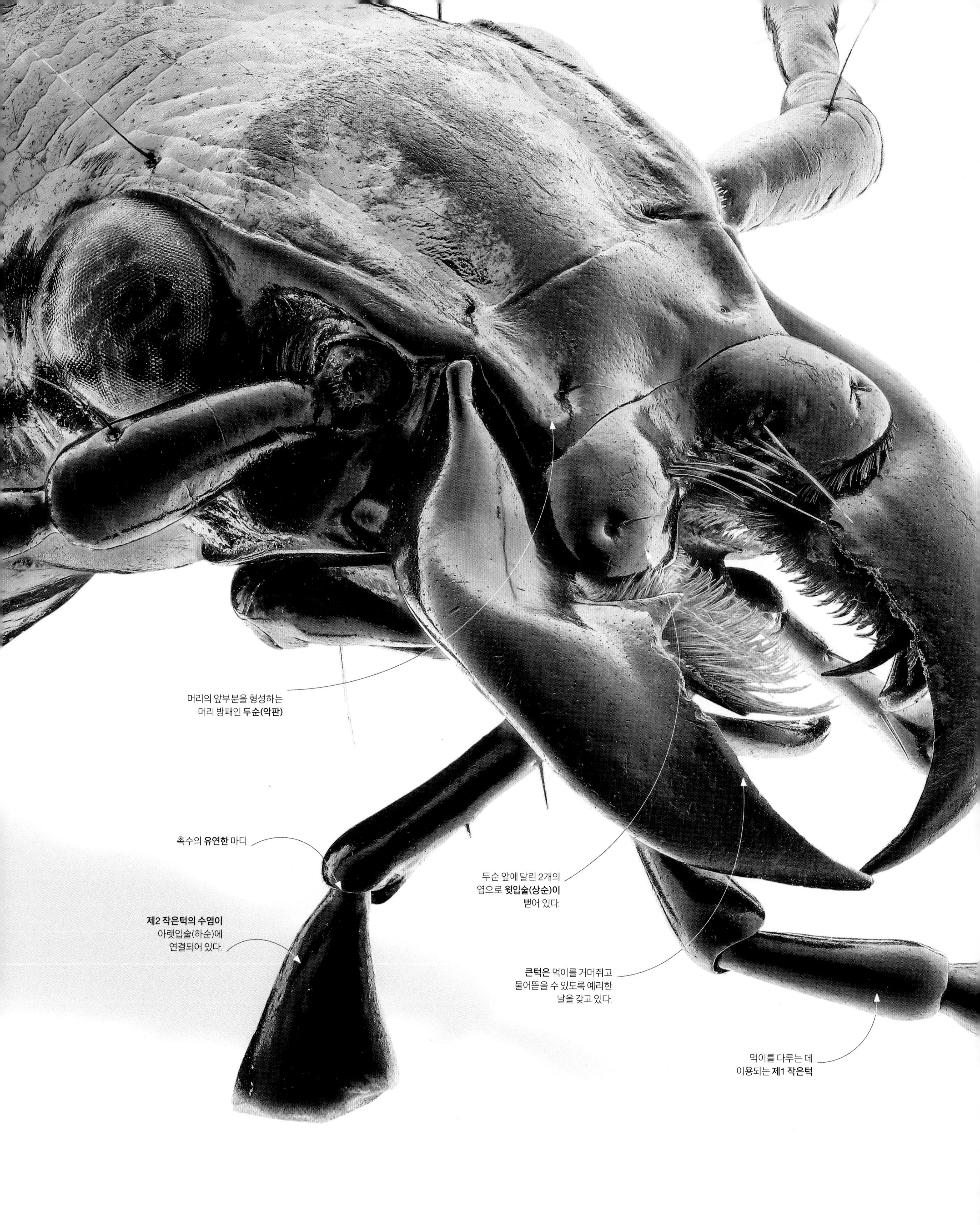
머리의 앞부분을 형성하는
머리 방패인 **두순(악판)**
촉수의 **유연한** 마디
두순 앞에 달린 2개의
엽으로 **윗입술(상순)이**
뻗어 있다.
제2 작은턱의 수염이
아랫입술(하순)에
연결되어 있다.
큰턱은 먹이를 거머쥐고
물어뜯을 수 있도록 예리한
날을 갖고 있다.
먹이를 다루는 데
이용되는 **제1 작은턱**

구기의 구성 요소

모든 곤충의 복잡한 구기는 머리 부위에서 발달한 연속적인 5개의 주요 부분으로 이루어져 있다. 앞쪽에는 입술 모양의 상순이 있고 1쌍의 큰턱(아래턱)과 혀처럼 생긴 하인두가 그 뒤에 자리 잡고 있다. 아랫입술을 포함한 2쌍의 작은턱(윗턱)은 보조적인 구기 역할을 한다. 대부분의 곤충은 작은턱 끝에 수염이 있어서 먹이를 만지거나 맛보는 데 이용한다.

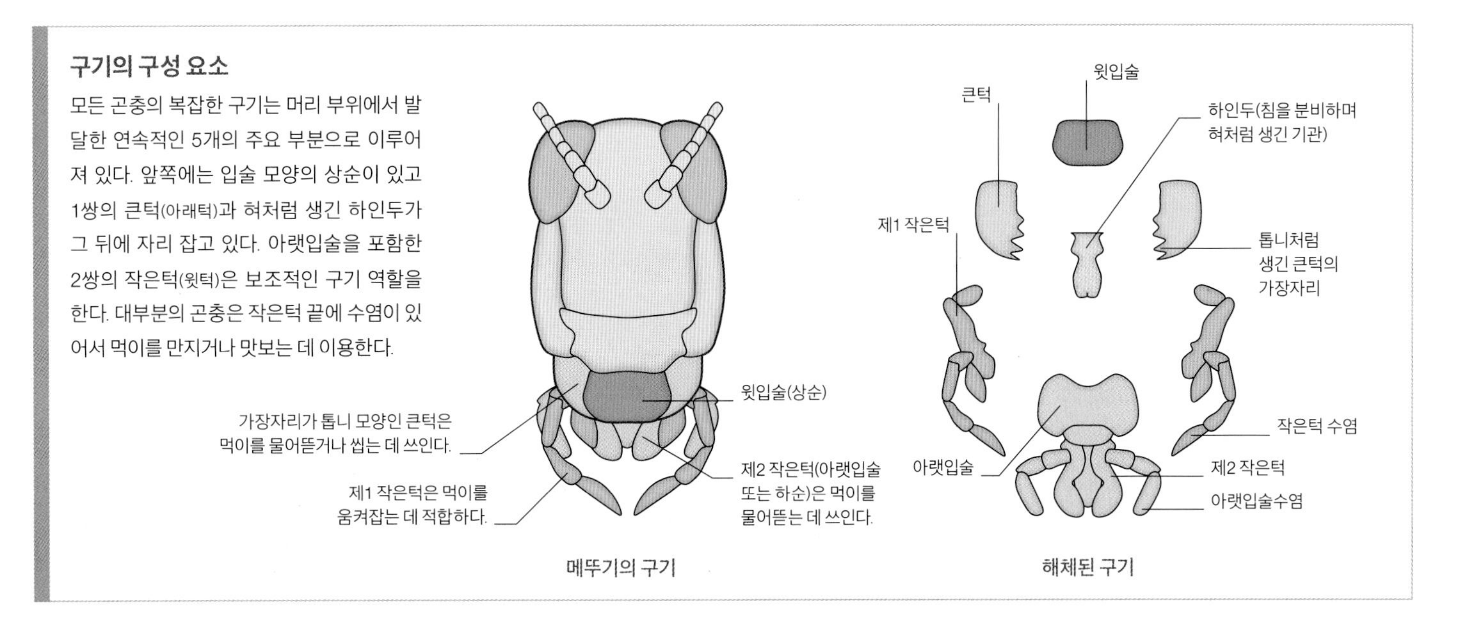

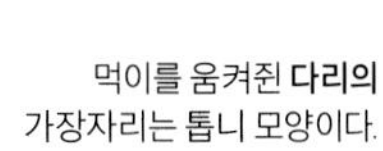

움켜쥐는 다리
아시아사마귀(*Hierodula doveri*)는 다리를 이용해 먹이를 잡는다. 딱정벌레보다 훨씬 작은 이 사마귀의 큰턱은 먹이를 잘라낼 수 있을 만큼 날카롭다.

강력한 큰턱

각종 구기로 무장한 불그스름한 머리는 딱정벌레를 민달팽이, 달팽이, 벌레, 곤충 같은 무척추동물에게 위협적인 포식자로 만들어 준다. 전 세계적으로 4만 종이 넘는 딱정벌레는 무는 기능이 있는 구기 덕분에 번성해 왔다.

구기 연결하기

단단한 고형물을 깨물어 씹든 액체를 빨아들이든 동물의 입은 먹이를 삼키기 위한 특별한 장치가 필요하다. 곤충은 먹이를 다루고, 먹고, 맛보는 데 이용되는 여러 개의 구기를 갖는다. 곤충의 구기는 식물이나 살코기부터 피, 체액, 배설물에 이르기까지 다양한 먹이를 다루는 다양한 도구로 진화해 왔다. 이것은 먹이와 서식 환경에 맞춘 일종의 분화로 볼 수 있다. 식물을 먹는 메뚜기나 포식성 딱정벌레처럼 먹이를 씹어먹는 곤충은 잘라내는 기능이 있는 큰턱, 손가락 모양의 수염과 더불어 이런 구기의 명쾌한 '평면도'를 보여 준다.

뚫기
수많은 곤충은 구멍을 뚫어 꿀, 식물의 즙액, 심지어 동물의 피까지 빨아 먹는다. 곤충의 구기는 겉으로는 속이 빈 관처럼 보이지만, 다양한 방식으로 이루어져 있다. 노린재류(매미와 진딧물이 포함된 노린재목)에게는 길쭉한 큰턱, 아랫입술, 작은턱으로 이루어져 찌르는 '부리'가 된 구기가 있다. 작은턱은 구침으로 불리는 날을 형성해 종에 따라 다른 동식물 먹이를 자르는 데 이용된다.

매미
(*Megatibicen resh*)

코 모양의 뒷이마방패에는 부리를 통해 즙액을 빨아들이는 근육이 들어 있다.

금노린재
(*Loxa viridis*)

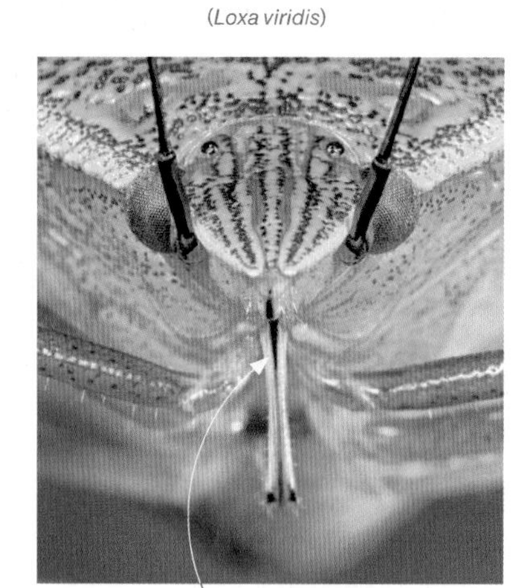

즙액을 얻기 위해 잎에 구멍을 낼 때 이용되는 **길고 좁은 부리**

허리노린재
(*Coreus* sp.)

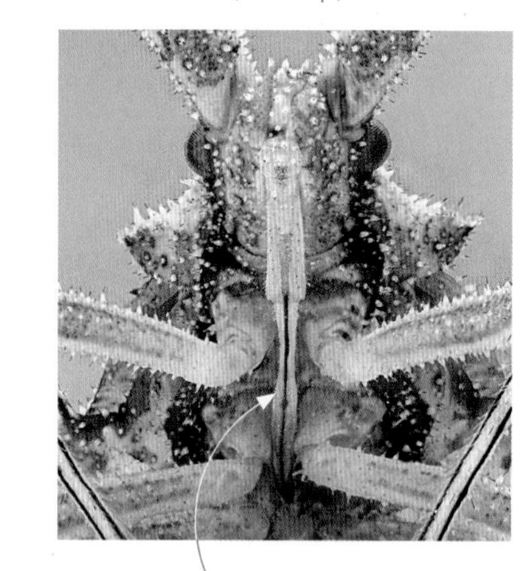

부리는 씨앗과 과일에 구멍을 낸다.

씹기
4억여 년 전 처음으로 출현한 곤충에게는 씹는 구기가 있었다. 이런 구기는 오늘날 구더기와 애벌레처럼 곤충의 유충에서 흔히 볼 수 있으며, 성충 단계에서는 이용되지 않는다고 해도 유충 단계에서는 이용된다. 씹기에 이용되는 구기에는 대개 옆으로 열려 있으며 비스듬하게 무는 1쌍의 날카로운 큰턱이 있다. 작은턱 같은 그 밖의 구기는 수염으로 불리는 다리처럼 생긴 부속 기관을 형성해 먹이 조각을 처리하는 데 도움을 줄 수도 있다.

땅벌
(*Vespula vulgaris*)

큰턱이 먹이를 입 크기의 덩어리로 자른다.

기가스대왕개미
(*Camponotus gigas*)

개미는 큰턱을 이용해 무거운 짐을 옮길 수 있다.

풀무치(이동메뚜기)
(*Locusta migratoria*)

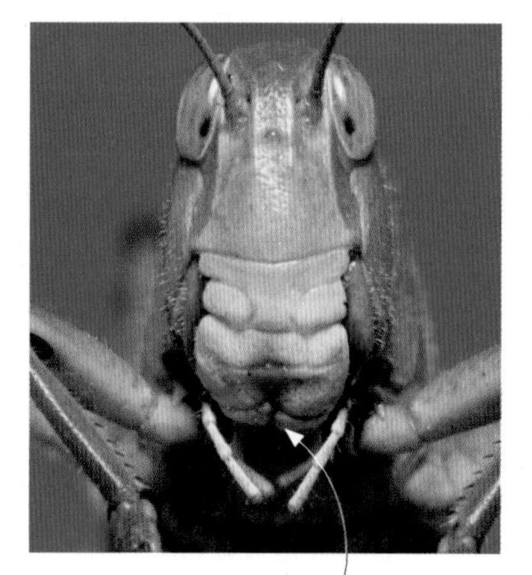

씹기에 이용되는 구기는 자르는 동작을 할 때 좌우로 움직인다.

핥고 닦아내기
대부분의 파리와 모든 벌은 먹이를 핥는 데 이상적인 구기를 갖추고 있다. 큰턱이 없는 집파리나 붉은빰검정파리 같은 무스코모피아(Muscomorphis) 파리는 강력한 소화액을 역류시켜 먹이를 분해한다. 둥글고 스펀지 같은 입의 끝부분은 액체 혼합물과 단단한 먹이를 빨아들인다. 벌은 중설(가운데 혀)로 불리는 솔 모양의 돌출물로 아랫입술을 뻗어 즙과 꿀을 핥아 먹는다.

집파리
(*Musca domestica*)

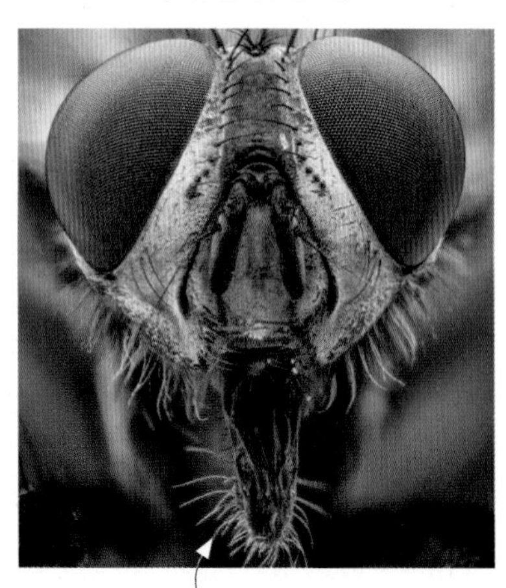

털이 많은 구기에 **액체 먹이가** 묻을 수 있다.

붉은빰검정파리
(*Calliphora vicina*)

아랫입술 끝이 확장해 스펀지 패드(입 끝부분)를 형성한다.

물결넓적꽃등에
(*Helophilus* sp.)

짧은 주둥이는 꿀과 꽃가루를 수집한다.

꿀을 먹는 곤충

성충이 된 나비와 거의 모든 나방은 꽃이 제공하는 액체 상태의 달콤한 꿀을 먹이로 한다. 이들은 튜브 모양의 긴 주둥이를 이용해 꿀을 빨아 먹는다. 오른쪽에 보이는 작은멋쟁이나비(*Vanessa cardui*)의 주둥이는 아주 길쭉한 작은턱에서 형성된 것으로서 갈고리 모양으로 구부러져 유연한 원기둥을 만든다. 주둥이는 먹이를 먹을 때는 곧게 펴졌다가 비행 중에는 안으로 집어넣을 수 있다.

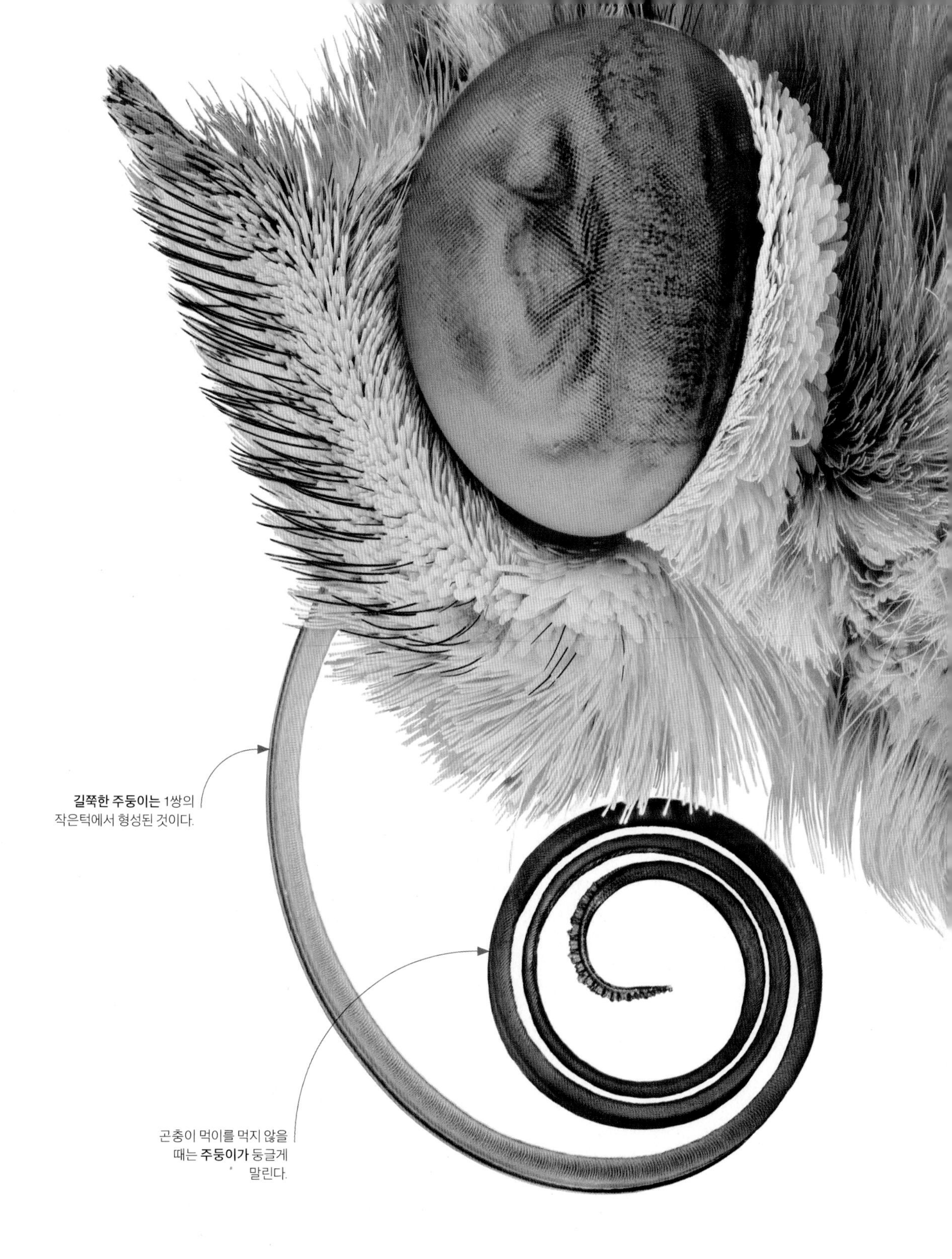

길쭉한 주둥이는 1쌍의 작은턱에서 형성된 것이다.

곤충이 먹이를 먹지 않을 때는 **주둥이가** 둥글게 말린다.

초록참뜰길앞잡이
(*Cicindela campestris*)

은신처로 끌어온 먹이를 **구부러진 큰턱으로** 움켜잡는다.

꿀벌
(*Apis mellifera*)

가운데 혀를 뻗어 꿀을 핥아 먹는다.

곤충의 구기

곤충의 구기는 형태와 기능에서 엄청난 다양성을 보인다 하더라도 하나같이 머리의 5가지 해부학적 구성 단위(윗입술, 큰턱, 작은턱, 아랫입술, 혀처럼 생긴 하인두, 46~47쪽 참조) 가운데 하나 이상이 모여 이루어진다. 짝을 이룬 큰턱과 작은턱은 섭식에 이용되는 다리처럼 마디로 된 부속 기관을 형성할 수 있다. 구기로 무장한 곤충은 동물의 피, 식물의 즙액부터 나무, 썩은 고기에 이르기까지 다양한 먹이를 취할 수 있다.

수정체가 하나뿐인 **작고 단순한 눈은** 빛과 어둠은 물론 움직임도 감지할 수 있다.
보호용 가시는 벼룩의 몸에서 뒤쪽을 향하고 있어서 앞으로 기어갈 때 마찰력을 최소로 줄인다.
몸은 경피로 불리는 단단한 보호용 판으로 덮여 있다. 경피는 좌우로 압축할 수도 있어서 기생충이 숙주에게 잡히거나 해를 입지 않은 채 털 사이로 빠져나올 수 있다.
바늘 모양의 구기 양쪽에 자리 잡은 **손가락처럼 생긴** 수염에는 감각모가 붙어 있어서 가까이에 있는 먹이(피) 냄새를 감지할 수 있다.

흡혈 동물

흡혈 동물에게는 작은 크기가 유리하다. 기생충은 숙주의 몸에 달라붙어 털 밑에 숨은 채 표피 바로 밑으로 무제한 제공되는 먹이를 쉽게 얻어가며 일생을 보낼 수 있다. 몸이 단단하고 다부진 벼룩 성충은 잡히지 않으려고 이리저리 건너뛰면서 숙주를 옮겨 다닌다. 먹이를 물어뜯는 다른 곤충과 마찬가지로 벼룩 역시 절단날이 달린 구기(구침)를 이용해 피부를 뚫고 침에 있는 항응고 화학 물질을 주입한다. 덕분에 배가 차오르도록 빨아 먹는 동안 숙주의 피가 굳지 않고 계속 흐를 수 있다. 수컷과 암컷 모두 피를 빨아 먹지만, 암컷은 단백질이 풍부한 양분을 이용해 평생 수백 개의 알을 낳는다.

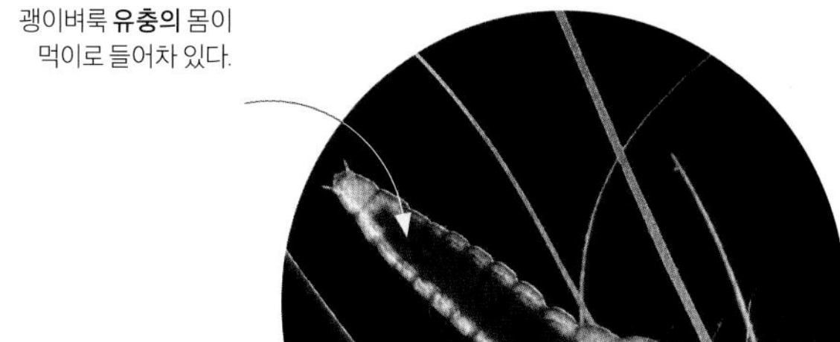

괭이벼룩 **유충의** 몸이 먹이로 들어차 있다.

간접적으로 섭취한 피
숙주의 침구나 둥지에 있는 파편을 먹은 벼룩 유충은 성체보다 단단한 먹이를 먹는 셈이다. 유충은 다 자란 벼룩의 배설물을 먹으면서 단백질을 얻기도 하는데, 여기에는 소화되지 않은 피도 포함되어 있다.

고양이 몸의 기생충
2500종이 넘는 벼룩은 대부분 주로 고양이와 개에 기생하는 괭이벼룩(*Ctenocephalides felis*)처럼 특정한 숙주에서 기생한다. 체온이 따뜻한 숙주를 좋아해서 94퍼센트의 벼룩은 포유류를 공격하고 나머지는 조류에서 살아간다. 어떤 벼룩이든 날씬하고 단단해서 긁히지 않는 몸과 숙주를 바늘처럼 뚫는 구기를 보유하고 있지만 날 수는 없다. 주사형 전자 현미경, 300배율.

개선된 구기

모든 곤충의 구기는 기본 요소(46쪽 참조)가 같으면서도 저마다 다양한 액체를 빨아들일 수 있도록 다양한 방식으로 진화해 왔다. 피를 빨아 먹는 벼룩에게는 큰턱이 없으며 작은턱으로 불리는 보조적인 1쌍의 구기로부터 절단침이 발달했다. 즙액을 빨아 먹는 진딧물에는 큰턱이 있어서 구침의 일부로 이용된다. 나비와 나방은 꿀을 먹기 위해 절단날이 필요 없다. 대신에 꽃을 탐색할 때 풀어질 수 있도록 긴 주둥이 속에 작은턱이 감겨 들어가 있다.

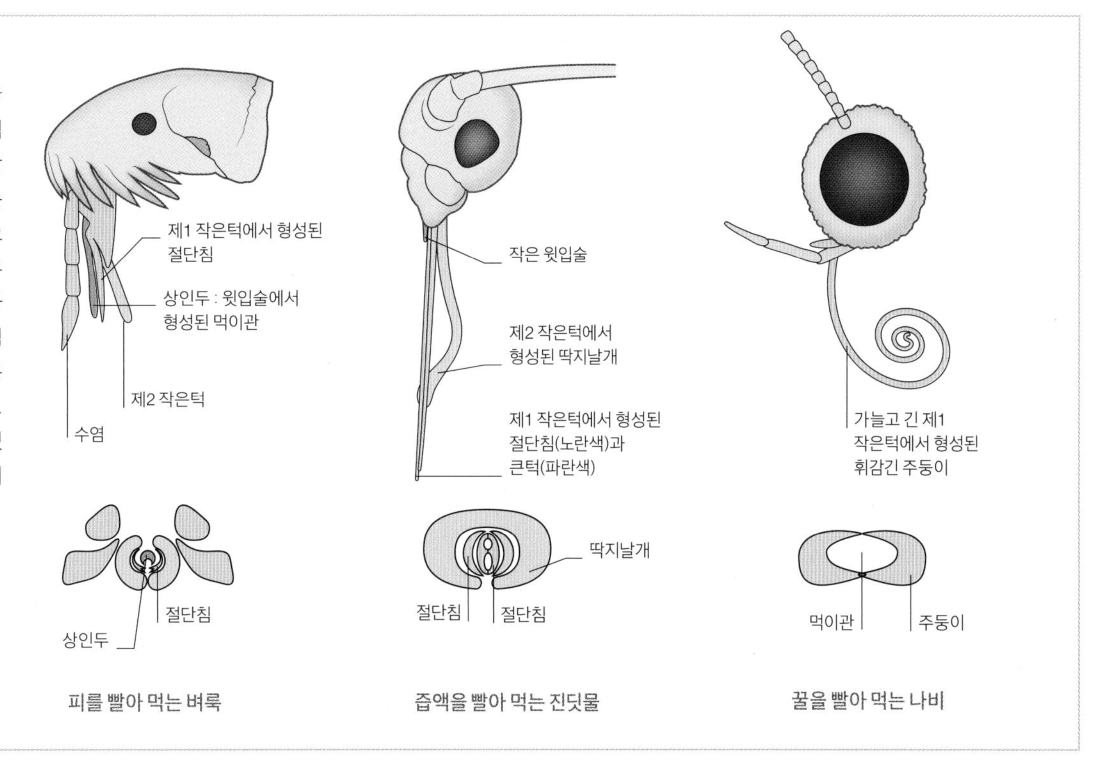

곤충에게서 단물을 빨아 먹는 곤충
진딧물은 과도한 당분을 단물의 형태로 항문을 통해 배출해 단 것을 좋아하는 개미를 끌어들인다. 수많은 개미는 진딧물에게서 '단물을 빨아 먹는' 대신에 이들을 천적에게서 보호해 준다.

날개 없는 기생충의 침입
다른 진딧물과 마찬가지로 흔히 볼 수 있는 쐐기풀진딧물(*Microlophium carnosum*)은 적당히 자란 식물을 찾아 날아와 대량 서식한다. 그러나 일단 자리를 잡고 나면 당분이 풍부한 새순의 잎맥이나 잎에 가까이 머무를 수 있도록 날개가 없는 형태로 번식한다. 암컷은 몸길이가 4밀리미터까지 이르고 짝짓기도 없이 알을 낳아(243쪽 참조) 눈 깜짝할 사이에 식물을 온통 뒤덮을 수 있다.

즙액 받아마시기

수많은 곤충은 피하 주사기 역할을 하는 구기를 이용해 식물에서 즙액을 빨아 먹는다. 즙액은 체관부 도관(206~207쪽 참조)으로 불리는 미세관을 통해 잎이나 줄기 표면 바로 아래로 흐른다. 진딧물은 주둥이로 더듬거나 맛을 보면서 이런 관을 찾아낸다. 광합성으로 만들어진 양분을 운반하는 체관부 즙액은 50퍼센트 이상이 당분이며 나머지는 아미노산과 그 밖의 필수 영양소로 이루어져 있다. 진딧물은 에너지가 풍부한 먹이를 통해 자라고 빠르게 번식한다. 그 결과 식물의 성장을 방해할 수 있을 만큼 엄청난 개체 수로 줄기를 뒤덮을 수 있다.

언제든 마실 수 있는 단물

진딧물의 구기에 붙은 감지기는 체관부를 찾아내려면 어디를 탐색해야 할지 알려준다. 진딧물은 주둥이(51쪽 참조)에 자리 잡은 바늘 모양의 구침을 이용해 체관부에 구멍을 뚫는다. 도관에 구침이 들어가고 나면 빨지 않고도 진딧물의 뱃속으로 즙액을 밀어 넣을 수 있을 만큼 체관부의 압력은 충분하다.

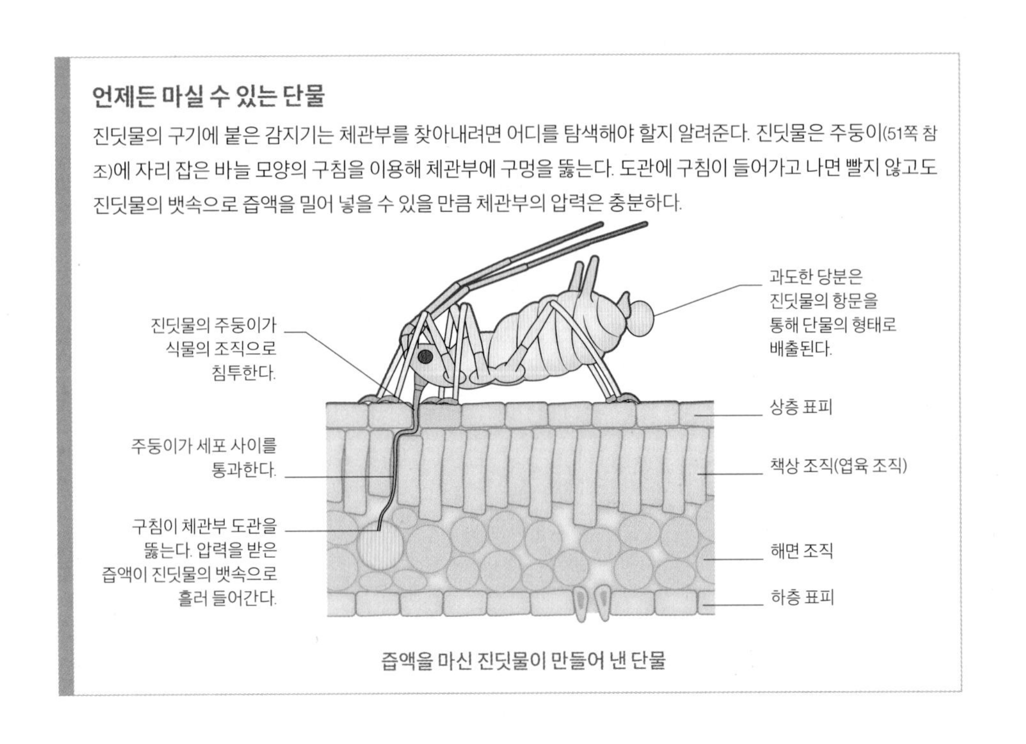

먹이 긁어내기

동물이 먹이를 먹을 때 체내로 들어가는 먹이는 세포로 흡수될 수 있을 정도의 작은 입자로 소화되어야 한다. 다른 동물과 마찬가지로 식물을 먹는 달팽이에게는 이런 과정이 입에 든 먹이를 기계적으로 바스러뜨리는 일에서 시작된다. 그러나 달팽이는 씹지 않고 치설로 불리며 미세한 이빨로 덮인 혀 모양의 구조를 이용한다. 치설이 앞뒤로 핥아내면서 식물 표면을 긁어내면 삼킬 수 있을 만한 크기로 식물 조각이 떨어져나온다. 뱃속에서 효소에 의한 화학적 처리까지 이루어지면 소화가 마무리된다.

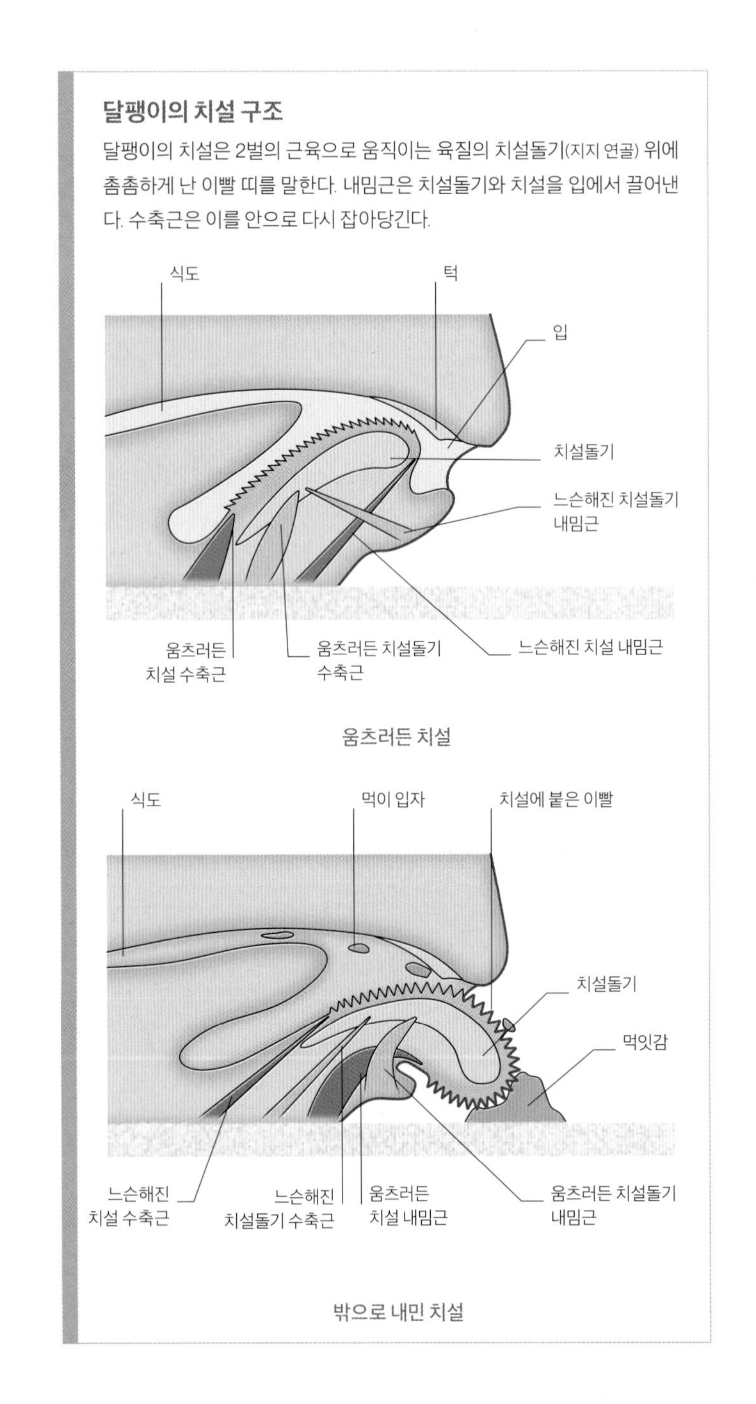

달팽이의 치설 구조

달팽이의 치설은 2벌의 근육으로 움직이는 육질의 치설돌기(지지 연골) 위에 촘촘하게 난 이빨 띠를 말한다. 내밈근은 치설돌기와 치설을 입에서 끌어낸다. 수축근은 이를 안으로 다시 잡아당긴다.

대부분이 탄산칼슘으로 이루어진 껍질은 성체가 될 때까지 달팽이와 함께 자란다.

나뭇잎을 먹는 달팽이

행동은 굼뜨지만 왕성한 식욕을 자랑하는 초식 동물인 로마달팽이(식용달팽이)는 껍질을 유지하는 데 도움이 되는 칼슘이 풍부한 백악질 환경에서 잘 살아간다.

여러 줄로 늘어선 이빨 끝은 뒤쪽을 향하고 있어서 먹이 입자를 입안으로 들여보내는 데 유리하다.

마모되는 혀

로마달팽이(*Helix pomatia*)의 치설을 덮은 미세한 이빨은 곤충을 비롯한 수많은 동물의 외골격을 이루는 물질과 같은 키틴질로 이루어져 있다. 닳은 이빨은 하부층의 세포에서 나온 새 이빨로 대체된다.

독이 있는 집게발

감춰진 작은 생명체의 세계는 가까이 들여다보면 무시무시해 보이는 사냥꾼들이 차지하고 있다. 가장 큰 전갈붙이는 쌀알 한 알 크기에 불과하며 대다수 종이 너무 작아 대부분 못 보고 넘어가기가 십상이다. 그러나 이들은 먹이를 잡는 집게발로 무장하고 있으며 친척뻘 되는 거미나 진짜 전갈과 마찬가지로 먹잇감의 체액을 빨아들이기 전에 집게발 끝을 통해 마비시키는 독을 주입할 수 있다. 전갈붙이는 낙엽, 퇴비 더미, 새 둥지, 동굴은 물론 톡토기나 진드기처럼 다루기 쉬운 작은 먹잇감이 풍부한 곳이라면 어디서든 살아간다. 일부는 오래된 서가에 놓인 책에서 살아가며 제본 풀을 뜯어 먹는 책좀을 사냥하기도 한다.

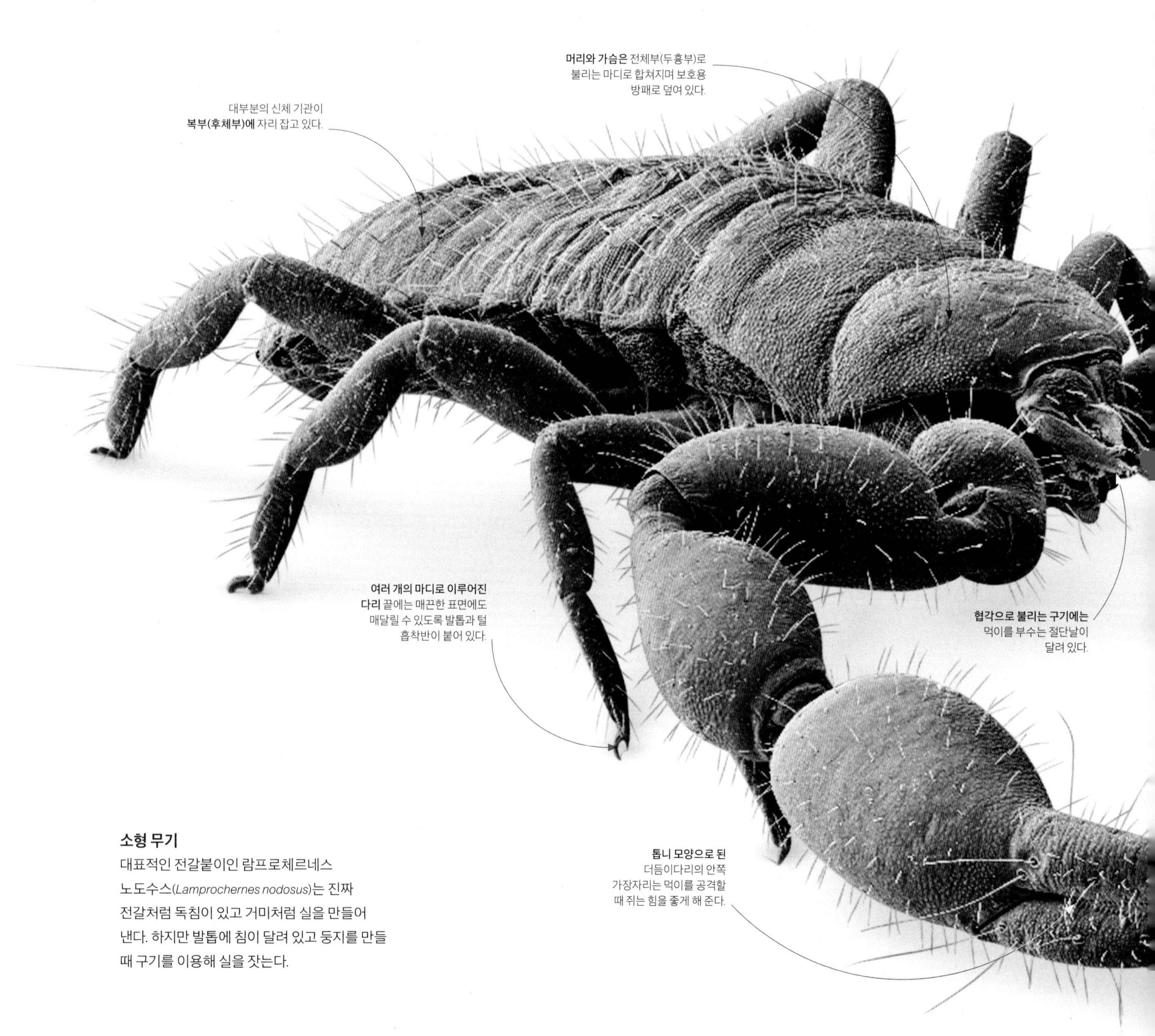

소형 무기

대표적인 전갈붙이인 람프로체르네스 노도수스(*Lamprochernes nodosus*)는 진짜 전갈처럼 독침이 있고 거미처럼 실을 만들어 낸다. 하지만 발톱에 침이 달려 있고 둥지를 만들 때 구기를 이용해 실을 잣는다.

무임승차
전갈붙이는 흔히 집게발을 이용해 날아다니는 곤충이나 또 다른 거미류처럼 자기 몸집보다 더 큰 동물에게 매달려 이리저리 옮겨 다닌다. 늘 그렇듯이 이들 무임승차자는 새로운 서식지로 새끼를 퍼뜨리려는 암컷이다(172~173쪽 참조).

전갈붙이의 집게발은 간혹 며칠씩 숙주에게 매달리는 데 이용된다.

숙주는 훨씬 큰 동물인 말벌(*Dolichomitus* sp.)이다.

강모(센털)가 가까이에 있는 먹이의 움직임을 감지한다.

튀어나온 마디에는 크고 강한 근육이 자리 잡고 있어서 쥐는 힘을 가진 집게발로 이용된다.

독을 쏘는 손가락

전갈붙이의 집게발은 더듬이다리로 불리며 먹이를 다루는 부속 기관으로 변형되었다. 진짜 전갈과 마찬가지로 더듬이다리에는 2개의 손가락이 달려 있다. 그중 하나는 고정되어 있고 나머지 하나는 먹이를 잡기 위해 관절부를 중심으로 움직인다. 꼬리에 독이 있는 전갈과는 달리 대부분의 전갈붙이는 더듬이다리에 독이 있어서 손가락의 구멍을 통해 독을 배출한다. 다음 그림은 3가지 유형의 전갈붙이에게서 볼 수 있는 더듬이다리로서 각기 다른 독샘 형태를 보여 준다.

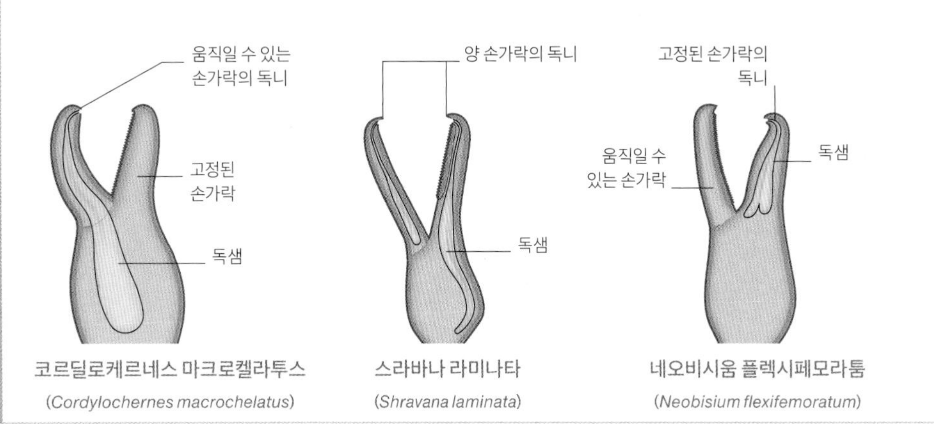

외골격의 단단한 **등판은** 체절로 나뉘어 있지 않은 진드기의 몸을 보호해 준다.

감각모 또는 강모는 진드기가 주변의 냄새를 맡거나 움직임을 감지할 수 있게 해 준다.

먹이를 소화하기 쉬운 상태로 만들기

진드기와 거미를 비롯한 포식성 거미류는 먹이에서 직접 액체를 빨아 먹거나 소화관과 작은턱샘에서 분비되어 먹이를 액체로 만드는 소화액을 역류시키는 방식을 취한다. 일부 거미류는 협각이라는 턱 모양 구기를 이용해 먹이를 기계적으로 분해하기도 한다. 액체 상태의 먹이는 구강에 늘어선 강모를 이용해 섭취하고 여과한다. 죽처럼 된 먹이는 근육질의 배를 통해 흡수되고 배에서 액체를 식도(목)로 퍼 올린다. 많은 거미의 협각은 속이 비고 송곳니처럼 생긴 부속 기관으로서 독샘이 들어 있거나 독샘에 연결되어 있다. 독이 주입되어 먹잇감을 마비시키면 소화하기 쉬운 상태로 만들 수 있다.

협각은 턱처럼 작용해 먹이를 움켜잡거나 소화액을 주입한다.

더듬이다리는 마디로 이루어진 긴 다리 모양의 부속 기관이다.

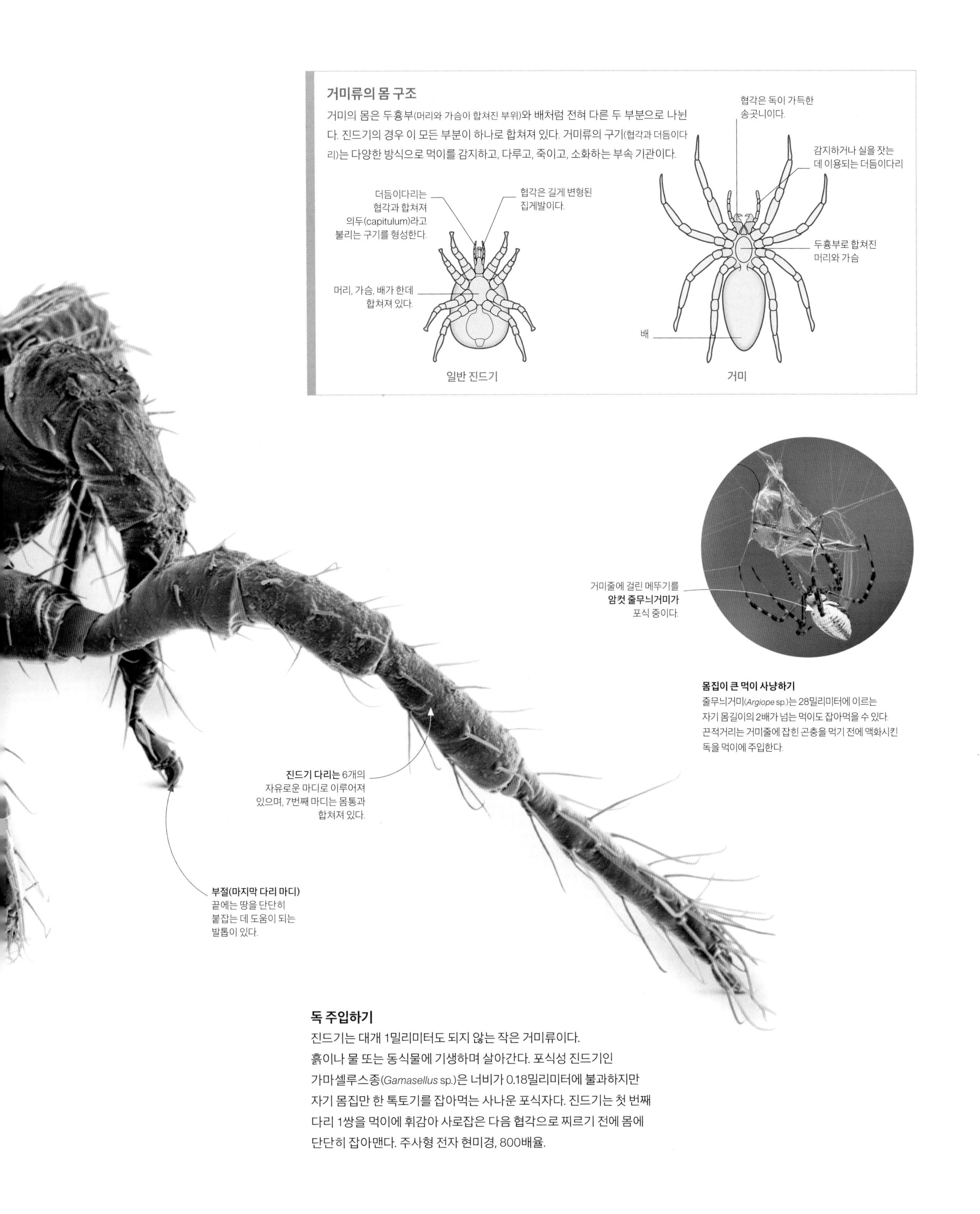

거미류의 몸 구조

거미의 몸은 두흉부(머리와 가슴이 합쳐진 부위)와 배처럼 전혀 다른 두 부분으로 나뉜다. 진드기의 경우 이 모든 부분이 하나로 합쳐져 있다. 거미류의 구기(협각과 더듬이다리)는 다양한 방식으로 먹이를 감지하고, 다루고, 죽이고, 소화하는 부속 기관이다.

몸집이 큰 먹이 사냥하기
줄무늬거미(*Argiope* sp.)는 28밀리미터에 이르는 자기 몸길이의 2배가 넘는 먹이도 잡아먹을 수 있다. 끈적거리는 거미줄에 잡힌 곤충을 먹기 전에 액화시킨 독을 먹이에 주입한다.

독 주입하기

진드기는 대개 1밀리미터도 되지 않는 작은 거미류이다. 흙이나 물 또는 동식물에 기생하며 살아간다. 포식성 진드기인 가마셀루스종(*Gamasellus* sp.)은 너비가 0.18밀리미터에 불과하지만 자기 몸집만 한 톡토기를 잡아먹는 사나운 포식자다. 진드기는 첫 번째 다리 1쌍을 먹이에 휘감아 사로잡은 다음 협각으로 찌르기 전에 몸에 단단히 잡아맨다. 주사형 전자 현미경, 800배율.

양분 흡수하기

인간의 장은 장의 상피를 통과할 정도로 작은 당분, 아미노산, 지방산처럼 단순한 물질을 흡수한다. 당분과 아미노산은 각각 탄수화물과 단백질을 구성하는 기본 단위로서 재빨리 혈관에 흡수된다. 모든 융모는 모세혈관처럼 작은 혈관 조직으로 채워져 있다. 잘 녹지 않는 지방은 림프계에 모였다가 나중에 혈류에 공급된다.

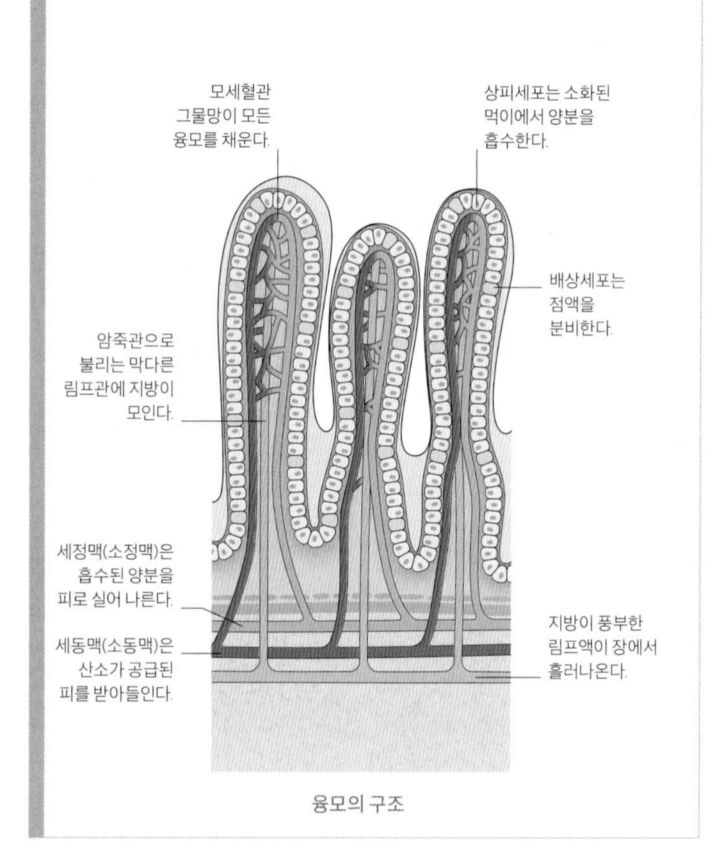

융모의 구조

추가된 표면적

인간의 장벽을 보여 주는 횡단면은 여기서 상피세포의 붉은색 내벽으로 보이는 융모가 장벽 표면적을 극적으로 확장하는 과정을 드러낸다. 그 결과 장이 음식물 분자를 흡수할 수 있는 능력이 향상된다. 주사형 전자 현미경, 80배율.

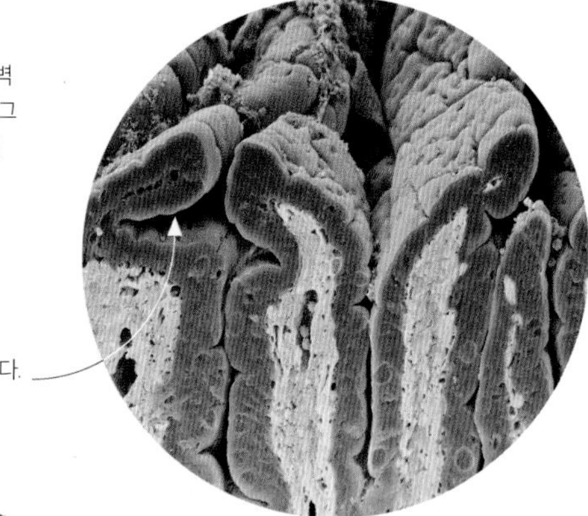

주름이 융모 표면을 덮고 있다.

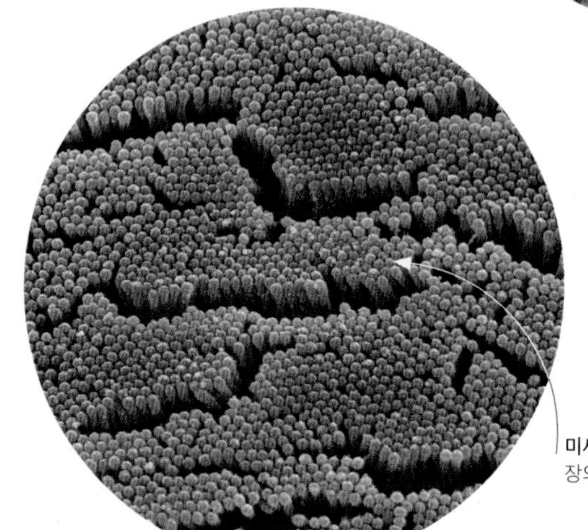

미세융모가 모여 솔 모양의 층을 이루면 장의 내용물과의 경계면이 형성된다.

미세융모

융모 표면을 덮은 상피세포의 상막은 매우 복잡해서 미세융모로 불리는 손가락 모양의 또 다른 돌기를 형성한다. 융모와 마찬가지로 미세융모 역시 매우 넓은 흡수면을 만들어 낸다. 주사형 전자 현미경, 8900배율.

혈류 속으로 들어가는 먹이

먹이를 섭취한 모든 생물은 체내 조직에 쉽게 흡수될 수 있도록 먹이를 작은 분자로 분해하거나 소화해야 한다. 미생물은 체표면에서 양분을 쉽게 흡수할 수 있지만, 몸집이 큰 동물이 양분을 빨리 흡수하려면 정교하면서도 복잡한 구조가 필요하다. 인간의 경우 주로 양분을 흡수하는 표면은 소장이다. 소장벽은 융모로 불리는 손가락 모양의 미세한 돌기로 이루어져 있다. 융모를 덮고 있는 세포는 손가락 모양의 더 작은 돌기로 덮여 있다. 융모와 미세융모는 모두 흡수가 이루어지는 광범위한 영역을 나타낸다. 회장으로 알려진 3미터 길이의 소장 끝부분에는 비타민과 그 밖의 남아 있는 양분을 흡수하는 융모가 덮여 있다.

장의 내벽

길이가 대략 0.3~0.8밀리미터에 이르는 인간의 융모 하나를 주사형 전자 현미경으로 들여다본 모습은 점액(초록색)을 분비하는 배상세포(파란색)로 덮인 융모를 보여 준다. 물과 젤 같은 단백질의 혼합물인 점액이 장벽을 덮고 있어서 음식물에 뒤섞인 강력한 소화 효소가 체내 조직에 손상을 입히지 않도록 막는 막을 형성한다. 주사형 전자 현미경, 250배율.

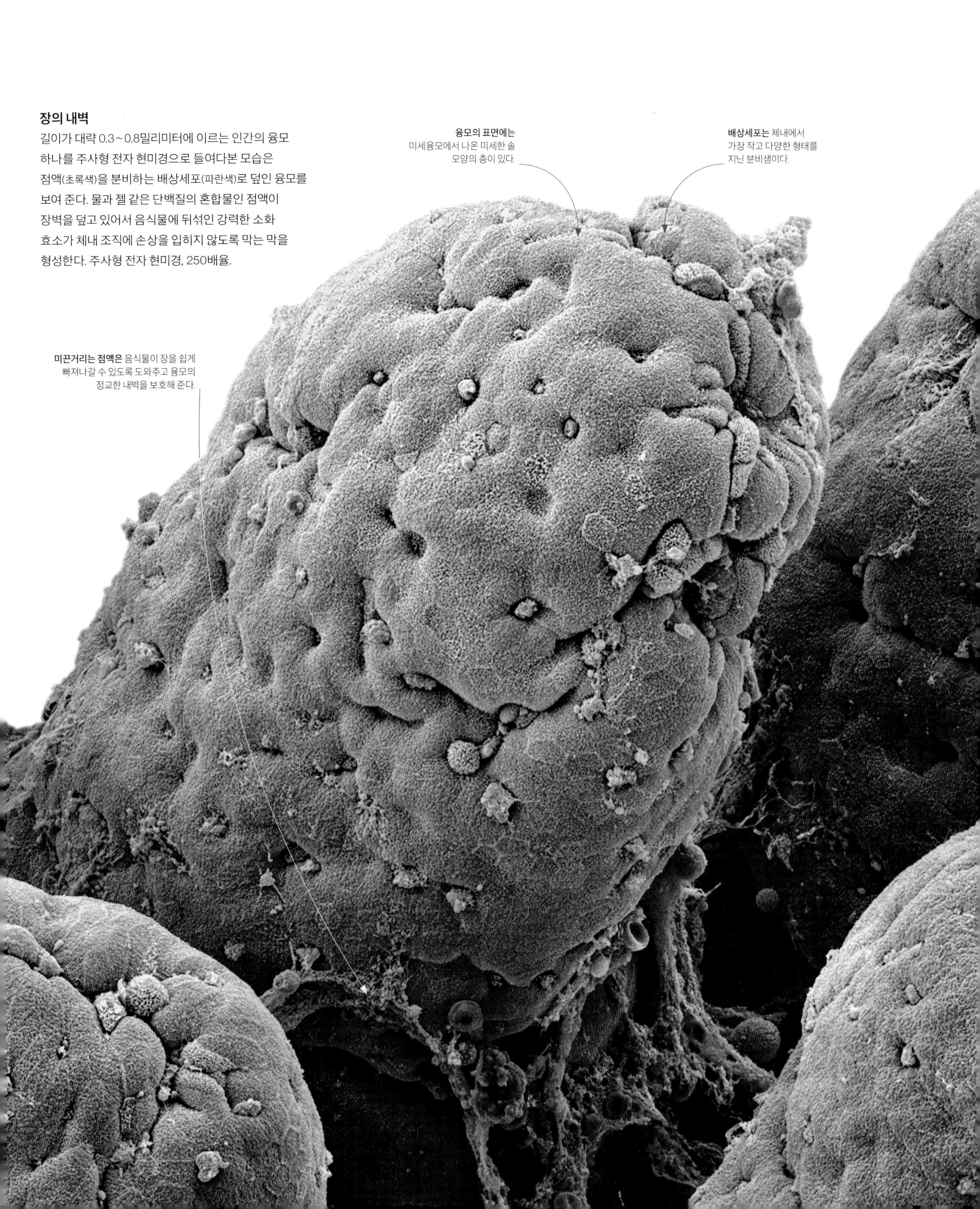

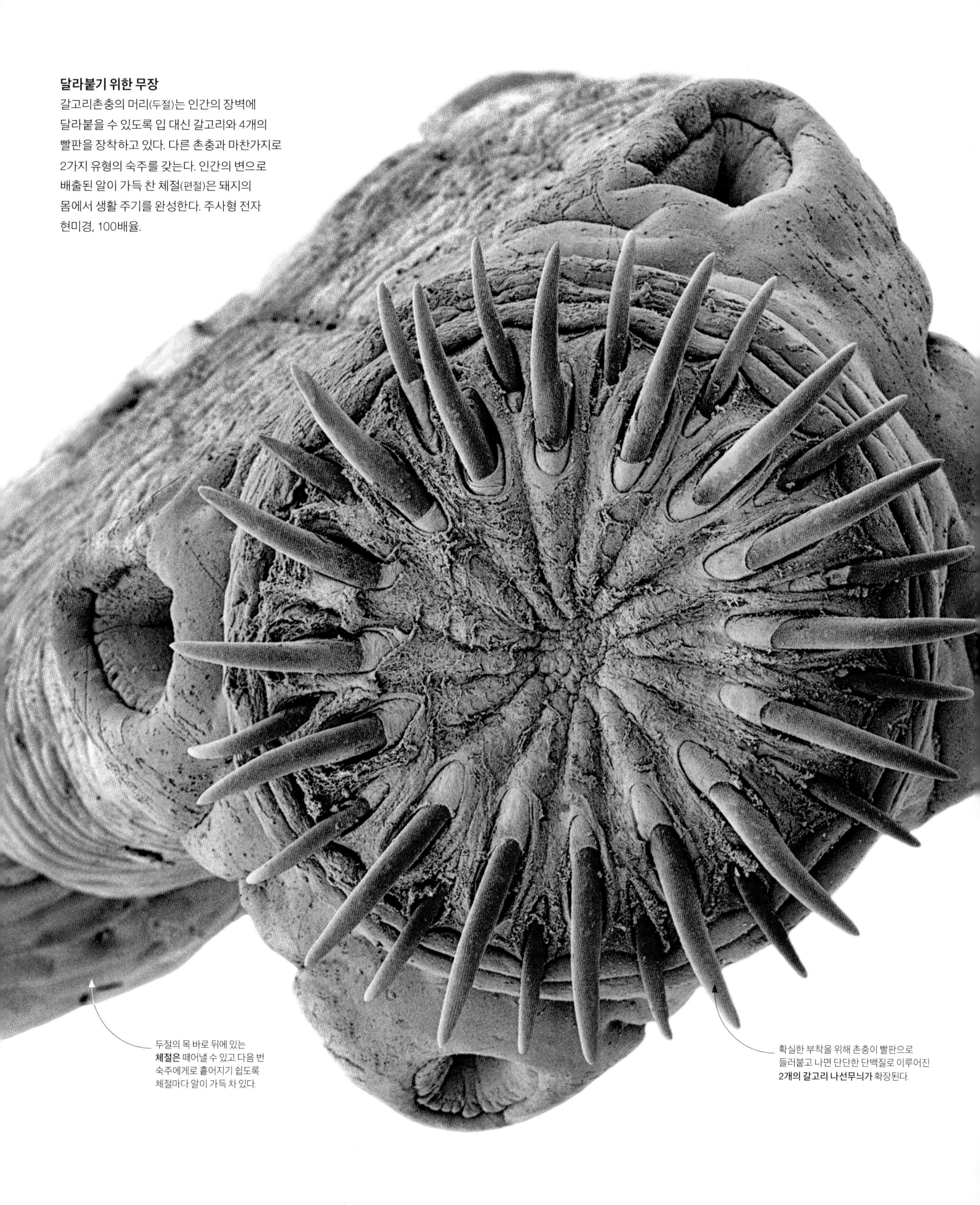

달라붙기 위한 무장

갈고리촌충의 머리(두절)는 인간의 장벽에 달라붙을 수 있도록 입 대신 갈고리와 4개의 빨판을 장착하고 있다. 다른 촌충과 마찬가지로 2가지 유형의 숙주를 갖는다. 인간의 변으로 배출된 알이 가득 찬 체절(편절)은 돼지의 몸에서 생활 주기를 완성한다. 주사형 전자 현미경, 100배율.

촌충의 체벽

촌충은 숙주의 뱃속에서 소화되지 않도록 하는 작은 돌기가 달린 단단한 각피로 무장하고 있다. 미세융모로 불리는 작은 돌기는 먹이를 흡수하는 표면적을 늘려 준다. 분비세포와 알카리성세포는 각피를 두껍게 하고 숙주의 장에 있는 산성의 소화액을 중화하는 물질을 분비한다.

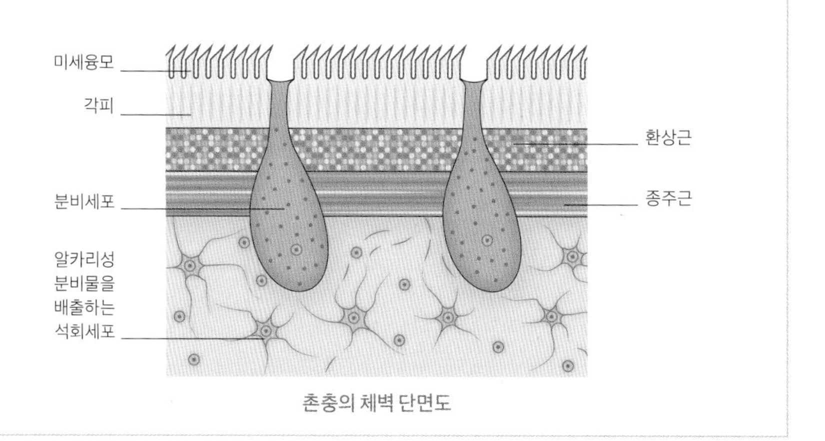

촌충의 체벽 단면도

각피의 **단단한 표면은** 숙주의 소화액이 일으키는 부식 작용을 견딘다.

장에서 살아가기

기생충은 다른 생명체의 몸 안팎에서 살아가면서 먹이를 얻는다. 양분을 빼앗긴 숙주는 쇠약해지지만, 적어도 번식기 동안 숙주가 살아 있는 것이 기생충의 관심사다. 촌충은 이처럼 불평등한 관계를 이용하는 데 탁월한 재능을 보인다. 수많은 동물의 장에서 살아가는 촌충은 충분히 아래쪽에 있는 소화관에서 미리 소화된 먹이에 둘러싸인다. 촌충은 장이 없기에 장벽에 단단히 달라붙은 채로 주변에 있는 양분을 흡수할 수단이 필요하다. 다 자라고 나면 숙주의 배설물에 알을 낳아 새로운 동물의 몸속으로 들어갈 준비를 한다.

숙주의 장 내벽에 달라붙은 **빨판은** 장의 연동운동이 일으킨 파동에 의해 촌충이 떨어져 나가지 않게 해 준다.

몸이 긴 기생충
동물의 장이 많은 양의 먹이를 흡수할 정도로 긴 것처럼 그 속에서 살아가는 촌충 역시 될 수 있으면 많은 양분을 빨아 먹으려고 길게 자란다. 이런 두상조충(*Taenia pisiformis*)은 2미터까지 자랄 수 있다.

리본 모양의 편평한 몸은 필요한 먹이의 양을 제한할 만큼 최소한의 크기를 보이지만, 넓은 표면적으로 먹이 흡수를 최대화한다.

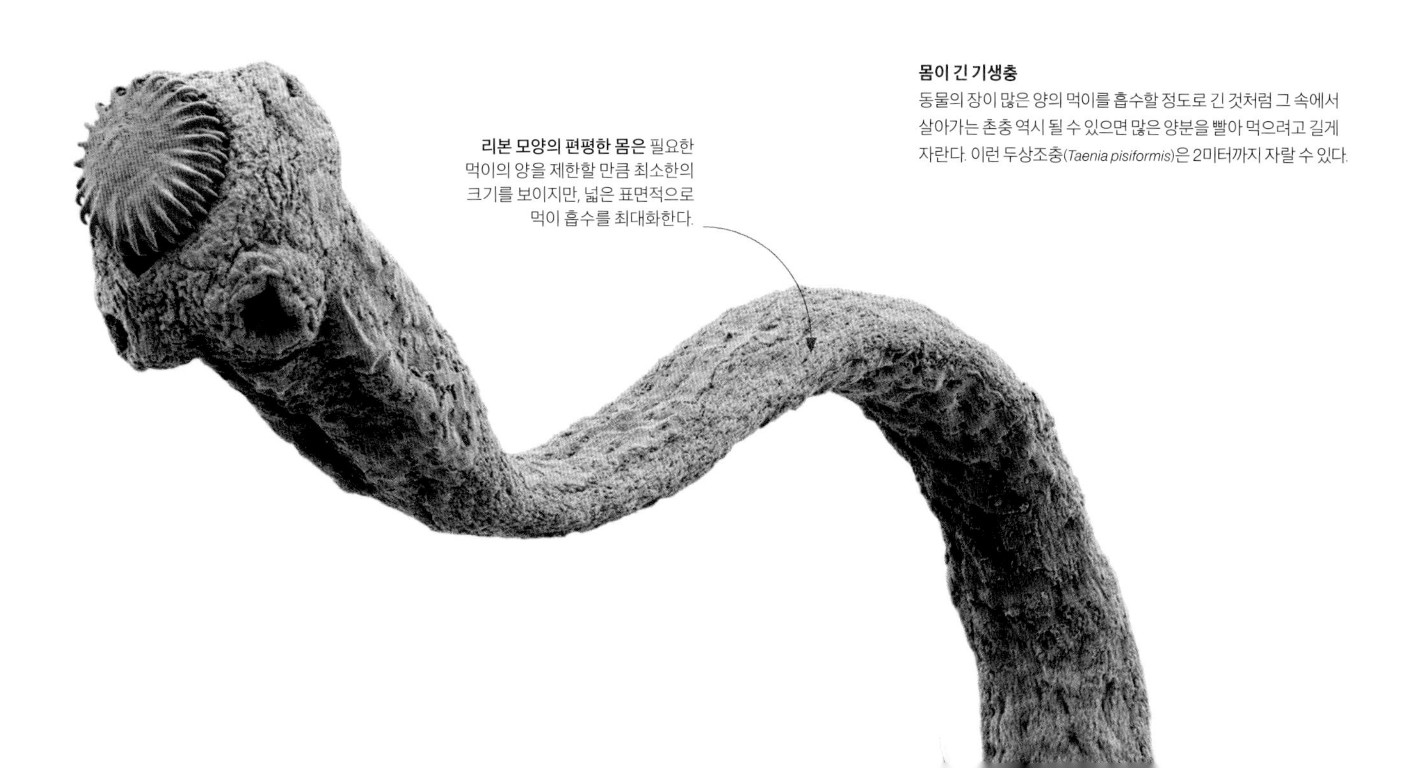

두꺼운 실에서 형성된
최초의 구조물

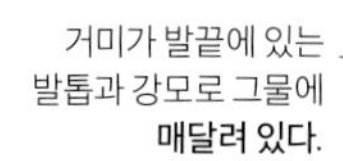

거미가 발끝에 있는
발톱과 강모로 그물에
매달려 있다.

덫 만들기
네점무당거미(*Araneus quadratus*)는 고치실을 이용해 그물 같은 둥근 거미줄을 쳐서 날아다니는 곤충을 잡는다. 집짓기는 2개의 지지물을 연결하는 '다리'에서 시작된 다음 중심점 주변으로 바퀴살 문양과 나선 문양을 만들어 낸다.

거미줄 치기

고치실은 미생물의 궁극적인 조직으로서 고치실을 뽑아내는 동물 내부의 유체에서 만들어지며 어떠한 생명체가 만들어 낸 물질보다도 강하다고 알려져 있다. 거미와 애벌레는 고치를 만들어 내며, 거미는 이를 이용해 먹이를 잡는 덫을 만들기도 한다. 고치실은 단백질이고 인슐린이나 소화 효소 같은 수많은 단백질과 마찬가지로 분비샘에서 만들어져 액체 형태로 분비된다. 그러나 분비샘에서 나올 때 물리적 · 화학적 반응이 액체를 고체 상태의 실로 바꾸어 놓는다. 거미는 고치실을 가늘게 뽑아 기하학적으로 놀랍고 복잡한 그물망을 만들어 낼 수 있다.

섬유 만들기
거미의 배에 있는 샘은 다양한 종류의 고치실을 만들어 낸다. 일부 고치실은 알을 보호하기에 충분할 만큼 튼튼하지만, 그 밖의 고치실은 아주 정교해서 거미에게 진동을 전달해 먹이의 존재를 알려주거나 먹이를 붙잡을 만큼 끈적이다. 그래도 고치실의 가공은 하나같이 동일한 방식을 거친다. 견사샘에 저장된 액체 상태의 단백질은 도관을 통해 전달되면서 분비물에 의해 산도가 높아지고 수분이 제거된다. 이런 변화는 단백질의 화학적 상태를 바꿔 실로 만든다. 달걀을 삶으면 단단한 고체가 되는 것과 매우 흡사하다.

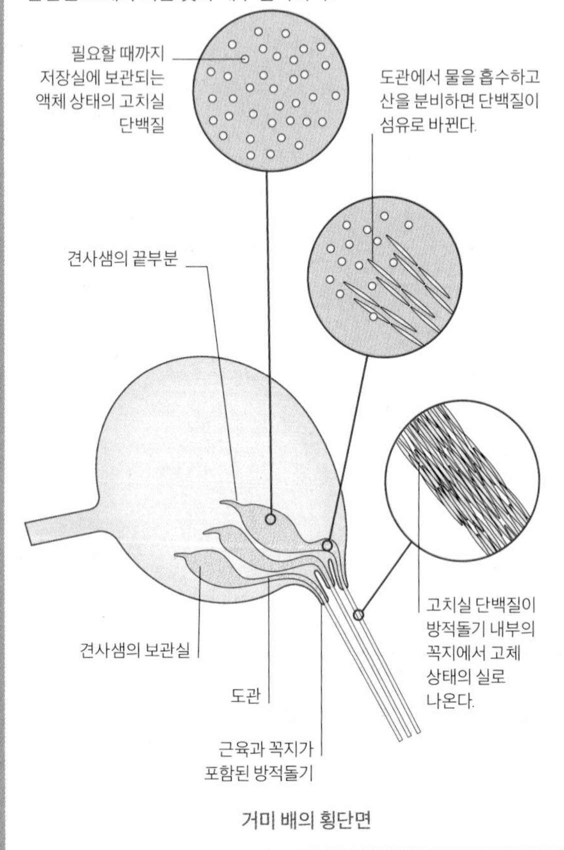

거미 배의 횡단면

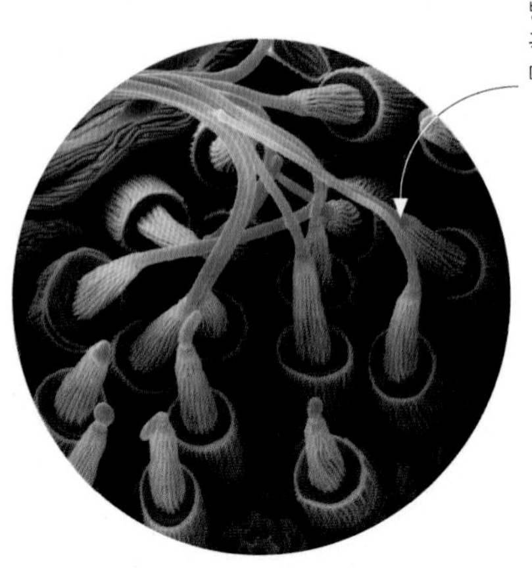

방적돌기 내부에 있는 **아주 작은 꼭지에서** 나온 고치실의 굵기는 인간의 머리카락보다 20배 가늘 수도 있다.

고치실 배출하기
거미는 종에 따라 복부 끝에 최대 4쌍에 이르는 방적돌기가 있을 수 있다. 여기 보이는 가스테라칸타속(*Gasteracantha* sp.)에 속한 거미의 방적돌기처럼 모든 방적돌기마다 위치를 조정하는 근육, 끝에서 고치실을 배출하는 작은 구멍 또는 꼭지 다발이 있다.

다리를 감은 **거미 실이** 당겨지면서 제자리를
잡아가고 있다.
고치실이 구멍에서 나오면 **방적돌기가** 실 가닥의 방향을 잡아 준다.
다리는 방적돌기에서 나온 실 가닥을 잡아당긴다.
실은 길게 늘일 수 있다. 같은 두께의 강철 실보다 고치실을 끊는 데 50배의 힘이 더 든다.

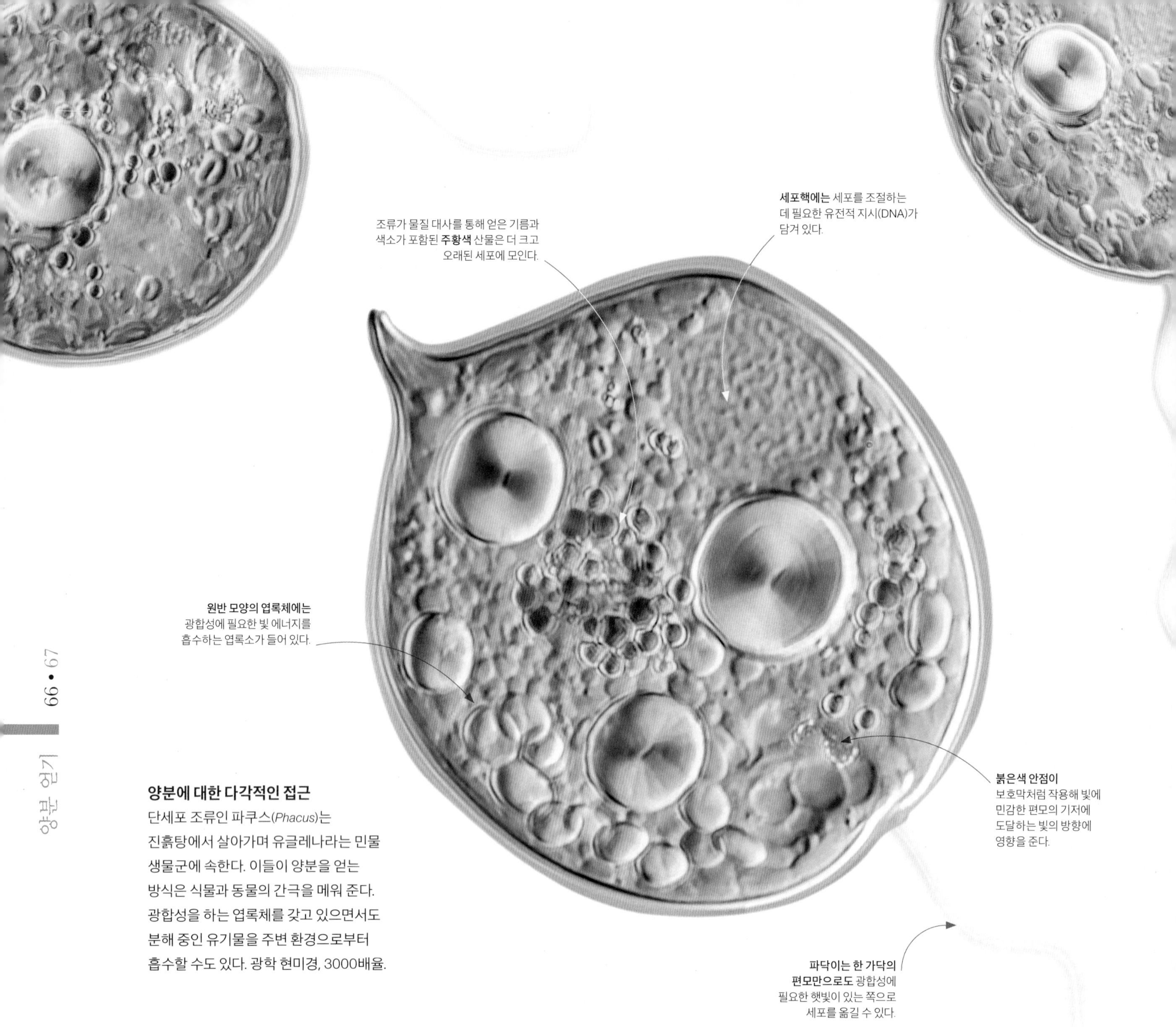

양분에 대한 다각적인 접근
단세포 조류인 파쿠스(*Phacus*)는 진흙탕에서 살아가며 유글레나라는 민물 생물군에 속한다. 이들이 양분을 얻는 방식은 식물과 동물의 간극을 메워 준다. 광합성을 하는 엽록체를 갖고 있으면서도 분해 중인 유기물을 주변 환경으로부터 흡수할 수도 있다. 광학 현미경, 3000배율.

식물도 아니고 동물도 아닌

광합성을 하는 단세포 조류는 물속의 먹이 사슬에서 유기물 먹이의 중요한 원천이 된다. 식물 세포와 마찬가지로 조류 세포에도 엽록체(빛 에너지를 흡수하는 엽록소로 채워진 세포 기관)가 있다. 그러나 머리카락 모양의 편모를 이용해 추진력을 얻은 상당수의 조류는 동물처럼 이리저리 옮겨 다니면서 햇빛이 잘 드는 장소에 이른다(100~101쪽 참조). 일부 조류는 주변 환경으로부터 스스로 만들어 내지 못하는 비타민 같은 필수 영양소를 공급해 주는 유기 물질을 흡수할 수도 있다. 몇몇 조류는 그늘이 지면 광합성을 중단하고 이런 방식으로 필요한 양분을 모두 얻을 수 있다.

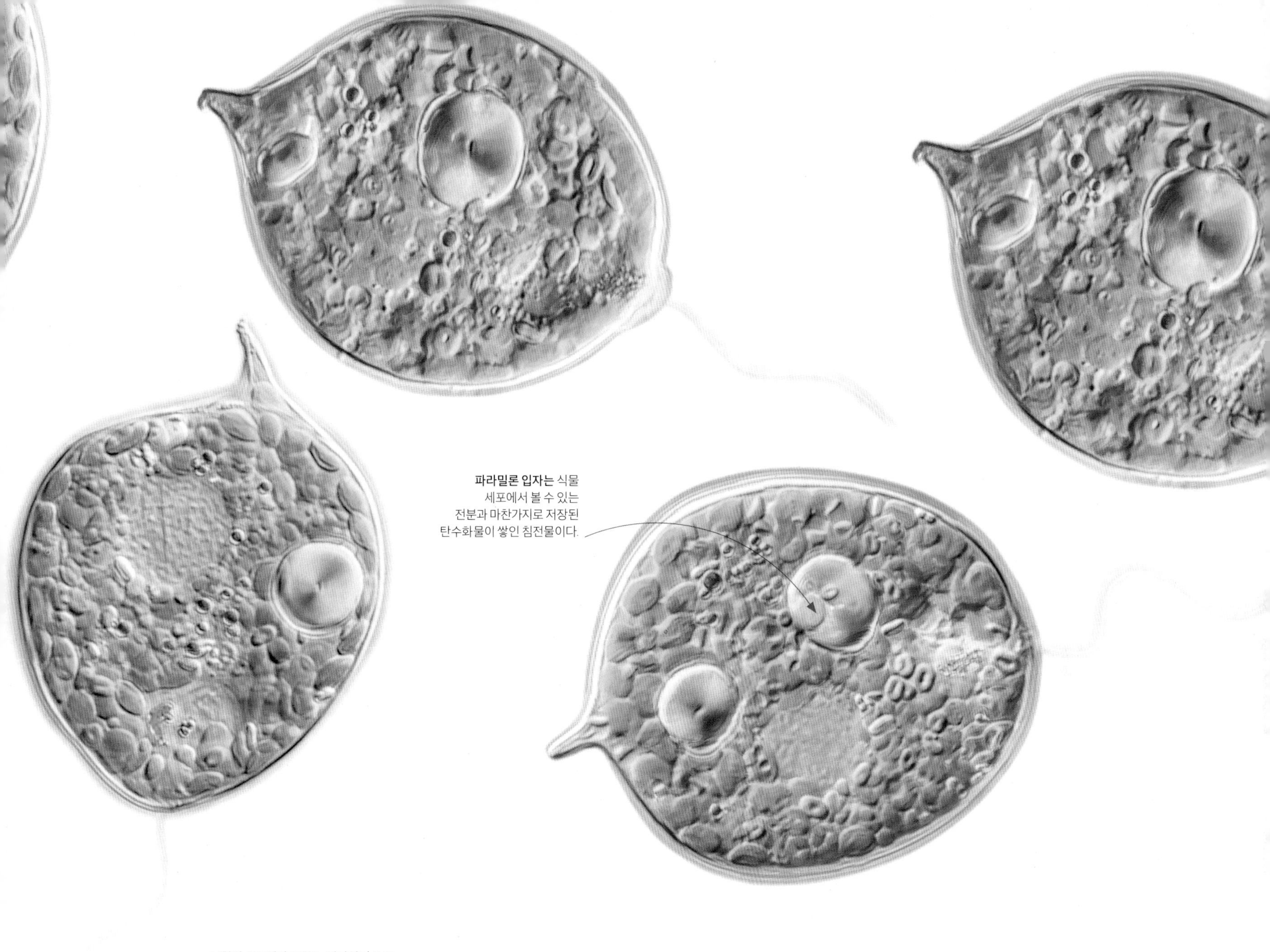

파라밀론 입자는 식물 세포에서 볼 수 있는 전분과 마찬가지로 저장된 탄수화물이 쌓인 침전물이다.

구형의 클로렐라 조류는 이산화탄소로 당분을 만들어 이를 원생동물인 나팔벌레(*Stentor*)에게 전달함으로써 엽록체와 같은 서비스를 제공한다.

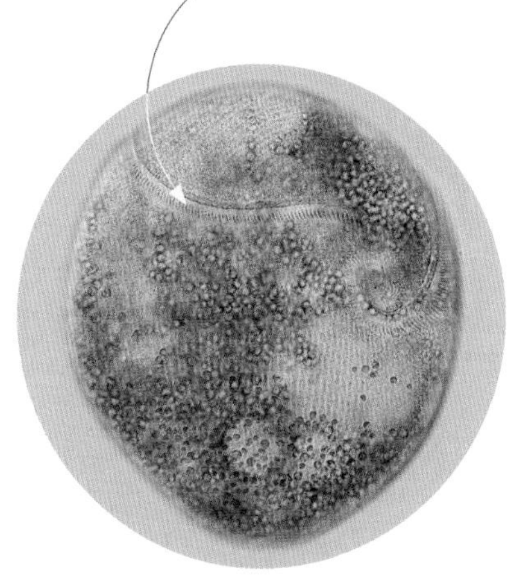

자원 교환하기
나팔벌레는 파쿠스와 마찬가지로 엽록체가 있는 조류처럼 보이지만, 동물과 같은 원생동물이다. 초록색으로 보이는 단세포 조류는 공생으로 불리는 상호 유익한 관계를 맺으며 살아간다.

전략 바꾸기

유글레나류에 속한 유글레나(*Euglena gracilis*) 같은 일부 조류는 처한 환경에 따라 광합성과 먹이 섭취 가운데 하나를 선택할 수 있다. 밝은 환경에서는 엽록체가 확장해 필요로 하는 먹이를 무엇이든 만들어 낸다. 그러나 광합성을 하기에 너무 어두운 환경이 되면 엽록체가 수축하면서 세포는 주변에서 얻을 수 있는 유기물 먹이를 흡수하는 데 의지한다.

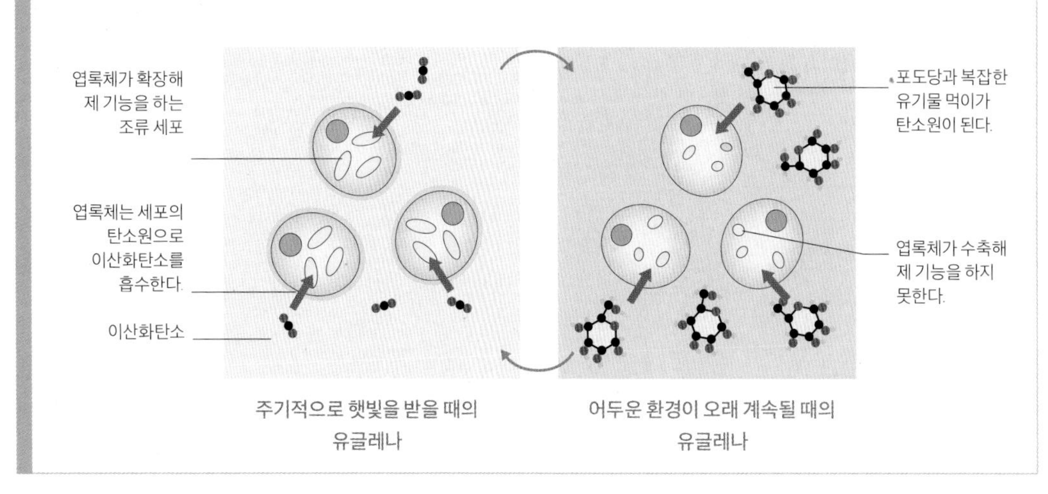

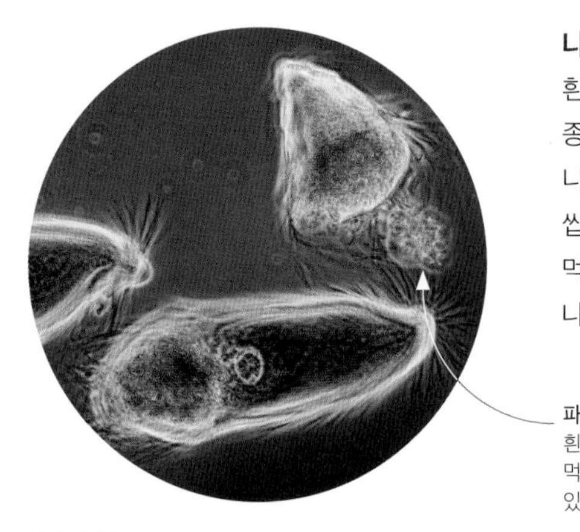

장내 미생물
트리코님파(*Trichonympha*) 편모충류는 지방산을 만들어 내면서 장에 기생하는 원생동물이다. 이들이 만든 지방산의 일부는 흰개미가 흡수해 이용한다.

나무에서 살아가기
흰개미는 전 세계적으로 따뜻한 지역에 널리 분포해 있다. 다른 종과 마찬가지로 중앙아메리카에 서식하는 콥토테르메스 니게르(*Coptotermes niger*)의 소화 과정은 구기를 이용한 나무 씹기에서 시작해 장내 미생물의 사후 처리로 마무리된다. 나무를 먹는 일은 양분을 제공할 뿐만 아니라 군체의 보금자리가 될 나무에 구멍을 내 준다. 주사형 전자 현미경, 50배율.

나무 먹기

식물 세포벽에 있는 셀룰로스 섬유는 많은 초식 동물에게는 상당한 도전이 된다. 나무의 섬유 조직은 훨씬 더 거칠다. 나무에는 리그닌으로 불리는 성분이 있어서 소화에 방해가 되지만, 흰개미는 미생물과의 협력 관계를 통해 나무를 먹는 데 적응해 왔다. 다양한 미생물이 기생하는 흰개미의 장에서는 효소가 나무를 부드럽게 해 주어 셀룰로스를 양분으로 바꾼다. 흰개미의 일부 장내 미생물은 공기 중의 질소를 추출해 질소 섭취량을 늘리는 데 비해 고세균은 이웃의 배설물을 메테인(메탄)으로 처리해 흰개미를 온실 기체의 주범으로 만든다.

나무 처리하기
흰개미의 장은 나무에서 셀룰로스를 소화해 흡수될 수 있는 양분으로 변형하고 소화되지 않은 리그닌은 배설물로 남긴다. 장내 미생물은 이 소화 과정에 도움을 준다. 질소가 풍부한 이런 장내 미생물의 일부는 배설된 다음 다른 흰개미의 중장으로 들어가 소화되면서 질소가 부족한 목질 먹이를 늘려 준다.

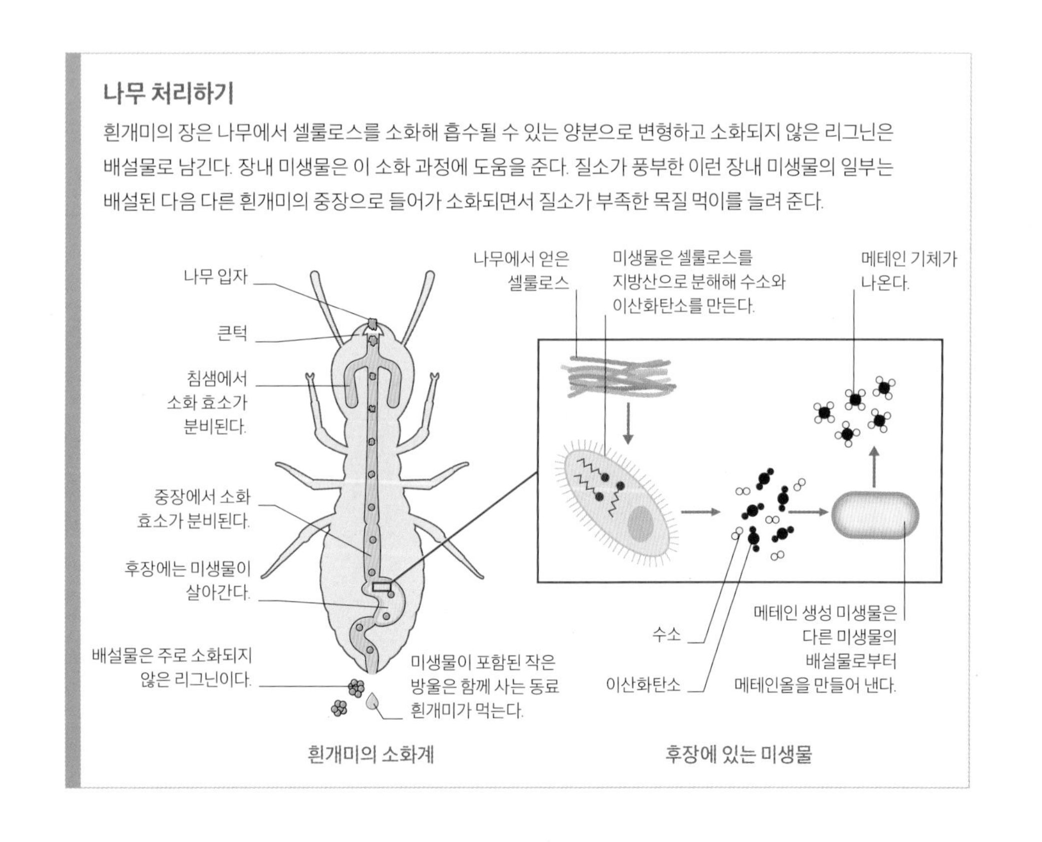

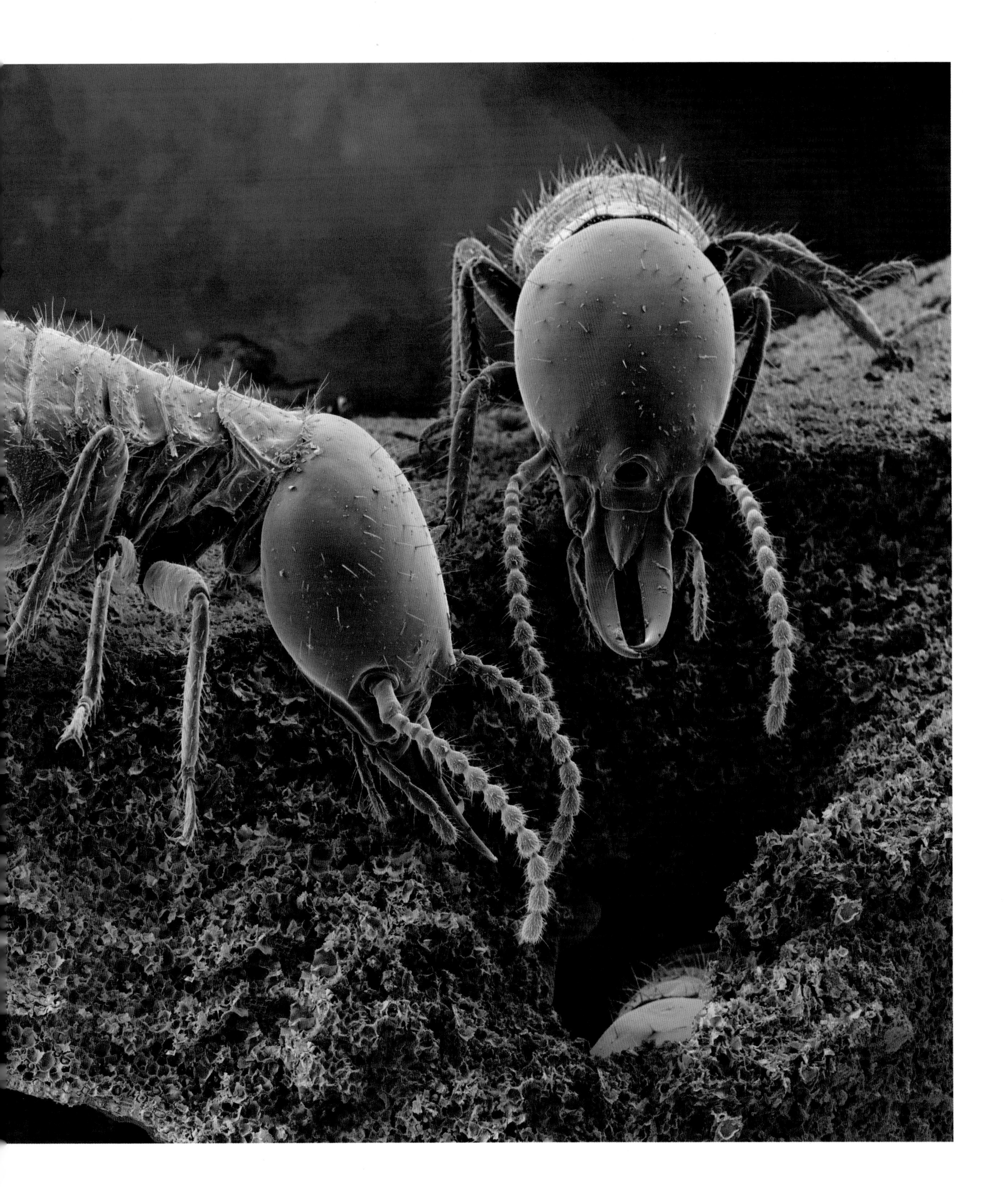

몸을 움직이는 동력

살아 있는 몸에는 화학 에너지가 들어 있으며,
그 에너지를 배출하고 이용해 생명 과정에 힘을
불어넣는 것이야말로 호흡의 화학 반응이 하는 일이다.
일부 미생물은 산소 없이도 호흡할 수 있지만 몸집이
큰 생물은 산소를 필요로 하며, 이들의 몸에 있는
미세하고도 복잡한 구조는 산소를 흡수해 모든
세포에 나누어 주는 일에 관여한다.

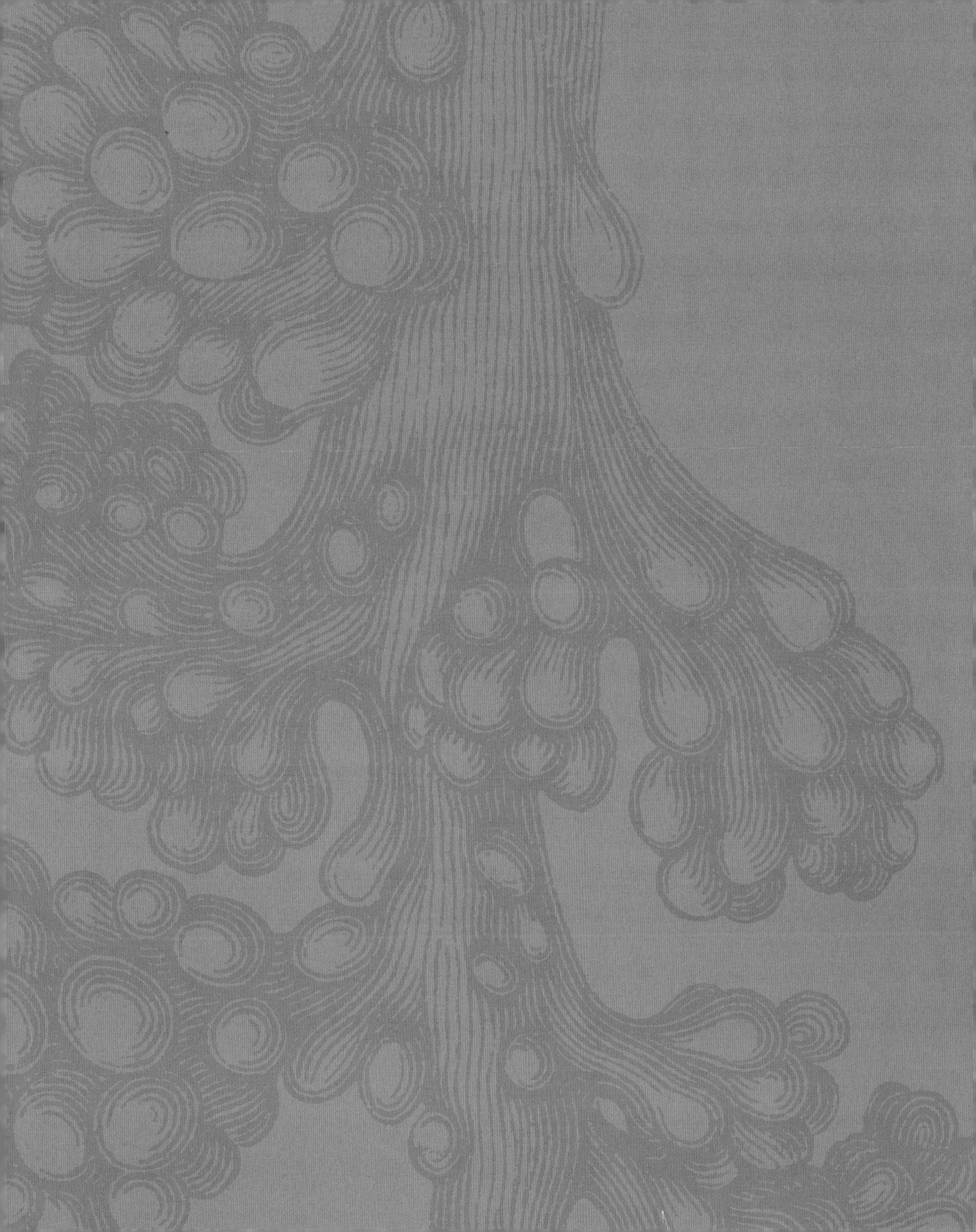

짝을 찾는 신호
밤이 되면 수컷 반딧불이는 암컷을 유인하기 위해 빛으로 신호를 보낸다. 반딧불이가 내는 빛은 열 손실이 따르지 않아 '차갑지만' 여전히 반딧불이가 먹은 먹이에서 나온 에너지를 소모한다.

에너지 배출

모든 생명체는 에너지를 이용한다. 식물처럼 한자리에 붙박인 채 움직이지 않는 것처럼 보이는 생명체조차 세포 내부에서는 바쁘게 돌아가고 있다. 즉 세포질이 쉴새 없이 흐르면서 세포 분열이 일어나고 있다. 에너지는 양분을 세포로 실어 나르고, 온기를 만들고, 성장과 번식에 필요한 새로운 물질을 만들어 낸다. 전기 자극을 일으키고, 근육을 수축시키고, 상황에 따라 빛을 방출하려면 동물 역시 에너지가 필요하다. 여기에 쓰이는 에너지는 먹거나 광합성에 의해 만들어진 먹이에서 나오며 세포 내부의 호흡과 같은 화학 반응을 통해 배출된다.

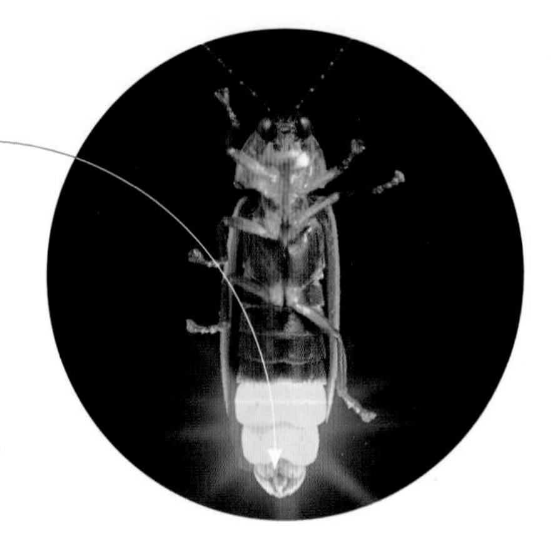

빛은 배에 있는 특화된 빛 방출 기관에서 만들어진다.

빛 만들기
반딧불이의 빛은 생물 발광(118~119쪽 참조) 과정에서 화학 반응에 의해 생긴다. 필요한 화학 물질은 곤충의 신진 대사를 통해 만들어진다.

생물의 에너지 예산

생물의 몸을 이루는 유기 분자에는 화학 에너지가 들어 있다. 동물은 이런 분자를 먹이를 통해 얻는 데 비해 식물은 빛 에너지를 이용한 광합성을 통해 스스로 만들어 낸다. 당분(탄수화물)과 지방(지질)처럼 열량이 높은 먹이 분자는 호흡의 화학 반응을 통해 에너지를 ATP(아데노신 3인산) 분자로 바꾸는 반응을 보인다. 이는 세포의 주요한 화학 에너지 '보급'으로 볼 수 있다. ATP는 분해되어 성장과 운동처럼 생명체의 생명 활동을 이끄는 에너지를 배출한다.

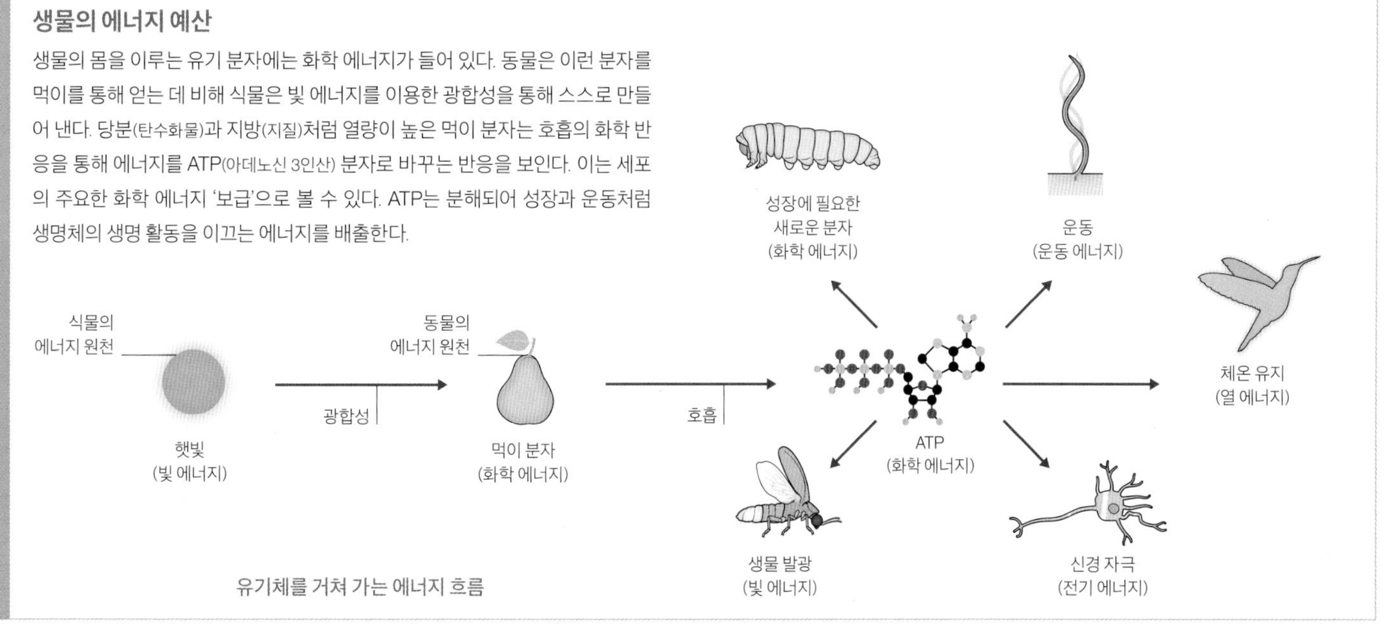

유기체를 거쳐 가는 에너지 흐름

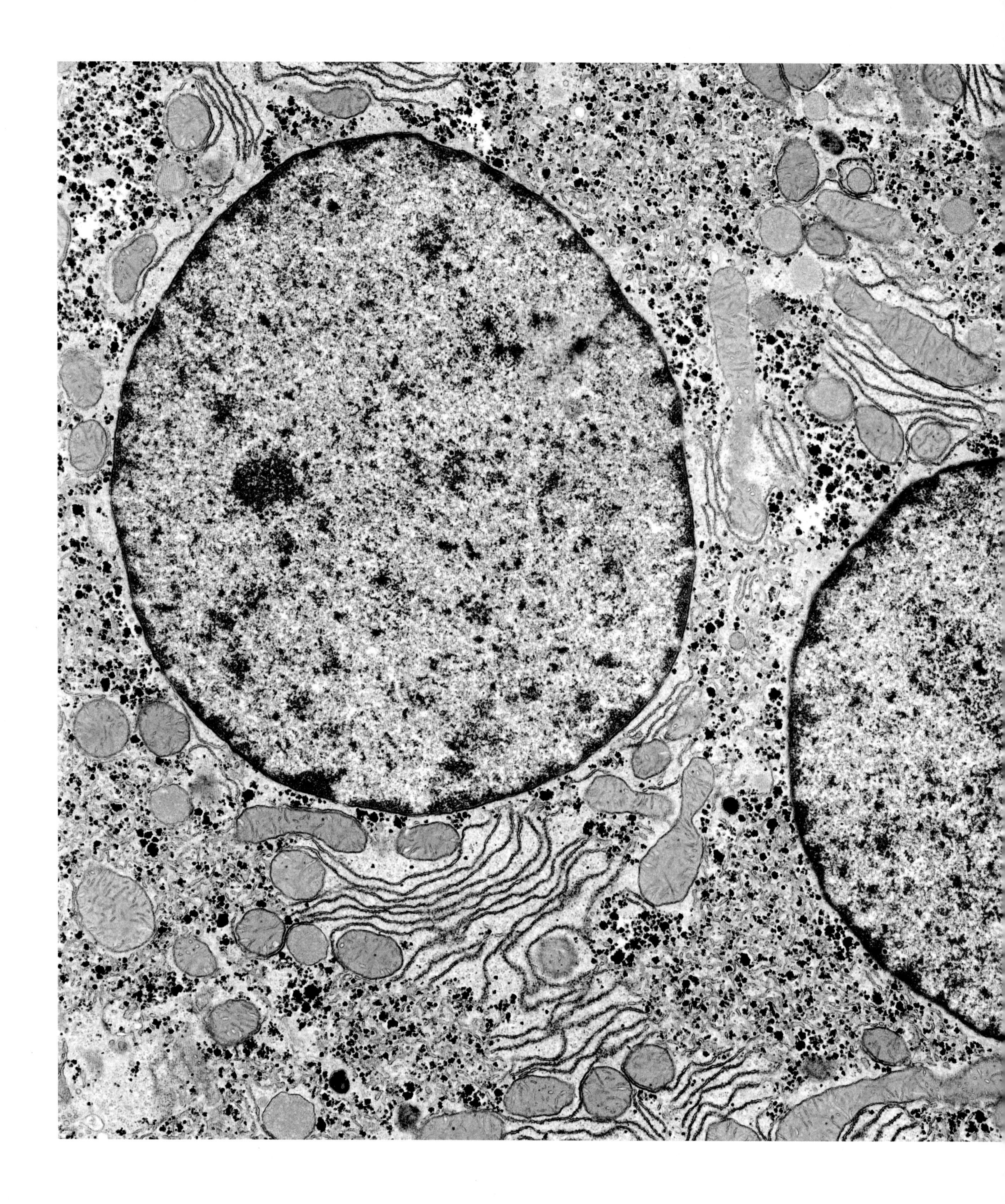

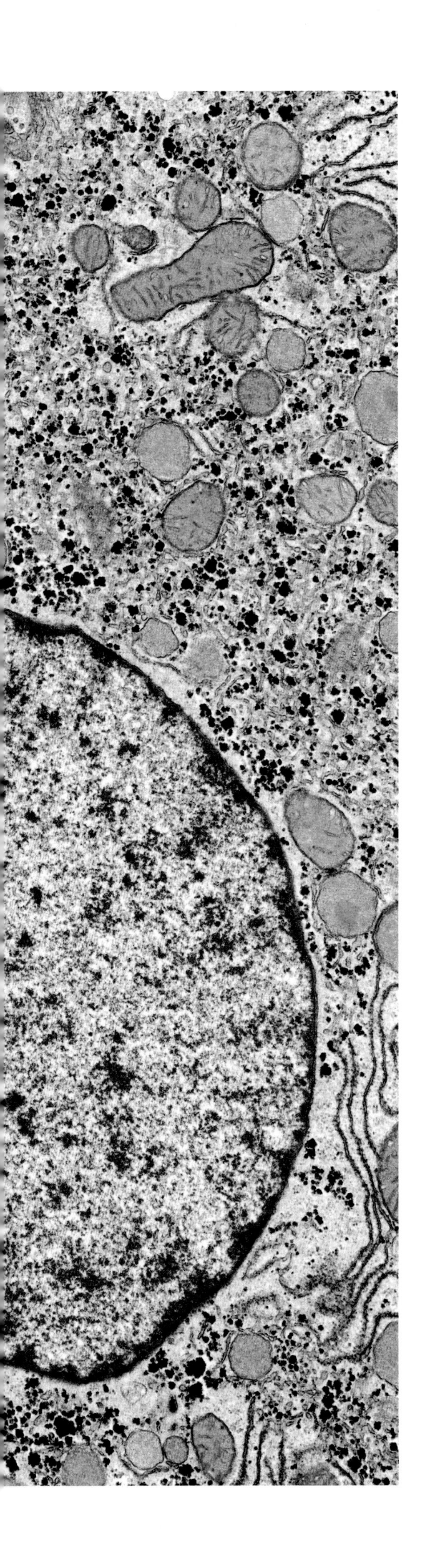

분주한 세포
인간의 간세포는 화학 반응을 이용해 탄수화물을 저장하고 유해 물질의 독성을 없애며 그 밖의 필수적인 생명 활동에 관여한다. 효소에 의해 동력이 공급되는 이 모든 활동은 여기서 밝은 파란색 구조로 보이는 세포의 미토콘드리아에서 나오는 에너지를 필요로 한다.
투과형 전자 현미경, 1만 5000배율.

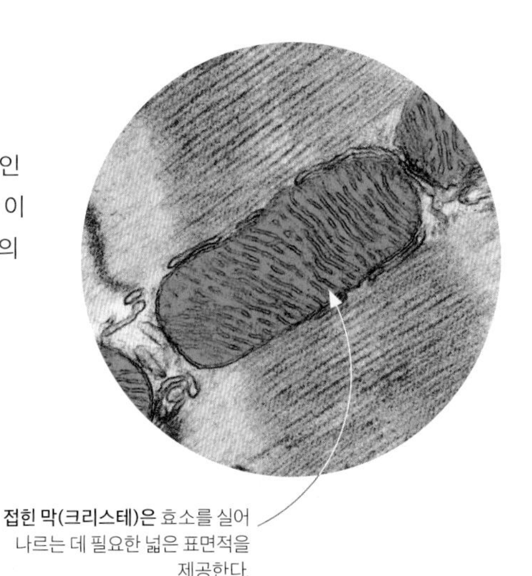

심장에 동력 공급하기
심장 세포에는 수많은 미토콘드리아가 있으며, 심장이 끊임없이 뛰게 만드는 에너지를 공급한다. 미토콘드리아는 특히 크리스테(cristae)라는 막으로 잘 싸여 있다.

접힌 막(크리스테)은 효소를 실어 나르는 데 필요한 넓은 표면적을 제공한다.

산소 이용하기

호흡의 화학 반응은 포도당처럼 에너지가 풍부한 분자를 더 작은 분자로 쪼개면서 저장돼 있던 에너지를 배출한다. 포도당에 있는 모든 탄소를 이산화탄소로 바꾸면 가장 많은 에너지가 생산되지만, 여기에는 산소가 필요하다. 미토콘드리아로 불리는 세포 기관은 효소를 이용해 적당한 분자를 한데 모아 화학 반응을 일으킨다. 이런 '유기 호흡(산소를 이용하는 호흡)'은 세포의 주요한 동력원이다. 근육이나 간처럼 노동 강도가 높은 조직은 더 많은 미토콘드리아를 갖고 있다.

포도당에서 배출되는 에너지

에너지를 배출하는 반응은 수소가 제거되고 산소가 추가되는 연료의 '산화 작용'을 수반한다. 세포 내의 연료는 포도당이고, 산화 작용은 이를 이산화탄소로 분해한다. 단계에 맞춰 수소가 제거되지만, 대부분의 에너지는 크리스테로 불리는 미토콘드리아 내부의 막에서 만들어진다. 일련의 산소 의존적인 반응 뒤에 발생한 수소는 세포가 포도당으로부터 얻은 에너지의 90퍼센트를 배출한다.

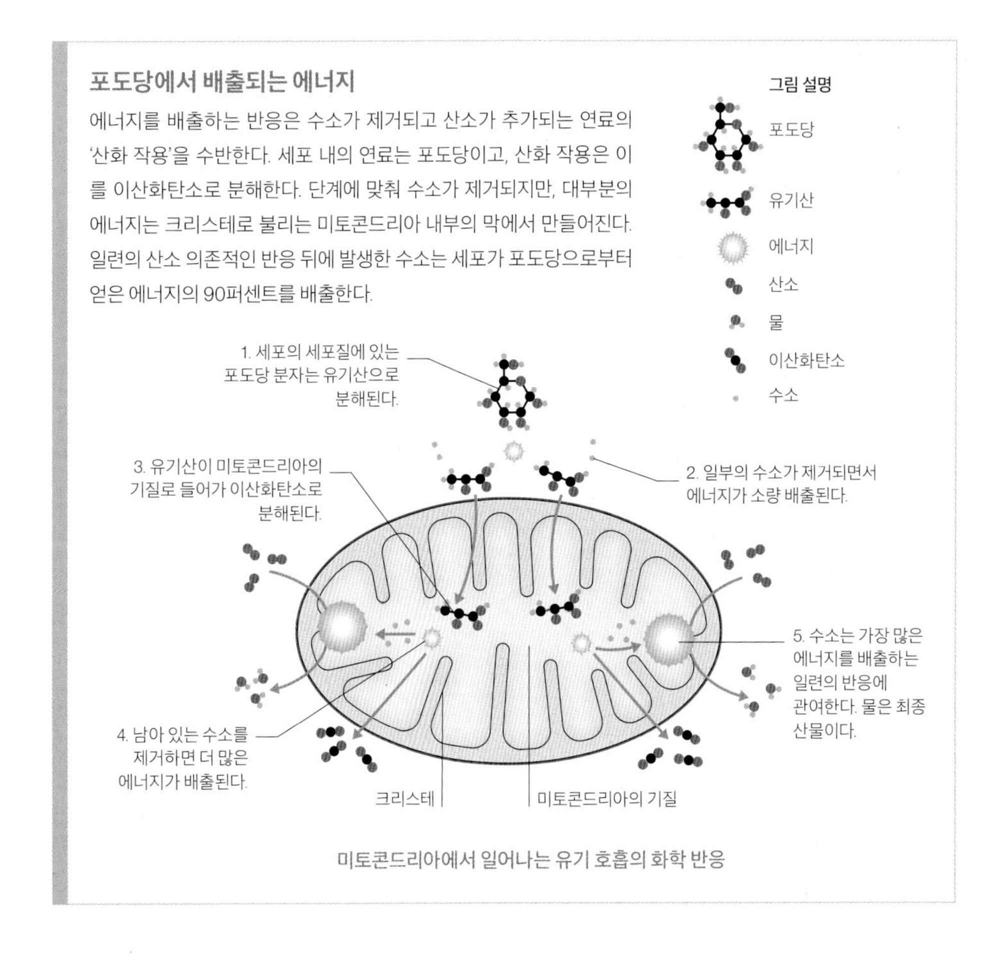

미토콘드리아에서 일어나는 유기 호흡의 화학 반응

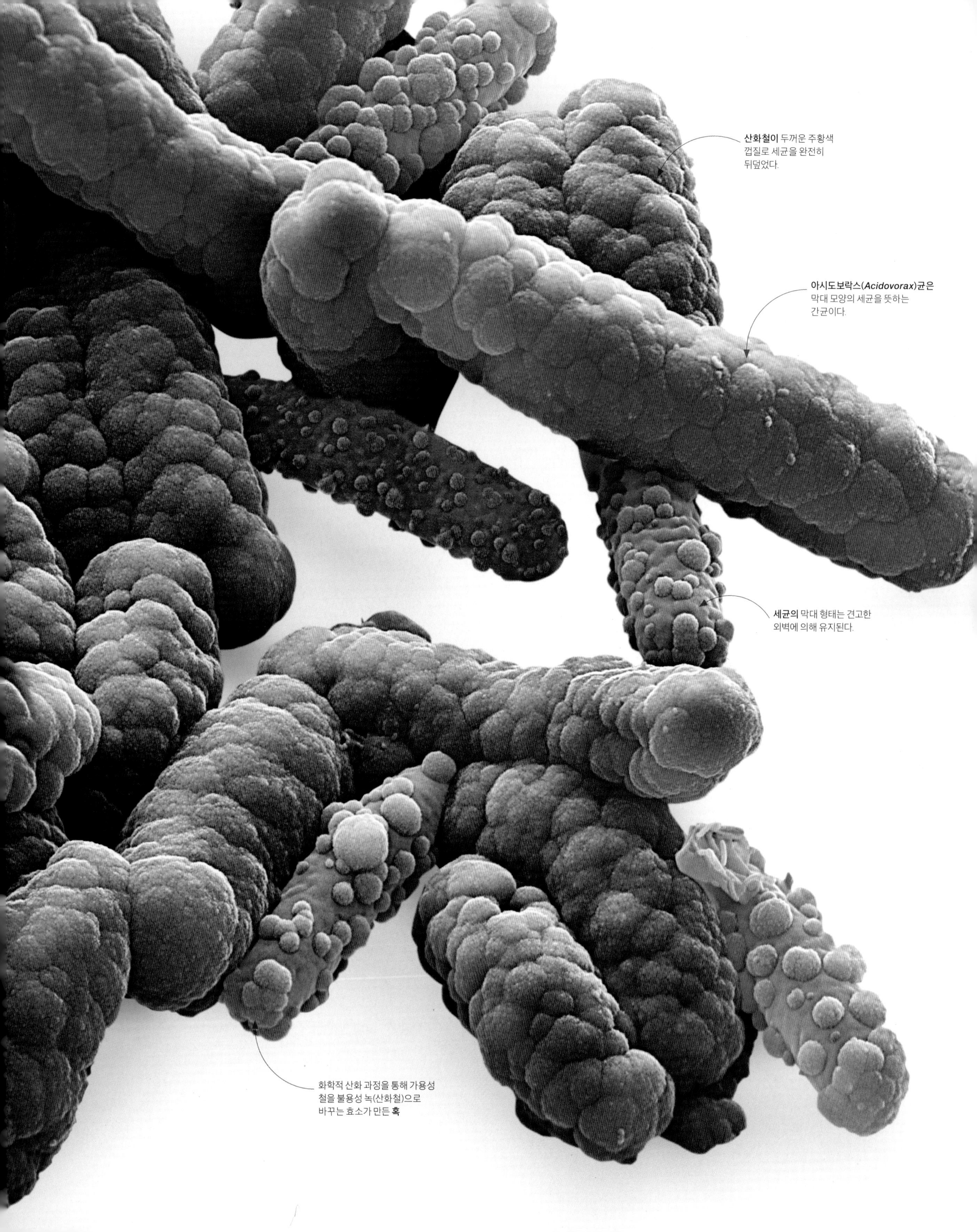

산화철이 두꺼운 주황색 껍질로 세균을 완전히 뒤덮었다.
아시도보락스(*Acidovorax*)균은 막대 모양의 세균을 뜻하는 간균이다.
세균의 막대 형태는 견고한 외벽에 의해 유지된다.
화학적 산화 과정을 통해 가용성 철을 불용성 녹(산화철)으로 바꾸는 효소가 만든 **혹**

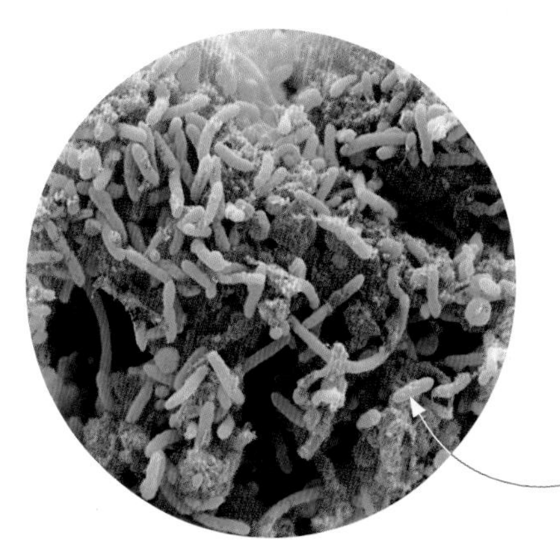

우라늄 이용하기
지오박터 메탈리레듀센스(*Geobacter metallireducens*)라는 세균은 철, 망간, 우라늄을 비롯한 용존 금속을 이용해 먹이가 되는 유기물을 산화시키는 과정에서 부산물로 고체 상태의 금속을 만들어 낸다. 방사능에 대한 내성은 우라늄 폐기물을 식수에서 분리할 때 이 세균을 이용할 수 있다는 의미이다.

세균(여기서는 초록색)은 우라늄이 풍부한 광물질의 표면에서 군체를 이룬다.

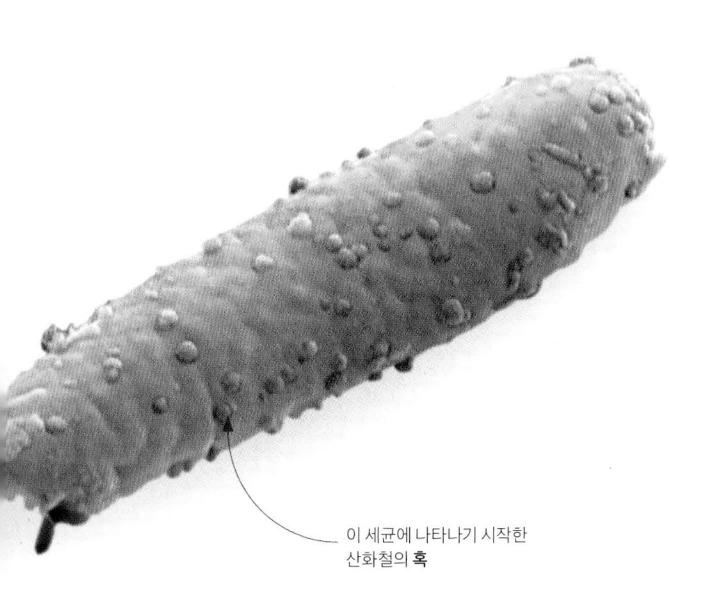

이 세균에 나타나기 시작한 산화철의 **혹**

무기질 에너지

지금까지 알려진 1만 종의 세균은 현미경으로 보면 대개 비슷하다. 그러나 이것은 세균이 할 수 있는 일의 놀라운 다양성과 모순된다. 세균은 다른 생물에서는 불가능한 화학적 과정을 이용한다. 식물과 마찬가지로 수많은 세균은 이산화탄소에서 먹이를 만들어 내지만, 일부 세균은 빛보다는 무기질을 에너지 원천으로 이용한다. 그 밖의 세균은 산소 대신 무기질을 이용해 산소가 부족한 서식지에서도 잘 살아가지만 여전히 먹이에서 에너지를 얻는다. 이런 화학적 기술은 오늘날 오염 물질을 제거하는 수단으로 세균을 이용하게 해 준다.

부식에서 얻는 에너지
아시도보락스균은 특이한 호흡 덕분에 녹슨 철이 막을 형성하며 모여든다. 이 세균은 공기가 잘 통하지 않는 토양에 살면서 식물이 흡수한 무기질이 포함된 질산염(질소가 포함된 화합물)을 산소 대신 이용한다. 또 용존 철을 수집하고 산소가 아닌 질산염을 이용해 녹(산화철)으로 바꾸는 과정에서 사용 가능한 에너지를 만들어 낸다. 주사형 전자 현미경, 5만 배율.

산업 폐기물 해독하기

우라늄이나 비소 같은 원소는 물에 녹아 동식물의 체내에서 순환할 수 있으므로 유해하다. 그러나 일부 세균은 유해 원소를 분리 가능한 고체 형태로 바꾸어 놓는다. 그런 세균은 유기체를 활용해 오염된 환경을 해독하는 생물학적 정화에 이용할 수 있다.

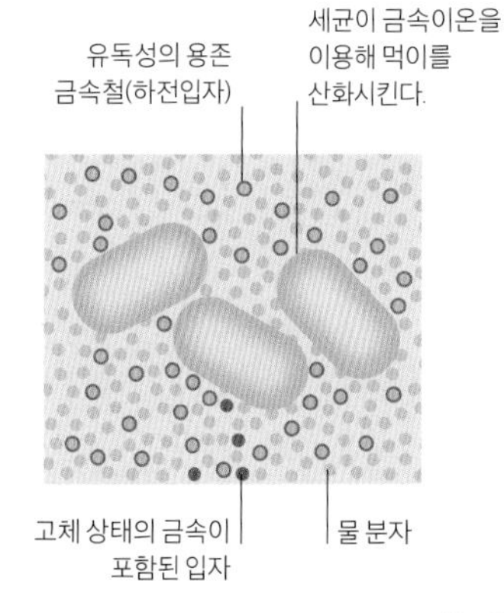

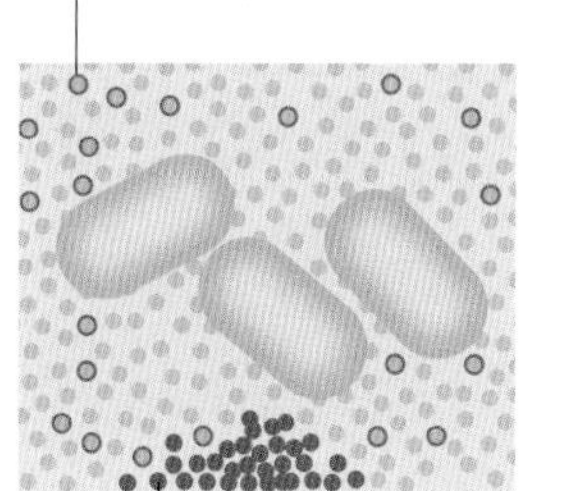

물 정화 과정

양조 과정

효모는 유기 호흡을 할 때 최고의 성장 상태를 보인다. 효모의 세포질에 있는 효소는 유기 호흡과 무기 호흡을 통해 당분을 유기산으로 분해해 약간의 에너지를 배출한다. 산소가 존재할 때 미토콘드리아(효소를 포함한 세포 기관)는 유기산을 추가로 분해하여 엄청난 양의 에너지를 배출한다. 그러나 산소가 없이도 효모는 발효를 통해 호기성 단계를 건너뛴 채 유기산을 에탄올로 바꾸어 폐기물로 배출할 수 있다.

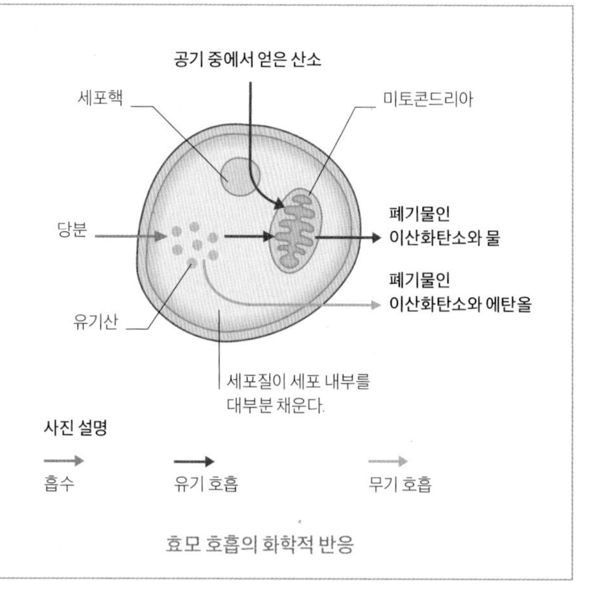

효모 호흡의 화학적 반응

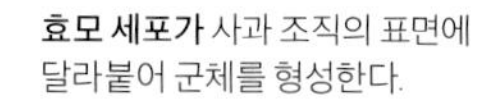

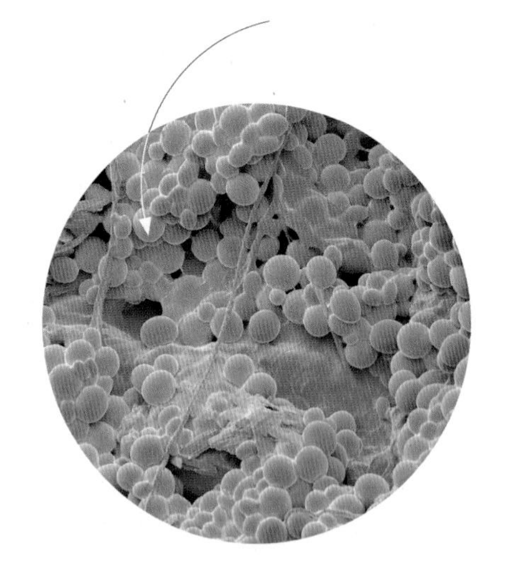

달콤한 미생물 서식지
효모는 여기 보이듯 코들링나방 애벌레가 달콤한 사과 내부에 만들어둔 굴처럼 신진 대사에 필요한 당분의 원천이 존재하는 곳이라면 어디서든 잘 살아간다.

효모 발아

유기 호흡이든 발효든, 효모는 발아를 통해 번식한다. 세포핵이 분열하면 모세포에서 뻗어 나온 곁가지는 하나의 세포핵을 받아들여 그보다 작은 딸세포를 만든다. 충분한 영양과 산소가 공급되면 효모는 에너지를 얻어 세포 사슬을 만들어 낸다.

효모 모세포
세포핵
싹눈이 트기 시작한다.
세포핵이 분열된다.
세포질이 분열된다.
세포핵이 달린 싹눈
딸세포
효모 세포 사슬이 형성된다.
부모 효모

양조통 속의 효모에서 이루어지는 세포 번식

발효 에너지

산소를 이용한 호흡으로 가장 많은 에너지가 생산되지만, 효모(이스트)를 포함한 수많은 생물은 산소가 제한되거나 아예 없는 상황에서도 세포에 동력을 공급할 수 있다. 포도당 연료는 몇 차례의 단계를 거쳐 분해되지만 이산화탄소로 완전히 분해되지는 않아서 상당수의 에너지가 생성물에 그대로 남아 있다. 효모의 경우에 이런 생성물은 알코올이다. 산소 없이 이루어지는 무기 호흡은 발효로 불리며 유기 호흡을 통해 얻을 수 있는 에너지의 극히 일부만을 배출한다. 발효는 일시적인 전략일 수 있으며 주로 에너지가 많이 필요하지 않은 미생물 같은 유기체에 의해 활용된다. 그러나 유기 호흡을 하는 동물의 활동량이 최대치를 보일 때는 긴급 에너지를 공급할 수도 있다.

유용 미생물
양조통 속의 효모에서 이루어지는 발효 작용은 포도주 양조, 맥주 양조, 제빵에 이용된다. 발아를 통해 증식한 세포의 호흡은 술을 만드는 데 필요한 에탄올과 빵이 부풀어 오르는 데 필요한 탄산가스처럼 음식물 제조에 이용되는 폐기물을 만들어 낸다. 주사형 전자 현미경, 1만 배율.

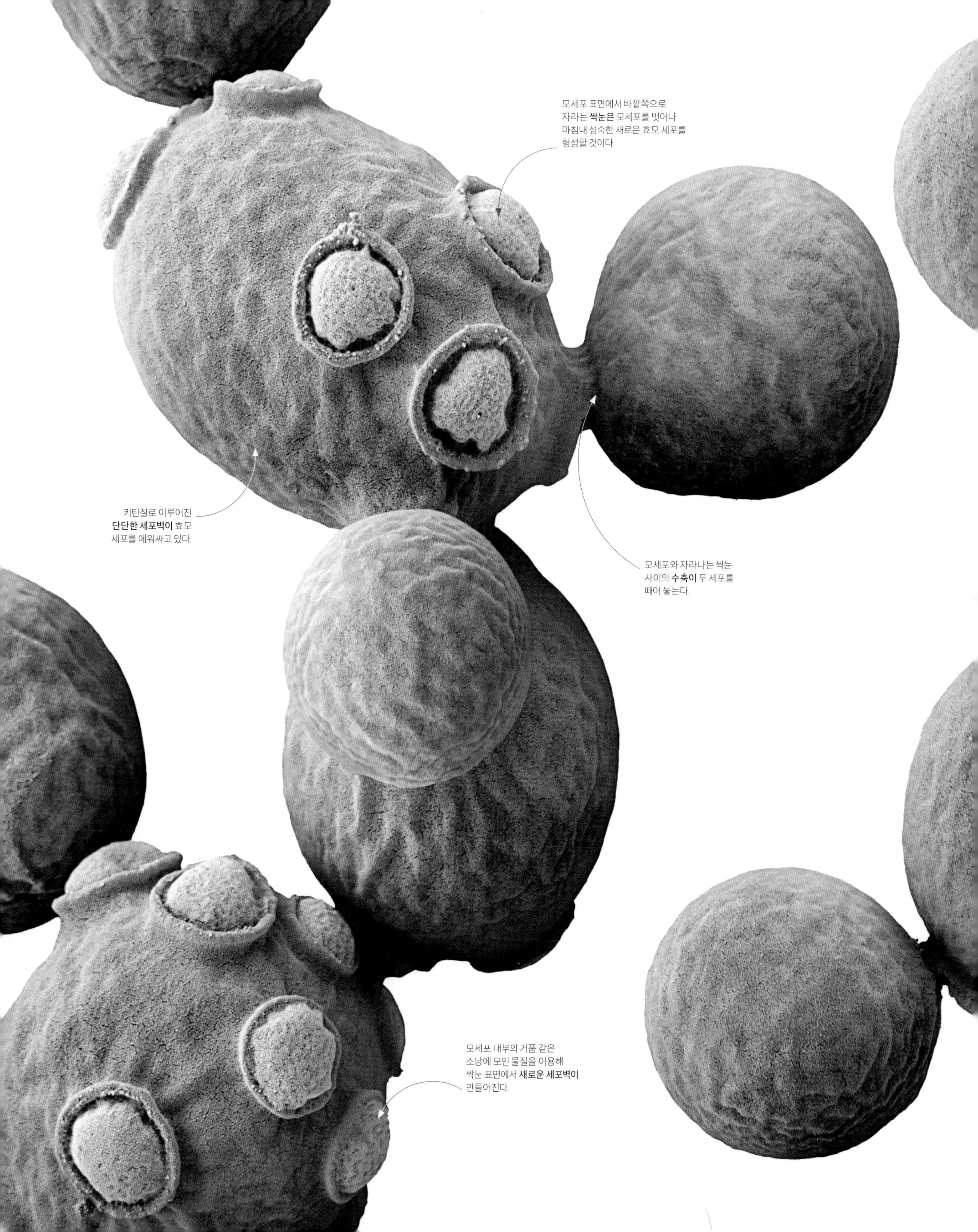
모세포 표면에서 바깥쪽으로
자라는 **싹눈은** 모세포를 벗어나
마침내 성숙한 새로운 효모 세포를
형성할 것이다.
키틴질로 이루어진
단단한 세포벽이 효모
세포를 에워싸고 있다.
모세포와 자라나는 싹눈
사이의 **수축이** 두 세포를
떼어 놓는다.
모세포 내부의 거품 같은
소낭에 모인 물질을 이용해
싹눈 표면에서 **새로운 세포벽이**
만들어진다.

산소에 대한 반응

산소가 있으나 없으나 자라는 통성 혐기성 균으로 알려진 일부 유기체는 유기 호흡과 무기 호흡을 번갈아 가며 할 수 있지만, 산소가 풍부한 서식지에서 더 잘 살아간다. 산소를 이용하지 못하는 미생물은 편성 혐기성 균이고, 산소가 없어야 더 잘 살거나 산소의 존재 여부에 영향을 받지 않는다. 미호기성 생물 같은 유기체는 산소가 저농도인 서식지에서만 살아간다.

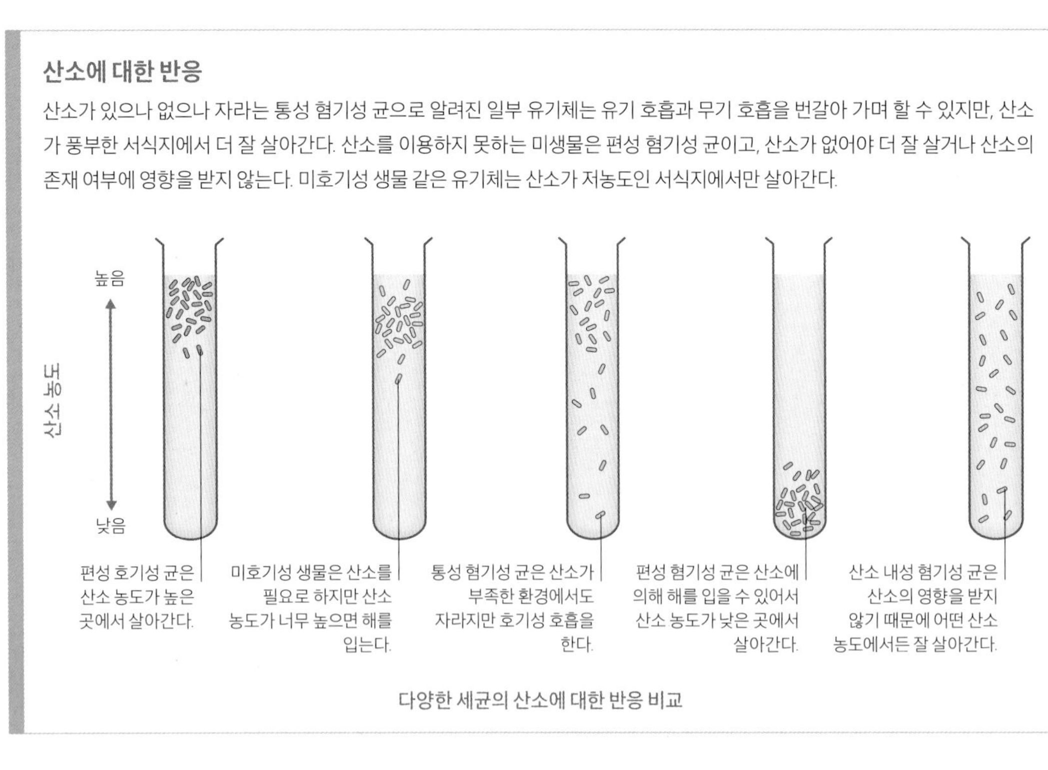

다양한 세균의 산소에 대한 반응 비교

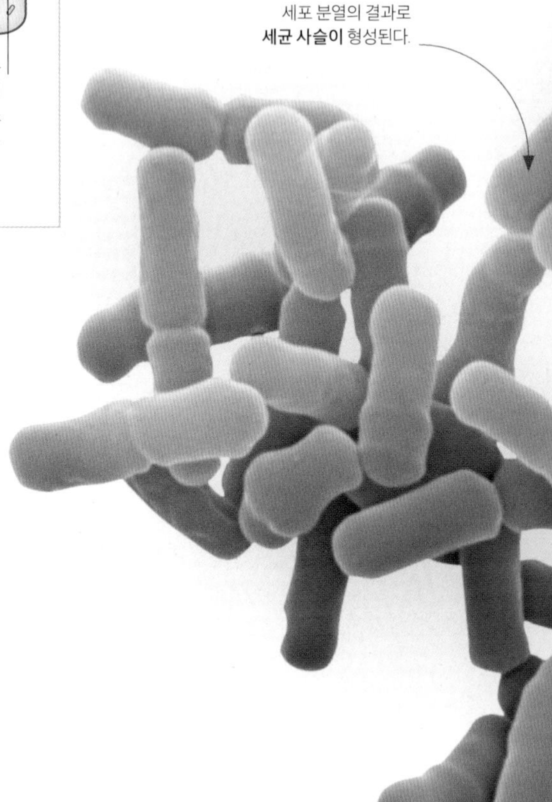

세포 분열의 결과로 **세균 사슬이** 형성된다.

혐기성 기생충
진핵생물(세균보다 복잡하고 세포핵을 가진 세포)은 대개 호기성이다. 그러나 장 기생충인 지아르디아(*Giardia*)는 혐기성이고 호기성 유기체의 세포 내부에서 산소를 소비하는 호흡 기관인 미토콘드리아를 갖고 있지 않다.

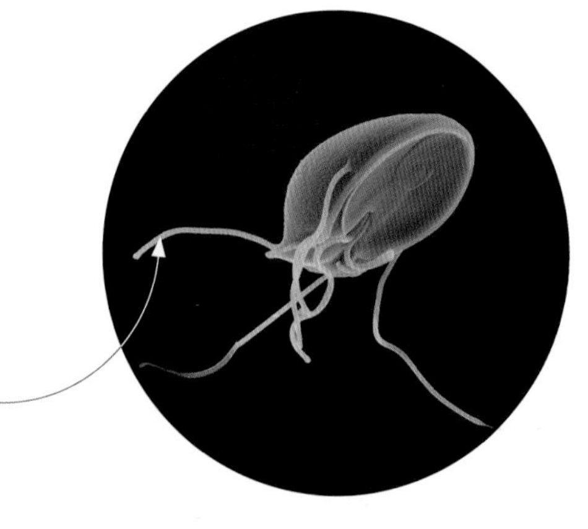

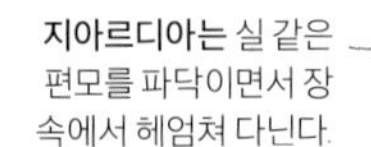

지아르디아는 실 같은 편모를 파닥이면서 장 속에서 헤엄쳐 다닌다.

산소 농도에 대한 다양한 미생물의 반응

지구에 존재하는 생명체 대부분은 산소를 이용하는 세포를 갖고 있으며 유기 호흡을 통해 에너지를 효율적으로 배출한다. 그러나 산소 수준이 약 20퍼센트에 이르는 일반적인 대기 농도보다 훨씬 떨어지는 곳에서는 무기 호흡으로 불리는 과정을 통해 산소 없이도 호흡할 필요가 있다. 아킨스 같은 일부 고세균의 조상은 수십 억 년 전에 살았던 미생물이다. 산소를 만들어 내는 광합성이 이루어지지 않았던 그 시기에 지구의 대기에는 산소가 전적으로 부족했다. 고세균은 고여 있는 진흙탕이나 해저처럼 산소가 없는 서식지에서 살아왔다. 그 밖에 산소를 회피하는 미생물은 동물의 소화관에서 살아가도록 진화해 왔다.

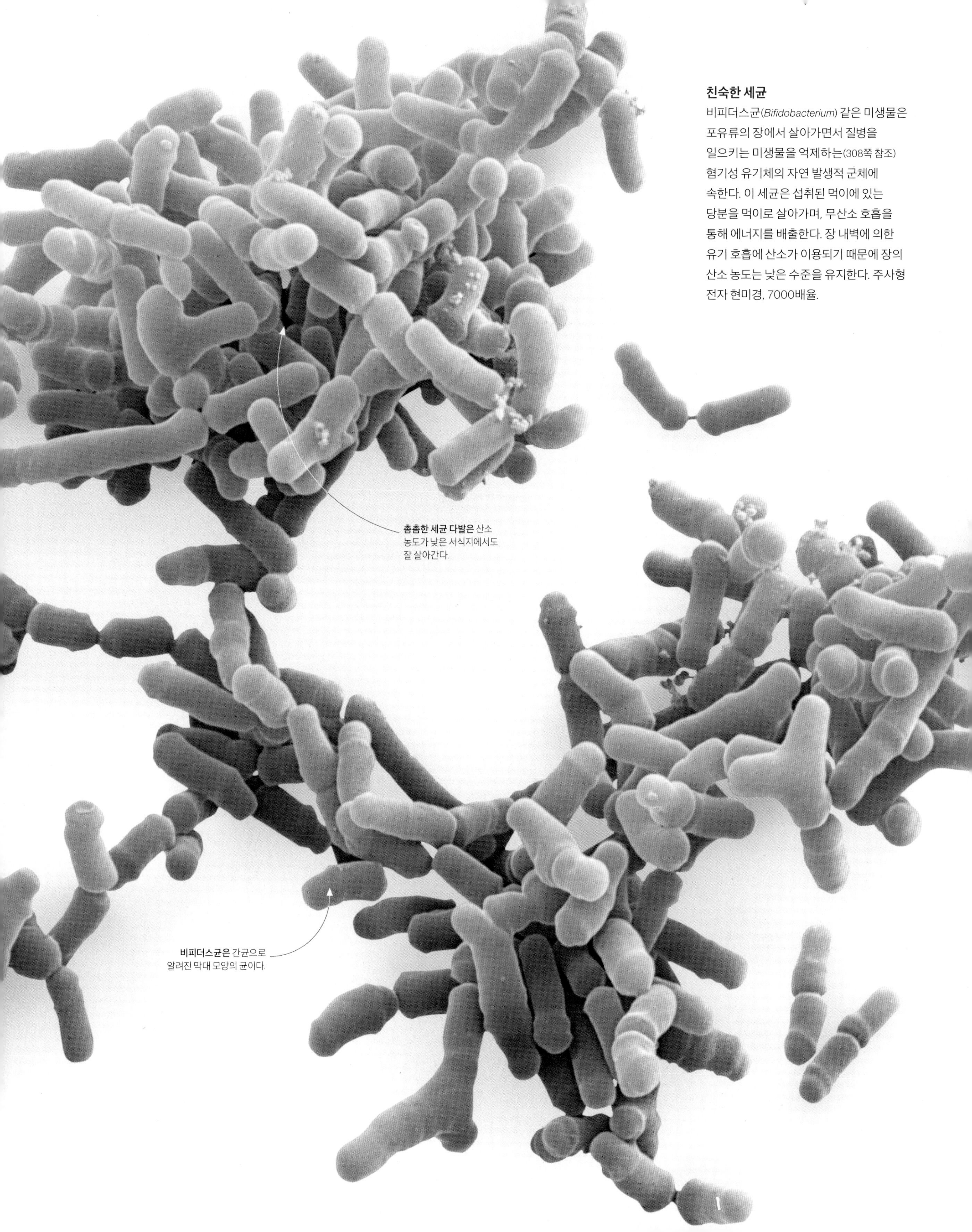

친숙한 세균

비피더스균(*Bifidobacterium*) 같은 미생물은 포유류의 장에서 살아가면서 질병을 일으키는 미생물을 억제하는(308쪽 참조) 혐기성 유기체의 자연 발생적 군체에 속한다. 이 세균은 섭취된 먹이에 있는 당분을 먹이로 살아가며, 무산소 호흡을 통해 에너지를 배출한다. 장 내벽에 의한 유기 호흡에 산소가 이용되기 때문에 장의 산소 농도는 낮은 수준을 유지한다. 주사형 전자 현미경, 7000배율.

기체 교환

살아 있는 동물은 끊임없이 산소를 이용해 이산화탄소를 만들어 내고(74~75쪽 참조) 그 결과 안팎의 기체 농도 차이가 발생한다. 산소는 내부로 퍼지고 이산화탄소는 외부로 퍼지면서 농도가 높은 쪽에서 낮은 쪽으로의 흐름이 형성된다. 이런 확산은 작은 유기체가 필요로 하는 산소는 공급할 수 있다. 그러나 일정한 크기를 넘게 되면 확산 속도가 빠르지 않고, 이런 이유로 수생동물은 아가미를 이용한다. 아가미는 확산을 효율적으로 만들어 주는 정교하게 나뉜 신체 기관으로서 넓은 표면적과 작은 혈관이 들어찬 얇은 벽으로 이루어져 있다. 아가미로 피가 흘러들고 물이 아가미를 가로지르면서 산소와 이산화탄소의 기체 농도가 뚜렷한 대조를 보이면 기체 교환이 신속하게 이루어진다.

호흡 표면

수생 동물은 물속에 있는 용존 산소에 의지해 살아간다. 대기보다 산소가 충분치 않은 물속에서는 넓은 호흡 표면이 필요하다. 작은 생물은 온몸의 표면을 이용할 수 있지만, 몸집이 큰 생물은 아가미 또는 그와 비슷한 외부 구조가 필요하다. 반대로, 공기 중에는 산소가 풍부하지만 건조해서 별 도움이 되지 않는다. 이 때문에 공기 호흡을 하는 동물은 수분 손실을 최소화하고 촉촉한 상태가 잘 유지될 수 있도록 호흡 기관이 내부에 있다.

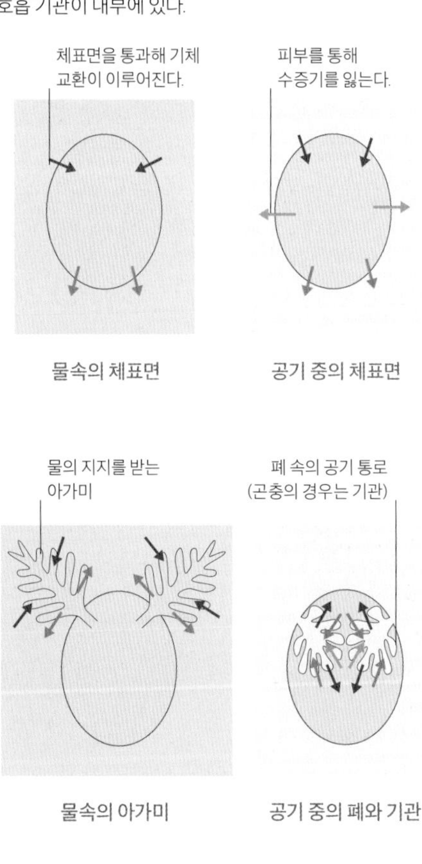

집어넣을 수 있는 호흡 기관
안점꽃갯지렁이는 탄산칼슘이나 점액으로 만들어진 보호관에서 튀어나온 왕관 모양의 촉수가 있다. 위험을 감지하면 촉수가 재빨리 움츠러든다.

깃털 같은 가지

아가미는 다양한 동물의 다양한 신체 기관에서 형성된다. 실물 크기의 10배로 확대한 남색꽃갯지렁이(*Sabellastarte magnifica*)의 아가미는 깃털처럼 생긴 방산관(섬모가 달린 촉수)이다. 방산관마다 깃털 가지(우지)로 불리는 수많은 부속 기관이 눈에 띈다. 깃털 가지는 피로 가득 차 있고 파닥이는 섬모로 덮여 있으며, 먹이 활동과 호흡을 위해 부채질을 통해 물을 끌어들인다.

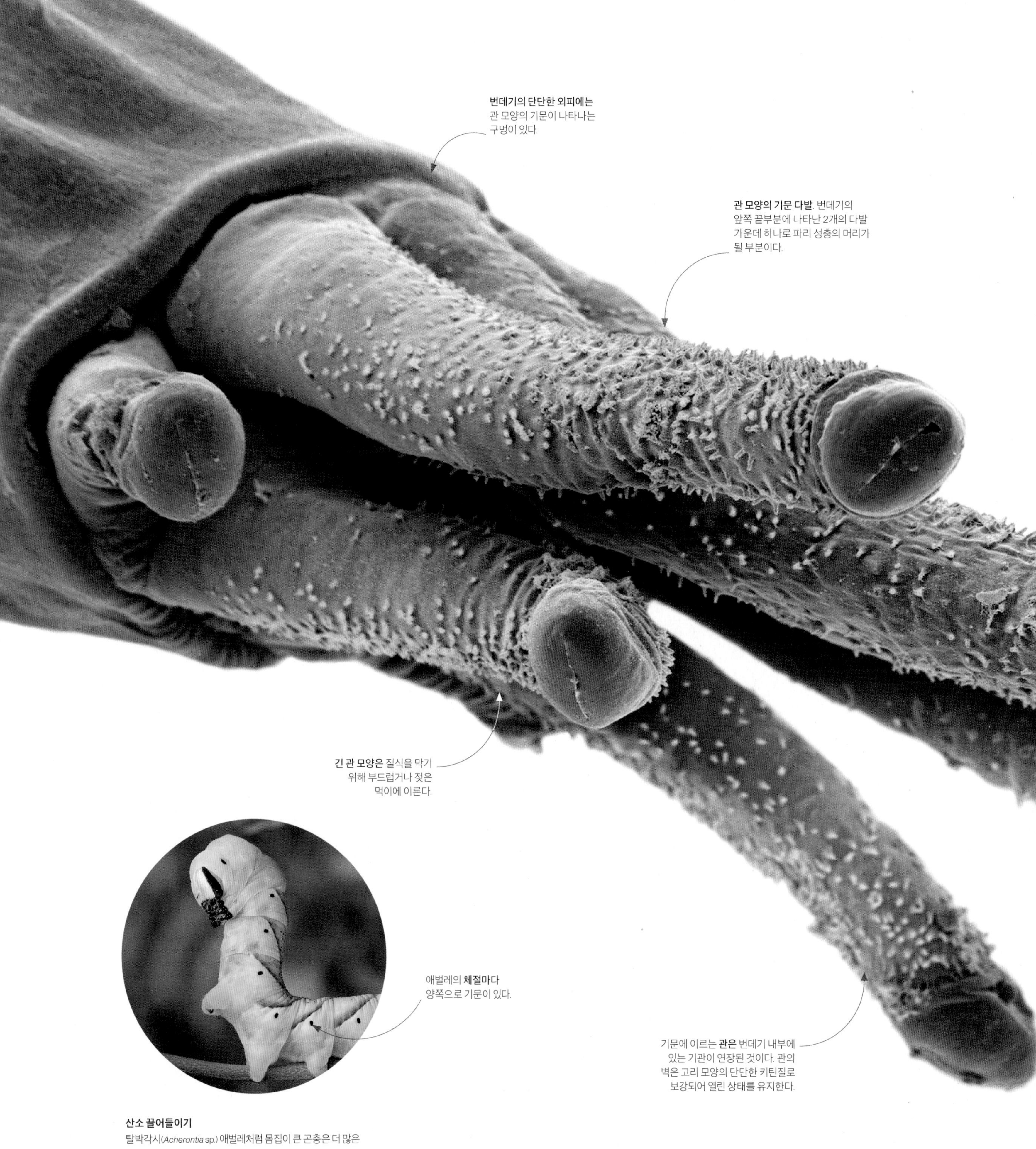

산소 끌어들이기

탈박각시(*Acherontia* sp.) 애벌레처럼 몸집이 큰 곤충은 더 많은 산소가 필요하고 중심부에 있는 세포에 이르기 위해 산소는 먼 거리를 이동해야 한다. 애벌레가 기는 동작은 기관을 통해 산소를 힘껏 불어 넣는 데 도움이 된다.

관 모양의 기문

초파리(*Drosophila melanogaster*)의 번데기에서 긴 틈처럼 생긴 숨구멍(기문)은 관 끝에 자리 잡고 있다. 초파리 애벌레는 썩어 가는 과일의 달콤한 즙을 빨아 먹는다. 번데기가 될 건조한 장소를 찾지 못하면 관 모양의 기문은 끈적끈적한 먹이 때문에 기관계가 질식하지 않도록 막아 주고 산소가 풍부한 대기 중에 이르러 끈적끈적한 주변 환경에서도 기관계가 숨을 쉴 수 있게 해 준다. 주사형 전자 현미경. 1800배율.

작은 몸에 산소 공급하기

이 초파리처럼 날아다니는 곤충의 성충에서는 기관계가 대개 몸의 양쪽에 줄지어 늘어선 기문을 통해 열린다. 몸길이가 4밀리미터에 불과한 작은 곤충은 확산을 통해 산소가 세포에 이를 만큼 몸집이 작기 때문에 산소를 적극적으로 끌어들일 필요가 없다.

배에는 7쌍의 기문이 있다. 가슴에는 2쌍 이상의 기문이 열려 있다.

갈라진 틈새 같은 나선형 구멍은 호흡관이 이물질에 의해 막히는 것을 방지한다.

숨 쉬는 관

수많은 동물에서 산소는 폐나 아가미를 통해 수집되고 순환하는 피를 통해 세포에 공급된다. 그러나 곤충은 피를 생략한 호흡계통을 발전시켜 왔다. 기관(氣管)으로 불리며 그물처럼 얽힌 관은 몸의 표면에 있는 공기구멍(기문)에서 호흡 조직으로 산소를 직접 실어 나른다. 기관은 아주 정교하게 뻗어 있어서 산소를 개별 세포로 곧장 실어 나를 수 있다. 이런 호흡계는 최소한의 에너지 투입만을 필요로 하고, 작은 공기구멍에서는 수분 손실도 거의 없다. 그러나 효과를 거두려면 스며드는 산소의 이동 거리가 짧아야 하기 때문에 대부분의 곤충은 크기가 작다.

기관과 기관지

곤충의 기관은 외골격을 형성하는 것과 같은 물질인 단단한 키틴질로 보강된 채 열려 있다. 그러나 기관지로 불리는 가장 작고 깊은 기관계의 관에는 얇은 세포막이 붙어 있어서 산소가 주변 세포로 확산할 수 있다.

다리 기관
가슴 기관
날개맥(시맥) 기관
각피로 된 내벽이 있는 기관
외골격의 각피
호흡 세포
기관지 세포에는 미세한 관이 있어서 공기를 호흡 세포로 실어 나를 수 있다.
기문
배 기관

곤충 기관계의 일반적인 모습

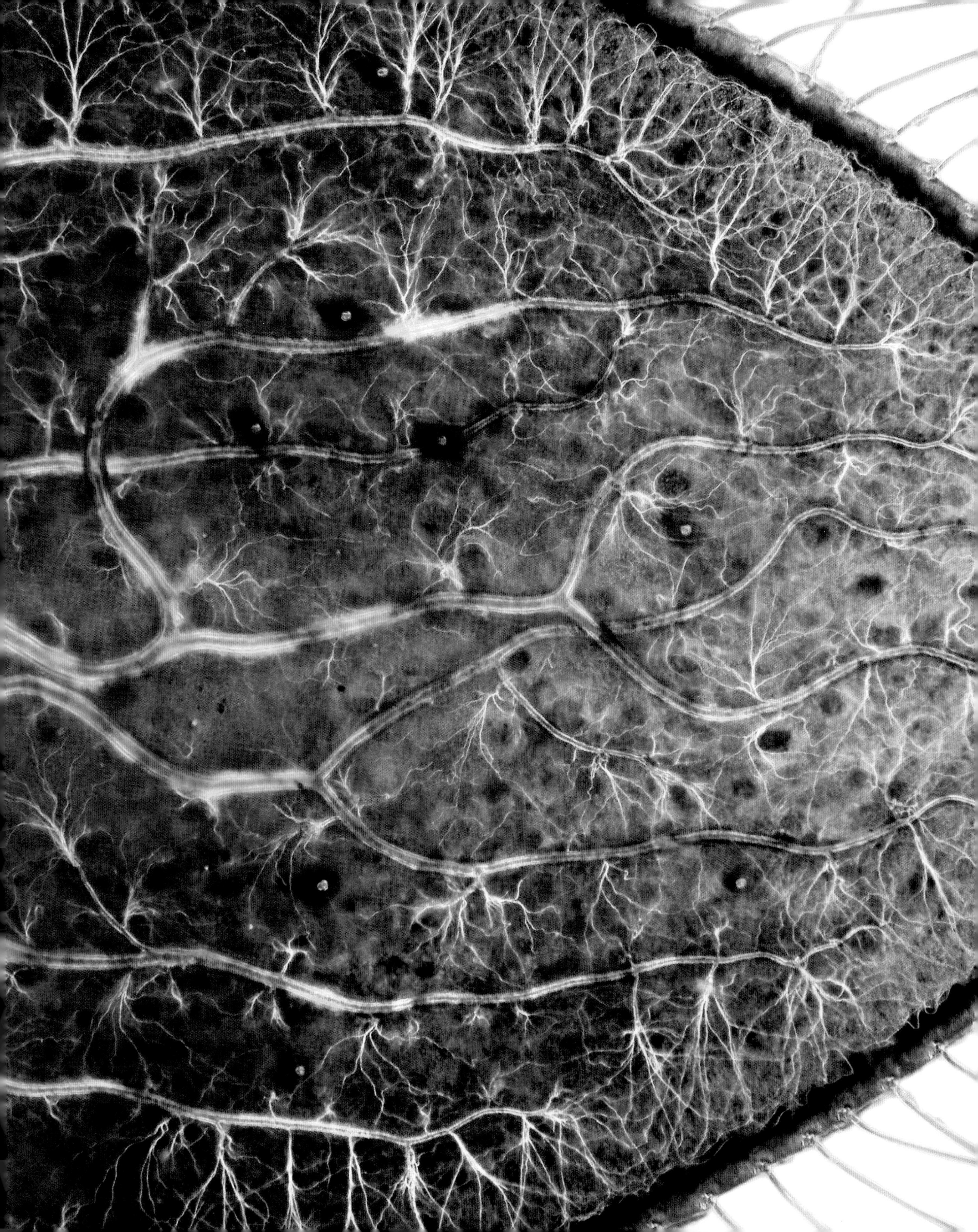

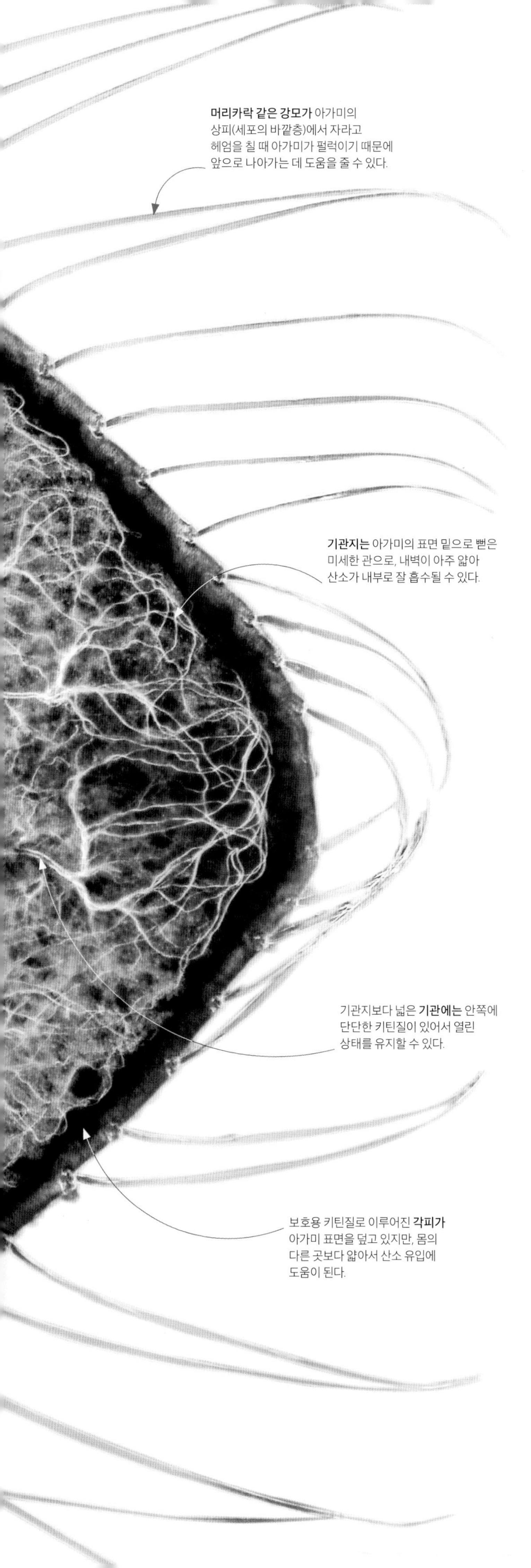

곤충의 아가미

곤충은 공기로 채워진 관이 얽히고설킨 이른바 기관을 갖고 있다. 기관은 공기 중의 산소를 곤충의 몸으로 실어 나른다. 그러나 일부 곤충은 수생 생활을 발전시켜 왔다. 실잠자리를 비롯한 수많은 곤충은 물속에서 유충으로 시작하고, 이들의 기관은 몸에서 미세하게 펄럭이면서 가지를 뻗어 아가미처럼 작용한다. 실잠자리는 숨구멍(기문, 84~85쪽 참조) 대신에 아주 미세한 그물망으로 이루어진 기관에 의지한다. 물속의 용존 산소는 이런 관으로 스며들어 얇은 아가미벽을 통과한다. 서식지에 산소가 충분히 공급되기만 하면 체내에 퍼진 산소가 곤충의 조직에서 이미 사용된 산소를 끊임없이 대체한다.

기관 아가미
동물의 아가미에는 대개 혈관이 들어 있지만, 실잠자리의 기관 아가미는 은빛을 띠고 기체가 채워진 기관이다. 이런 관은 끝부분이 막혀 있고 아가미 표면과 아주 가까이 있어서 산소가 쉽게 통과할 수 있다. 광학 현미경, 550배율.

공기 공급

수많은 수생 곤충은 공기 호흡을 하는 기관계에 의지하는데, 공기 공급이 이루어져야 한다는 의미이다. 공기는 수면에서 수시로 다시 채워야 한다. 물방개는 겉날개 밑에 거품을 매달고 다니다가 산소가 떨어지면 떨어뜨린다. 반면 수많은 수생 곤충은 체표면의 털에 공기막을 가두어둔다. 쥐꼬리구더기 같은 유충은 수면까지 연결된 호흡관을 통해 숨을 쉬면서 물속에 머물 수 있다.

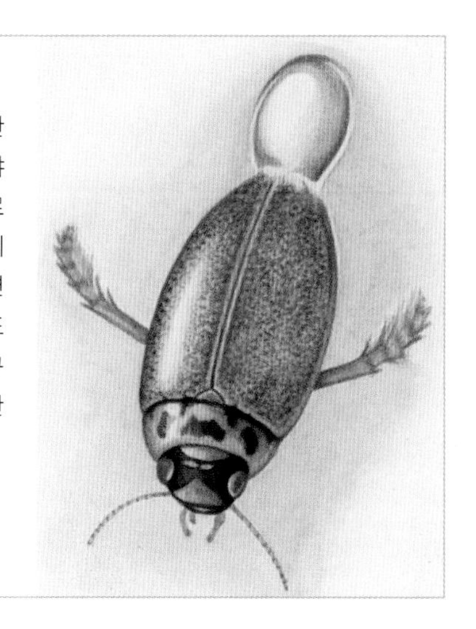

물방개(Cybister japonicus)

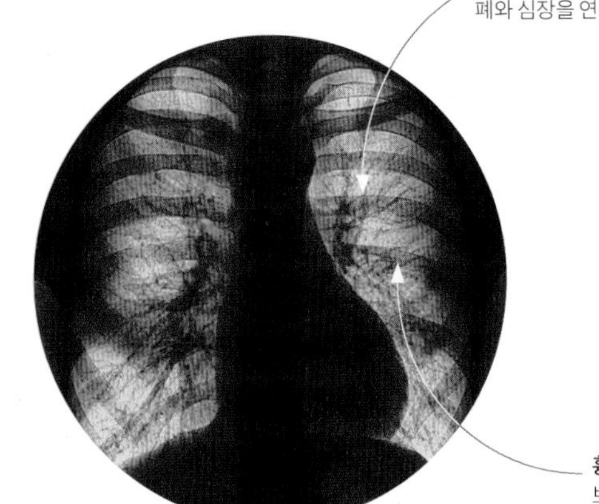

인간의 폐
다른 포유류와 마찬가지로 인간 역시 2개의 폐를 가지고 있다. 공기는 기관지로 불리는 2개의 관을 통해 폐로 들어간다. 전용 순환계가 폐를 심장에 연결한 다음 산소가 공급된 피를 온몸으로 보낸다.

기낭의 조직망
세기관지로 불리는 수백만 개의 좁은 공기 통로가 얇은 막으로 둘러싸인 기낭 다발(폐포)에서 끝나며, 폐 조직의 절단면을 보여 주는 이 사진에서는 구형의 공간으로 나타난다. 폐포벽의 틈새를 통해 드러난 적혈구는 폐포 곳곳에 분포한 작은 혈관 조직(모세혈관)의 존재를 보여 준다. 적혈구는 체내 세포로의 순환을 위해 산소를 흡수한다. 주사형 전자 현미경, 1860배율.

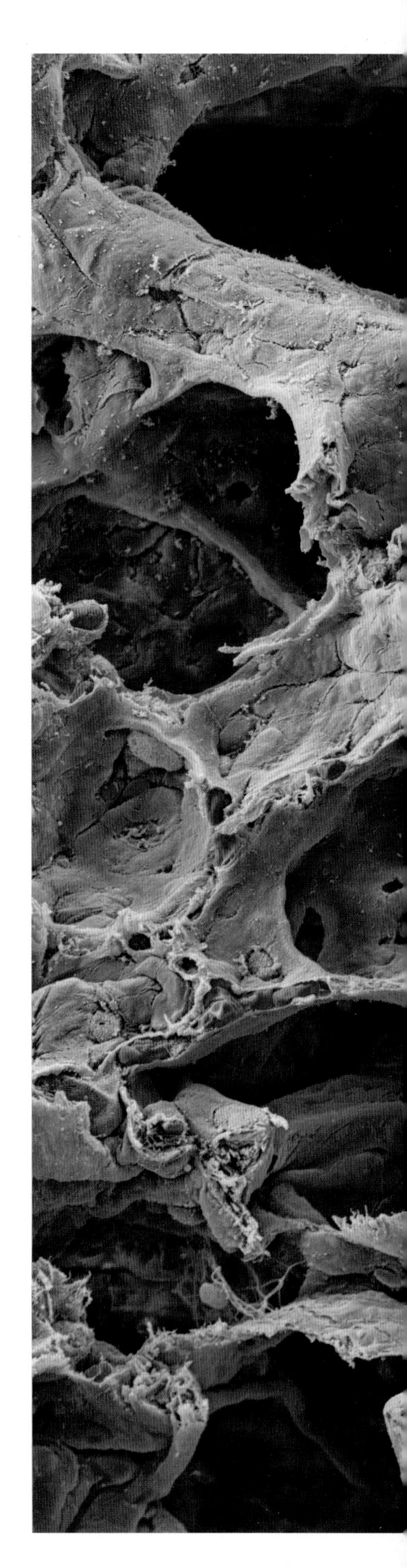

포유류의 폐

먹이에서 에너지를 배출하려면 모든 동물에게는 산소가 공급되어야 한다. 포유류처럼 몸집이 크고 공기 호흡을 하는 척추동물은 폐를 이용한다. 포유류는 호흡을 통해 산소가 포함된 공기를 힘껏 폐로 끌어들이고 이산화탄소는 밀어낸다. 폐에 있는 복잡한 구조의 관과 기낭(공기주머니) 역시 산소를 받아들일 수 있도록 표면적을 최대로 늘린다. 그 결과 폐가 있는 동물은 곤충처럼 폐가 없는 동물보다 몸집이 몇 배로 커질 수 있다.

기체 교환하기

기체 교환은 피로 산소가 흡수되고 이산화탄소(호흡 과정에서 만들어진 폐기물)가 제거되는 과정이다. 공기주머니(폐포)로 들어가는 공기에서 산소가 차지하는 비중은 21퍼센트가량이고 나오는 공기에서는 16퍼센트가량이다. 들숨과 날숨을 통해 교환되는 두 종류의 기체는 얇은 기낭벽과 이를 둘러싼 모세혈관을 가로질러 확산을 통해 반대 방향으로 이동하며, 농도가 높은 쪽에서 낮은 쪽으로 움직인다.

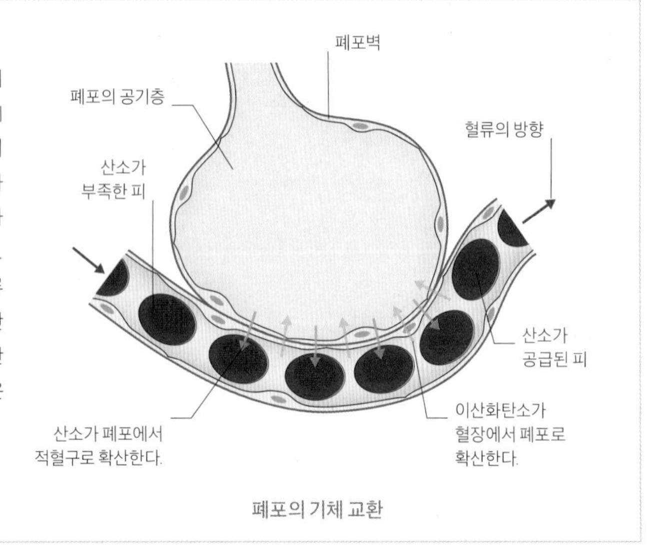

폐포의 기체 교환

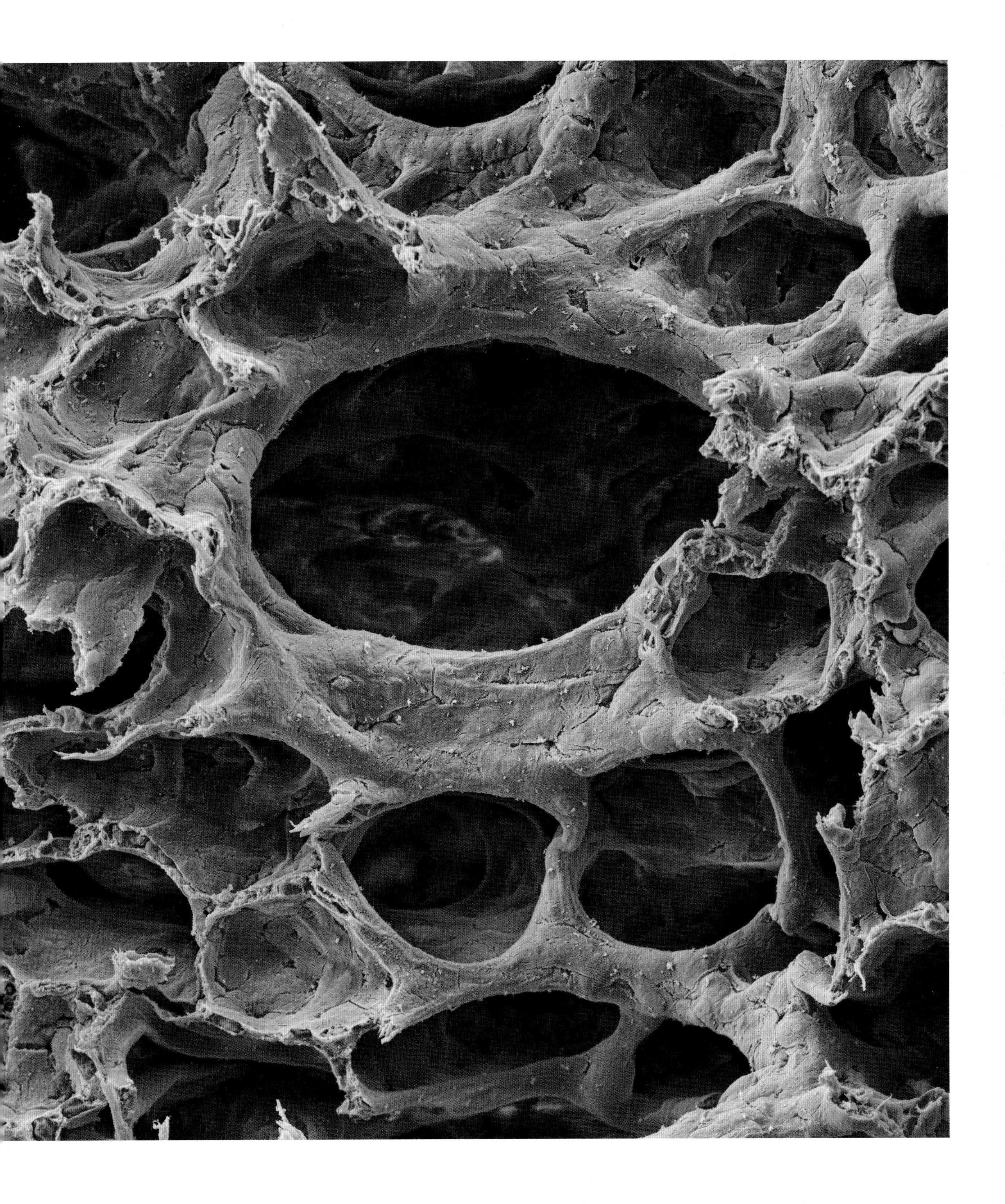

산소 운반하기

산소는 호흡에 필수적인 요소지만, 당분이나 이산화탄소에 비해 물에 잘 녹지 않는다. 산소의 이런 특성은 공기 중에서 호흡관을 통해 산소를 직접 세포로 전달하는 곤충에게는 문제가 되지 않는다. 그러나 온몸을 도는 액체 상태의 피로 산소를 운반하는 동물은 폐나 아가미에서 산소를 수집해 호흡 세포에 전달하려면 운반 장치가 필요하다. 척추동물은 적혈구의 산소 운반 장치인 헤모글로빈을 이용한다. 인간의 체내 세포 가운데 80퍼센트 이상은 적혈구이고, 이것은 적혈구가 얼마나 중요한지를 보여 주는 지표가 된다.

산소를 운반하는 원반
인간의 혈액 표본에는 산소를 운반하는 적혈구와 감염에 맞서 싸우는 백혈구가 들어 있지만, 대개 적혈구 수가 백혈구 수보다 1000배나 많다. 적혈구는 될 수 있으면 더 많은 헤모글로빈을 싣기 위해 세포핵이 없는 원반 모양이다. 주사형 전자 현미경, 2800배율.

결합과 해체

적혈구는 헤모글로빈으로 가득하며 그 밖의 것은 거의 없다고 봐야 한다. 포유류의 적혈구는 모든 DNA와 함께 세포핵까지 잃어가면서 헤모글로빈에 전력을 쏟는다. 헤모글로빈 분자는 4개의 단백질 사슬로 이루어져 있으며, 저마다 헴(heme)으로 불리는 철이 포함된 성분을 운반한다. 산소는 폐나 아가미처럼 산소 수치가 높은 곳에서 헴과 결합해 호흡 조직처럼 산소 수치가 낮은 곳으로 간다.

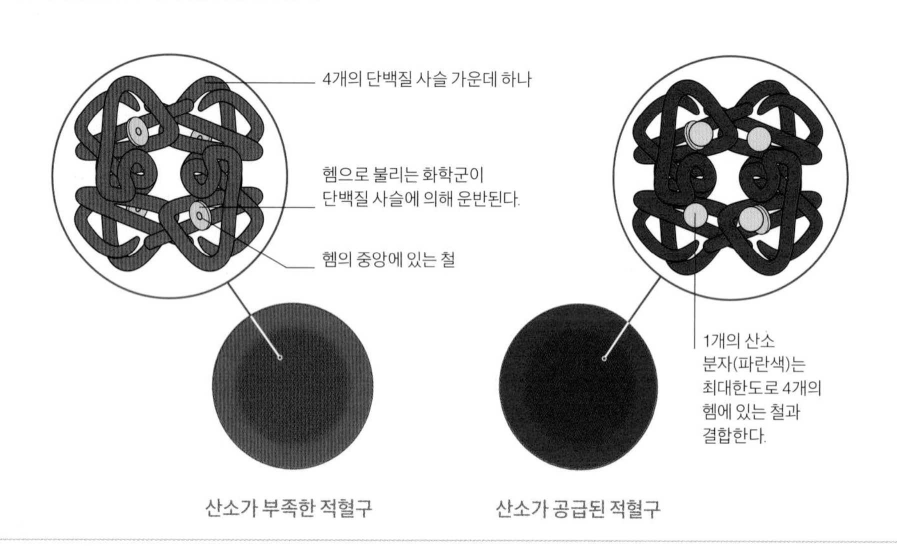

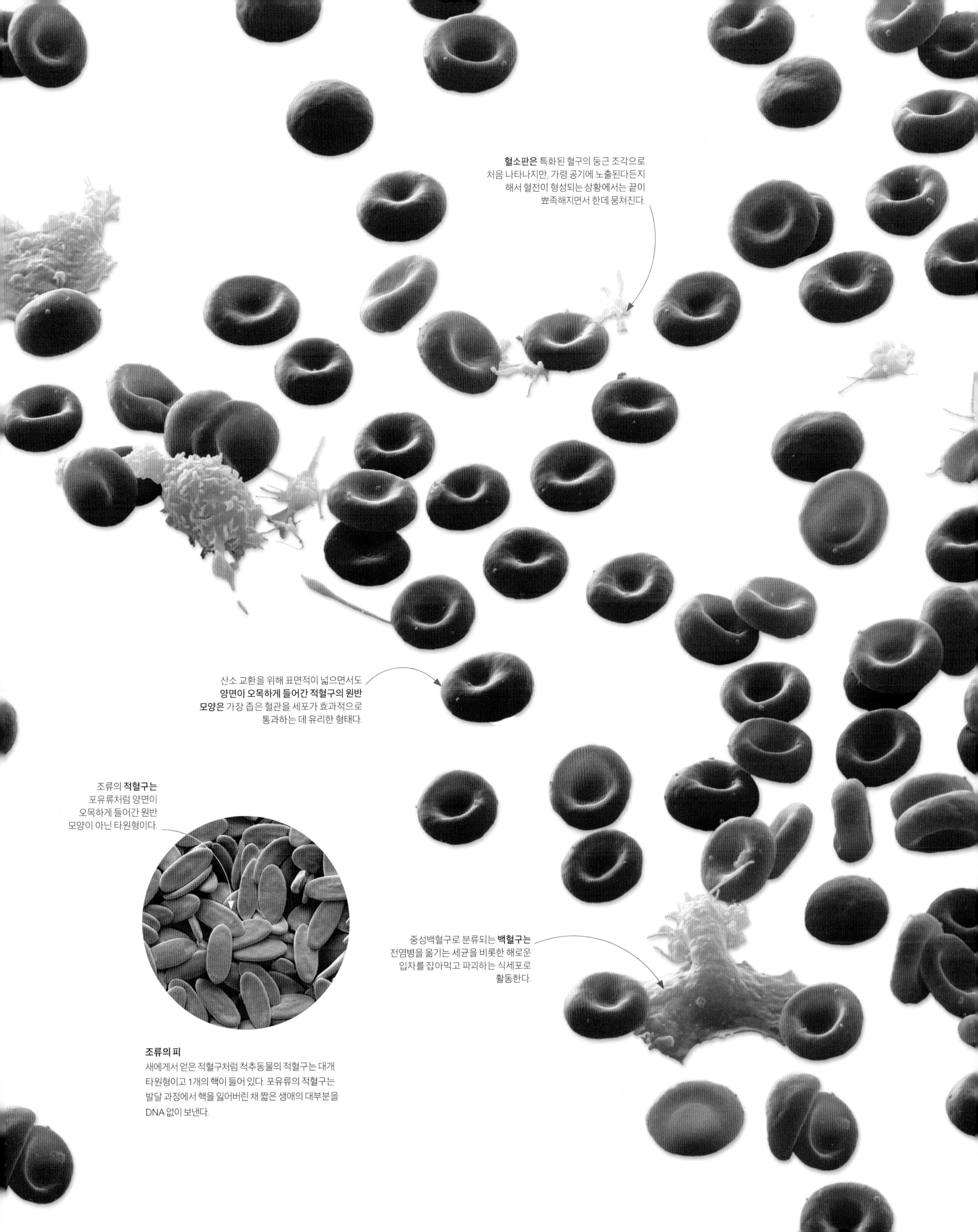

조류의 피
새에게서 얻은 적혈구처럼 척추동물의 적혈구는 대개 타원형이고 1개의 핵이 들어 있다. 포유류의 적혈구는 발달 과정에서 핵을 잃어버린 채 짧은 생애의 대부분을 DNA 없이 보낸다.

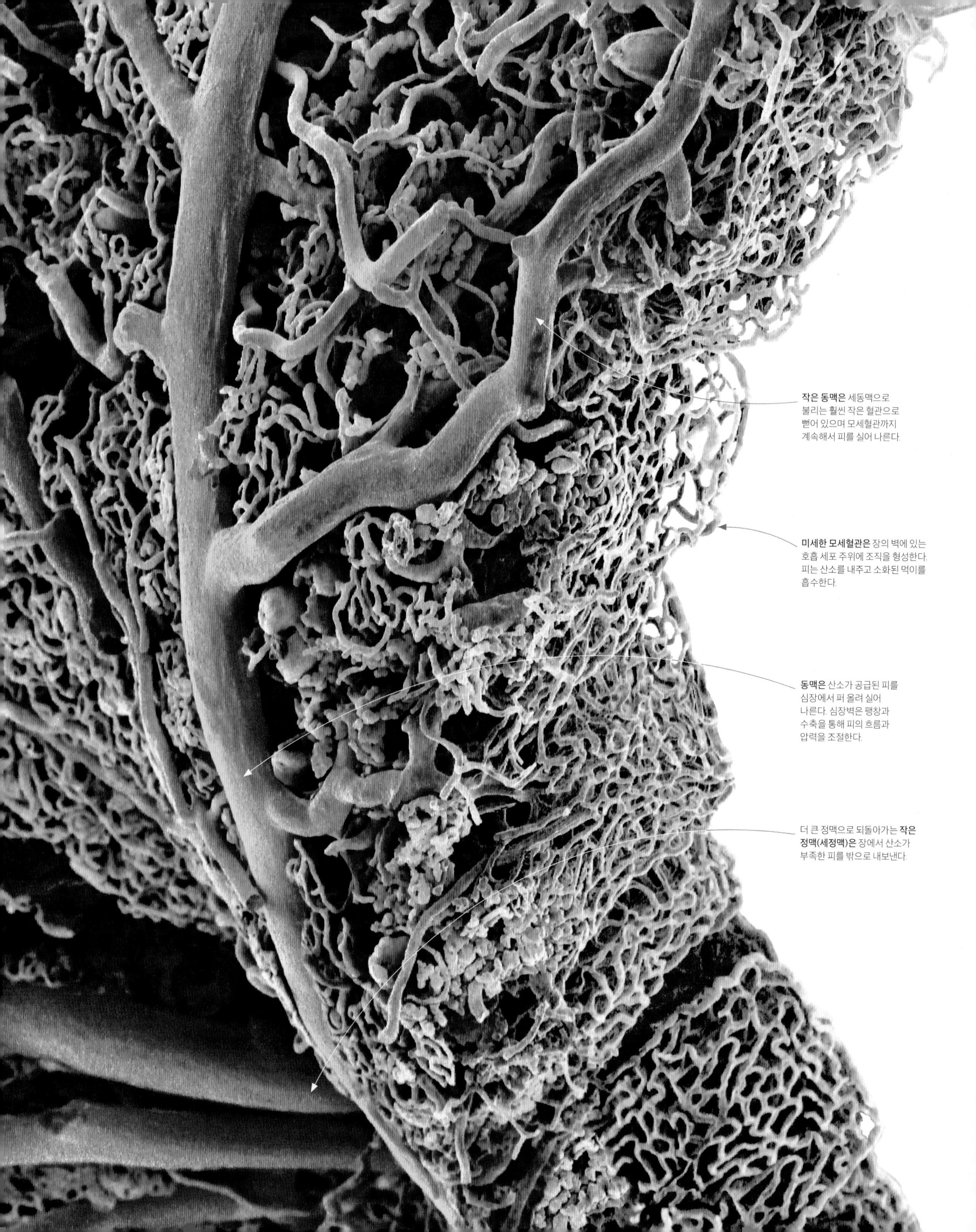
작은 동맥은 세동맥으로 불리는 훨씬 작은 혈관으로 뻗어 있으며 모세혈관까지 계속해서 피를 실어 나른다.
미세한 모세혈관은 장의 벽에 있는 호흡 세포 주위에 조직을 형성한다. 피는 산소를 내주고 소화된 먹이를 흡수한다.
동맥은 산소가 공급된 피를 심장에서 퍼 올려 실어 나른다. 심장벽은 팽창과 수축을 통해 피의 흐름과 압력을 조절한다.
더 큰 정맥으로 되돌아가는 **작은 정맥(세정맥)은** 장에서 산소가 부족한 피를 밖으로 내보낸다.

신체 조직으로 공급되는 양분
소장에 연결된 혈관은 소화된 양분을 흡수해 온몸을 순환하며 세포에 피를 운반한다. 나뭇가지처럼 나뉜 혈관은 모세혈관 조직으로 이어져 이곳에서 피가 양분을 흡수하고 산소를 전달한다. 주사형 전자 현미경, 200배율.

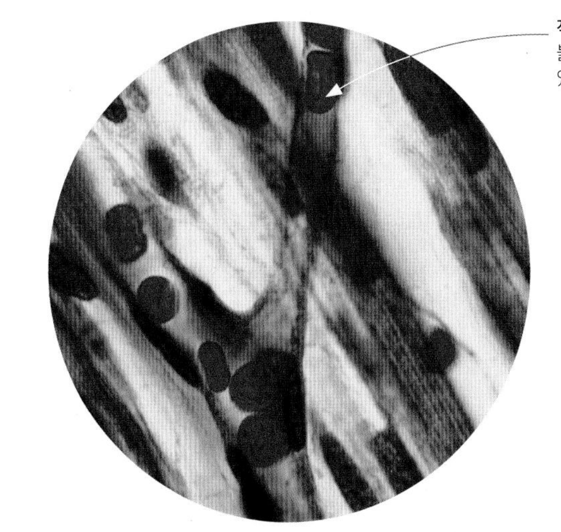

적혈구는 산소를 실어 나르는 붉은 헤모글로빈으로 가득 차 있다.

산소 운반
미세한 모세혈관의 얇은 벽은 거의 투명한 것처럼 보인다. 적혈구는 그런 모세혈관을 따라 일렬로 지나가면서 호흡 조직에 스며들 수 있도록 산소를 혈관 벽에 가까이 가져간다.

순환계

동물의 몸에 있는 모든 세포는 살기 위해 산소와 양분이 필요하며, 대개는 필요한 곳까지 실어 나를 혈액 수송 체계가 필요하다. 순환하는 피는 산소와 양분을 얻은 체내 기관에서 이를 실어 날라 온몸에 전달한다. 근육 펌프와 심장은 이런 흐름을 유지하는 역할을 한다. 같은 수송 체계에 의해 세포의 노폐물은 분비의 형태로 빠져나간다. 수많은 무척추동물의 경우에 피는 열린 공간에 있는 체세포를 적시고 있지만, 척추동물의 경우에 피는 세포 사이사이에 퍼진 미세한 관으로 이어진 혈관 조직에 머문다.

혈관의 종류

피를 심장에서 동맥으로 퍼 올리는 과정에서 동맥은 높은 압력을 견딜 수 있는 두꺼운 벽, 수축하고 흐름을 제어할 수 있는 두꺼운 근육을 갖게 된다. 역류를 막기 위해 혈액이 한쪽으로만 흐를 수 있는 판막과 얇은 벽을 가진 정맥은 피를 심장으로 돌려보낸다. 동맥과 정맥 사이에는 미세한 모세혈관이 존재하고, 그곳에서 주변 세포와 물질의 교환이 이루어진다.

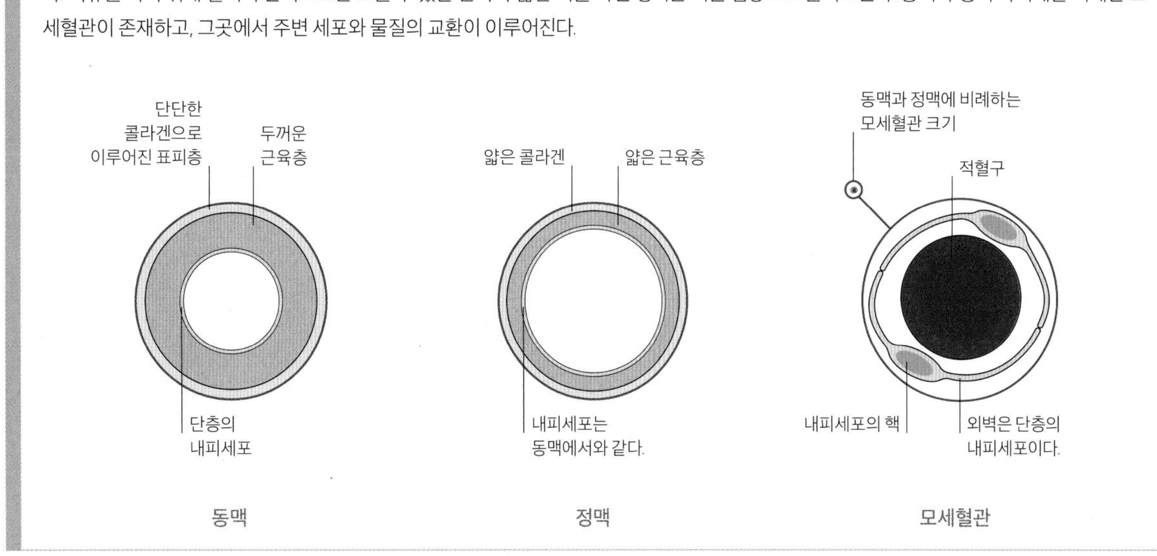

증산 작용

기공이 열려 이산화탄소를 받아들일 때 잎에서 대기 중으로 수증기가 일부 빠져나가는 증산 작용이 일어난다. 수분의 손실은 식물의 수관계에서 잎으로 더 많은 물을 끌어들이는 음압을 일으킨다. 식물의 모든 잎에서 일제히 증산 작용이 일어나면 뿌리에서 물을 끌어 올릴 만큼 충분한 힘이 만들어진다. 일부는 대기 중으로 빠져나가고 일부는 잎살(내부 조직)에서 광합성에 이용된다.

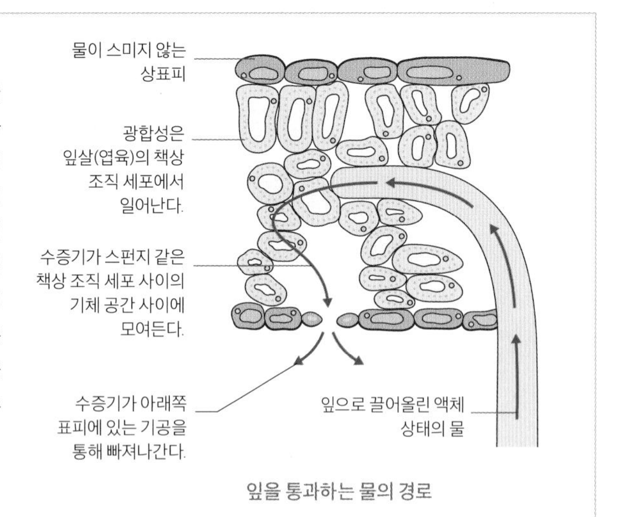

잎을 통과하는 물의 경로

은방울꽃

꽃의 수분 유지
은방울꽃은 습기를 좋아하는 식물이다. 기공은 대부분 잎 아래쪽에 나타난다. 수분 손실을 줄이기 위한 것일 수도 있고, 진균포자 같은 병원체가 위쪽에서 더욱 쉽게 잎에 침투할 수 있기 때문이다.

활발한 기공

은방울꽃(*Convallaria majalis*) 잎에서 초록색으로 에워싼 틈은 2개의 공변세포에 의해 형성된 기공이다. 빛에 민감한 공변세포의 포토트로핀 색소는 기공이 열리게끔 만든다. 세포가 물에 불면 외벽이 더 유연하기 때문에 바깥쪽으로 구부러져 몇 마이크로미터의 공극이 만들어진다. 다른 표면 세포와 달리 공변세포는 초록색의 엽록체를 갖고 있어서 기공의 개폐에 필요한 에너지를 제공한다. 불충분한 빛을 감지하면 공변세포가 수분을 잃고 수축하면서 기공이 닫힌다.

잎의 공기구멍

식물에서 광합성이 이루어지는 주요 장소인 잎에는 2가지 원료(뿌리에서 전달되는 물, 공기 중에서 수집되는 이산화탄소 기체)가 충분히 공급되어야 한다. 이산화탄소는 기공으로 불리는 공기구멍을 통해 잎으로 들어간다. 기공은 단순한 구멍이 아니며, 환경에 반응한다. 대개 식물은 광합성에 필요한 빛이 존재하면 기공이 열리고 광합성을 계속 진행하기에 너무 어둡거나 건조하면 닫힌다. 기공은 이산화탄소를 받아들일 뿐만 아니라 당분처럼 광합성의 산물인 불필요한 산소를 배출하기도 한다.

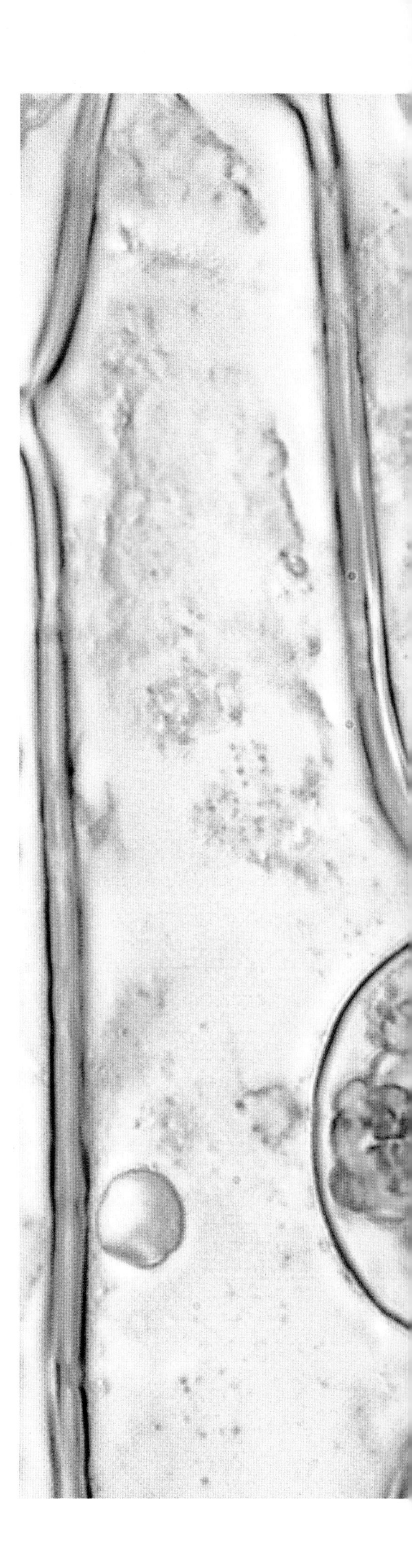

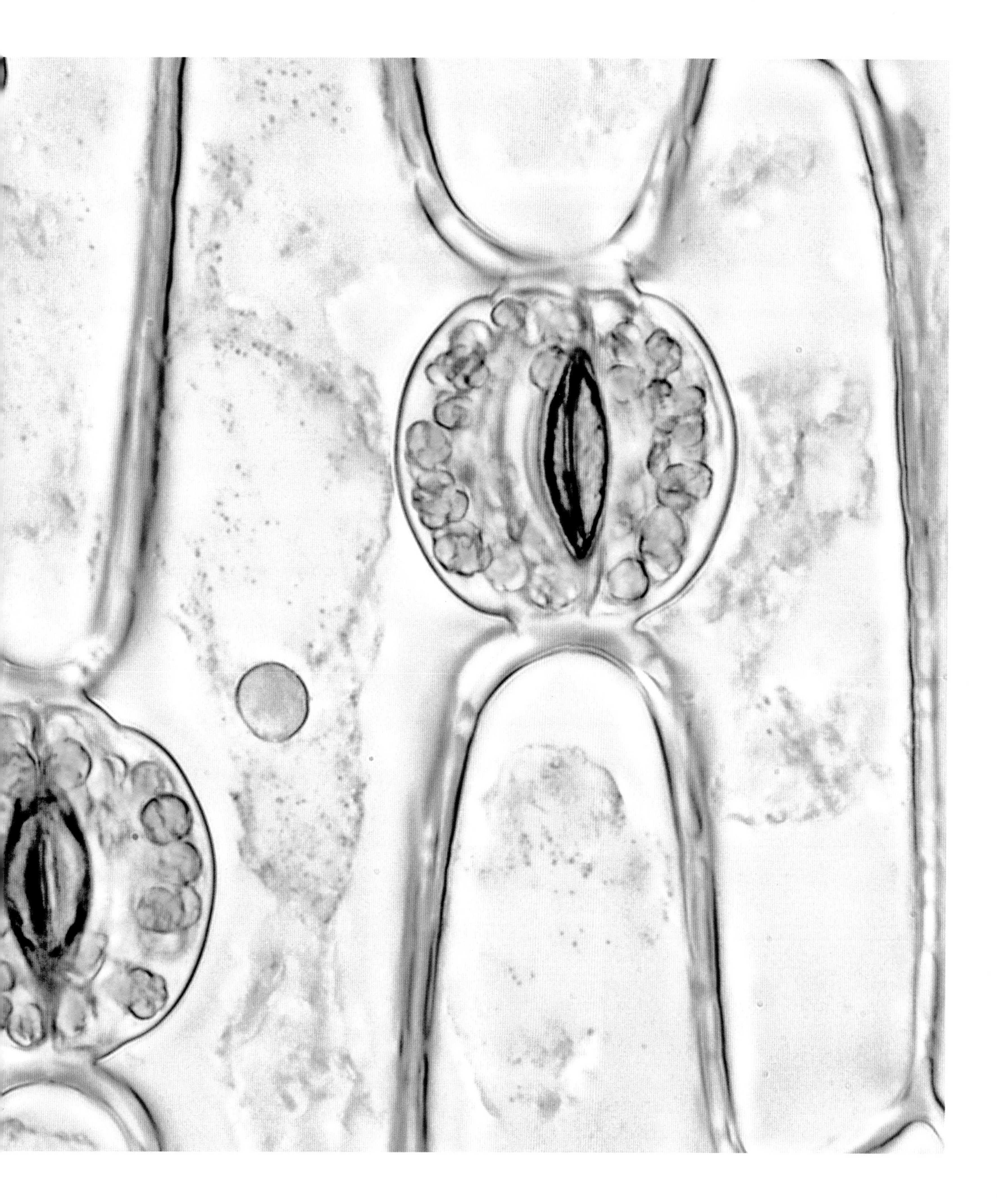

보온재 역할을 하는 솜털로 덮인 아래쪽의 깃털 위로 **겉깃털이** 놓여 있어서 체온 손실을 최소로 줄여 준다.
좁고 뾰족한 날개는 커다란 가슴 근육의 도움을 받아 1초에도 몇 번씩 앞뒤로 퍼덕인다.
다른 새들과 마찬가지로 **몸에** 풀무(송풍기) 역할을 하는 기낭이 있어서 폐를 통과한 공기를 내보내고 피에 산소가 충분히 공급될 수 있게 해 준다.
넓은 꼬리깃은 새가 꽃을 앞에 두고 위아래로 맴돌 때 자세를 잡을 수 있게 해 준다.

체온 유지하기

온혈동물의 몸이 작기란 쉽지 않다. 대부분의 동물과 마찬가지로 조류와 포유류 역시 주변 환경에서 온기를 얻지 않고 체내의 신진 대사를 통해 체온을 얻는다. 온혈동물로 산다는 것에는 장단점이 있다. 추운 곳에서도 활동적으로 살아갈 수 있지만, 몸집이 가장 작은 새와 포유동물은 연료 소모에서 엄청난 대가를 치르게 된다. 작디작은 몸은 체온의 상당 부분을 잃게 되면 추위에 더욱 쉽게 몸이 차가워지고 만다. 이 때문에 벌새나 땃쥐는 살아남기 위해 열량이 높은 먹이를 끊임없이 먹어야 한다.

꽃 위를 맴돌던 새는 **길고 뾰족한 부리를** 관 모양의 꽃 속으로 깊숙이 밀어 넣어 긴 혀로 꿀을 핥아 먹는다.

다른 포유류와 마찬가지로 **털로 덮인 땃쥐의 피부는** 몸의 열기를 가둔다.

작은 포유류
유라시아피그미뒤쥐(*Sorex minutus*)의 무게는 동전 한 닢 정도에 불과하다. 무척추동물이 작은 몸에 동력을 얻기 위해서는 24시간마다 자기 몸무게보다 많은 양의 먹이를 먹어야 한다.

꿀을 먹는 동물들
안트라코토락스 프레보스티이(*Anthracothorax prevostii*) 같은 벌새는 열량이 높은 꿀을 주식으로 살아간다. 먹이에 대한 접근성은 생사가 걸린 문제이므로 벌새는 꽃이 많은 서식지를 적극적으로 지켜내려 할 것이다. 벌새는 무수한 날갯짓을 통해 하늘을 난다. 여기에 필요한 근육 활동은 에너지 차원에서 보자면 손실이 크지만, 효율적인 먹이의 원천인 꽃을 앞에 두고 사실상 별다른 움직임 없이 공중에 떠 있을 수 있어서 크게 문제 되지 않는다.

몸이 작아서 겪는 위험

따뜻한 몸의 열 손실량이 신체의 표면적에 따라 달라지는 데 비해 신진 대사를 통해 만들어진 열은 신체의 부피에 따라 달라진다. 정육면체를 통해 쉽게 계산할 수 있는 둘 사이의 비율은 몸이 작을수록 커지므로 작은 몸에서는 그에 비례해 열 손실이 더욱 빠르게 일어난다.

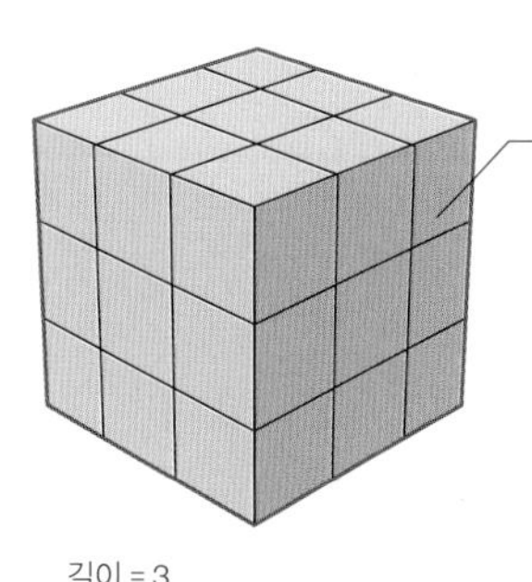

길이 = 3
표면적 = $3^2 \times 6 = 54$
부피 = $3^3 = 27$

표면적 : 부피 = 2 : 1

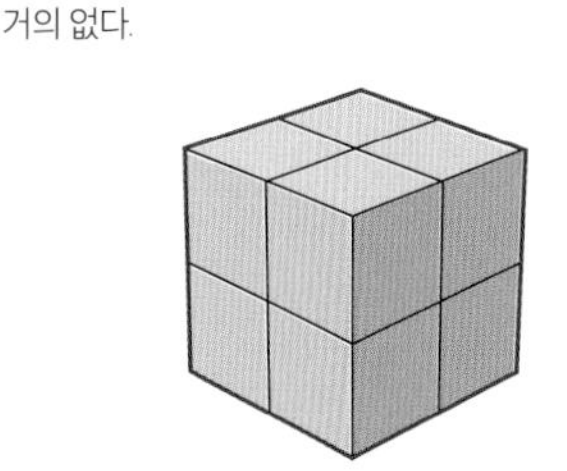

길이 = 2
표면적 = $2^2 \times 6 = 24$
부피 = $2^3 = 8$

표면적 : 부피 = 3 : 1

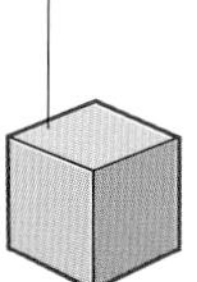

길이 = 1
표면적 = $1^2 \times 6 = 6$
부피 = $1^3 = 1$

표면적 : 부피 = 6 : 1

느끼고 반응하기

가장 단순한 미생물조차 주변 환경을 감지한다. 느낀다는 것은 생명체의 핵심적인 속성 가운데 하나이다. 생명체는 감각 정보를 이용해 먹이, 빛, 짝짓기 상대를 향해 나아가기도 하고 위험으로부터 멀어지기도 하면서 대응한다. 화학적 감각이 가장 단순할 테지만, 촉각과 빛 따위의 기본적인 감각도 널리 이용된다.

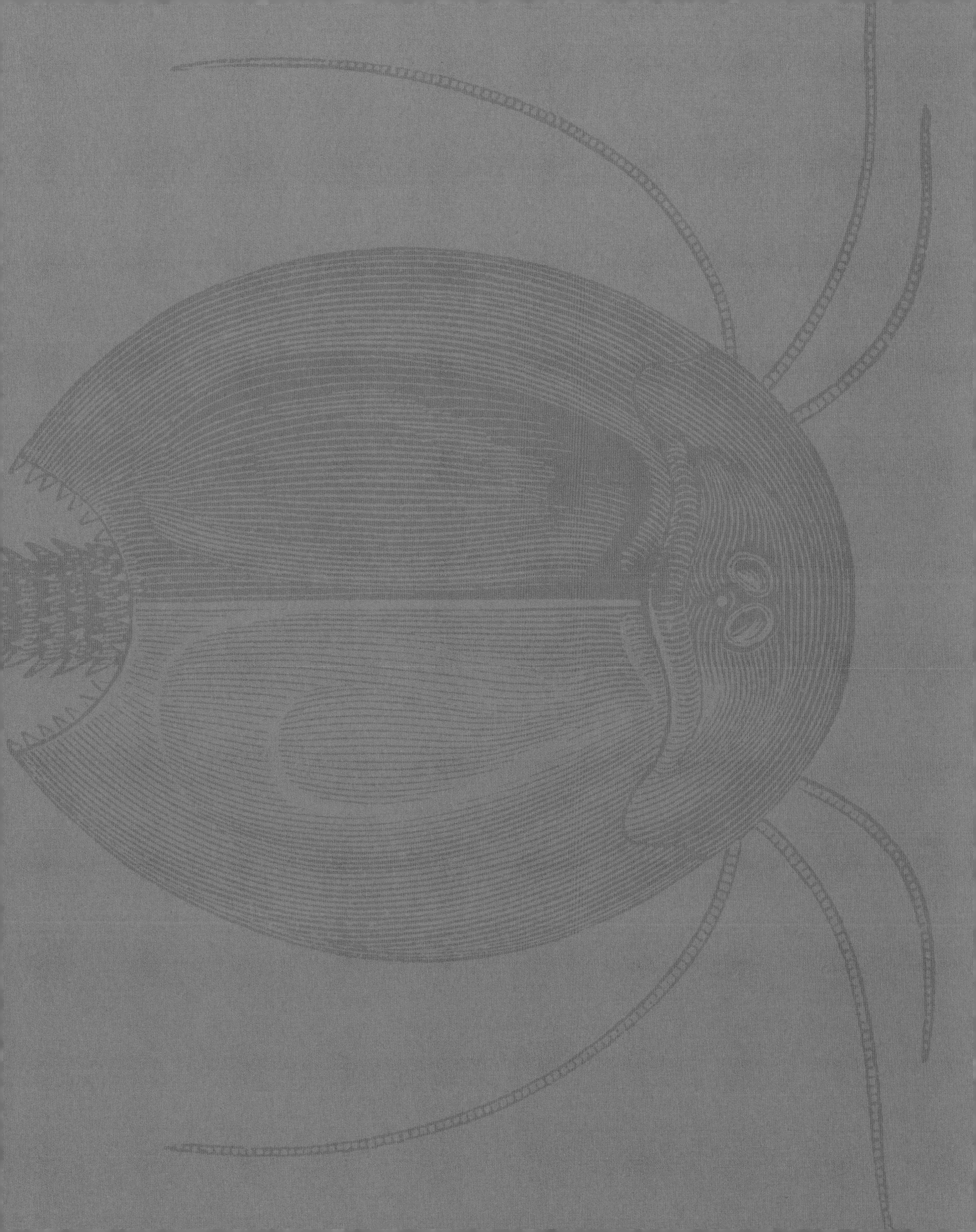

주변 환경 감지하기

무언가를 느끼고 반응하는 능력은 생물을 무생물계로부터 구분 짓는 특성 가운데 하나다. 감각은 그것이 에너지를 얻기 위한 먹이와 빛을 추적하는 것이든 짝짓기 상대를 찾는 것이든 위험을 피하는 것이든 생존 능력을 높인다. 동물과 식물은 특화된 세포로 이루어진 감각 기관을 신체의 다양한 부분에 갖고 있지만, 미생물에게는 단세포 내에서 감지하는 능력이 있다. 단세포 조류는 빛을 이용해 광합성을 함으로써 먹이를 만들어 내고 수많은 조류는 채찍 모양의 편모를 파닥여 추진력을 얻는다. 이들은 빛을 흡수하는 색소 또는 광수용기를 만들어 빛에 반응하고 빛을 향해 헤엄치는 감각을 결합할 수 있다.

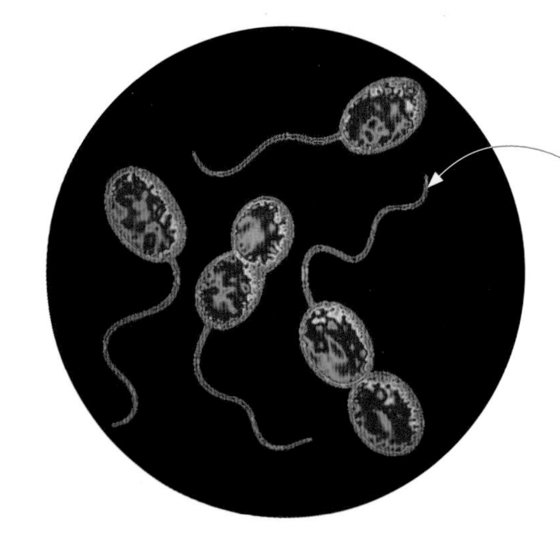

긴 편모는 세균이 유황을 향해 움직이는 데 도움이 된다.

먹이에 끌리다
가장 단순한 단세포 생명체인 세균의 표면에도 감각 수용기가 분포해 있다. 일부의 수용기는 화학 물질을 감지해 세균이 먹이를 향해 움직이도록 도움을 준다. 여기 보이는 티오시스티스(*Thiocystis* sp.) 같은 세균은 에너지원(유황)을 향해 움직일 필요가 있다.

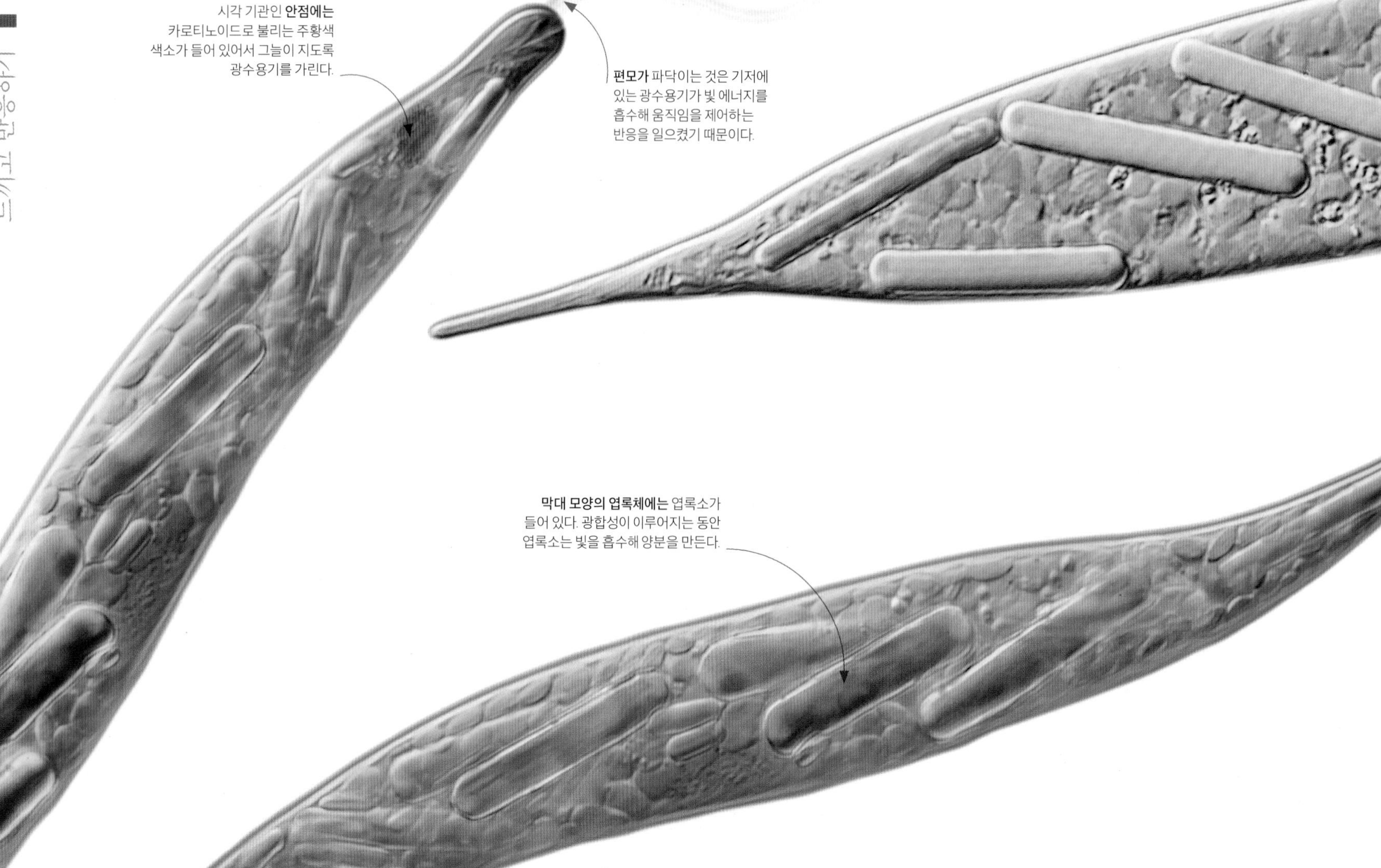

시각 기관인 **안점에는** 카로티노이드로 불리는 주황색 색소가 들어 있어서 그늘이 지도록 광수용기를 가린다.

편모가 파닥이는 것은 기저에 있는 광수용기가 빛 에너지를 흡수해 움직임을 제어하는 반응을 일으켰기 때문이다.

막대 모양의 엽록체에는 엽록소가 들어 있다. 광합성이 이루어지는 동안 엽록소는 빛을 흡수해 양분을 만든다.

빛을 감지하고 반응하기

유글레나(*Euglena* sp.) 세포에서 주를 이루는 편모는 빛으로 활성화된 광수용기가 일으킨 화학 반응에 의해 파닥인다. 슬라이딩 케이블과 같은 시스템이 작동해 편모가 구부러진다. 편모가 움직이면 세포는 회전하고, 세포가 한 번 회전할 때마다 편모의 기저 근처에 있는 붉은색 '안점'이 광수용기에 그늘을 드리우면서 유글레나는 빛의 방향에 대한 정보를 수시로 갱신하게 된다. 이것은 빛이 비치는 방향으로 세포가 향하는 데 도움이 될 수 있다.

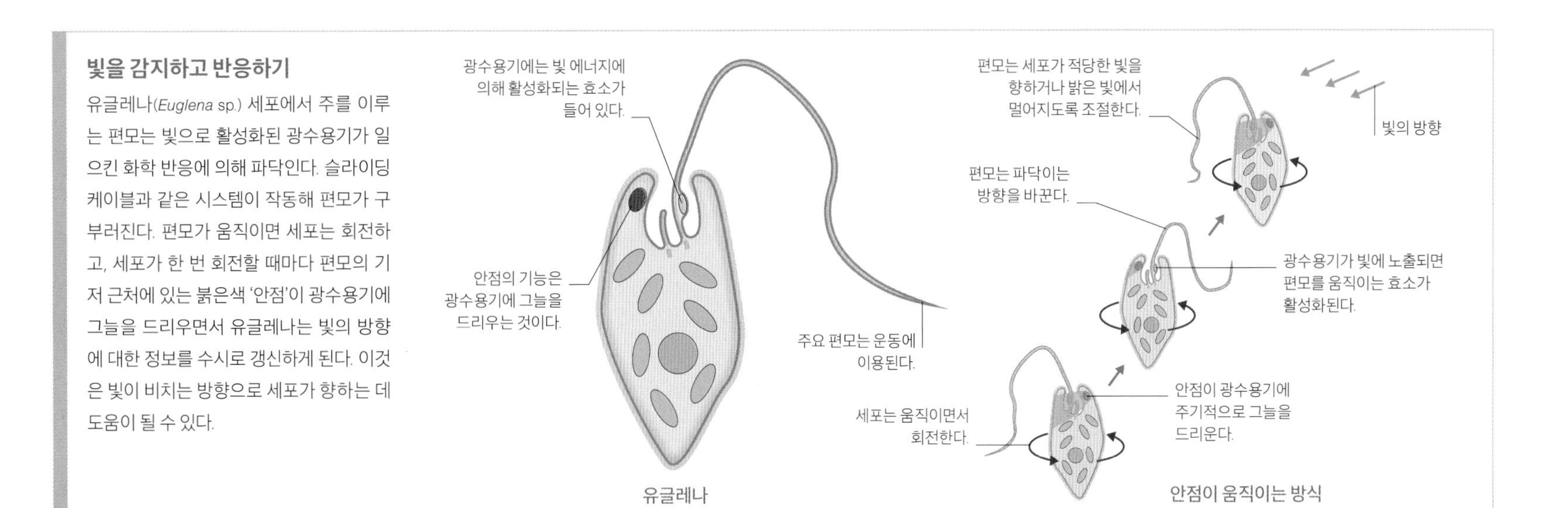

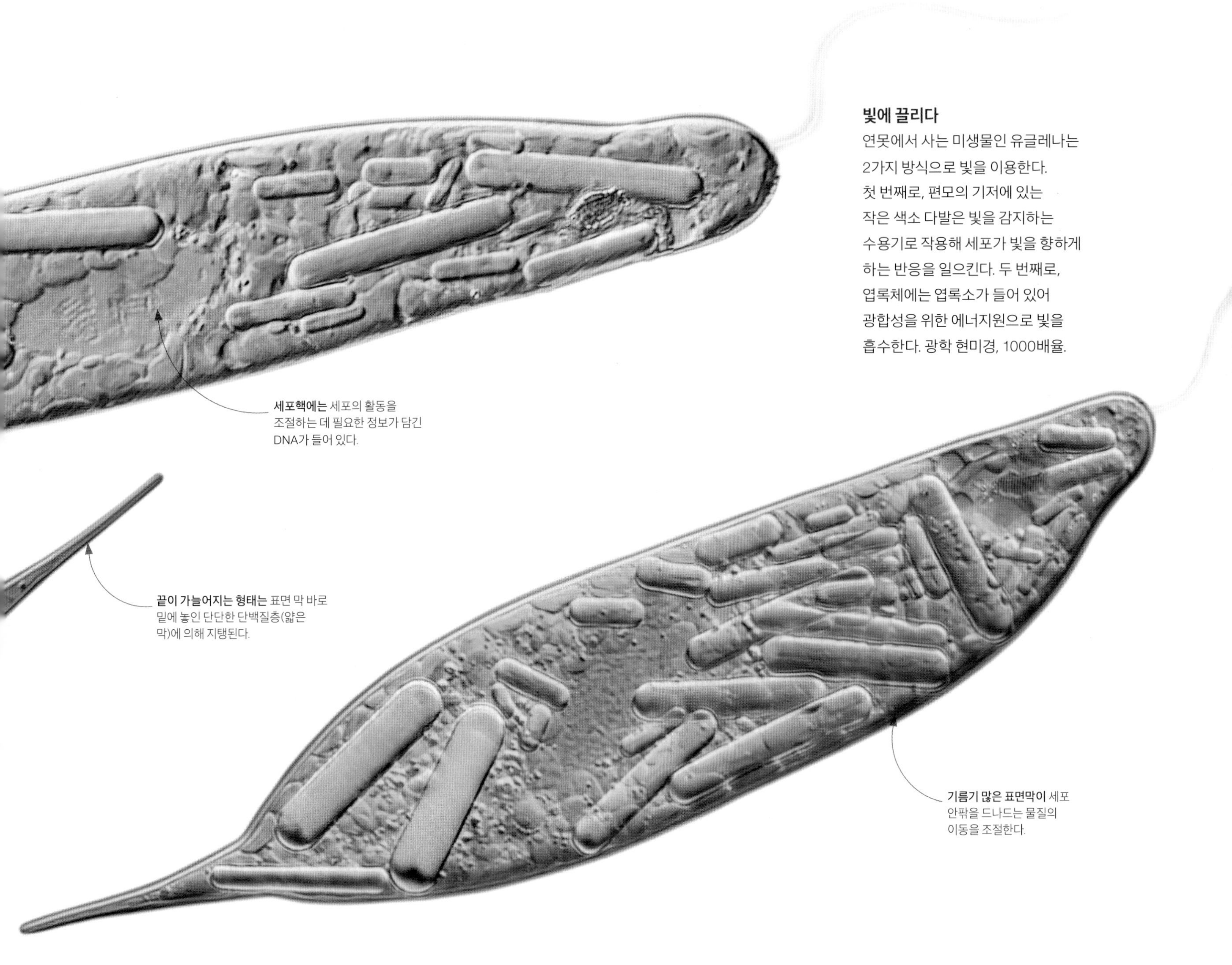

빛에 끌리다

연못에서 사는 미생물인 유글레나는 2가지 방식으로 빛을 이용한다. 첫 번째로, 편모의 기저에 있는 작은 색소 다발은 빛을 감지하는 수용기로 작용해 세포가 빛을 향하게 하는 반응을 일으킨다. 두 번째로, 엽록체에는 엽록소가 들어 있어 광합성을 위한 에너지원으로 빛을 흡수한다. 광학 현미경, 1000배율.

곤충의 더듬이에서 주요 섬유인 **편모는** 소환절(annuli)이라는 잘록한 부분에 의해 몇 개 영역으로 나뉜다.

더듬이

머리 위로 더듬이가 길게 뻗은 동물은 주변 세계를 감지할 장비를 제대로 갖춘 셈이다. 더듬이는 절지동물에게서 흔히 찾아볼 수 있다. 갑각류는 대개 2쌍의 더듬이를 갖고 있지만, 곤충류, 노래기류, 다족류의 더듬이는 1쌍이다. 거미류만 하나같이 더듬이를 갖고 있지 않다. 더듬이의 주요 기능은 감각 기관이지만, 헤엄을 치는 데 이용되는 물벼룩의 더듬이처럼 다른 용도로 쓰이는 경우도 종종 있다. 곤충의 더듬이는 기저에 동작 센서가 있어서 비행을 제어하는 데 도움이 될 뿐만 아니라 수많은 감지 장치로 채워진 긴 섬유는 화학 물질, 압력, 열을 감지하기도 한다.

맵시벌(*Rhyssa persuasoria*)의 **더듬이는** 땅벌레가 나무껍질 밑에 구멍을 내면서 생긴 진동과 냄새를 감지한다.

나무 둥치 안에 있는 유충 위에 알을 낳기 위해 **긴 산란관(알을 낳는 관)**을 이용해 나무껍질을 뚫는다.

먹이 감지하기
암컷 맵시벌은 수컷보다 큰 더듬이를 이용해 유충이나 애벌레 같은 숙주를 찾아 그 위에 알을 낳는다. 알은 유충으로 부화해 숙주를 산 채로 잡아먹는다.

장수하늘소의 다양성

장수하늘소의 더듬이는 대개 머리와 몸통을 결합한 길이의 3분의 2가 넘는다. 3만 종이 넘는 장수하늘소는 모든 곤충류 가운데 최대 분류군을 형성하며, 열대 지방에서 특히 폭넓은 다양성을 보인다. 수컷의 더듬이가 암컷보다 긴 경우가 있는데, 접촉을 통해 암컷에게 구애하기 위한 것으로 보인다. 다른 곤충과 마찬가지로 장수하늘소의 더듬이 역시 기저에 있는 근육으로 작동되며 뒤쪽으로 젖힐 수 있다.

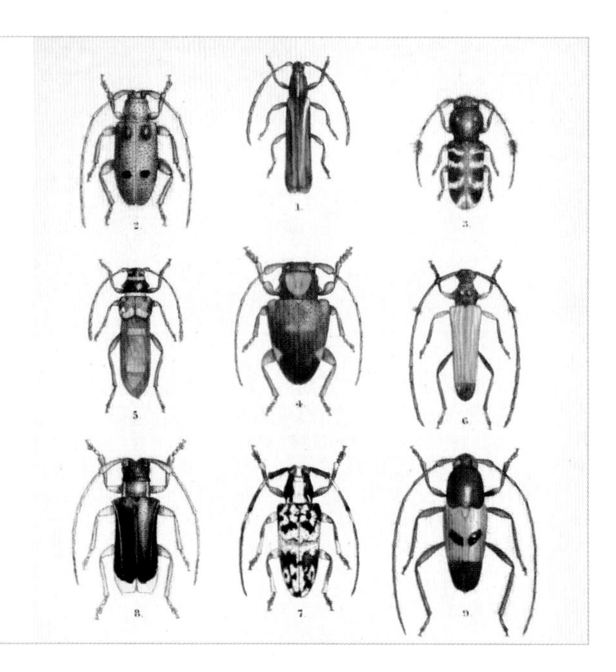

장수하늘소 삽화, 1880~1890년경

다목적 감지

더듬이는 흔히 '촉수'라고도 불리지만, 더듬이의 감각 적응은 주변을 건드리는 수준을 훨씬 뛰어넘는다. 목하늘소아과(Lamiinae)에 속한 이 장수하늘소(*Thysia wallichii*)의 긴 더듬이는 촉각은 물론 후각과 미각까지 느낄 수 있다. 더듬이는 다양한 자극에 반응하면서 장수풍뎅이에게 짝짓기 상대와 먹이가 되는 식물을 알려준다.

더듬이 편모에 있는 **깃털 다발에는** 주변 공기의 움직임에 자극을 받는 감지기가 있다.
편모와 밑마디 사이의 분절인 **흔들마디(팔굽마디)에는** 움직임을 감지하는 존스턴 기관(Johnston's organ)이 있어서 편모의 움직임에 자극을 받는다.
밑마디(기저 분절)는 길고 민감한 실처럼 생긴 편모의 움직임을 제어하는 근육으로 채워져 있다.
머리끝의 근육은 밑마디로 연결되어 있어서 더듬이가 위로 움직이거나 가로눕도록 수축한다.

맛 느끼기

냄새와 맛은 모두 물질을 감지하고 뇌로 전기 자극을 보내 줄 감지 장치를 필요로 한다. 후각이 대기 중에 떠다니는 입자를 알아차리는 데 비해 미각은 액체나 고체와의 직접적인 접촉으로 작동한다. 척추동물에게서 발견할 수 있는 육질의 혀가 없는 곤충은 그 대신 맛에 적응한 감각기를 고유의 구기에 갖고 있다. 그 밖의 감각기는 더듬이나 발을 비롯한 다른 곳에서도 찾아볼 수 있다. 꿀을 빨아 먹는 나방이나 나비의 주둥이에 있는 감각기는 당분에 의해 작동된다.

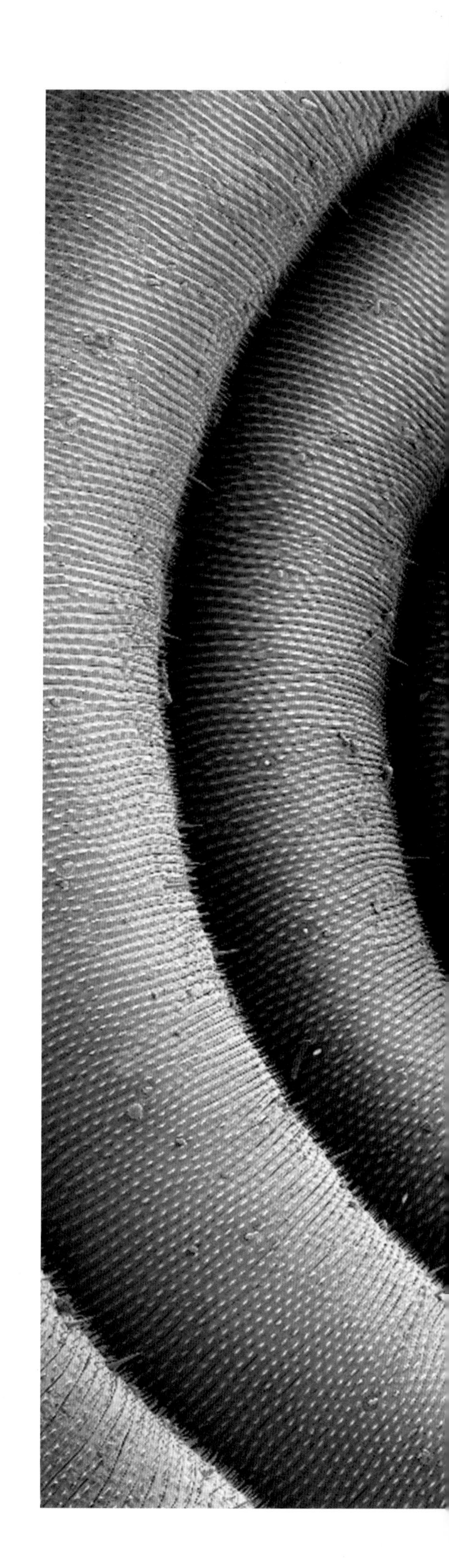

당분 감각기

못처럼 생긴 감각기(파란색)가 나선형으로 감긴 나방의 주둥이 끝 부근에 모여 있다(오른쪽). 나머지 감각기는 관의 내부에 놓여 있다. 달콤한 꿀과 접촉하면 식이 반사를 일으켜 신경 자극에 의해 주둥이가 피로 채워진다. 감겨 있던 주둥이가 압력 때문에 풀어지면서 나방은 꿀을 빨아 마실 수 있게 된다. 주사형 전자 현미경, 120배율.

긴 주둥이는 곤충이 이리저리 옮겨 다니면서 손상을 입지 않도록 사용하지 않을 때는 감겨 있다.

감각기 역할을 하는 구기

나비의 주둥이는 꿀샘(꿀을 분비하는 기관)에 닿기 위해 꽃 속으로 깊숙이 파고들 수 있다. 주둥이에는 맛뿐만 아니라 촉각 수용기도 분포해 있어서 목표물을 향해 나아갈 수 있게 해 준다.

미각 감각기

곤충의 미각 감각기는 미세한 원뿔형이며 감각 신경세포 다발이 분포해 있다. 이런 신경세포의 섬유에는 분자 수용기가 있어서 감각기 끝의 구멍을 통해 침투하는 분자를 추적한다. 섬유는 당분, 염분을 비롯해 그 밖의 탐지 가능한 물질에 맞춰 다양한 형태의 수용기를 갖추고 있다.

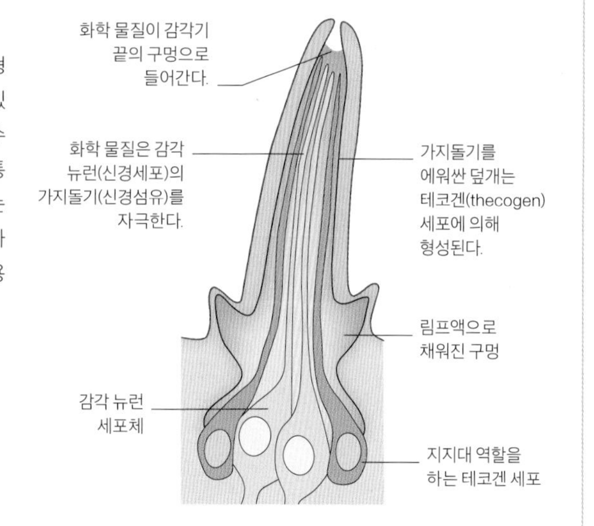

미각 감각기의 세포

고막 기관

일부 곤충은 더듬이처럼 몸에 있는 작은 털을 이용해 음 진동을 감지하는 반면, 다리, 가슴, 배, 심지어 날개에 특별한 고막 기관이 있는 곤충도 있다. 고막이 진동하면 아래쪽에 있는 부착 세포층이 흔들리면서 감각 신경세포를 비틀어 신경 자극을 일으킨다.

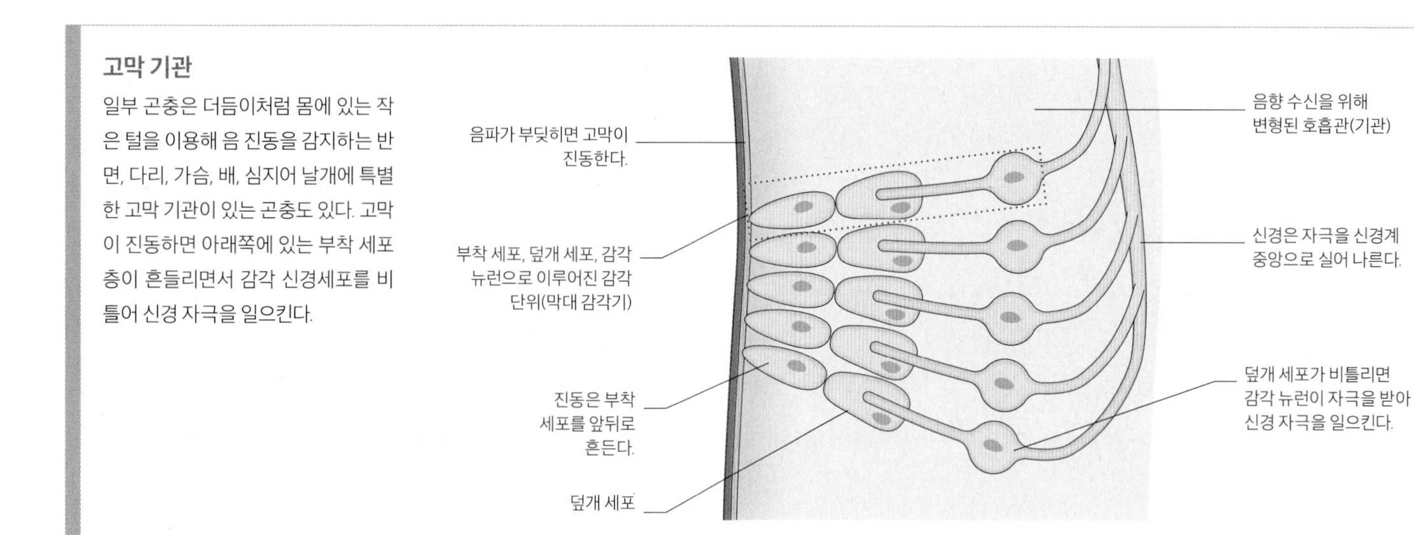

고막을 통한 곤충의 소리 감지

소리 듣기

공기, 물, 지면을 통해 이동하는 압력의 파동인 소리는 많은 동물이 단순한 감각모를 이용해 알아차릴 수 있는 움직임을 만들어 낸다. 특별한 청각 기관이나 귀가 있는 동물은 소리에 특히 민감하다. 나방은 천적인 박쥐가 내는 반향음에 열심히 주파수를 맞추는 데 비해 소리로 의사 소통을 하는 곤충에게는 특별히 발달한 귀가 있다. 가령 암컷 귀뚜라미는 다리의 기낭 위로 뻗은 각피 조각이 고막처럼 작용해 수컷의 '연가(戀歌)'에서 흘러나오는 진동을 감지한다.

구애하는 수컷
수컷 집귀뚜라미가 날개를 비벼가며 연가를 부른다. 귀뚜라미의 울음소리는 암컷이 수컷을 짝으로 받아들이도록 유인하는 역할을 한다.

다리로 듣기

집귀뚜라미(*Acheta domesticus*)는 2개의 앞다리에 고막 기관이 있다. 고막 기관은 소리의 높이와 크기(대기 중에서 진동의 빈도수와 크기)를 감지해 곤충의 뇌로 정보를 보낸다.

귓속의 감각세포

이소골(귓속뼈)로 불리는 3개의 작은 뼈로 이루어진 독특한 증폭 기관을 갖춘 포유류의 귀는 놀라울 만큼 예민한 기관이다. 공기 전파음은 고막을 진동시키고 이소골은 이런 진동을 림프액이 가득 찬 내이(속귀)에 전달한다. 내이의 한가운데에는 기저막에 내장된 단순한 운동 수용기인 유모세포가 있다. 기저막은 나선을 따라 강도에서 변화를 보이므로 다양한 높이의 소리에 선별적으로 민감하다. 따라서 유모세포는 상세한 소리 정보를 신경 신호로 전환할 수 있다.

매우 민감한 유모세포
이 사진은 기니피그(*Cavia porcellus*)의 코르티 기관에 있는 V자 형태의 섬모 다발을 보여 준다. 각각의 '섬모' 다발이 하나의 감각세포에서 튀어나와 있으며, 음파가 일으킨 작은 움직임은 전자 신호로 바뀌어 뇌로 보내진다. 주사형 전자 현미경, 1만 600배율.

달팽이관(와우각)의 작동 방식

나선형의 달팽이관은 중이 속의 작은 뼈를 통해 소리를 진동으로 받아들인다. 이런 소리는 달팽이관 내부의 림프액을 통해 파문을 일으켜 코르티 기관에 있는 감각세포를 움직인다. 뇌는 나선의 서로 다른 지점에 있는 유모세포에서 온 신호를 받아 소리의 높이를 구별한다.

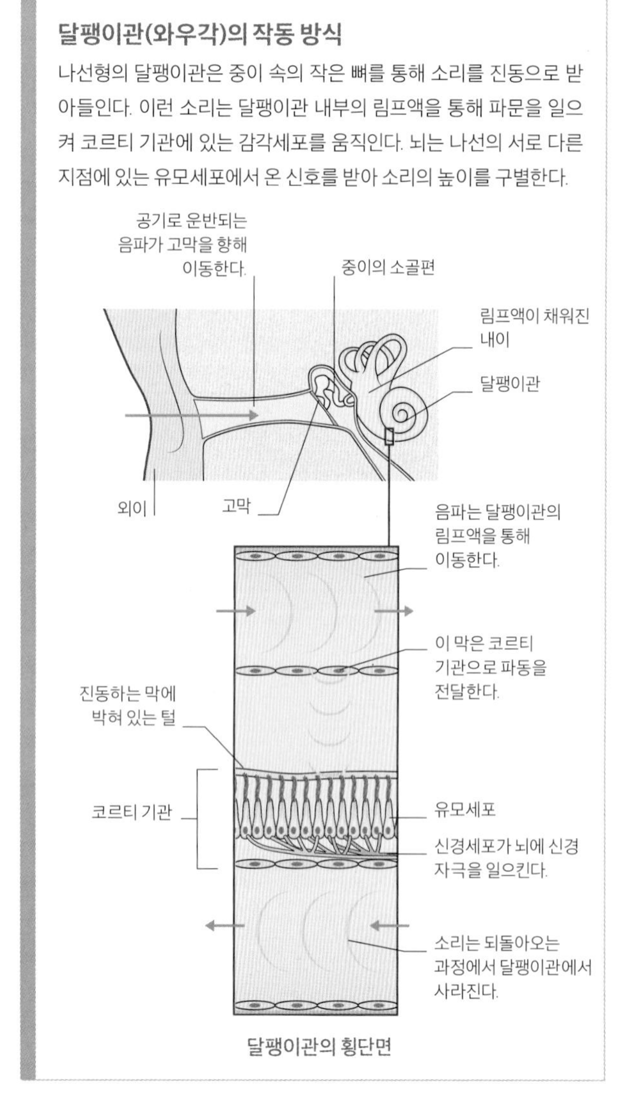

달팽이관의 횡단면

달팽이관

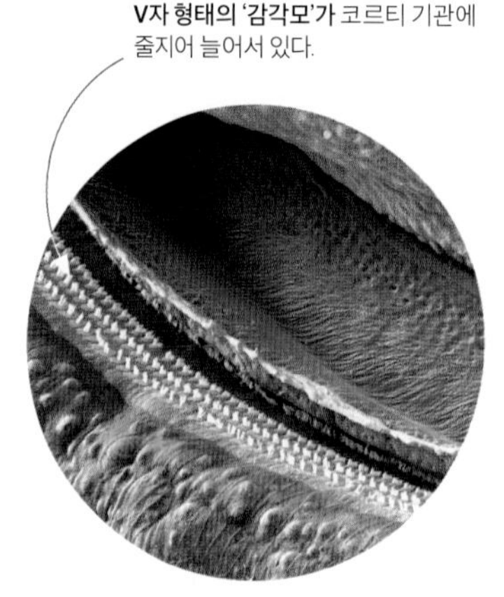

줄지어 늘어선 세포
코르티 기관은 1줄의 내유모세포와 3줄의 외유모세포로 이루어져 있다. 내유모세포와 외유모세포는 지지세포에 의해 분리되며 림프액으로 채워져 있다.

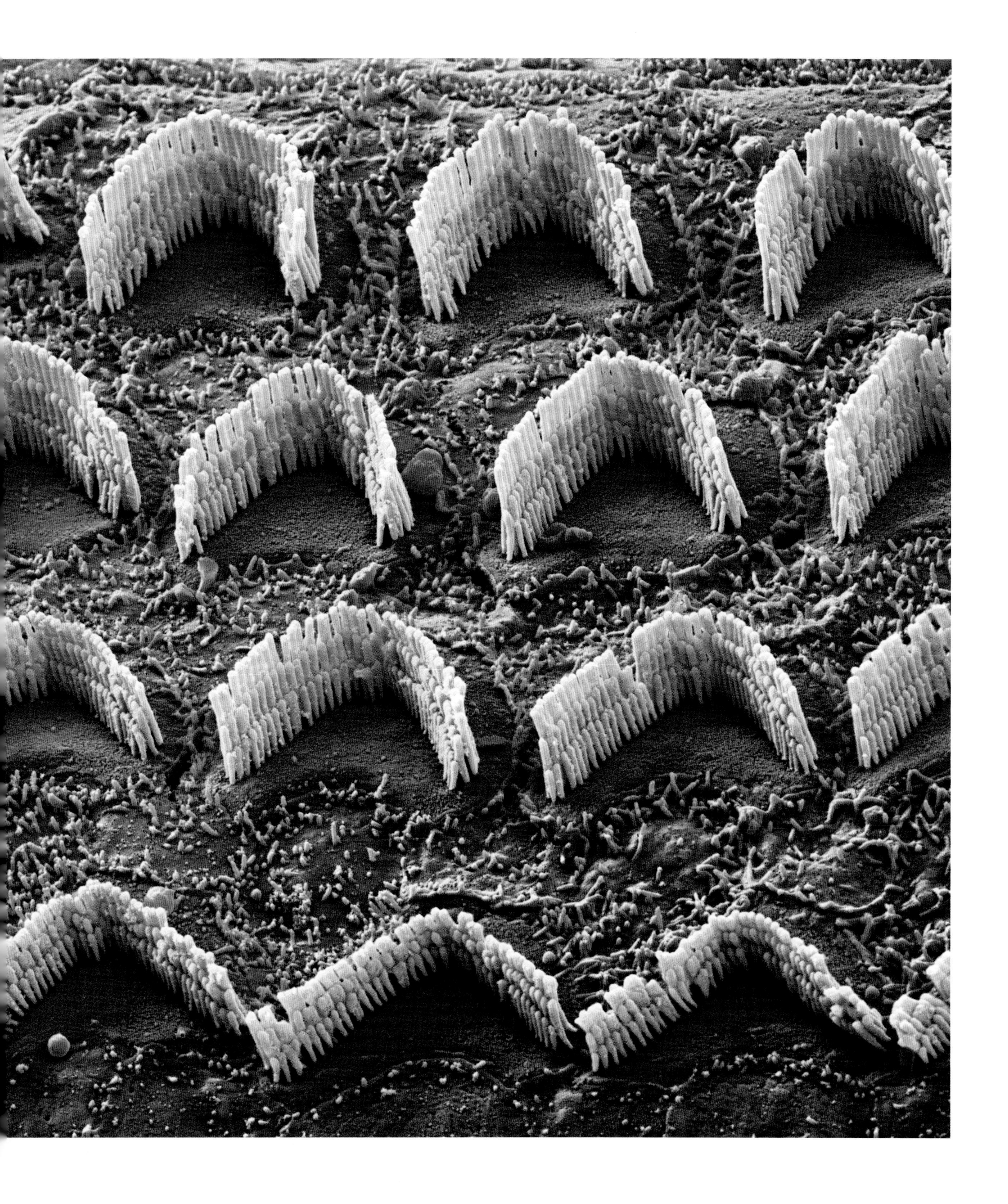

두 번째 눈에는 빛이 덜 모이지만, 빛을 망막에 모으도록 돕는 빛 반사층(휘판)이 들어 있다.
공기의 움직임과 촉감은 감각모를 자극한다.
커다란 눈의 수정체는 두껍고 투명한 각피로 이루어져 있어서 겹겹이 쌓인 망막으로 빛을 모은다.

덫에 걸린 먹이
눈 깜짝할 사이에 달려들어 독으로 상대를 제압하는 깡충거미의 능력은 말벌조차 적수가 못 된다는 사실을 보여 준다.

사냥꾼의 눈

대개의 거미가 그렇듯, 깡충거미에게도 8개의 복잡한 눈이 있다. 그러나 이 거미를 매복에 능한 사냥꾼으로 구분 짓게 만든 것은 앞쪽을 향한 2개의 큰 눈이다. 큰 눈에는 더 큰 수정체와 더 많은 광수용기가 있어서 빛을 더욱 잘 모을 수 있을 뿐만 아니라 분명한 이미지를 만들어 낼 수 있다.

점프 거리 측정하기

눈이 앞쪽을 향한 척추동물은 양안시에 의해 거리를 판단한다. 다시 말해, 좌우의 눈이 약간씩 다른 이미지를 뇌에 보내면 뇌는 이것을 결합해 3차원 감각을 제공한다. 이때 깡충거미는 겹겹이 쌓인 망막을 이용한다. 가장 깊은 층이 초록색 빛에 초점을 맞추는 동안 다른 층은 흐릿한 자외선을 감지한다. 거미가 목표물에 더 가까워질수록 자외선은 더욱 흐릿해진다. 거미는 초점을 맞춘 초록색과 비교해 자외선의 흐릿한 정도를 측정함으로써 거리를 판단한다.

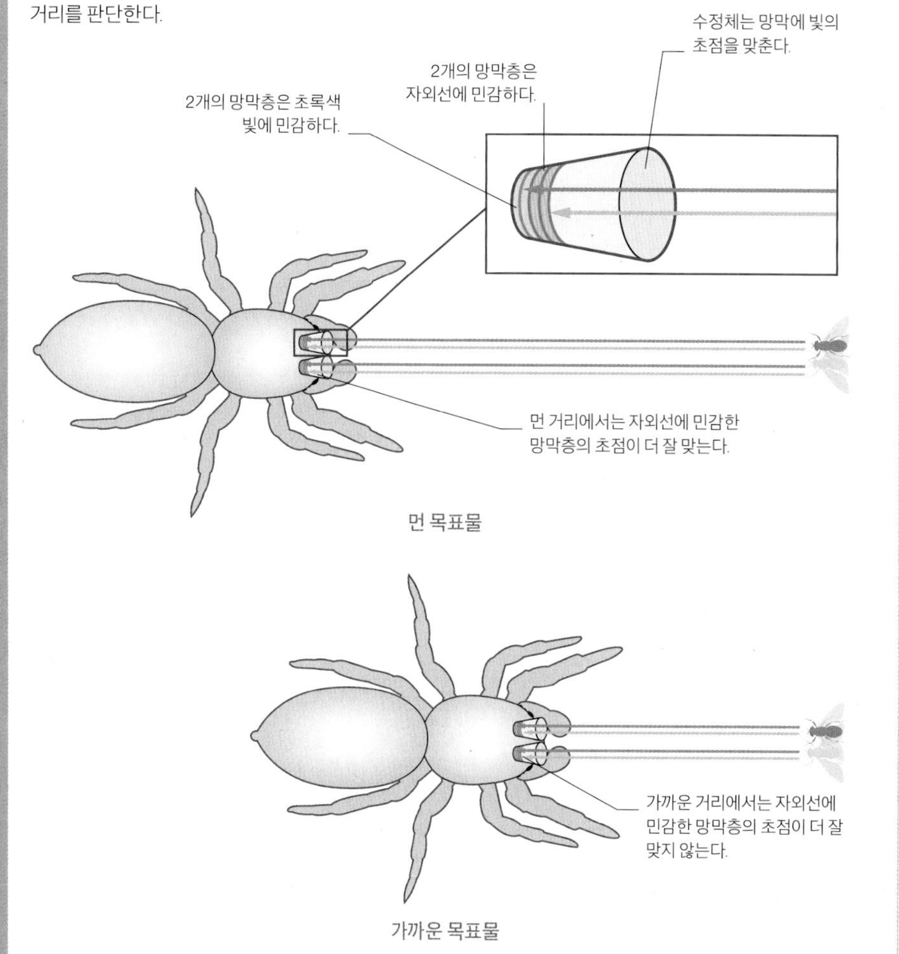

거리 판단하기

복잡한 동물의 눈은 단지 빛과 어둠을 감지하는 수준을 넘어 주변 세계의 이미지를 만들어 냄으로써 형태, 움직임, 색깔, 심지어 깊이와 거리까지 볼 수 있다. 좋은 시력은 큰 이점으로 작용한다. 깡충거미는 먹이를 거미줄에 가두는 대신 사냥을 통해 잡는다. 크고 복잡한 눈은 가까이에 있는 먹잇감을 볼 수 있게 하고 성공적인 매복에 필요한 모든 정보를 뇌에 제공한다. 눈마다 빛을 모으는 수정체, 신경계로 이어지고 빛에 민감한 세포(광수용기)로 이루어진 망막이 있어서 먹이가 감당할 수 있는 크기인지 판단할 수 있을 뿐만 아니라 먹이를 잡으려면 얼마나 멀리 뛰어올라야 할지도 짐작할 수 있다.

착색된 영역은 서식지의 어둠 속에서 햇빛이 어른거릴 때 시력을 보강해 줄 수 있다.

색깔이 있는 눈
동애등에(*Hermetia illucens*)의 눈에 있는 자주색 줄무늬는 눈의 다양한 부분을 가린 색소가 만들어 낸 것이다.

더듬이에는 감각세포가 분포해 있어서 공기의 움직임을 감지한다. 시각과 결합한 이런 정보는 비행을 조절하는 데 이용된다.

겹눈

거미, 달팽이, 척추동물을 비롯한 수많은 동물의 눈에는 단 1개의 수정체만 들어 있다. 빛에 민감한 더 많은 수의 세포에 초점을 맞춘 1개의 큰 수정체는 더욱 정밀한 이미지를 만들어 낼 수 있다. 그에 비해 곤충은 적은 수의 세포에 초점을 맞춘 수많은 수정체로 이루어진 겹눈을 갖고 있다. 각각의 수정체는 작고 해상도는 형편없다. 최고로 꼽히는 잠자리의 눈조차 인간의 눈에 비하면 10분의 1도 안 되는 해상도를 보이지만, 겹눈에 널리 분포한 수백 개의 수정체는 넓은 시야를 제공한다. 작은 움직임에도 수정체를 연달아 자극하기 때문에 곤충의 눈은 매우 민감한 동작 탐지기가 된다.

빛과 어둠에 적응하기

최고의 해상도를 보이는 겹눈은 색소 덮개로 덮인 낱눈(홑눈)을 갖고 있어서 인접한 낱눈에 지장을 주지 않고도 빛을 신경세포까지 유도한다. 이런 겹눈은 밝은 빛에서 최고의 효과를 낸다. 해 질 녘이나 밤에 날아다니는 곤충은 색소가 적은 낱눈을 갖고 있어서 개별 감각세포는 여러 개의 낱눈을 통해 모은 빛으로 이익을 얻는다. 이용할 수 있는 빛이 약할 때는 효율적인 방법인 데 비해 해상도는 형편없다.

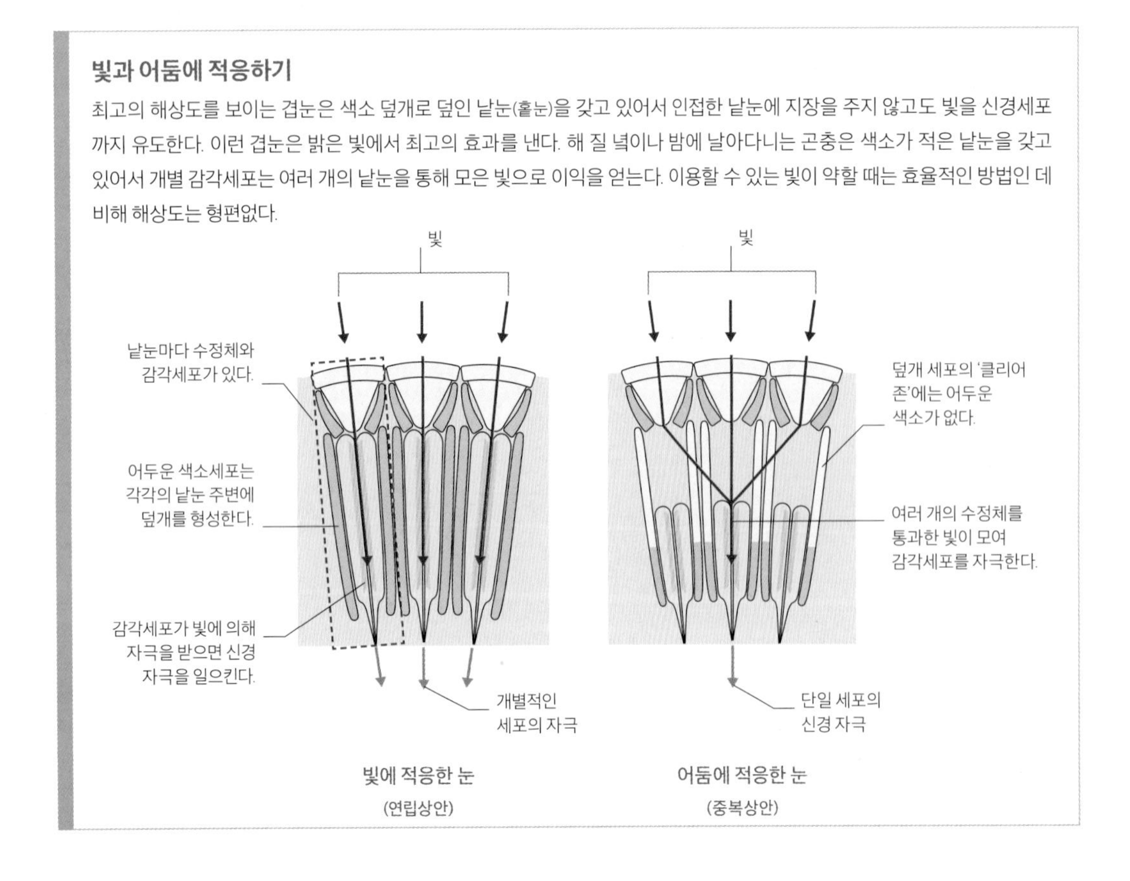

빛에 적응한 눈
(연립상안)

어둠에 적응한 눈
(중복상안)

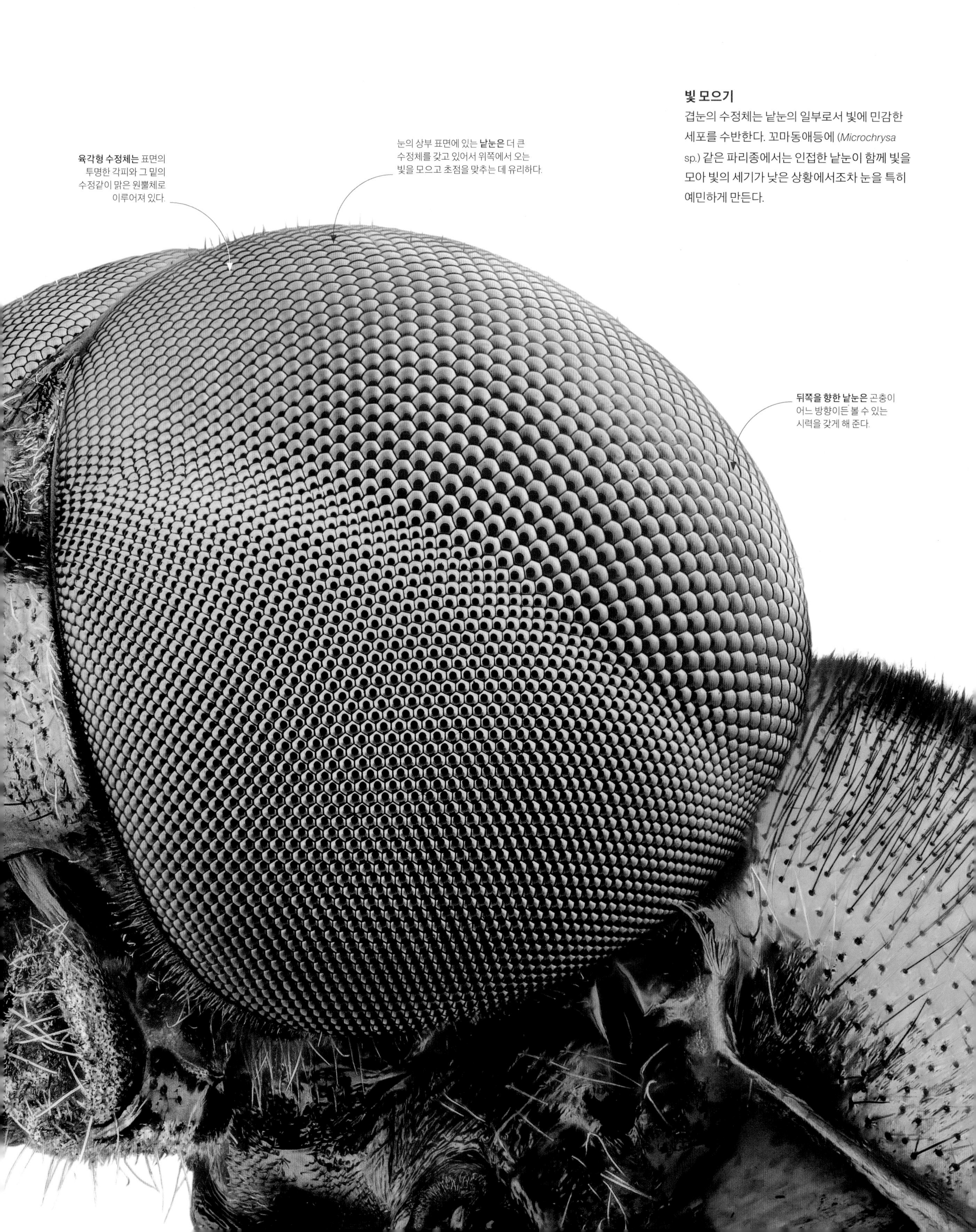

빛 모으기

겹눈의 수정체는 낱눈의 일부로서 빛에 민감한 세포를 수반한다. 꼬마동애등에 (*Microchrysa* sp.) 같은 파리종에서는 인접한 낱눈이 함께 빛을 모아 빛의 세기가 낮은 상황에서조차 눈을 특히 예민하게 만든다.

알록달록한 날개
파란색과 노란색은 에테루시아 레플레타(*Eeterusia repleta*) 나방의 날개 인편(비늘)에 한데 섞여 2가지 색이 겹쳐지는 곳에서 초록색을 나타낸다. 나방과 나비에서는 파란색과 노란색이 인편에서 빛을 산란시키면서 함께 나타날 수 있으며, 특히 노란색은 파필리오크롬으로 불리는 색소 때문에 나타날 수도 있다.

색깔 만들기

생물은 색을 이용해 드러내고, 감추고, 유혹하고, 쫓아내며, 여기에는 미시적 수준에서 빛의 속임수가 따른다. 단파인 파란색부터 장파인 붉은색에 이르기까지 눈이 색깔을 볼 수 있는 것은 빛의 다양한 파동을 감지하기 때문이다. 나비나 나방의 화려한 날개에는 파장의 산란 방식에 영향을 미치는 인편이 덮여 있다. 붉은색과 검은색 같은 일부 색깔은 인편에 있는 색소로 만들어지는 데 비해, 파란색 같은 색깔은 빗방울이 빛을 산란시켜 무지개를 만드는 것처럼 인편의 표면이 빛을 산란하는 방식에 기인한다.

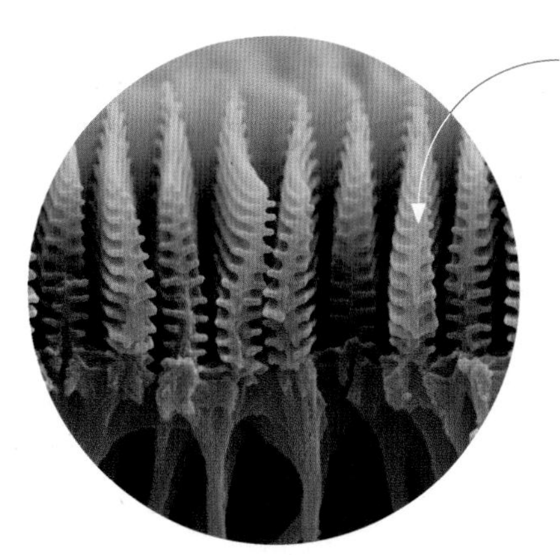

미세한 융기선은 파란색 파장끼리 겹쳐지게 만들어 푸른색을 강화한다.

인편 융기선
모르포나비(*Morpho* sp.)의 인편에는 세로 융기선이 있어서 파란색 파장이 관찰자에게 반사할 때 이를 산란시키고 강화한다.

화학 물질과 구조에 따라 달라지는 색깔

색소는 화학 물질 구성에 따라 특별한 파장을 흡수하고 반사한다. 구조색은 미세하게 불규칙한 표면 조직이 다양한 파장을 다양한 각도로 굴절시키면서 나타난다. 그 결과 색소가 없더라도 표면은 특정한 색을 띨 수 있다.

붉은색 색소는 붉은색 파장은 반사하고 다른 색 파장은 흡수한다.

흰색 색소는 모든 색의 파장을 반사하고 아무런 파장도 흡수하지 않는다.

검은색 색소는 모든 색의 파장을 흡수하고 아무런 파장도 반사하지 않는다.

노란색 색소는 노란색 파장은 반사하고 다른 색 파장은 흡수한다.

색소색

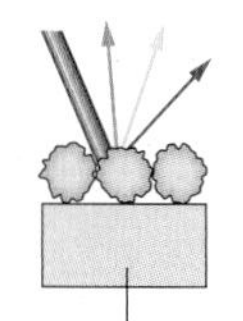

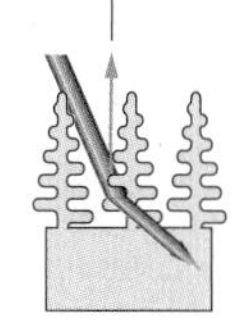

세로 융기선이 파란색 파장을 산란시키고 강화하면서 모르포나비의 표면은 파란색을 띤다.

색소 과립이 모든 색의 파장을 산란시키면서 배추흰나비의 표면은 흰색을 띤다.

구조색

다양한 색깔 반사하기

구아닌이라는 물질로 이루어진 카디널 테트라의 결정은 홍색소포로 불리는 피부 세포에서 만들어진다. 편평한 결정은 파란색 파장을 반사하고, 가파르게 기울어진 결정은 노란색 파장을 반사한다.

피부 표피
편평한 홍색소포
세포핵

피부의 횡단면

납작해진 혈소판
편평한 혈소판에 의해 반사된 파란색 빛. 빛줄기가 군청색으로 보인다.

솟아오른 혈소판
솟아오른 혈소판에 의해 반사된 노란색 빛. 빛줄기가 초록색에 가깝게 보인다.

홍색소포에 있는 결정성 혈소판의 경사도

빛의 속임수

카디널 테트라(*Paracheirodon axelrodi*)는 아마존 분지에 무리 지어 사는 작은 물고기이다. 피부를 확대해보면 다양한 각도로 기울어진 결정이 만들어 낸 파란색과 노란색 반점이 반짝인다. 약간 떨어져서 보면 여러 가지 색깔이 결합해 초록색에 가까운 무지갯빛의 파란색 줄무늬를 만들어 낸다.

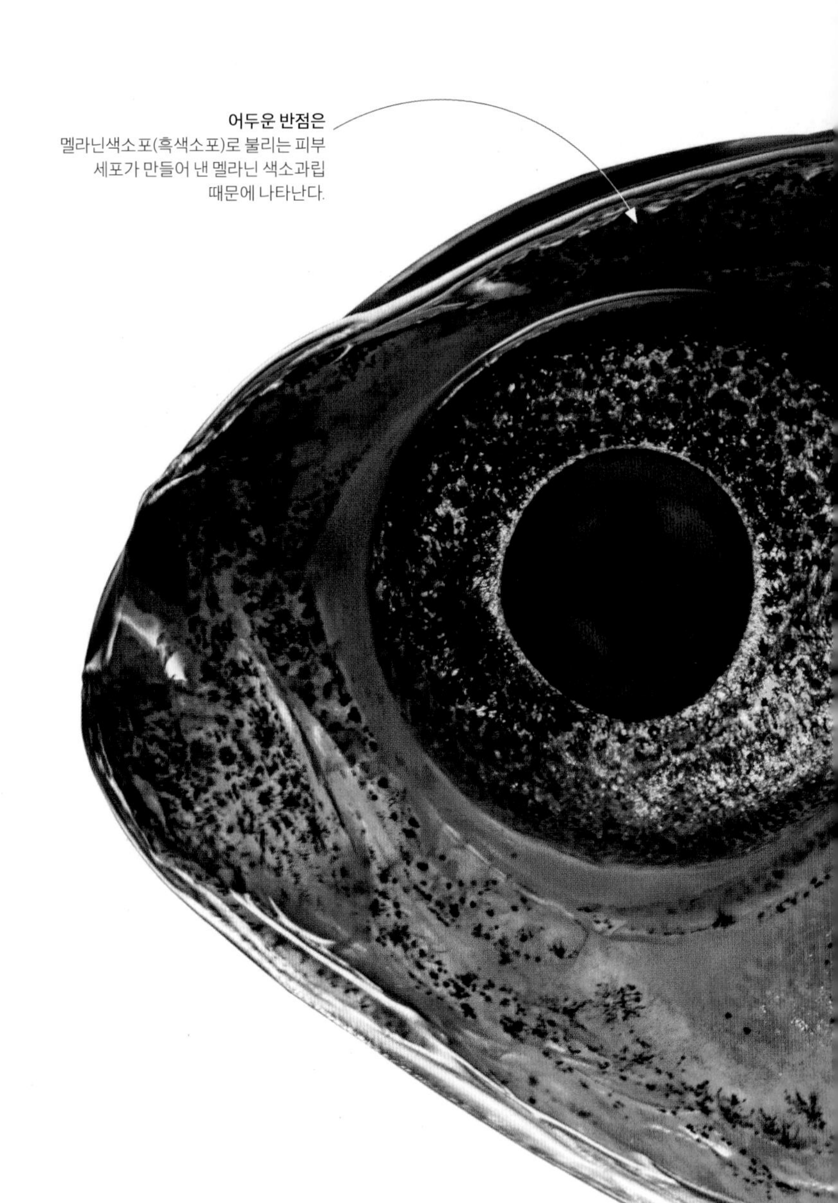

어두운 반점은 멜라닌색소포(흑색소포)로 불리는 피부 세포가 만들어 낸 멜라닌 색소과립 때문에 나타난다.

물고기가 미세한 색소낭을 팽창시키면 **붉은 줄무늬가** 진해진다.

다채로운 색을 띤 종
아마존에는 색을 이용해 자신이 무슨 종인지를 드러내는 매우 다양한 어류가 살아간다. 카디널테트라는 보는 각도에 따라 변하는 파란색이 붉은색과 결합한 줄무늬를 만들어 낸다.

보는 각도에 따라 달라지는 빛깔

벌새와 곤충 같은 동물이 보여 주는 다채로운 금속성 색조는 어떤 각도에서 보느냐에 따라 달라진다. 무지갯빛은 각피나 깃털에 있는 미세한 구조가 여러 가지 색깔의 빛 파장을 반사하면서 나타난다. 그 결과 동물이 위치를 바꿀 때마다 희미한 빛이 반짝인다. 일부 동물은 광학적 효과를 조절할 수도 있다. 보는 각도에 따라 색이 바뀌는 카디널 테트라의 줄무늬는 바라보는 각도가 일정하게 유지되는 경우에도 파란색부터 초록색까지 변한다. 물고기는 표피 바로 밑에서 빛을 반사하는 결정의 기울기를 바꾸어 광학적 착시 효과를 얻는다.

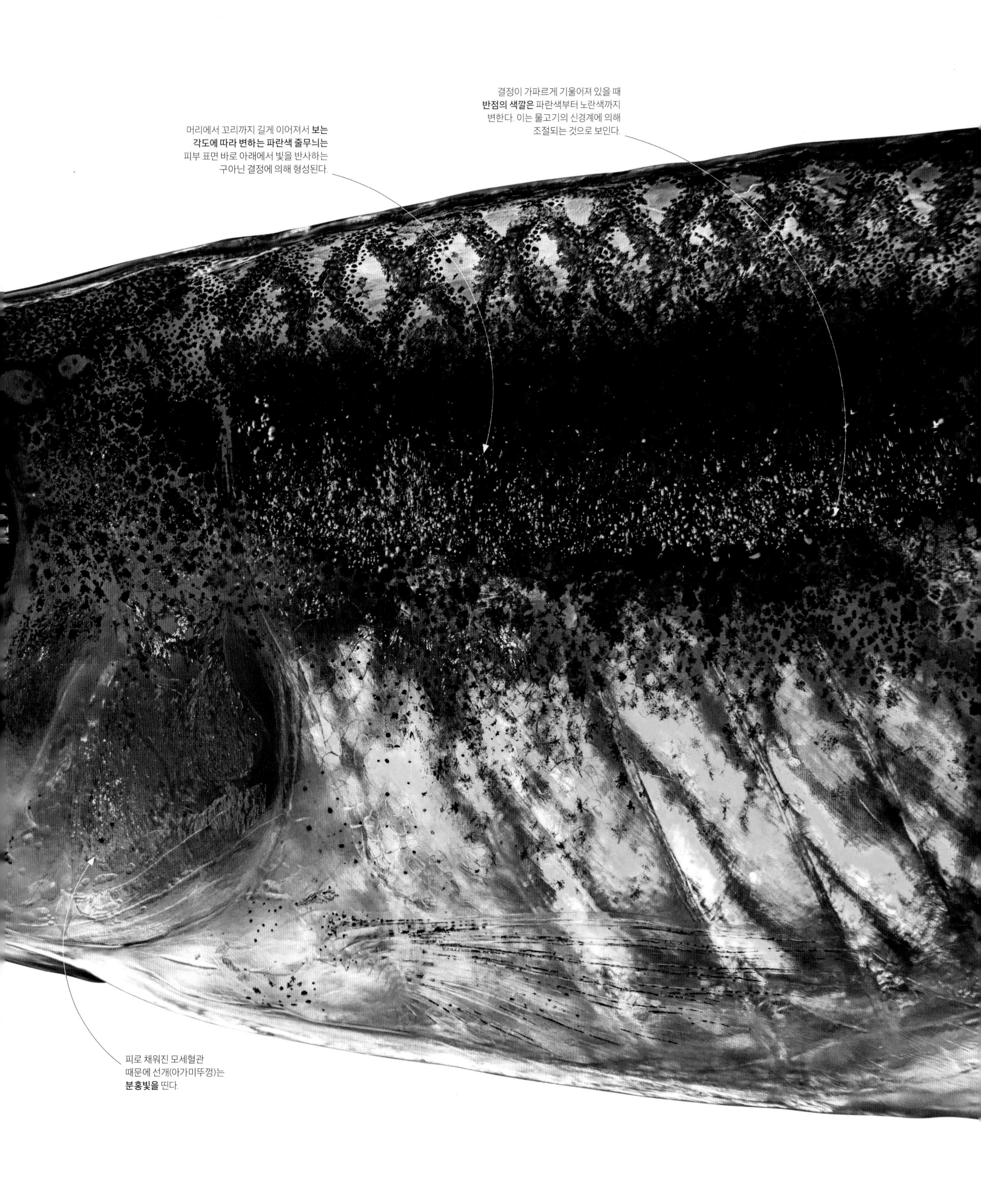
결정이 가파르게 기울어져 있을 때
반점의 색깔은 파란색부터 노란색까지
변한다. 이는 물고기의 신경계에 의해
조절되는 것으로 보인다.
머리에서 꼬리까지 길게 이어져서 보는
각도에 따라 변하는 파란색 줄무늬는
피부 표면 바로 아래에서 빛을 반사하는
구아닌 결정에 의해 형성된다.
피로 채워진 모세혈관
때문에 선개(아가미뚜껑)는
분홍빛을 띤다.

빛 이용하기

해양 와편모류인 퓌로시스티스 푸시포르미스(*Pyrocystis fusiformis*)의 모든 세포에는 노란색이 두드러진 엽록체가 들어 있어서 햇빛 에너지를 흡수해 광합성에 의한 양분을 만드는 데 이용한다. 바닷물이 출렁이면 와편모류에서 생물 발광에 관여하는 소낭이 파란빛을 발산해 먹이에 있는 화학 에너지 일부를 빛으로 바꾼다. 광학 현미경, 100배율.

단단한 셀룰로스 세포벽이
와편모류를 감싸고 있어서 끝이 가늘어지는 방추 형태를 유지하는 데 도움이 된다.

모래톱 위로 부서지는 파도에 흔들리는 플랑크톤은 **푸른빛을** 형성한다.

반짝이는 파도
와편모류와 생물 발광을 하는 그 밖의 플랑크톤이 대량으로 발생하면 출렁이는 파도가 이들의 세포를 자극해 빛을 발산하는 과정에서 연안의 바닷물이 반짝일 때가 있다.

빛 만들기

자신을 볼 수 있는 동물들에게 혼동을 주거나 신호를 보내기 위해 빛을 반사하는 생물이 있는 것처럼 어떤 생물은 빛을 만들어 내기도 한다. 이들은 밤이나 깊은 바닷속 어둠 속에서 갑작스러운 섬광으로 짝짓기 상대를 유혹하거나 천적을 제지할 수도 있다. 빛은 살아 있는 세포 내부의 화학 반응을 통해 만들어진다. 생물 발광으로 불리는 이런 과정은 자극을 받아 일어난다. 해양에서 살아가는 식물 플랑크톤(288~289쪽 참조)인 와편모류는 파도 작용이나 플랑크톤을 먹는 동물의 움직임 때문에 주변의 바닷물이 출렁이면 생물 발광을 통해 빛을 만들어 낸다.

빛을 만드는 세포

신틸론은 와편모류에서 발광세포, 루시페린, 효소, 루시페라아제의 혼합체가 들어 있는 소낭이다. 수압에 의해 세포 표면이 눌리면 루시페라아제는 신틸론에 있는 루시페론에 영향을 미쳐 빛을 방출하게 한다.

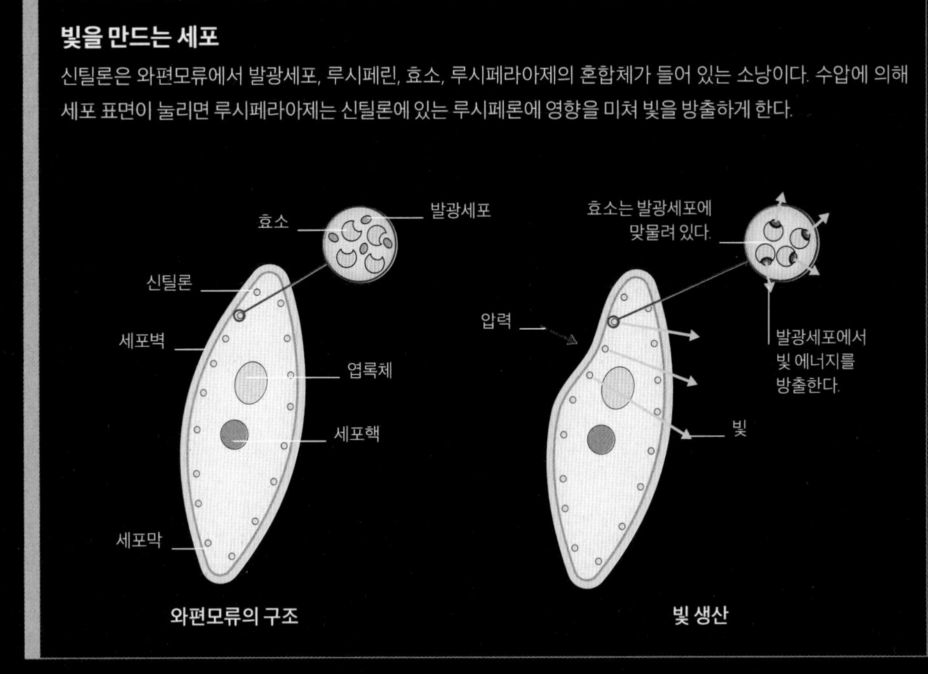

몸 색깔을 바꾸는 동물들

다양한 동물의 피부에는 체색 변화를 일으킬 수 있는 작고 복잡한 기관인 색소포(색소세포)가 분포해 있다. 그중에서도 오징어, 문어, 갑오징어 같은 두족류의 피부에서 발견되는 색소포가 단연 가장 빠른 반응을 보인다. 두족류는 중앙 신경계의 직접적인 통제를 받기 때문에 다른 어떤 동물, 심지어 카멜레온보다도 빨리 몸 색깔을 바꿀 수 있다. 색소포를 자극하는 신경세포는 뇌의 특정한 엽에 존재한다. 왜문어(*Octopus vulgaris*)는 50만 개가 넘는 신경세포가 분포해 있다. 눈 깜짝할 사이에 변신할 수 있는 두족류의 능력은 도피 행동을 설명해 줄 실마리가 되어 줄 뿐만 아니라 사냥을 하고 위장술을 펼치거나 신호를 보내는 데도 중요하다.

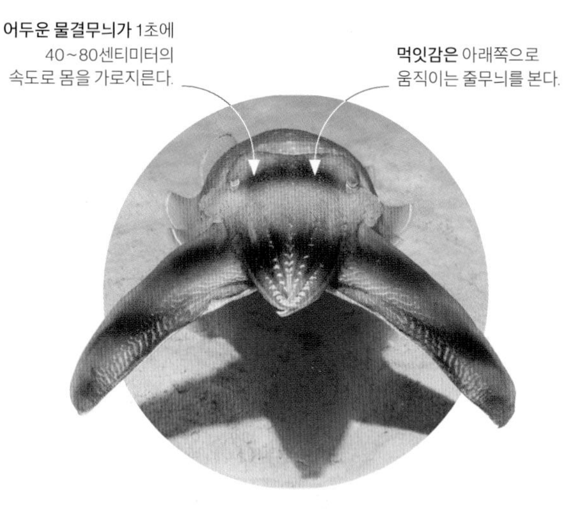

바꾸기 전술
왕갑오징어(*Sepia latimanus*)는 위장술을 펼치면서 먹잇감에 접근한다. 사정거리인 50~100센티미터 안에 들어오면 지나가는 파도처럼 변신해 먹잇감을 속이거나 최면을 건다.

다리의 물갈퀴 밑으로 암컷의 **껍데기가** 보인다.

눈길을 끄는 문어
조개낙지(*Argonauta argo*)는 열대와 아열대의 해수면 근처에서 살아간다. 이곳 바다에는 천적이 많기 때문에 조개낙지는 색소포뿐만 아니라 역그늘색을 활용해 천적의 눈을 피한다. 수컷보다 큰 암컷은 껍데기가 있어서 알을 낳아 새끼를 기르거나 부력 조절을 위해 표면의 공기를 가두어 놓는 데 이용한다. 암컷의 몸길이는 대략 4센티미터에 이른다.

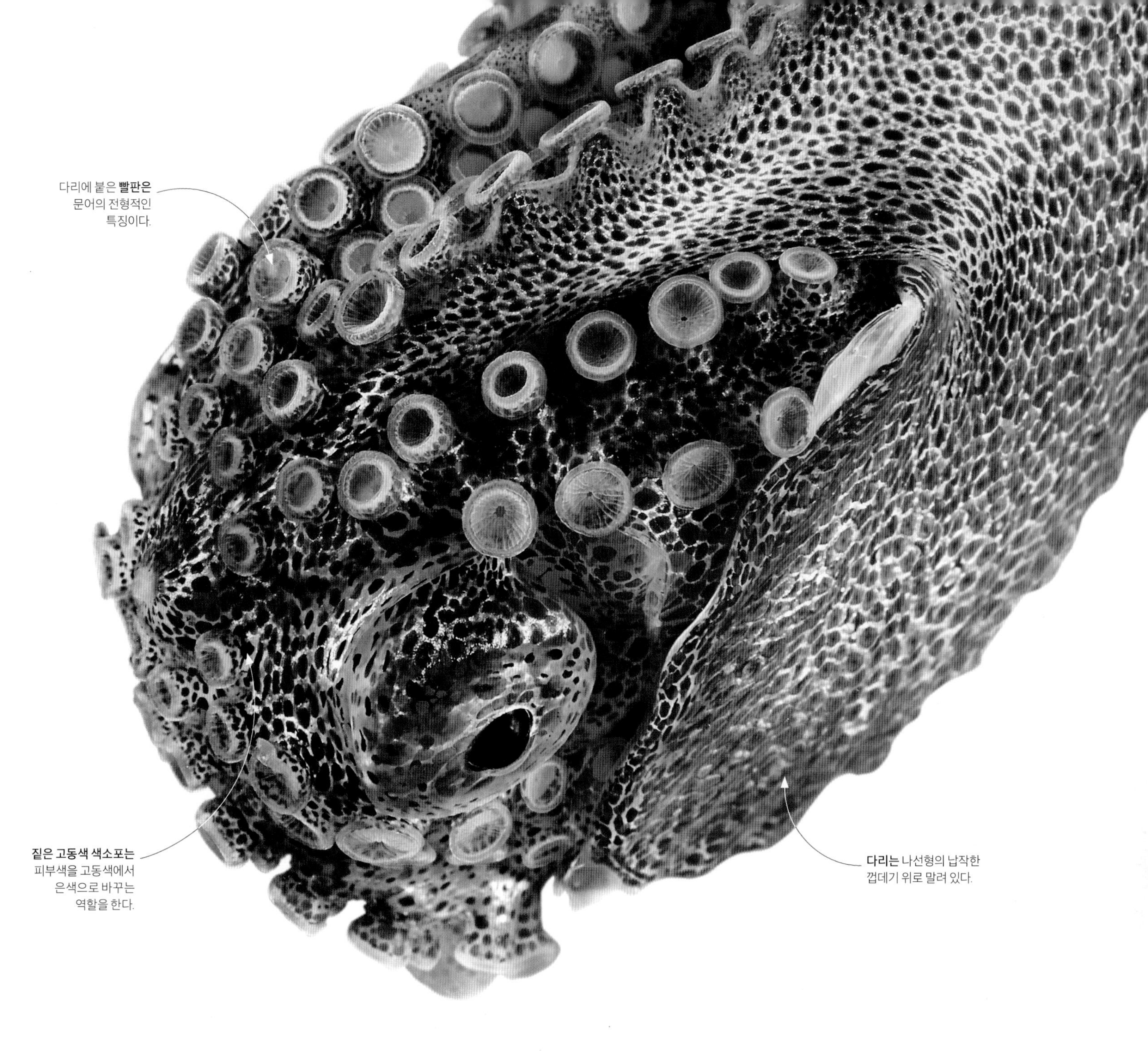

두족류 색소포의 작용

모든 두족류의 피부에는 수천 개의 색소포가 분포해 있다. 색소포마다 한가운데에는 색소로 들어찬 탄력적인 주머니가 요골근을 통해 바깥쪽 가장자리에 붙어 있어서 독자적인 신경 공급이 이루어진다. 근육이 이완하면 주머니는 한가운데에 머문다. 자극을 받아 근육이 수축하면 주머니가 팽창하면서 색소과립이 널리 퍼진다.

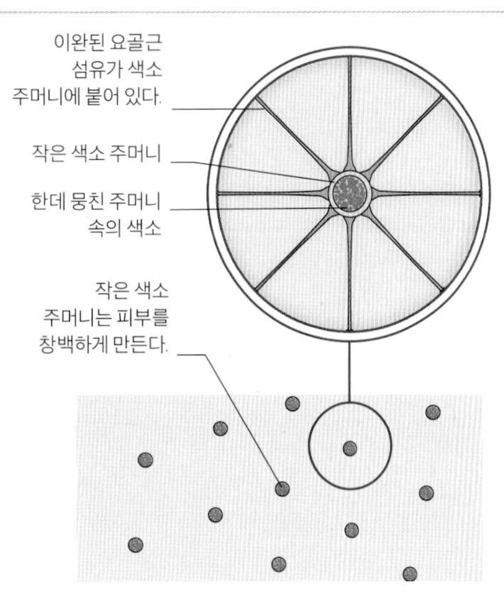

두족류의 피부, 창백한 상태

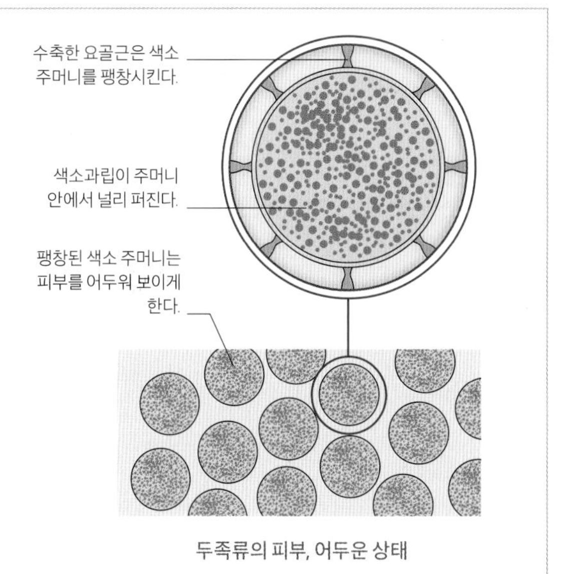

두족류의 피부, 어두운 상태

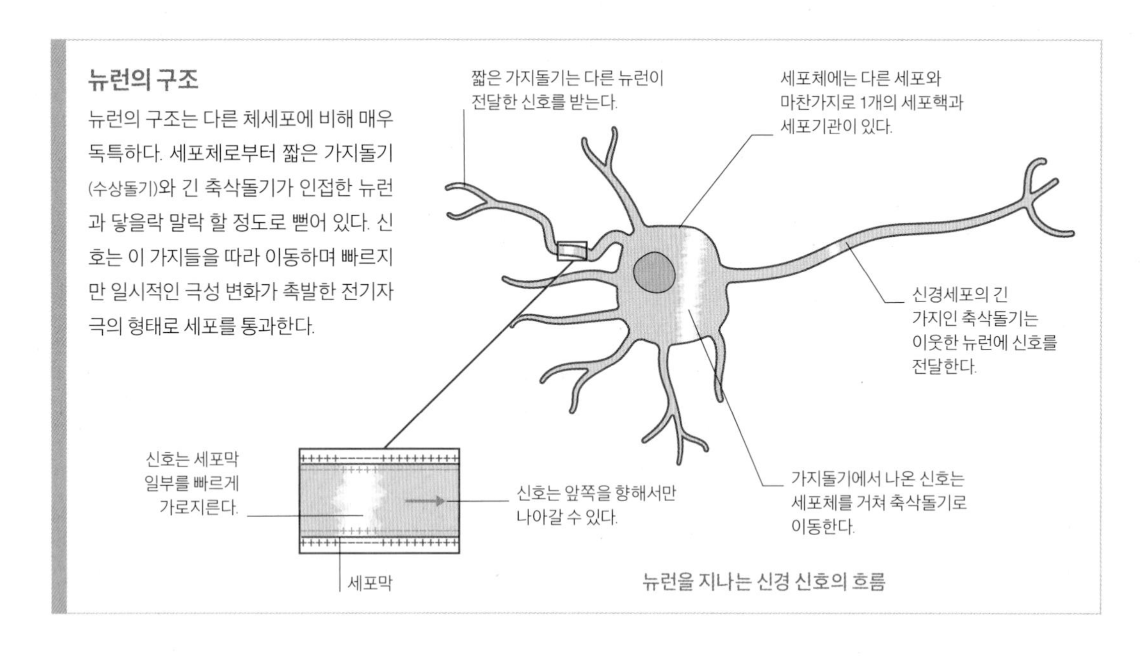

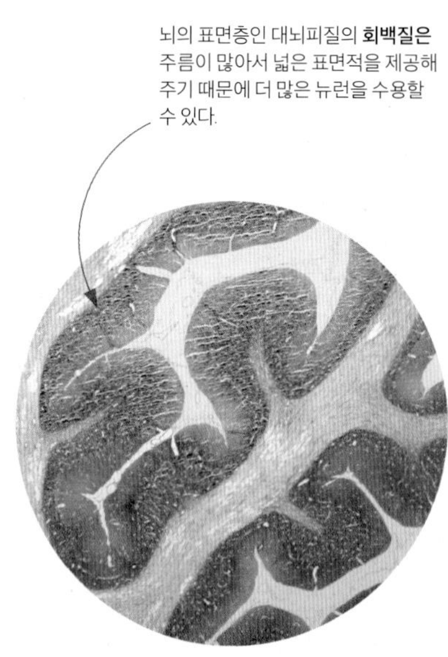

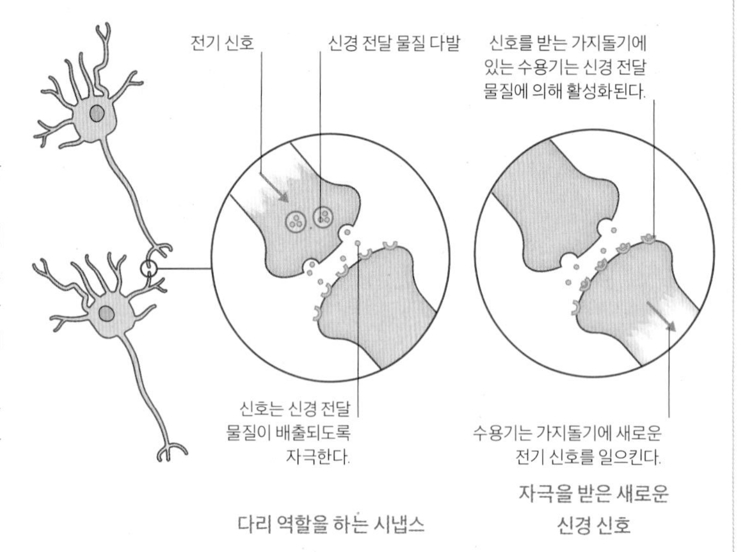

회색 아니면 흰색?
인간의 뇌에서 신경세포체의 밀도가 높은 바깥쪽 조직은 회백질로 불린다. 세포체가 회색을 띠는 이유는 흰색을 띤 지방질의 축삭돌기 보호재(백질)가 없기 때문이다. 이들 세포의 축삭돌기는 바깥쪽의 회백질에서 안쪽의 백질을 향해 뻗어 있다.

거대한 뇌세포
오른쪽 적외선 사진에서 초록색으로 보이는 푸르키네(Purkinje) 세포는 소뇌의 회백질에서 볼 수 있는 거대 뉴런이다. 소뇌의 신경망은 걷기처럼 학습된 운동 패턴을 관리한다. 인간의 몸에는 860억 개에 이르는 뉴런이 존재하며 그 대부분은 뇌와 척수에 분포한다. 광학 현미경, 570배율.

신경세포

충분한 크기, 복잡성, 운동 속도를 갖춘 모든 동물은 자기 몸을 조정하고 몸 안팎의 변화에 반응할 정도로 충분히 빠른 신호 체계를 필요로 한다. 신속한 반응에 대한 필요성 때문에 그것은 미생물과 식물의 화학적 신호 체계보다 빨라야 한다. 적어도 해파리만큼 복잡한 거의 모든 동물에게 그런 시스템은 신경계로 불리는 전기 회로망이다. 신경계는 뉴런(신경세포)으로 불리는 개별적 단위로 이루어져 있다.

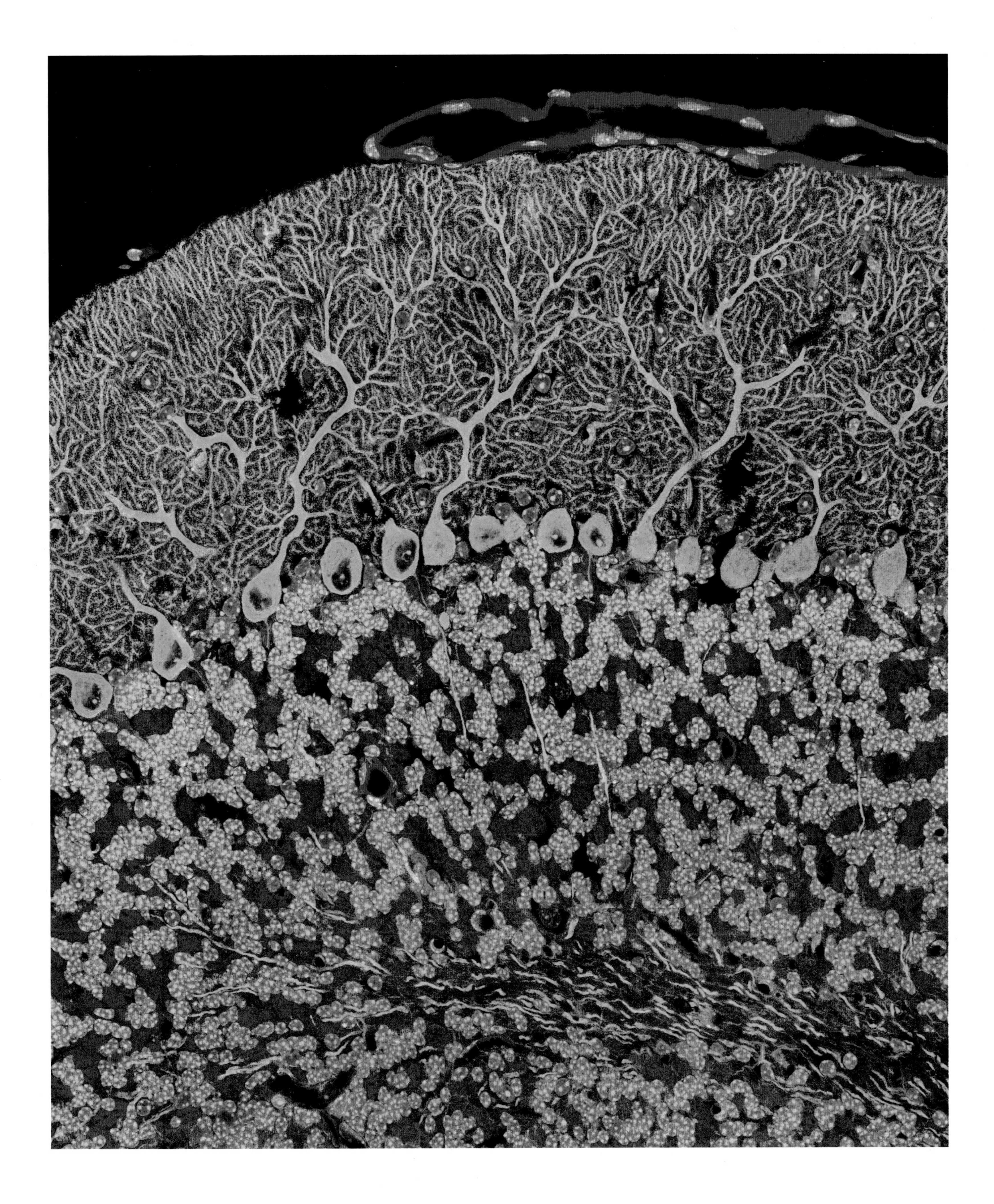

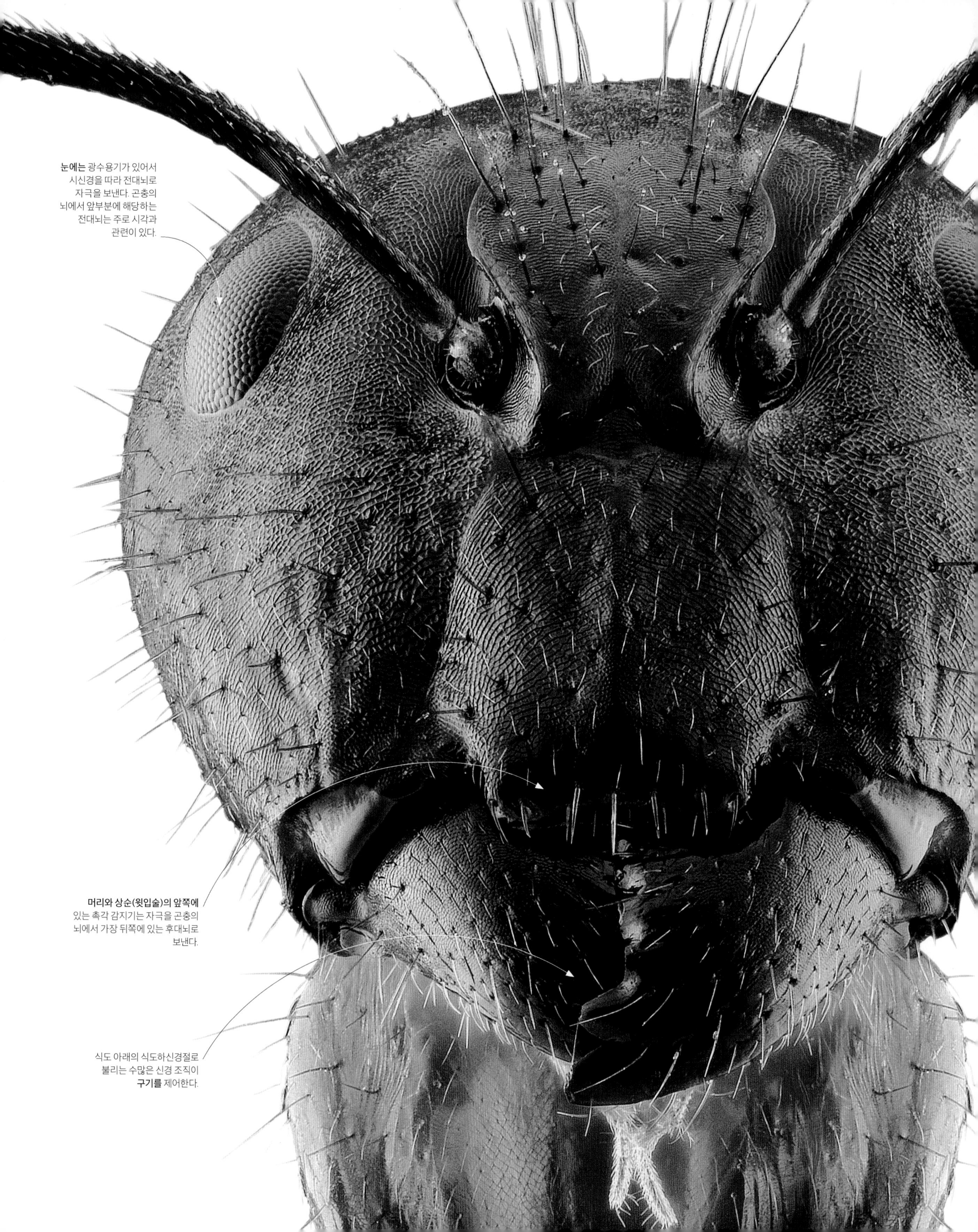
눈에는 광수용기가 있어서 시신경을 따라 전대뇌로 자극을 보낸다. 곤충의 뇌에서 앞부분에 해당하는 전대뇌는 주로 시각과 관련이 있다.
머리와 상순(윗입술)의 앞쪽에 있는 촉각 감지기는 자극을 곤충의 뇌에서 가장 뒤쪽에 있는 후대뇌로 보낸다.
식도 아래의 식도하신경절로 불리는 수많은 신경 조직이 **구기를** 제어한다.

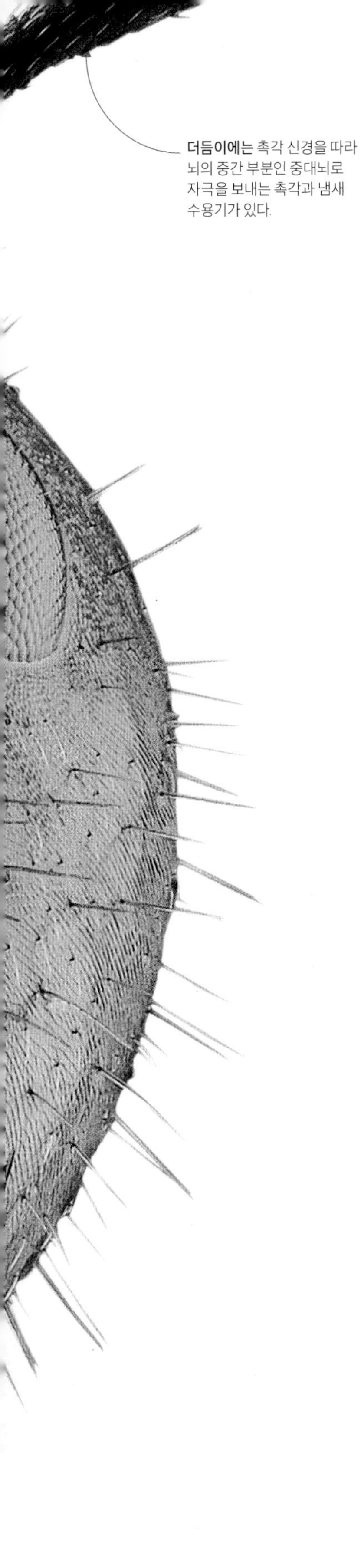

더듬이에는 촉각 신경을 따라 뇌의 중간 부분인 중대뇌로 자극을 보내는 촉각과 냄새 수용기가 있다.

반응에 필요한 머리

설탕개미(*Camponotus consobrinus*)의 머리는 상당 부분이 근육질로 되어 있어서 강력한 턱의 역할을 하지만 타고나거나 정형화된 행동을 제어하는 데는 여전히 뇌가 중요한 역할을 한다. 전대뇌, 중대뇌, 후대뇌의 세 부분으로 나뉜 개미의 뇌는 머리에 있는 다양한 감각기를 통해 정보를 받아들인다.

앞쪽을 향하기
두화가 이루어진 동물은 전면부나 후면부와는 별도로 좌우가 대칭을 이루고 앞으로 움직이면서 감각 정보를 수집한다. 해면, 산호, 해파리 같은 일부 동물은 좌우는 물론 앞뒤, 머리조차 없다.

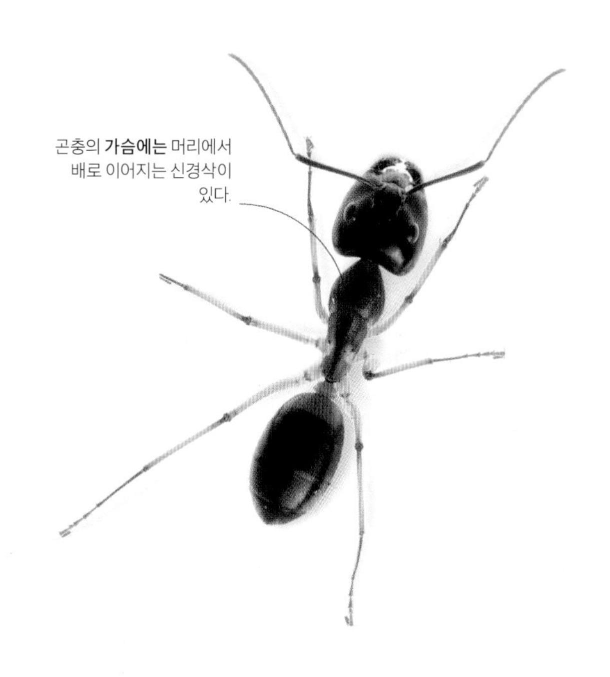

곤충의 **가슴에는** 머리에서 배로 이어지는 신경삭이 있다.

행동 조정

좌우, 후면부와 함께 전면부를 발달시키는 일은 동물 진화에서 획기적인 사건이었다. 전면부는 동물이 새로운 감각 자극을 처음으로 접하는 부분일 가능성이 크기 때문에 이곳에는 감각 기관이 많이 모여 있다. 이 감각 기관들을 통해 들어온 감각 정보를 처리하기 위해 중추신경계(122~123쪽 참조)는 전면부에 집중해 있다. 이것은 안쪽에 뇌가 들어 있는 머리의 진화에 해당하는 두화(頭化)였다. 뇌는 정보를 받아들여 몸으로 신호를 내보내는 중심부다.

신경계

머리가 있는 동물의 신경계는 뇌와 신경삭으로 구성된 중추신경계, 자극을 감각기에서 근육으로 전달하는 신경으로 구성된 말초신경계로 이루어져 있다. 메뚜기 같은 곤충을 포함한 무척추동물은 대부분 중추신경계에 몸 아래쪽을 관통하는 복부신경삭이 있다. 그에 비해 척추동물은 등 쪽에 척추를 관통하는 척수가 있다.

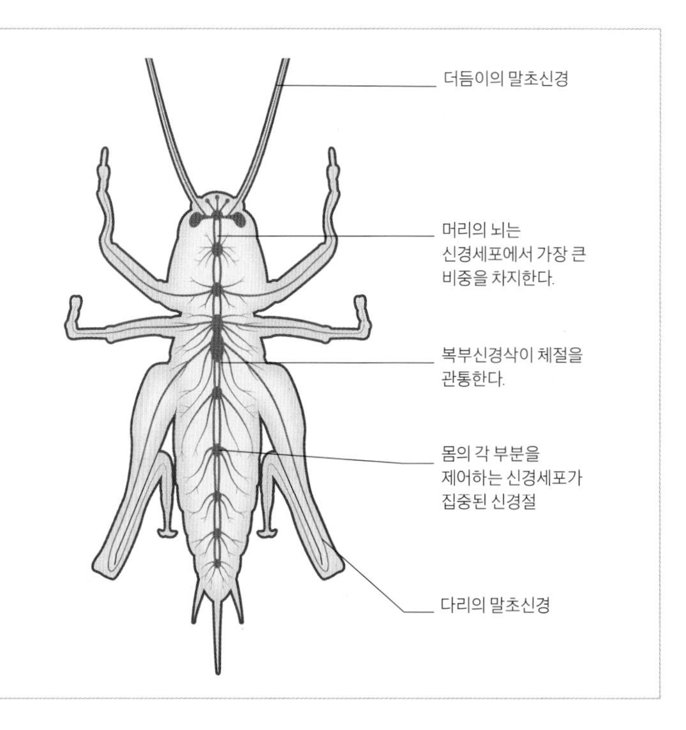

메뚜기의 신경계

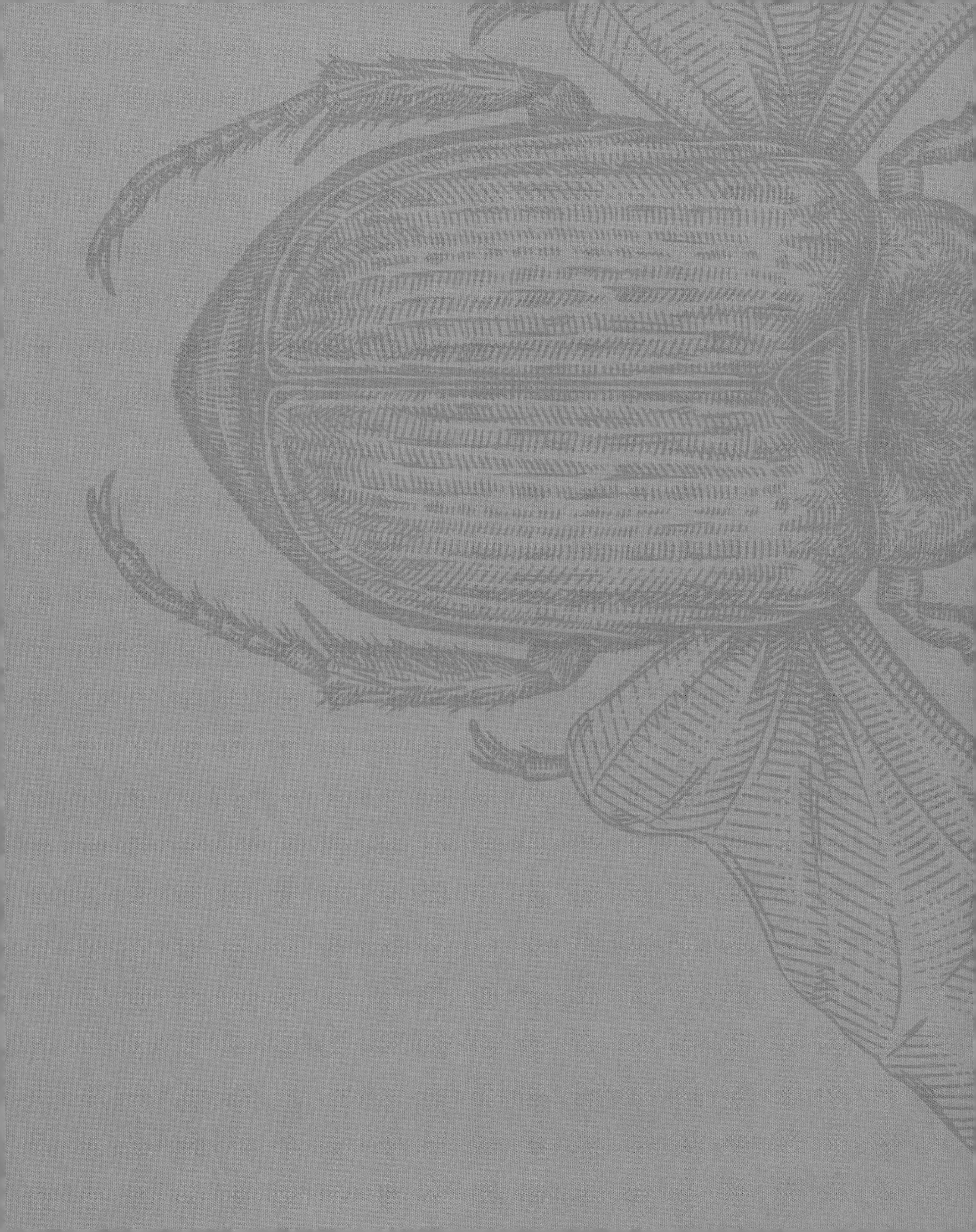

움직이기

운동은 생명체의 필수적인 특징 가운데 하나다.
작은 생물은 관절로 된 다리를 이용해 달리거나
뛰어오르기도 하고 작은 날개를 파닥여 공중에 머물기도
한다. 작디작은 세균조차 세포 조직을 회전시켜
앞으로 나아가는 동력을 얻을 수 있다.
모든 생물은 내부의 세포가 움직이면서 몸의 형태가
바뀌기도 하고 물질이 몸 안팎으로 드나들기도 한다.

섭식에 이용되는 털

단세포 원생동물인 오페르쿨라리아 (*Opercularia*) 군체는 탁한 연못 바닥에 달라붙어 살아간다. 꽃병 모양의 세포는 줄기에서 무리를 지어 자란다. 세포마다 파닥이는 섬모 뭉치가 끝부분에 솔처럼 달려 있어서 입의 역할을 하는 세포강으로 먹이 입자를 가볍게 실어 나른다.

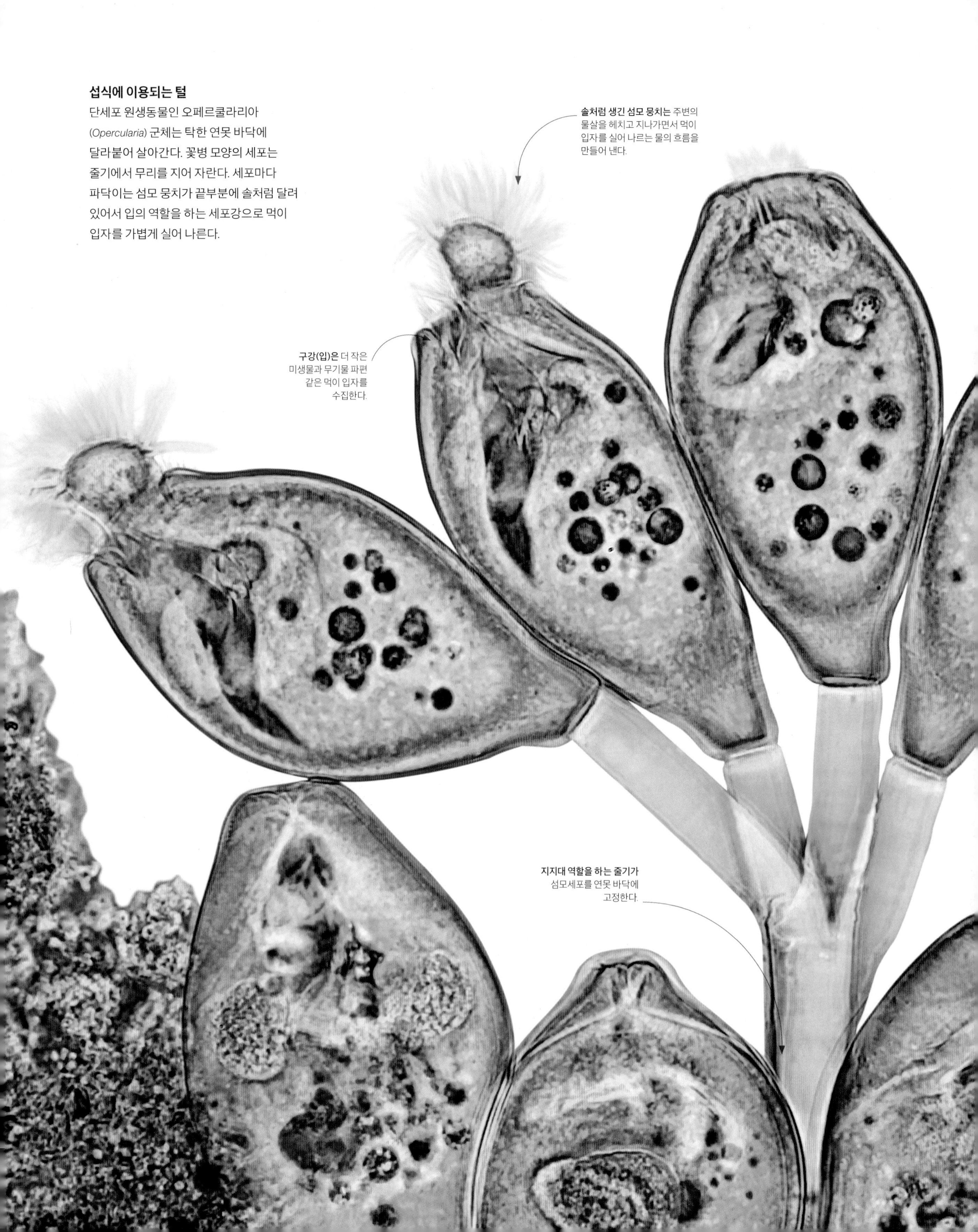

파닥이는 털

수많은 단세포 생물을 포함한 가장 작은 생물의 운동은 근육 대신 물속을 헤치고 나아가는 미세한 털(섬모와 편모)에 의지해 이루어진다. 머리카락 두께의 250분의 1도 안 되는 털의 이런 운동은 먹이 흐름을 만들어 내거나 작은 생물이 물속에서 나아가는 데 필요한 힘을 충분히 발휘하게 한다. 섬모와 편모의 구조는 근육과 마찬가지로 단백질로 구성된 선으로 이루어져 있어서 한쪽이 움직일 때마다 다른 쪽을 잡아당긴다.

섬모와 편모 비교

편모는 세균부터 원생동물처럼 그보다 복잡한 진핵생물(진핵이라는 세포핵을 가진 생물), 심지어 동식물에 이르기까지 생명의 나무 어디든 나타난다. 동식물의 경우에 편모는 정자에서 나타난다. 세균의 편모는 고체 단백질이고 프로펠러처럼 회전한다. 더욱 복잡한 진핵생물의 편모는 섬모와 마찬가지로 길이가 짧고 한꺼번에 무리를 지어 나타난다. 편모와 섬모 모두 세포막에 둘러싸여 있으며 핵을 구성하는 단백질 섬유 다발(축사)이 들어 있다. 또 채찍처럼 앞뒤로 파닥인다.

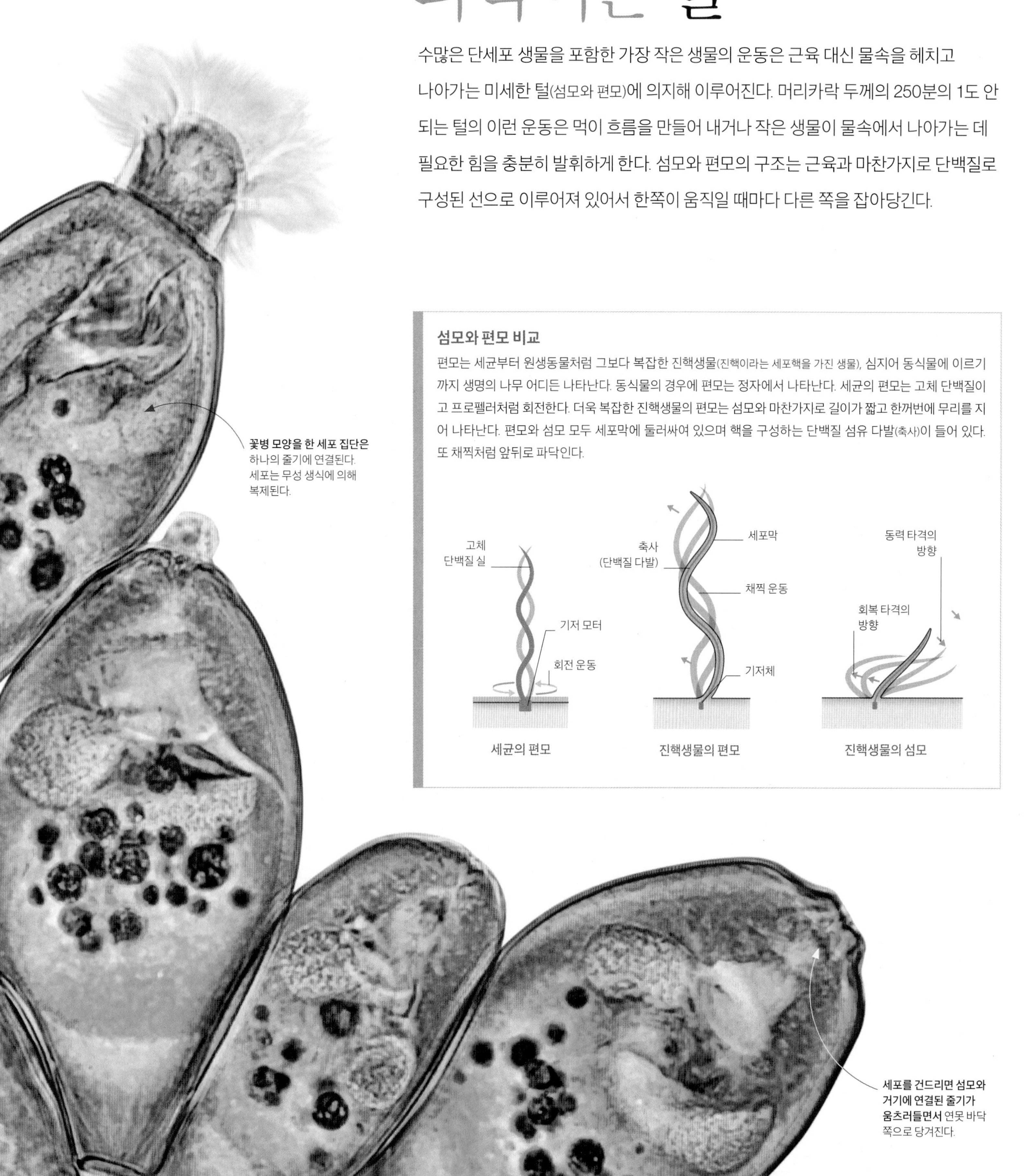

꽃병 모양을 한 세포 집단은 하나의 줄기에 연결된다. 세포는 무성 생식에 의해 복제된다.

세포를 건드리면 섬모와 거기에 연결된 줄기가 움츠러들면서 연못 바닥 쪽으로 당겨진다.

대개 민물 서식지에서 살아가는 단세포 유기체를 발견한 미생물학자 루이 조블로(Louis Joblot, 1645~1723년)는 1718년 '짚신벌레'라는 이름을 붙였다. 학명(*Paramecium*)은 그로부터 수십 년 뒤에야 붙었는데, 라틴 어로 '가늘고 길다' 또는 '길쭉하다'를 뜻한다. 그래도 우리에게 친숙한 짚신과 비슷한 외양은 변함없으며, 세포에서 가장 넓은 부분 가까이에 자리 잡은 위구부(세포 표면의 함몰부)나 전정은 그 유사성을 더욱 강화해 준다.

집중 조명 짚신벌레

전정은 세균이나 효모 같은 먹이가 들어가는 입구의 역할을 한다. 최대 길이가 300마이크로미터에 이르는 짚신벌레는 먹이보다 수백 배나 커서 표면에 있는 섬모가 만들어 낸 물살로 먹이를 들어 올린다. 세포에는 입구뿐만 아니라 세포 항문으로 불리는 출구도 있다. 세포 항문은 위구부보다는 눈에 덜 띄며 세포의 '꼬리' 부분에 자리 잡고 있다.

짚신벌레의 몸은 외피(pellicle)로 불리는 단단한 외층 안에 들어 있다. 단단한 외피 덕분에 세포는 채찍 같은 섬모의 운동을 이용해 움직일 수 있다. 빠르게 내려칠 때는 섬모가 뻣뻣해져서 물을 밀어붙이지만, 다음 번 내려칠 때는 누그러져서 출발점으로 되돌아온다.

짚신벌레는 2개의 세포핵을 가지고 있다. 그중 큰 '대핵'에는 여러 종류의 유전자가 들어 있어서 세포를 날마다 관리하는 데 관여한다. 작은 '소핵'은 번식에 관여하며 2개의 딸세포를 만드는 단순한 세포 분열인 이분법을 통해 둘로 갈라진다. 개별적인 짚신벌레가 유전 물질의 절반을 교환하는 접합 현상도 이따금 나타난다.

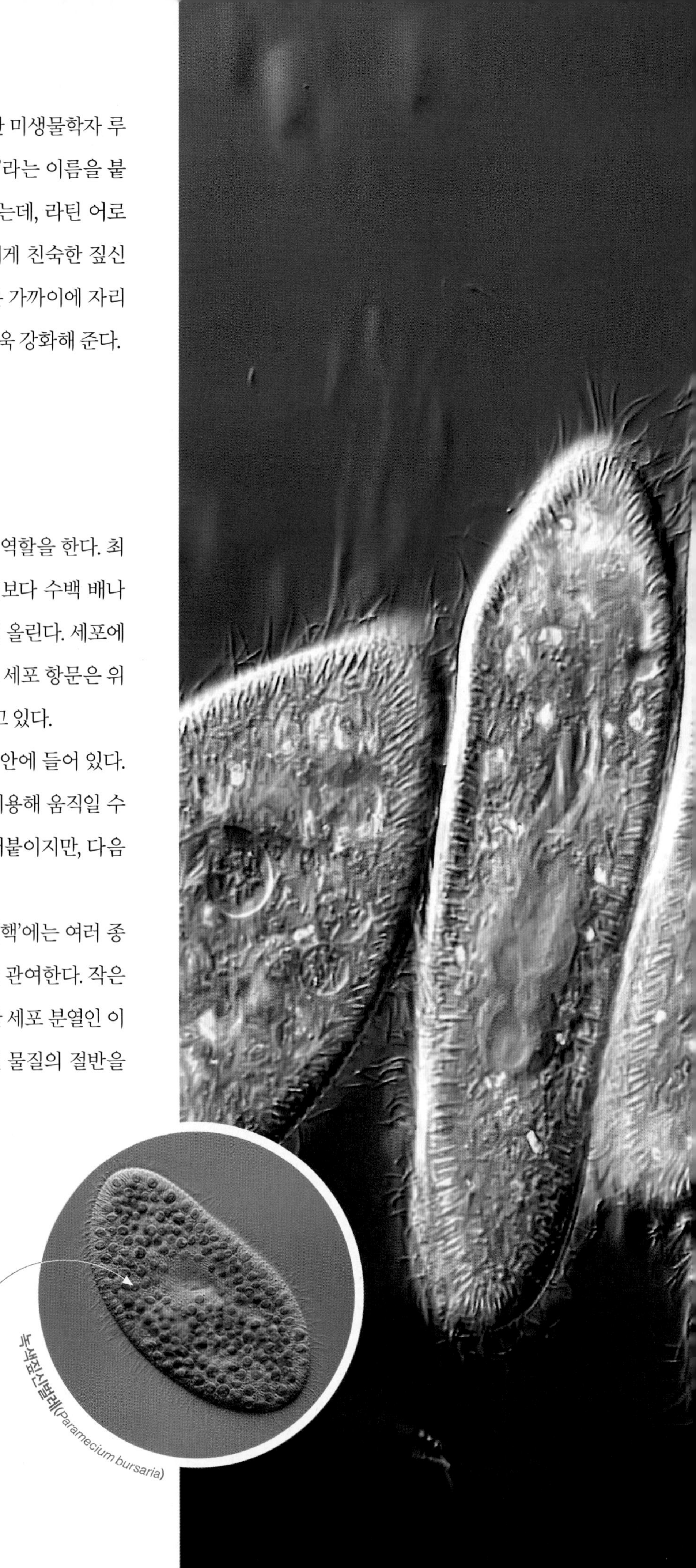

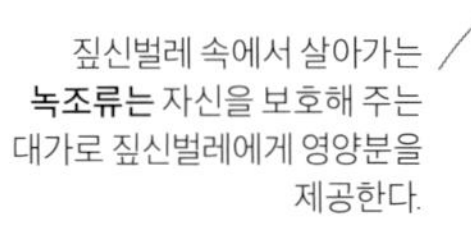

짚신벌레 속에서 살아가는 **녹조류는** 자신을 보호해 주는 대가로 짚신벌레에게 영양분을 제공한다.

녹색짚신벌레(*Paramecium bursaria*)

먹이 공급

액포는 짚신벌레(*Paramecium caudatum*)의 세포 안으로 들어온 양분을 저장하며 내용물이 소화되면서 오그라든다. 일부 짚신벌레종은 조류처럼 세포 내에서 살면서 광합성을 하는 공생 생물이 제공한 양분으로 부족한 먹이를 보충한다. 광학 현미경, 950배율.

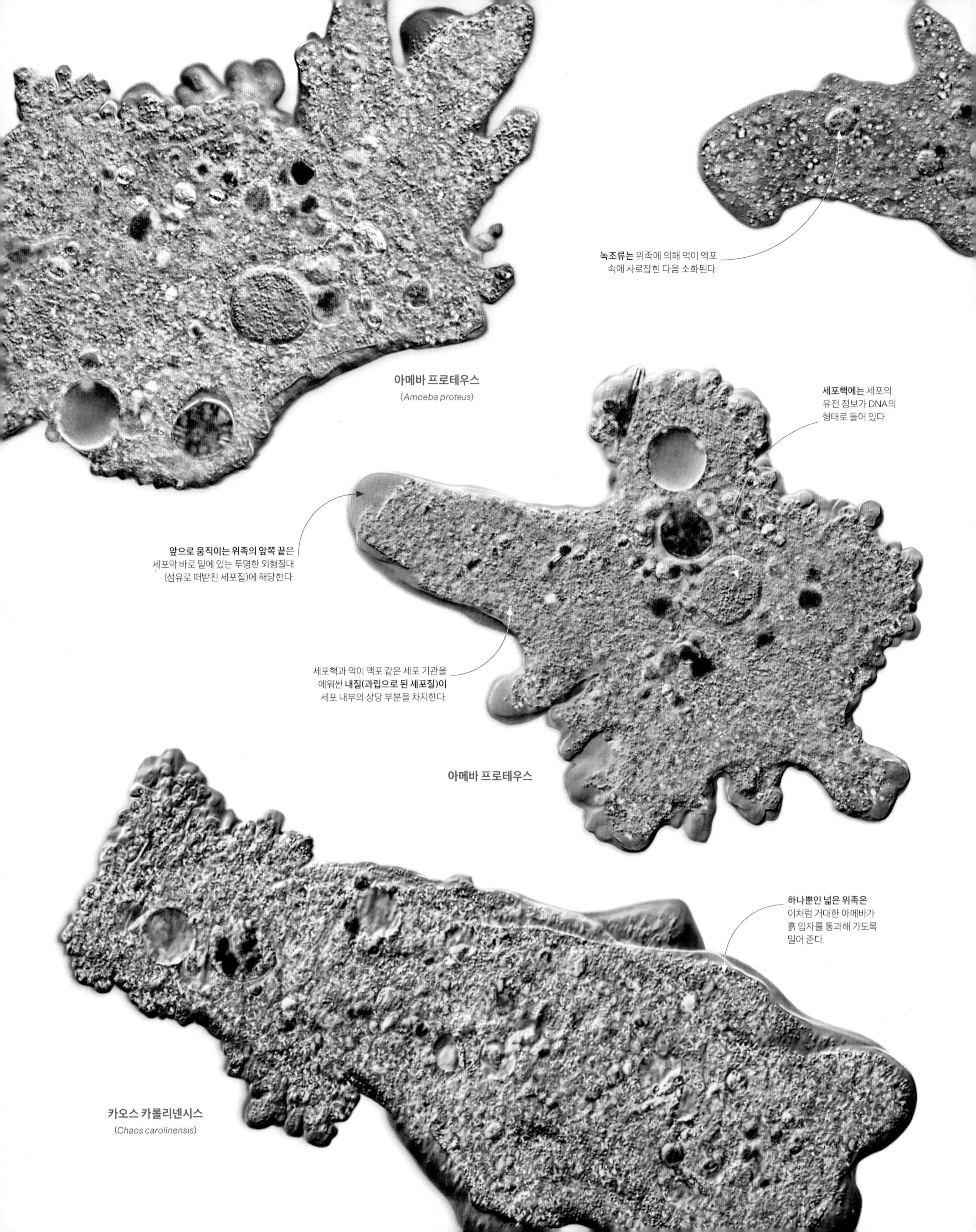
녹조류는 위족에 의해 먹이 액포
속에 사로잡힌 다음 소화된다.
아메바 프로테우스
(*Amoeba proteus*)
세포핵에는 세포의
유전 정보가 DNA의
형태로 들어 있다.
앞으로 움직이는 위족의 앞쪽 끝은
세포막 바로 밑에 있는 투명한 외형질대
(섬유로 떠받친 세포질)에 해당한다.
세포핵과 먹이 액포 같은 세포 기관을
에워싼 **내질(과립으로 된 세포질)이**
세포 내부의 상당 부분을 차지한다.
아메바 프로테우스
하나뿐인 넓은 위족은
이처럼 거대한 아메바가
흙 입자를 통과해 가도록
밀어 준다.
카오스 카롤리넨시스
(*Chaos carolinensis*)

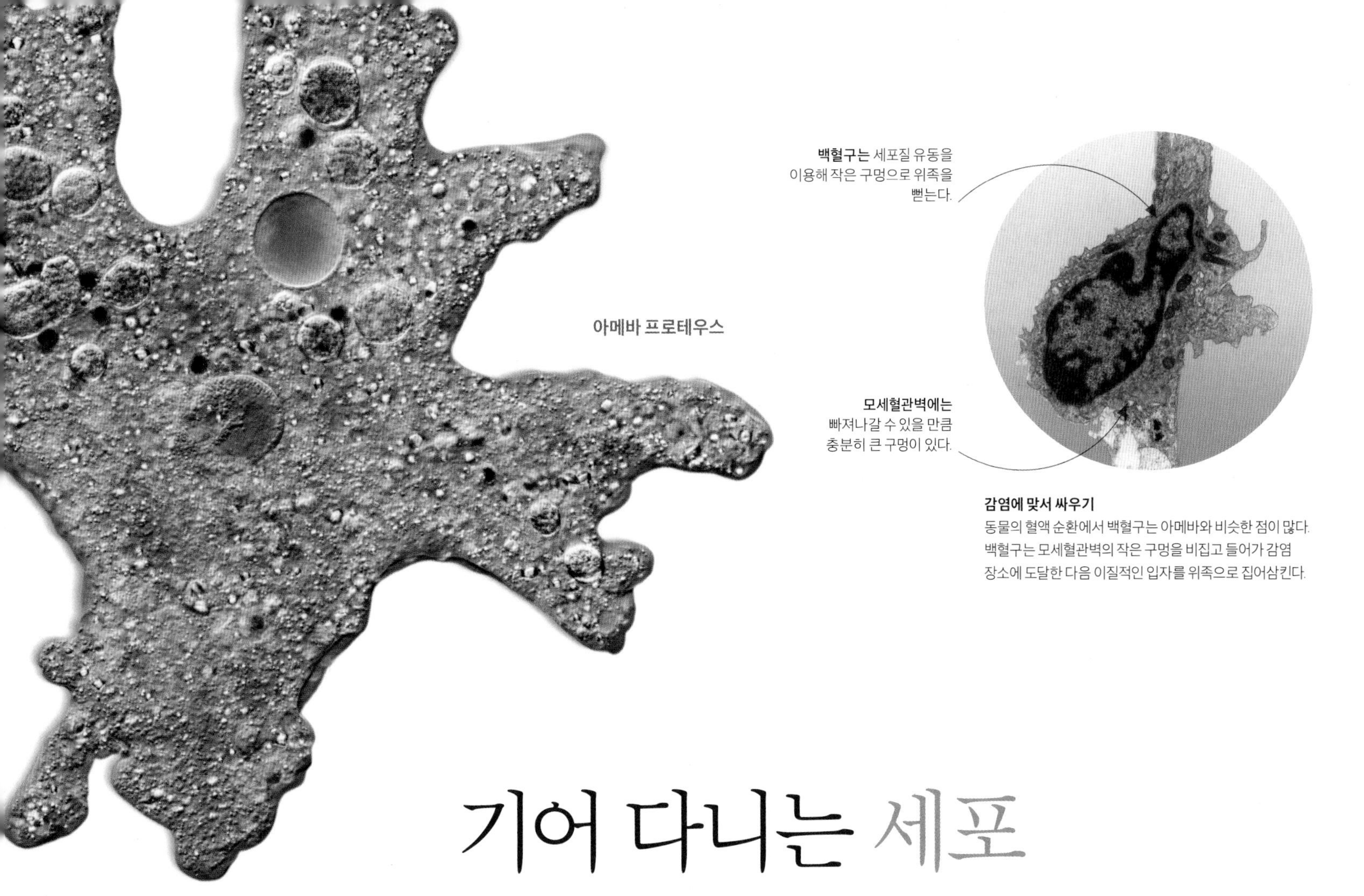

감염에 맞서 싸우기
동물의 혈액 순환에서 백혈구는 아메바와 비슷한 점이 많다. 백혈구는 모세혈관벽의 작은 구멍을 비집고 들어가 감염 장소에 도달한 다음 이질적인 입자를 위족으로 집어삼킨다.

기어 다니는 세포

단세포가 이동하는 데는 선택의 여지가 별로 없다. 머리카락 같은 편모나 섬모(128~129쪽 참조)는 미생물이나 헤엄쳐 다니는 정자에 동력을 제공할 수 있지만, 적응력을 그만큼 갖추지 못한 세포는 움직이기 위해 형태를 바꾸어야 한다. 모든 세포는 세포질로 불리는 얇은 젤리로 채워져 있으며 단백질 섬유로 된 구조체가 이것을 보강해 준다. 아메바와 기어 다니는 그 밖의 세포는 이런 섬유를 모아 세포질을 위족('가짜 발')으로 잡아 늘여 세포를 끌어당길 수 있다. 속도는 느려서 포식성 아메바가 이 페이지를 건너려면 1주일이 걸릴 수도 있는데 정자가 10분 만에 이동할 수 있는 거리에 해당한다. 그러나 미시 세계에서 훨씬 느리고 작은 먹이를 잡는 데는 충분히 빠른 속도다.

가짜 발
아메바종이 위족을 만들어 내는 방식은 다양하다. 일반적인 아메바(아메바 프로테우스, 위쪽의 3가지 세포)는 한 번에 여러 개의 위족을 만들어 바깥쪽으로 뻗거나 펼쳐 세균과 조류 같은 먹이를 포획한다. 대형 아메바(카오스 카롤리넨시스, 아래쪽)는 단 하나의 두꺼운 위족을 만들어 민달팽이처럼 느릿느릿 이동한다. 광학 현미경, 300배율.

위족 형성

위족은 세포질 유동으로 불리는 과정에 의해 움직인다. 이 과정에는 동물이 근육을 수축할 때 이용되는 단백질, 액틴 따위가 필요하다. 위족의 앞부분에는 하부 단위에서 온 액틴 필라멘트가 집결한다. 그 결과 형성된 단단한 외형질 '덮개'는 앞으로 밀어내면서 세포 측면을 따라 뒤쪽으로 흐르듯이 움직인다. 거기서 분해된 액틴은 하부 단위를 물기 많은 내질로 재활용한다.

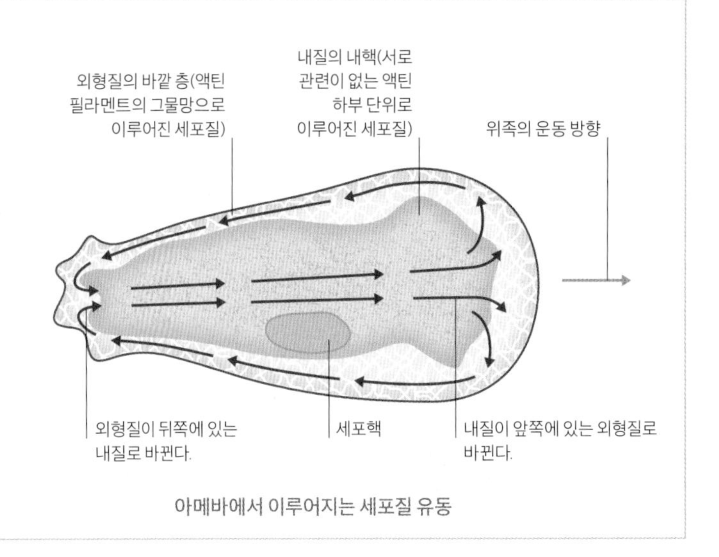

아메바에서 이루어지는 세포질 유동

윤충류의 다양성

2000종 이상의 윤충류가 민물과 해양 서식지는 물론 이끼나 지의류처럼 습한 육지의 서식지에서 살아간다고 알려져 있다. 가장 작은 윤충류는 인간의 정자보다 길이가 짧고, 가장 큰 윤충류는 모래알만 하다. 대개는 섬모로 이루어진 관을 통해 먹이 입자를 수집하지만, 가시나 강모로 이루어진 깔때기 모양의 기관을 이용해 먹이를 잡는 종도 있다. 서너 종의 윤충류는 늘일 수 있는 턱으로 먹이를 물 수도 있다.

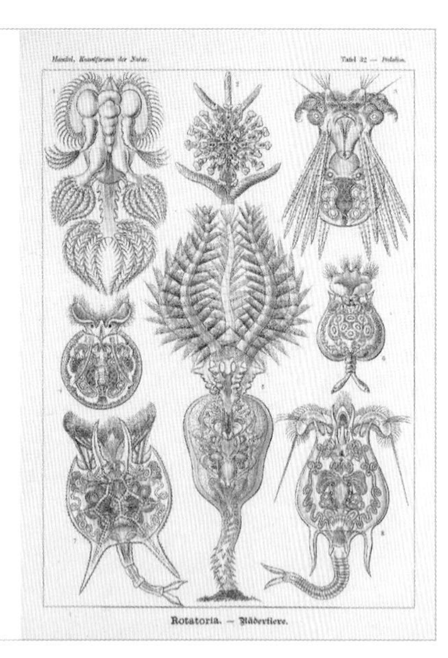

헤켈의 판화에 소개된 윤충류(1904년)

저작기(trophi)로 불리는 이빨 모양의 돌출부가 소화관의 넓은 공간인 **저작낭(mastax)의** 내벽을 두르고 있어서 먹이로 섭취한 조류를 분쇄하는 데 도움을 준다.

파닥이는 섬모가 만들어 낸 둥근 관이 작은 입을 에워싸고 있으며, 물의 흐름에 따라 수집한 조류가 입으로 들어간다.

입에서 이어진 **좁은 목에는** 파닥이는 섬모가 늘어서 있어서 먹이를 소화관 깊숙이 밀어 넣는다.

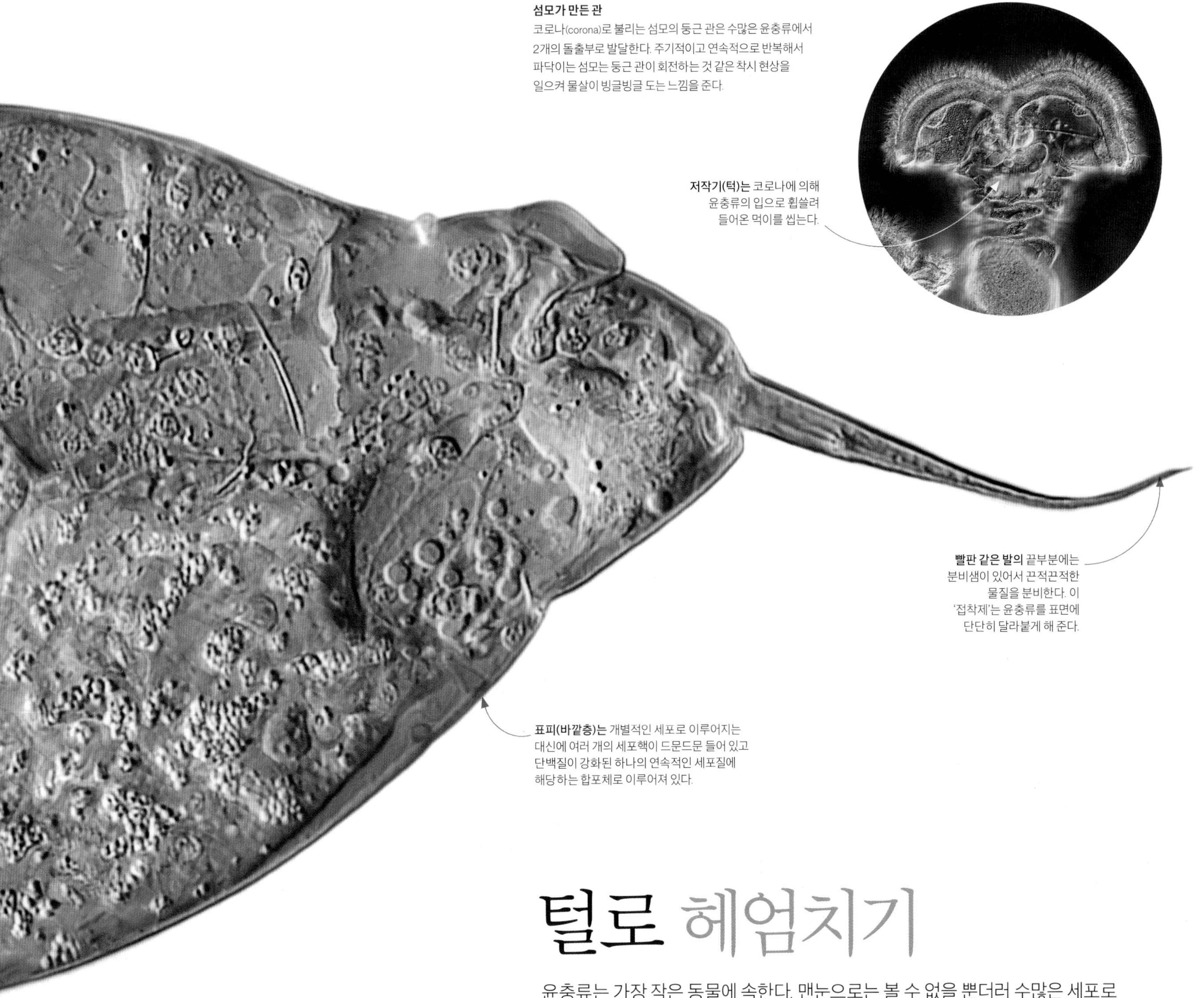

털로 헤엄치기

윤충류는 가장 작은 동물에 속한다. 맨눈으로는 볼 수 없을 뿐더러 수많은 세포로 이루어져 있음에도 단세포 미생물보다 훨씬 작을 수도 있다. 영양분이 풍부한 연못의 물을 한 컵 뜨면 그 속에는 수천 마리의 윤충류가 살고 있을지도 모른다. 연못에는 벌레 형상을 한 반투명의 존재가 수초와 퇴적물 사이를 미끄러지듯이 들고난다. 머리끝에는 파닥이는 섬모로 이루어진 여러 개의 관이 달려 있다. 조화를 이룬 섬모의 운동은 초기의 현미경 관찰자들이 '윤충류(輪蟲類, wheel animalcules)'라고 이름 붙인 것처럼 회전하는 바퀴와 매우 흡사하다. 꼬리 끝에 빨판처럼 붙어 있는 '발'은 윤충류가 몸을 뻗어 주변을 탐색하는 동안 목표물에 달라붙는다. 대부분의 윤충류는 섬모로 헤엄을 치거나 자벌레처럼 바닥을 기어 다니지만, 일부는 어딘가에 발을 붙인 채 일생을 살아간다.

조류를 먹이로 하는 윤충류
단소강에 속하는 연못 윤충류(monogonont)가 반쯤 소화한 조류 먹이가 반투명한 무색소의 체벽을 통해 뚜렷이 보인다. 파닥이는 섬모에 의해 작은 입속으로 떠밀려온 조류는 저작낭으로 불리는 공간에 모인다. 근육질의 벽은 먹이를 걸쭉하게 분쇄하는 데 도움이 된다. 광학 현미경, 2000배율.

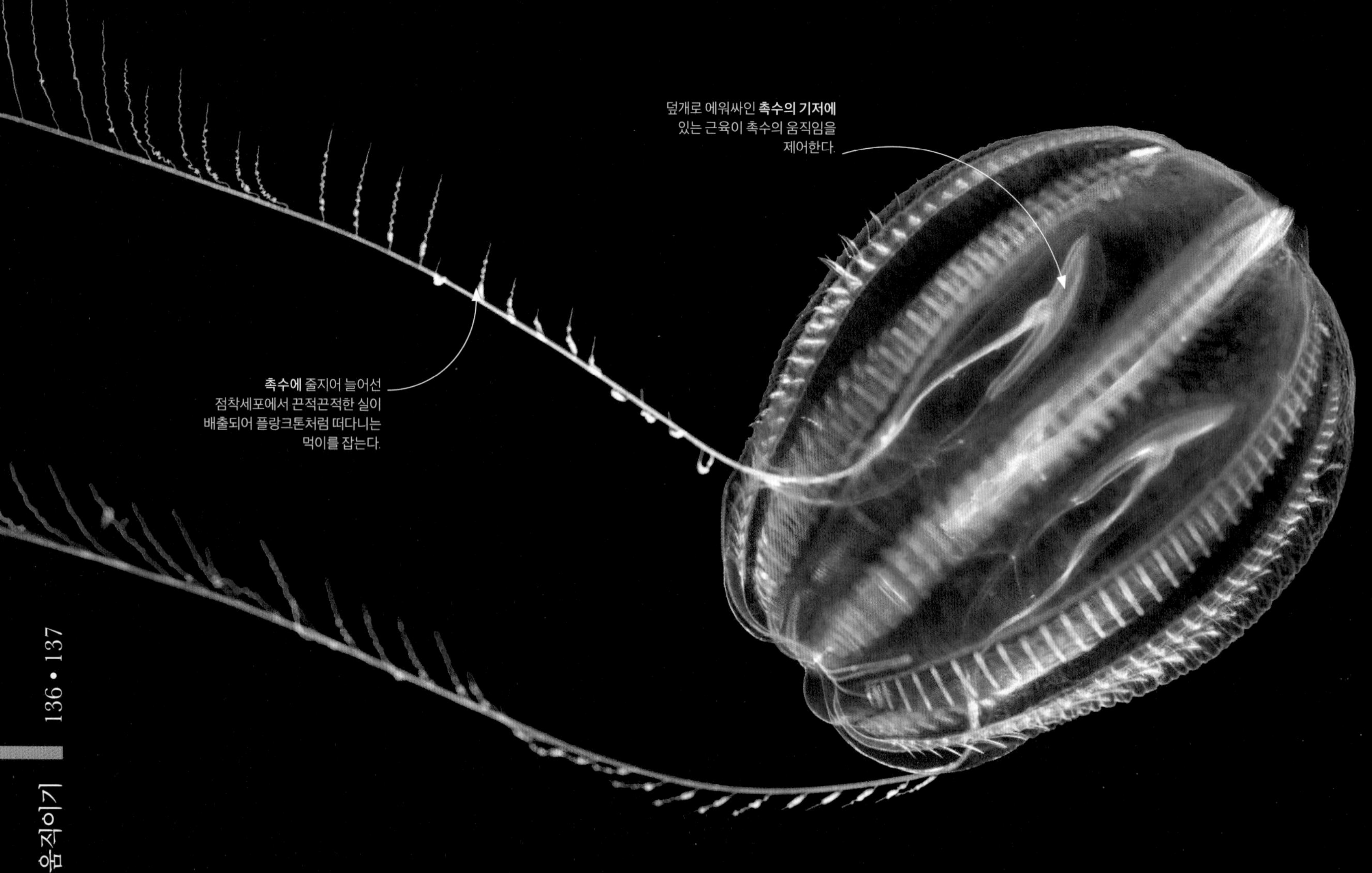

섬모가 만든 빗

수많은 미생물은 편모나 이보다 짧은 솔 모양의 섬모 다발처럼 미세한 털을 파닥여 헤엄을 친다. 몸집이 큰 동물은 편모와 섬모만으로 추진력을 일으켜 무거운 몸을 움직이기 어렵기 때문에 근력 또한 요구된다. 그러나 빗해파리로 불리는 해양 해파리는 작은 물고기만큼이나 자랄 수 있음에도 섬모에 의지해 움직인다. 빗해파리의 섬모는 즐판대로 불리는 빗 모양의 줄로 결합해 있어서 바닷속에서 충분한 추진력으로 물을 헤치고 나갈 수 있다.

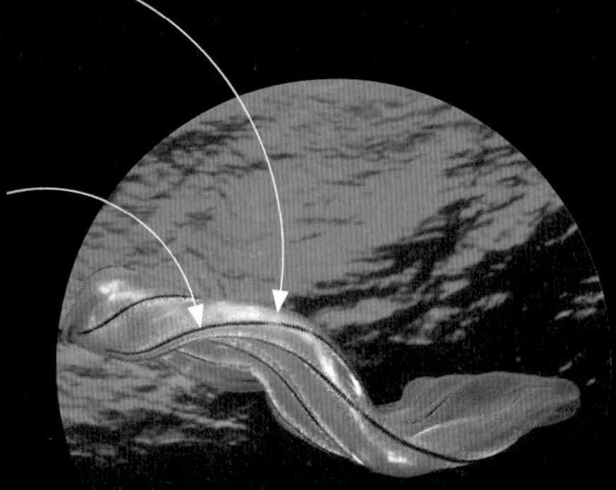

근력
가장 큰 빗해파리로 꼽히는 이 같은 띠해파리(*Cestum veneris*)는 몸길이가 3미터에 이를 수도 있다. 섬모만으로 추진력을 얻기에는 몸이 너무 커서 근육을 이용해 물속에서 물결치듯 움직인다.

풍선빗해파리

바다 구스베리로도 불리는 풍선빗해파리(*Pleurobrachia pileus*)의 구형에 가까운 몸은 길이가 1~2.5센티미터 정도이고 섬모가 '빗'처럼 결합한 8줄의 즐판대에 의지해 물기둥에서 위아래로 헤엄친다. 풍선빗해파리는 근육으로 움직이는 긴 촉수를 이용해 플랑크톤으로 불리는 떠다니는 유기체(286~287쪽 참조)를 잡아먹는다.

헤엄치는 빗판

모든 빗해파리는 8줄의 즐판대(빗판)가 입에서 항문까지 뻗어 있다. 항문 근처에 있는 정단부 감각 기관은 물속에서 몸의 균형을 잡아줄 뿐만 아니라 각각의 즐판대를 따라 분포한 신경섬유를 통해 파닥이는 즐판대를 제어한다.

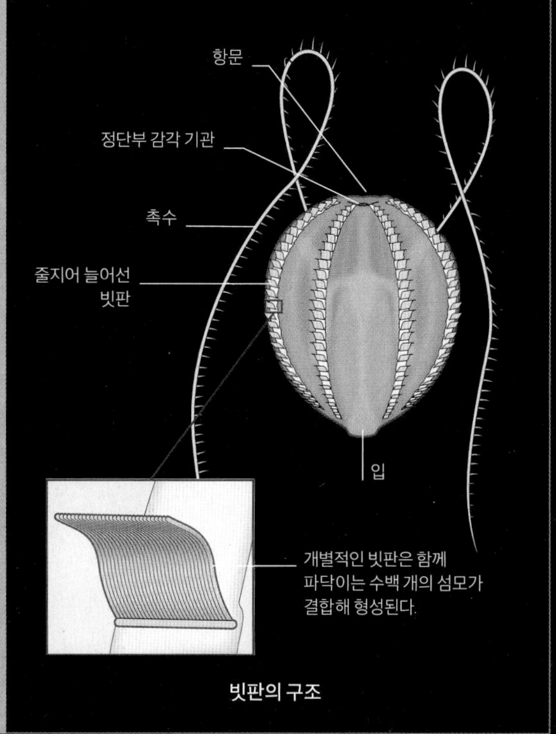

빗판의 구조

파닥이는 빗해파리의 섬모가 다양한 파장의 빛을 반사하면서 **보는 각도에 따라 색깔이 시시각각 달라진다.** 덕분에 먹이를 유인하거나 자신보다 몸집이 큰 천적을 쫓아낼 수 있다.

섬모가 결합한 빗판이 아래로 휩쓸리면서 물을 밀어내 풍선빗해파리를 위로 올려준다.

먹이를 잡지 않을 때는 **긴 촉수를** 덮개 속으로 집어넣을 수도 있다.

소화되지 않은 먹이 입자는 **항문을** 통해 배설된다.

촉수에 있는 근육 섬유

히드로충류의 촉수는 몸통에서 관처럼 뻗어 있으며 젤리 같은 중교(간충)에 의해 분리된 외부와 내부의 상피층으로 이루어져 있다. 운동에 특화된 촉수의 상피세포에는 근육 세포에서 볼 수 있는 것과 똑같은 단백질 섬유로 이루어진 근사가 있다. 전체적으로 볼 때, 이들 섬유는 히드로충류의 체벽에 근육층을 효과적으로 형성한다.

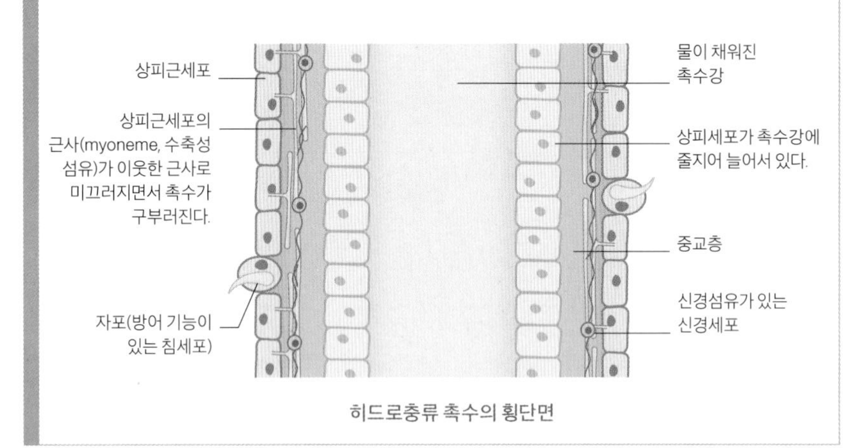

히드로충류 촉수의 횡단면

촉수의 운동
히드로충류인 엑토플레우라 라륑스(*Ectopleura larynx*)는 최대 5센티미터 높이로 자랄 수 있으며 조류가 강한 곳에서 바위, 껍데기, 해초에 붙은 채로 살아간다. 실제로 분홍색이나 불그스름한 색을 띠는 이 히드로충류는 바깥쪽과 안쪽에 촉수가 고리처럼 빙 두르고 있으며, 그 사이에 생식체로 불리는 생식 돌기 다발이 존재한다. 촉수는 먹이를 찾아 입으로 가져갈 때 매우 유연하게 움직이고, 흔들리고, 구부러지고, 수축할 수 있다. 주사형 전자 현미경, 70배율.

단순한 근육

해파리가 가로무늬근(140~141쪽 참조)을 이용해 헤엄을 치는 데 비해 말미잘, 산호, 히드로충류처럼 그 친척뻘 되는 수많은 자포동물에게는 가로무늬근이 없으며 실제로 이에 필요한 근육 세포조차 찾아볼 수 없다. 대신에 특화된 상피세포 안에 근사로 불리는 수축성 섬유를 가지고 있어 일부의 근사가 세로로 뻗어 있는 반면에 나머지는 몸통 주위에 고리를 형성한다. 근사가 수축하면 액체가 채워진 공간에 장력이 작용하면서 유체골격의 역할을 한다. 두 종류의 근육 섬유를 가진 자포동물은 어느 방향으로든 몸을 늘이거나 줄이거나 구부릴 수 있다.

바깥쪽 촉수(입에서 먼 촉수)

방어 자세
엑토플레우라의 근육 조직은 감각 조직, 신경 조직과 통합되어 있어서 위험에 신속히 대응할 수 있다. 여기 보이는 것처럼, 수축성 상피근세포는 바깥쪽과 안쪽의 촉수에서 모두 접혀 생식체를 보호한다.

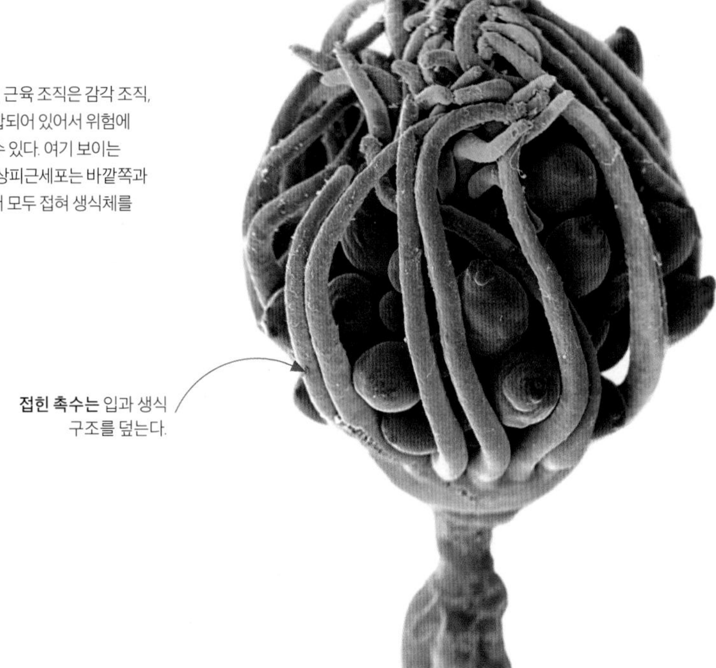

접힌 촉수는 입과 생식 구조를 덮는다.

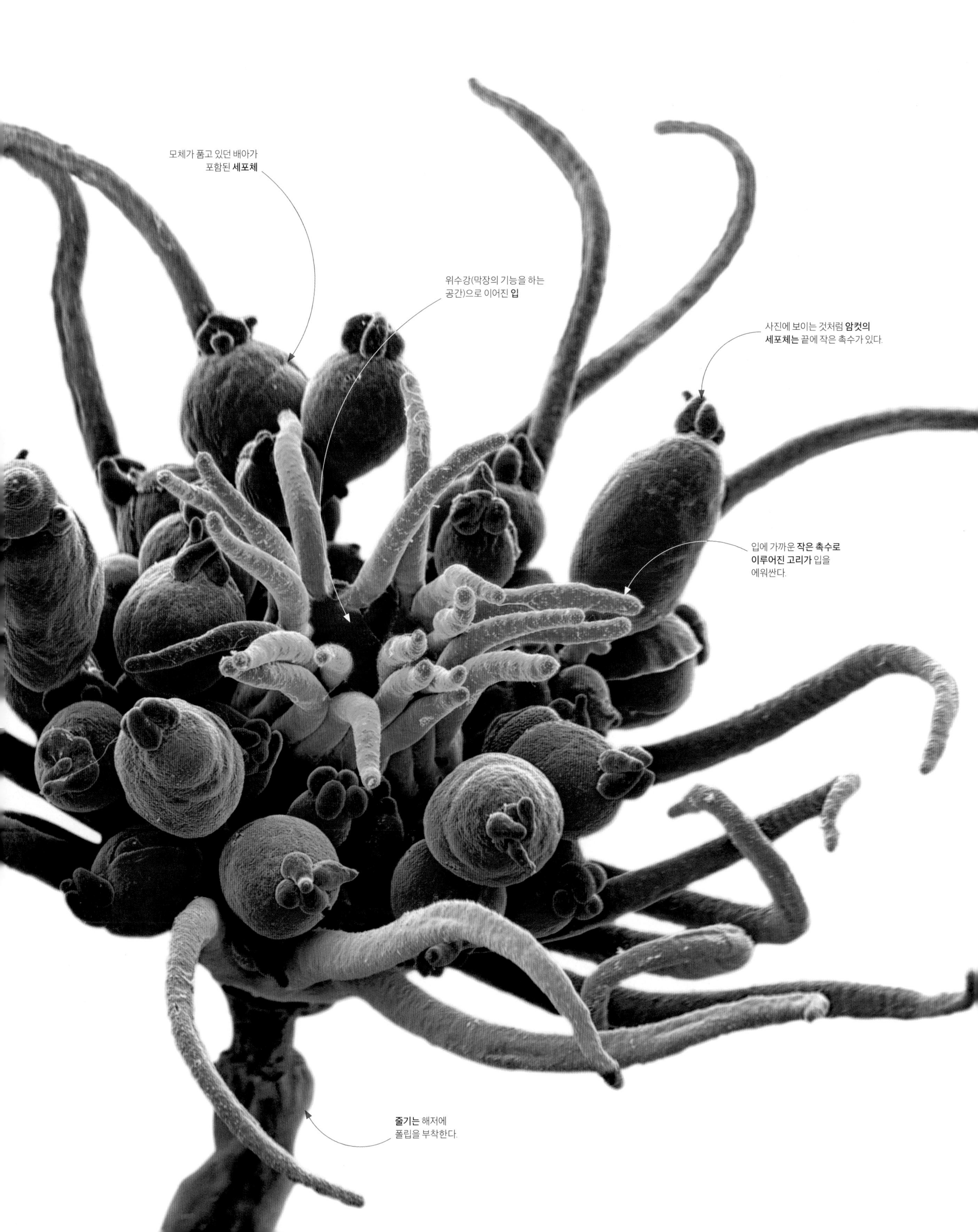
모체가 품고 있던 배아가
포함된 **세포체**
위수강(막장의 기능을 하는
공간)으로 이어진 **입**
사진에 보이는 것처럼 **암컷의**
세포체는 끝에 작은 촉수가 있다.
입에 가까운 **작은 촉수로**
이루어진 고리가 입을
에워싼다.
줄기는 해저에
폴립을 부착한다.

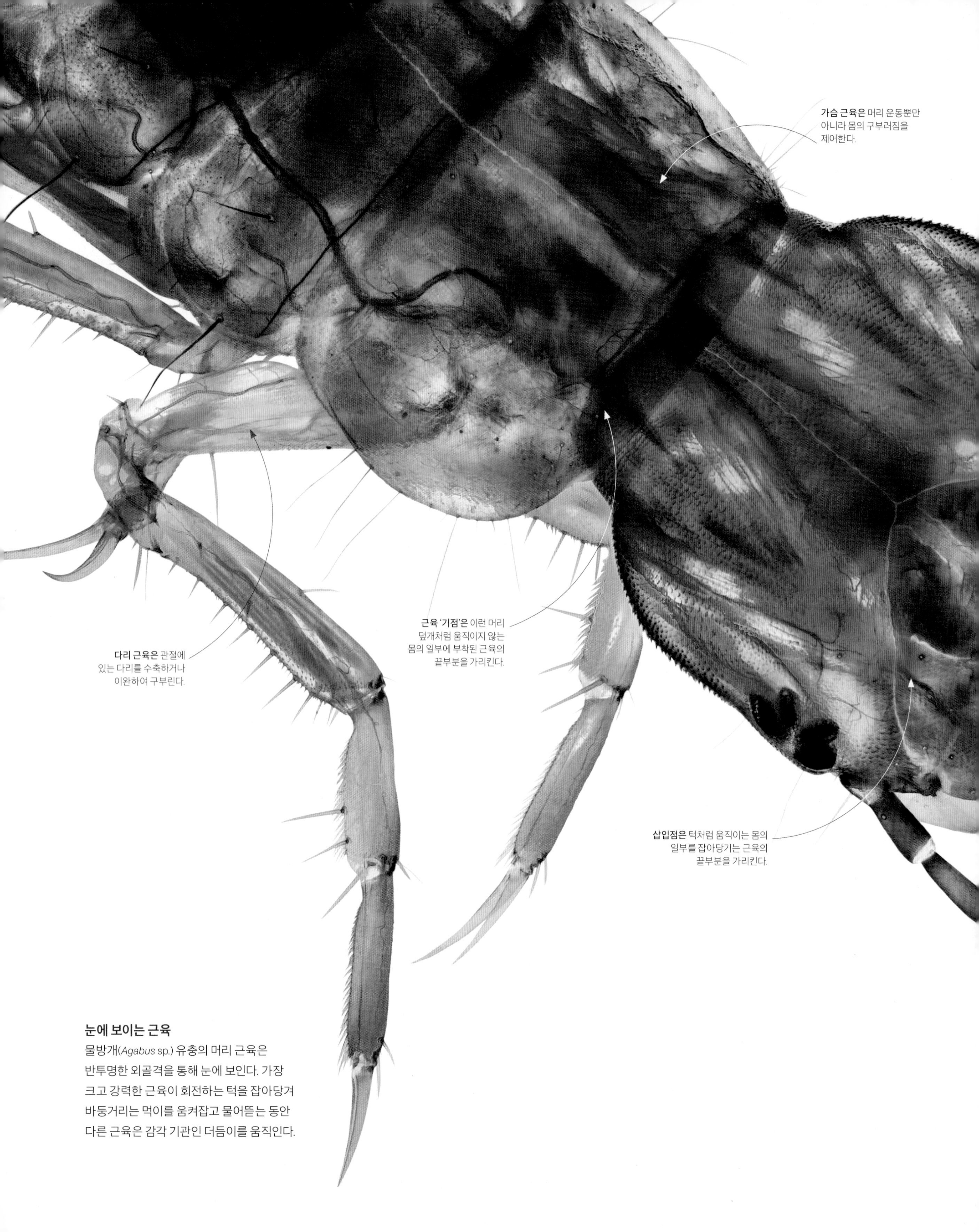

눈에 보이는 근육

물방개(*Agabus* sp.) 유충의 머리 근육은 반투명한 외골격을 통해 눈에 보인다. 가장 크고 강력한 근육이 회전하는 턱을 잡아당겨 바둥거리는 먹이를 움켜잡고 물어뜯는 동안 다른 근육은 감각 기관인 더듬이를 움직인다.

수축하는 근육

근육과 그런 근육이 만들어 낸 빠른 운동은 동물을 다른 생명체와 구분 짓는 특징이다. 근육은 호흡을 통해 얻은 에너지를 이용해 긴 세포를 수축하거나 줄이는 단백질 섬유로 가득 채워져 있다. 근육 역시 신경과 마찬가지로 전기 자극을 전달하며, 대개 신경계에서 온 전기 자극은 근육의 수축을 일으킨다. 생명 유지에 필요한 주요 기관의 벽에 있는 근육은 압박을 통해 양분, 피, 노폐물을 운반한다. 골격근은 골격의 일부에 그 끝이 붙어 있으며 신체의 다양한 부분을 잡아당겨 움직인다.

근육이 **줄무늬를 띠는 것은** 세포 내에 두껍고 얇은 단백질 섬유가 번갈아 가며 늘어서 있기 때문이다.

털은 외골격의 한 부분이지만, 기저에 있는 유연한 관절 주변을 빙글빙글 돈다.

비상근
근력은 놀라운 이동 능력을 선사한다. 날개근은 작은검은꼬리박각시(*Macroglossum stellatarum*)가 꿀을 빨아 먹는 동안 공중에 떠 있을 수 있게 해 준다.

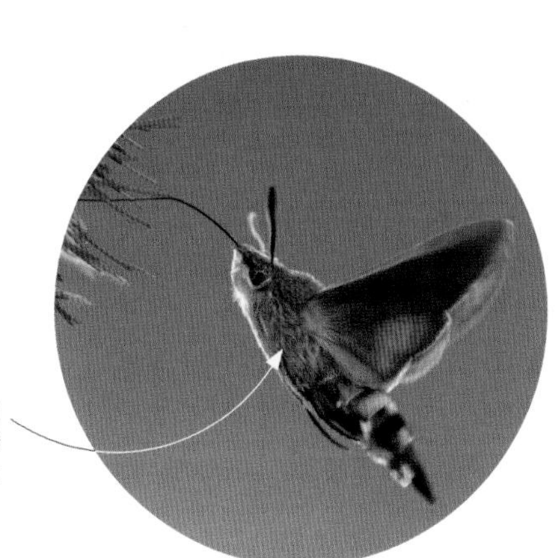

날개근은 나방의 몸에서 중간부에 해당하는 가슴을 가득 채우고 있다.

근육 내부에서 미끄러지는 섬유

근세포 내부의 단백질 섬유(액틴과 미오신)는 서로 겹친 다발 형태로 포개져 있어서 골격근이 줄무늬처럼 보이게 한다. 전기 자극을 받은 단백질 섬유는 화학 에너지를 이용해 다른 섬유 위로 미끄러지고 근세포의 끝부분을 결속시킨다.

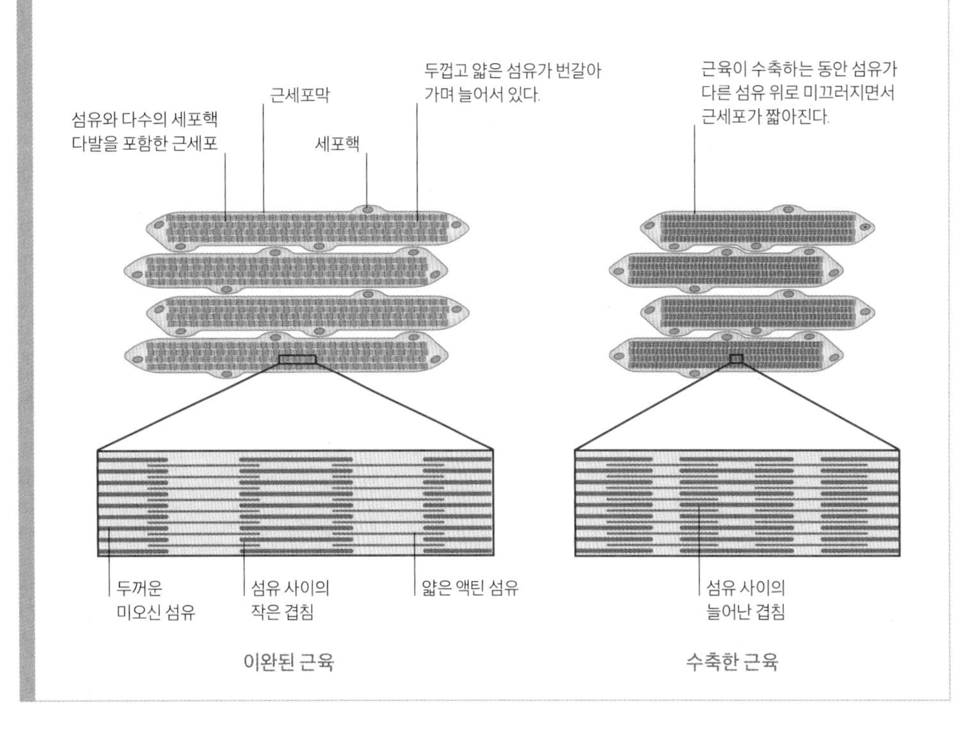

액체 속에서 움직이기

인접한 물 분자 사이에 존재하는 작은 결속은 물의 응집력 혹은 접착력을 높여 몇 겹의 층을 유지하고 물체가 끌릴 때 마찰력을 일으킨다. 이처럼 흐름이나 운동에 대한 저항력을 점성이라 일컫는다. 그런 층은 몸집이 큰 물고기 주변에서는 쉽게 깨지지만, 작은 물벼룩 주변에서는 그대로 들러붙은 채 남아 있다. 물벼룩이 물고기보다 훨씬 큰 점성을 경험한다는 의미이다.

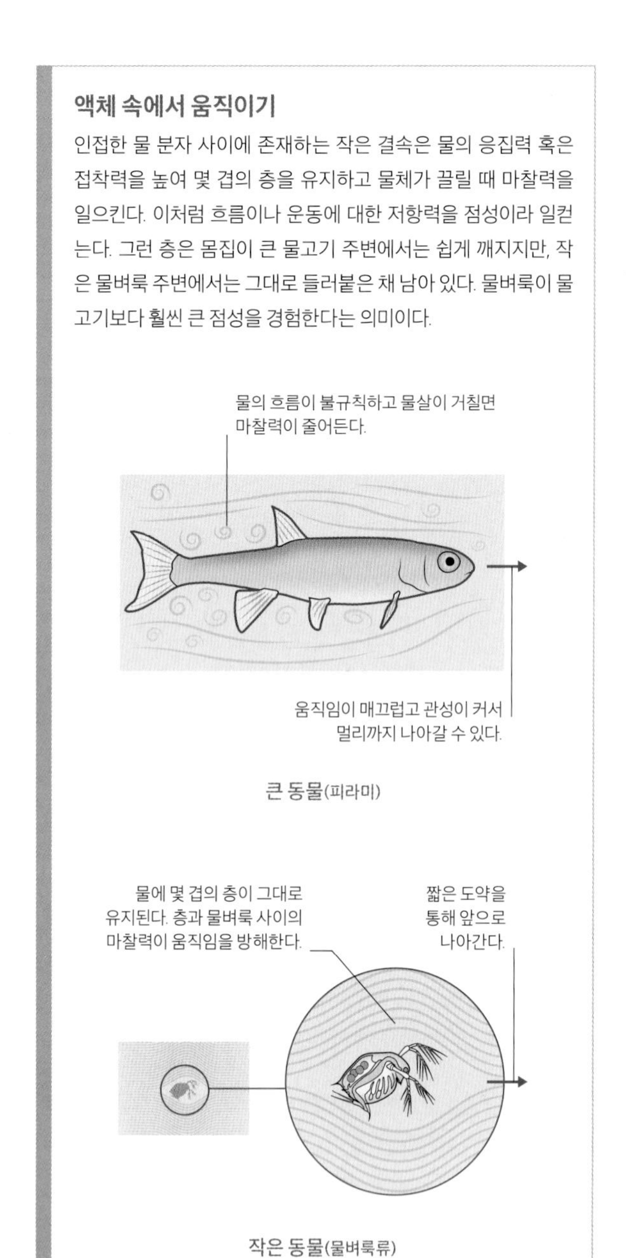

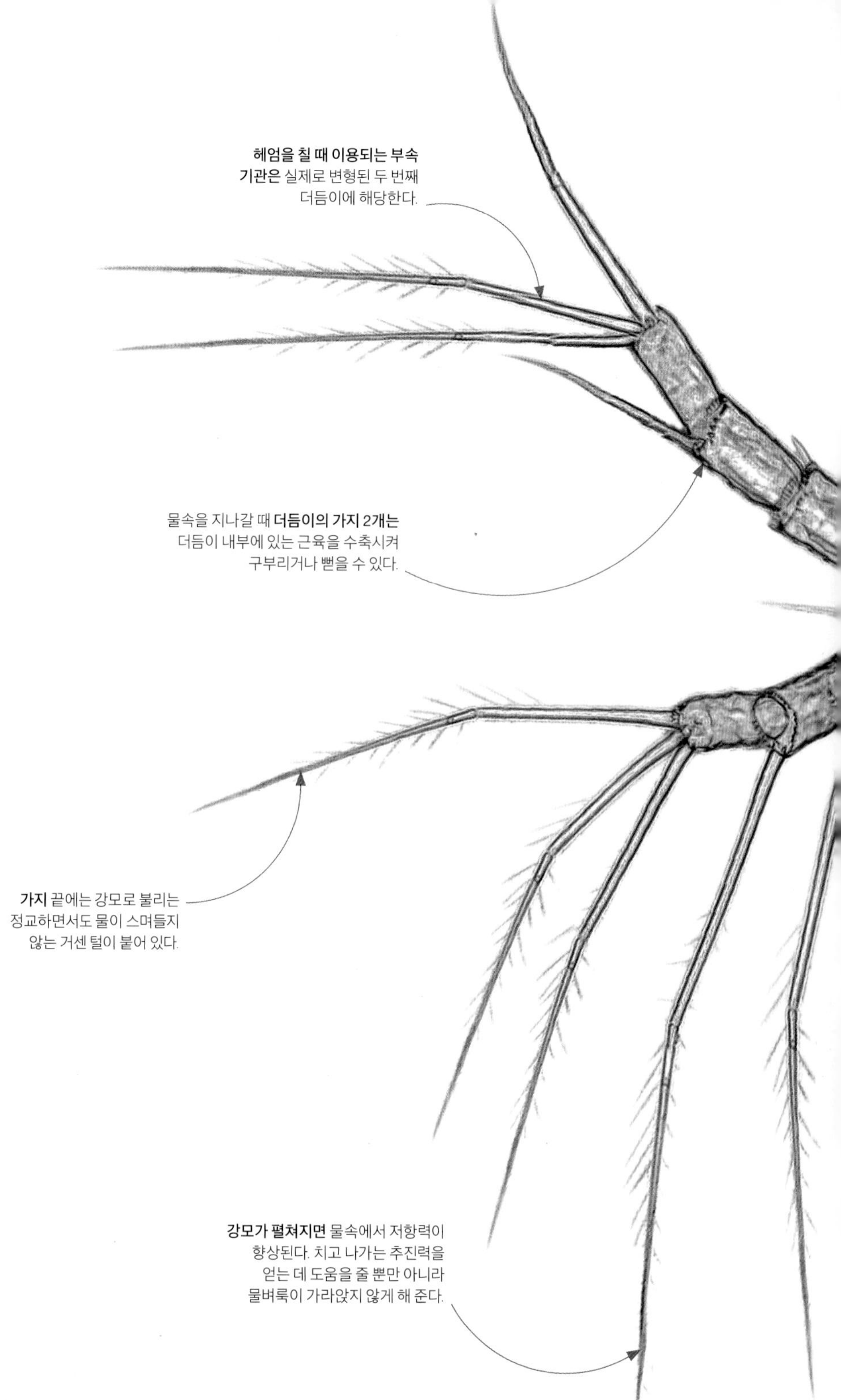

마찰력 극복하기

헤엄을 치는 어떤 동물이든 앞으로 나아가려면 몸과 물 사이에 발생한 마찰력을 극복할 필요가 있다. 강력한 근육과 유선형의 몸매를 갖춘 커다란 동물에게는 대수롭지 않은 일이지만 물벼룩처럼 작은 동물에게 마찰력은 중요한 요인이다. 몸길이가 약 1밀리미터에 불과한 물벼룩의 입장에서 물 분자 사이의 결합은 현저한 변화를 가져오므로 이때 물벼룩이 맛보게 될 경험은 사람이 꿀단지 속에서 헤엄치는 수준이다. 이것은 같은 조건에서 사람이 헤엄칠 때보다 물벼룩이 더 많은 에너지를 소모한다는 것을 의미한다. 물벼룩은 끈적이는 물 때문에 번번이 멈춰 서는데 이 때문에 요동치는 듯한 움직임을 보인다.

추진력을 가진 더듬이

수많은 갑각류와 마찬가지로 물벼룩(*Daphnia* sp.)에도 가지처럼 뻗은 더듬이가 달려 있다. 대부분의 동물이 더듬이를 감각 기관으로 이용하는 데 비해 물벼룩의 더듬이는 매우 크고 헤엄을 칠 때 노처럼 이용된다. 강력한 근육이 더듬이를 움직여 물을 밀어내면서 바깥쪽으로 펼쳐지게 한다.

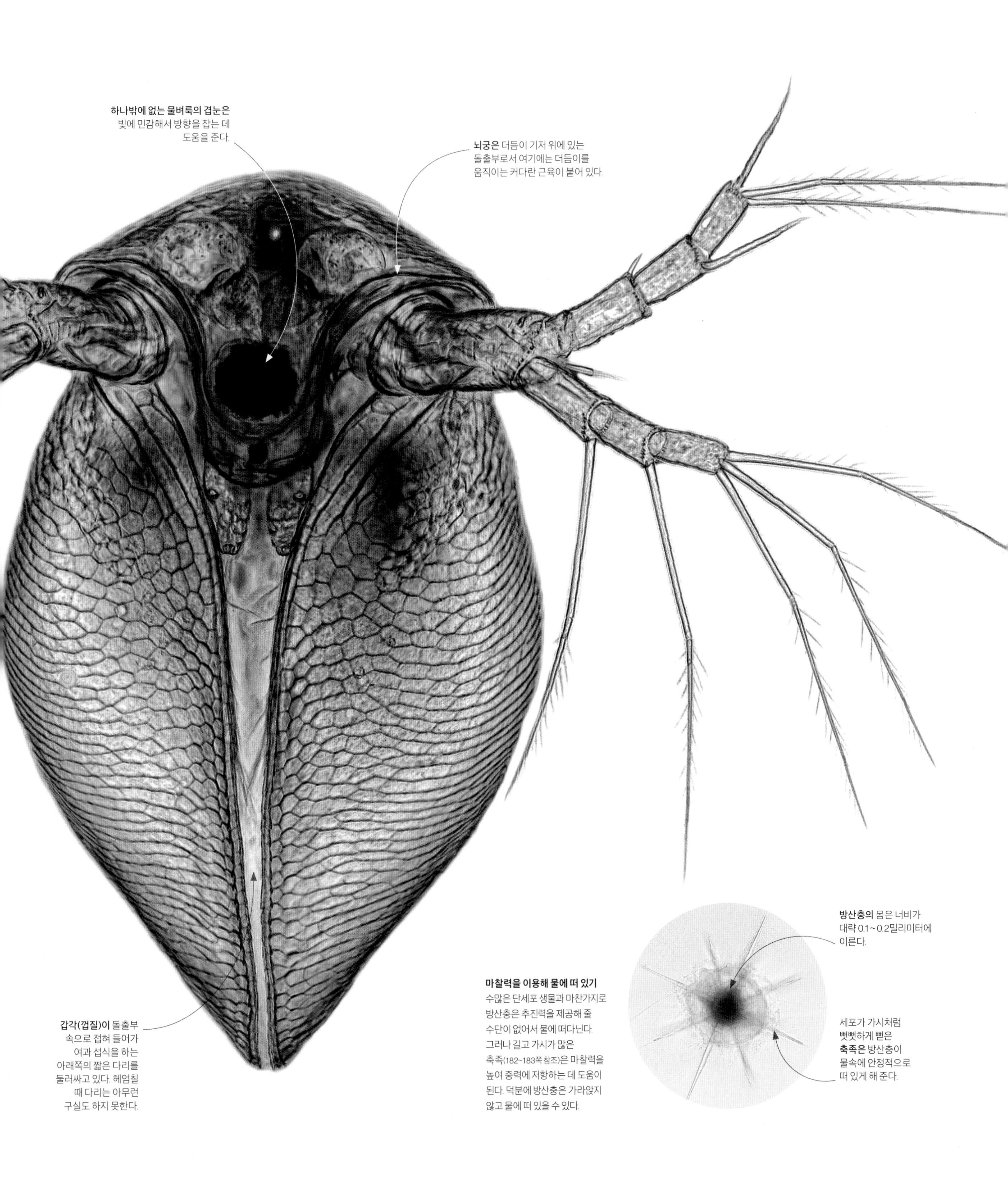

마찰력을 이용해 물에 떠 있기
수많은 단세포 생물과 마찬가지로 방산충은 추진력을 제공해 줄 수단이 없어서 물에 떠다닌다. 그러나 길고 가시가 많은 축족(182~183쪽 참조)은 마찰력을 높여 중력에 저항하는 데 도움이 된다. 덕분에 방산충은 가라앉지 않고 물에 떠 있을 수 있다.

노처럼 움직이는 다리

브라인새우(*Artemia* sp.)의 가슴다리에는 넓은 덮개가 1줄로 늘어서 있으며, 덮개마다 가시와 머리카락 같은 강모가 가장자리에 달려있다. 덮개와 그 가장자리에 붙은 털은 물을 밀어내는 표면적을 늘려 헤엄칠 때 앞으로 치고 나갈 수 있는 더 큰 추진력을 만들어 낸다.

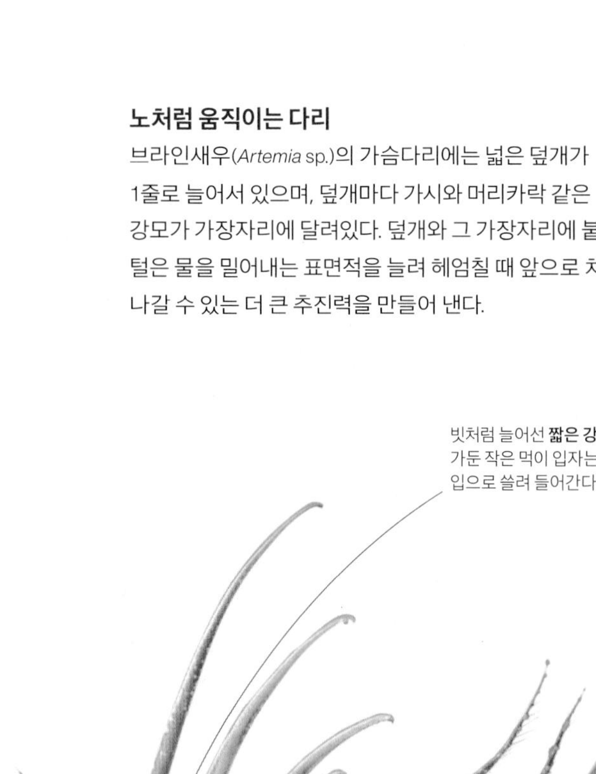

긴 강모를 바깥쪽으로 펼쳐 다리의 타격으로 물을 밀쳐내고 다리를 원래대로 접어 올릴 때는 강모를 축 늘어뜨려 저항력을 줄여 준다.

빗처럼 늘어선 **짧은 강모가** 가둔 작은 먹이 입자는 입으로 쓸려 들어간다.

1개의 다리에 달린 **5~6개의 덮개(밑마디속돌기)는** 헤엄칠 때 노처럼 움직일 뿐만 아니라 산소 흡수를 돕기도 한다.

매끄러운 노 젓기

물속에서 살아가는 동물의 헤엄치는 동작은 앞으로 나아가는 데 필요한 추진력을 만들어 낼 만큼 강해야 한다. 브라인새우처럼 작은 갑각류의 경우에 그런 추진력은 잎 모양의 넓적다리에서 나온다. 이들은 넓적다리로 물을 밀쳐냈다가 경첩이 달린 관절을 이용해 다리를 다시 접어 올린다. 브라인새우는 반듯이 누운 채로 헤엄을 치는데, 이때 11쌍의 다리가 일제히 노를 젓는다. 일사불란하게 움직이는 다리가 만들어 낸 물결은 뒤쪽에서 앞쪽으로 온몸에 파문을 일으킨다. 그 결과 새우는 물속에서 매끄럽게 미끄러지듯 나아갈 수 있다.

다리의 기능

브라인새우는 '아가미 다리'라는 뜻의 새각류로 불리는 갑각류에 속한다. 새우의 다용도 다리는 헤엄칠 때 이용될 뿐만 아니라 산소를 흡수하는 역할도 한다. 새우가 다리를 노처럼 저으면 배 쪽으로 물살이 만들어져 덮개처럼 뻗은 다리 사이로 먹이 입자가 갇힌다.

긴 꼬리

가슴

성체는 2개의 겹눈을 갖는다.

배

가슴다리는 헤엄을 칠 때 이용되는 덮개 모양의 부속 기관을 갖고 있다.

브라인새우 성체

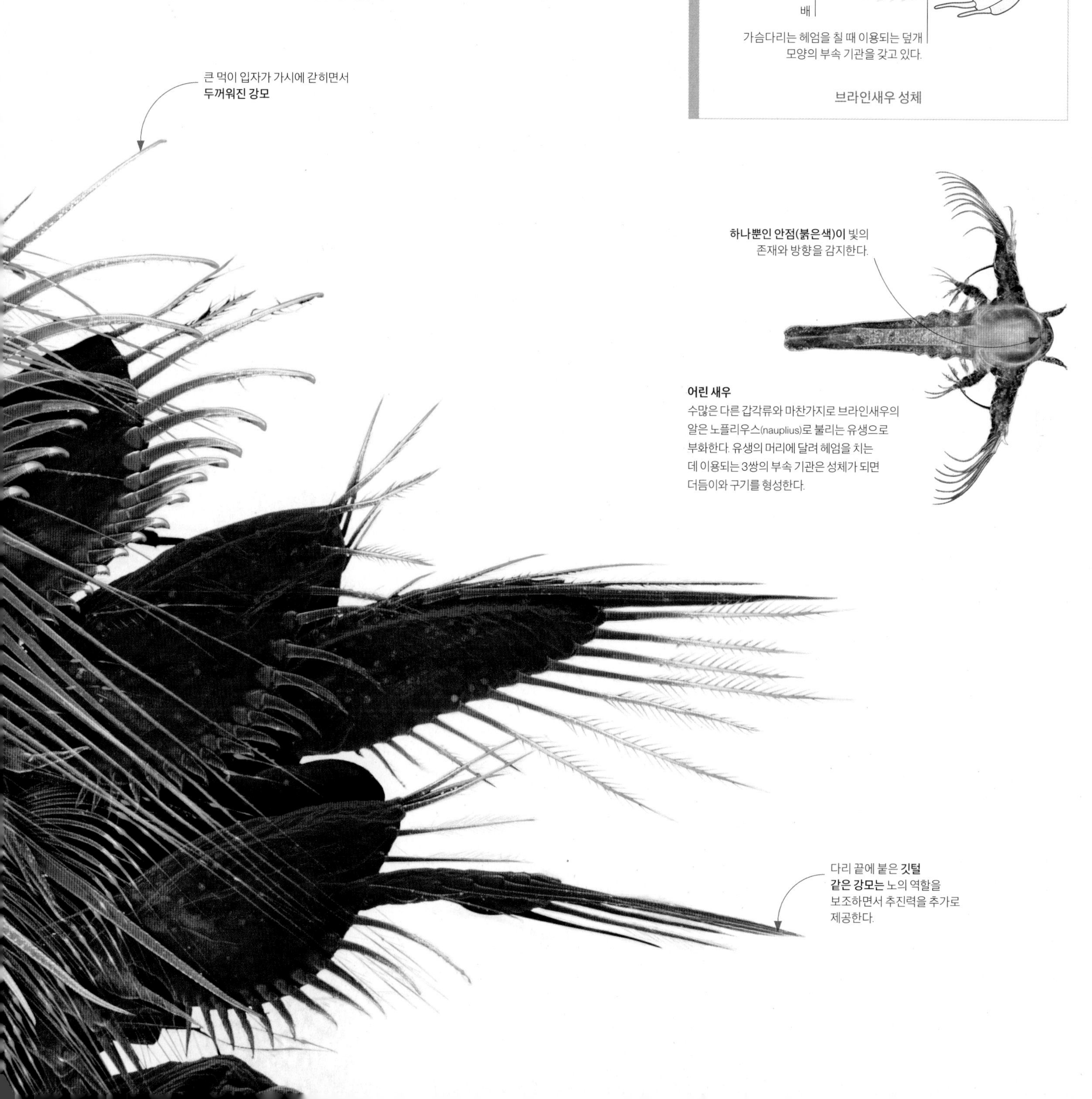

어린 새우

수많은 다른 갑각류와 마찬가지로 브라인새우의 알은 노플리우스(nauplius)로 불리는 유생으로 부화한다. 유생의 머리에 달려 헤엄을 치는 데 이용되는 3쌍의 부속 기관은 성체가 되면 더듬이와 구기를 형성한다.

부력 조절하기

물속에서 살아가는 생명체는 중립적인 부력을 유지할 필요가 있다. 다시 말해, 바닥으로 가라앉거나 수면 위로 솟아오르지 않은 채 떠 있어야 한다. 일부 신체 기관의 무거운 근육에서부터 가벼운 기름에 이르기까지 부위별로 다양한 밀도를 보이겠지만, 물속에 떠 있는 상태로 머물려면 전체적인 몸의 밀도가 물의 밀도와 일치해야 한다. 수생곤충도 공기가 채워진 기관(氣管)의 망상 조직을 이용해 숨을 쉬고 그 덕분에 몸이 물에 뜬다. 그러나 물속에 사는 유리모기류 유충은 기관계에 있는 조절 가능한 낭(주머니)을 팽창시키거나 수축시켜 물기둥에서 높이를 조절한다.

물에 뜰 수 있는 아주 작은 포식자

털모기류(*Chaoborus* sp.) 유충의 머리에는 먹이를 거머잡는 더듬이와 모기 유충이나 물벼룩 따위의 먹이를 잡는 데 이용되는 큰턱처럼 사나운 수생 포식자로서 살아가는 데 필요한 복잡한 장치가 갖춰져 있다. 머리 뒤쪽에는 얼룩덜룩한 2개의 기낭이 있다. 또 다른 1쌍의 기낭은 꼬리 부근에 자리 잡고 있다. 광학 현미경, 40배율.

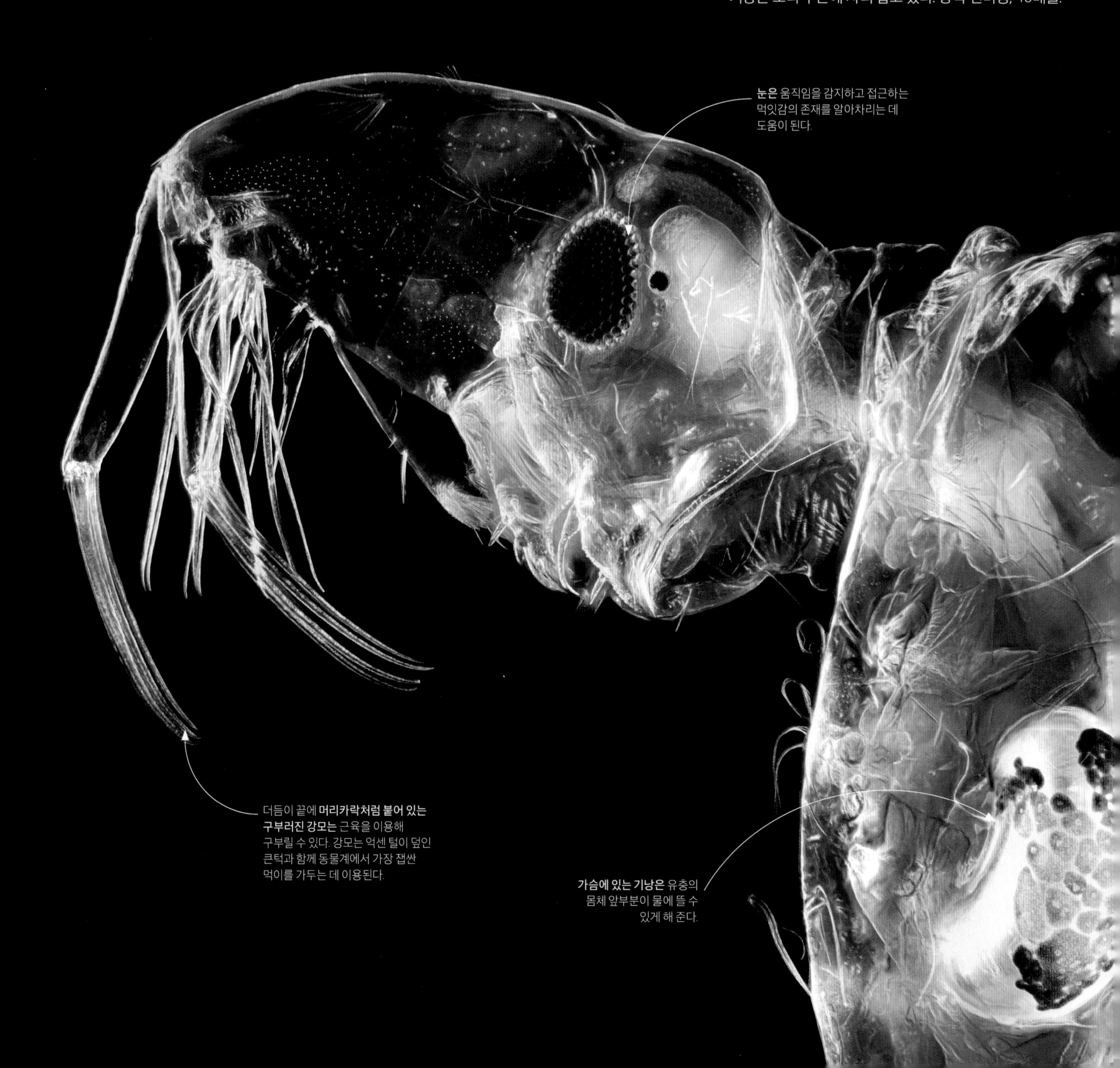

눈은 움직임을 감지하고 접근하는 먹잇감의 존재를 알아차리는 데 도움이 된다.

더듬이 끝에 **머리카락처럼 붙어 있는 구부러진 강모는** 근육을 이용해 구부릴 수 있다. 강모는 억센 털이 덮인 큰턱과 함께 동물계에서 가장 잽싼 먹이를 가두는 데 이용된다.

가슴에 있는 기낭은 유충의 몸체 앞부분이 물에 뜰 수 있게 해 준다.

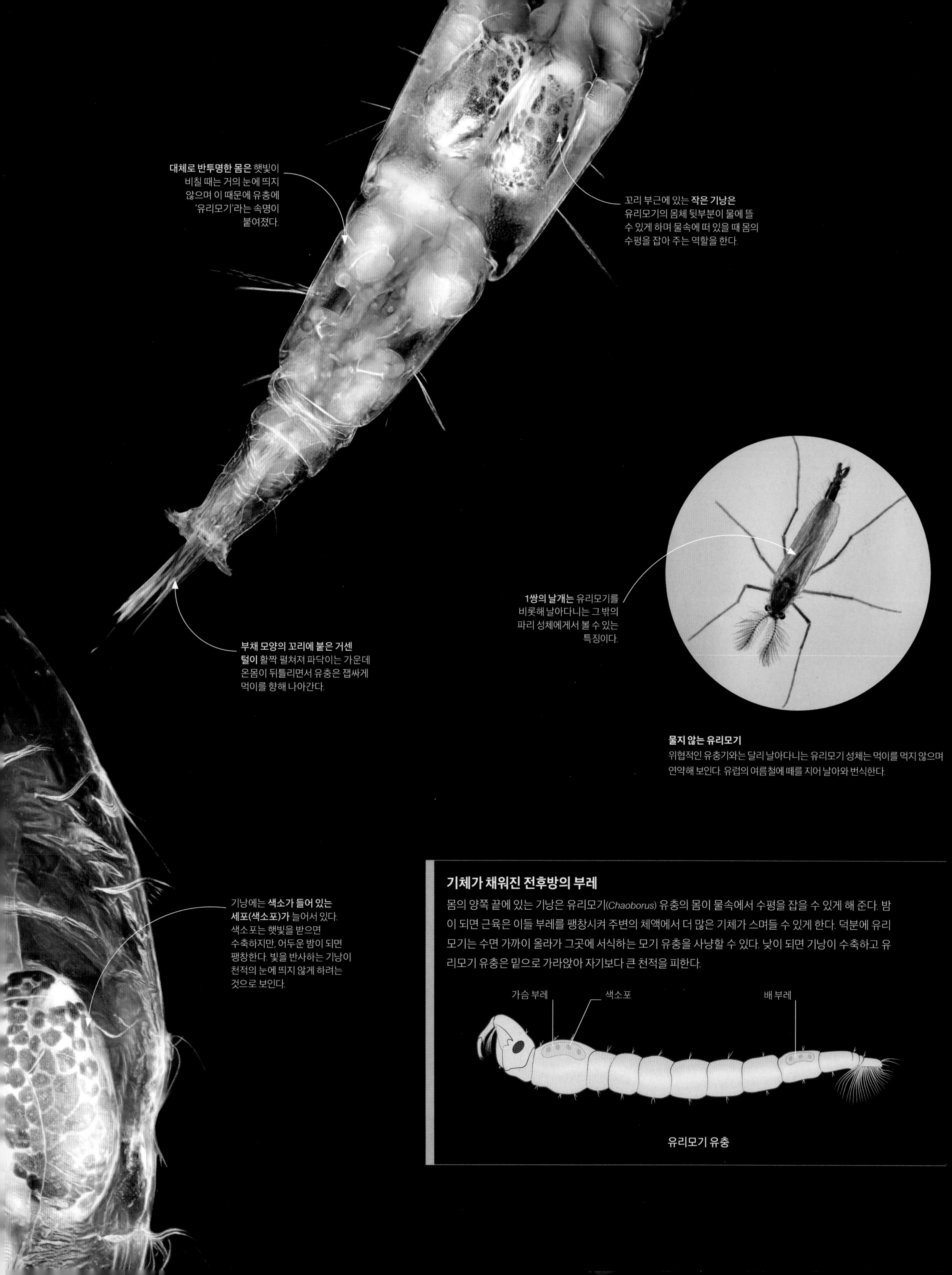

물지 않는 유리모기

위협적인 유충기와는 달리 날아다니는 유리모기 성체는 먹이를 먹지 않으며 연약해 보인다. 유럽의 여름철에 떼를 지어 날아와 번식한다.

기체가 채워진 전후방의 부레

몸의 양쪽 끝에 있는 기낭은 유리모기(*Chaoborus*) 유충의 몸이 물속에서 수평을 잡을 수 있게 해 준다. 밤이 되면 근육은 이들 부레를 팽창시켜 주변의 체액에서 더 많은 기체가 스며들 수 있게 한다. 덕분에 유리모기는 수면 가까이 올라가 그곳에 서식하는 모기 유충을 사냥할 수 있다. 낮이 되면 기낭이 수축하고 유리모기 유충은 밑으로 가라앉아 자기보다 큰 천적을 피한다.

불가사리의 수관계

불가사리의 운동은 물로 채워진 수관계에 의해 이루어진다. 유일한 구멍인 천공판에는 체 모양의 판이 있어서 몸과 각각의 팔에 뻗어 있는 수관계까지 이른다. 관족은 팔에 분포한 관의 양쪽에서 가지를 뻗는다. 둥글납작한 팽대부(작은 공기주머니)의 벽에 있는 근육이 수축하면 관족은 끝부분으로 물을 밀어 넣으면서 늘어난다. 반대로, 팽대부의 종주근(세로 힘살)이 수축하면 관족은 오므라든다.

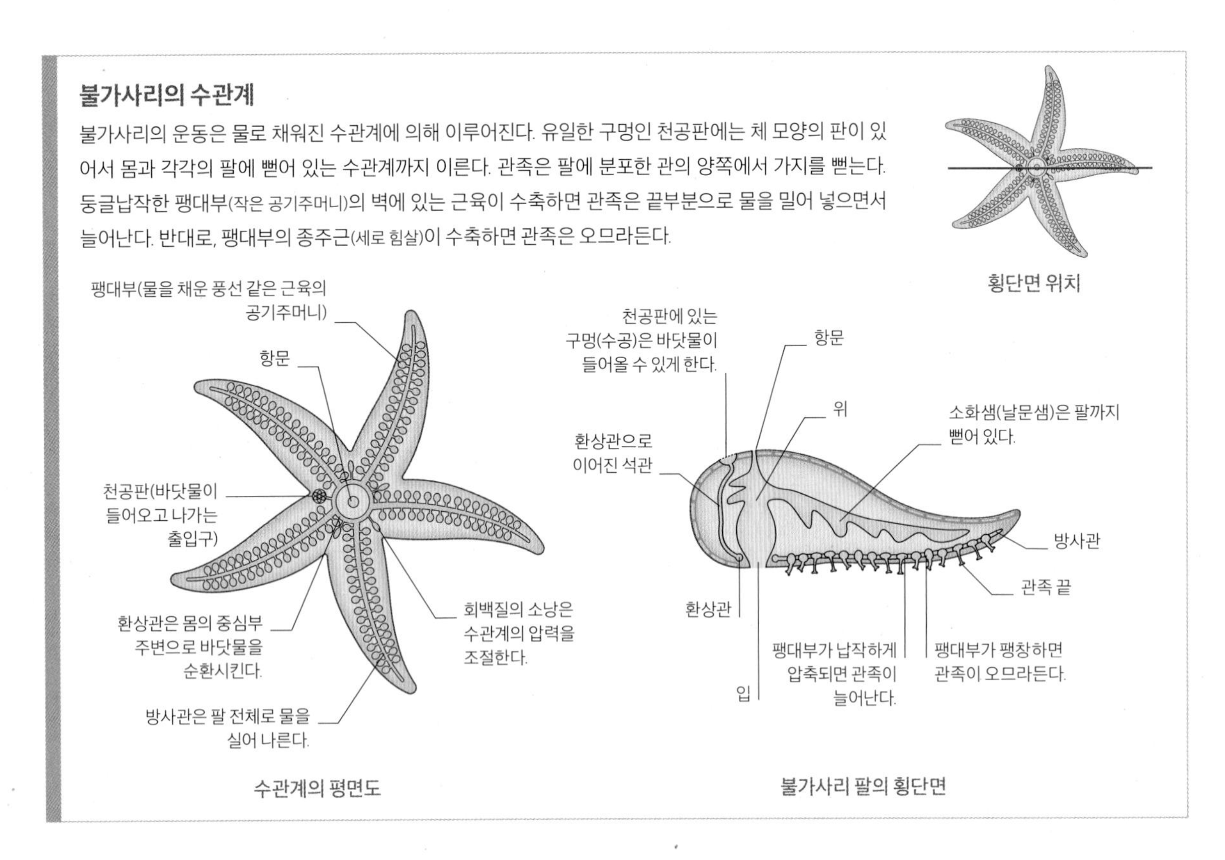

관족의 **줄기에는** 결합조직으로 이루어진 방사형 고리가 있어서 발이 늘어날 때 펼쳐진다.

관족

불가사리, 성게, 거미불가사리류, 해삼 같은 극피동물은 독특한 관족의 도움을 받아 빠르고 날렵하게 움직인다. 작고 관절이 없는 구조는 내부의 수관계(위쪽 참조)에서 형성된 수압으로 작동되며 운동, 부착, 먹이 처리에 맞춰 변화한다. 각각의 관족은 위로 들어 올리고, 앞으로 뻗고, 해저에 자리를 잡고, 밀어내기도 하면서 독자적으로 움직인다. 관족 벽에 있는 대립근(반대쪽 근육)과 원하는 방향으로 물이 흐를 수 있도록 전략적으로 배치된 덮개 판막을 조정해 운동이 이루어진다. 대부분의 종은 관족 끝에 접착성 빨판이 붙어 있다.

관족 끝에 있는 **빨판은** 가파르거나 미끄러운 표면을 걸을 때 특히 쓸모 있다.

움직이는 관족
팔이 7개인 불가사리(*Luidia ciliaris*)의 관족을 옆에서 본 모습이다. 관족의 길이는 저마다 다르고 중추신경계의 제어를 받으면서 독자적으로 움직인다.

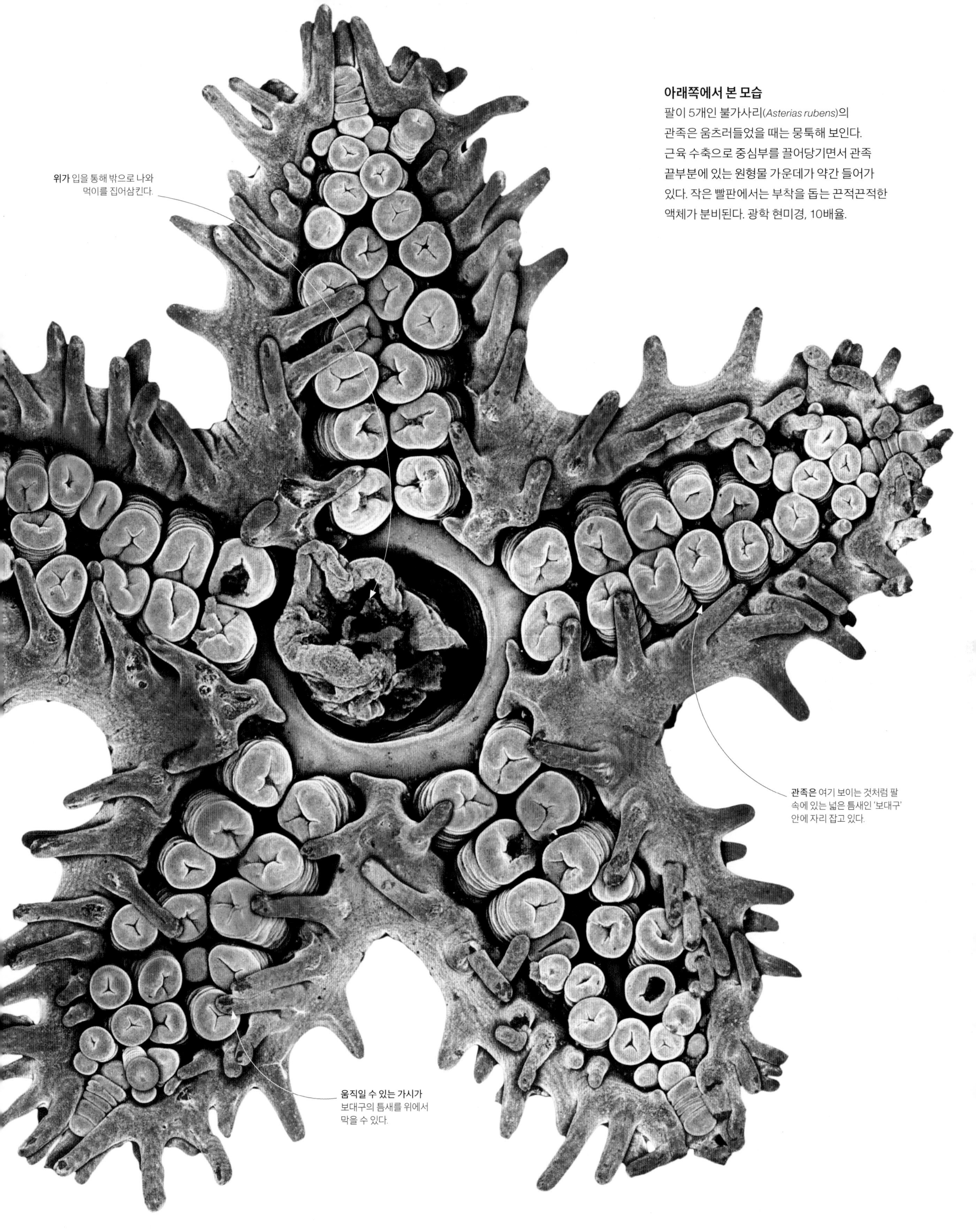

아래쪽에서 본 모습
팔이 5개인 불가사리(*Asterias rubens*)의 관족은 움츠러들었을 때는 뭉툭해 보인다. 근육 수축으로 중심부를 끌어당기면서 관족 끝부분에 있는 원형물 가운데가 약간 들어가 있다. 작은 빨판에서는 부착을 돕는 끈적끈적한 액체가 분비된다. 광학 현미경, 10배율.

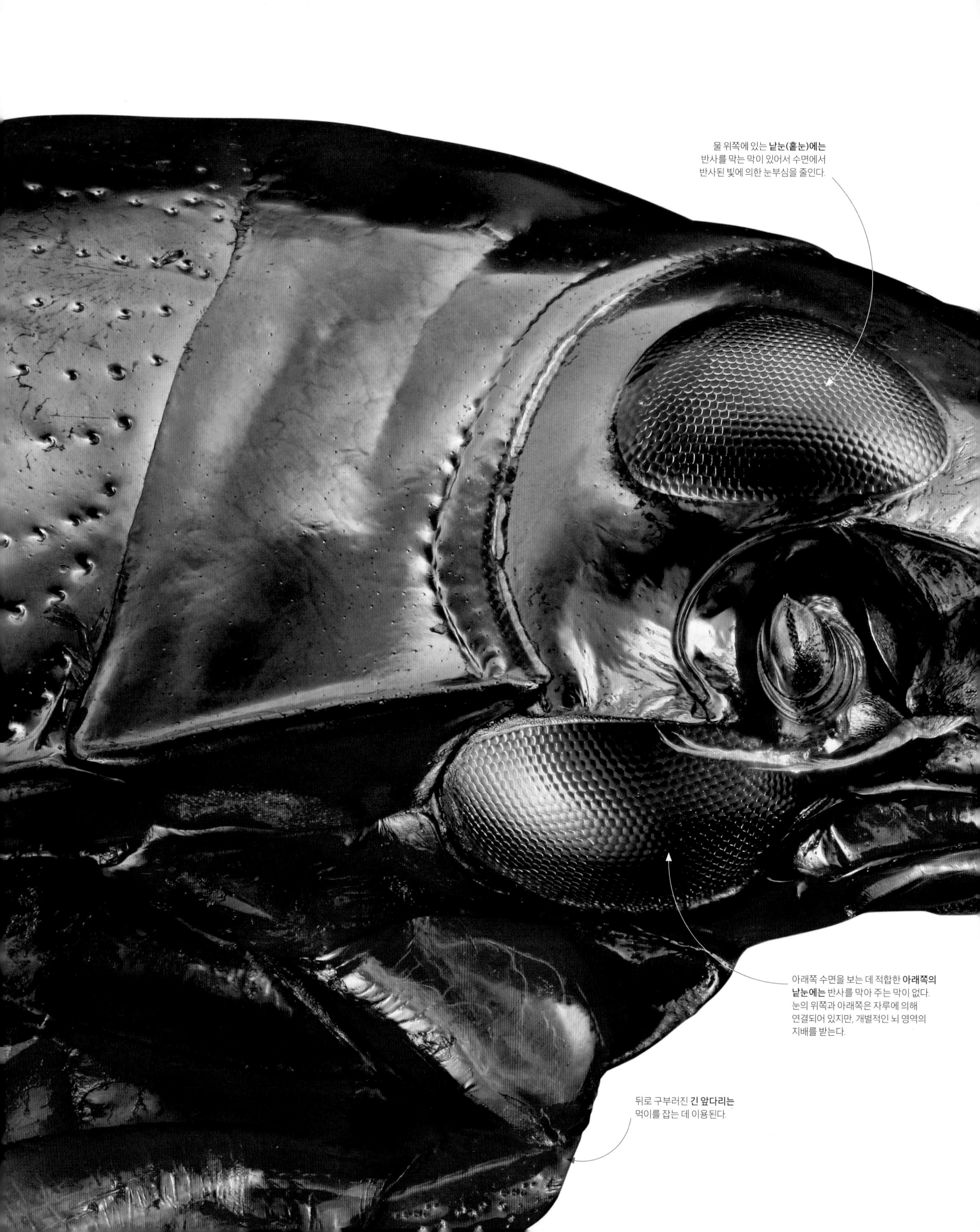
물 위쪽에 있는 **낱눈(홑눈)에는**
반사를 막는 막이 있어서 수면에서
반사된 빛에 의한 눈부심을 줄인다.
아래쪽 수면을 보는 데 적합한 **아래쪽의**
낱눈에는 반사를 막아 주는 막이 없다.
눈의 위쪽과 아래쪽은 자루에 의해
연결되어 있지만, 개별적인 뇌 영역의
지배를 받는다.
뒤로 구부러진 **긴 앞다리는**
먹이를 잡는 데 이용된다.

수면에서 살기

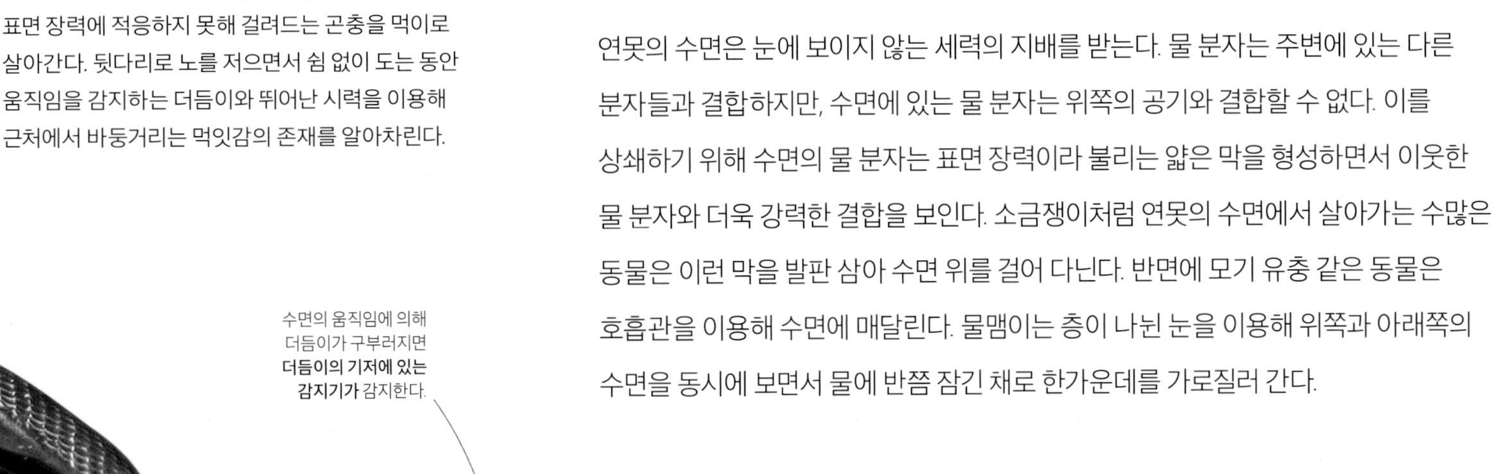

연못의 수면은 눈에 보이지 않는 세력의 지배를 받는다. 물 분자는 주변에 있는 다른 분자들과 결합하지만, 수면에 있는 물 분자는 위쪽의 공기와 결합할 수 없다. 이를 상쇄하기 위해 수면의 물 분자는 표면 장력이라 불리는 얇은 막을 형성하면서 이웃한 물 분자와 더욱 강력한 결합을 보인다. 소금쟁이처럼 연못의 수면에서 살아가는 수많은 동물은 이런 막을 발판 삼아 수면 위를 걸어 다닌다. 반면에 모기 유충 같은 동물은 호흡관을 이용해 수면에 매달린다. 물맴이는 층이 나뉜 눈을 이용해 위쪽과 아래쪽의 수면을 동시에 보면서 물에 반쯤 잠긴 채로 한가운데를 가로질러 간다.

수면 위의 기회주의자

물이 스며들지 않는 물맴이(*Gyrinus* sp.)의 몸은 길이가 5~7밀리미터에 불과하다. 물맴이는 연못의 표면 장력에 적응하지 못해 걸려드는 곤충을 먹이로 살아간다. 뒷다리로 노를 저으면서 쉼 없이 도는 동안 움직임을 감지하는 더듬이와 뛰어난 시력을 이용해 근처에서 바둥거리는 먹잇감의 존재를 알아차린다.

수면의 움직임에 의해 더듬이가 구부러지면 **더듬이의 기저에 있는 감지기가** 감지한다.

물에서 걷기

소금쟁이(*Gerris lacustris*)는 표면 장력으로 지탱이 될 정도로 몸이 가벼울 뿐만 아니라 긴 다리 끝에 물이 스며들지 않는 털이 달린 덕분에 발이 물에 젖지 않는다. 앞발에는 먹이가 움직이면서 수면의 막에 생긴 잔물결을 알아차리는 감지기가 있다.

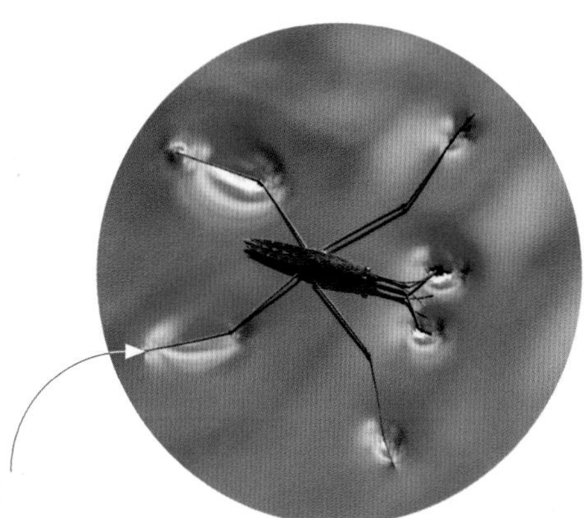

물이 스며들지 않는 발 때문에 수면이 움푹하게 들어간다.

수면에서 살아가는 생명체

연못의 수면에서 살아가는 생명체는 부력으로 떠 있거나 소금쟁이처럼 수면에 형성된 막 위에 서 있을 수 있다. 이 생명체들은 수표 생물 군집을 형성한다. 물맴이와 모기 유충은 각각 날개 덮개 밑에 있는 공기와 공기가 채워진 호흡관(수관부) 덕분에 물 위에 뜬 채 수면에 형성된 막을 밀어내면서도 여전히 달라붙어 있다. 수많은 미생물은 몸에 있는 기름에 의지해 물에 뜬다.

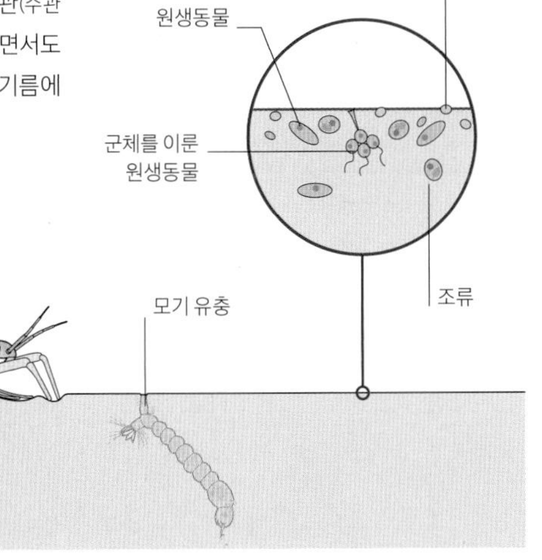

수표 생물에 속한 눈에 보이는 동물

민물 곤충인 송장헤엄치개의 영어 이름(backswimmer)은 수면 아래쪽에 거꾸로 매달린 채 수면에 형성된 막을 발판 삼아 떠 있는 습성 때문에 붙은 이름이다. 송장헤엄치개는 이런 자세로 숨어서 물로 떨어지는 먹이를 낚아챌 기회를 호시탐탐 엿본다. 노 구실을 하는 1쌍의 긴 다리를 이용해 깊은 물속에서는 더욱 적극적으로 사냥에 나선다. 최대 몸길이가 14밀리미터에 이르는 송장헤엄치개(*Notonecta glauca*)는 곤충, 올챙이, 작은

집중 조명 송장헤엄치개

물고기를 잡아먹는다. 다른 노린재류(48쪽 참조)와 마찬가지로 체액을 빨아먹기 전에 날카로운 구기를 이용해 먹이를 마비시키는 독을 주입한다.

이들은 많은 시간을 물 밑에서 보내면서도 공기 호흡을 한다. 이따금 물 밖으로 나오는 것은 산소를 공급한다거나 새로운 사냥터를 물색하기 위한 잠깐의 비행을 위해서다. 다시 잠수할 준비가 되면 털이 곤두선 몸과 날개 밑에 기포층을 가둬 물 밑에서 100일 이상 버틸 수 있는 산소를 확보한다. 기포는 산소 공급 외에도 이들에게 상당한 부력을 제공한다. 그러나 수면 위로 떠다니지 않으려면 연못 바닥에 가까운 식물에 매달려야 한다.

송장헤엄치개는 대개 시력과 수면에 나타난 파문을 통해 먹이를 찾아낸다. 겹눈은 매우 크고 물과 공기 중에서 모두 이미지를 만들어 낼 수 있을 뿐만 아니라 밤낮에 상관없이 제 기능을 한다. 어두운 배와 옅은 등은 수면 바로 아래에 숨은 채 거꾸로 매달려 있을 때 위아래 어느 쪽에서든 눈에 띄지 않게 해 준다.

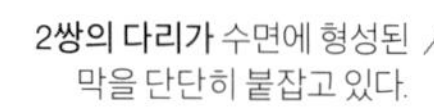
2쌍의 다리가 수면에 형성된 막을 단단히 붙잡고 있다.

민물의 포식자

물에 내려앉았다가 몸이 흠뻑 젖어 날아오르지 못한 파리 한 마리가 송장헤엄치개에게 잡혔다. 사냥꾼은 앞다리 끝을 이용해 수면에 생긴 파문을 감지하며, 그런 파문이 발버둥 치는 먹잇감으로부터 나온 것인지 아니면 다른 수생 곤충이 만들어 낸 것인지까지도 구별해 낼 수 있다.

고정된 발

거미의 몸에 붙은 강모(털)는 외골격 아래의 털을 만드는 세포에서 자란다. 거미 발에 붙은 강모마다 미세강모로 불리는 수백 개의 미세한 섬유로 갈라진다. 주걱처럼 넓게 퍼진 미세강모의 끝은 약한 반데르발스 힘에 의해 표면에 달라붙는다. 이는 정전기에 의해 풍선이 달라붙는 것과 같은 이치다.

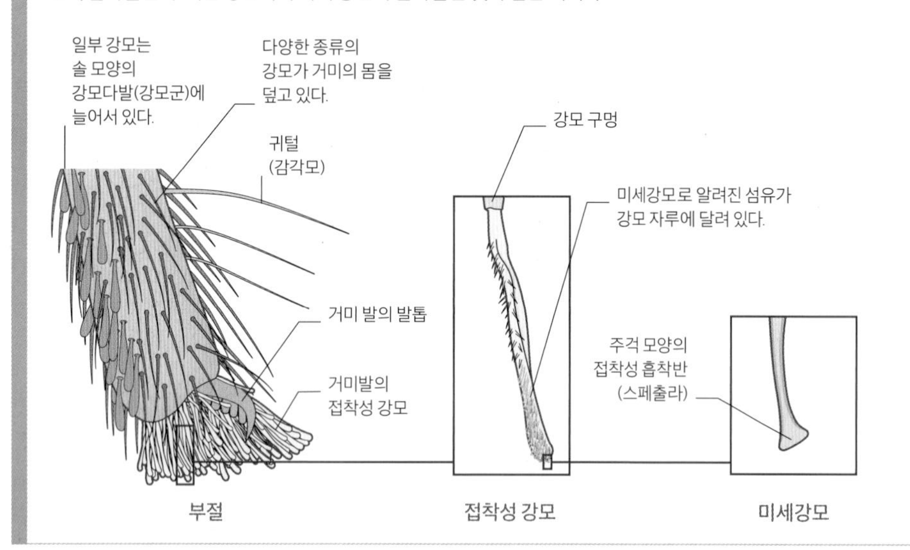

산개미거미
산을 내뿜는 방어술에 부담을 느끼는 수많은 포식자는 개미를 피한다. 2개의 앞다리를 들어 올리고 나머지 6개의 다리로 뛸 수 있는 이 거미는 다른 거미보다 확실한 이점을 누린다.

매달리는 발

미시 세계에 작용하는 자연의 힘은 큰 동물에게는 불가능한 재주를 작은 동물이 부릴 수 있음을 의미한다. 거미류와 곤충류는 반데르발스 힘(vans der Waals forces)으로 불리며 발과 표면 사이에 생기는 약한 정전기적 인력 덕분에 매끄러운 표면 위를 기어 다닐 수 있다. 이런 힘만으로는 약하지만, 거미 발의 특별한 적응력이 보태지면 몇 배가 넘는 힘이 발생한다. 거미는 발마다 솔처럼 털이 나 있고 각각의 털은 끝이 미세한 더 작은 섬유로 쪼개져 있어서 표면에 달라붙을 수 있다. 8개의 다리를 이용하는 것처럼 보여도 실제로 거미는 수백 개에 이르는 부착점의 도움을 받는다. 거미의 몸무게를 지탱하기에 충분해서 수직으로 된 벽도 타고 오를 수 있게 해 준다.

다용도로 쓰이는 발
산개미거미(*Myrmarachne formicaria*)의 발에는 갈고리와 털이 복잡하게 늘어서 있다. 일부의 털은 촉각 정보를 수집하고 공기의 움직임까지도 감지한다. 솜털 같은 끝부분의 흡착반 덕분에 풀이 많은 기슭의 서식지에서 경사면에 매달린 채 살아갈 수 있다. 주사형 전자 현미경, 1000배율.

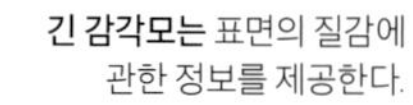
긴 감각모는 표면의 질감에 관한 정보를 제공한다.

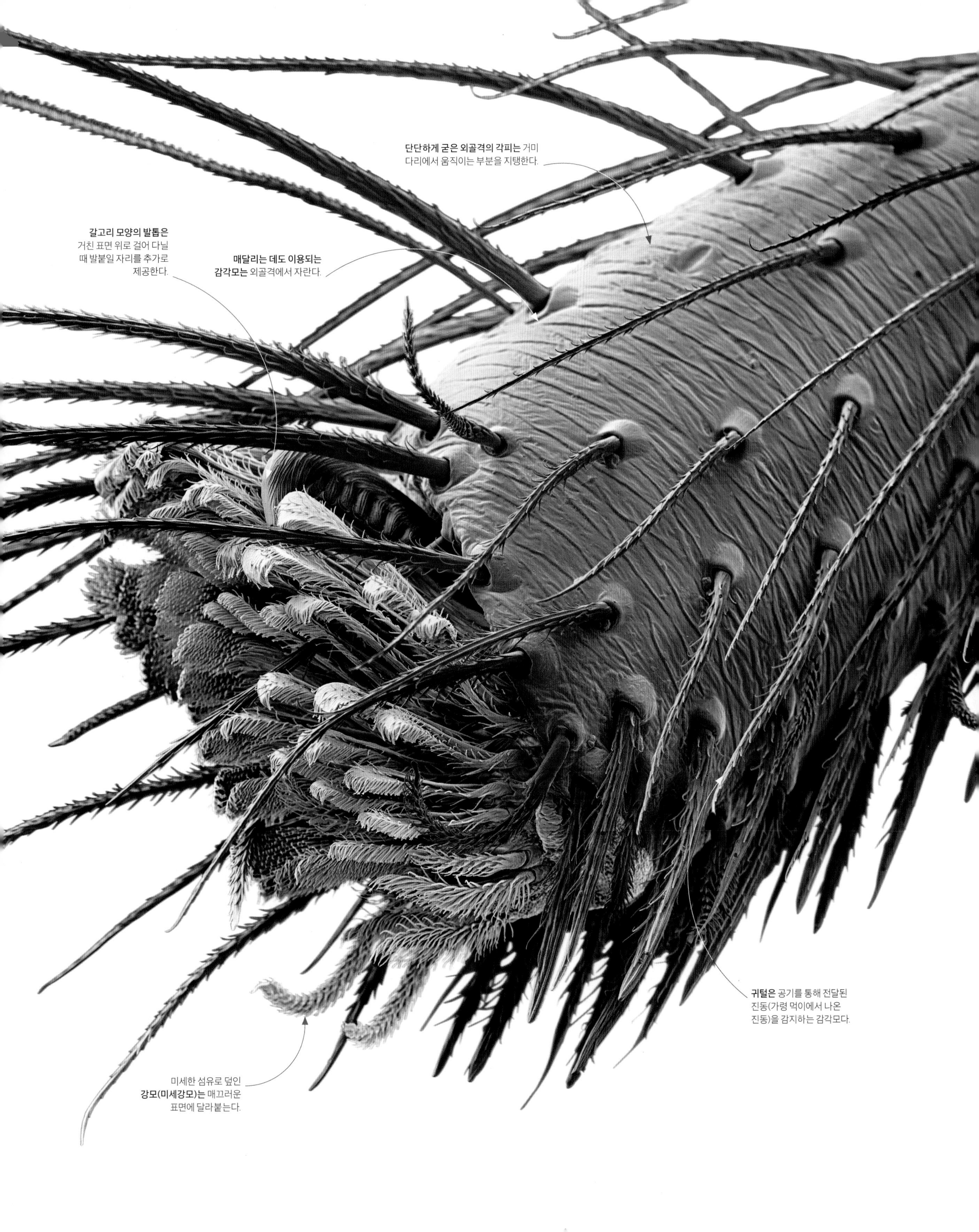

단단하게 굳은 외골격의 각피는 거미 다리에서 움직이는 부분을 지탱한다.
갈고리 모양의 발톱은 거친 표면 위로 걸어 다닐 때 발붙일 자리를 추가로 제공한다.
매달리는 데도 이용되는 감각모는 외골격에서 자란다.
귀털은 공기를 통해 전달된 진동(가령 먹이에서 나온 진동)을 감지하는 감각모다.
미세한 섬유로 덮인 **강모(미세강모)는** 매끄러운 표면에 달라붙는다.

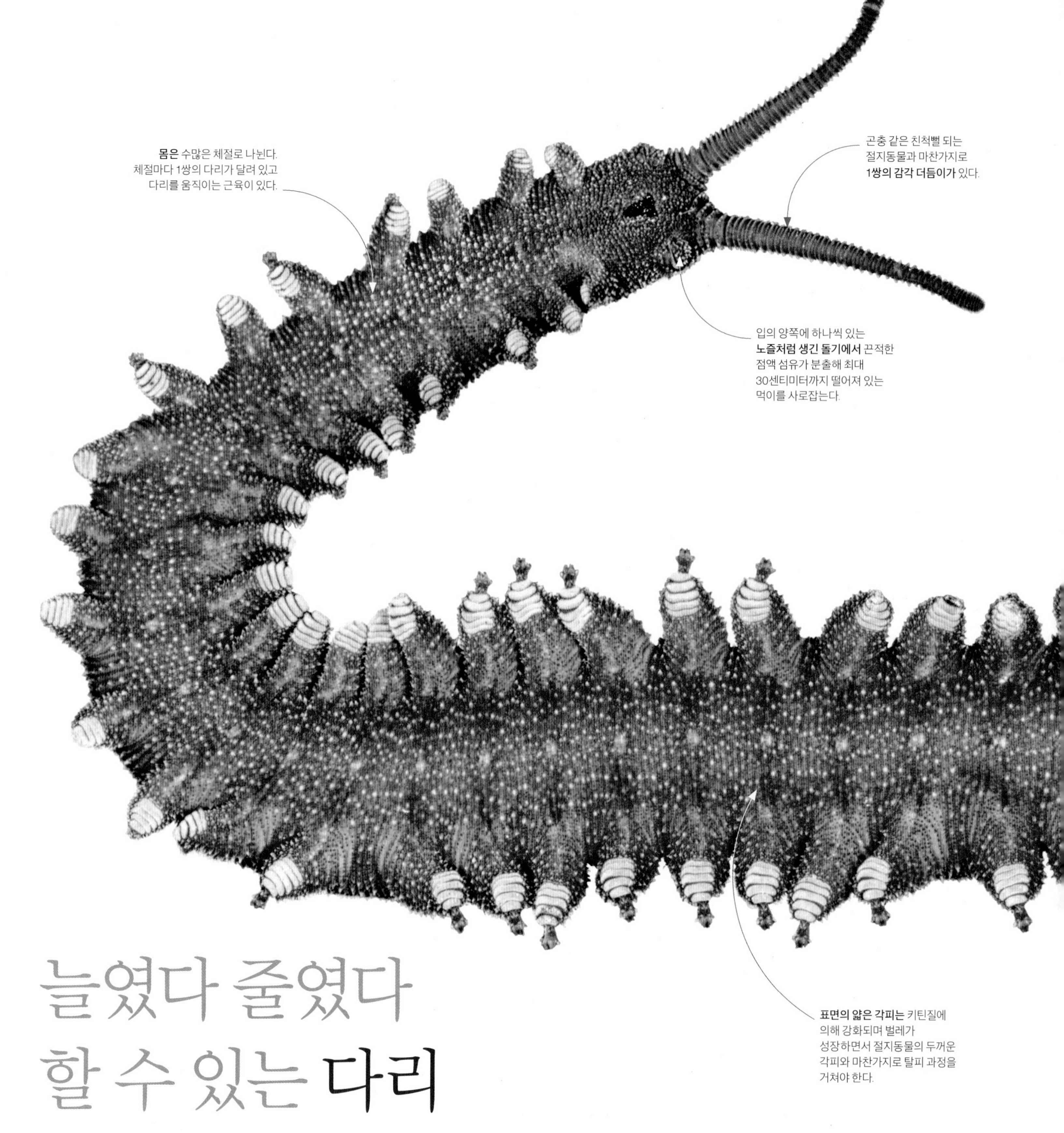

늘였다 줄였다 할 수 있는 다리

5억 년 이전에 진화한 최초의 동물에게는 다리가 없었고, 벌레 같은 그들의 자손은 현재도 여전히 꿈틀거리며 배로 기어 다닌다. 그러나 다리는 이동을 더욱 쉽게 만들어 준다. 오늘날의 우단벌레와 비슷하게 다리가 뭉툭한 동물은 갑각류, 거미류, 곤충류처럼 다리가 마디로 이루어진 절지동물의 조상이었을 것이다. 다리를 들어 올리면 몸의 마찰력이 줄어들면서 배 전체가 아닌 발을 이용해 바닥을 밀어내는 데 근력을 집중할 수 있다. 우단벌레에게는 진짜 절지동물처럼 단단한 방호 기관이 없고 말랑한 다리는 내부 체액의 압력으로 지탱되며 망원경처럼 다리를 뻗었다가 오므리면서 기어 다닌다.

2가지 기능을 가진 발
우단벌레의 발은 완충 작용을 하는 최대 6개의 말랑한 흡착반에 의해 보호를 받는다. 그러나 발에는 2개의 갈고리가 달려 있어서 장애물을 기어오르는 데 도움을 준다. 우단벌레가 유조동물(발톱을 가졌다는 의미)이라는 분류군에 속하게 된 특징 가운데 하나이다. 주사형 전자 현미경, 130배율.

낫 모양의 발톱은 매우 단단한 키틴질로 이루어져 있다.

근육 제어

우단벌레의 몸 전체에 분포한 종주근(세로힘살)은 몸을 짧게 수축시킨다. 종주근은 피를 다리 쪽으로 압박해 다리가 바깥쪽으로 펴질 수 있게 만든다. 체강에서 다리 내부까지 분포한 그 밖의 근육은 다리를 잡아당겨 앞뒤로 흔들릴 수 있게 해 준다.

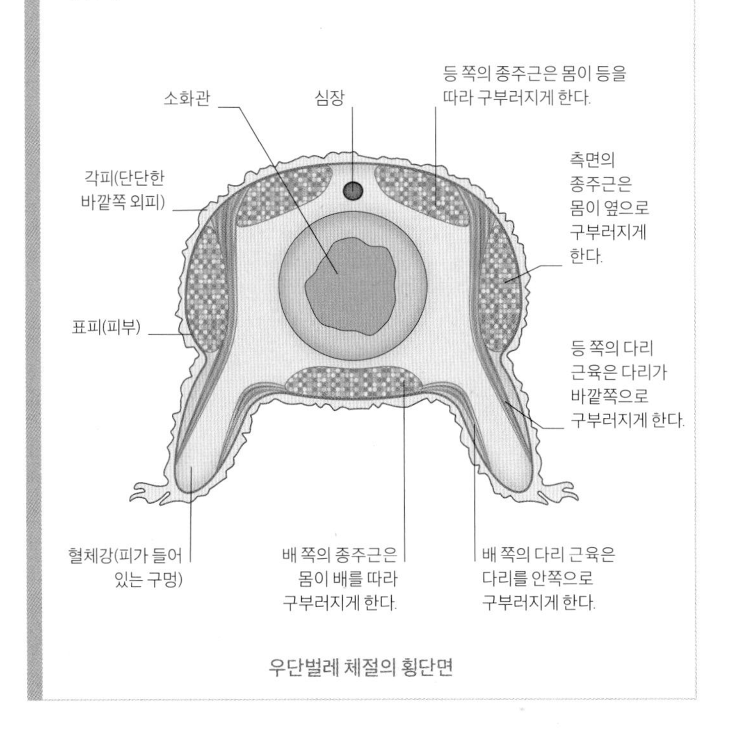

우단벌레 체절의 횡단면

유체골격에서 유체 압력의 견인력에 의해 **움츠러든 다리**

유체골격에서 근육과 유체 압력의 결합에 의해 밖으로 **뻗은 다리**

말랑한 육질의 다리는 근육에 의해 앞뒤로 움직이지만, 절지동물에게서 찾아볼 수 있는 마디는 없다.

유체 역학적 다리

몸길이가 평균 5센티미터인 우단벌레(*Peripatus* sp.)의 말랑한 몸에는 피가 채워진 혈체강이 있어서 몸과 다리를 지탱하는 유체골격처럼 작용한다. 다리 수는 종에 따라 다양하지만, 몸 전체에 서서히 파문을 일으키면서 앞으로 밀고 갈 수 있도록 어떤 우단벌레든 다리가 일사불란한 움직임을 보인다.

마디가 있는 다리

곤충류, 거미류, 갑각류는 마디가 있는 다리를 뜻하는 절지동물이다. 이런 특징은 육지와 물에서 절지동물이 성공적으로 살아갈 수 있는 원동력으로 작용해왔다. 외골격 때문에 단단하지만 구부릴 수 있는 경첩관절이 있어서 다리는 뛰고, 헤엄치고, 바닥을 파고, 돌아다니는 데 필요한 모든 사지 운동에 이용된다. 모든 마디는 내부에서 외골격을 잡아당기는 독특한 길항근에 의해 작동된다. 더욱 복잡한 일단의 근육이 다리를 몸체에 연결하면 마디는 인간의 절구관절(구상관절)처럼 회전할 수 있다.

바닥을 파는 앞다리

무지개소똥구리(*Phaneus vindex*)와 땅강아지(*Gryllotalpa gryllotalpa*)는 굴을 파는 습성이 있다. 그래서 이 곤충들의 앞다리 일부는 삽처럼 납작하다. 소똥구리는 유충이 먹을 쇠똥을 묻기 위해 바닥을 파지만, 땅강아지(159쪽)는 더 영구적인 굴을 만들어 생애 대부분을 땅속에서 보낸다. 실물 크기의 20배로 확대한 다리가 보인다.

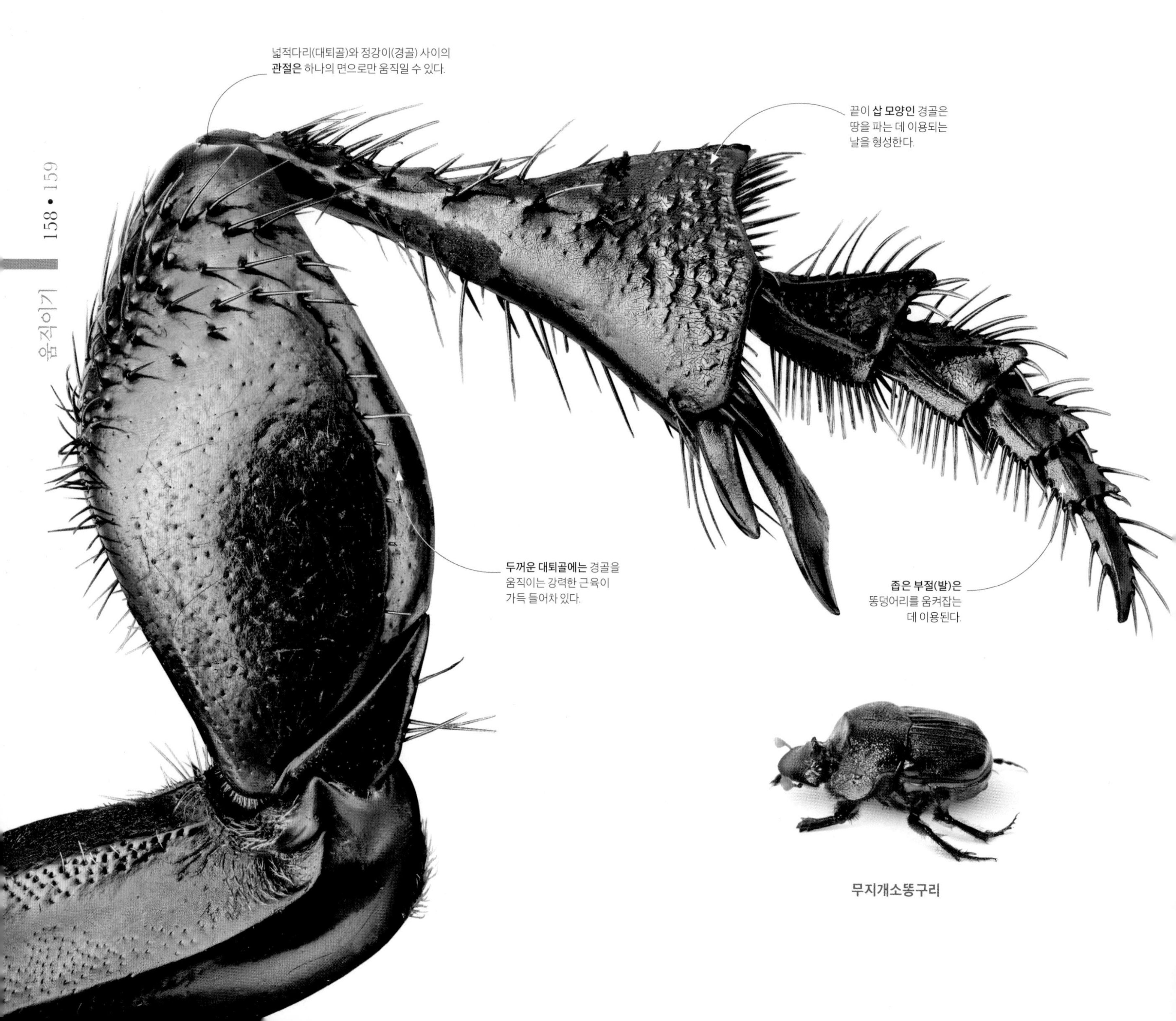

무지개소똥구리

여러 개의 마디

모든 곤충의 다리를 이루는 기본적인 구성 요소는 같다. 다리에는 대퇴골('넓적다리' 또는 윗다리)과 경골('정강이' 또는 아랫다리)을 이어 주는 중심적인 '무릎' 마디가 있다. 다리의 각 부분은 각화가 이루어진 각피의 관으로 이루어져 있으며, 이런 관은 더욱 얇고 유연한 각피에 의해 다른 부분과 연결된다. 근육 끝은 내부돌기에 연결되어 있다. 경첩관절마다 굴근과 신근이 있어서 다리를 구부리거나 펼 수 있다.

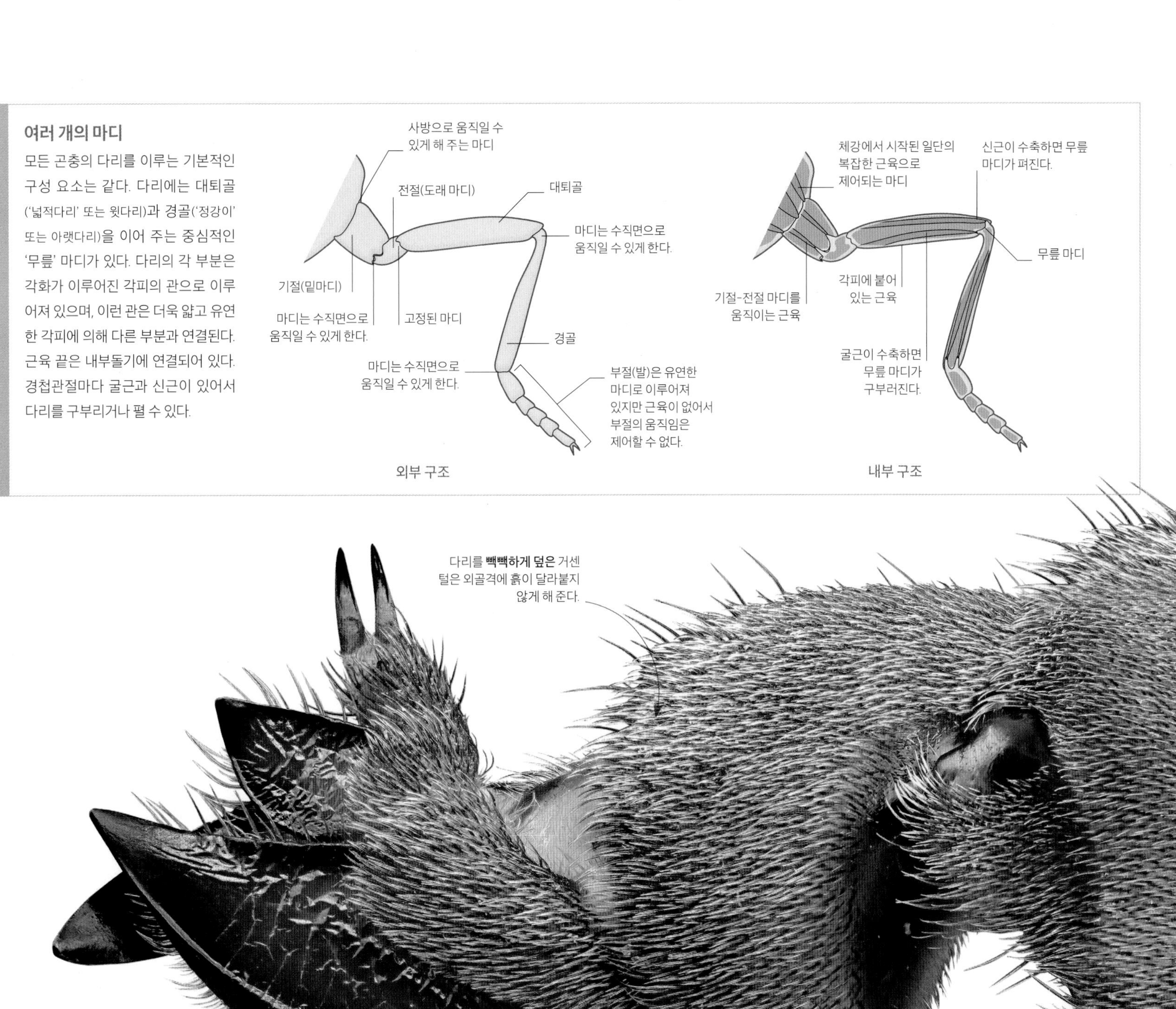

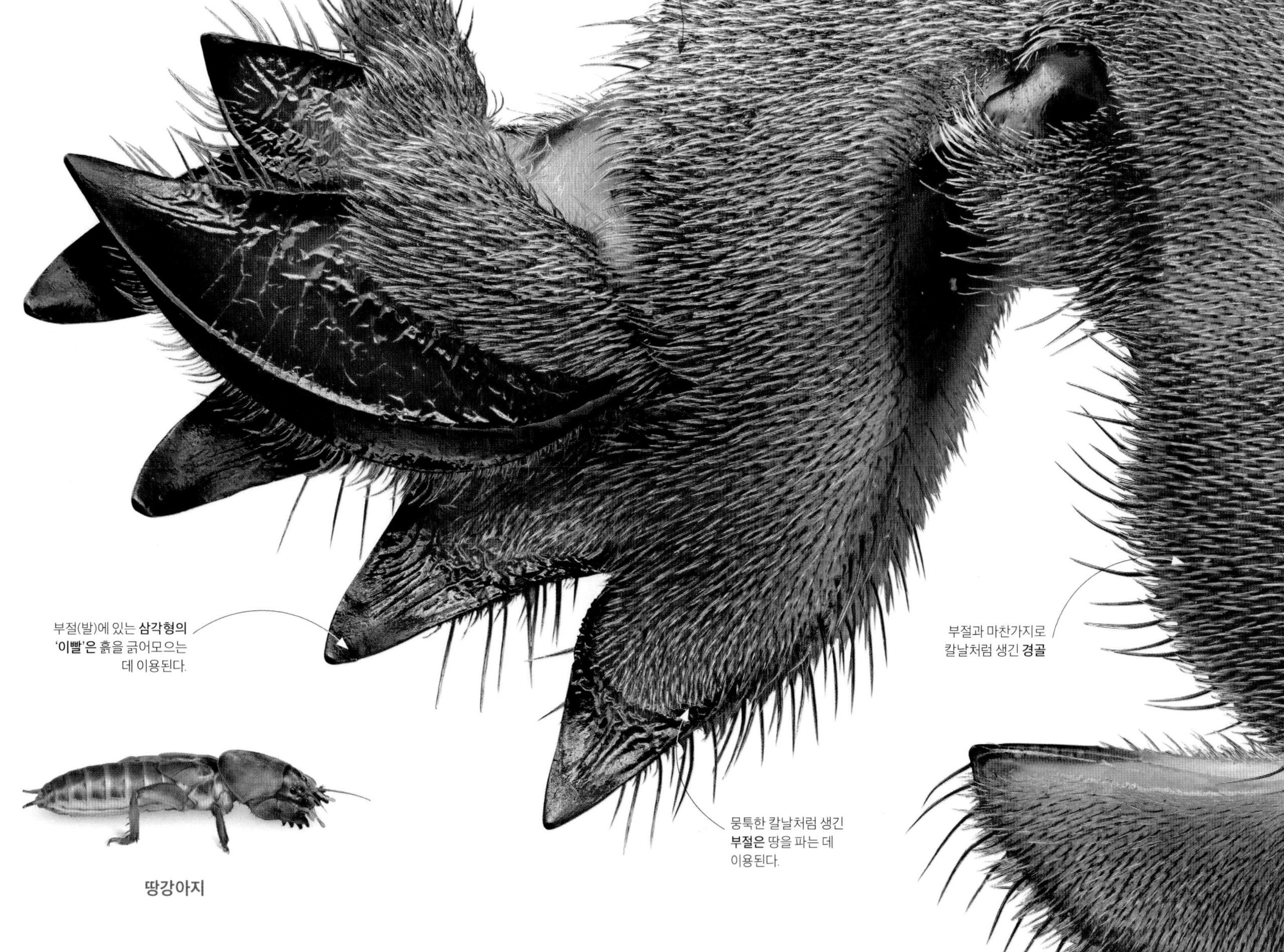

땅강아지

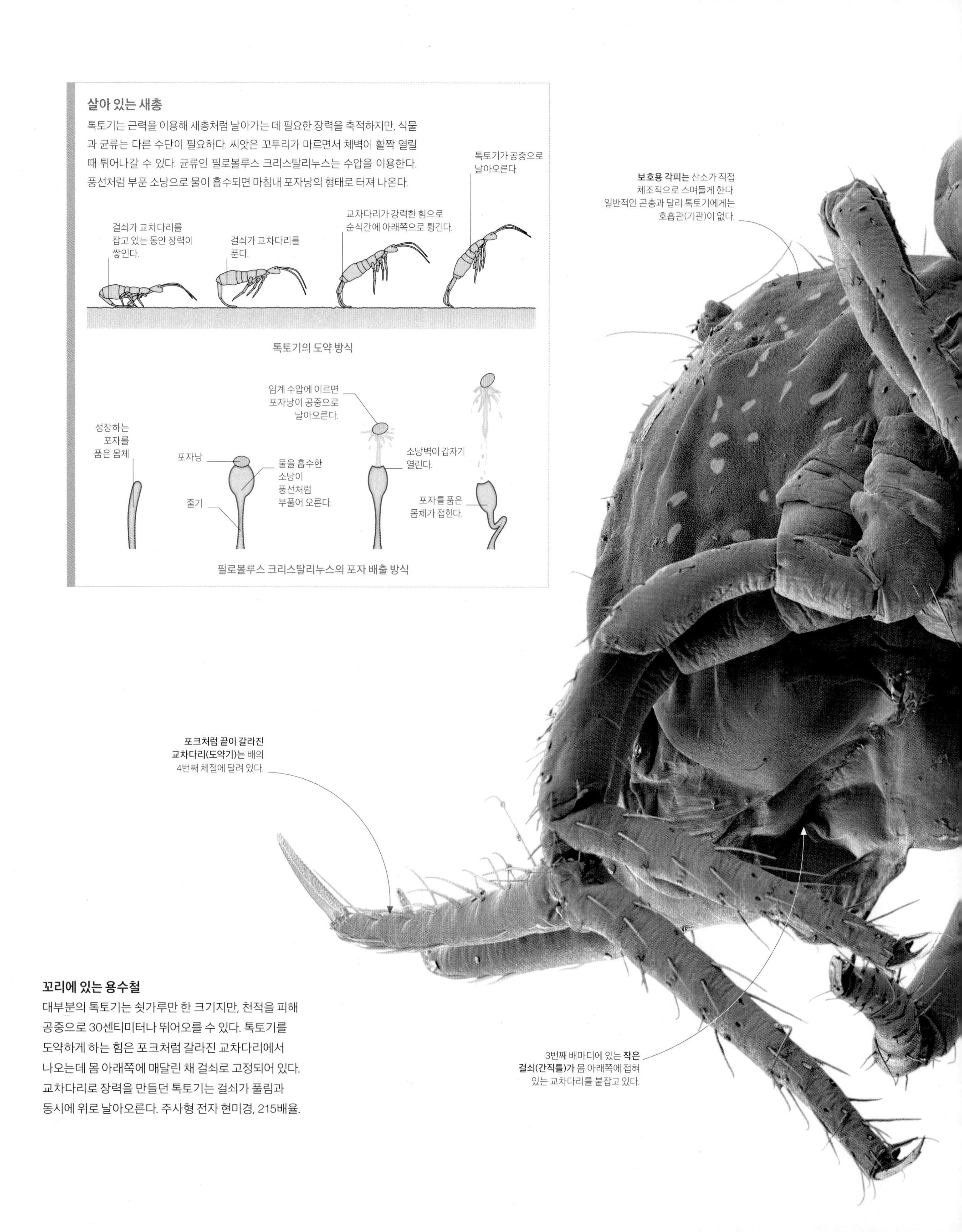

살아 있는 새총

톡토기는 근력을 이용해 새총처럼 날아가는 데 필요한 장력을 축적하지만, 식물과 균류는 다른 수단이 필요하다. 씨앗은 꼬투리가 마르면서 체벽이 활짝 열릴 때 튀어나갈 수 있다. 균류인 필로볼루스 크리스탈리누스는 수압을 이용한다. 풍선처럼 부푼 소낭으로 물이 흡수되면 마침내 포자낭의 형태로 터져 나온다.

톡토기의 도약 방식

필로볼루스 크리스탈리누스의 포자 배출 방식

꼬리에 있는 용수철

대부분의 톡토기는 쇳가루만 한 크기지만, 천적을 피해 공중으로 30센티미터나 뛰어오를 수 있다. 톡토기를 도약하게 하는 힘은 포크처럼 갈라진 교차다리에서 나오는데 몸 아래쪽에 매달린 채 걸쇠로 고정되어 있다. 교차다리로 장력을 만들던 톡토기는 걸쇠가 풀림과 동시에 위로 날아오른다. 주사형 전자 현미경, 215배율.

모자처럼 생긴 포자낭이 포자를 품은 몸체 꼭대기에 자리 잡고 있다.

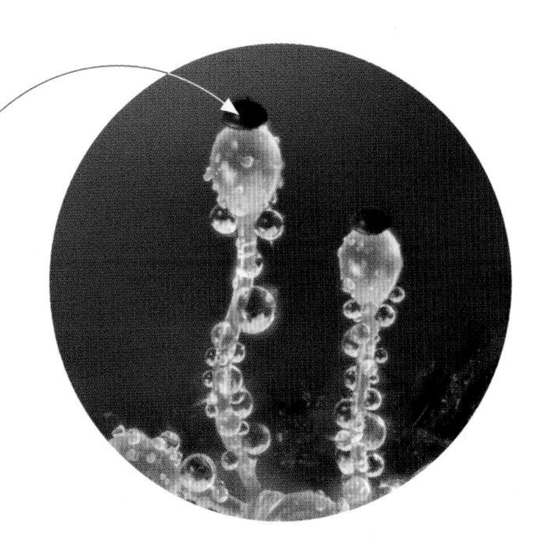

포자 방출기
필로볼루스 크리스탈리누스(*Pilobolus crystallinus*)는 공중으로 쏘아 올리는 방식으로 포자를 퍼뜨린다. 이런 탄도작용은 생물계에서 가장 널리 알려진 가속도 가운데 하나를 달성한다.

더듬이의 길쭉한 끝마디는 촉각과 미각에 이용된다.

새총처럼 날아가기

근력은 날고, 뛰고, 뛰어오르고, 헤엄치는 동물의 놀라운 묘기를 가능하게 해 준다. 그러나 근육에는 한계가 있으며, 자연계에서 가장 빠른 움직임 가운데 일부는 근육 수축이 직접적인 원인은 아니다. 작은 생명체는 간혹 팽팽한 장력을 이용해 에너지를 점차 증가시켰다가 한꺼번에 배출하면서 날아가는 이른바 탄도 효과를 이용하기도 한다. 궁수가 활시위를 당기는 것과 같은 원리다. 이렇게 매우 효과적인 근력의 이용은 생명체를 더 멀리 나아갈 수 있게 해 준다. 톡토기와 벼룩처럼 뛰어오르는 작은 곤충은 이 방법에 의지하며 일부 식물과 균류 역시 이 방식을 활용한다.

위험이 덮치지만 않으면 톡토기에게는 **걷는 다리가** 일반적인 이동 수단이다. 6개의 마디로 된 다리를 갖고 있어서 지금까지 곤충으로 여겨졌으나 날개가 없고 독특한 깃털을 가진 톡토기는 오늘날 별개의 동물군으로 분류될 때가 있다.

방패 모양의 전흉배판이 솟아오른 몸의 앞부분을 덮어 등을 구부린 것처럼 보이게 만든다.
뿔처럼 생긴 긴 돌출부는 가시 많은 식물 사이에 곤충이 숨어 있기 좋게 해 준다.
식물의 즙액을 빨아 먹는 데 이용되는 **날카로운 구기**
길쭉한 대퇴골 부위
뒷다리 **기저 부분에는** 장력을 형성하는 근육이 있어서 도약을 가능하게 해 준다.
경골이 가늘고 길어 도약할 때 다리가 넓은 각도로 흔들릴 수 있다.

몸을 숨기려는 도약

거품벌레와 노래하는 매미의 친척뻘인 뿔매미는 식물의 즙액을 빨아 먹는다. 이들은 위장술에 의존해 새 따위의 천적에게서 재빨리 몸을 피한다. 왼쪽에 보이는 것처럼 실물 크기의 30배로 확대한 뿔 달린 뿔매미(*Leptocentrus taurus*)에게는 새총처럼 작동하는 다리가 있어서 나뭇가지 사이로 도약할 수 있다.

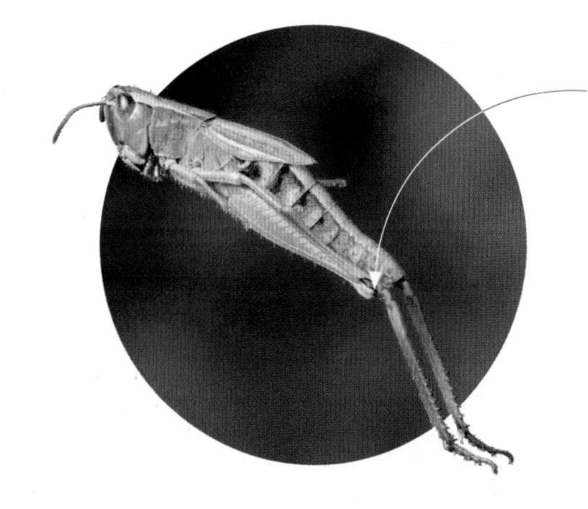

무릎마디가 풀어지면
정강이가 바깥쪽으로 튀면서 곤충을 공중으로 뛰어오르게 만든다.

무릎 쏘아 올리기
초원메뚜기(*Pseudochorthippus parallelus*)의 대퇴근(넓적다리근육)이 수축하면 장력이 생기고 무릎에 있는 클립 같은 구조가 풀어지면서 다리가 펴진다.

다리로 뛰어오르기

어떤 절지동물의 다리는 동물을 공중으로 쏘아 올릴 정도의 힘을 만들어 내도록 특화되어 있다. 이런 다리 근육은 두껍고 수많은 섬유로 들어차 있어서 엄청난 견인력을 만들어 낸다. 긴 다리를 마디 둘레로 멀고도 빨리 회전할 수 있다. 다리가 이런 특징을 모두 갖춘 일부 귀뚜라미는 멀리뛰기의 일인자다. 이보다 다리가 짧은 그 밖의 곤충은 새총처럼 날아가는 방식으로 도약한다. 이들의 강한 근육은 단단히 고정된 마디 주변에 장력을 형성함으로써 작동하며, 장력이 풀리면 눈 깜짝할 사이에 뛰어오르게 해 준다.

근육의 힘 대 장력의 힘

여치의 두꺼운 '넓적다리(대퇴)' 근육이 수축하면 다리가 즉각적으로 움직인다. 근육이 정강뼈(경골)를 잡아당기면 무릎이 펴지면서 다리가 바깥쪽으로 뻗고 여치의 도약이 이루어진다. 뿔매미의 도약은 몸 근육이 고정된 위치에 있는 다리를 잡아당기면서 시작된다. 근육의 수축은 장력을 형성해 다리가 풀어졌을 때 뿔매미가 앞으로 튀어나갈 수 있다.

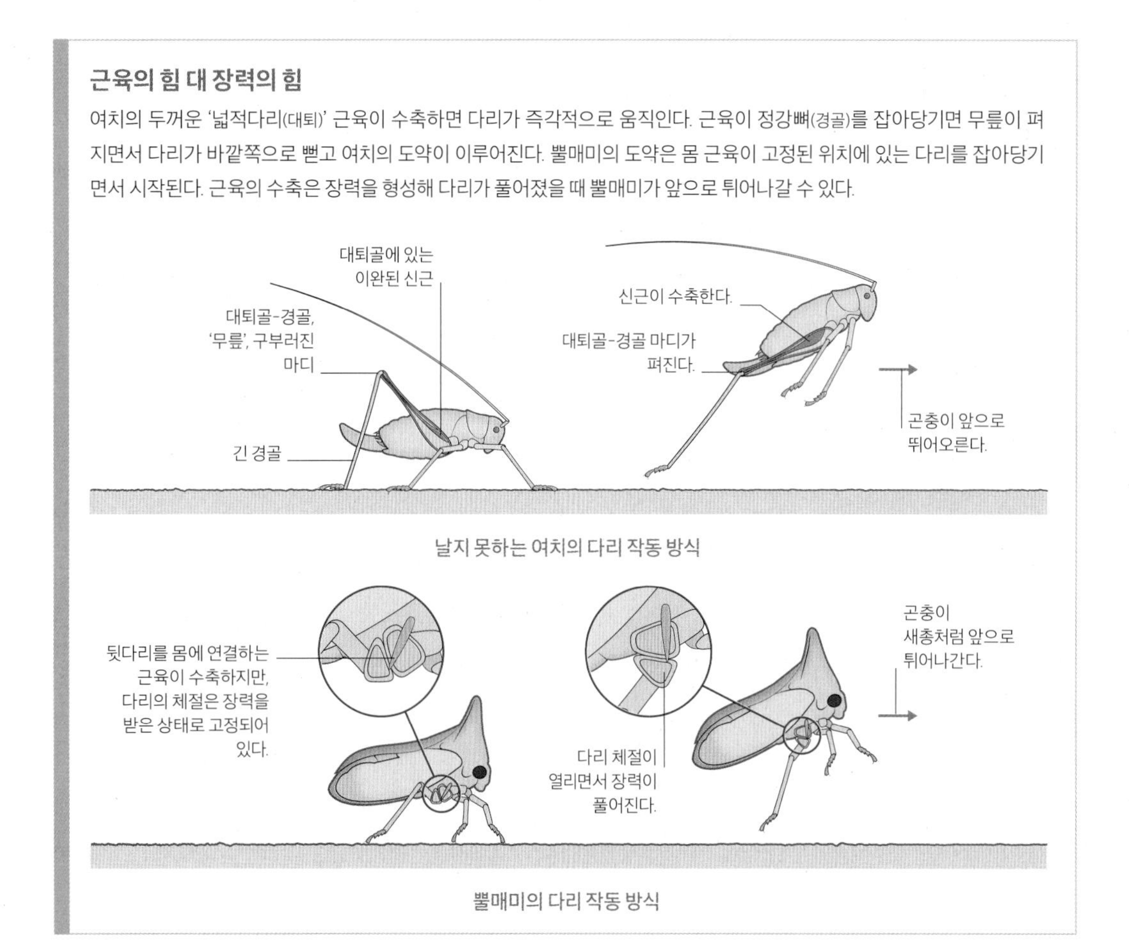

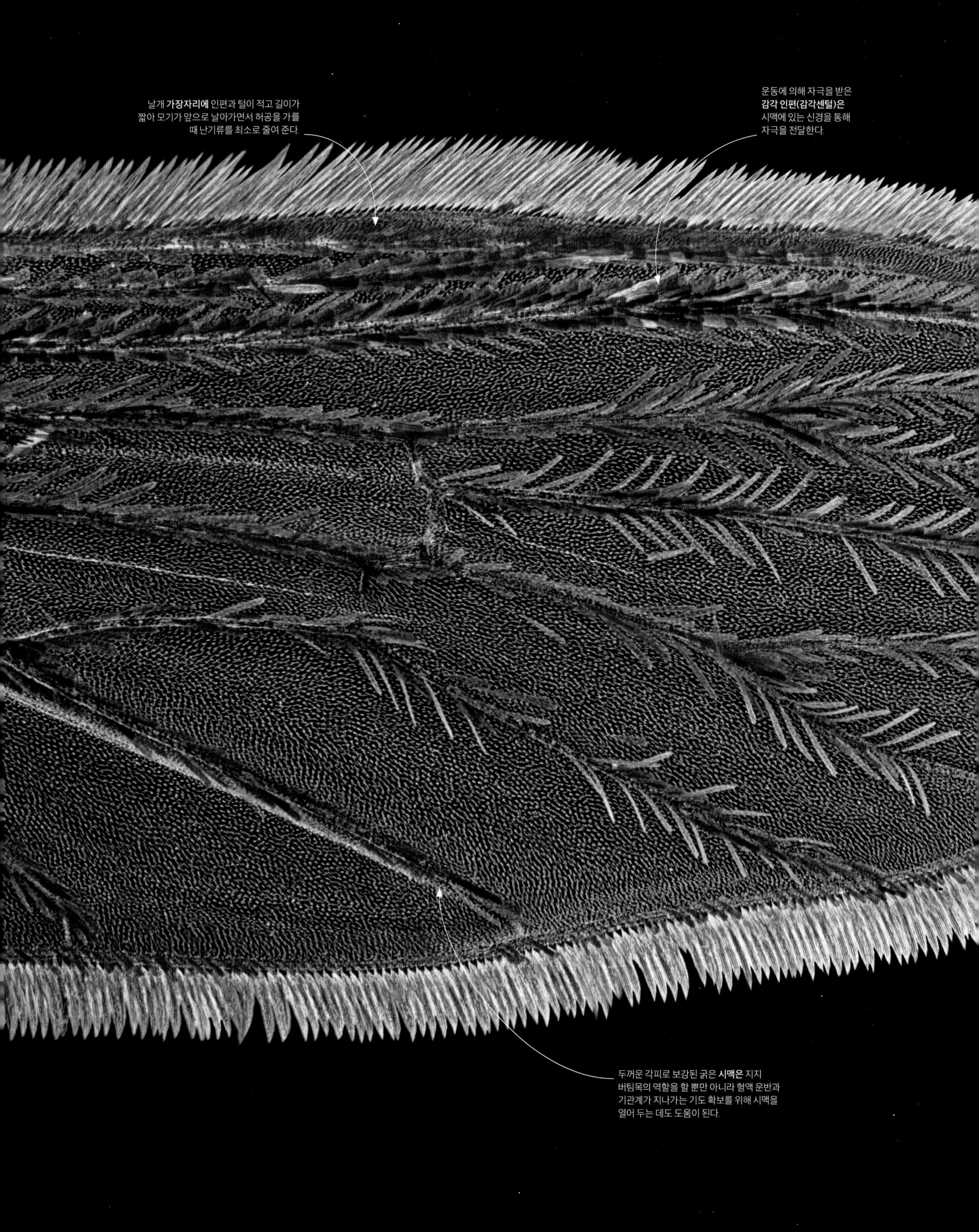

날개 **가장자리에** 인편과 털이 적고 길이가 짧아 모기가 앞으로 날아가면서 허공을 가를 때 난기류를 최소로 줄여 준다.

운동에 의해 자극을 받은 **감각 인편(감각센털)은** 시맥에 있는 신경을 통해 자극을 전달한다.

두꺼운 각피로 보강된 굵은 **시맥은** 지지 버팀목의 역할을 할 뿐만 아니라 혈액 운반과 기관계가 지나가는 기도 확보를 위해 시맥을 열어 두는 데도 도움이 된다.

곤충의 날개

곤충은 날 수 있는 유일한 무척추동물이다. 날 수 있는 능력은 곤충이 육지에서 지배적인 생명체로 자리 잡는 데 분명히 한몫했다. 모든 동물종 가운데 90퍼센트 정도는 곤충인 것으로 추산된다. 날아다니는 척추동물(조류와 박쥐류)이 기존의 앞다리를 날개로 개조한 데 비해 곤충은 바깥쪽으로 늘어난 외골격을 필요에 따라 날개로 발전시켰다. 표면의 얇은 각피가 연장된 것에 지나지 않는 각 날개는 상하 2개의 막 사이에 끼어 형태를 유지하는 시맥이 있으며 떠오르는 양력을 최대로 받으면서도 최소의 무게를 유지한다.

작고 뻣뻣한 털(미세모)이 물을 밀어내 날개가 마른 상태를 유지하도록 도움을 줄 수 있다.

상부와 하부 날개막을 덮은 **각피는** 외골격의 나머지를 이루는 것과 같은 단단한 키틴질로 이루어져 있다.

비행막

모기(*Culex* sp.)의 날개는 아주 얇아서 시맥과 날개 가장자리에 듬성듬성 덮여 있는 작은 털과 인편만 아니면 투명한 것처럼 보인다. 감각센털로 불리는 인편은 날개 각피의 움직임과 압력을 감지하는 감각 조직으로 비행에 도움을 주는 정보를 제공한다. 광학 현미경, 200배율.

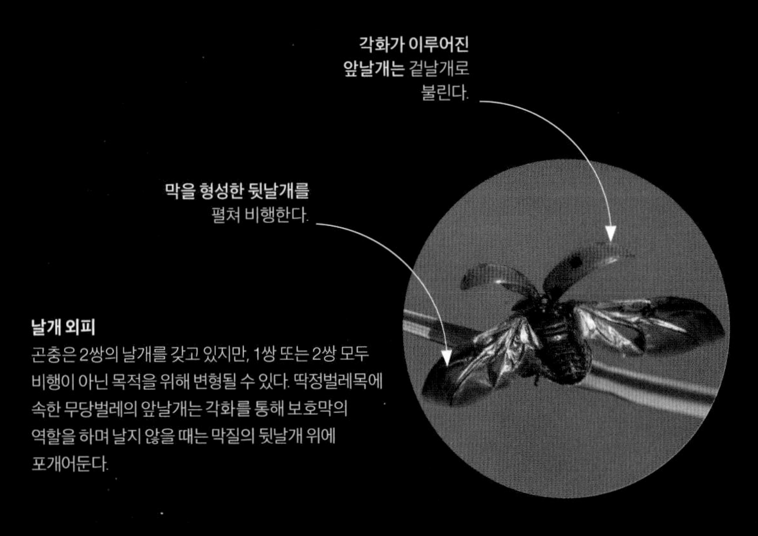

날개 외피

곤충은 2쌍의 날개를 갖고 있지만, 1쌍 또는 2쌍 모두 비행이 아닌 목적을 위해 변형될 수 있다. 딱정벌레목에 속한 무당벌레의 앞날개는 각화를 통해 보호막의 역할을 하며 날지 않을 때는 막질의 뒷날개 위에 포개어둔다.

날개 시맥

곤충의 날개를 이루는 얇은 막은 교차 연결을 통해 가지를 뻗은 단단한 시맥에 의해 지탱된다. 주요 시맥에는 날개조직에 산소를 공급하기 위해 공기가 들어찬 기관과 신경이 들어 있다. 전반적인 시맥의 무늬는 분류군을 식별할 때 중요한 역할을 한다.

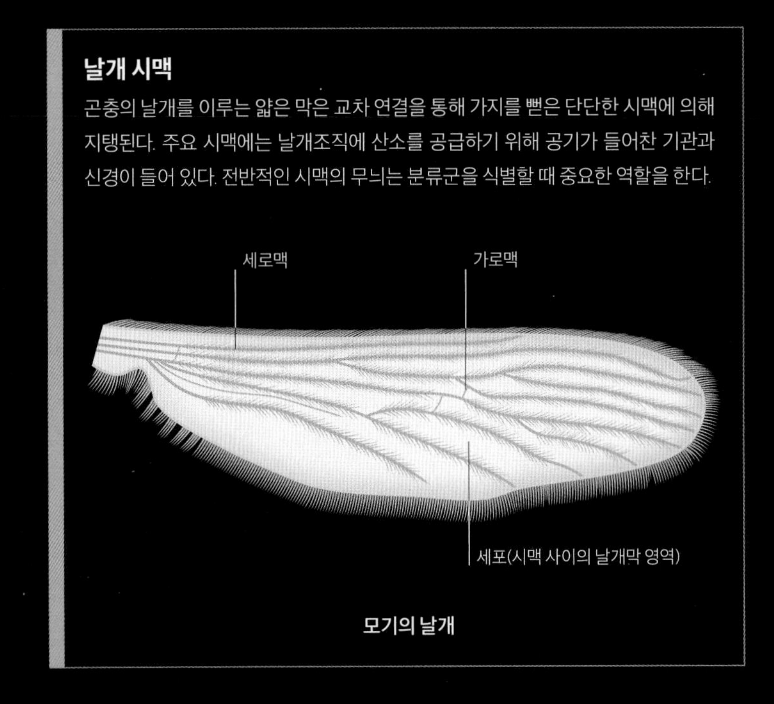

모기의 날개

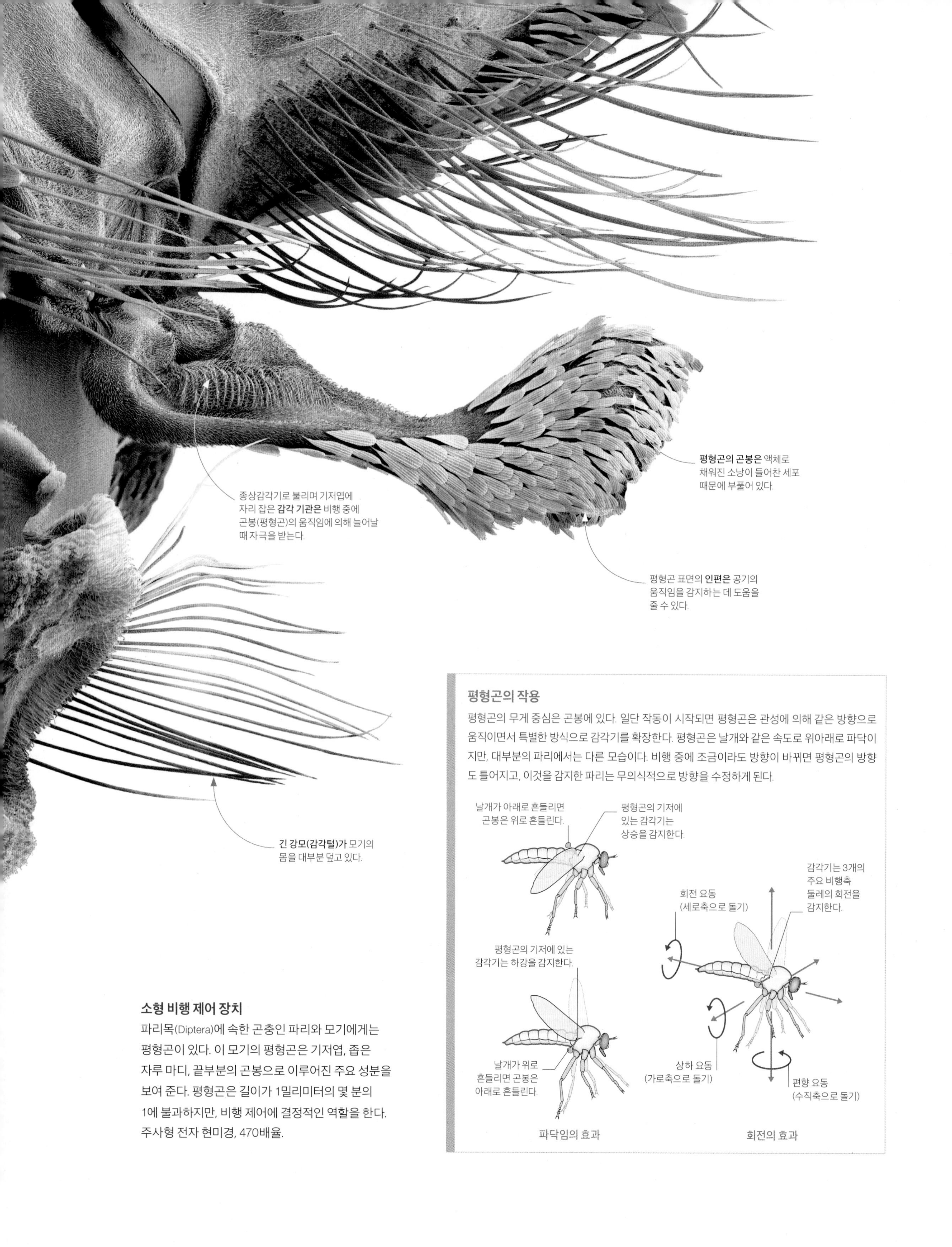

소형 비행 제어 장치

파리목(Diptera)에 속한 곤충인 파리와 모기에게는 평형곤이 있다. 이 모기의 평형곤은 기저엽, 좁은 자루 마디, 끝부분의 곤봉으로 이루어진 주요 성분을 보여 준다. 평형곤은 길이가 1밀리미터의 몇 분의 1에 불과하지만, 비행 제어에 결정적인 역할을 한다. 주사형 전자 현미경, 470배율.

평형곤의 작용

평형곤의 무게 중심은 곤봉에 있다. 일단 작동이 시작되면 평형곤은 관성에 의해 같은 방향으로 움직이면서 특별한 방식으로 감각기를 확장한다. 평형곤은 날개와 같은 속도로 위아래로 파닥이지만, 대부분의 파리에서는 다른 모습이다. 비행 중에 조금이라도 방향이 바뀌면 평형곤의 방향도 틀어지고, 이것을 감지한 파리는 무의식적으로 방향을 수정하게 된다.

안정적인 비행

비행에는 강한 근육과 파닥거리는 날개 이상의 것이 필요하다. 가령 공중에서 자세를 정교하게 조정할 필요도 있다. 비행 능력에서라면 타의 추종을 불허하는 파리는 전진이든 후진이든 완벽하게 일직선으로 날아가고 천적을 피해 전광석화 같은 움직임을 보일 수 있다. 파리의 비행 기술은 특별한 비행 장비, 즉 기존에 있던 1쌍의 날개(앞날개)와 평형곤으로 불리는 작은 곤봉으로 개조된 다른 1쌍의 날개(뒷날개)에서 비롯된 것이다. 자루 마디에 붙은 평형곤은 어느 방향으로든 회전할 수 있다. 평형곤은 진짜 날개처럼 위아래로 파닥이지만, 파리가 몸을 비틀거나 돌리더라도 여전히 회전할 수 있다. 이 모든 움직임은 평형곤의 기저에 있는 감각세포를 길게 늘여 신경 자극을 일으킴으로써 파리가 비행 경로를 자동으로 조정하고 안정시킬 수 있게 한다.

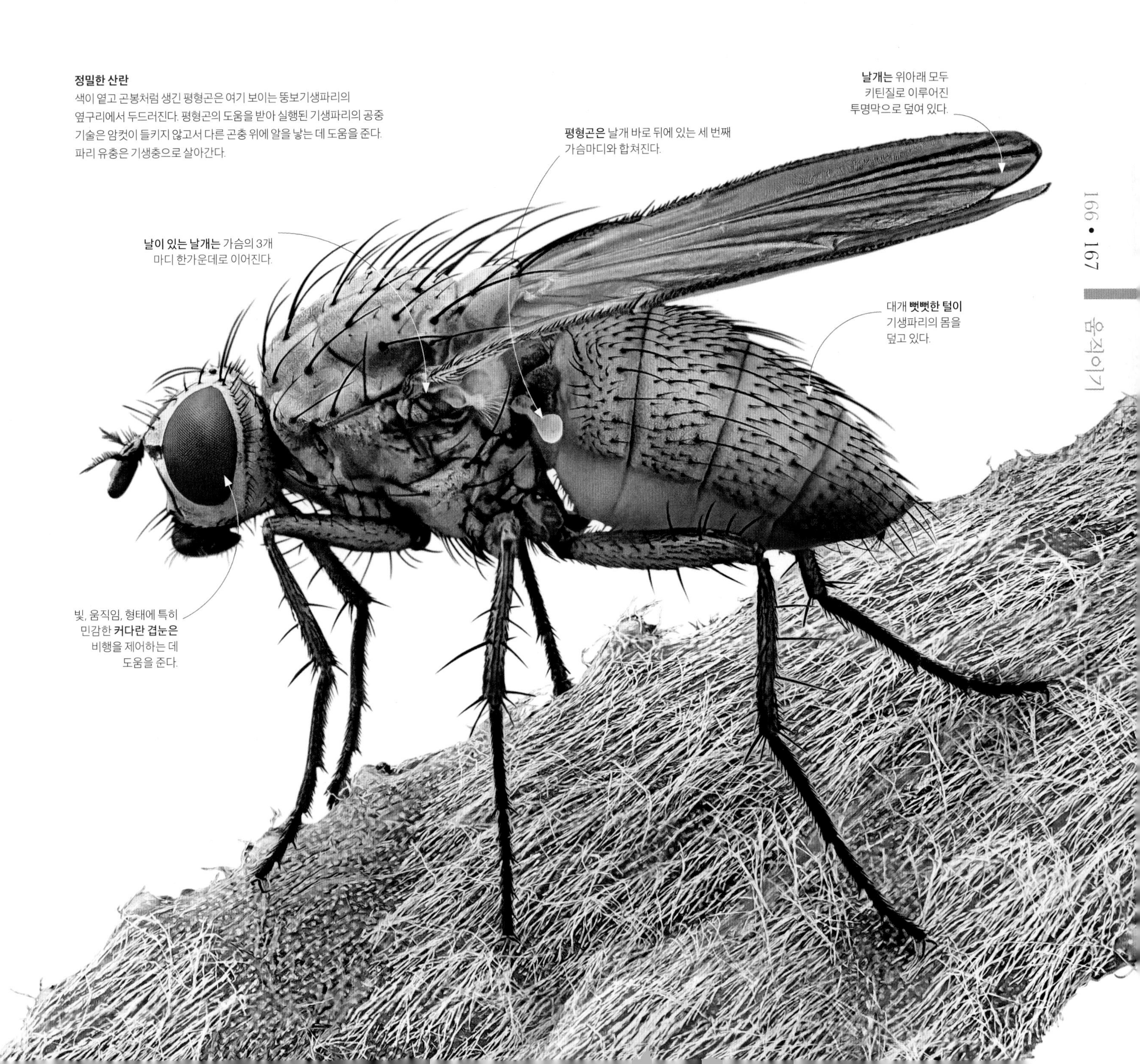

공중이동하는 거미

바람에 날아가는 씨앗

기중 부유 생물
공중에 떠 있는 가장 작은 유기체 일부는 동력 비행을 이용하기보다는 바람을 타고 떠돈다. 확산을 위해 이런 기류를 이용하는 기중 부유 생물에는 미생물, 포자, 꽃가루, 씨앗, 작은 거미류 등이 포함된다. 특히 거미는 거미줄을 공중으로 뽑아내 바람을 탄다.

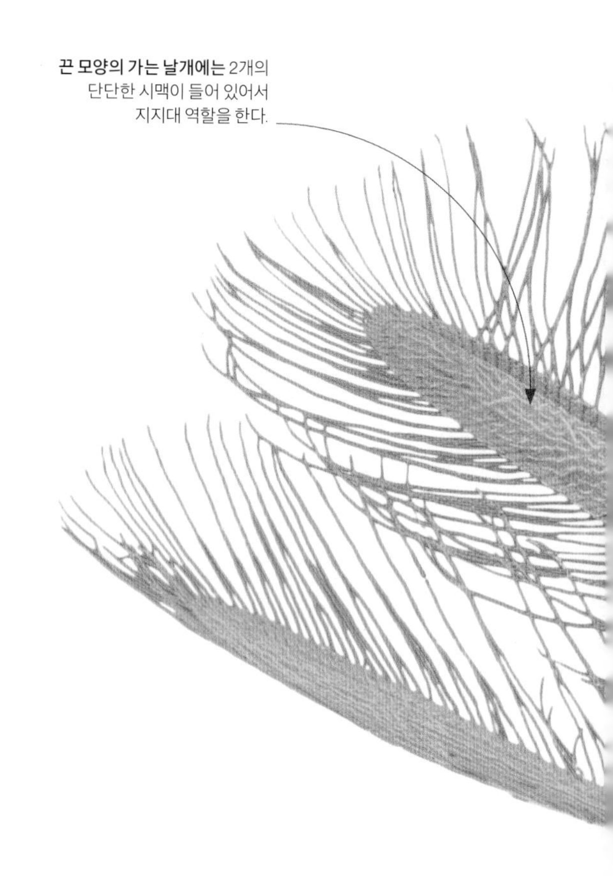

가장 작은 비행사

날아다니는 여느 생명체와 마찬가지로 곤충 역시 2가지 힘(앞으로 미는 추력과 떠 있게 하는 양력) 덕분에 공중에 머물러 있을 수 있다. 미끄러지듯 활공하는 곤충은 거의 없으며, 활공하는 곤충이라도 불과 몇 초 동안만 날개의 파닥임을 멈출 수 있을 뿐이다. 추력과 양력을 얻으려면 날개의 파닥임에 의존해야 하기 때문이다. 강력한 가슴 근육은 놀라운 속도로 날개를 움직여 1초에 수백 차례 파닥이게 만든다. 날개를 파닥일 때마다 공기를 밀쳐내면서 곤충을 앞으로 나가게 한다. 그와 동시에 날개의 파닥임은 날개 위로 공기의 작은 소용돌이를 일으켜 기압이 낮은 지대가 생기면서 양력을 만들어 낸다.

미시 세계에 필요한 날개
이 책에 그려진 붙임표(-)만 한 총채벌레는 그보다 몸집이 큰 파리보다 공기 저항을 훨씬 더 많이 느낀다. 따라서 아주 약한 바람에도 경로에서 벗어날 수 있다. 가장자리에 털이 많은 얇은 날개는 이런 저항을 가르고 나가는 데 도움이 된다. 상승 추력에서 날개가 서로 맞부딪혔다가 떨어져 나가면서 그 사이로 공기가 밀려 들어가 양력을 높여 준다. 주사형 전자 현미경, 130배율.

날개 결합
곤충의 날개는 대개 2쌍이고, 갈고리나 그 밖의 수단을 통해 결합해 있어서 함께 파닥일 수 있다. 함께 파닥이는 날개는 더 나은 추력이나 양력을 만들어 내는 데 필요한 넓은 표면적을 제공한다. 날 수 있는 곤충 가운데는 앞날개나 뒷날개가 다른 용도로 변형되거나 비행과는 관련이 없는 경우도 있다.

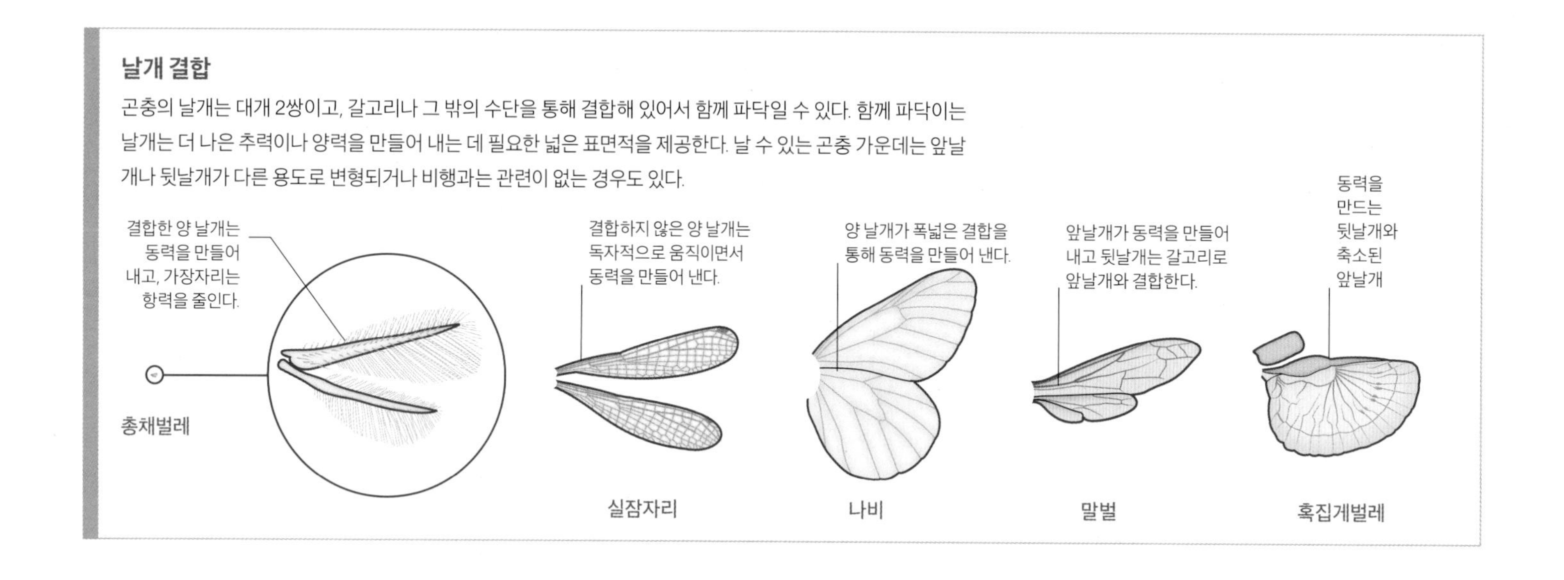

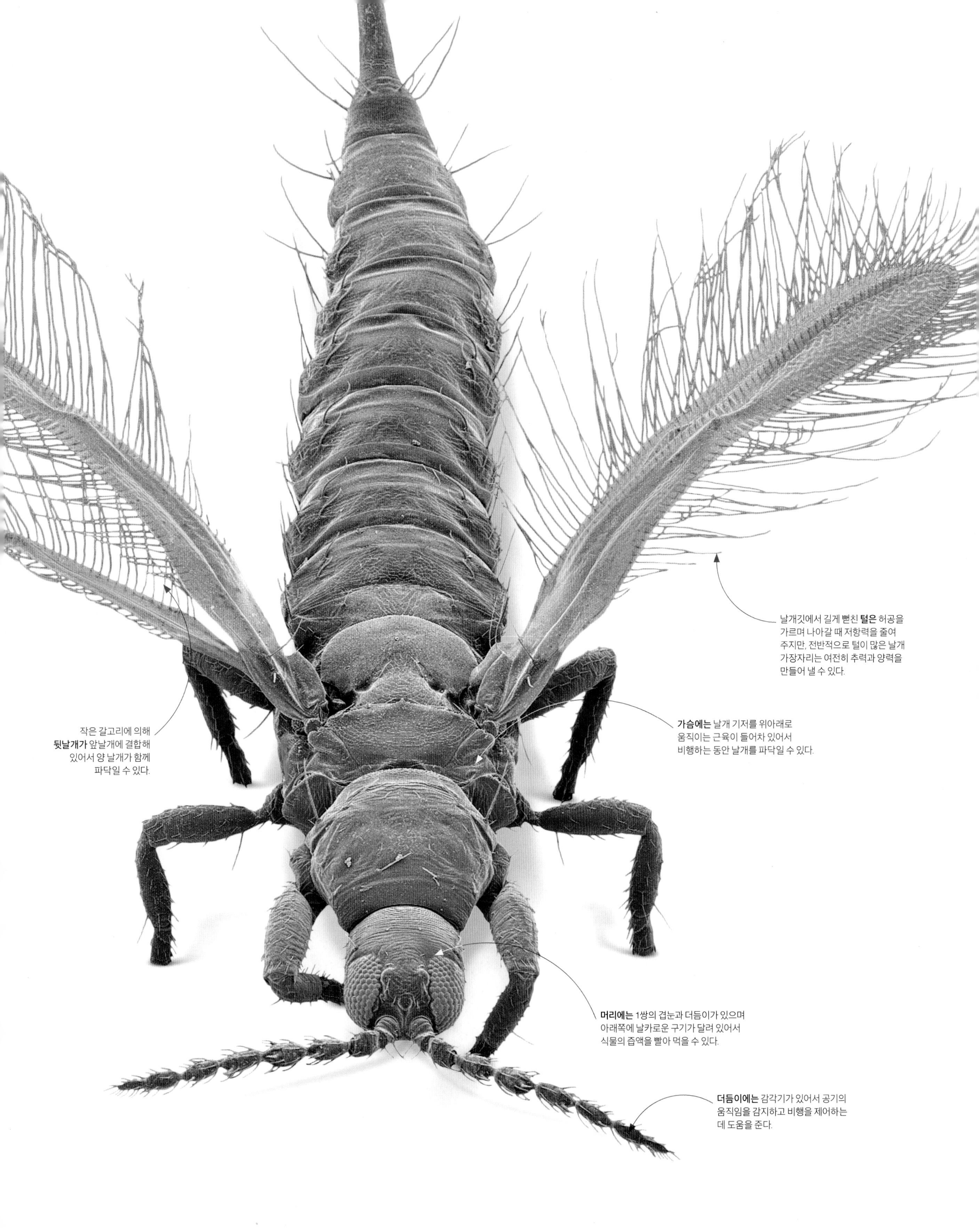
날개깃에서 길게 뻗친 **털은** 허공을
가르며 나아갈 때 저항력을 줄여
주지만, 전반적으로 털이 많은 날개
가장자리는 여전히 추력과 양력을
만들어 낼 수 있다.
작은 갈고리에 의해
뒷날개가 앞날개에 결합해
있어서 양 날개가 함께
파닥일 수 있다.
가슴에는 날개 기저를 위아래로
움직이는 근육이 들어차 있어서
비행하는 동안 날개를 파닥일 수 있다.
머리에는 1쌍의 겹눈과 더듬이가 있으며
아래쪽에 날카로운 구기가 달려 있어서
식물의 즙액을 빨아 먹을 수 있다.
더듬이에는 감각기가 있어서 공기의
움직임을 감지하고 비행을 제어하는
데 도움을 준다.

날개깃의 구조

단단하면서도 매끄러운 날개깃의 중심축에는 양쪽으로 일련의 깃가지가 늘어서 있으며 이는 다시 작고 미세한 깃가지로 갈라진다. 한쪽의 작은 깃가지에는 갈고리가 있는 반면, 다른 쪽의 작은 깃가지에는 홈이 있다. 이 구조 덕분에 인접한 깃가지끼리 갈고리에 걸려 조직에 연결된다.

중심축

갈고리가 있는 작은 깃가지

축에서 뻗어 나온 깃가지

갈고리가 없는 작은 깃가지

갈고리가 있는 작은 깃가지가 갈고리가 없는 작은 깃가지를 고정한다.

깃털의 잠금 장치

날개깃 유형

날개와 꼬리의 단단하고 길쭉한 날개깃은 기체 역학적인 표면을 만들어 양력을 형성하고 새의 비행을 조정한다. 비대칭적인 날개깃이 양력을 형성하는 데 비해 대칭적인 꼬리깃은 약간의 양력을 형성하고 안정적인 비행을 돕는다.

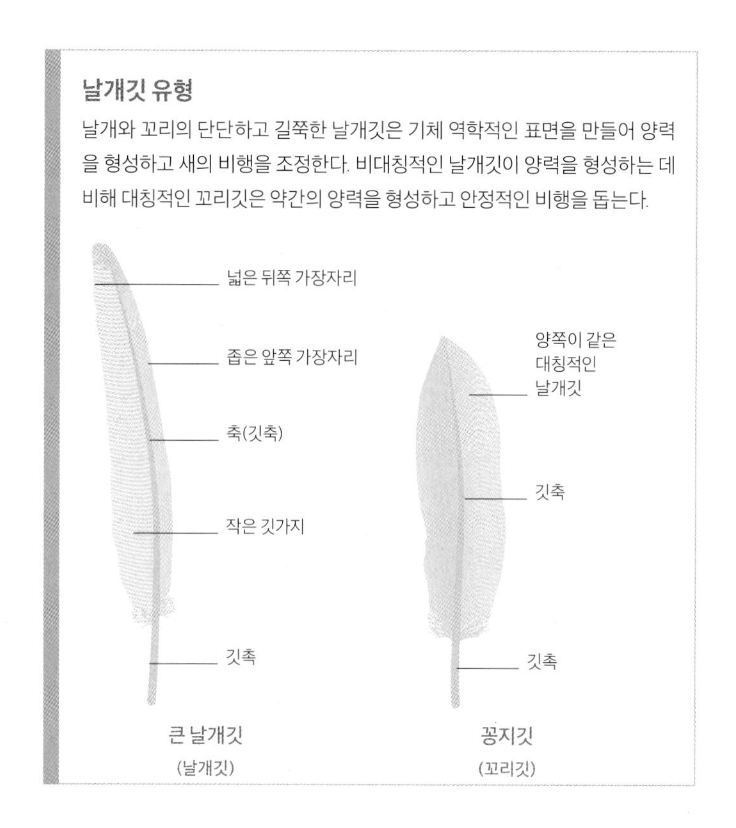

날개깃

깃털은 포유류의 털과 파충류의 비늘에서 찾아볼 수 있는 단백질인 케라틴으로 이루어져 있다. 깃털로 덮여 있던 최초의 동물은 공룡이었으며, 오늘날에도 깃털은 단열재, 위장, 과시, 비행 등의 다양한 용도로 쓰인다. 머리카락과 마찬가지로 피부의 모낭에서 자라지만, 하나의 가닥을 형성하는 대신에 단단한 축(깃축)이 있어서 깃가지로 갈라진 다음 그보다 작은 깃가지로 갈라진다. 솜털이 덮인 깃털이 단열재의 역할을 하고, 날개와 꼬리에 있는 더욱 복잡하고 단단한 구조의 일부는 새의 골격에 직접 붙어 있어 비행을 가능하게 해 준다.

관리가 필요한 깃털
새들은 깃털을 부리로 하나씩 훑어 흙이나 기생충을 제거하고, 작은 깃가지를 다시 연결하고, 꼬리 위의 샘에서 분비된 기름(프린 오일)을 표면에 발라 치장하는 방식으로 깃털을 관리한다.

작은 깃가지는 케라틴 분자가 엮인 층으로 이루어져 있다.

가까이 들여다본 날개깃

제비(*Hirundo rustica*)의 깃털을 찍은 주사형 전자 현미경 사진은 깃날개에서 가장 작은 깃가지를 보여 준다. 일부의 작은 깃가지 끝에는 작은 갈고리로 불리는 돌기가 있어서 갈고리가 없는 인접한 작은 깃가지를 걸어 고정한다. 이런 초소형 결합은 두껍고 단단한 깃축과 더불어 기체 역학적 형태를 갖춘 비행깃을 강하면서도 유연하고 가볍게 만든다. 주사형 전자 현미경, 5000배율.

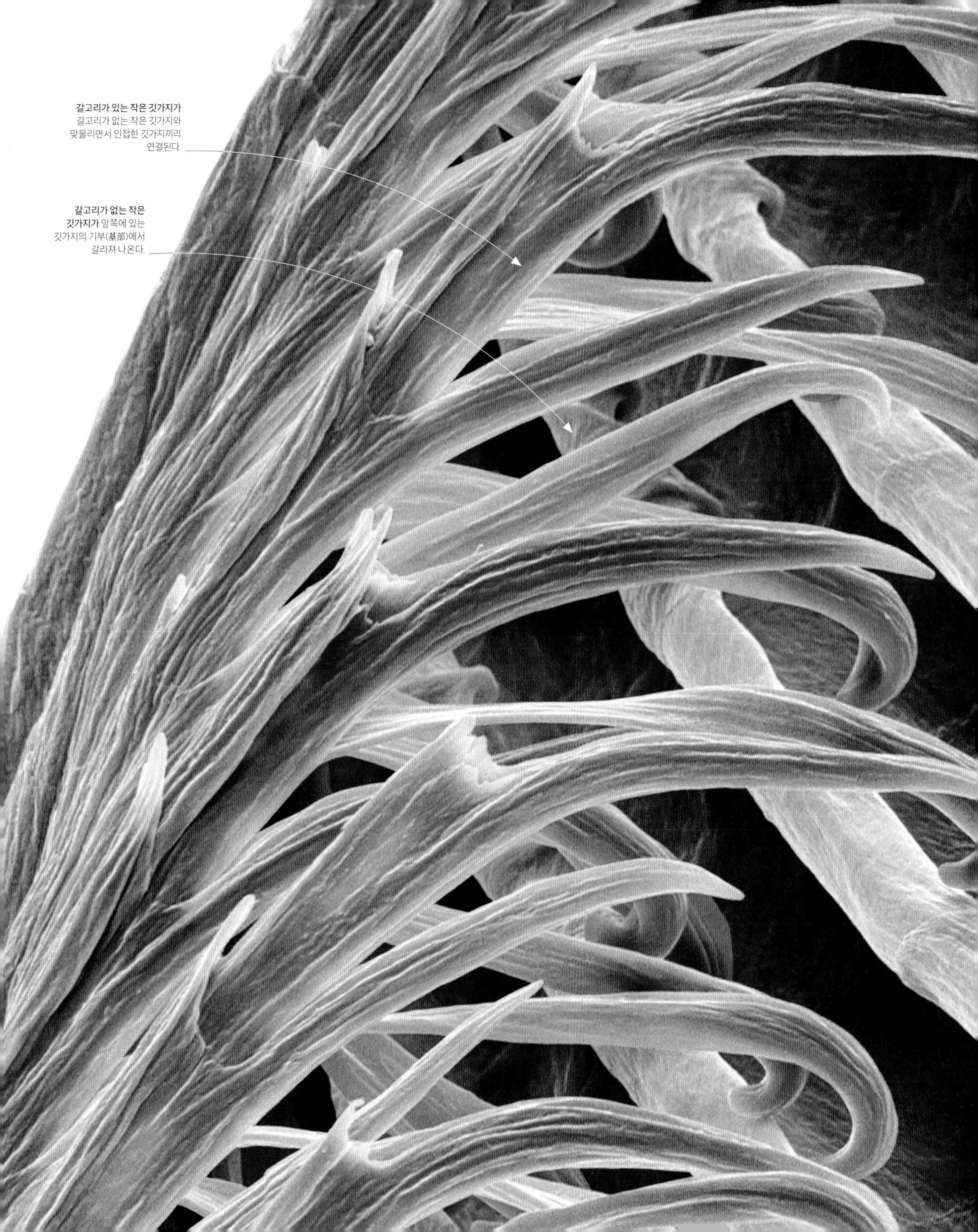
갈고리가 있는 작은 깃가지가 갈고리가 없는 작은 깃가지와 맞물리면서 인접한 깃가지끼리 연결된다.
갈고리가 없는 작은 깃가지가 앞쪽에 있는 깃가지의 기부(基部)에서 갈라져 나온다.

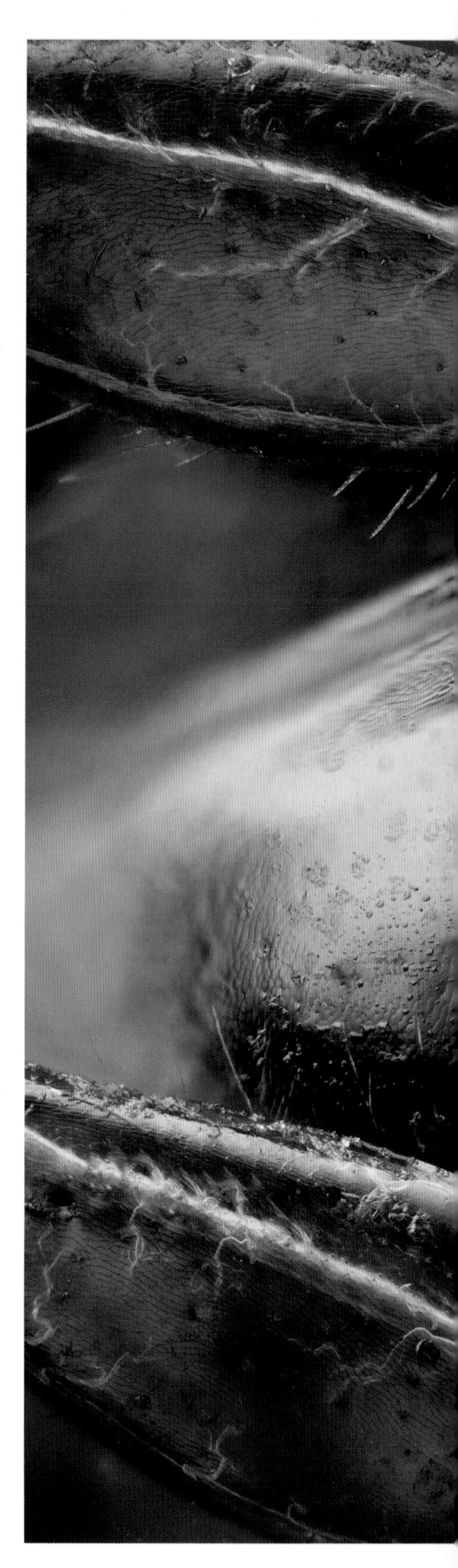

보호낭에 싸인 승객

거북진드기(*Uropoda* sp.)는 쇠똥구리(*Aphodius prodromus*)의 아래쪽에 올라타는 데 더할 나위 없이 적합하다. 납작하게 접힌 다리를 최대한 안으로 밀어 넣은 어린 약충은 보호낭에 싸여 숙주의 몸에 달라붙은 채 이동한다. 쇠똥구리가 자신과 승객 모두의 먹이가 되어 줄 똥 더미에 이르면 번식력을 가진 성체로 성장한 진드기는 숙주의 몸에서 내린다.

진드기가 다리로 매달린 채 날카로운 구기를 이용해 먹이를 먹고 있다.

기생충 승객
진드기 승객이 모두 무해한 것은 아니다. 바로아응애(*Varroa destructor*)는 꿀벌(*Apis mellifera*)에게서 지방을 빨아 먹는다. 이 진드기는 질병을 전파하고 꿀벌 군집을 초토화하는 원인으로 꼽힌다.

무임승차하는 진드기

일상적으로 달리고, 날고, 헤엄치는 동물은 새로운 서식지를 쉽게 개척할 수 있다. 반면 확산력이 부족한 느림보 동물은 종종 무임 승차를 이용하며, 편승으로 불리는 행동 양식이다. 진드기와 전갈붙이 같은 일부 작은 무척추동물은 무임 승차를 전문으로 한다. 거북진드기는 딱정벌레나 개미 따위의 곤충에 달라붙은 채 새로운 장소로 옮겨가며 노폐물에서 자라는 곰팡이를 뜯어 먹기 때문에 대개는 해가 없다. 이들의 존재를 눈치채지 못한 숙주는 다만 살짝 늘어난 무게를 감당하는 불편만 감수할 뿐이다.

무임 승차를 위한 생활 주기

거북진드기는 껍데기 같은 몸 때문에 붙은 이름이다. 수많은 진드기와 마찬가지로 이들 역시 유충에서 성적으로 성숙한 성충에 이르는 일련의 탈피 과정을 경험한다. 일부 종에서는 두 번째 약충(제2 약충) 단계가 무임 승차를 통해 이동하는 기간일 수도 있다.

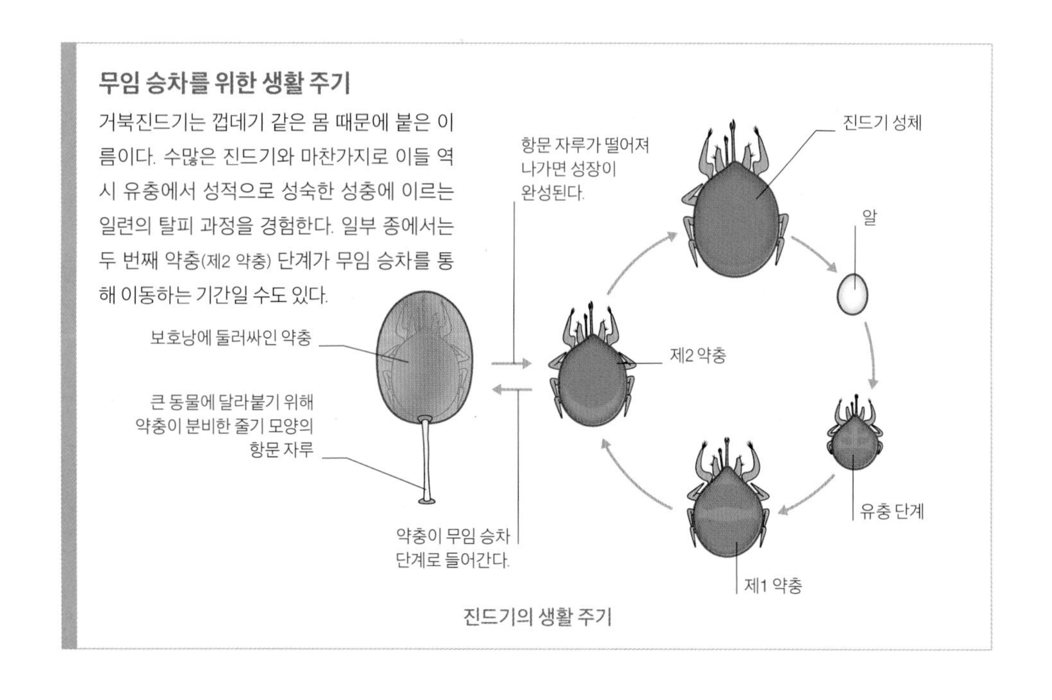

진드기의 생활 주기

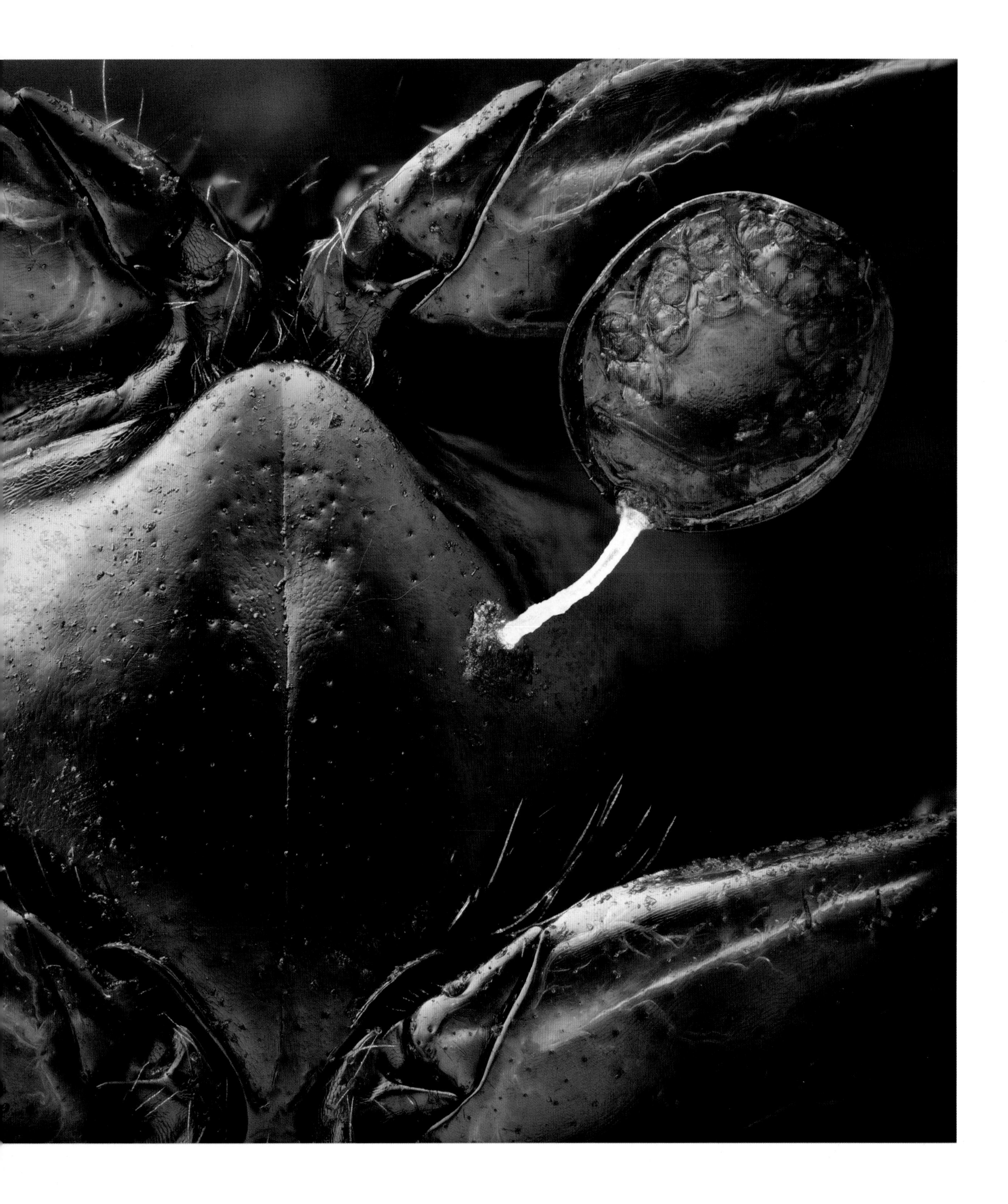

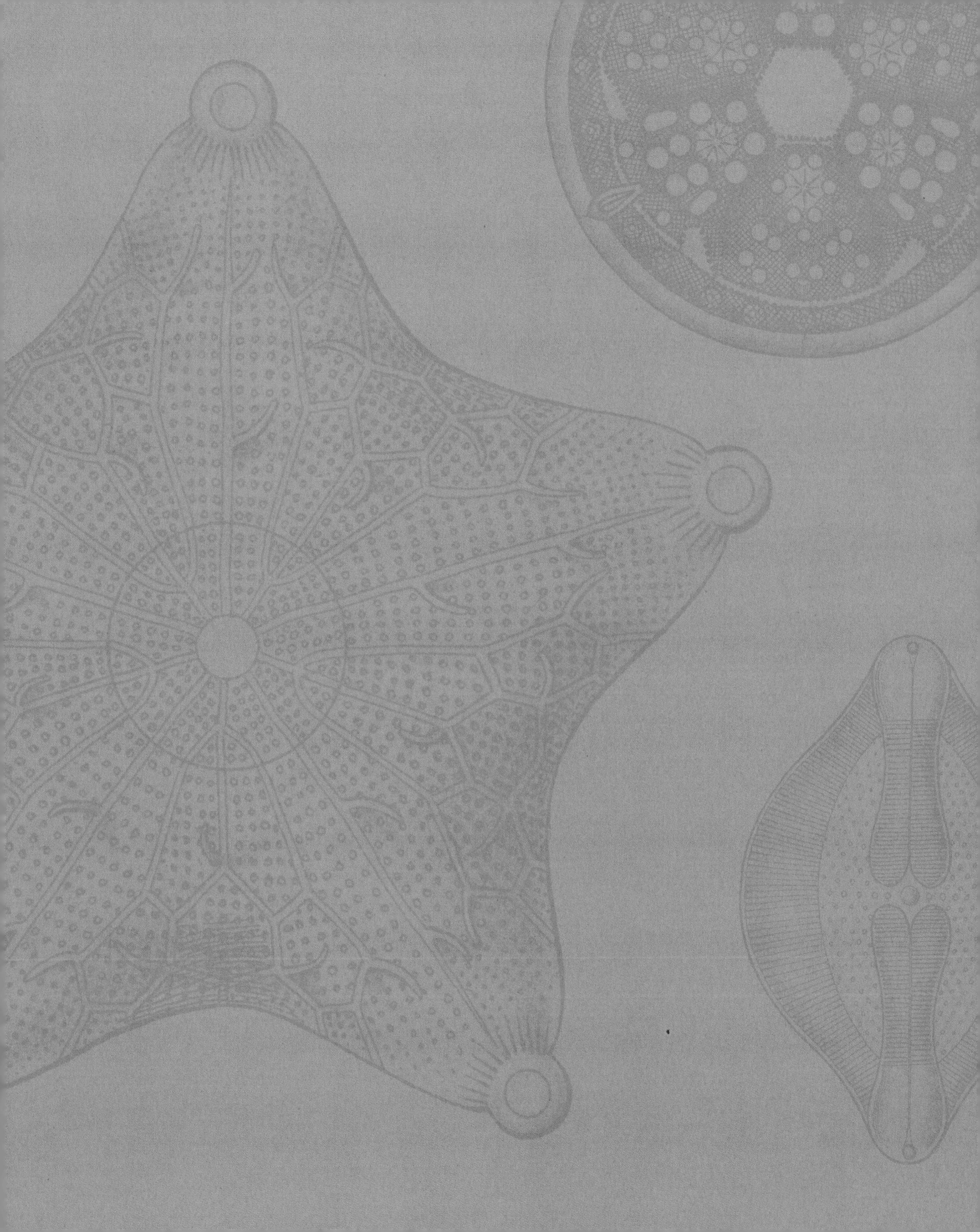

지탱하고 보호하기

아무리 작은 생물이라도 형태 유지를 위한 골격과 외피, 움직일 때 몸을 붙들어 매두기 위한 지지 발판 정도는 필요한 법이다. 작고 위험에 취약하기 때문에 물리적으로든, 화학적으로든, 단순히 수적으로든 자신을 방어할 필요가 있다.

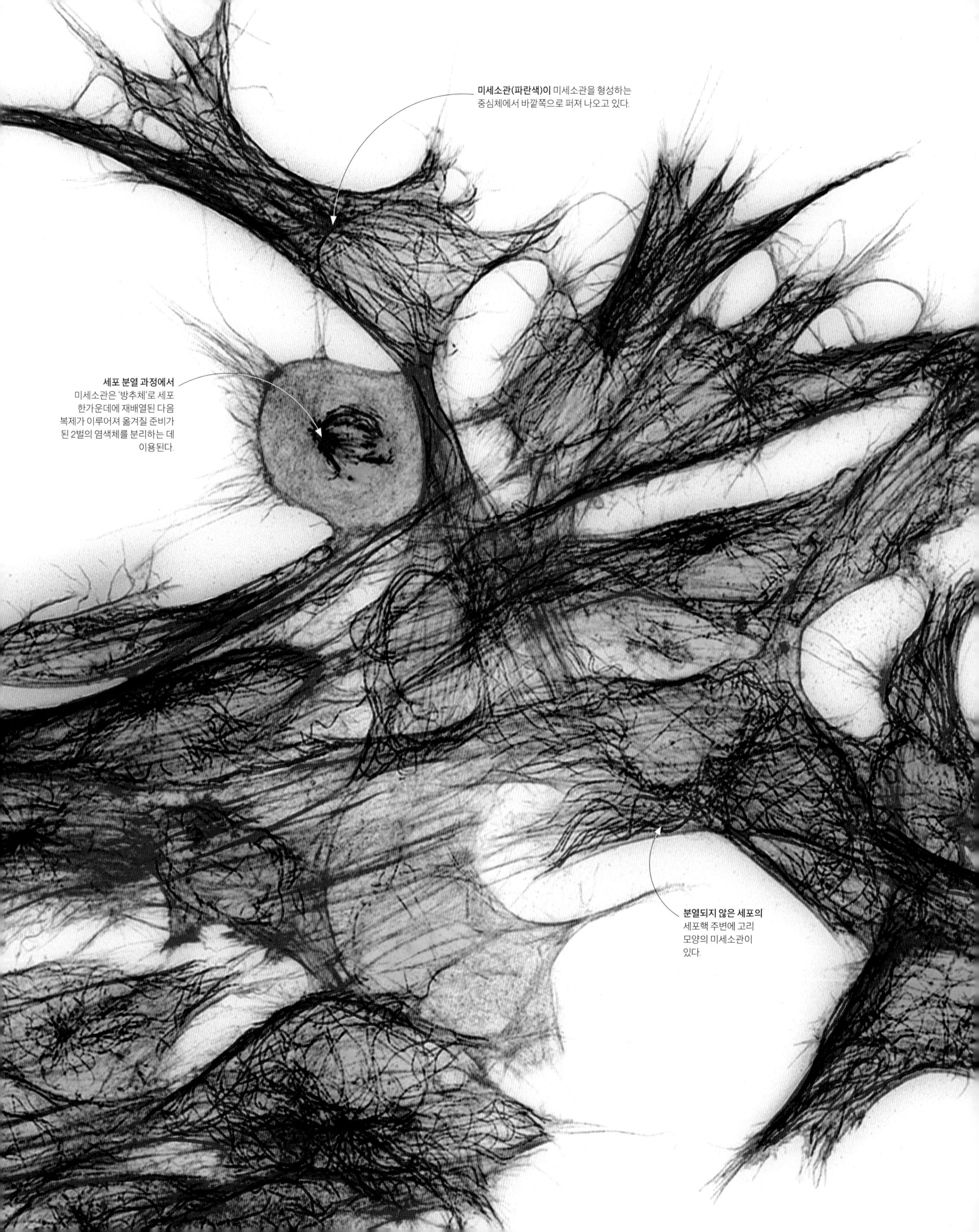
미세소관(파란색)이 미세소관을 형성하는
중심체에서 바깥쪽으로 퍼져 나오고 있다.
세포 분열 과정에서
미세소관은 ‘방추체’로 세포
한가운데에 재배열된 다음
복제가 이루어져 옮겨질 준비가
된 2벌의 염색체를 분리하는 데
이용된다.
분열되지 않은 세포의
세포핵 주변에 고리
모양의 미세소관이
있다.

세포의 내골격

식물 세포를 포함한 일부 세포는 뻣뻣한 외벽(204~205쪽 참조)에 둘러싸여 있는 데 비해 모든 세포(벽이 없는 세포까지 포함)는 내부에도 떠받치는 구조물이 있다. 단백질로 이루어진 지주와 줄의 정교한 배열로 구성된 세포골격이 바로 그것이다. 이 구조는 세포의 형태를 유지하고 하나의 세포가 둘로 쪼개지는 세포 분열(254~255쪽 참조) 같은 변화를 가져오는 데 도움이 된다. 그 밖에도 세포골격은 근육 수축을 일으키는 섬유를 공급해 피부를 튼튼하게 해 준다.

섬유아세포는 조직을 지지하는 보강 섬유로 채워진 긴 가지 형태를 보인다.

액틴 섬유(붉은색)는 세포 전체에 걸쳐 선형 다발로 배열되어 있지만, 스트레스에 노출된 가장자리 주변에 특히 많이 분포한다.

세포핵(초록색)에는 DNA가 들어 있지만 세포골격을 이루는 구성 성분은 존재하지 않는다.

지지 구조물

여기 보이는 형광성 얼룩은 피부 세포의 세포골격을 보여 준다. 섬유아세포로 불리는 세포마다 세포소관(파란색)으로 둘러싸인 세포핵(초록색)이 있다. 가장자리에는 단백질 액틴 섬유(붉은색)가 집중적으로 분포한다. 섬유아세포는 세포들 사이에서 구조물 역할을 하는 또 다른 단백질인 콜라겐(여기에는 나타나지 않음)을 분비한다. 주사형 전자 현미경, 1500배율.

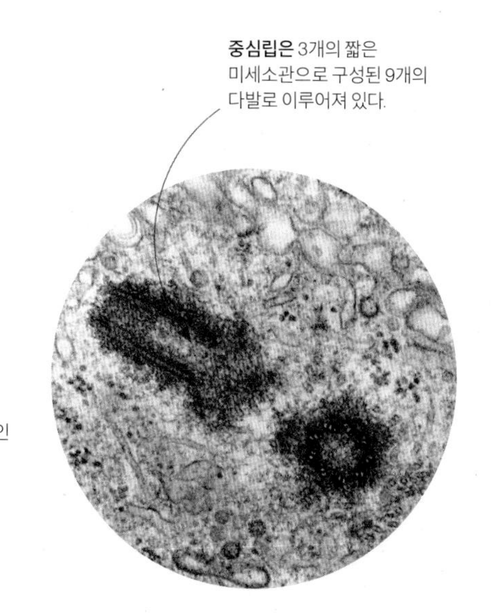

중심립은 3개의 짧은 미세소관으로 구성된 9개의 다발로 이루어져 있다.

미세소관을 형성하는 중심체

세포 내부에서 미세소관은 중심체로 불리는 특정한 지점에 모인다. 분열 중인 동물 세포에서 중심체는 쌍을 이룬 관 모양의 짧은 구조(중심립)로 나타난다.

세포골격을 이루는 성분

전형적인 세포골격은 3가지 구성 성분으로 이루어져 있다. 구조물의 역할을 하는 얇은 액틴 섬유는 물리적 스트레스에 노출된 자리에 모이고, 튜블린 단백질로 이루어진 길고 속이 빈 원통형의 두꺼운 미세소관은 염색체 또는 파닥이는 섬모와 편모의 운동을 이끈다. 중간 굵기의 밧줄 같은 섬유는 기계적 강도를 높인다.

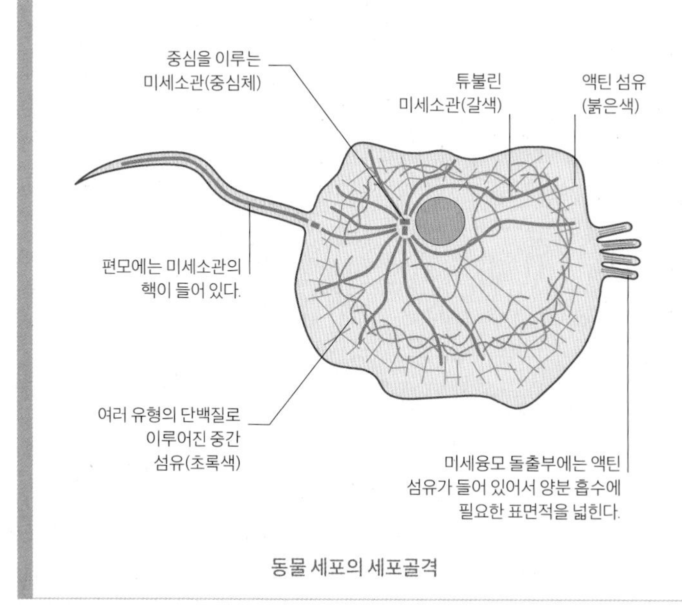

동물 세포의 세포골격

규조류 껍질(세포벽)

모든 규조류의 규조각은 2개의 껍질로 이루어져 있다. 상각으로 불리는 위쪽의 껍질은 아래쪽의 껍질인 하각보다 약간 더 크다. 꼭 맞는 2개의 껍질은 상대에 맞춰가며 움직일 수 있어서 규조류가 분열을 준비하면서도 자랄 수 있게 해 준다. 세포 분열이 이루어질 때 2개의 딸세포는 부모세포에게서 나온 껍질을 하나씩 물려받아 두 번째 껍질을 키워 1쌍의 규조각을 완성한다.

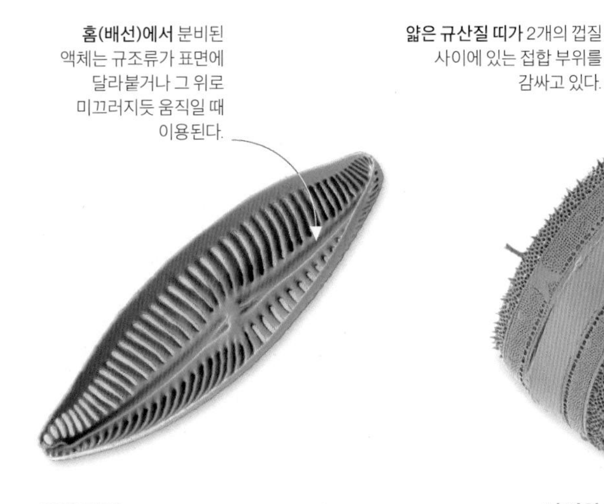

깃형 하각(*PENNATE HYPOTHECA*)
나비큘라(*Navicula* sp.)

완벽한 중심 규조류
탈라시오시라(*Thalassiosira* sp.)

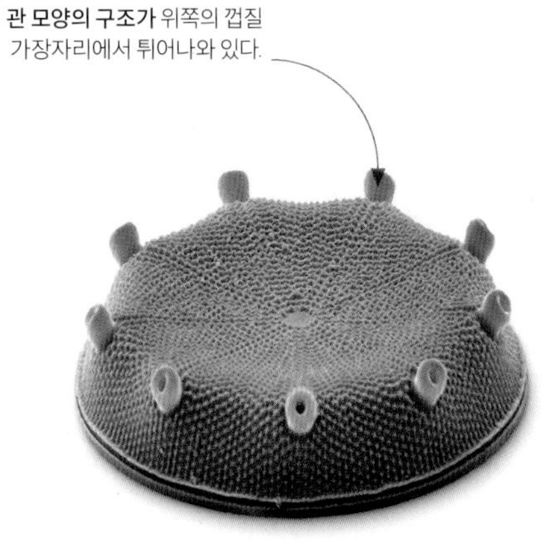

중심의 상각
아울라코디스쿠스 오레가누스(*Aulacodiscus oreganus*)

깃털 달린 규조류

이 규조류들은 왼쪽과 오른쪽이 똑같은 좌우 대칭성을 보인다. 깃털 달린 규조류는 대개 하나의 축을 따라 길게 늘어나 있다. 작은 배, 막대, 바늘 같은 형태를 띨 수 있다. 물에는 잘 뜨지 않기 때문에 퇴적물 속에서 발견하기가 쉽다.

배 모양
나비큘라(*Navicula* sp.)

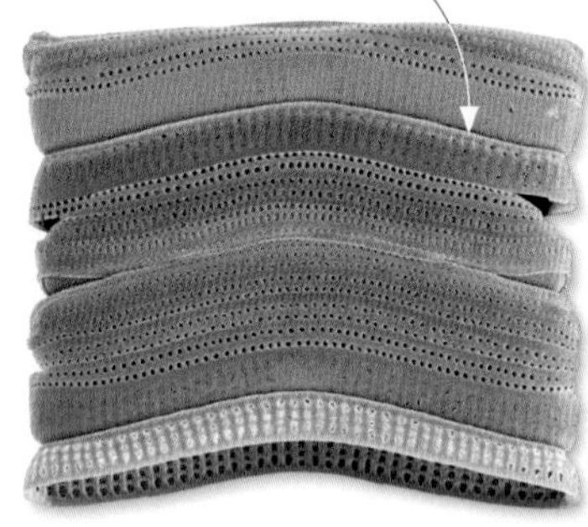

군체형
아크난티디움(*Achnanthidium* sp.)

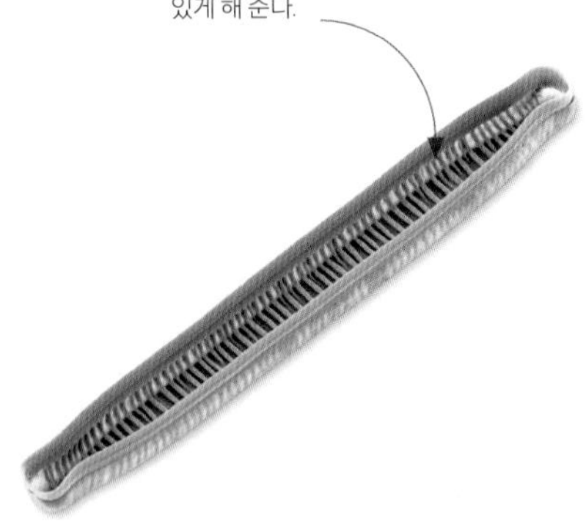

바늘 모양
시네드라(*Synedra* sp.)

중심 규조류

플랑크톤으로 떠다니면서 물기둥에서 생존하는 규조류는 방사대칭 구조인 경우가 많으며 중심 규조류로 불린다. 이런 형태는 질량에 비례해 세포의 표면적을 늘려 줌으로써 광합성을 하는 규조류가 햇빛이 잘 드는 구역의 수면 가까이 떠 있을 수 있게 해 준다.

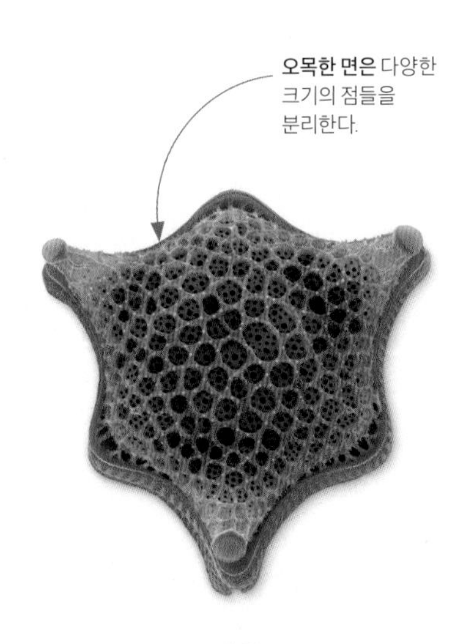

6각형
슈도우딕티요타 두비움(*Pseudictyota dubium*)

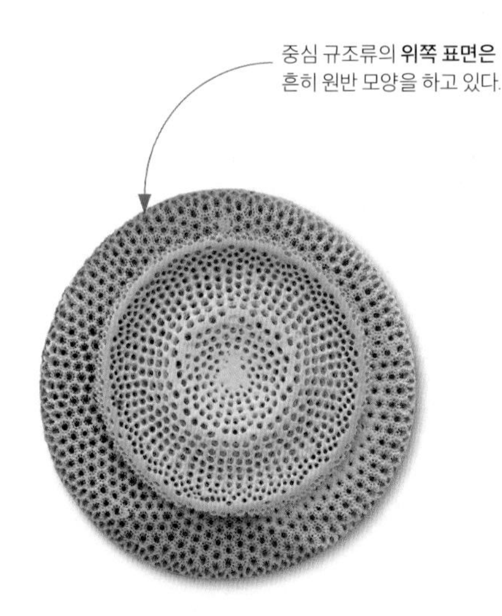

원반 모양
코스키노디스쿠스(*Coscinodiscus* sp.)

표면의 구멍(홈)에서는 점액질의 액체가 분비돼 인근의 세포와 연결되도록 돕는다.

3각형
트리케라티움(*Triceratium*)

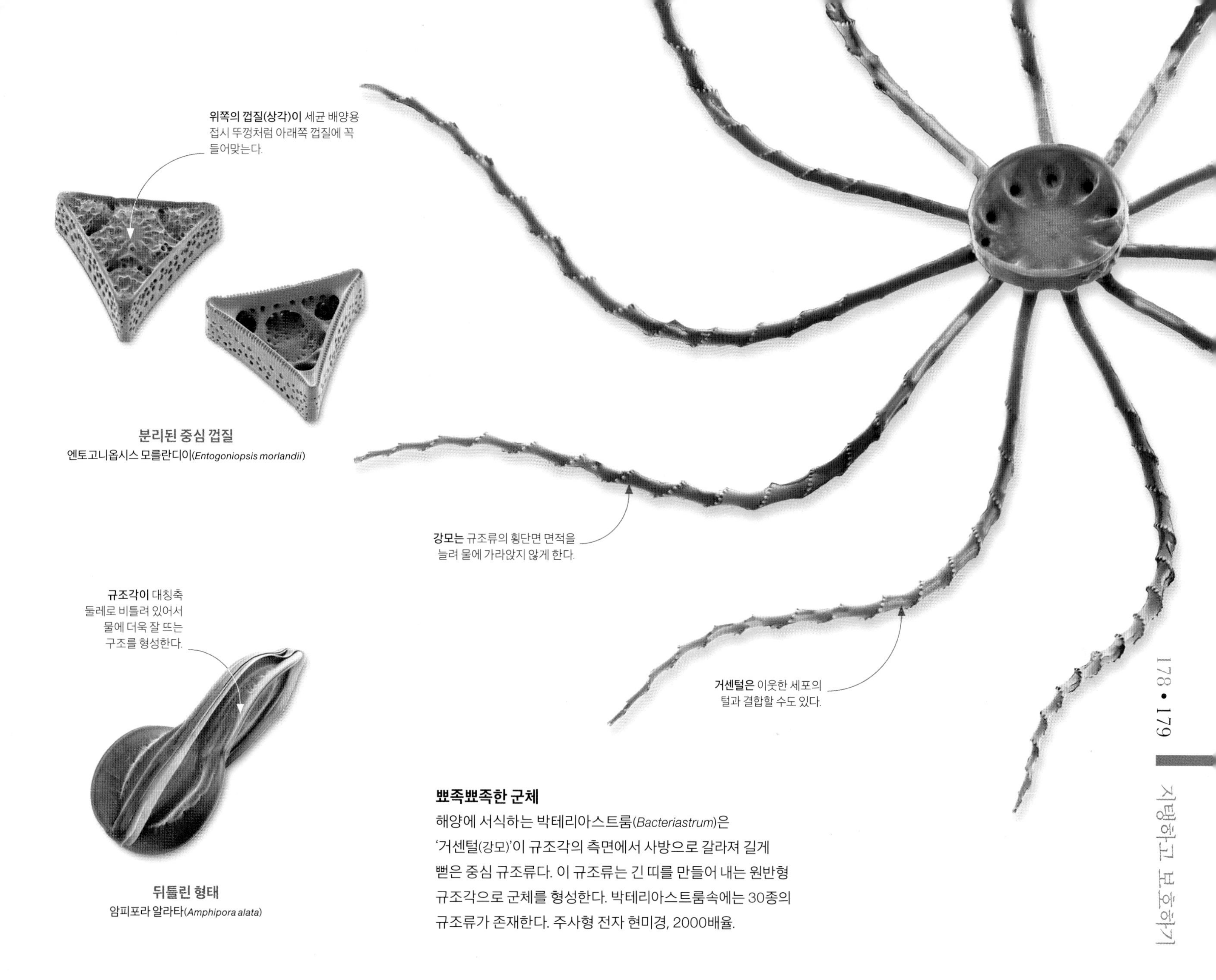

분리된 중심 껍질
엔토고니옵시스 모를란디이(*Entogoniopsis morlandii*)

뒤틀린 형태
암피포라 알라타(*Amphipora alata*)

뾰족뾰족한 군체
해양에 서식하는 박테리아스트룸(*Bacteriastrum*)은 '거센털(강모)'이 규조각의 측면에서 사방으로 갈라져 길게 뻗은 중심 규조류다. 이 규조류는 긴 띠를 만들어 내는 원반형 규조각으로 군체를 형성한다. 박테리아스트룸속에는 30종의 규조류가 존재한다. 주사형 전자 현미경, 2000배율.

별 모양
트리케라티움(*Triceratium* sp.)

규조류

단세포 조류를 이루는 주요 강으로 분류되는 규조류는 대개 바다와 민물 서식지에서 떠다니는 플랑크톤의 형태로 살아가지만, 흙 속에서 발견되기도 한다. 지구상에 존재하는 유리 산소의 20~50퍼센트는 규조류의 광합성을 통해 만들어지는 것으로 추정된다. 규조류는 규조각이라는 복잡한 세포벽의 형태에 따라 분류된다. 규산질로 이루어진 규조각은 길이가 2~200마이크론에 이른다. 조건이 맞아떨어지면 규조류는 최대 6일 동안 살 수 있고, 이분법을 통해 24시간마다 둘로 쪼개지면서 번식한다. 일부 종에서는 규조류끼리 서로 연결되어 군체를 형성하기도 한다.

다양한 껍질
유공충의 껍질은 종에 따라 가장 단순한 구형부터 여러 개의 격실을 갖춘 복잡한 고리 모양에 이르기까지 다양한 형태를 띤다. 지구상에 살아 있는 유공충은 9000여 종에 가깝지만, 4만 종 이상은 화석으로만 알려져 있다.

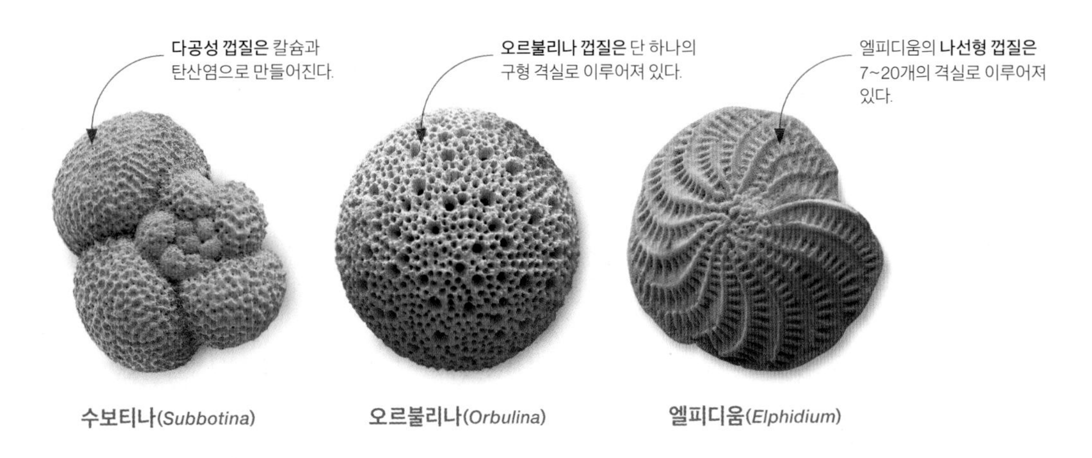

수보티나(*Subbotina*) 오르불리나(*Orbulina*) 엘피디움(*Elphidium*)

미세한 껍질

조류나 세균 같은 수많은 단세포 생물은 고정된 보호벽 안에 완전히 밀폐된 상태로 들어 있다. 이런 세포벽은 움직임을 제한하므로 먹이를 얻기 위해 형태를 바꾸는 수많은 미생물은 스스로 만든 작은 껍질에서 살아간다. 유공충으로 불리는 해양 원생생물은 세포 내부에 있는 얇은 젤리 형태의 세포질을 실처럼 잡아 늘인 위족(132~133쪽 참조)을 뻗어 움직이거나 먹이를 수집한다. 백악질의 껍질을 만들어 내기 위해 바닷물의 칼슘 성분을 이용하는 유공충이 있는가 하면 규사(규소질의 모래)를 이용하는 유공충도 있다. 어떤 경우든 껍질에 남겨진 구멍을 통해 유공충은 위족을 계속 뻗을 수 있다.

미생물에서 바위까지

수백만 년에 걸쳐 해저에 퇴적된 해양 유공충의 껍질은 단단히 다져지고 굳어서 석회석 같은 퇴적암을 형성한다. 여러 시기에 살았던 다양한 종을 보여 주는 유공충 화석은 그것이 발견된 암석의 연대를 추정하는 데 이용될 수 있다.

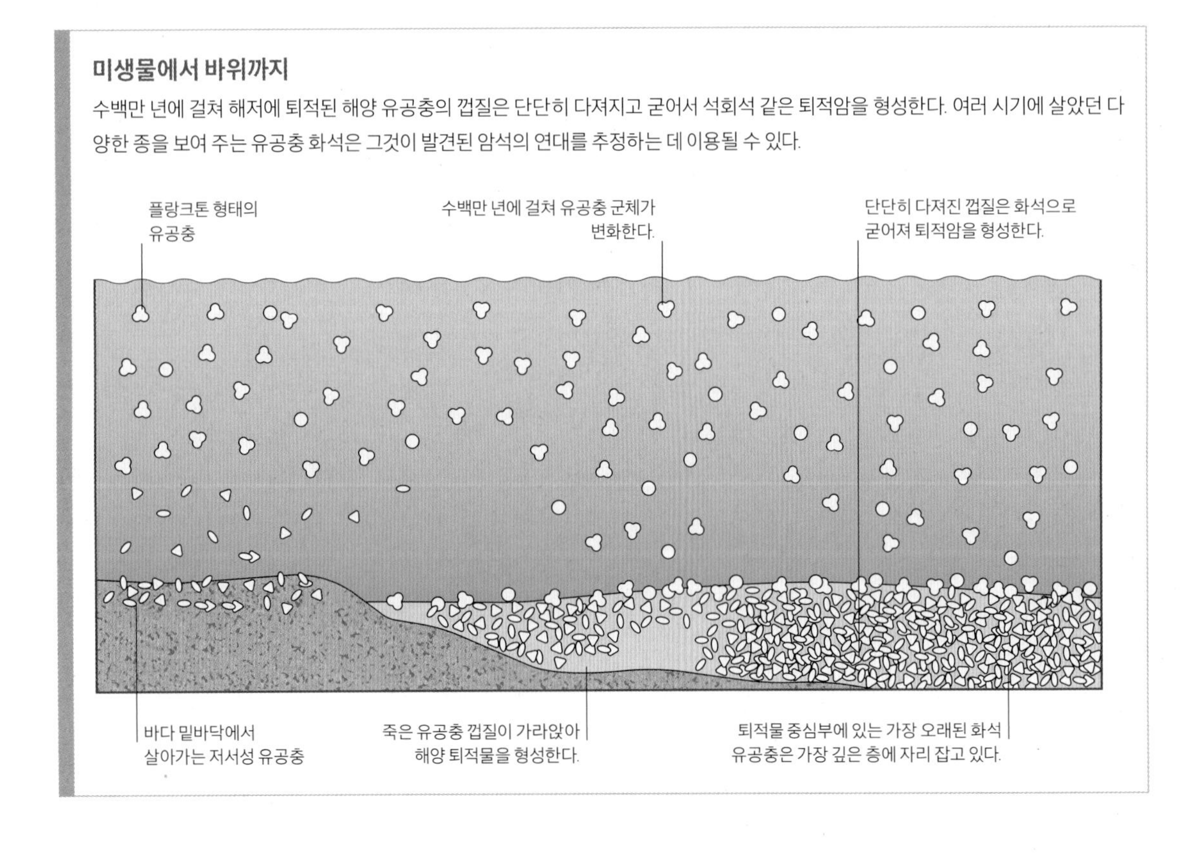

조각 같은 껍질
파불리나(*Favulina*) 유공충의 껍질은 기하학적 형태의 모자이크로 이루어진 견고한 십자형 지주로 지탱된다. 살아 있는 유공충에서는 실처럼 잡아 늘인 얇은 젤리 형태의 세포질이 껍질 내부의 유기체로부터 측면의 구멍을 통해 밖으로 튀어나와 있다. 추가로 껍질을 만드는 실끼리 서로 맞물려 외형질로 불리는 과립층을 표면에 형성한다. 주사형 전자 현미경, 9600배율.

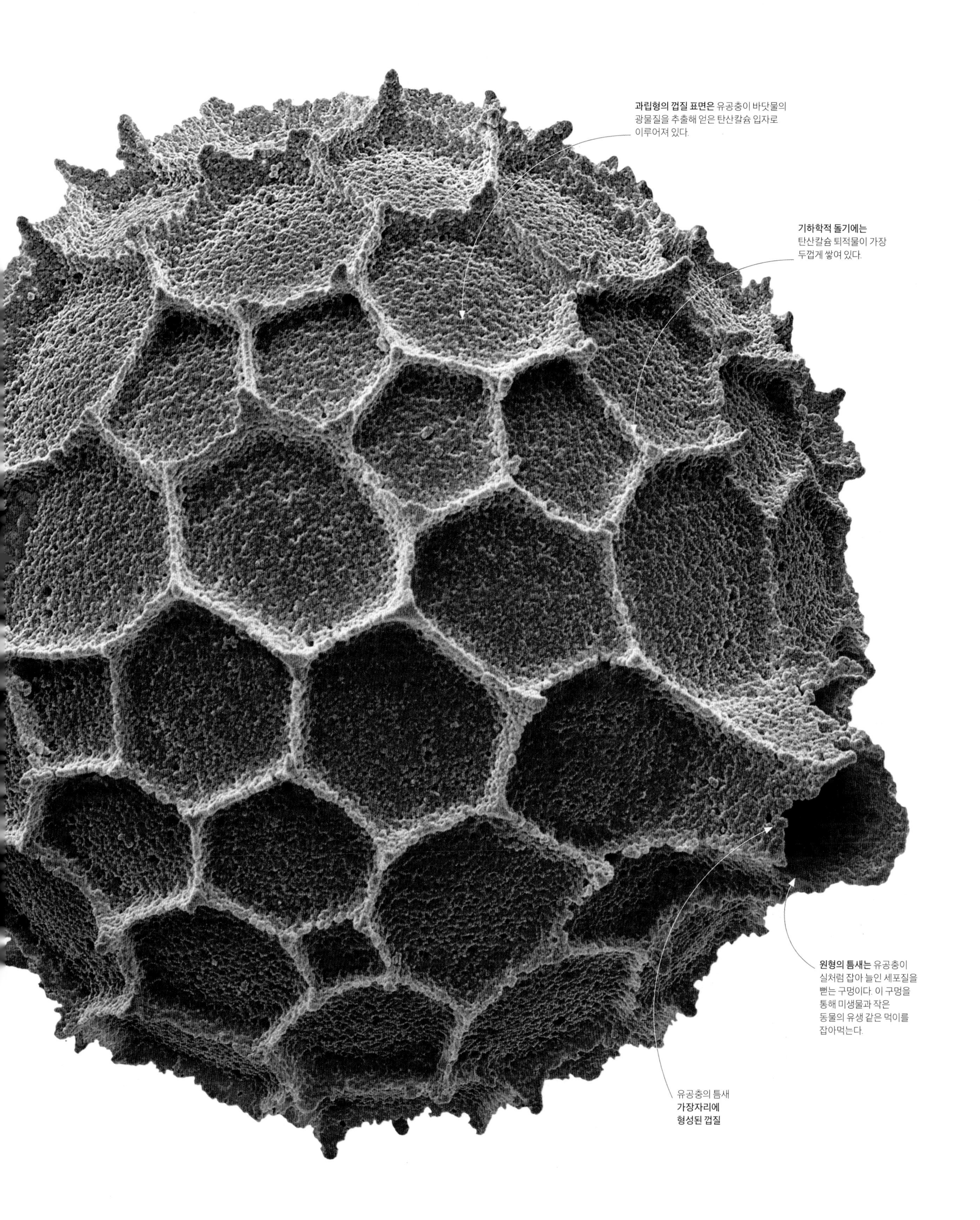

과립형의 껍질 표면은 유공충이 바닷물의
광물질을 추출해 얻은 탄산칼슘 입자로
이루어져 있다.
기하학적 돌기에는
탄산칼슘 퇴적물이 가장
두껍게 쌓여 있다.
원형의 틈새는 유공충이
실처럼 잡아 늘인 세포질을
뻗는 구멍이다. 이 구멍을
통해 미생물과 작은
동물의 유생 같은 먹이를
잡아먹는다.
유공충의 틈새
가장자리에
형성된 껍질

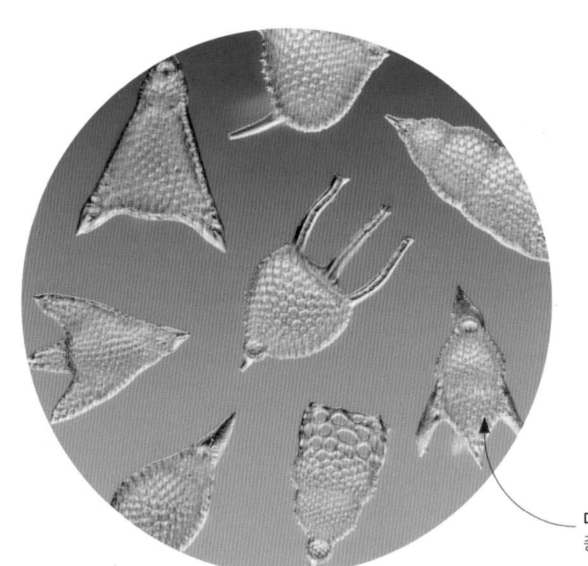

유사 이전의 플랑크톤
수많은 유형의 방산충 껍질은 여기 보이는 광학 현미경 사진에서처럼 화석으로 보존된 상태로 발견되었다. 가장 오래된 화석은 해양에서 복잡한 동물 생명체가 처음으로 등장했던 5억 년 전의 것으로 추정된다.

다양한 형태의 화석 방산충 껍질은
종을 식별하는 데 이용된다.

방산충 구조

방산충은 단단한 광물질 골격으로 형태를 갖추는 것 외에도 단백질과 기름으로도 지탱된다. 단백질은 내부의 낭(주머니)을 형성해 세포핵처럼 중요한 구조를 감싼다. 세포 주변부의 액포에 있는 저밀도의 기름 방울은 해면층을 형성해 부력을 높여 준다. 물살이 거세지면 액포는 기름기를 잃고 방산충은 안전한 깊이까지 가라앉는다.

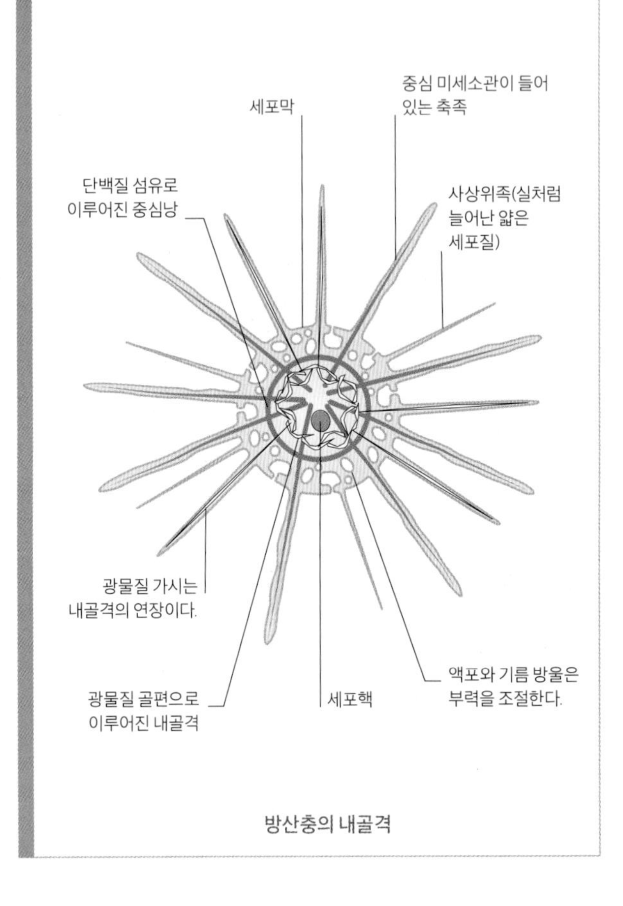

방산충의 내골격

규산질 골격

대양에 떠다니는 풍부한 플랑크톤은 대개 단세포 생물이다. 하나의 세포에 지나지 않는다고 해도 방산충을 포함한 수많은 단세포 생물은 전혀 단순하지 않다. 이처럼 작은 별 모양을 한 유기체의 정교한 내부 골격에서 가시가 방사형으로 뻗어 있다. 세포의 중심에 있는 구조물에 부착된 가시는 바닷물에서 추출한 유리 같은 규산질이나 그 밖의 광물질로 이루어져 있다. 한편 이 가시들 사이에서는 축족으로 불리는 끈적한 실이 이보다 훨씬 작은 먹이를 잡는다. 따뜻한 열대 지방의 바다에서 가시는 이 단세포 생물이 해수면 근처로 떠오르게 해 준다.

다양한 미세 골격
수많은 유기체의 백악질 껍질(180~181쪽 참조)은 바다에서 침식한다. 이산화탄소가 바닷물에 용해되면서 껍질은 산성을 띠지만 규산질 골격은 그런 효과에 더욱 강한 내성을 보인다. 그 결과 규산질 골격은 해저의 진흙 속에 대량으로 쌓여 절묘하게 보존되기도 한다. 현존하는 방산충은 1000종이 넘으며, 다양한 형태는 에른스트 하인리히 필리프 아우구스트 헤켈(Ernst Heinrich Philipp August Haeckel, 1834~1919년)의 삽화인 「방산충(Die Radiolarien)」(1862년)에도 드러나 있지만, 그 몇 배에 해당하는 방산충은 화석으로만 알려져 있다.

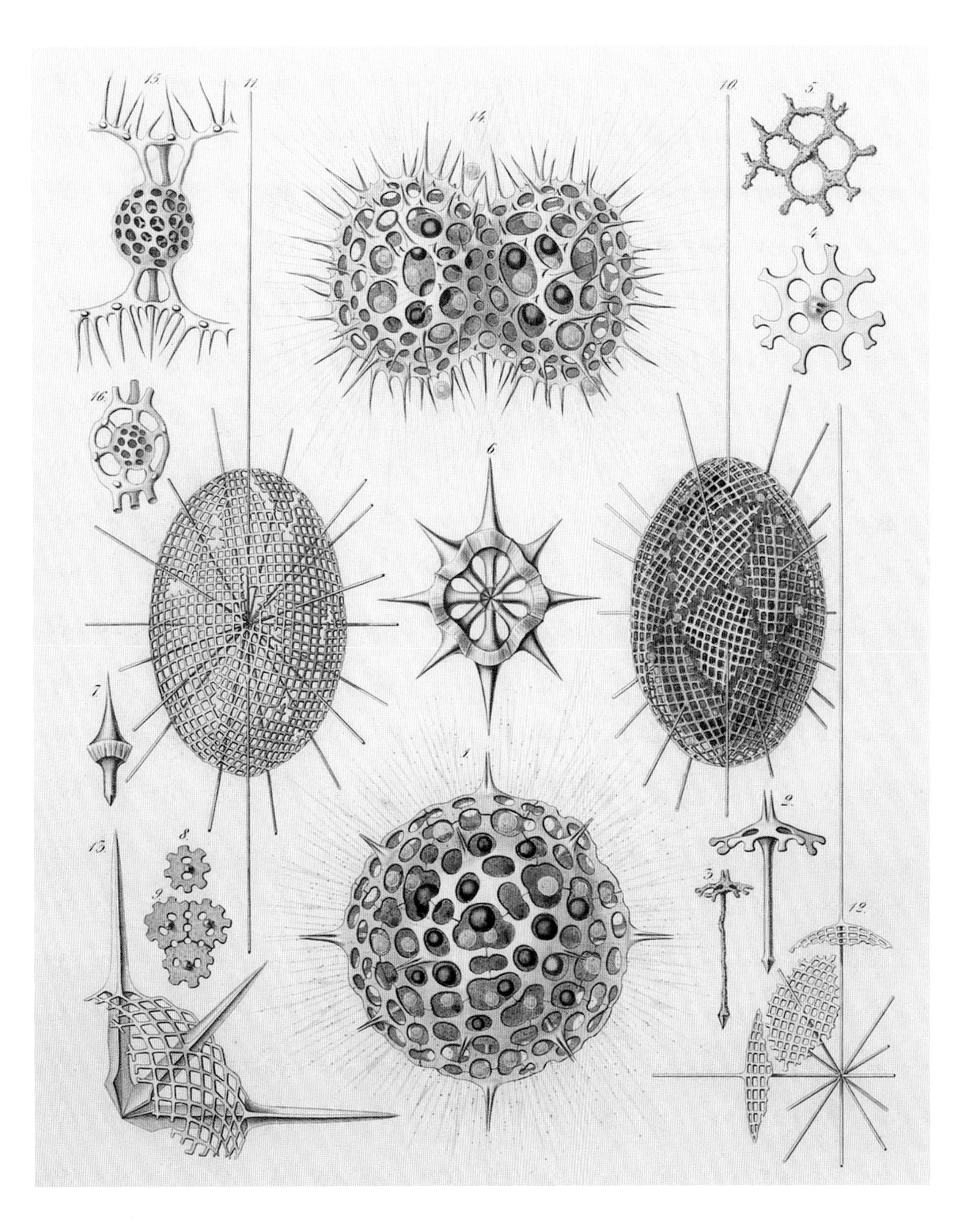

복잡한 껍질
갑옷으로 무장한 와편모류의 피각은 섬모대로 불리는 홈에 의해 나뉜 2개의 주요 판(상각과 하각)으로 이루어져 있다. 이 판들은 각각 최대 100개에 이르는 개별적인 판으로 이루어질 수도 있다. 이처럼 복잡한 껍질 벽은 나선형으로 물살을 가르며 움직이는 와편모류를 보호한다. 이 종(오른쪽)은 위쪽의 판(상각)이 아래를 향한 채 헤엄을 치는 모습이다.

2개의 뿔이 후부 끝에서 개별적으로 튀어나와 있어서 세포가 가라앉지 않도록 도와준다.

하각 판영역은 세포 아래쪽을 보호한다.

가로놓인 홈(섬모대)에 자리 잡은 편모는 세포를 움직일 수 있다.

상각 판영역은 세포의 위쪽을 보호한다.

프로토페리디니움(*Protoperidinium*)의 **앞쪽으로** 단 하나의 뿔이 나와 있다.

셀룰로스 갑옷

와편모류는 해양에서 대량으로 발생할 경우 '적조(red tides)' 현상에 의해 바닷물의 변색을 일으키는 단세포 플랑크톤이다. 이 유기체는 2개의 편모(종편모와 횡편모)를 이용해 나선형의 움직임을 보이면서 물속에서 추진력을 얻는다. 와편모류의 형태는 세포막 아래에 놓인 견고한 외피에 의해 유지되며, 여기에는 액체가 채워진 납작한 주머니가 빽빽이 들어차 있다. 수많은 와편모류의 주머니에는 식물 세포벽에 있는 섬유소와 같은 단단한 셀룰로스가 들어 있어서 외피를 갑옷처럼 강하게 만들어 준다.

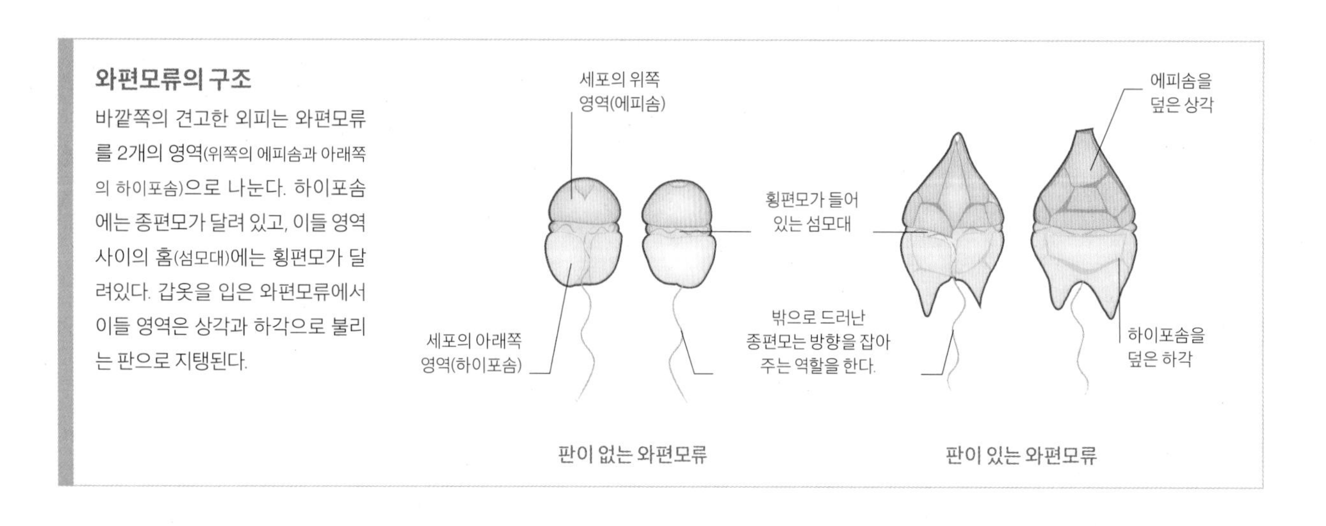

와편모류의 구조
바깥쪽의 견고한 외피는 와편모류를 2개의 영역(위쪽의 에피솜과 아래쪽의 하이포솜)으로 나눈다. 하이포솜에는 종편모가 달려 있고, 이들 영역 사이의 홈(섬모대)에는 횡편모가 달려있다. 갑옷을 입은 와편모류에서 이들 영역은 상각과 하각으로 불리는 판으로 지탱된다.

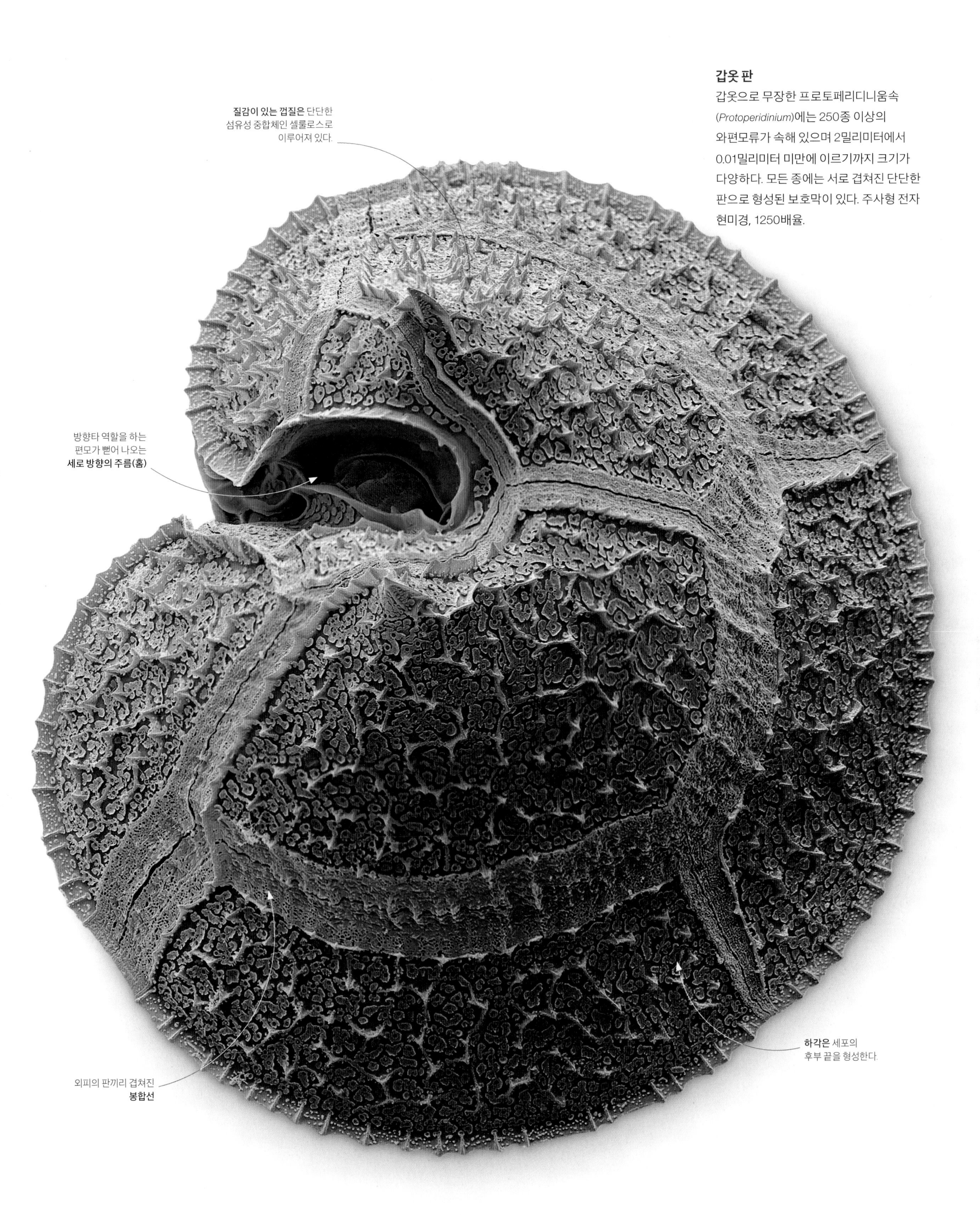

갑옷 판

갑옷으로 무장한 프로토페리디니움속 (*Protoperidinium*)에는 250종 이상의 와편모류가 속해 있으며 2밀리미터에서 0.01밀리미터 미만에 이르기까지 크기가 다양하다. 모든 종에는 서로 겹쳐진 단단한 판으로 형성된 보호막이 있다. 주사형 전자 현미경, 1250배율.

주대골편

주대골편으로 불리는 가장 큰 골편은 해면 골격의 주요 구조 단위를 형성한다. 흔히 끝이 뾰족하고 바늘 같은 성분으로 이루어지며 크기가 60마이크로미터에서 2밀리미터에 이른다. 주대골편은 바늘 끝의 개수가 아니라 중심에서 뻗어 나간 축의 개수로 분류된다. 모나손 골편은 축이 하나뿐인 단순한 원기둥의 형태를 띠는 데 비해 트리아손 골편과 테트라손 골편은 각각 3개와 4개의 축을 갖고 있다. 이들 골편은 더 큰 골격 구조를 형성한다.

모나손
(monaxon)

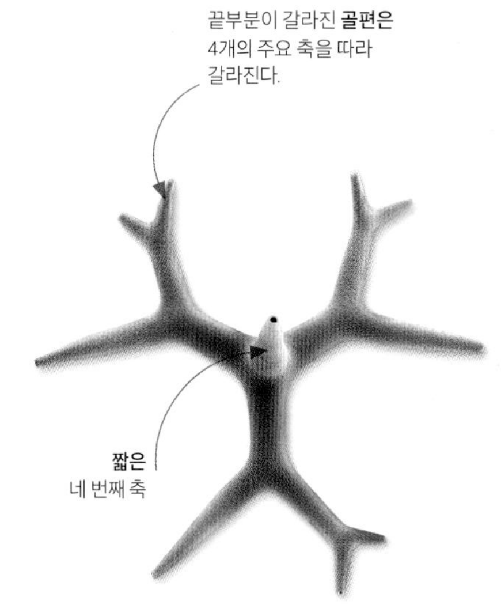

테트라손
(tetraxon)

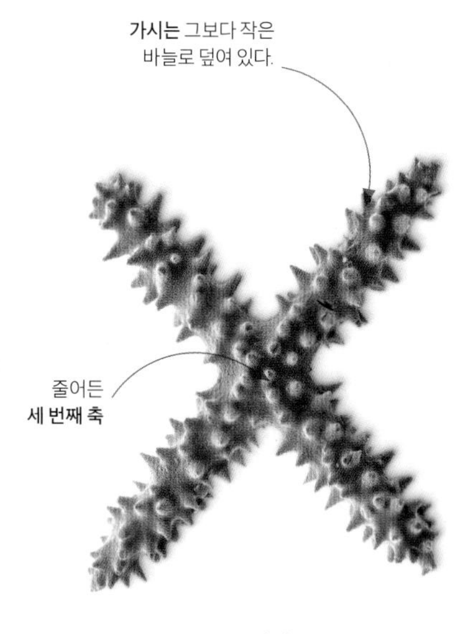

트리아손
(triaxon)

미소골편

미소골편으로 불리는 가장 작은 골편은 길이가 60마이크로미터를 넘지 않고 흔히 둥근 형태를 띤다. 주대골편과 마찬가지로 축의 개수로 분류된다. 이 골편은 해면의 구조적 안전성에는 별다른 도움을 주지 못하지만 보호 갑옷의 역할은 할 수 있다. 미소골편은 주대골편과 섞인 상태로 해면의 안과 밖 사이에 있는 점액질 층인 간충질에 자리 잡고 있다.

시그마
(sigma)

스트롱기라스터
(strongylaster)

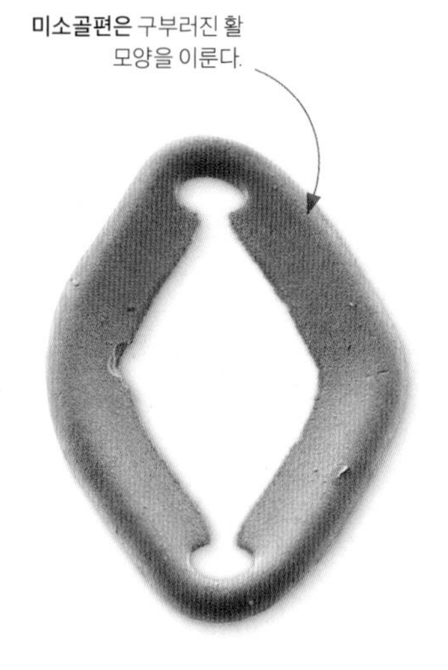

톡사
(toxa)

복잡한 형태

해면의 골편은 가시와 둥근 형태로 이루어진 2가지 기본 형태를 벗어나 더욱 복잡하고 다양한 형태로 나타난다. 이 골편은 삽 모양의 끝부분이나 짧아진 가시처럼 부차적 세부사항에서 다양한 면모를 보여 준다. 주대골편과 미소골편 모두 끝부분이 갈라지는 방사형을 나타낼 수 있다. 반면에 일부 골편에서는 끝부분이 날처럼 넓어지거나 둥근 봉을 형성할 수도 있다.

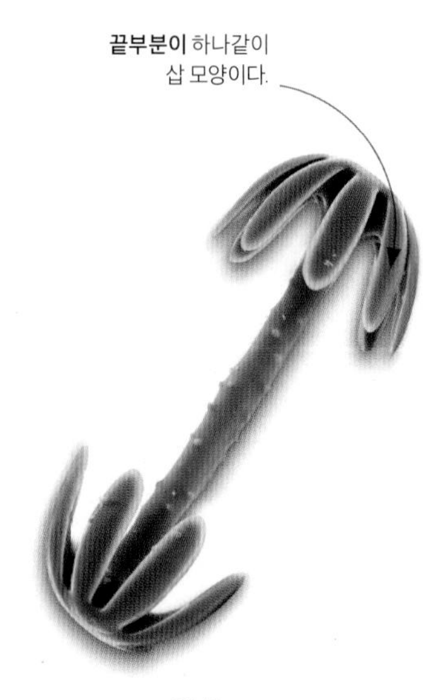

켈레
(chelae)

사나이다스테르
(sanaidaster)

스텔라테
(stellate)

해면의 골편

해면은 가장 단순한 다세포동물로서 굴뚝 모양부터 편평한 외피에 이르기까지 규칙적이거나 불규칙적인 형태의 몸을 형성하는 작은 세포 유형으로 이루어져 있다. 이처럼 속이 비어 있는 몸은 먹이를 여과하기 위해 중심부를 통해 물살을 끌어들인다. 해면의 몸은 대개 탄산칼슘이나 규산질 퇴적물이 골편이라 불리는 작은 바늘 모양의 구조를 형성해 만든 단단한 내부 골격에 의해 지탱된다. 해면의 골편은 다양한 형태를 띠며 해면 종을 식별하는 데 이용될 수 있다.

작은 중심부에서 수많은 점이 나타나는 **별 모양의 미소골편**

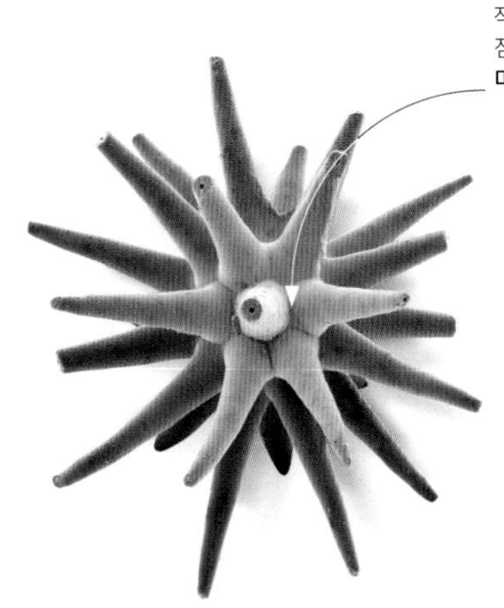

에우아스테르
(euaster)

한쪽 끝만 날이나 삽 모양이다.

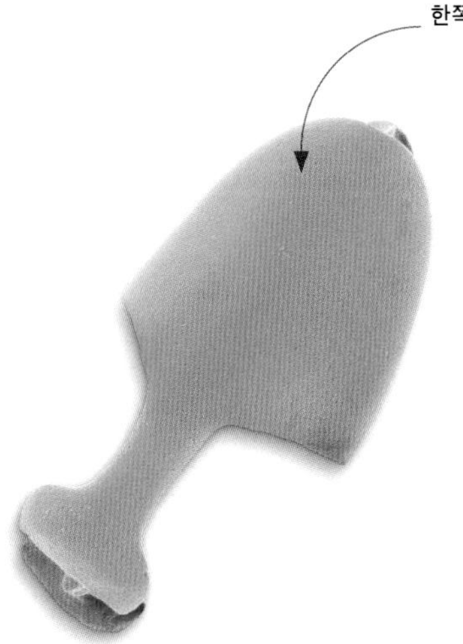

아니소켈라
(anisochela)

엮인 **골편은** 얇은 망상 조직을 이룬다.

골편 사이에 틈이 있어서 물이 해면으로 들어왔다가 나갈 수 있다.

해로동굴해면류
해로동굴해면류(Venus's flower basket)로도 알려진 육방해면류(*Euplectella aspergillum*)는 6개의 뾰족한 골편의 구조로 이루어진 복잡한 골격을 갖고 있다. 이 해면은 주변의 바닷물에서 추출한 규산질로 구성된다.

튀기는 물

빗물에 젖은 미소 서식지는 작은 동물이 살아가기에 위험한 장소일 수도 있다. 미세한 수준에서는 물이 당밀처럼 달라붙어 치명적인 덫이 될 수 있기 때문이다. 작고 날지 못하는 곤충의 친척뻘 되는 톡토기는 몸이 말라붙지 않으려면 수분을 필요로 하지만, 피부를 통해 직접 숨을 쉬기 때문에 한 방울의 비에도 익사할 수 있다. 대부분의 곤충은 기관(84~85쪽 참조)으로 불리는 미세한 관을 통해 공기를 조직으로 실어 나른다. 그러나 크기가 작은 톡토기는 산소가 체표면을 통해 스며들어 호흡하는 세포에 단숨에 이를 수 있다. 특별히 변형된 체표면의 각피는 공기가 통하고 마른 상태를 유지하도록 도와준다.

표면에 드문드문하게 난 털(강모)은 지상의 낙엽 더미에서 살아가는 톡토기의 전형적인 모습이다.

울퉁불퉁한 피부
돌기로 불리는 작은 혹은 각피의 표면적을 늘리고 미세한 결절로 덮여 있어서 방수성을 높여 준다.

돌기마다 수십 개의 결절로 덮여 있다.

단단하게 굳은 기름과 단백질 혼합물로 이루어진 **얇은 보호용 각피는** 아래쪽의 표피에서 분비된다.

방수성을 갖춘 표면

톡토기에게도 곤충과 마찬가지로 보호용 각피가 있지만, 너무 얇아 건조한 대기 중에서는 탈수를 막아 주지는 못한다. 이런 이유로 톡토기는 습한 환경에 머문다. 물이 스며들지 않는 털과 버섯 모양의 결절로 이루어진 복잡한 체표면 구조 덕분에 각피 표면이 물에 젖지 않은 채 호흡을 유지할 수 있다.

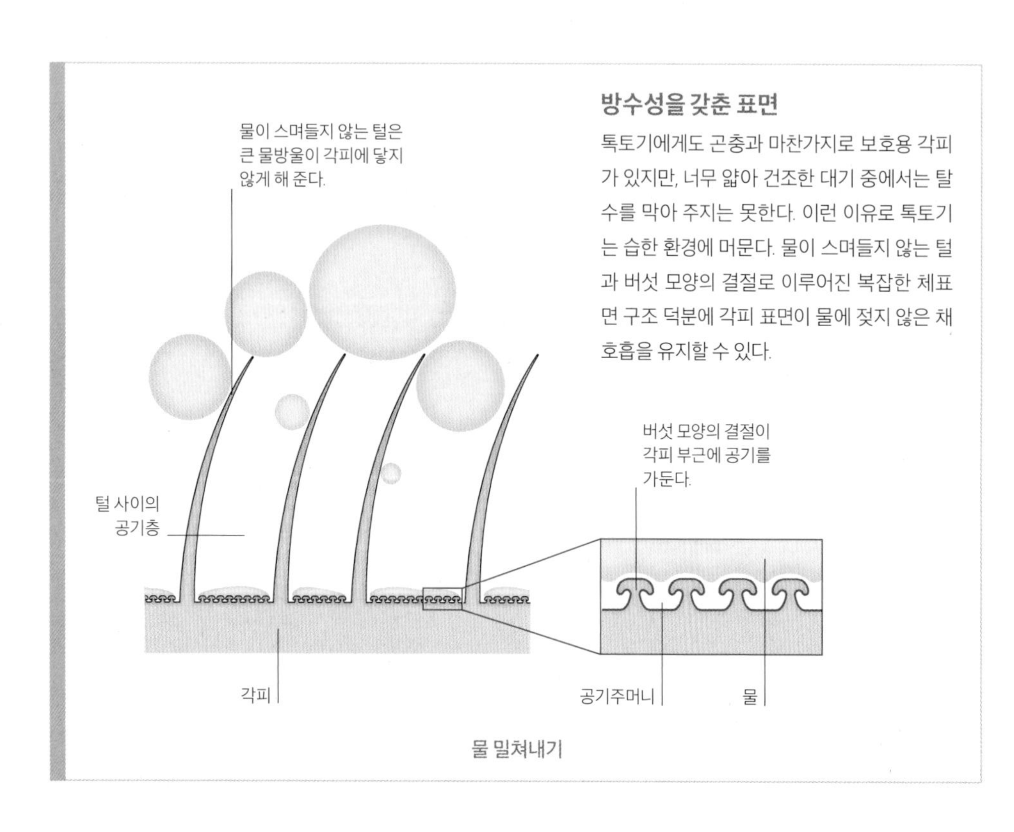

물 밀쳐내기

피부로 숨쉬기

뛰어다니지 않고 기어 다니는(160~161쪽 참조) 이 톡토기종(*Bilobella*)은 낙엽 더미처럼 습한 서식지에서도 마른 상태를 유지해야 한다. 뻣뻣한 털과 결절 덕분에 피부에는 숨을 쉬지 못할 정도로 빈틈없는 수막이 형성되지 못한다. 주사형 전자 현미경, 560배율.

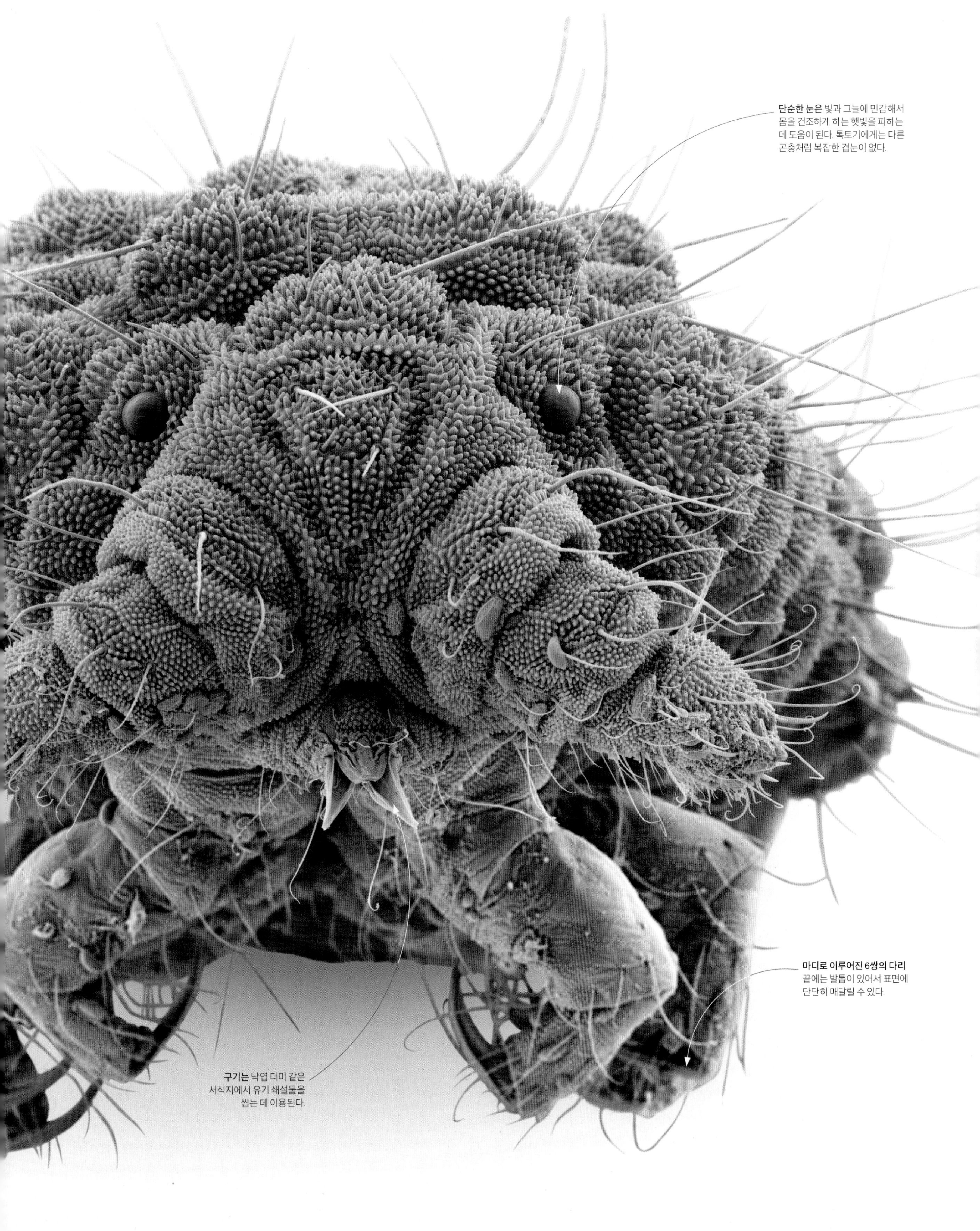
단순한 눈은 빛과 그늘에 민감해서 몸을 건조하게 하는 햇빛을 피하는 데 도움이 된다. 톡토기에게는 다른 곤충처럼 복잡한 겹눈이 없다.
마디로 이루어진 6쌍의 다리 끝에는 발톱이 있어서 표면에 단단히 매달릴 수 있다.
구기는 낙엽 더미 같은 서식지에서 유기 쇄설물을 씹는 데 이용된다.

물을 밀어내는 나노구조

일부 진드기와 매미충이 만들어 낸 밀랍-단백질 분비물은 분말 같은 입자(브로초솜)로 건조된다. 각피 표면에 이처럼 복잡하고 세밀한 구조가 형성되면 액체를 완벽한 구 모양으로 들어 올리고 각피 근처에서 공기가 순환하도록 유지한다.

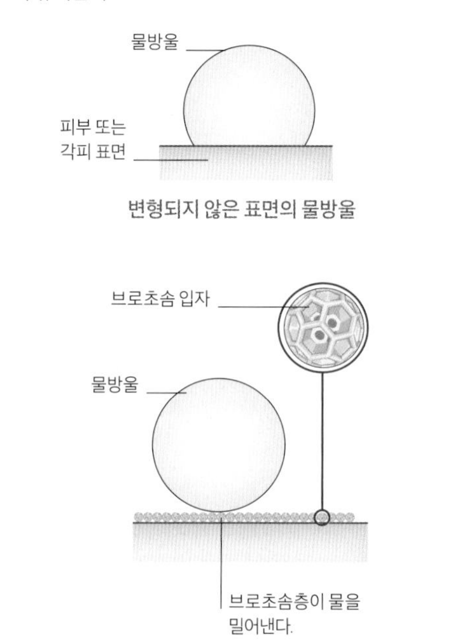

코팅된 표면의 물방울

간접적으로 얻는 독

독을 만들어 내는 대사 반응이 없는 동물은 먹이를 통해 독성을 지닐 수 있다. 열대 지방의 독개구리는 진드기와 개미 같은 먹이를 통해 독을 얻는다.

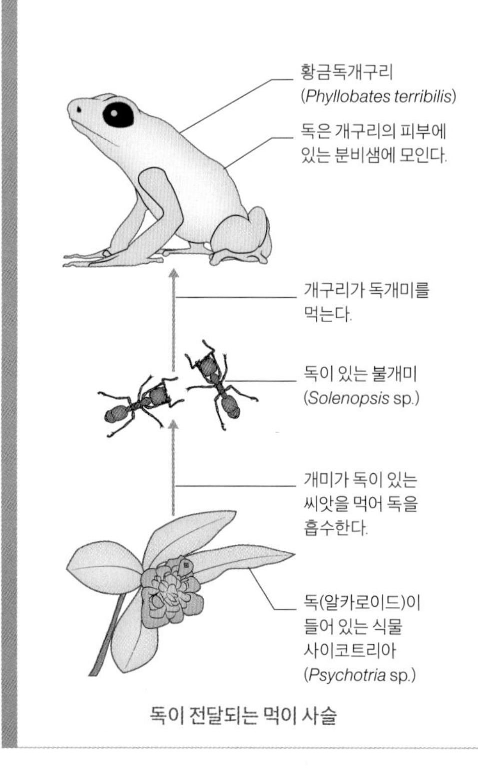

독이 전달되는 먹이 사슬

철벽 방어

오리바티드 흙진드기류(*Eobrachychthonius* sp.)의 갑옷 같은 각피에 쌓인 밀랍층은 물이 통과하지 못하게 막아 주는 장벽이 된다. 말라 버리기 쉬운 작은 몸의 수분을 유지시키는 동시에 물방울을 밀어내 각피 표면이 건조하게 만들어 진드기가 숨을 쉴 수 있다. 주사형 전자 현미경, 1000배율.

모든 생물은 화학 물질의 혼합물로 이루어져 있다. 보호 속성이 있는 이런 화학 물질은 신진 대사의 결과물일 수도 있고 부차적으로 얻을 수도 있다. 전 세계적으로 숲속의 낙엽 더미 속에 흔히 서식하는 작은 오리바티드(oribatid) 진드기류는 그보다 큰 포식 동물의 관심에 취약할 뿐만 아니라 몸집이 너무 작아서 한 방울의 물에도 익사할 수 있다. 그러나 밀랍과 단백질로 이루어진 표면의 분비물이 각피 위에서 말라 매미충과 마찬가지로 브로초솜(brochosome)으로 불리는 나노 구조를 형성해 습기를 밀어낸다. 내부의 독성 물질인 알칼로이드(alkaloid)는 진드기의 천적을 몰아낸다. 알칼로이드는 대개 식물에서 더 많이 만들어지는데, 진드기가 먹이 사슬을 통해 섭취했을 가능성을 보여 준다.

막힘 방지 코팅
흙진드기와 마찬가지로 수액을 빨아 먹는 수많은 곤충 역시 표면 발수제를 분비한다. 끈적끈적한 꿀의 형태로 분비된 과잉 당분은 코팅막을 형성해 숨구멍이 막히지 않게 한다.

각피의 성장은 등 쪽에 곧추선 비늘로 발달해 위장술을 펼치는 바구미에게 도움을 줄 수도 있다.

굳지 않은 얇은 각피로 이루어진 **유연한 마디는** 외골격의 다양한 부분이 서로에 맞춰 움직일 수 있게 해 준다.

최후의 갑옷
거미류와 게류 같은 무척추동물은 성체가 될 때까지 계속되는 탈피를 통해 더 크게 자란다. 그러나 여기 보이는 망고씨바구미(*Sternochetus mangiferae*) 같은 곤충의 성장은 대개 유충일 때 이루어진다. 번데기가 되었다가 성체가 되는 마지막 탈피를 마치고 나면 더는 자라지 않는다.

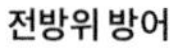
전방위 방어
아랫배가 없는 바구미의 외골격은 위아래로 몸을 보호한다. 이들의 몸은 경피로 불리는 판으로 덮여 있으며, 헬멧처럼 생긴 주머니가 머리를 감싸고 관 모양의 체절은 여러 개의 마디로 이루어진 다리를 지탱한다.

외부의 골격

곤충류, 거미류, 갑각류를 비롯한 수많은 동물은 갑옷처럼 몸을 지탱하는 골격을 바깥쪽에 지니고 있다. 이른바 외골격은 유연한 마디로 연결된 단단한 판으로 이루어져 있다. 외골격 아래의 근육이 판을 잡아당겨 몸을 움직인다. 갑옷은 아래에 놓인 세포층에서 분비된 물질로 만들어진다. 식물의 셀룰로스와 비슷한 섬유성 물질인 키틴질은 단단한 기초를 이루고 습기 차단을 위해 밀랍으로 코팅된다. 표면은 생물학적 접합제처럼 굳는 단백질과 기름 혼합물로 마감 처리된다. 외골격은 효과적인 보호 장치이지만, 한번 형성되고 나면 넓어지지 않는다. 이런 방식으로 몸을 지탱하는 동물이 더 크게 자라려면 털갈이를 통해 이따금 갑옷을 벗어야 한다.

여러 층으로 이루어진 골격
곤충의 외골격은 거칠고 방수가 되는 최외표피, 단단한 외표피, 좀 더 말랑한 내표피의 3개 층으로 이루어진 무기물 각피이다. 이 층들 밑으로 살아 있는 세포층인 표피와 관련 분비샘이 분포한다. 표피에 있는 센털세포에서 만들어 낸 머리카락 모양의 감각 강모가 각피 표면에서 밖으로 튀어나와 있다.

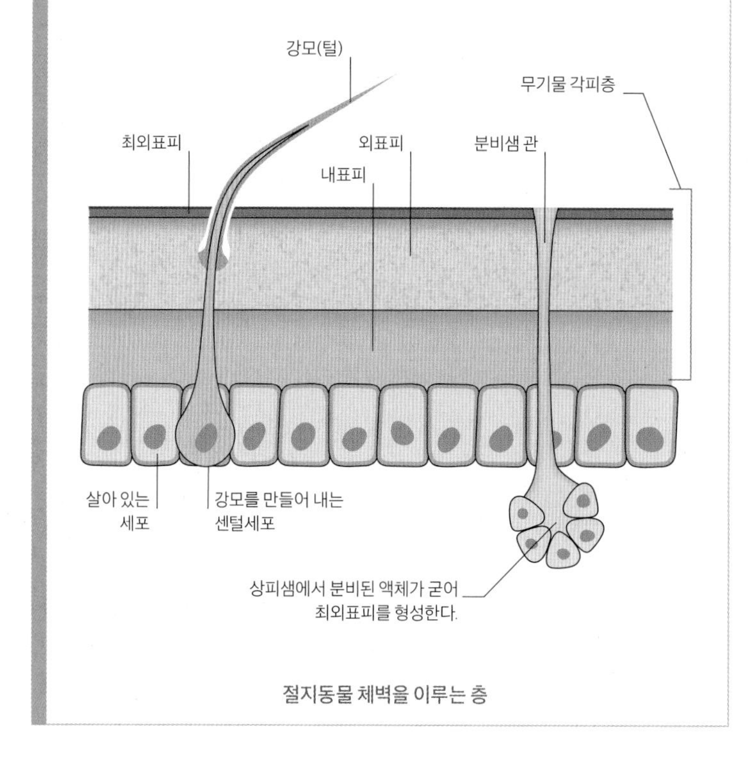

절지동물 체벽을 이루는 층

거미는 꽃 색깔에 맞춰 노란색과 흰색을 오가며 **체색을 바꿀 수 있다.** 이들은 꽃 사이에 숨은 채 먹이를 찾아오는 곤충을 기다리는 방식을 선택해 왔다.

게거미
(*Misumena vatia*)

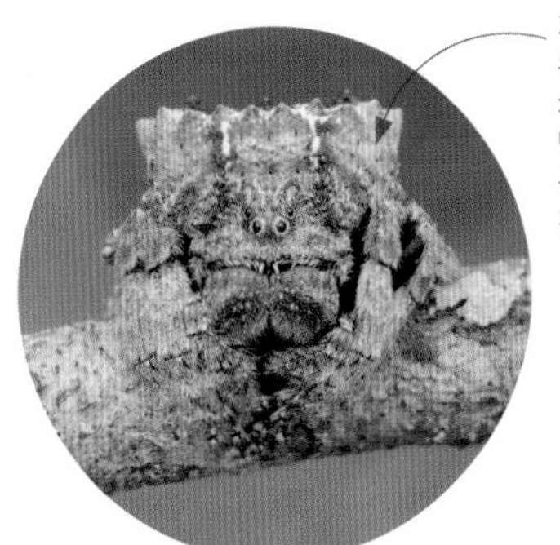

거미는 낮 동안 나뭇가지 위에 옹이처럼 가장한 채 **꼼짝 않고 앉아 있다.** 밤이 오면 거미줄을 돌아보기 위해 움직일 것이다.

나무껍질거미
(*Caerostris* sp.)

은폐색을 이용하는 포식자와 먹이
나무껍질거미나 게거미에서 보듯 위장술에는 단순히 주변 환경과 어울리는 색이나 질감이 수반될 수도 있다. 그 밖의 동물은 나뭇잎처럼 주변에 있는 특별한 대상을 흉내 내기도 하고, 주변에 있는 대상을 이용해 자기 몸을 가리기도 한다. 난초 행세를 하는 꽃사마귀는 꽃 사이에 숨은 채 꽃가루받이를 하는 곤충을 기다릴 수 있을 뿐만 아니라 꽃향기와 비슷한 냄새를 퍼뜨려 곤충을 유인할 수도 있다.

시력으로 먹이를 사냥하는 깡충거미의 눈에 띄지 않게 침노린재류 벌레는 **개미 사체로** 자기 몸을 가린다.

개미를 거머쥔 침노린재
(*Acanthaspis* sp.)

사마귀는 난초처럼 보이는 외모로 꽃가루받이 곤충을 유인해 잡아먹는다.

난초사마귀
(*Hymanopus coronatus*)

여치과에 속한 **이 곤충은** 정교하게 위장술을 펼치는 수많은 종 가운데 하나다.

초록색 잎과 흡사한 여치
(*Aegimia elongata*)

위장한 앞날개가 주변 환경과 어우러져 조화를 이룬다.

위장술에 실패한 나방은 날개 부분에 안점 또는 홑눈을 드러내는 방식으로 '위협적'이거나 놀라움을 주는 전략을 이용하기도 한다.

노란대형산누에나방
(*Automeris io*)

곤충의 날개에서 **미세하게 솟은 부분은** 나뭇잎의 잎맥을 모방한 것이다.

구부러지고 나뭇가지처럼 생긴 **배**

숨어 지내기

동물은 먹이에 몰래 접근하거나 천적을 피하는 데 도움을 주는 정교한 수단을 발전시켜 왔다. 발각을 피하는 능력인 은폐는 야행성, 은밀한 생활 양식, 위장술, 혹은 3가지 방식의 조합을 채택할 수 있다. 일부 동물은 주변 환경과 비슷한 모습을 하는 데 비해 침노린재류와 긴집게발게를 비롯한 동물은 자신이 찾아낸 대상을 이용해 위장술을 펼친다. 의태로 불리는 관련 전략에서 일부 동물은 다른 생명체나 사물의 형태처럼 보이게 만듦으로써 천적의 눈을 피한다. 방어 능력이 부족한 먹이 동물이 위험해 보이도록 진화한 데 비해 위험한 포식 동물은 해가 없는 것처럼 보이도록 진화해 왔다.

나뭇잎처럼 보이기

나뭇잎을 닮은 동물에는 양서류, 어류, 파충류, 곤충류가 있다. 낙엽메뚜기(*Chorotypus*)는 숲에서 주요 먹이인 다양한 나뭇잎을 흉내 내며 살아가는 수많은 종이 포함된 아시아메뚜기과에 속한다. 믿기 어려울 정도로 나뭇잎과 유사한 모습은 곤충을 잡아먹는 새처럼 예리한 시력을 지닌 천적의 눈을 피하는 데 도움을 준다.

골격의 부위

극피동물의 소골편은 피부 표면 바로 아래에 놓인 두꺼운 진피층에서 발달한다. 소골편은 자라면서 진피 밖으로 튀어나오더라도 연속적으로 이어진 진피층에 덮인 채 남아 있다. 일부 소골편은 물 수 있으며 방어적 성격을 띤 턱 모양의 정교한 '차극' 구조를 만들어 낸다.

소골편에서 턱처럼 생긴 차극

진피의 소골편판 사이에 있는 틈새를 통해 관족이 뻗어 나온다.

가시 소골편

표피는 피부의 얇은 표면층이다.

진피

진피의 소골편판

팽대부는 관족을 뻗게 만든다.

체강 (체내의 구멍)

성게 체벽의 횡단면

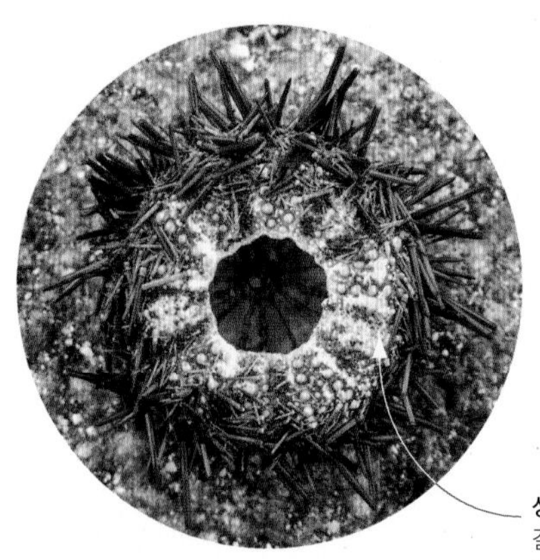

성게의 겉껍질에는 납작하게 결합한 소골편 외에도 긴 가시가 다량 붙어 있다.

해변의 골격
극피동물이 죽고 나면 대개 골격은 무수히 많은 미세한 방해석 판만을 남긴 채 빠르게 분해된다. 이따금 가시와 판이 손상되지 않은 상태로 겉껍질에 붙은 채 해변에서 발견될 수 있지만 이마저도 쉽게 부서지고 만다.

보호용 가시
선스타불가사리(*Crossaster papposus*, 오른쪽)가 울퉁불퉁하게 보이는 것은 소주체(paxillae)로 불리며 아래에 놓인 고르지 않은 크기의 소골편 때문이다. 기둥 형태의 소주체마다 가느다란 가시가 무리를 지어 꼭대기를 덮고 있다. 끝이 둥근 피부 아가미(얇은 벽으로 둘러싸여 있는 연장된 체강)가 사이에 있는 공간을 채워 노폐물을 배출하고 산소를 흡수하는 아가미의 역할을 담당한다. 광학 현미경, 14배율.

극피동물의 골격

성게, 해삼, 불가사리를 비롯한 극피동물은 내골격으로 불리는 내부 골격을 지니고 있다. 내골격은 피부의 두꺼운 진피층에서 발달하고 방해석의 미세결정으로 구성된 작고 단단한 소골편으로 이루어져 있다. 소골편은 판형, 가시형, 막대형을 비롯해 그 밖에도 다양한 형태로 나타난다. 성게의 경우 판은 단단한 보호용 겉껍질을 형성하는 데 비해 불가사리의 경우는 움직일 수 있고 느슨한 유연성을 제공해 준다.

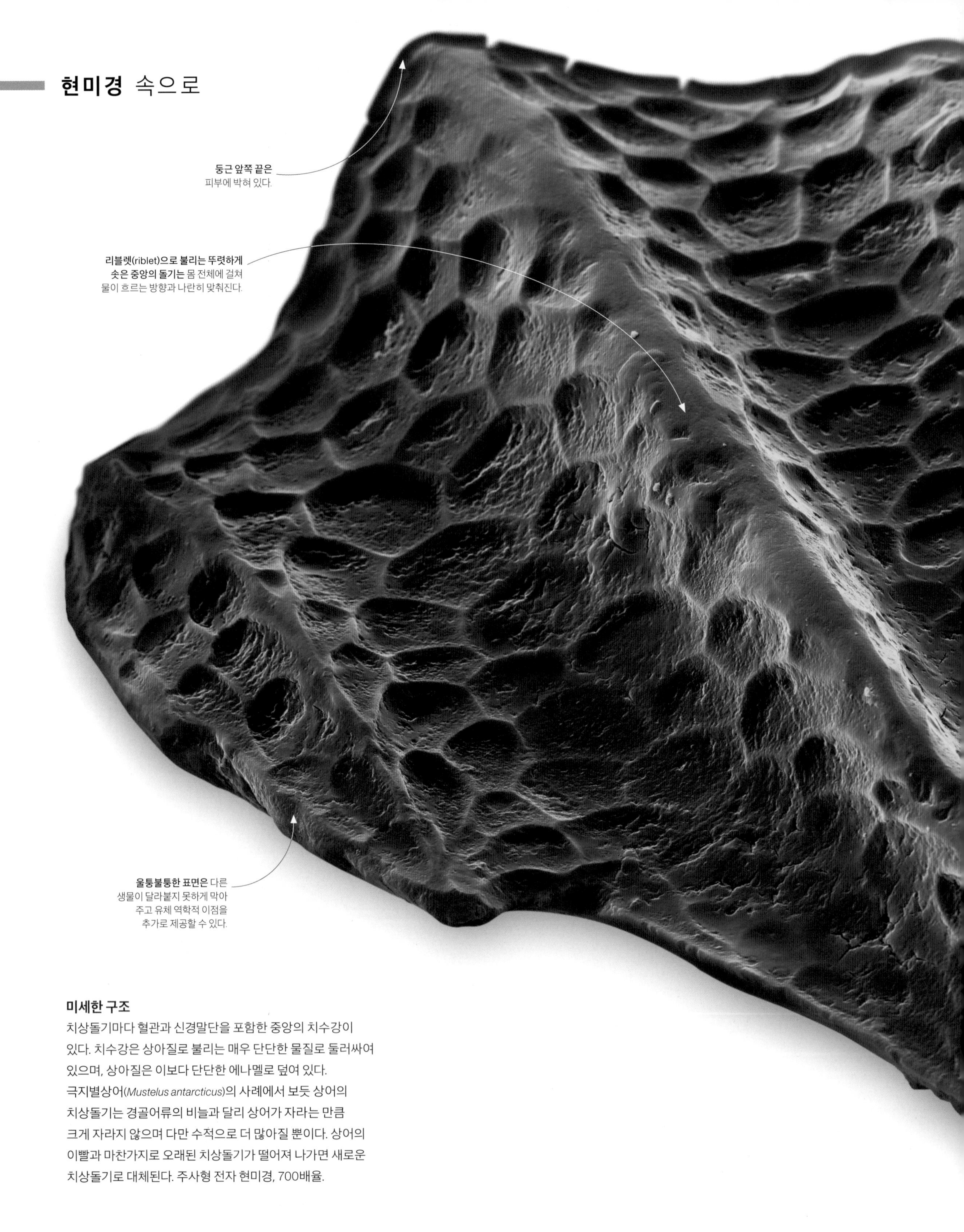

미세한 구조

치상돌기마다 혈관과 신경말단을 포함한 중앙의 치수강이 있다. 치수강은 상아질로 불리는 매우 단단한 물질로 둘러싸여 있으며, 상아질은 이보다 단단한 에나멜로 덮여 있다. 극지별상어(*Mustelus antarcticus*)의 사례에서 보듯 상어의 치상돌기는 경골어류의 비늘과 달리 상어가 자라는 만큼 크게 자라지 않으며 다만 수적으로 더 많아질 뿐이다. 상어의 이빨과 마찬가지로 오래된 치상돌기가 떨어져 나가면 새로운 치상돌기로 대체된다. 주사형 전자 현미경, 700배율.

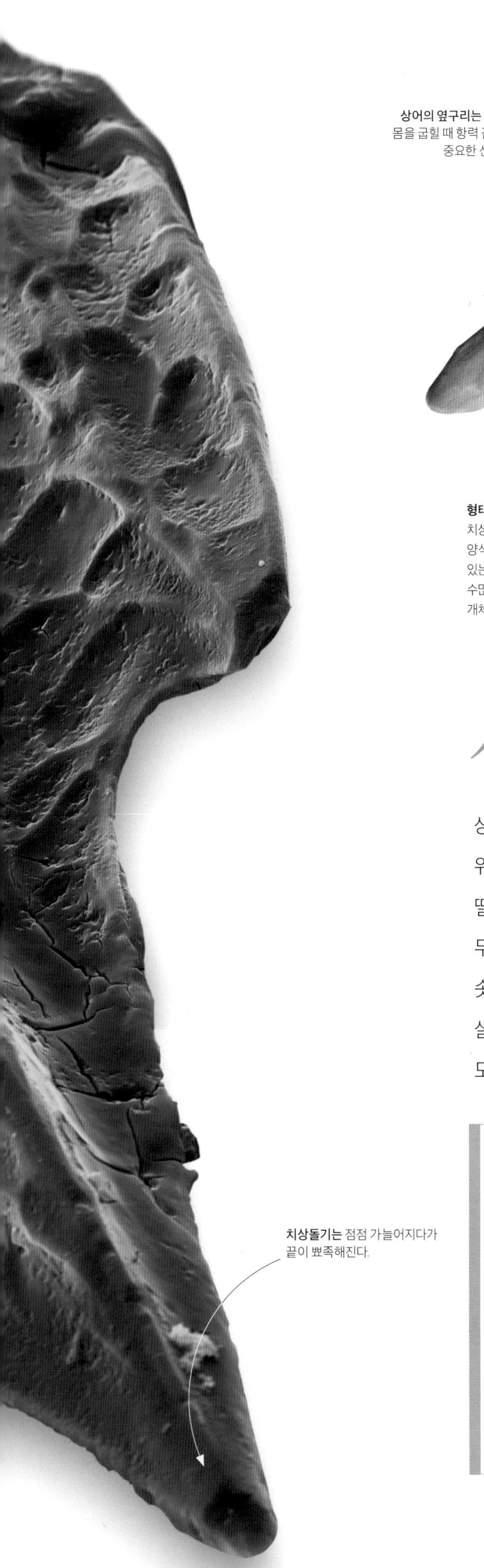

극지별상어

형태와 기능

치상돌기의 크기, 형태, 표면 장식, 간격은 상어 몸에서의 위치와 종의 생활 양식에 따라 다양하다. 모든 치상돌기에는 보호 기능이 있으며, 돌기가 있는 치상돌기는 항력을 줄이는 데 도움을 준다. 극지별상어의 치상돌기는 수많은 상어와 마찬가지로 3개의 돌기(리블렛)가 있지만, 수영 실력이 뛰어난 개체들은 7개의 돌기를 가질 수도 있다. 주사형 전자 현미경, 40배율.

상어 피부

상어 피부에는 작은 이빨 모양의 치상돌기가 박혀있어서 다양하면서도 중요한 역할을 한다. 위쪽으로 끝이 뾰족하게 솟은 방어용 치상돌기는 천적을 막고 표면에 달라붙어 수영의 효율성을 떨어뜨릴 수 있는 생물이 자리를 잡지 못하게 한다. 해저 부근에서 살아가는 상어에게서 발견되는 두꺼운 치상돌기는 바위로 인해 생기는 찰과상으로부터 몸을 보호한다. 모든 상어종에서 발견되는 솟아오른 치상돌기는 물의 흐름을 조절해 항력은 줄여 주되 유체 역학적 효율성은 높인다. 심해에서 살아가는 일부 상어종에는 오목한 형태의 치상돌기가 있어서 생물 발광 기관에서 만들어 낸 빛을 모으기도 한다.

치상돌기 곤두세우기

헤엄치는 속도가 빠른 몇몇 상어는 각도가 50도가 넘도록 치상돌기를 곤두세워 난류를 일으킬 수 있다. 이는 상어가 층류(매끄럽고 흔들리지 않는 층 속에 있는 액체의 흐름)와 관련된 항력을 줄이는 데 도움을 준다. 치상돌기는 피부 옆에 있는 얇은 난류층을 유지한 채 위로 들린다. 이런 소용돌이는 항력을 줄여 상어가 물속에서 쉽게 미끄러져 갈 수 있게 한다.

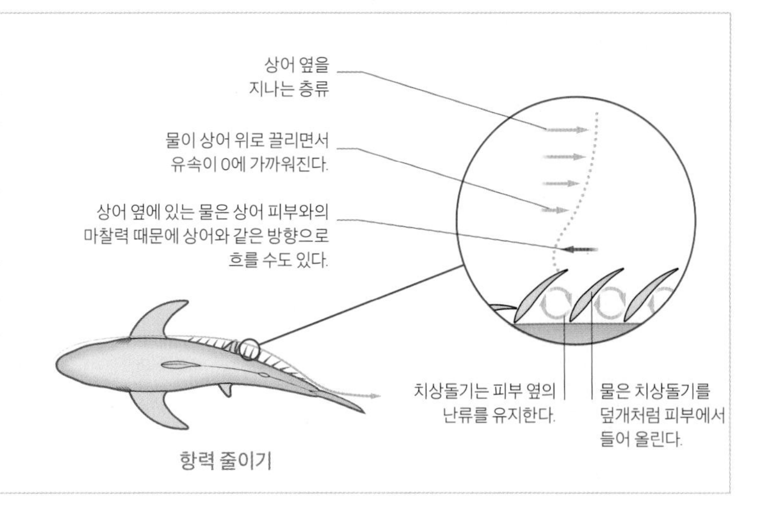

항력 줄이기

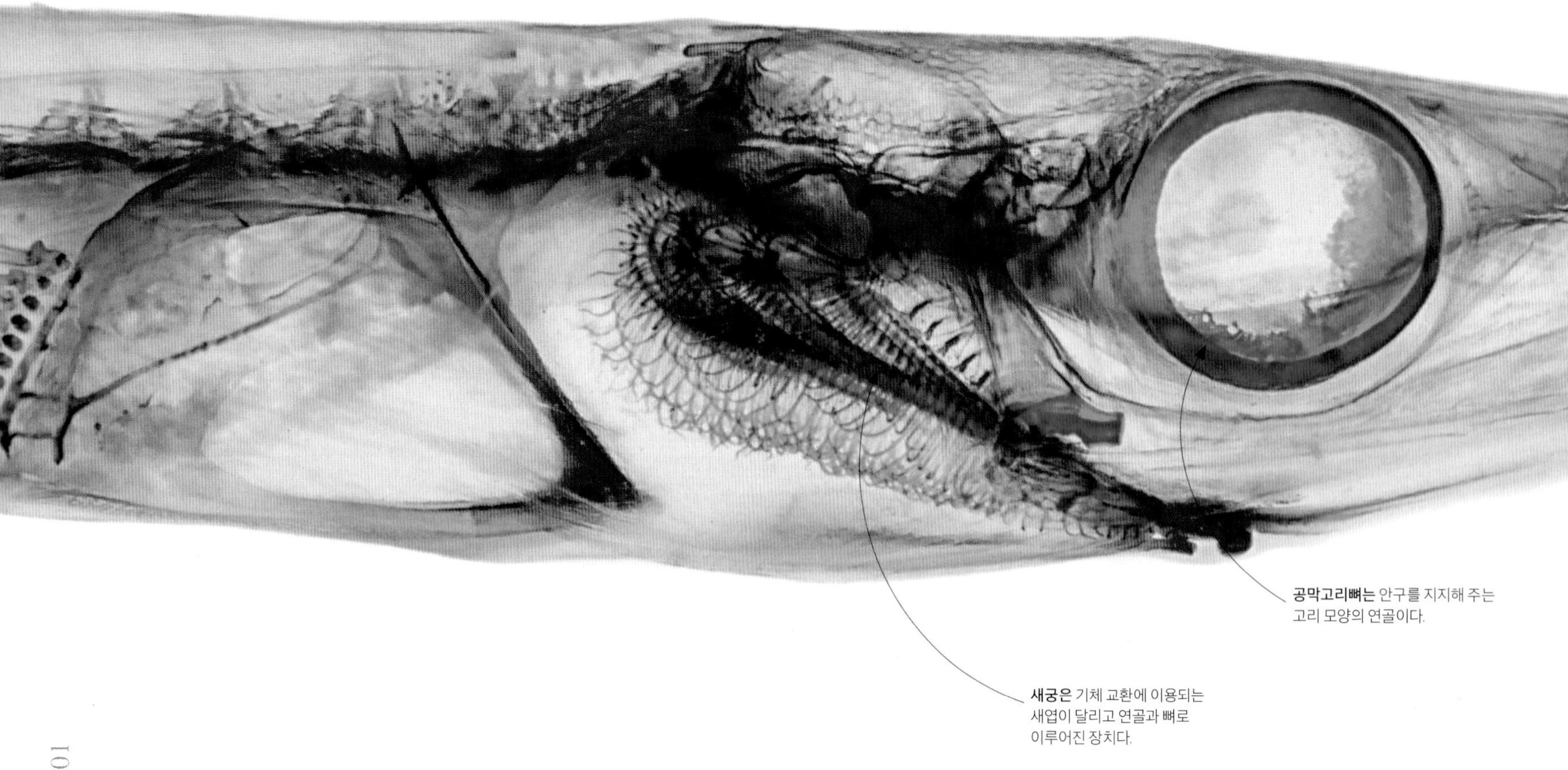

척추동물의 골격

등뼈가 있는 척추동물의 골격은 탈피를 거쳐야 하는 곤충 같은 절지동물의 외골격과 달리 신체 내부에서 발달해 나머지 조직과 함께 자란다. 골격은 고무 같은 연골과 단단한 뼈로 이루어져 있으며 근육으로 작동되는 관절에 의해 이어져 있다. 최초의 어류는 연골만으로 이루어진 골격을 지니고 있었으며, 상어 같은 일부 어류의 골격은 오늘날에도 연골질로 이루어져 있다. 그러나 현존하는 척추동물의 골격은 대개 골질로 이루어져 있다. 연골보다 단단한 뼈는 형태 유지에 유리하고 육지 생활을 강력히 지원한다.

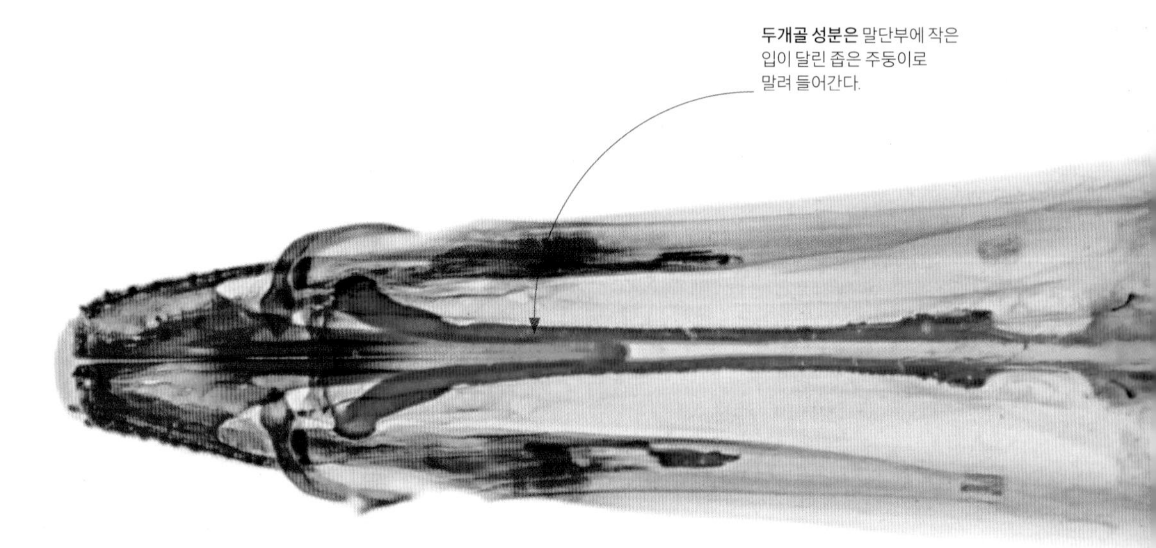

두 부분의 골격
대부분의 뼈는 배아에서 형성된 연골에서 발달한다. 그러나 실바늘치(*Aulorhynchus flavidus*) 성체는 경골 척추동물임에도 연골질을 일부 간직하고 있다. 자주색과 붉은색으로 염색한 뼈는 어류의 몸에서 주요 구조, 특히 척추를 강화해 준다. 파란색으로 염색한 연골은 뼈보다 신축성과 유연성이 뛰어나다.

바늘처럼 생긴 작은 이빨이 실바늘치의 양쪽 턱에 늘어서 있으며 작은 물고기와 갑각류를 잡아먹는 데 이용된다.

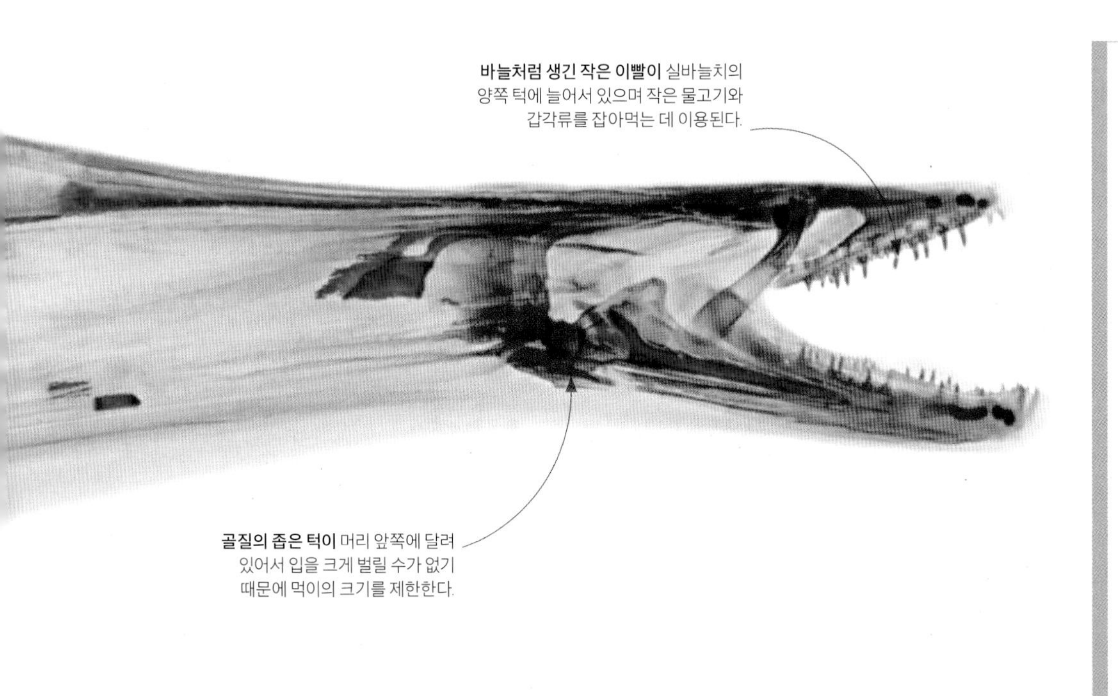

골질의 좁은 턱이 머리 앞쪽에 달려 있어서 입을 크게 벌릴 수가 없기 때문에 먹이의 크기를 제한한다.

연골과 뼈 비교

연골과 뼈는 모두 배경이 되는 바탕질(기질)에서 분리된 세포에서 만들어진다. 연골은 유연한 단백질 바탕질을 갖고 있어서 세포에 양분과 산소를 제공한다. 뼈에서는 단백질 바탕질이 칼슘 무기질로 굳어버리기 때문에 다른 세포나 혈관과의 상호 작용을 위해 세포는 세포질의 '보급로'를 구축할 필요가 있다.

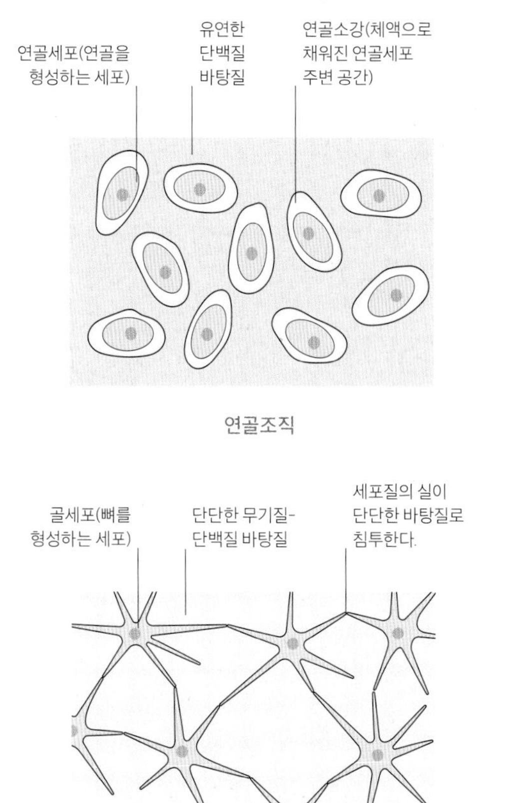

바위에 보존된 뼈
뼈는 부드러운 조직에 비해 오랫동안 분해되지 않아 골격이 화석이 되기까지는 오랜 시간이 걸린다.

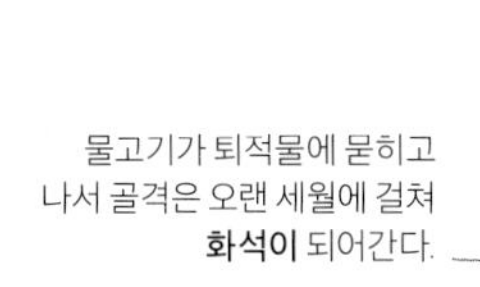

물고기가 퇴적물에 묻히고 나서 골격은 오랜 세월에 걸쳐 **화석이** 되어간다.

두개골 뼈는 뇌 주변에 보호용 헬멧을 형성한다.

척추는 척추골로 불리는 서로 맞물린 일련의 뼈로 이루어져 있어서 척수를 감싸고 긴 몸에 필요한 경골을 지지해 준다.

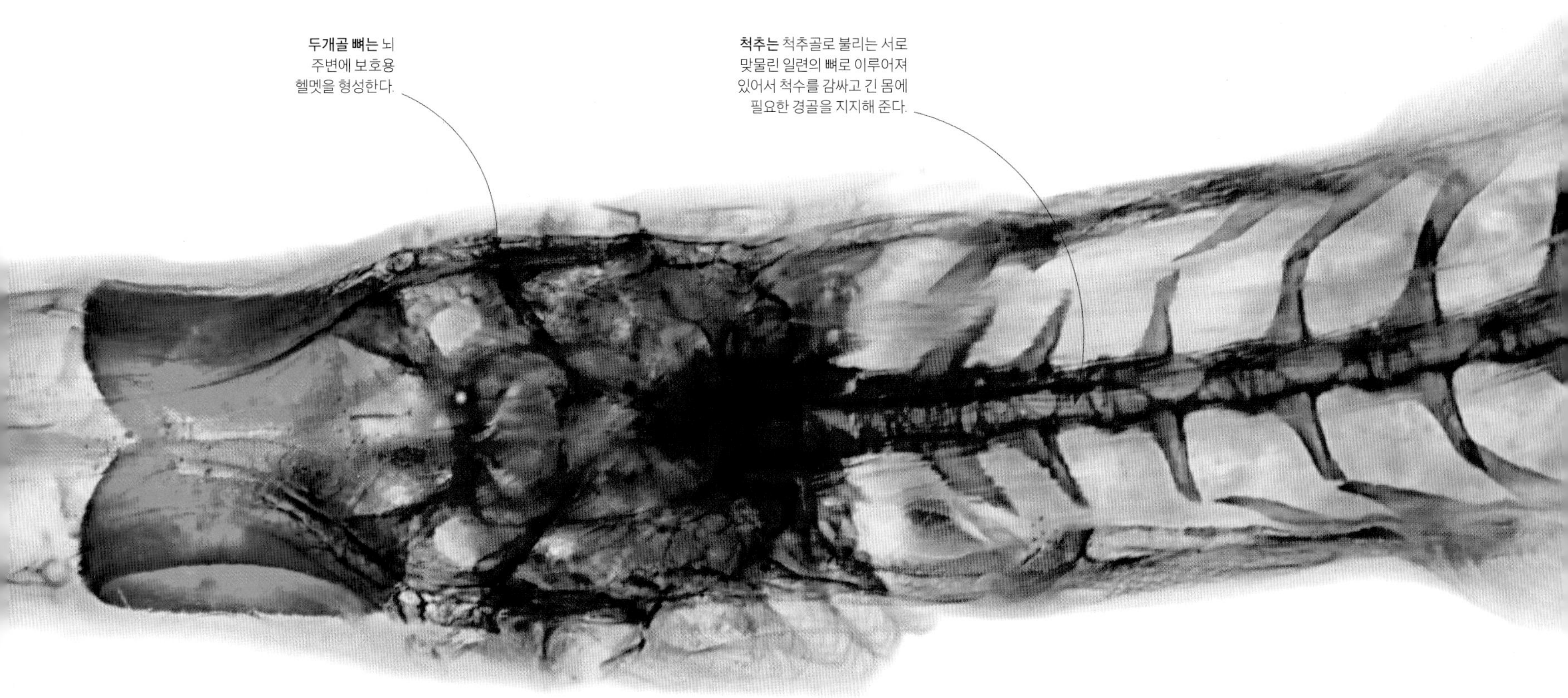

포유류의 털

포유류를 규정하는 특징 가운데 하나로 꼽히는 털은 손톱, 발톱, 뻣뻣한 깃털, 물이 스며들지 않는 파충류의 비늘을 형성하는 단백질과 같은 케라틴으로 이루어져 있다. 다양한 형태로 나타나는 포유류의 털은 용도 또한 다양하다. 수염은 촉각 감각기로, 가시와 깃은 방어용 무기로, 코털은 공기 여과기로 이용된다. 털은 포유류의 존재를 대담하게 알리기도 하고, 미묘하게 위장하기도 한다. 그러나 가장 기본적인 털의 기능은 보온재의 역할이다. 짧은 털이 이루는 층은 피부 근처의 공기를 가둬 열 손실을 줄일 수 있다. 젖은 털은 이런 기능을 효과적으로 수행할 수 없기 때문에 방수력을 어느 정도 갖추려면 보온재 역할을 하는 아래쪽 털을 덮어 줄 길고 기름기 있는 보호털이 필요하다.

털의 구조

털의 투명한 표피 밑으로는 주로 케라틴이라는 단백질로 이루어진 격자 형태의 죽은 세포인 피질이 있다. 미세한 케라틴 섬유가 한데 감겨 더 큰 미소섬유 가닥을 형성하며 결국 미소섬유는 다발을 이뤄 피질 세포의 주요 조직인 거대섬유를 형성한다.

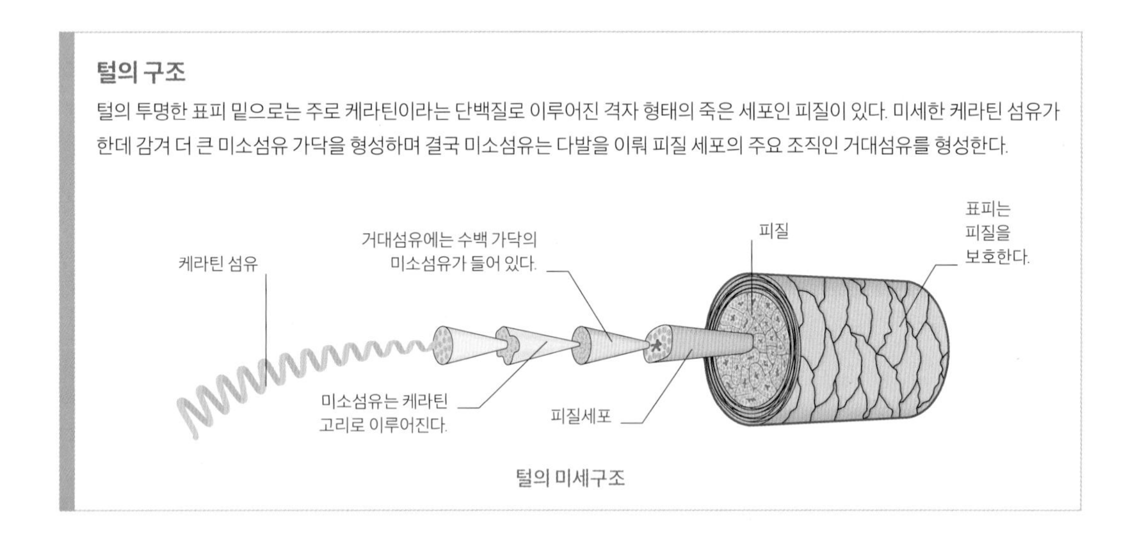

털의 미세구조

사람의 체온 조절

사람처럼 상대적으로 털이 없는 포유류라도 몸에 있는 털은 체온을 유지하는 데 이용된다. 체온이 올라가면 털에 부착된 작은 근육이 이완하면서 털이 위아래로 움직여 피부가 땀에 식을 수 있게 해 준다. 체온이 떨어지면 근육은 털이 일어서도록 잡아당겨 몸에 두꺼운 공기층을 가두지만, 사람에게는 그다지 효과가 없다.

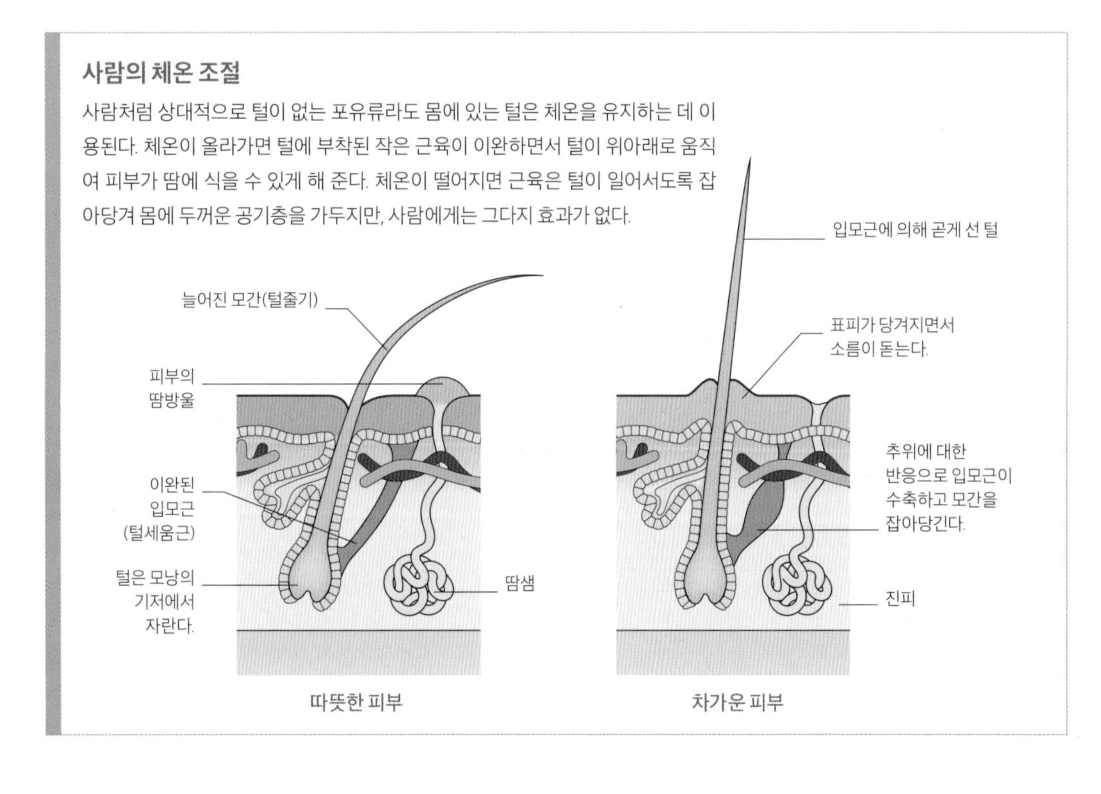

따뜻한 피부　　차가운 피부

기와처럼 포개진 **표피세포가** 아래에 있는 피질층을 보호한다.

사람의 모간

모세포는 모낭으로 불리는 피부 표피의 구멍 기저에서 발달한다. 모낭은 아래쪽에 있는 진피층으로 뻗어 내려간다. 분열과 증식을 통해 늘어난 모세포는 케라틴 단백질로 채워지면서 죽는다(각질화). 이런 과정은 점진적으로 1개의 모간을 만들어 내며, 모낭에 있는 모세포만 살아남는다. 주사형 전자 현미경, 470배율.

표피의 맨 위층(피부의 표면층)은 모간처럼 죽은 세포로 이루어져 있다.

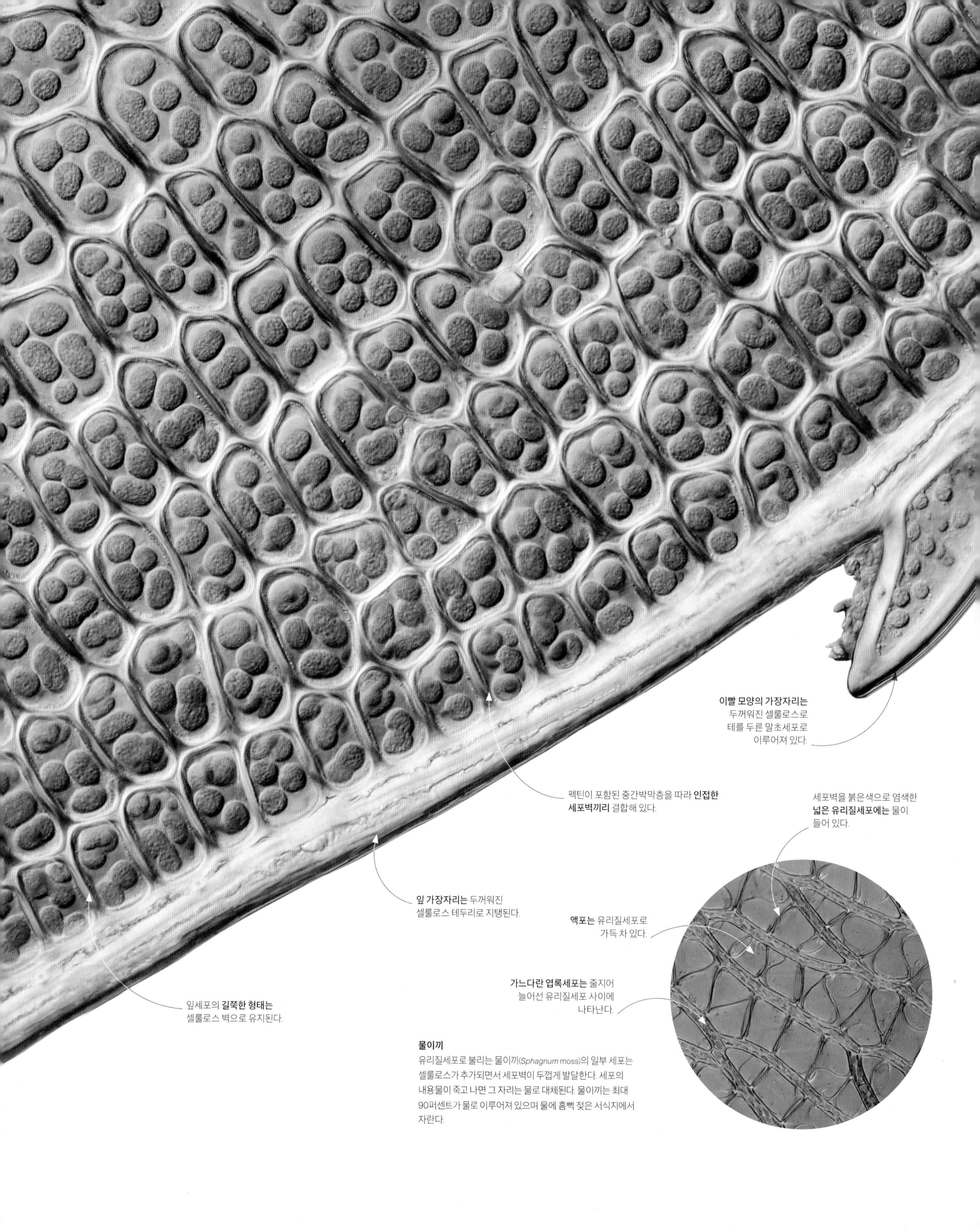

물이끼
유리질세포로 불리는 물이끼(*Sphagnum* moss)의 일부 세포는 셀룰로스가 추가되면서 세포벽이 두껍게 발달한다. 세포의 내용물이 죽고 나면 그 자리는 물로 대체된다. 물이끼는 최대 90퍼센트가 물로 이루어져 있으며 물에 흠뻑 젖은 서식지에서 자란다.

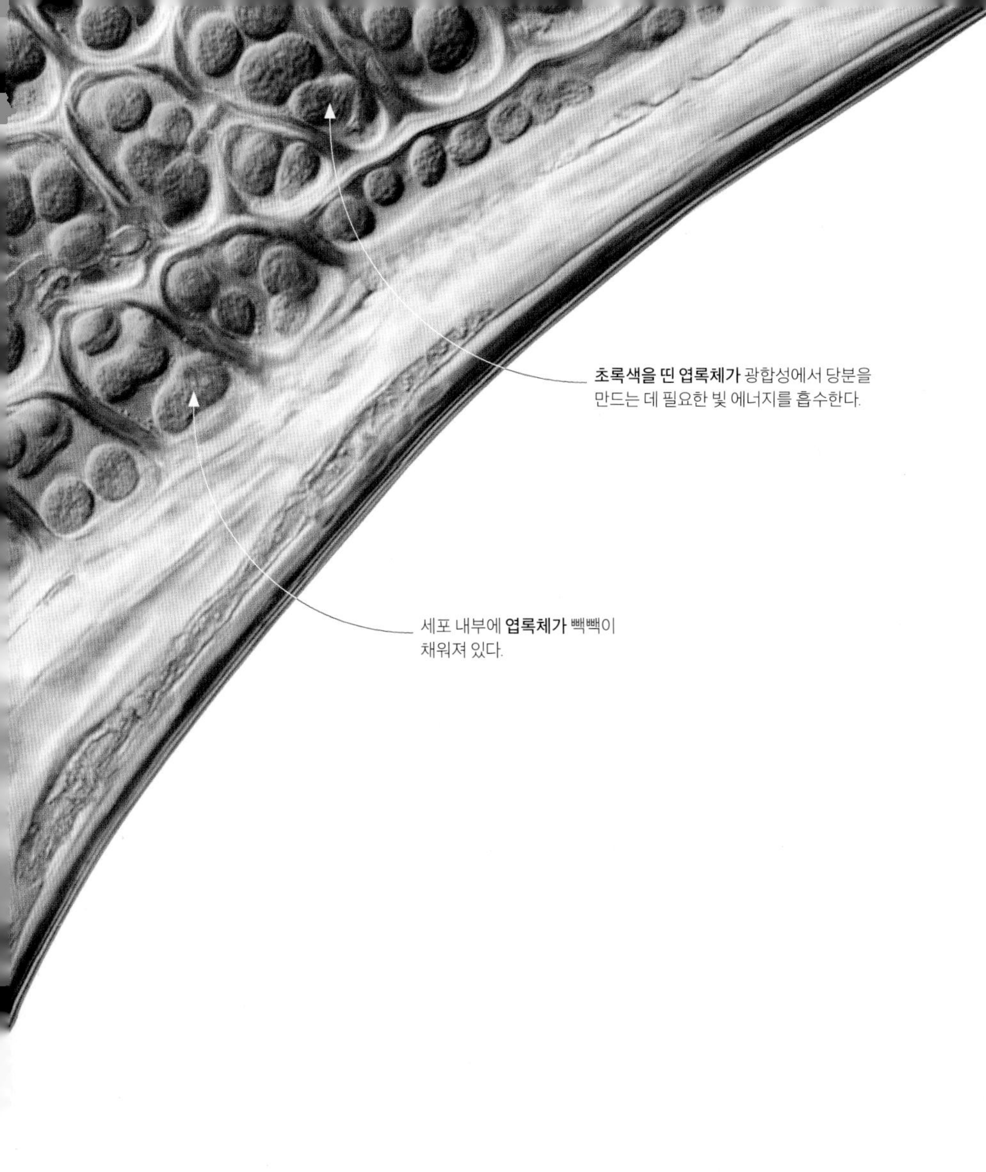

이끼의 세포벽

이끼의 잎은 매우 얇아서 대부분 세포 하나 정도의 두께에 불과하며 다른 식물처럼 매끈한 표피가 없다. 초록색 엽록체로 채워진 세포마다 젤리를 굳게 만드는 펙틴에 의해 이웃한 엽록체와 단단히 결합해 있다. 세포는 투과성 셀룰로스 벽을 통해 주변 환경과 중요한 물질을 교환할 수 있다. 광학 현미경, 1000배율.

초본식물이 지탱하는 방식

나무가 아닌 초본식물의 세포벽에 있는 셀룰로스는 식물을 지지할 만큼 강하지 않다. 세포에는 대개 수액 액포가 있어서 식물의 뿌리가 삼투압(농도가 낮은 용액에서 농도가 높은 용액으로 물 분자가 확산하는 현상)을 통해 물을 흡수할 때 채워진다. 물을 흡수해서 얻은 팽압은 세포벽에 압력을 가해 식물을 지탱해 준다. 원형질 분리로 불리는 과정을 통해 뿌리가 대체할 수 있는 것보다 많은 양의 물이 잎에서 증발하면 수분을 잃고 팽압이 감소하면서 식물은 시들고 만다.

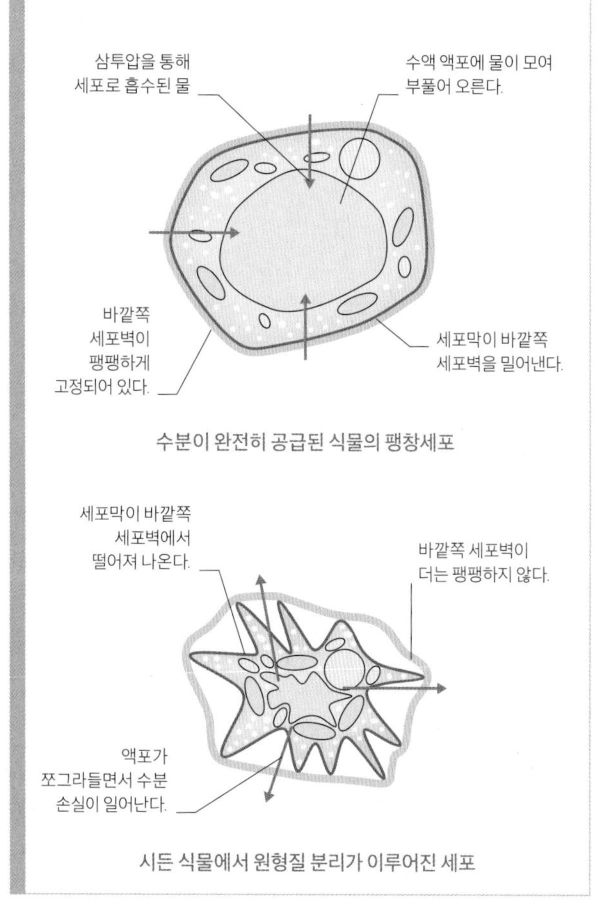

수분이 완전히 공급된 식물의 팽창세포

시든 식물에서 원형질 분리가 이루어진 세포

세포벽

식물의 세포벽은 뚜렷해서 동물의 세포벽보다 알아보기가 훨씬 쉽다. 모든 식물의 세포벽은 식물 섬유를 대부분 담당하는 물질인 셀룰로스로 이루어져 있다. 목질 조직에서처럼 일부 식물의 세포벽은 리그닌으로 불리는 단단한 물질에 의해 강화된다. 리그닌은 내용물이 죽을 정도로 세포벽을 밀봉하듯 막는다. 남아 있는 죽은 조직은 가장 크고 무거운 살아 있는 식물(나무)을 지탱할 수 있는 미세한 구조를 제공한다. 초본식물의 세포벽은 나무에 비해 훨씬 얇지만, 압력이 높고 물이 가득 찬 액포가 들어 있어서 세포를 견고하면서도 팽창된 상태로 유지함으로써 식물이 똑바로 서 있을 수 있게 해 준다.

식물을 지탱하는 줄기

식물의 줄기와 가지는 땅바닥을 타고 뻗어 나가기도 하고 공중으로 높이 솟아오르기도 하지만, 어떤 식물이든 광합성에 필요한 햇빛에 잎을 드러내기 위한 지지대를 제공해 준다. 키가 큰 줄기는 경쟁 식물에 그늘을 드리울 수도 있다. 나무가 위쪽에 다다르기 위해 그토록 많은 에너지를 쏟아붓는 것도 바로 이 때문이다. 그렇게 뻗어 나가는 힘은 땅에서 물을 위로 수송하는 데 이용되는 도관(물관)에서 비롯된다. 물관벽은 셀룰로스와 리그닌으로 불리는 목질 성분에 의해 보강된다. 대체로 물관은 양분이 풍부한 즙액을 실어 나르는 체관과 함께 뿌리부터 잎까지 뻗어 있는 관다발에 자리 잡고 있다.

표피세포는 유일한 바깥층을 형성하고 수분 손실을 줄이는 데 도움을 준다.

내부피질(갈색)은 조직적인 층을 형성한다.

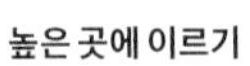

높은 곳에 이르기
으아리는 튼튼한 나무줄기로도 자랄 수 있지만 지지대로 나무를 이용해 기어오르는 덩굴식물이다. 이런 방식으로 으아리는 줄기에 에너지를 쏟지 않고도 서식지인 숲에서 햇빛에 도달할 수 있다.

줄기는 자라면서 표면을 기어올라 지탱하는 힘을 얻는다.

속이 빈 줄기(대)는 대나무가 다른 풀보다 더 높이 자랄 수 있게 해 준다.

거대한 풀
벼과식물은 으아리처럼 더 많은 물관을 만들어 줄기를 두껍게 할 수 없다. 그러나 대나무는 예외적으로 관다발 사이에 목질 섬유를 만들어 비슷한 효과를 얻는다.

관다발 조직

식물에서 중요한 액체를 수송하는 관다발 조직의 두 유형인 물관부와 체관부는 모두 상호 연결된 세포가 형성한 관으로 이루어져 있다. 뿌리에서 잎으로 물과 무기질을 실어 나르는 물관부는 세포벽이 없는 죽은 세포로 형성되며 지름이 시시각각 바뀌는 넓은 관으로 이루어져 있다. 식물 전체로 양분이 전달되는 체관부는 관이 좁고 체처럼 구멍 뚫린 세포벽이 있는 살아 있는 세포로 이루어져 있다.

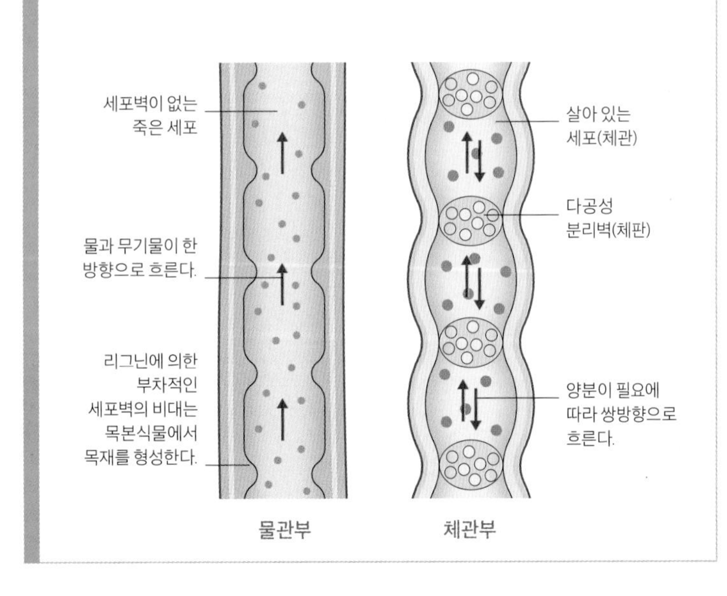

관다발

물관부(파란색)와 체관부(노란색) 관다발이 큰꽃으아리(*Clematis* sp.) 줄기의 횡단면에 고리 형태로 배열되어 있다. 성장하는 식물은 더 많은 물관을 추가해 더 많은 잎이 매달릴 수 있도록 줄기를 더욱 두껍고 강하게 만들 것이다.

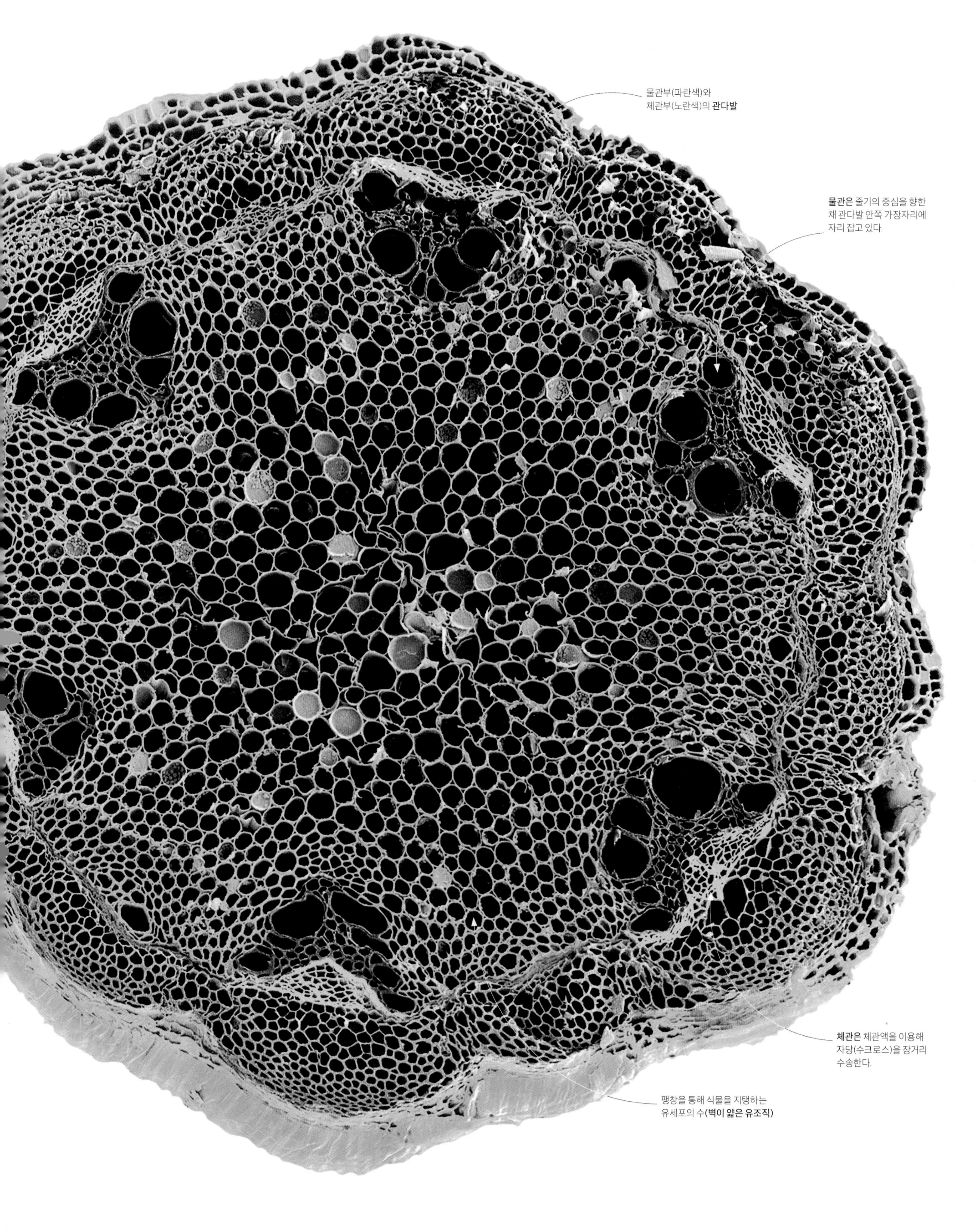
물관부(파란색)와
체관부(노란색)의 관다발
물관은 줄기의 중심을 향한
채 관다발 안쪽 가장자리에
자리 잡고 있다.
체관은 체관액을 이용해
자당(수크로스)을 장거리
수송한다.
팽창을 통해 식물을 지탱하는
유세포의 수(벽이 얇은 유조직)

모상표피

잎의 바깥쪽 표면(모상표피)에는 모상체로 불리는 미세한 '털'이 덮여 있다. 잎은 몇 가지 형태의 모상체를 가질 수도 있다. 모상체가 자라는 표면은 상부 표피로 알려져 있으며, 이런 용어는 식물의 다른 부분에도 적용할 수 있다. 잎의 모상표피에는 수분 유지를 돕는 것부터 해충을 막는 것까지 다양한 기능이 있는 10여 가지 유형이 있다.

방패형 모상체는 잎이 비늘에 덮인 것처럼 보이게 해 준다.

비늘형
공중식물
(*Tillandsia* sp.)

분비샘에서 점액질이 흘러나와 잎을 끈적거리게 만든다.

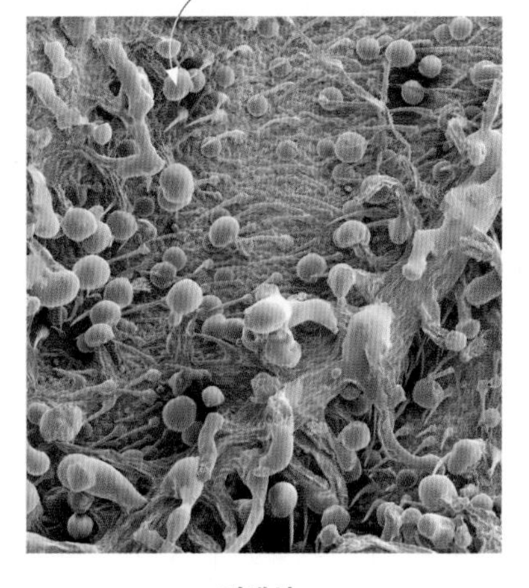

점액성
대마초
(*Cannabis sativa*)

짧은 돌기가 잎의 질감을 만든다.

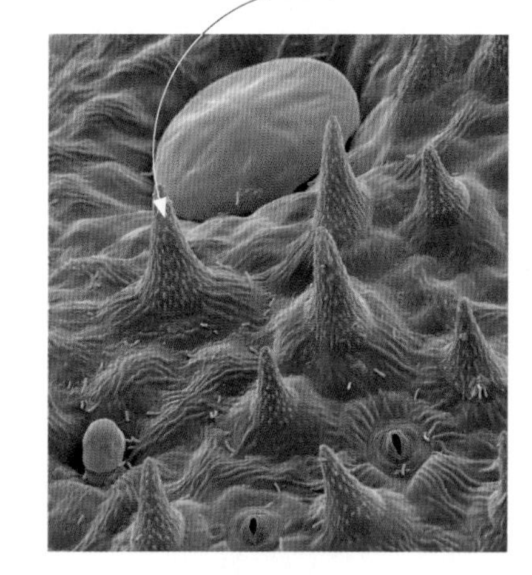

꺼칠꺼칠한 질감
마조람
(*Origanum majorana*)

엽모

잎에 난 모상체는 다양한 기능과 함께 다양한 형태로 발달한다. 상당수의 잎은 한 가지 이상의 유형을 갖는다. 단세포 또는 다세포로 형성되는 모상체는 포식동물을 물리치는 방어용 가시로 나타날 수도 있다. 그 밖의 모상체는 쓴맛이 나는 기름이나 끈적한 젤을 분비하는 분비샘의 역할을 한다. 어떤 모상체는 동물의 털과 같은 기능이 있어서 추위에 대비해 잎 표면을 덮어 서리 피해를 막는다. 그러나 모상체는 대개 작은 이슬방울을 귀중한 수원으로 모으는 역할을 담당한다.

다수의 표피 유모세포에서 형성된 **한 갈래의 긴 털**

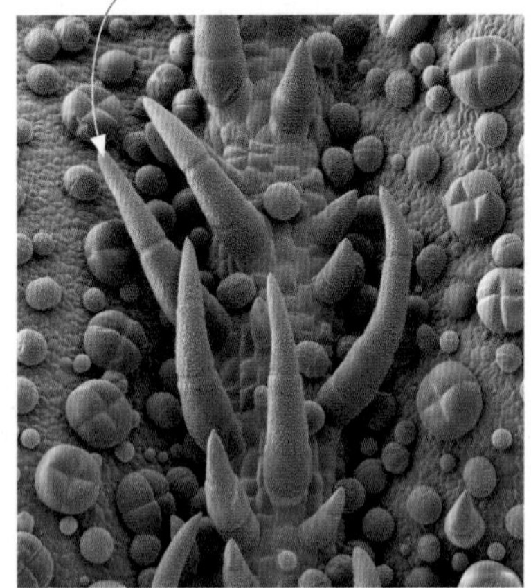

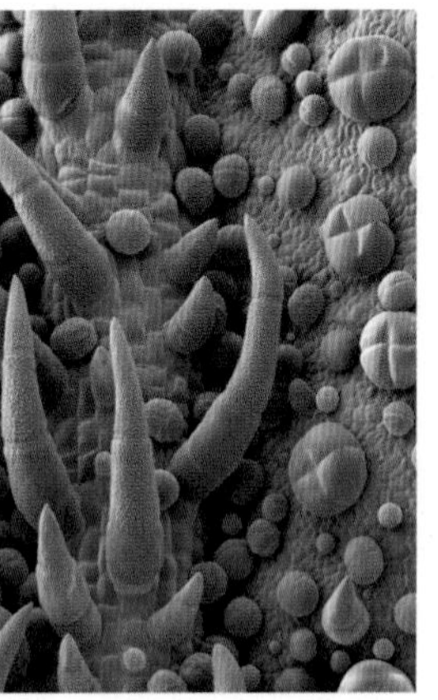

다세포
바질
(*Ocimum basilicum*)

하나의 표피 유모세포에서 형성된 **칼날 같은 구조**

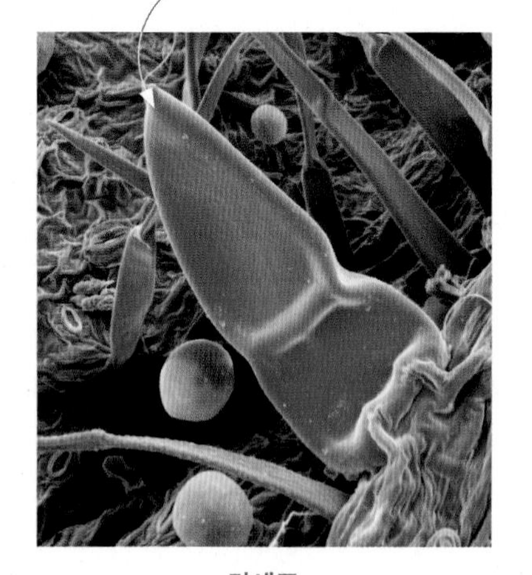

단세포
제라늄
(*Pelargonium Crispum*)

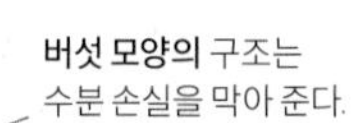

줄기가 없는 털은 하나의 지점에서 시작된다.

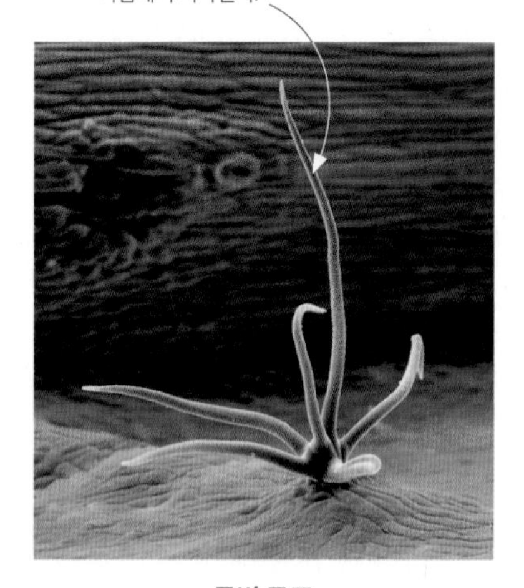

무병 구조
위치하젤
(*Hamamelis virginiana*)

높이 자란 털끝에서 **분비 비늘줄기가** 형성된다.

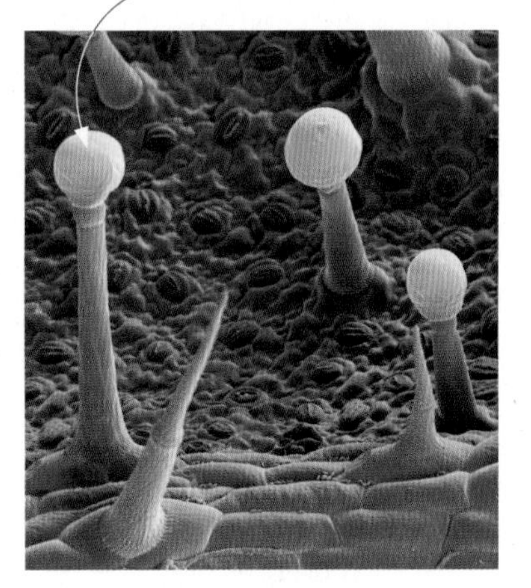

파일러트 선상 조직
레몬밤
(*Melissa officinalis*)

버섯 모양의 구조는 수분 손실을 막아 준다.

방패형
올리브나무
(*Olea europaea*)

지방분비선은 모상체 구조의 중요한 특징으로 꼽힌다.

두상 선상 조직
히비스커스
(*Hibiscus* sp.)

잎 표면

광합성을 통해 빛을 사로잡아 그 에너지를 활용하는 잎은 식물의 태양 전지판이나 다름없다. 상당수의 잎은 표면이 넓고 매끄러우며 편평한 것처럼 보인다. 그러나 현미경으로 들여다보면 잎의 표면(표피)은 다양한 구조를 보이며, 흔히 위쪽과 아래쪽 면은 전혀 다른 모습을 하고 있다. 표피세포는 2가지 형태로 나뉜다. 편평한 세포가 대개 잎의 조직을 형성하고 수분 손실을 줄여주는 매끈한 표피로 덮여 있는 데 비해, 표피에 난 털(모상체)은 모상(毛狀)표피로 불리는 표면을 형성한다.

길고 곧은 모상체는 같은 방향을 가리킨다.

강모형
콩
(*Glycine max*)

하나의 높은 줄기에서 **별 모양의** 털이 발달한다.

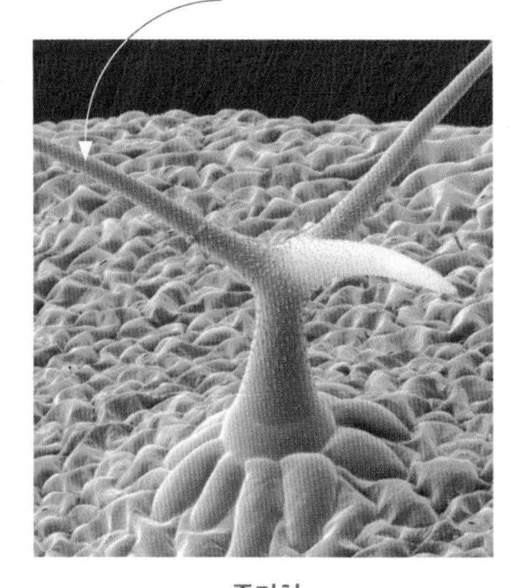

줄기형
애기장대
(*Arabidopsis thaliana*)

나무 형태의 가지가 공동 기저에서 나타난다.

나뭇가지형
생이가래
(*Salvinia natans*)

보호용 가시
대마초(*Cannabis sativa*) 어린 개체의 '제1 본잎(265쪽 참조)'을 찍은 이 주사형 전자 현미경 사진에서 표면을 덮은 발톱 모양의 모상체를 확인할 수 있다. 한편 대마초 잎의 모상체는 불쾌한 맛의 기름을 분비하는 선상 형태로 발달했다.

모상체는 잎을 맛없게 만들어 해충과 포식 동물 피해를 예방한다.

곤충의 침 비교

서로 관계가 있는 말벌, 벌, 개미의 독액 조직을 이루는 구성요소는 비슷하다. 독을 만드는 분비샘, 독을 저장하는 주머니(낭), 독을 전달하는 화살창, 페로몬처럼 보조적 화학 물질을 만드는 두포어 샘(Dufour's gland)이 바로 그것이다. 포유동물의 피부에 침을 쏘고 나면 침이 떨어져 나가면서 벌이 죽는다는 사실은 널리 알려져 있다. 그러나 흔히 벌의 표적이 되는 절지동물에 침을 쏘면 벌은 해를 입지 않고 침이 미끄러지듯 무사히 들고난다.

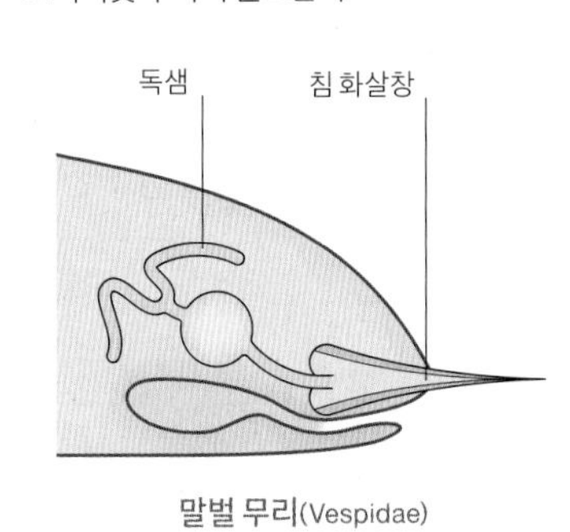

말벌 무리(Vespidae)

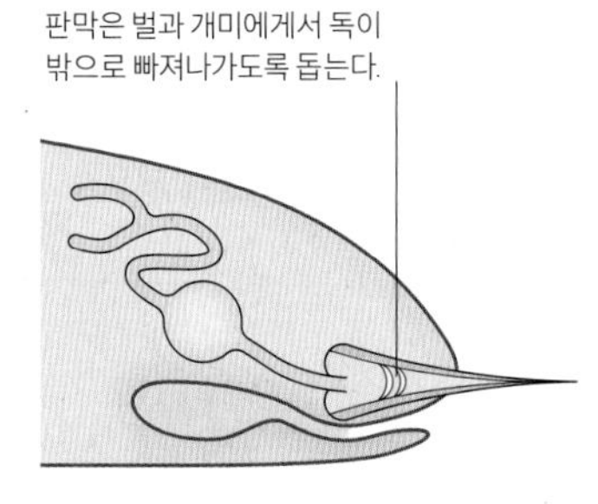

꿀벌 무리(Apidae)

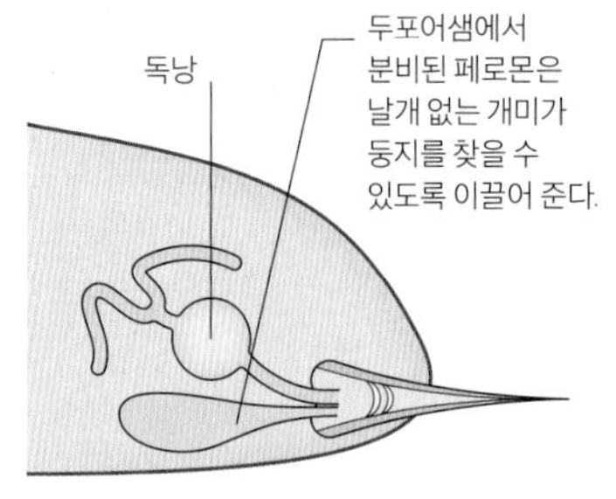

개미 무리(Formicidae)

개미의 침

침을 쏘는 개미의 기관에서 눈에 띄는 부분은 가장 두꺼운 표피인 각피 또는 사람의 피부까지도 뚫을 만큼 단단하면서도 구부러진 화살창이다. 독은 화살창의 기저 바로 뒤에 자리 잡은 배의 후미에 있는 분비샘에서 만들어진다.

곤충의 침

치명적인 고통을 가져다 줄 수 있는 침은 적을 퇴치하거나 먹이를 무력하게 만드는 효과적인 수단이다. 침을 쏘는 곤충 가운데 단연 으뜸은 군거성 벌목(막시목)에 속한 개미, 벌, 말벌 따위다. 이 독침에는 날카로운 화살창을 통해 주입되는 독이 들어 있다. 화살창은 변형된 산란관이기 때문에 침을 쏘는 개체는 하나같이 암컷이다. 이 곤충들은 둥지를 지키는 역할을 하고 침을 쏘는 암컷 일벌(일개미), 침 없이 번식에만 참여하는 수컷, 침의 기저에 있는 구멍을 통해 알을 낳는 여왕으로 이루어진 복잡한 사회에서 살아간다.

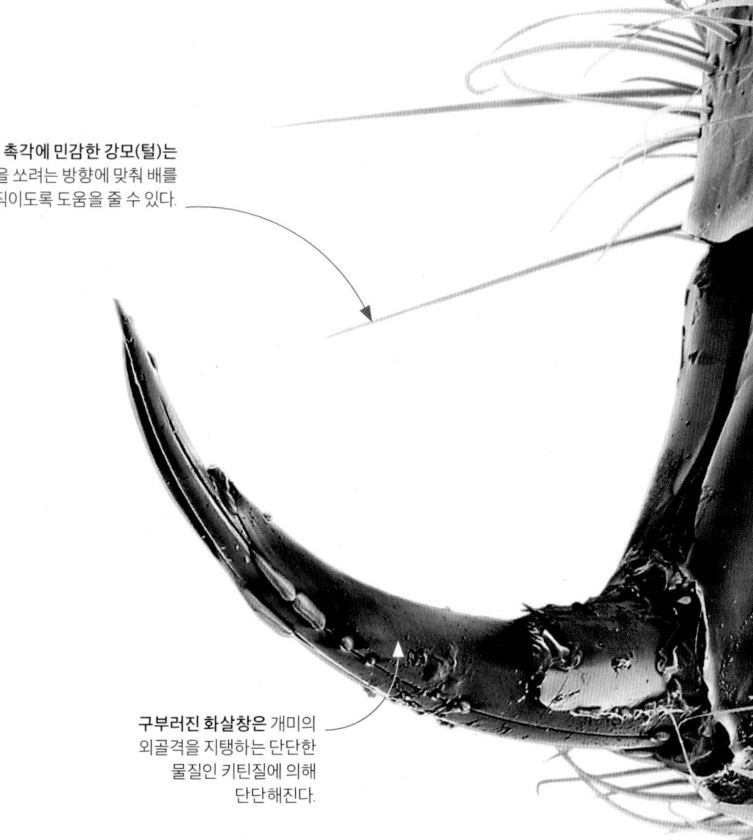

촉각에 민감한 강모(털)는 침을 쏘려는 방향에 맞춰 배를 움직이도록 도움을 줄 수 있다.

구부러진 화살창은 개미의 외골격을 지탱하는 단단한 물질인 키틴질에 의해 단단해진다.

이중으로 이용되는 무기
사냥의 귀재인 톡토기와 덫개미(*Acanthognathus teledectus*)는 긴 집게발을 이용해 먹잇감을 움켜잡고 침을 쏘아 죽인다.

배를 가슴 아래로 감아 둔 개미는 앞쪽으로 침을 찔러 박을 수 있다.

자극하는 털

공격을 받기 쉬운 동물은 기발한 방어 기제를 활용해 천적을 물리칠 수 있다. 어떤 타란툴라와 애벌레는 바늘처럼 끝이 뾰족하거나 미세한 가시가 달리고 떼어낼 수 있는 변형된 감각 기관인 강모(154~155쪽 참조)가 있다. 타란툴라의 쐐기풀 같은 털은 피부, 눈, 기도에 자리를 잡는다. 이들 털이 일으킨 자극은 몸집이 큰 천적을 쫓아내고 비교적 작은 천적의 목숨을 앗아갈 수도 있다. 타란툴라 가운데 미국에 서식하는 종, 그중에서도 약 90퍼센트만 이런 털을 갖고 있다. 많은 타란툴라는 다리로 몸을 비벼 무기가 된 털을 적의 안면에 휘두른다.

털(강모)의 기저는 짧은 자루에서 빠져나온다.

뒤쪽을 향하고 있는 가시는 피부에 자리 잡은 털이 고정될 수 있게 도와준다.

다채로운 색을 띠는 타란툴라
멕시코의 붉은 무릎 타란툴라(*Brachypelma smithi*)는 쐐기풀 같은 털을 방어용으로 이용하는 수많은 열대 타란툴라 가운데 하나다.

가까이에서 들여다본 털
쐐기풀을 닮은 타란툴라의 털은 기저 가까이에 있는 좁고 약한 부분에서 갈라지도록 변형되었다. 털에는 앞쪽이나 뒤쪽을 향한 가시가 있어서 천적의 살을 파고들어 제거하기 어렵게 만든다. 이런 털은 대개 타란툴라의 몸 여기저기서 나타나는데, 특히 옆구리와 배의 뒷부분에 집중된다. 주사형 전자 현미경, 2300배율.

타란툴라의 털 유형

쐐기풀처럼 생기지 않은 털은 몸에 뿌리를 박은 채로 있지만, 타란툴라는 적어도 6가지 형태의 떼어낼 수 있는 쐐기털을 만들어 낸다. 각각의 형태는 서로 다른 유형의 방어를 위해 발달한 것으로 보이지만 구체적인 부분은 명확하지 않다. 가령 제1 유형의 털이 난낭으로 만들어지고 기생파리나 사냥감을 찾아다니는 개미를 쫓아내도록 도움을 주는 데 비해, 긴 가시가 달린 제3 유형의 털은 몸집이 큰 척추동물 포식자에 맞서는 데 효과적일 수 있다.

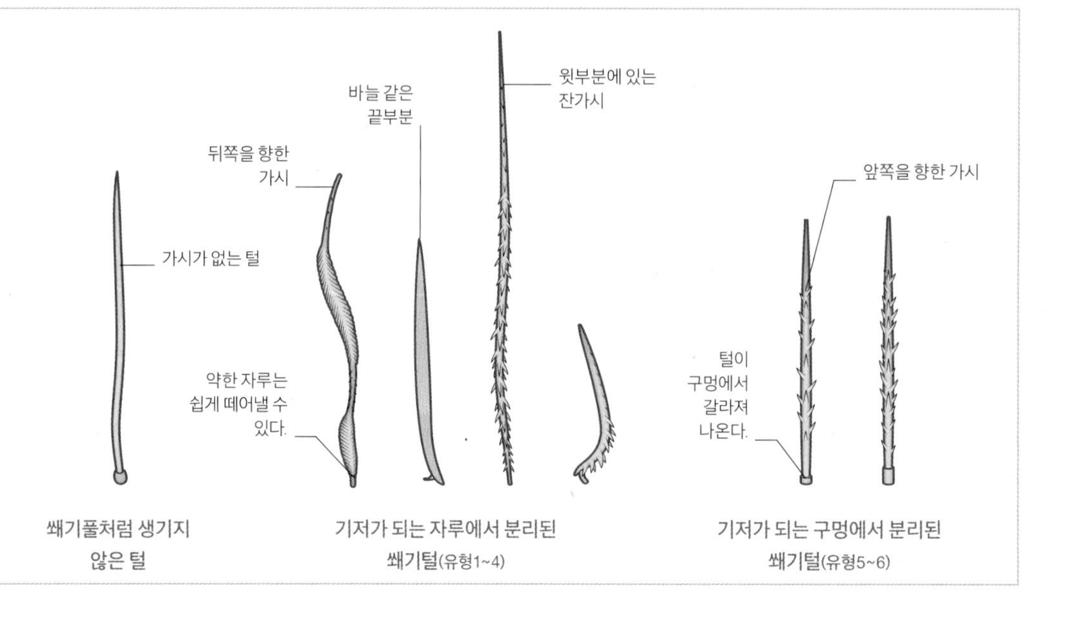

단단하고 털이 곤두선 강모 같은 구조는
절지동물의 골격을 이루는 단단한 물질인
키틴질에 의해 더욱 강화된다.
날카롭고 끝이 뾰족한
털은 피부 깊숙이
침투할 수 있다.

독을 쏘는 털

수많은 곤충의 유충과 마찬가지로 느릿느릿 움직이는 나방과 나비의 애벌레(caterpillar)는 천적의 손쉬운 표적이 될 수 있지만, 상당수는 화학전을 이용해 위험을 피하는 방법을 발전시켜 왔다. 다른 곤충에서 물리적 방어에 도움을 주는 털과 가시는 독을 배출하는 용도로 바뀌었다. 독을 밀어내는 근육이 있는 말벌이나 전갈의 침(210쪽 참조)과는 달리 이들 애벌레의 독은 수동적으로 배출된다. 부러지기 쉬운 털끝을 만지면 바스러지면서 내용물이 천적의 피부로 흘러나온다. 그 효과는 불쾌감을 주는 수준에서 극심한 고통을 유발하는 수준에 이르기까지 종에 따라 천차만별이다. 독이 있는 애벌레는 대개 밝은색을 띠거나 화려한 무늬가 있어서 전에 쏘인 경험이 있는 천적들은 그냥 지나치는 법을 터득하게 된다.

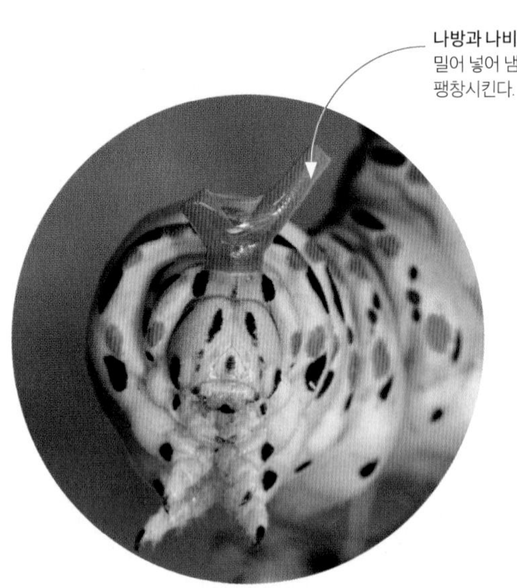

악취를 이용한 방어
산호랑나비(*Papilio machaon*)는 냄새를 이용해 위험에서 벗어난다. 냄새뿔로 불리며 포크처럼 갈라진 육질의 기관에서 파인애플 같은 냄새를 풍겨 거미나 개미 같은 적들을 쫓아낸다.

뻣뻣한 털이 가지처럼 갈라져 독을 배출하는 털끝의 개수가 최대로 늘어난다.

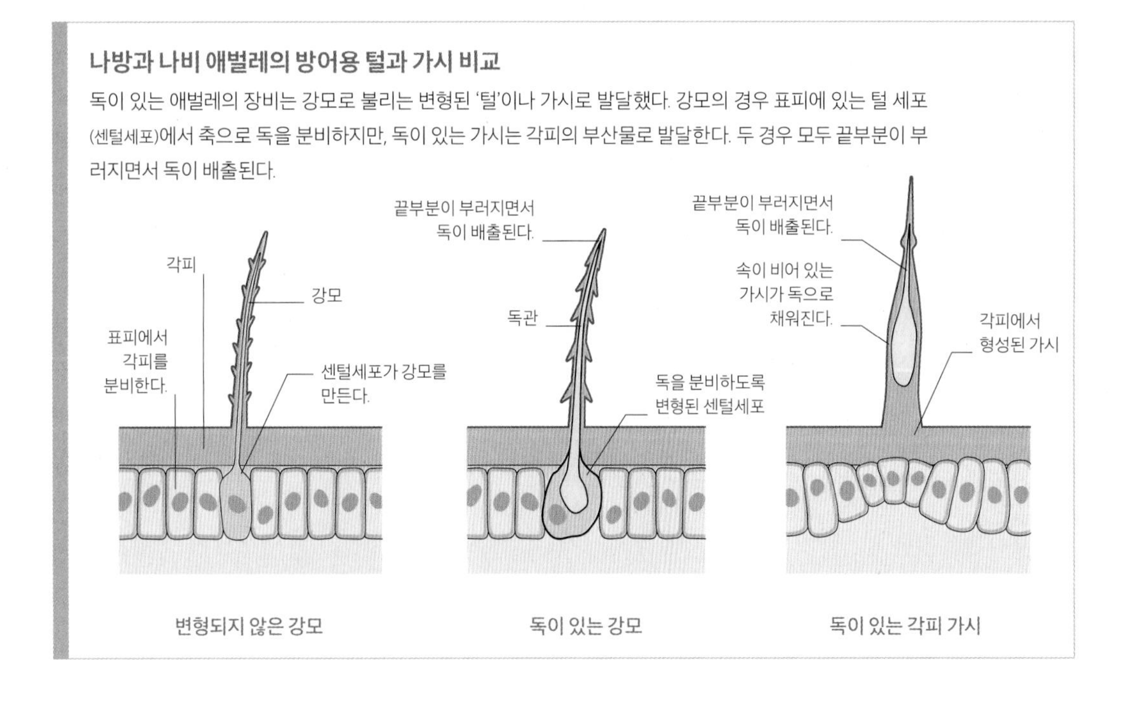

나방과 나비 애벌레의 방어용 털과 가시 비교
독이 있는 애벌레의 장비는 강모로 불리는 변형된 '털'이나 가시로 발달했다. 강모의 경우 표피에 있는 털 세포(센털세포)에서 축으로 독을 분비하지만, 독이 있는 가시는 각피의 부산물로 발달한다. 두 경우 모두 끝부분이 부러지면서 독이 배출된다.

독을 쏘는 털

남아메리카에 서식하는 이런 산누에나방(*Automeris naranja*)은 날아다니는 성충일 때는 무해하지만, 길이가 4센티미터에 이르며 기어 다니는 애벌레의 몸은 독이 있는 털 다발로 보호를 받는다. 애벌레에 쏘이면 극심한 통증을 느끼게 되는데, 이때 독은 화끈거리는 포름산과 염증을 일으키는 히스타민의 혼합제일 가능성이 크다.

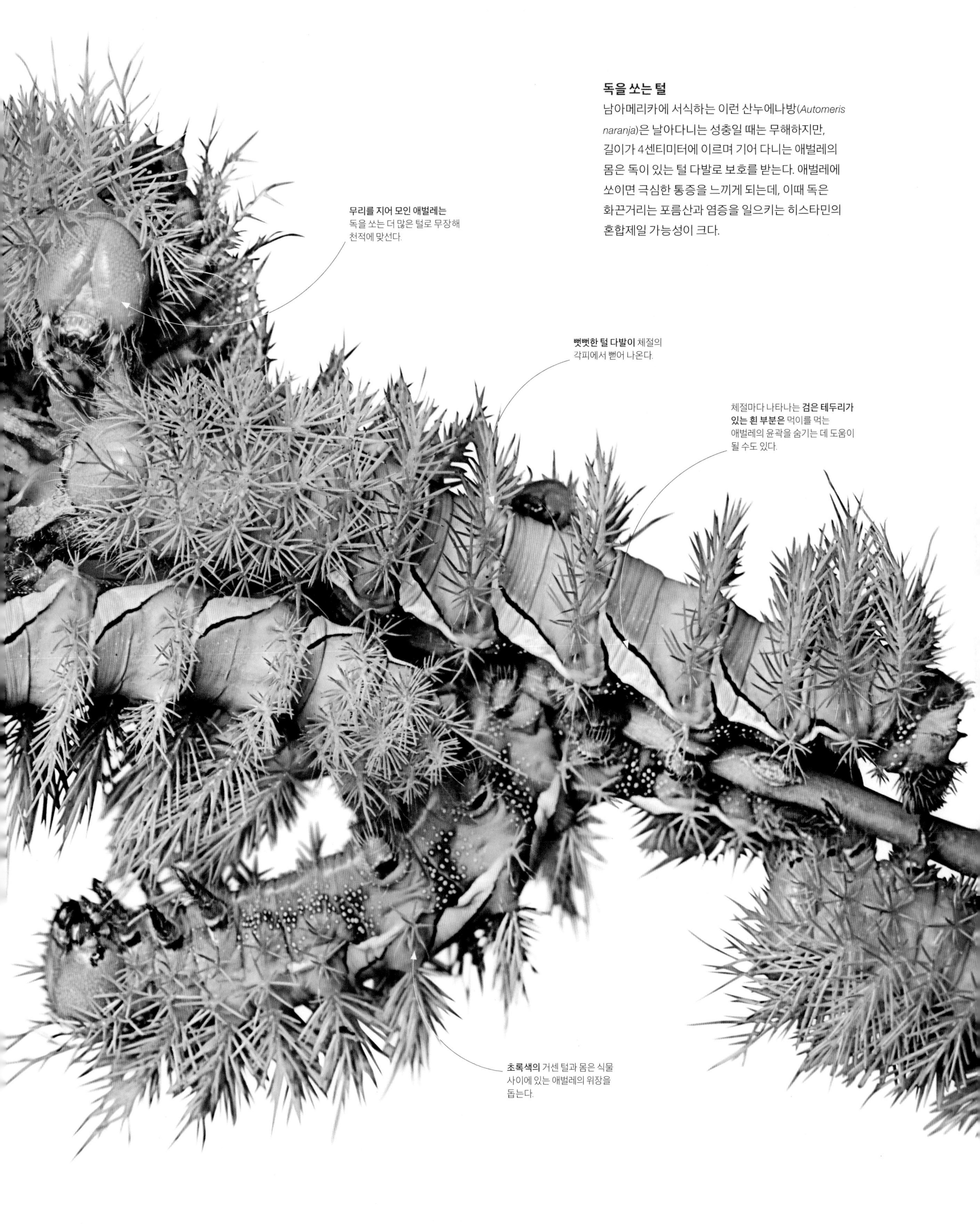

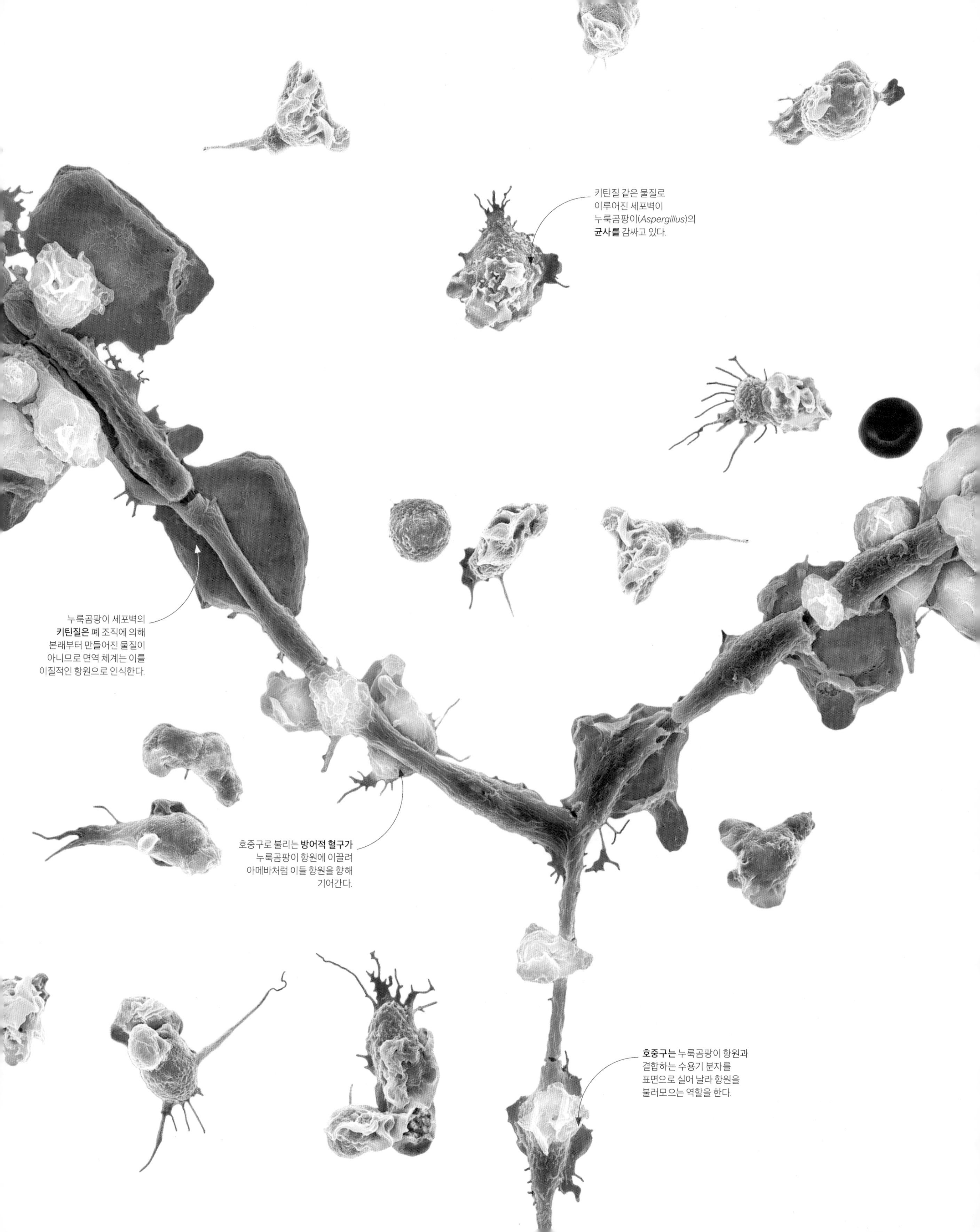

키틴질 같은 물질로
이루어진 세포벽이
누룩곰팡이(*Aspergillus*)의
균사를 감싸고 있다.
누룩곰팡이 세포벽의
키틴질은 폐 조직에 의해
본래부터 만들어진 물질이
아니므로 면역 체계는 이를
이질적인 항원으로 인식한다.
호중구로 불리는 **방어적 혈구가**
누룩곰팡이 항원에 이끌려
아메바처럼 이들 항원을 향해
기어간다.
호중구는 누룩곰팡이 항원과
결합하는 수용기 분자를
표면으로 실어 날라 항원을
불러모으는 역할을 한다.

포식성 방어생물

호중구는 위족으로 불리는 세포실을 이용해 이런 미세사상충 같은 동물 기생충을 집어삼킨 다음 리소좀으로 불리는 낭에서 소화 효소를 분비해 소화할 수 있다. 식세포 작용으로 알려진 과정이다(38~39쪽 참조).

면역력 구축 체계

호중구처럼 소화력이 있는 방어 세포는 대개 무차별 공격을 하지만, 림프구로 불리는 혈구는 그보다는 선별 공격을 한다. 특별한 항원에 최초로 노출되면 항원 특이 항체를 배출하도록 림프구를 자극하고 감염에 대한 기억을 구축한다. 같은 항원에 두 번째로 노출되면 항체가 더 많이 배출되도록 자극해 감염을 막아준다.

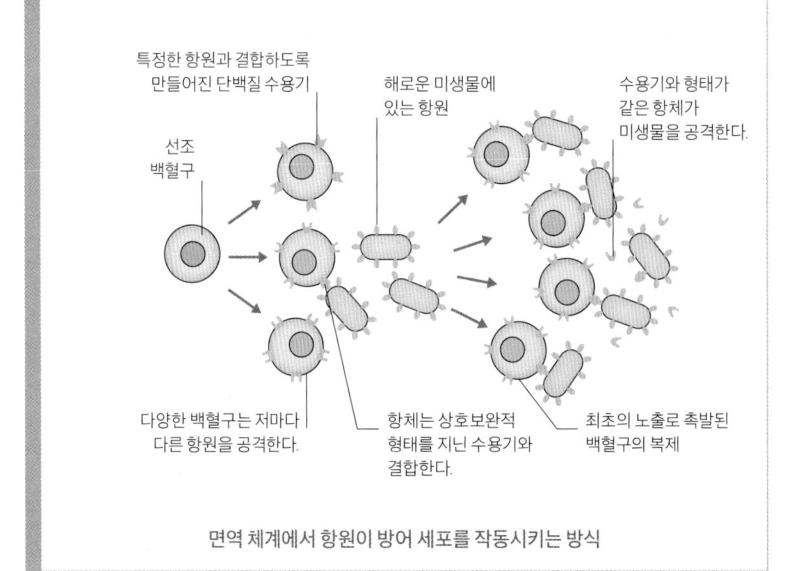

면역 체계에서 항원이 방어 세포를 작동시키는 방식

곰팡이 공격하기

전염성의 누룩곰팡이 균사는 호흡을 통해 들이마신 포자에서 발아한 뒤에 폐 속에서 자랄 수 있다. 그러나 호중구와 대식세포로 불리는 면역 체계의 방어 세포는 곰팡이의 이질적인 벽과 결합하고 소화 효소를 이용해 이를 파괴하도록 돕는다. 주사형 전자 현미경, 2000배율.

내부 방어

살아 있는 모든 생물은 기생충에게는 양분의 잠재적 공급원이기 때문에 해를 끼칠 수 있는 전염성 생물의 표적이 된다. 외부 방어에 구멍이 뚫린 생물은 감염이 자리 잡지 못하도록 '면역 체계'를 이용해 침입자에 적극적으로 맞서 싸울 수 있다. 면역 체계는 체내의 천연 성분이 아닌 것은 무엇이든 인식하는 능력이 있어서 침입자가 동반한 이질적인 '비자기' 분자를 가려내 역습을 노릴 수 있다. 대부분의 동물에게는 미생물을 잡아먹는 세포가 있어서 적을 질식시키고 소화하지만, 척추동물의 혈류에는 질병을 억제하는 화학 물질, 즉 항체가 넘쳐날 수 있다.

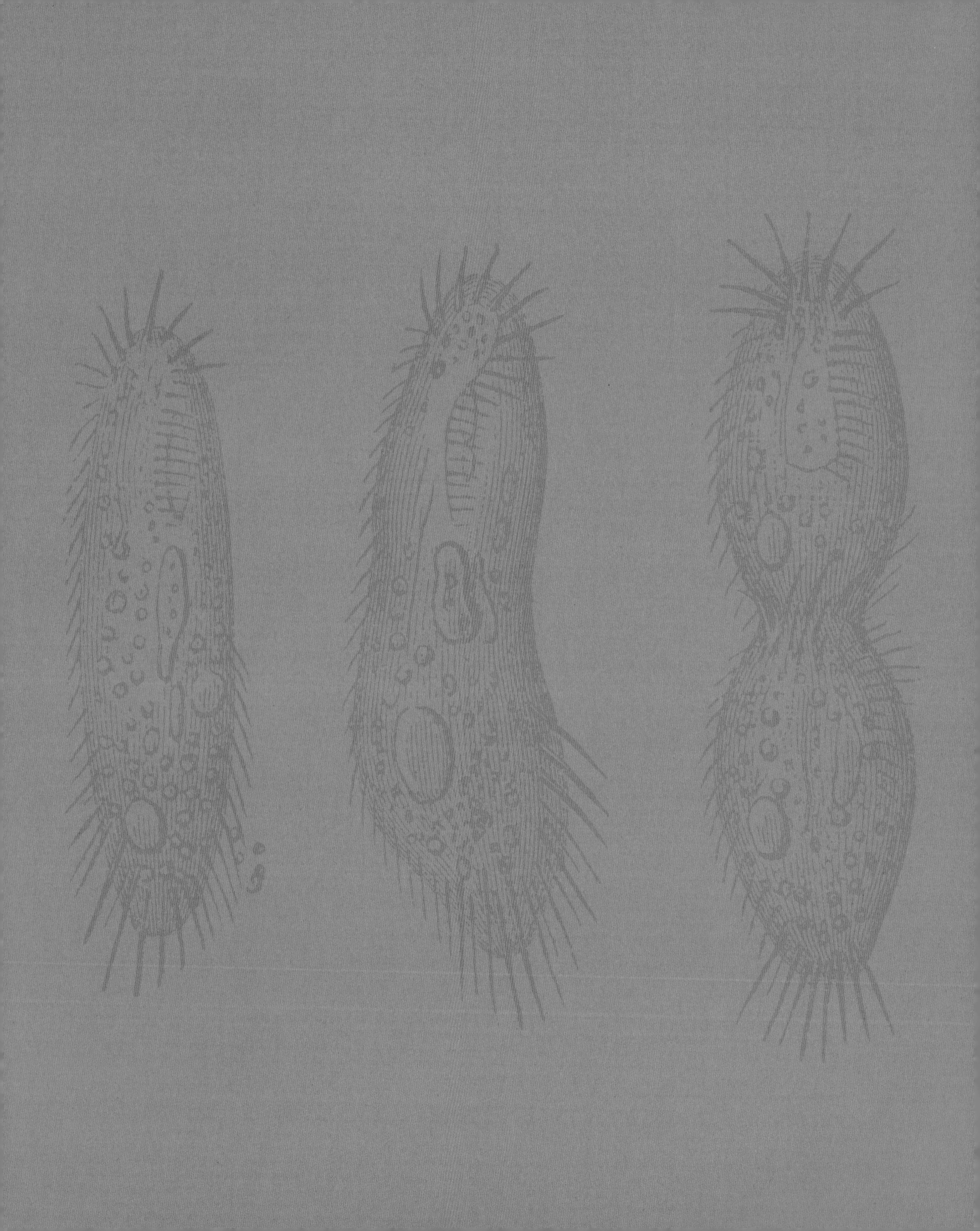

번식하기

오늘날 살아 있는 생물의 형태는 40억 년에 걸친 진화를 마친 뒤에 자손을 남기는 일에 능숙해짐으로써 생존에 성공을 거두었다. 여기에는 단순히 자기 복제를 하거나 다른 종과 DNA를 섞거나 새로운 유전자 조합을 만들어 내는 방식이 이용되었다. 그중 일부는 앞으로도 생존을 위한 치열한 싸움에서 성공을 거둘 것이다.

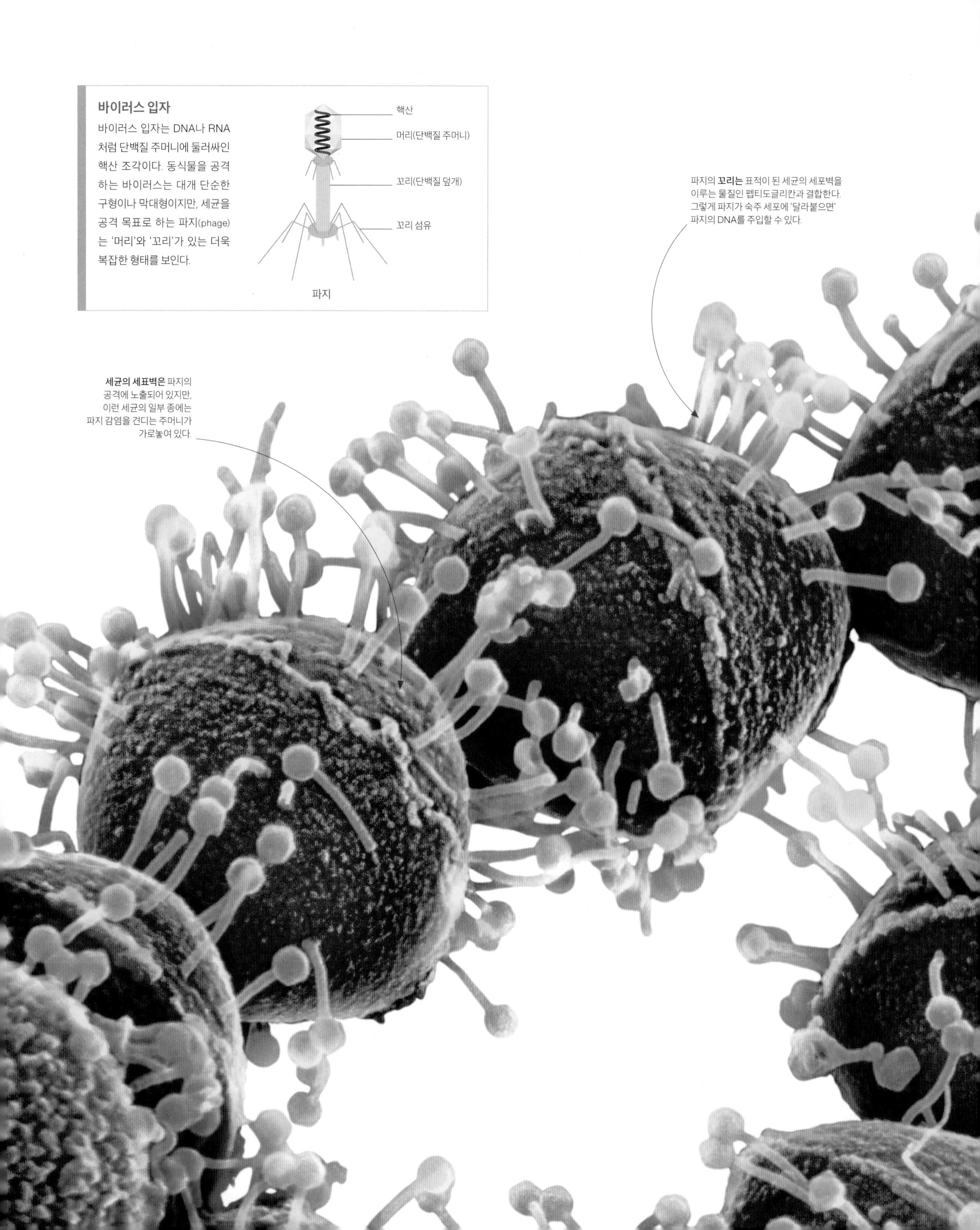

바이러스 입자

바이러스 입자는 DNA나 RNA처럼 단백질 주머니에 둘러싸인 핵산 조각이다. 동식물을 공격하는 바이러스는 대개 단순한 구형이나 막대형이지만, 세균을 공격 목표로 하는 파지(phage)는 '머리'와 '꼬리'가 있는 더욱 복잡한 형태를 보인다.

사보타주 세포

바이러스는 최고의 감염원이다. 침입하고 복제하는 데 필수적인 최소한의 수준으로 바이러스를 분해해 보면 자기 복제를 하는 화학적 입자에 지나지 않으며 가장 작은 세균보다 수십 배나 작은 크기이다. 진정한 의미의 유기체와 달리 복잡한 세포로 이루어지지 않은 바이러스는 효소를 비롯해 생명체가 자기 복제를 일으키는 데 필요한 주요 성분이 없다. 이 때문에 복제를 하려면 살아 있는 세포를 감염시키는 데 전적으로 의존할 수밖에 없다. 복제를 통해 만들어진 수백만의 감염성 바이러스는 끝내 숙주 세포를 파괴할 수도 있다.

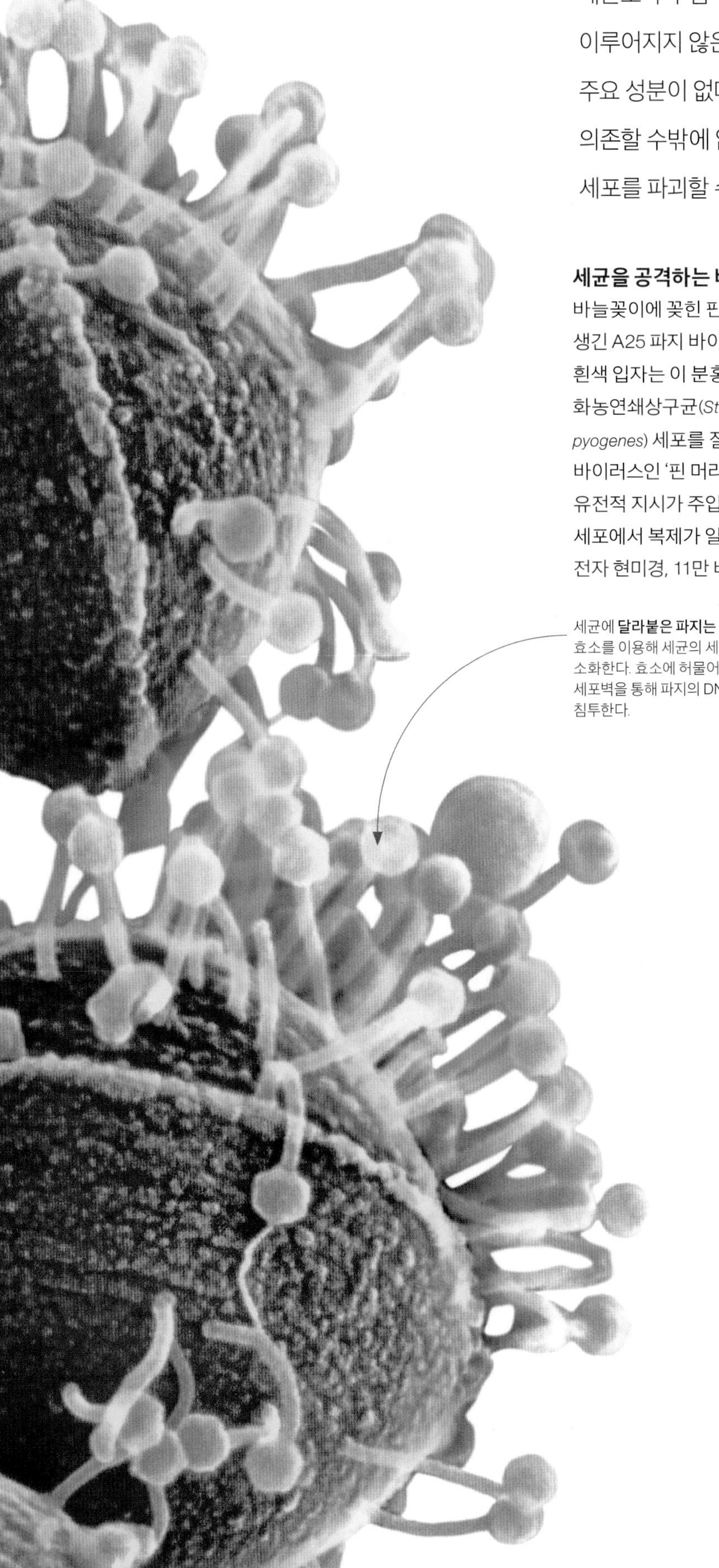

A25 파지의 머리는 8면체이고 여기에는 유전자가 담긴 DNA가 들어 있다. 유전자는 숙주 세포가 파지 단백질을 만들어 내고 파지 DNA를 복제하도록 지시한다.

세균을 공격하는 바이러스
바늘꽂이에 꽂힌 핀처럼 생긴 A25 파지 바이러스의 흰색 입자는 이 분홍색을 띤 화농연쇄상구균(*Streptococcus pyogenes*) 세포를 질식시킨다. 바이러스인 '핀 머리'에 있던 유전적 지시가 주입되면 세균의 세포에서 복제가 일어난다. 주사형 전자 현미경, 11만 배율.

세균에 **달라붙은 파지는** 효소를 이용해 세균의 세포벽을 소화한다. 효소에 허물어진 세포벽을 통해 파지의 DNA가 침투한다.

파지 바이러스의 복제

파지는 세균을 공격하는 바이러스이다. 파지가 주입한 DNA는 세균의 효소를 이용해 자기 복제를 통해 새로운 파지 단백질을 만든 다음 성분을 조립해 새로운 파지를 만들어 낸다. 갈라진 숙주 세포가 다음 세대의 바이러스를 풀어놓으면 다시 감염시킬 준비가 된 셈이다.

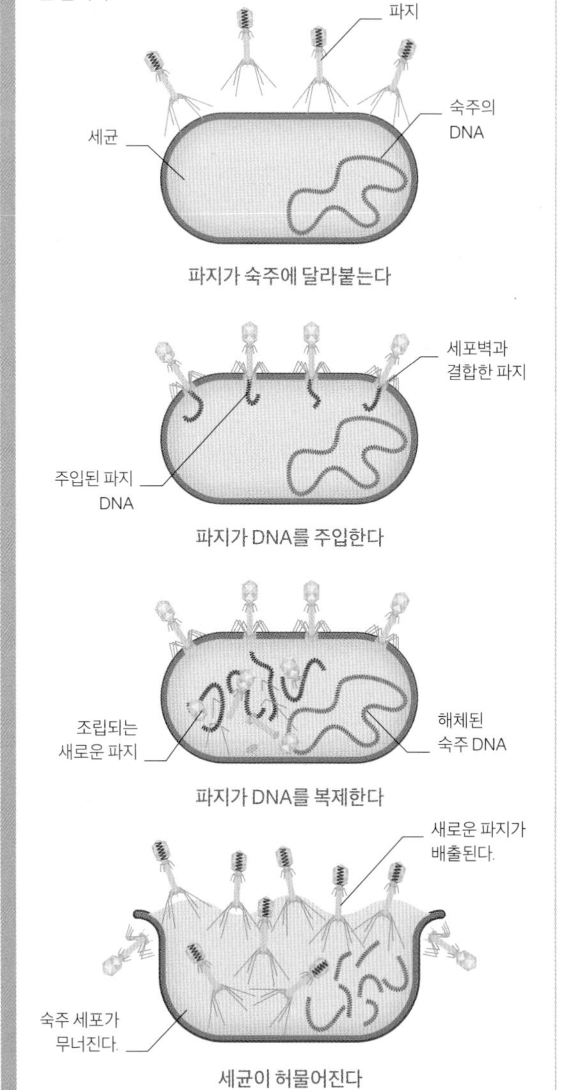

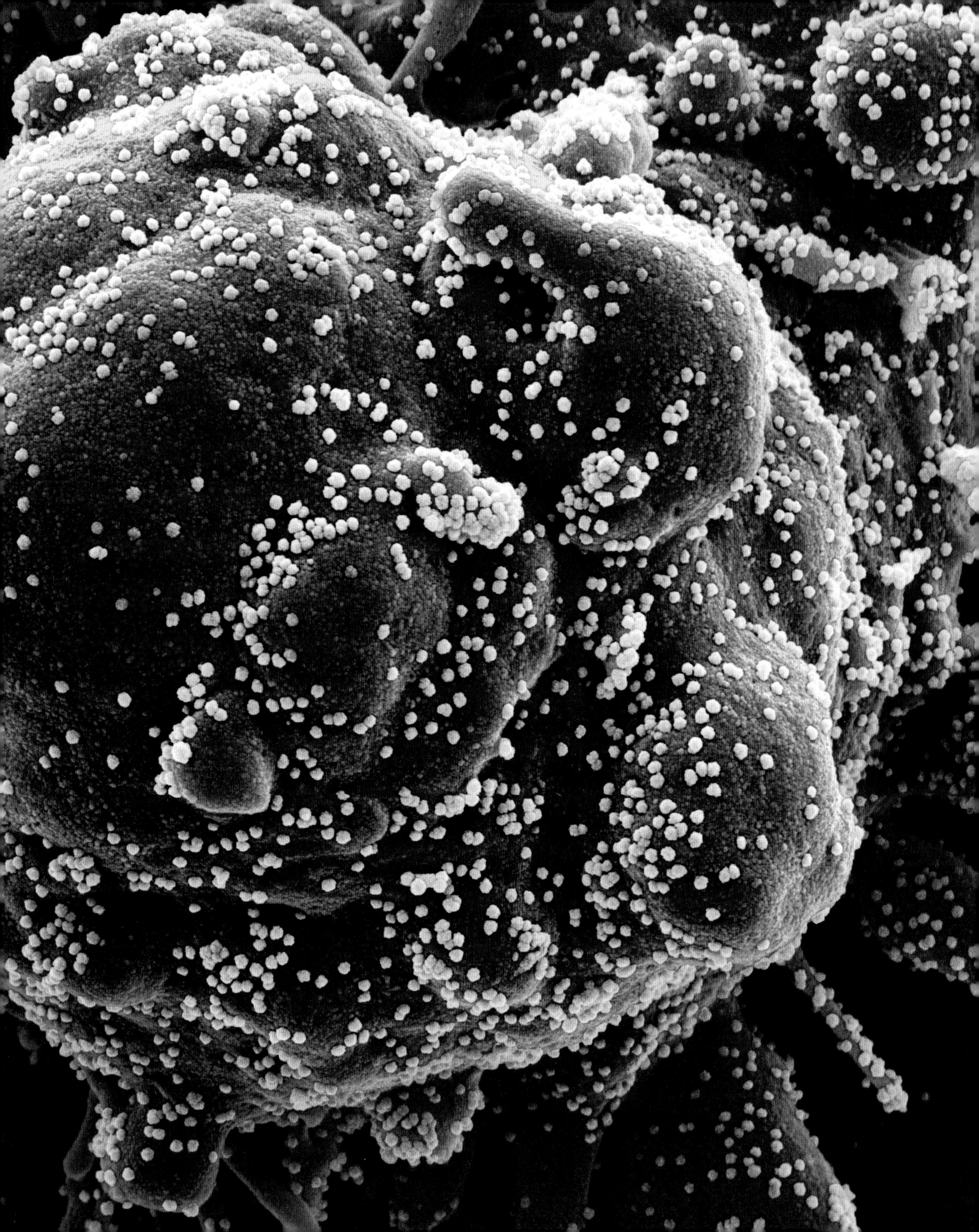

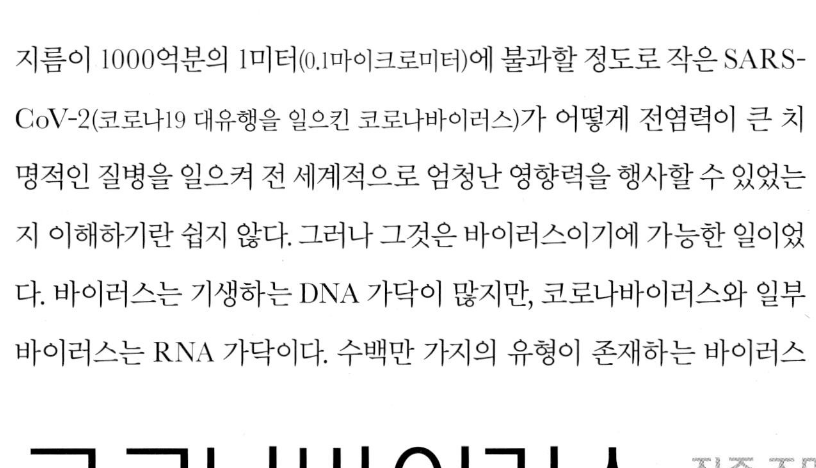

지름이 1000억분의 1미터(0.1마이크로미터)에 불과할 정도로 작은 SARS-CoV-2(코로나19 대유행을 일으킨 코로나바이러스)가 어떻게 전염력이 큰 치명적인 질병을 일으켜 전 세계적으로 엄청난 영향력을 행사할 수 있었는지 이해하기란 쉽지 않다. 그러나 그것은 바이러스이기에 가능한 일이었다. 바이러스는 기생하는 DNA 가닥이 많지만, 코로나바이러스와 일부 바이러스는 RNA 가닥이다. 수백만 가지의 유형이 존재하는 바이러스

코로나바이러스 집중 조명

는 나무나 개미 군집에서 인간에 이르기까지 하나 이상의 생명체를 감염시킬 수 있다. 바이러스의 고유한 유전자 서열인 바이러스 유전체는 기생하는 DNA나 RNA를 에워싸고 보호하는 단백질의 유전 정보를 지정한다. 코로나바이러스의 경우, 이런 단백질 코팅의 일부는 못(spike)처럼 뾰족하게 튀어나온다. 1960년대에 코로나바이러스를 처음으로 묘사할 때 바이러스 학자들은 스파이크 단백질(돌기 단백질)을 바이러스 주변의 후광으로 인식했고, 이 새로운 유형의 바이러스에는 '왕관(crown)'을 의미하는 코로나바이러스라는 이름을 붙였다.

코로나바이러스의 스파이크 단백질은 숙주 세포의 표면 조직에 결합할 수 있도록 만들어진다. 이런 식의 연결은 바이러스의 RNA가 숙주 세포로 들어가는 길을 열어 준다. 세포로 침투한 RNA는 세포의 유전 기관을 가로채 자신과 같은 수천 개의 복제물을 대량으로 찍어내고 새로운 바이러스마다 단백질 덮개를 새로 만들어 내도록 강요해 결국 숙주 세포를 죽음에 이르게 한다. 흔히 코로나바이러스는 포유류와 조류의 호흡기에 감염된다. 대개 일반 감기처럼 사소한 감염을 일으키지만, 2019년에 출현한 SARS-CoV-2는 다른 신체 기관까지도 공격할 수 있으며 훨씬 위험한 것으로 드러났다.

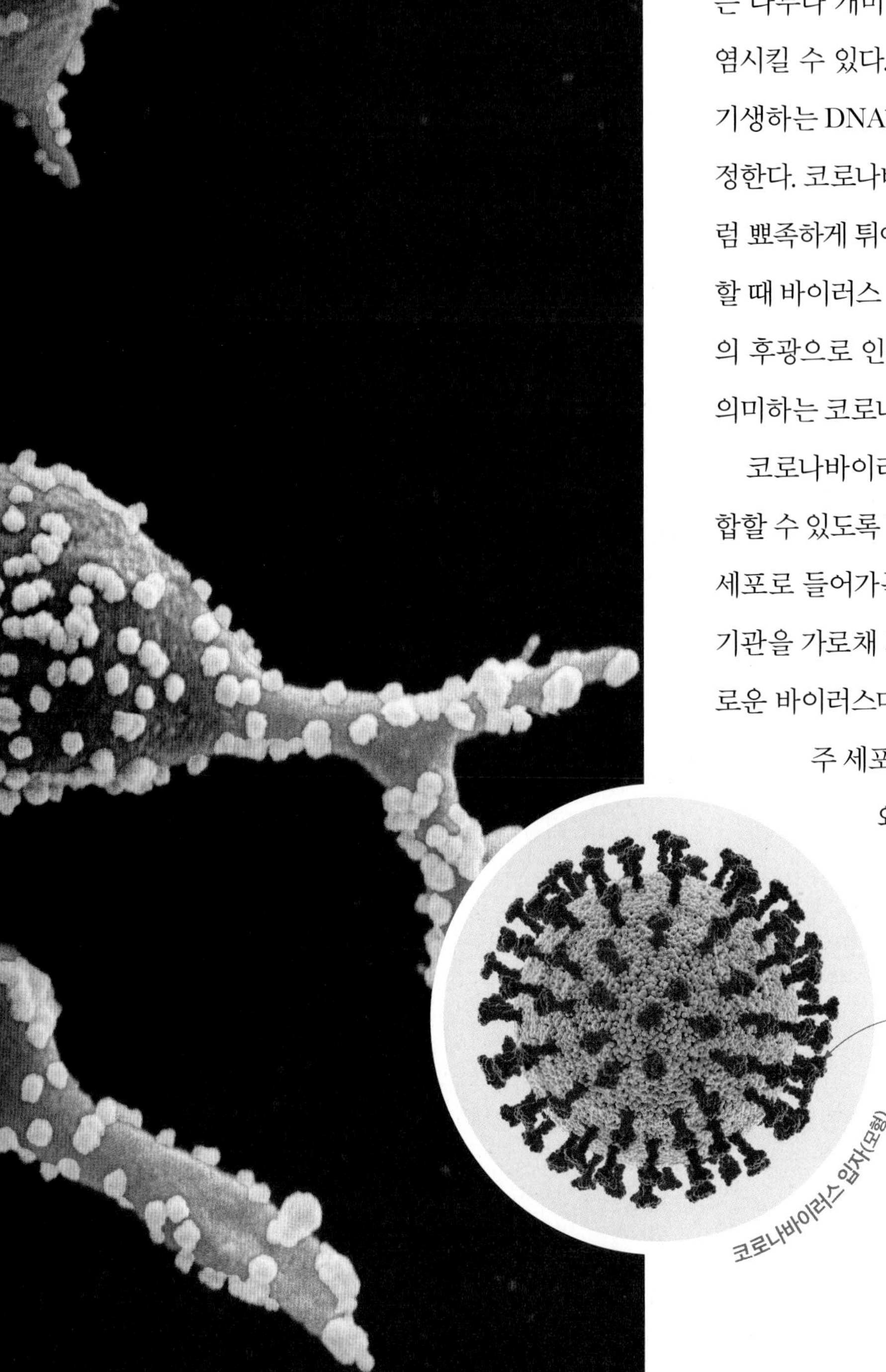

과부하
이 주사형 전자 현미경 사진 속의 세포는 죽어 가고 있다. 표면에 달라붙은 SARS-CoV-2 바이러스 입자(노란색)의 공격은 세포의 내부 조직을 파괴했다. 세포의 외막이 점차 허물어지면서 마지막에 산산이 분해될 수십 개의 돌기를 남겼다. 주사형 전자 현미경, 3만 배율.

군체를 이루는 세균

질소 기체를 이용하거나 메테인을 만들어 내는 식으로 그보다 복잡한 동식물이라면 불가능한 화학적 속임수로 아무리 무장한다손 쳐도 세균은 대부분 단세포로 이루어져 있다. 세균에는 세포가 한데 모여 조직, 기관, 다세포의 몸을 만드는 데 필요한 신호와 수용기가 없다. 하지만 점액세균으로 알려진 특이한 세균의 군체는 예외다. 점액세균은 흙 속에 살면서 먹이인 무기물이나 폐기물을 향해 미끄러지는 활주 운동을 한다. 먹이 공급이 부족하면 굶주린 세포에서는 화학적 조난 신호를 보내 소화 효소를 모을 수 있는 세포를 끌어들인다. 먹이가 다 떨어지면 이 세균들은 더욱 단단히 뭉쳐 버섯과 비슷한 생식 구조를 형성한 다음 포자를 터뜨려 퍼져 나간다.

세균 다발
활주 운동을 하는 점액세균의 세포는 접촉하면서 서로를 자극한다. 하나의 '다발'로 합쳐진 세균은 협력을 통해 놀라울 정도로 복잡한 자실체를 만들 수 있다.

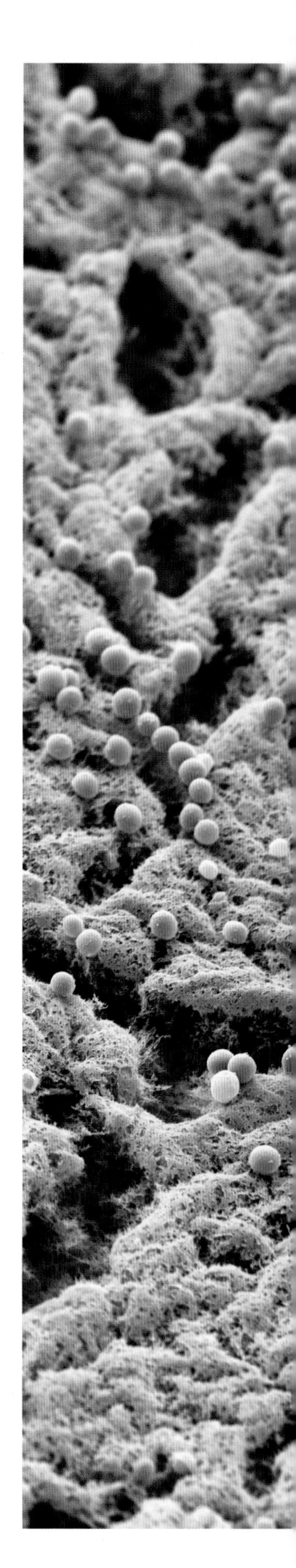

흩어지는 무리

단단한 벽으로 둘러싸인 포자 무리는 새로운 먹이 공급원을 찾아 바람에 날아갈 준비가 되어 있다. 그곳에서 개개의 포자는 새로운 세균으로 성장할 것이다. 점액세균(*Myxococcus xanthus*)의 세포는 과밀 상태와 먹이 공급원 감소로 스트레스를 받으면 이런 식으로 협력한다. 10만여 개에 이르는 세포가 모여 포자를 퍼뜨리는 자실체를 만든다. 주사형 전자 현미경, 2300배율.

역경에 대처하는 방법

점균류(244쪽 참조)와 균류(230쪽 참조)부터 진딧물(243쪽 참조)에 이르기까지 수많은 생물은 먹이 공급원이 줄어들면 순식간에 많은 자손을 만들어 새로운 서식지로 흩어진다. 점액세균의 자실체는 건조한 환경에도 견딜 수 있도록 단단한 벽에 싸인 세포를 만들어 내고 포자의 형태로 바람에 날려 흩어질 수 있다.

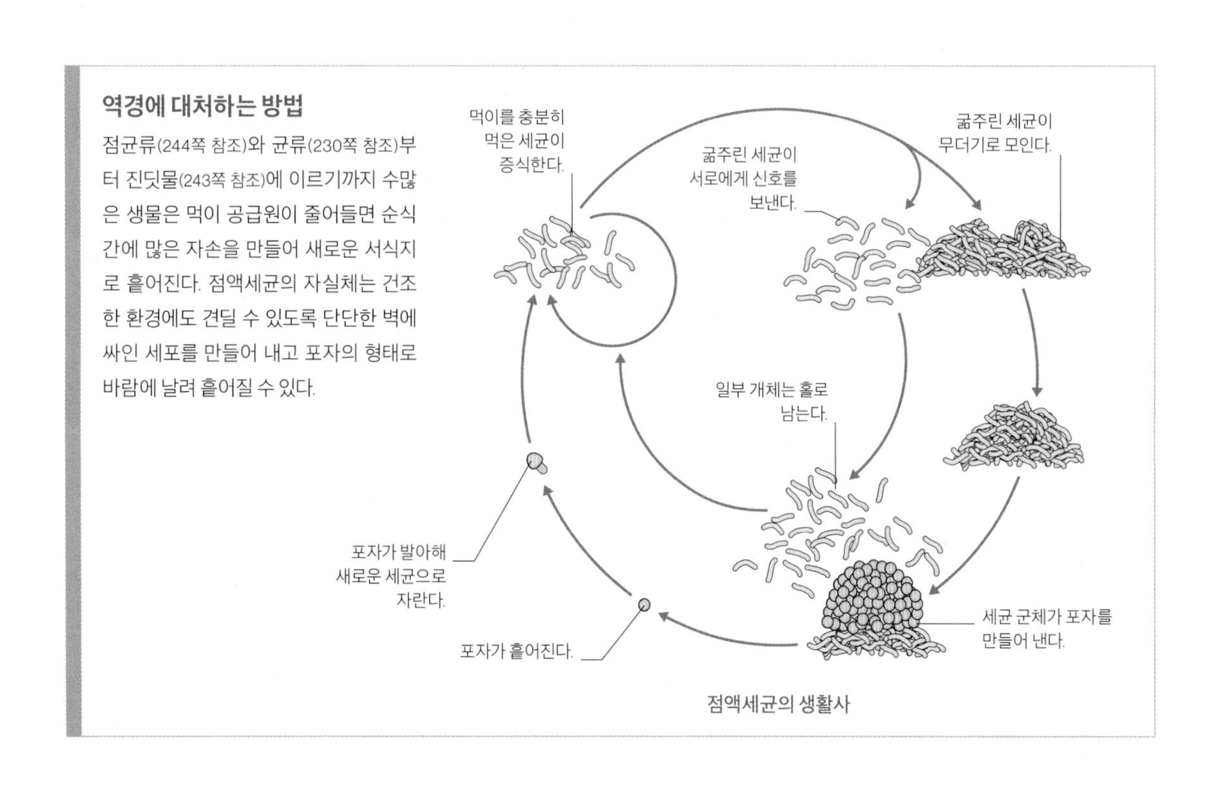

점액세균의 생활사

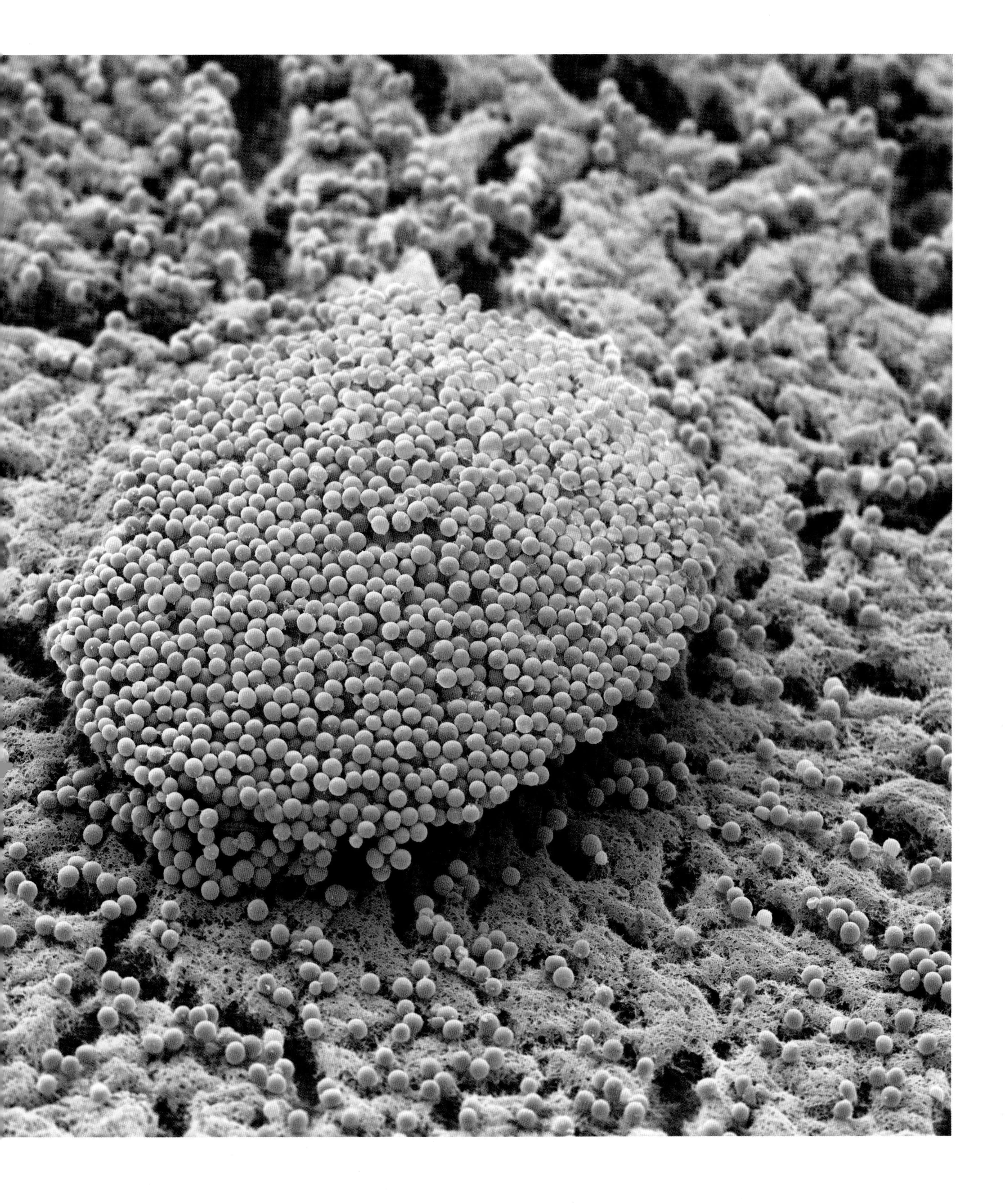

2배로 늘어나는 세포

담수조류인 장구말류(*Micrasterias thomasiana*)의 세포는 한가운데에 세포핵이 있고 거울에 비친 것처럼 똑같은 2개의 반쪽으로 이루어져 있다. 무성 생식이 이루어지는 동안 세포핵은 유전적으로 같은 2개의 핵으로 복제된다. 반쪽마다 새로운 싹이 트고 자라서 세포의 대칭성을 회복한다. 광학 현미경, 450배율.

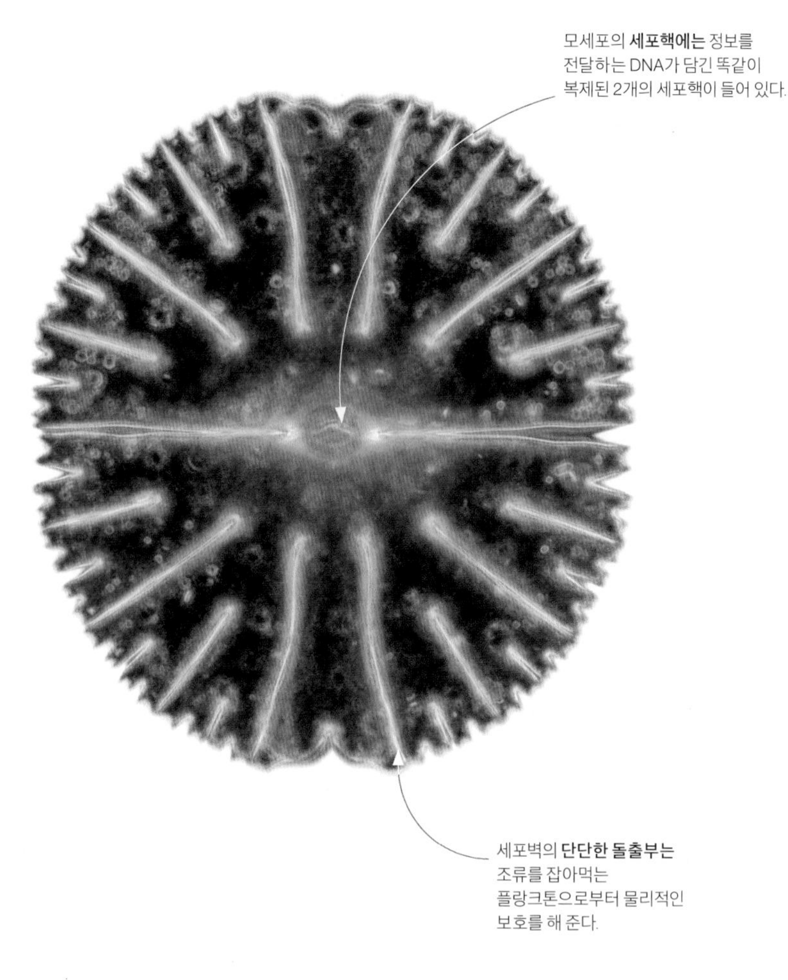

모세포의 **세포핵에는** 정보를 전달하는 DNA가 담긴 똑같이 복제된 2개의 세포핵이 들어 있다.

세포벽의 **단단한 돌출부는** 조류를 잡아먹는 플랑크톤으로부터 물리적인 보호를 해 준다.

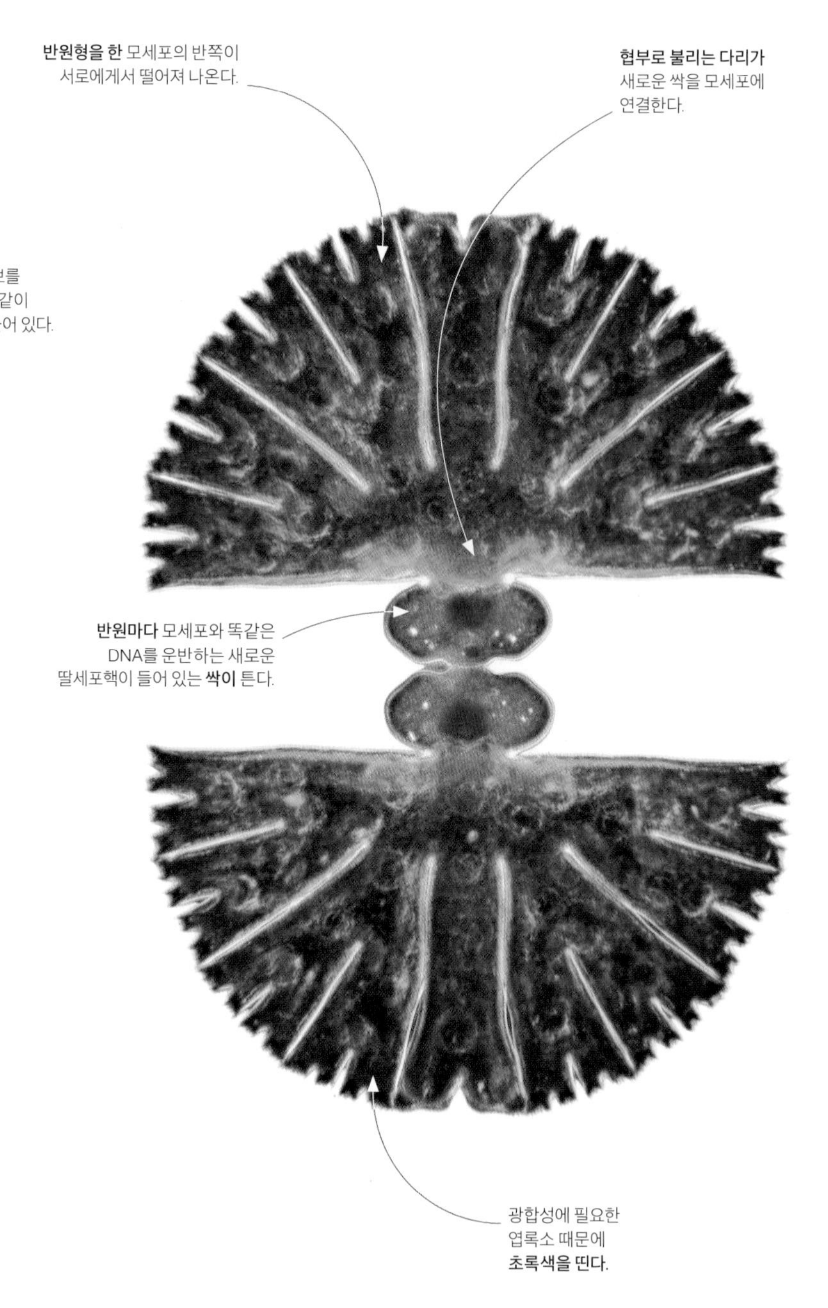

반원형을 한 모세포의 반쪽이 서로에게서 떨어져 나온다.

협부로 불리는 다리가 새로운 싹을 모세포에 연결한다.

반원마다 모세포와 똑같은 DNA를 운반하는 새로운 딸세포핵이 들어 있는 **싹이** 튼다.

광합성에 필요한 엽록소 때문에 **초록색을 띤다.**

무성 생식

조류 같은 단세포 생물은 유전적으로 똑같은 생물을 복제하는 무성 생식 생활사에서 분열만으로 많은 자손을 순식간에 만들어 낼 수 있다. 조류는 번식 전에 세포끼리 유전자를 섞는 유성 생식 단계를 거칠 수 있지만, 급증한 양분처럼 풍부한 자원을 잠깐이라도 이용하는 데는 무성 생식이 더 효과적인 방법이다. 수많은 다세포 조류와 식물은 각각의 조각이 싹으로 발달할 수만 있다면 무성 생식에 의해서도 분열할 수 있다. 그러나 단순한 무척추동물을 제외하고 대개 동물의 몸은 이런 식으로 번식하기에는 너무 복잡하다.

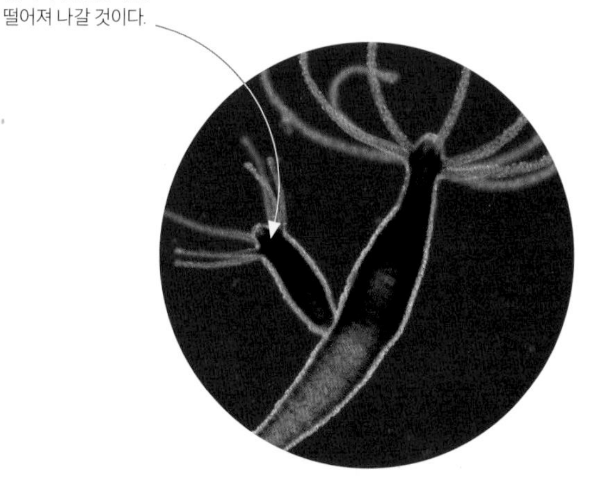

형체가 완성된 **싹은** 떨어져 나갈 것이다.

싹이 트는 동물

담수에 서식하며 말미잘과 해파리의 친척뻘 되는 히드라는 몸의 구조가 매우 단순해서 유전적으로 똑같은 새로운 개체를 싹 틔울 수 있다.

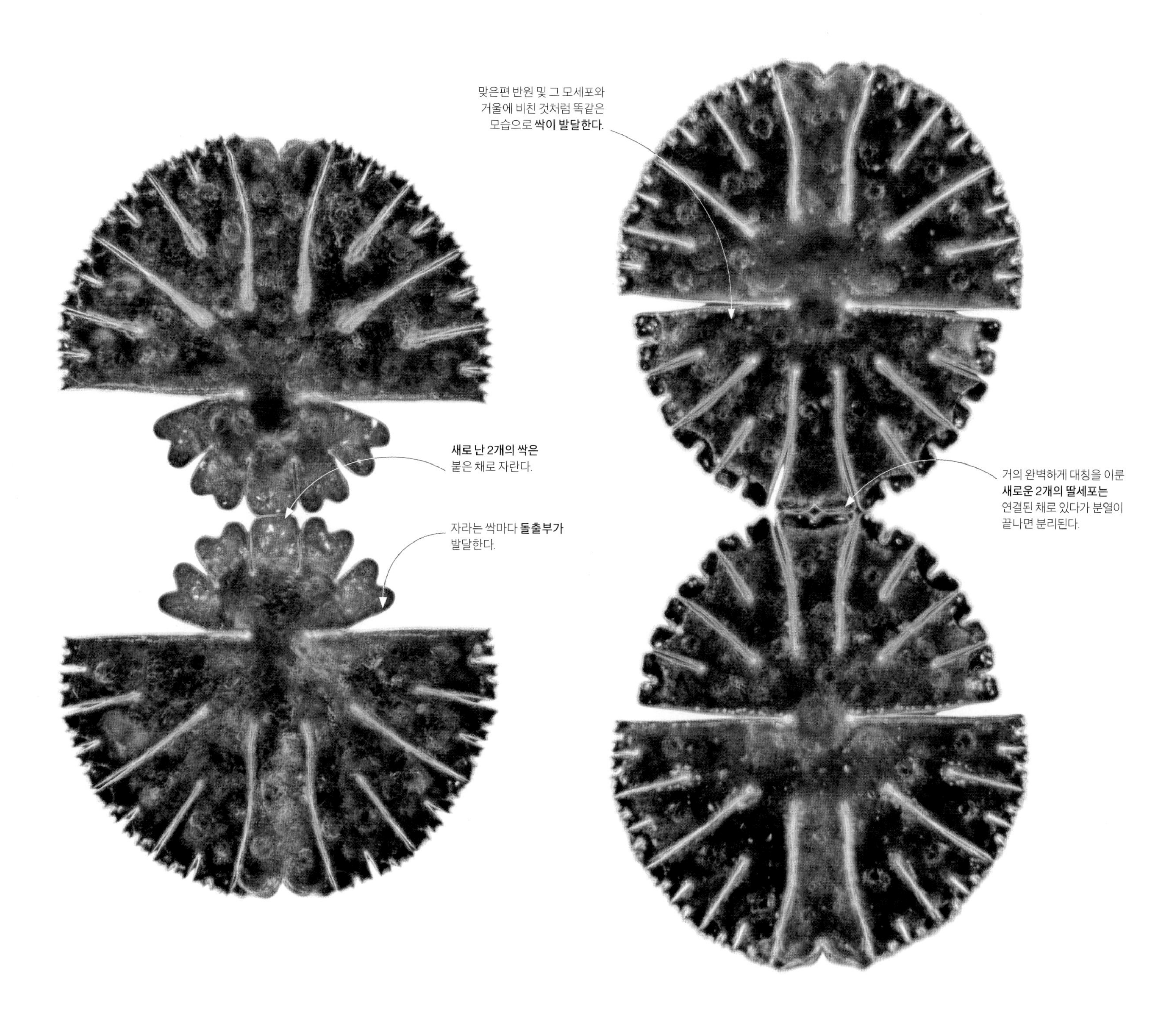

조류의 꽃

신속하게 진행되는 수생조류의 무성 생식은 인산염(천연 자원에서 나온 것이든 오염 물질에서 나온 것이든) 같은 양분 많은 무기질 증가로 유발될 수 있다. 이 같은 무성 생식은 녹조로 불리는 극적인 현상에서 보듯이 조류의 개체 수가 과도하게 늘어나는 원인이 될 수 있다. 조류가 지나치게 많아지면 햇빛을 가려 조류와 식물이 모두 죽게 될 뿐만 아니라 먹이 사슬에 해를 끼치는 조류 독소가 배출되기도 한다.

증가한 무기물
조류
1단계

급속도로 번식한 조류는
무기물을 이용해
광합성을 한다.
2단계

고밀도의 조류 개체군이
햇빛을 차단한다.
조류가 죽는다.
3단계

(산소를 소비하는)
호기성 세균이 무기물을
분해한다.
다른 생물이 발붙이지
못하도록 호기성
세균이 물에서 산소를
제거한다.
산소 부족으로
죽음에 이른 수생
생물이 바다나
강바닥에 쌓인다.
4단계

정자와 난자 비교

난자는 배아의 성장에 필요한 거의 모든 세포 물질로 채워져 있다. 수정이 시작되는 데 필요한 수컷 유전자만 빠져 있을 뿐이다. 그에 비해 정자는 헤엄을 치는 데 적합하며 최소한의 짐만을 실어 나른다. 정자의 세포핵은 난자만큼의 유전자를 실어 나르고 있음에도 크기 면에서 대폭 줄어들어 있다.

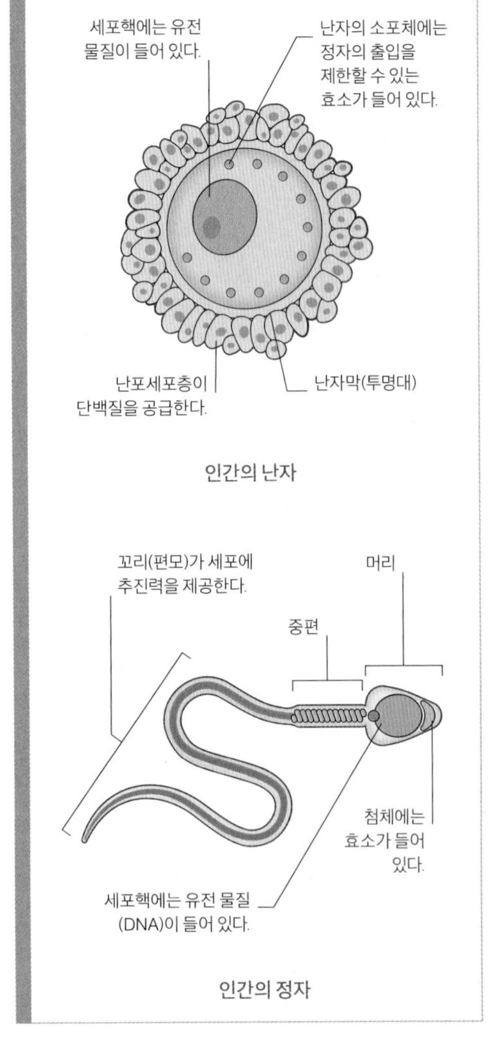

인간의 난자

인간의 정자

수정 단계

정자가 목표물에 이르면 난소에서 난자에 영양을 공급하는 난포 세포 사이로 파고든다. 그 밑에 있는 점액질의 난자막에 이른 정자는 소화 효소를 이용해 안으로 더 파고 들어간다. 정자가 DNA를 포함한 세포핵을 삽입할 때 난자의 소포체는 효소를 분비해 난자막을 강화함으로써 다른 정자가 들어오지 못하게 한다.

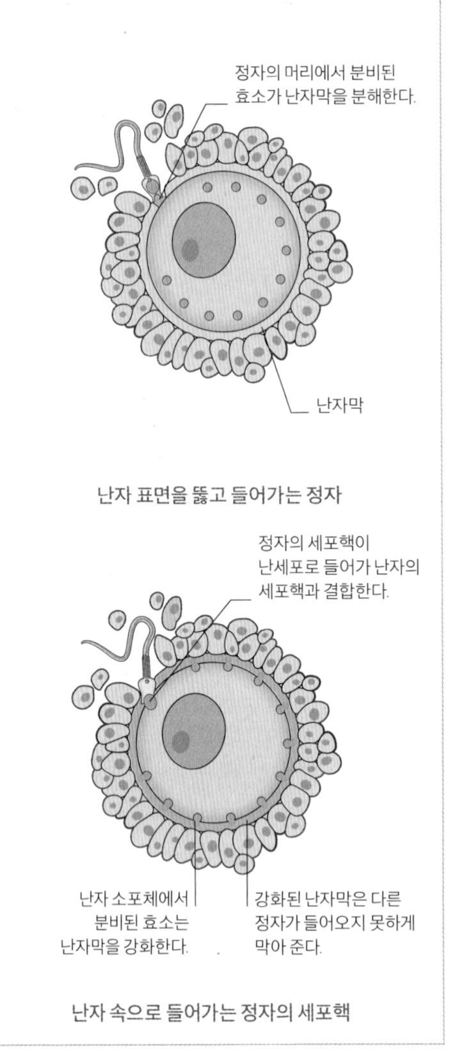

난자 표면을 뚫고 들어가는 정자

난자 속으로 들어가는 정자의 세포핵

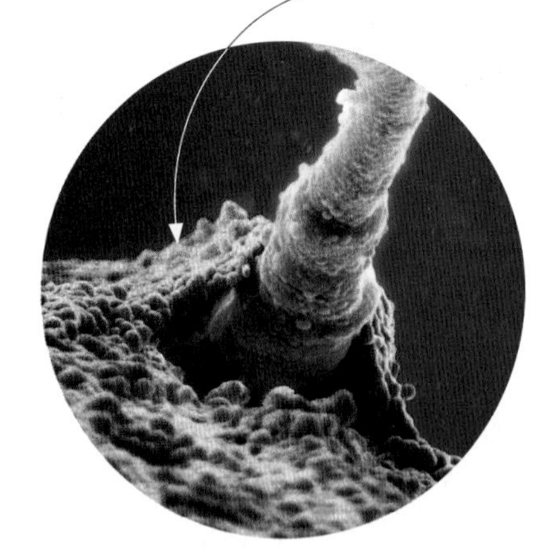

뚫고 들어가기
정자의 돌출부에서 첨체로 불리는 효소낭은 난자를 비집고 들어가 바깥쪽 막을 분해한다.

난자 수정

수정은 새로운 생명의 시작일 뿐만 아니라 다양한 혈통의 조합이기도 하다. 어떤 동물이든 정자가 난자와 결합하면 수컷과 암컷 부모의 DNA를 혼합해 이제까지 없던 새로운 유전자 조합을 만들어 낸다. 단순 복제를 능가하는 유성 생식의 본질적 이점이라고 할 수 있다. 수정란에서 자란 새로운 생명체는 유전적으로 모두 고유하다. 그러나 일이 성사되려면 기회와 가능성이 필요하다. 정자는 이것을 받아들일 난자에 이르기 위해 헤엄쳐가야 하고 난자막을 뚫고 들어가 세포핵에 실린 유전자를 전달해야 한다. 정자가 암컷의 DNA가 들어 있는 난자의 세포핵과 이런 식으로 결합하고 나면 세포 분열이 시작되면서 배아를 형성한다(256~257쪽 참조).

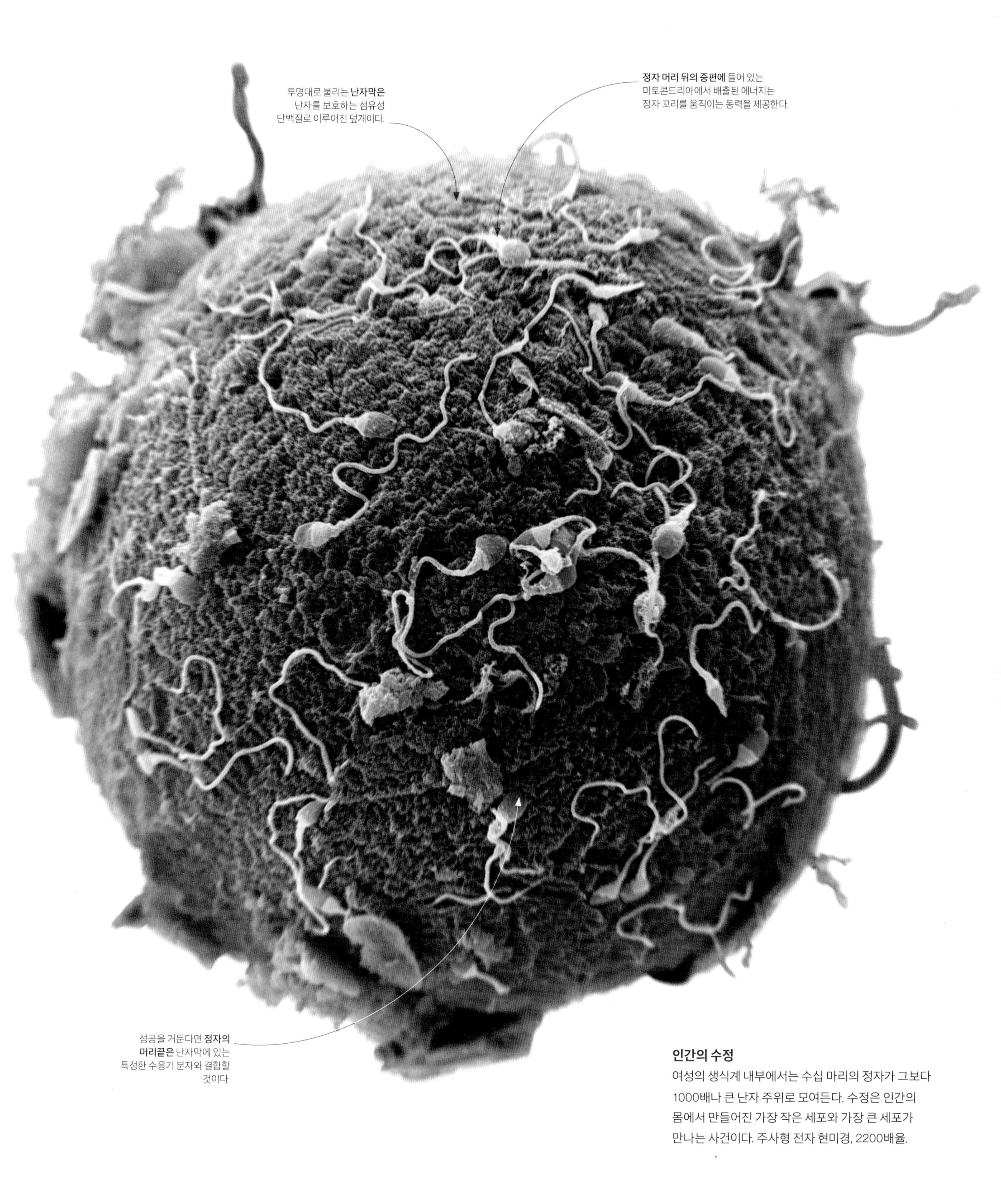

인간의 수정

여성의 생식계 내부에서는 수십 마리의 정자가 그보다 1000배나 큰 난자 주위로 모여든다. 수정은 인간의 몸에서 만들어진 가장 작은 세포와 가장 큰 세포가 만나는 사건이다. 주사형 전자 현미경, 2200배율.

균류의 번식 유형

대부분의 동식물은 염색체가 2벌인 세포로 이루어져 있지만, 성장 단계의 균류는 염색체가 1벌뿐인 세포로 이루어져 있다. 무성 생식 기간에 이들 세포는 포자를 만들어 내도록 단순 복제가 이루어진다. 그러나 유성 생식에서는 균사의 결합이 2벌을 일시적으로 한데 묶어 '자실체' 내부에서 유전자를 섞고 이는 다시 유성포자로 분리된다.

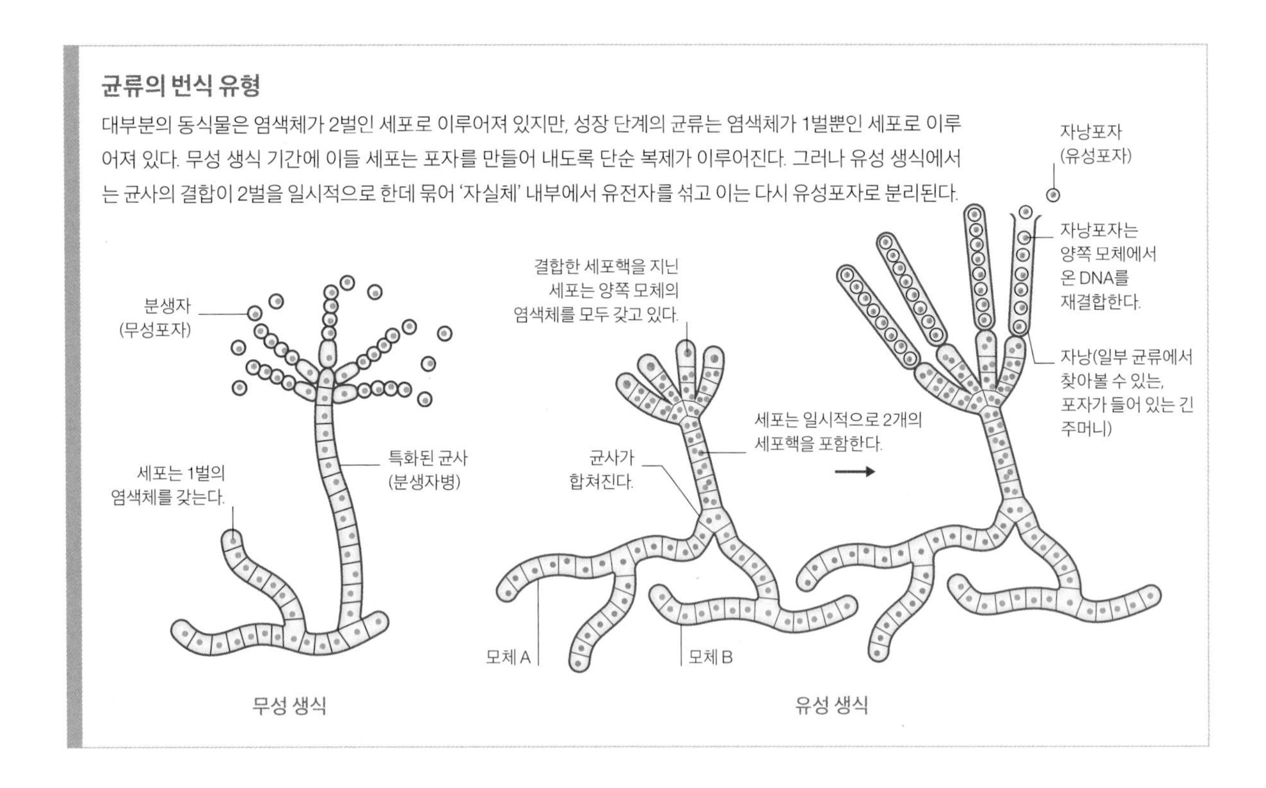

갓 뒷면에 있는 **주름에서** 배출된 포자는 수동적으로 떨어지고 바람에 흩어진다.

버섯의 포자
팽나무버섯(*Flammulina velutipes*)은 유성포자를 만들어 내는 큰 자실체다. 이것은 다양한 균류의 '교배형'이 결합해서 얻어진 결과다.

끝이 뾰족한 공처럼 생긴 **분생자(포자)가** 무성 생식을 통해 대량으로 만들어진다.

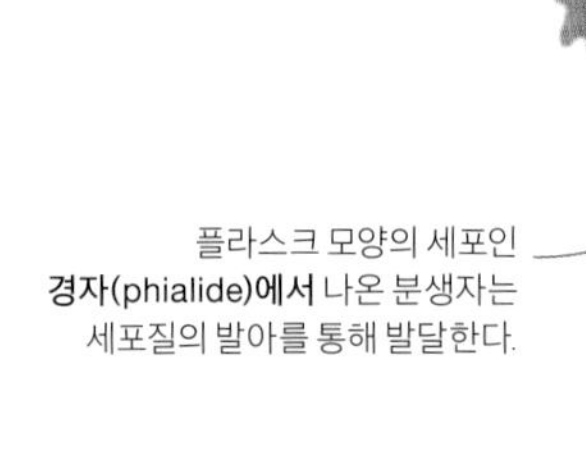

플라스크 모양의 세포인 **경자(phialide)에서** 나온 분생자는 세포질의 발아를 통해 발달한다.

균류의 번식

균류는 헤엄치는 정자가 난자와 수정하는(228~229쪽 참조) 대신에 실 모양의 균사끼리 접합으로 불리는 과정을 통해 결합하는 독특한 생식 방식을 보인다. 균류에는 암수의 구별이 없지만, 하나로 합쳐지게 될 균사는 유전적으로 다른 '교배형'에 속할 수 있다. 한데 합쳐진 균사는 버섯이나 독버섯처럼 포자를 만들어 내는 자실체로 자라난다. 균류의 포자는 무성 생식을 통해 만들어질 수 있지만, 모두 공기 중에 흩어져 다른 곳에서 새로운 균사로 발아한다.

포자 만들기

검정곰팡이(*Aspergillus niger*)는 검정색을 띤 토양 곰팡이로서 과일과 채소의 부패를 일으킨다. 다른 균류와 마찬가지로 미세한 균사의 그물망은 종종 포자를 만드는 생식 구조를 싹 틔운다. 이 사진에 보이는 그물망은 하나의 균사에서 무성 생식으로 만들어진 것이다. 여기에서 배출된 포자는 발아해 유전적으로 똑같은 개체를 형성할 것이다. 주사형 전자 현미경, 1400배율.

이끼의 생활사

많은 이끼는 가뭄을 견뎌낼 수 있지만, 생활사를 완성하려면 습한 기간이 필요하다. 싹이 트는 포자는 배우체로 불리는 세대로 자란다. 잎이 많은 암수 새순으로 이루어진 배우체는 플라스크 모양의 초소형 생식기로 발달해 난자와 정자를 만들어 낸다. 정자의 임무는 다른 이끼에 이르러 수정시키는 일이다. 수정란은 포자체로 자라나며, 포자체는 배우체에 달라붙어 있는 포자낭으로 이루어져 있다.

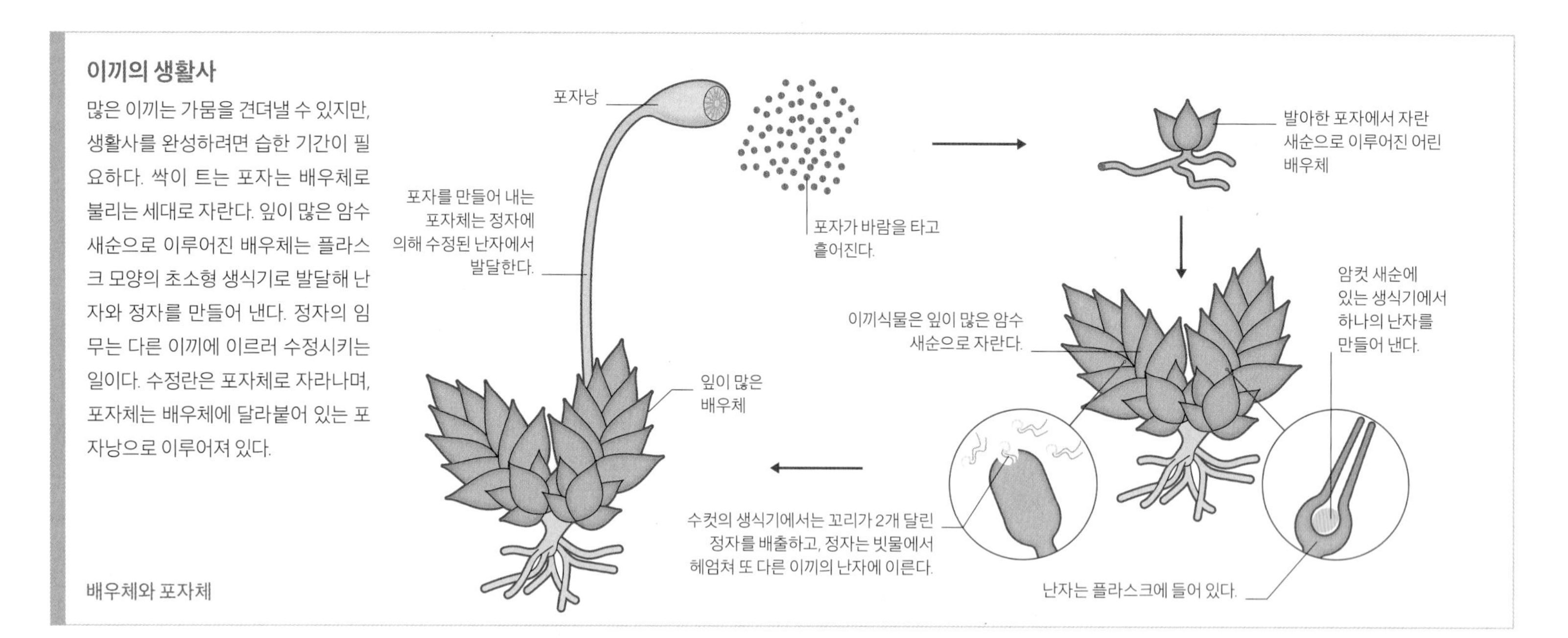

배우체와 포자체

2단으로 된 식물
이끼의 포자낭은 습기를 좋아하고 바닥에 바짝 붙어 나 있는 새순 위로 솟아 있다. 높이 솟은 포자낭 덕분에 포자는 바람에 걸려들 수 있는 최고의 기회를 얻는다.

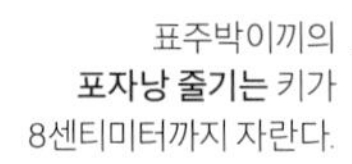
표주박이끼의 **포자낭 줄기는** 키가 8센티미터까지 자란다.

세대 교번

단세포 포자와 생식세포(정자와 난자) 모두 생식 방법이며, 식물은 이 둘 사이를 교대로 오가는 생활사를 보인다. 이끼의 서식지는 조상인 조류와 마찬가지로 축축한 곳으로 제한되는데, 여기에는 이끼의 번식체가 생식세포인 것도 한몫한다. 헤엄치는 이끼 정자는 빗방울에 의해 다른 개체의 난자로 튄다. 그런데 그 뒤에 나타나는 이끼 세대에서는 젖은 땅에서 발아할 수 있도록 가뭄에 강한 포자를 바람에 흩날려 보내는 포자낭이 나타난다. 포자를 만들어 내는 세대와 생식세포를 만들어 내는 세대가 번갈아 가며 나타나는 현상은 모든 식물에서 흔히 볼 수 있다. 그러나 대부분의 식물에서는 구과나 꽃에서 수정이 이루어져 씨앗을 만들어 낸다.

이끼의 포자체
이끼가 포자를 만들어 내는 단계인 포자체는 줄기와 낭으로 이루어져 있다. 포자체는 엽록소 때문에 초록색으로 바뀌고 자라면서 광합성을 시작한다.

포자 배출하기

표주박이끼(*Funaria hygrometrica*)의 포자낭에는 염색체 수가 절반으로 줄어드는 세포 분열(감수 분열)에 의해 포자를 만드는 조직이 들어 있다. 포자낭의 갓이 떨어지면 삭치(蒴齒)로 불리는 이빨 모양의 치상돌기가 공기 중에 노출된다. 삭치가 말라 시들면 틈새가 벌어지면서 포자가 빠져나온다. 정자와 난자는 다음 세대에 이르러서야 결합해 염색체를 완전히 회복할 것이다. 주사형 전자 현미경, 240배율.

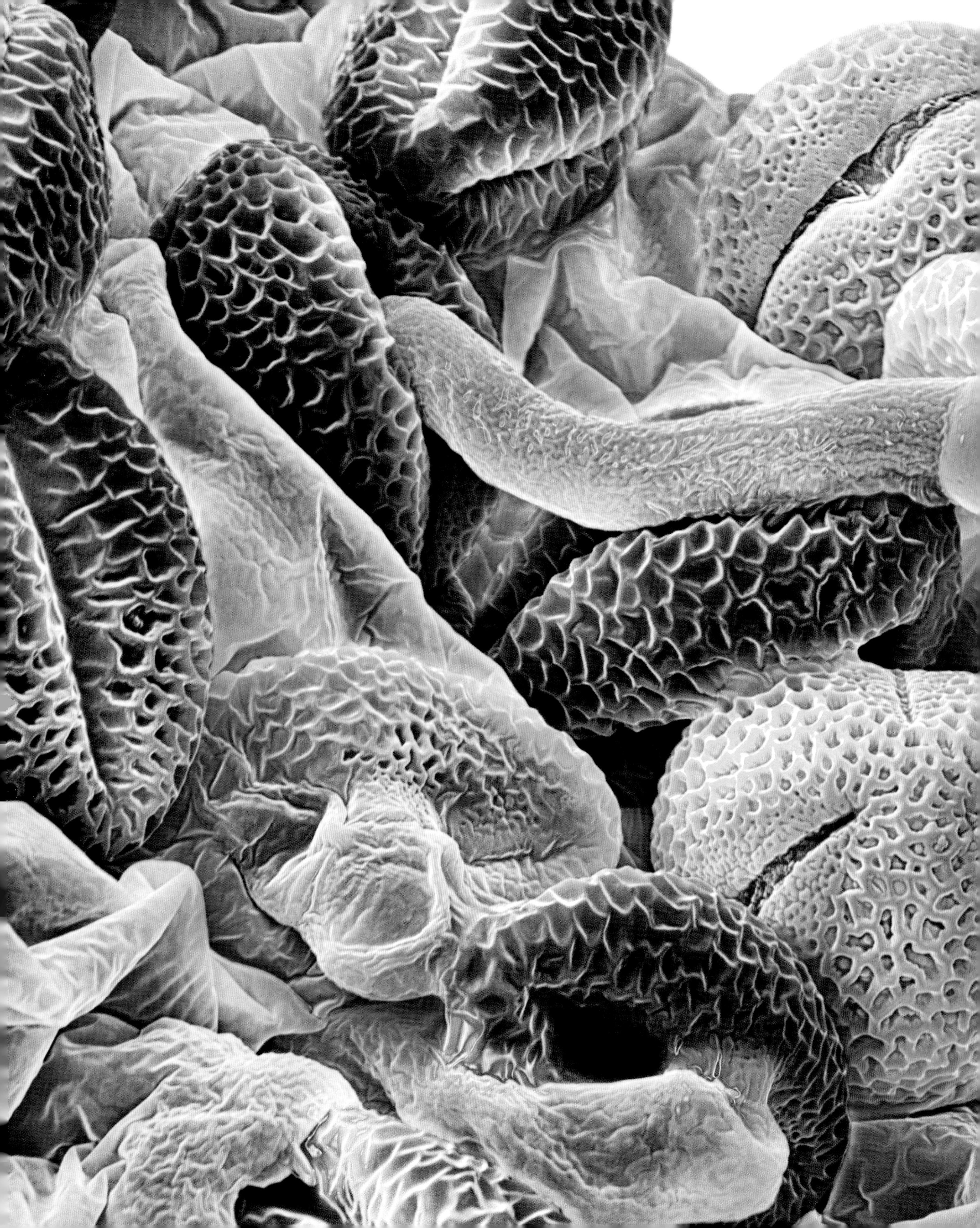

화분 외막(exine)으로 불리며 거칠게 깎아놓은 듯한 질감을 보이는 꽃가루 표면은 꽃의 암술머리와 꽃가루 매개자인 곤충 모두에 달라붙기가 쉽다.

꽃가루관은 웅성배우자가 밑씨 안의 난세포를 향해 가는 도관의 역할도 하는데 세포핵은 이런 꽃가루관의 성장을 조절한다.

다른 종의 식물에서 나온 **꽃가루(노란색)는** 공존할 수 없으며 암술머리에서 나온 화학적 반응 억제제 때문에 꽃가루관은 성장하지 못한다.

꽃식물의 성

꽃식물(현화식물)에서 수배우자(생식세포)는 정자가 아니라 다만 DNA가 들어 있는 정핵일 뿐이다. 이 정핵들은 꽃가루의 형태로 한 식물의 꽃밥에서 다른 식물의 꽃으로 옮겨진다. 거기에서 이루어진 수정은 양쪽 부모의 유전자를 섞어 일부 자손의 생존을 도울 수 있는 다양성을 확보한다. 반면에 어떤 식물은 자가 수정이 가능하고 그 결과 유전적 다양성이 낮은 자손을 얻게 된다. 풀이나 많은 나무에서 보듯이 꽃가루는 바람에 의해 많은 양이 퍼져 나갈 수도 있고 제한된 범위의 꽃만을 찾는 가루받이 동물에 의해 더욱 표적화된 방식으로 옮겨갈 수도 있다.

짙은 남색의 열매에 들어 있는 씨앗은 사방으로 흩어질 것이다.

곤충 유혹하기
꽃가막살나무(*Viburnum tinus*)의 활짝 핀 두상꽃차례는 벌과 나비를 비롯한 곤충을 유인하고 곤충은 꽃들 사이에서 꽃가루를 옮긴다.

꽃가루에 대한 반응

이 사진에서 보듯이 곤충은 꽃가막살나무의 꽃 한가운데에 있는 암술머리에 꽃가루를 옮긴다. 같은 종의 또 다른 꽃에서 나온 꽃가루(회색)가 꽃에 쌓이면 부풀기 시작한다. 그중 한 입자가 식물의 수분을 흡수하기 시작하면서 화분외막에서 발아공으로 불리는 구멍을 통해 꽃가루관이 나타난다. 공존 가능한 암술머리에서 발아한 꽃가루 입자들은 화학적 신호를 받아 밑씨까지 자란다(오른쪽 참조). 주사형 전자 현미경, 6000배율.

중복 수정

꽃가루관은 암술머리(꽃의 자성 생식 기관 끝부분)에 이르자마자 암술대(화주) 밑으로 파고 들어가 씨방으로 자라난다. 2개의 정핵(수배우자)이 꽃가루관을 타고 내려온다. 그중 하나는 난세포와 결합해 씨앗을 형성하고, 다른 하나는 극핵과 결합해 양분을 저장하는 내배유를 형성한다.

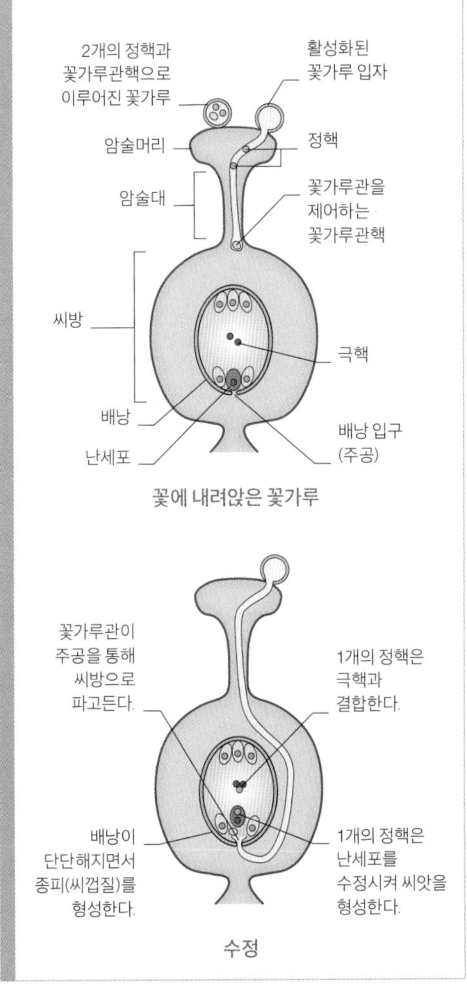

표면

꽃가루 입자의 외피는 화분외막으로 불린다. 꽃가루를 분류하는 데 이용되는 주요 특징 가운데 하나는 이런 외피를 현미경으로 들여다본 정교한 구조이다. 스포로폴레닌(sporopollenin)으로 불리는 단단한 물질로 이루어진 화분외막은 화학적 공격의 영향을 어느 정도 견뎌내기 때문에 꽃가루 입자의 내부 구조는 보호를 받는다. 퇴적물로 보존된 입자는 식물 종의 법의학적 식별에 유용하게 쓰인다.

유공상
모기풀
(*Bouteloua gracilis*)

망상
시계초
(*Passiflora caerulea*)

유선상
천사의나팔
(*Brugmansias* sp.)

공구(둥근 구멍)

흔히 꽃가루 입자 표면에는 구멍 또는 적어도 화분외막이 얇아지는 부분이 있다. 이런 틈새는 꽃가루 입자가 수분을 얻거나 잃을 때 보호막에 균열을 일으키지 않고도 부풀어 오르거나 수축할 수 있게 해 준다. 또 발아할 때 꽃가루관이 입자에서 뻗어 나갈 구멍을 만들어 준다. 공형의 꽃가루에는 공구(孔口)로 불리는 둥근 구멍이 나 있다. 그런 꽃가루는 입자에 있는 발아공의 개수로 분류된다.

창문 모양의 공 모양
치커리
(*Cichorium intybus*)

팬톱 공 모양
패랭이속 '분홍'꽃
(*Dianthus* sp.)

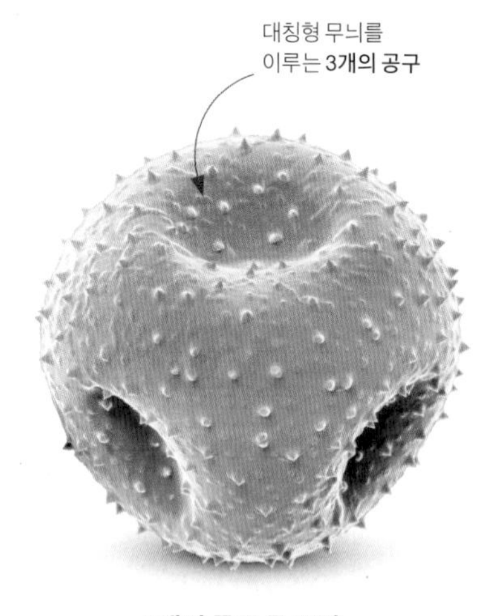

3개의 둥근 공 모양
가재발선인장
(*Schlumbergera* sp.)

구구(긴 구멍)

어떤 꽃가루에는 둥근 공구 대신에 입자의 길이만큼 길쭉한 홈이 나 있다. 구구로 알려진 이런 구멍은 대개 구형이 아닌 꽃가루 입자에서 찾아볼 수 있다. 가늘고 긴 구형의 꽃가루는 구구의 개수와 위치에 따라 분류된다. 일부 꽃가루 입자는 구구와 공구가 혼합된 발아구 형태인 공구형을 보인다.

1개의 가늘고 긴 구형
백합
(Liliaceae)

띠가 있는 가늘고 긴 구형
금영화
(*Eschscholzia californica*)

3개의 가늘고 긴 구형
로부르참나무
(*Quercus robur*)

곤봉상
제라늄
(*Geranium* sp.)

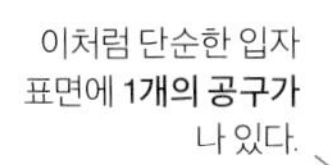

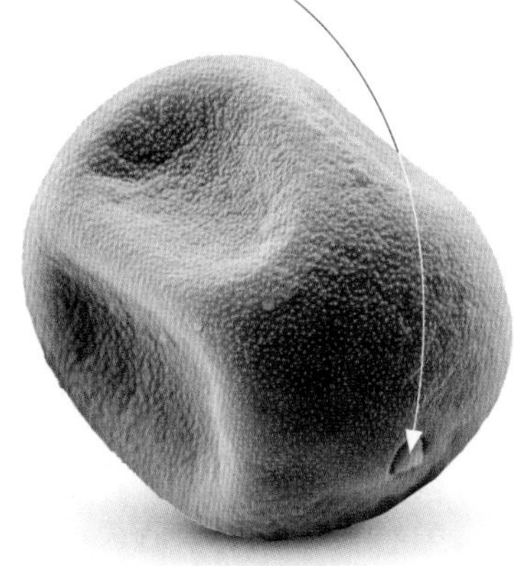

1개의 둥근 공형
벼과식물
(Poaceae)

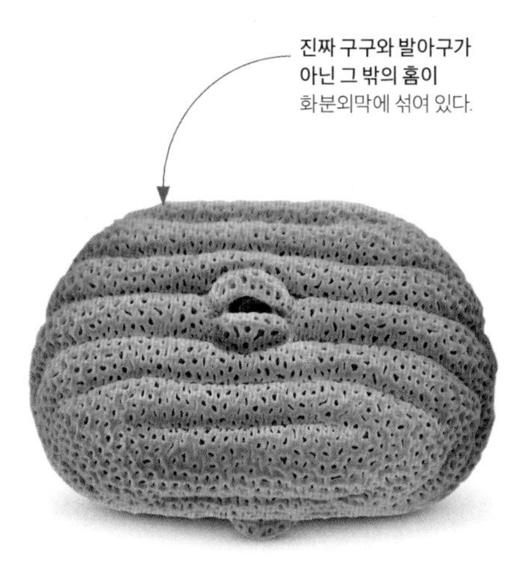

이형의 가늘고 긴 구형
꽃이 피는 허브
(*Mimulopsis* sp.)

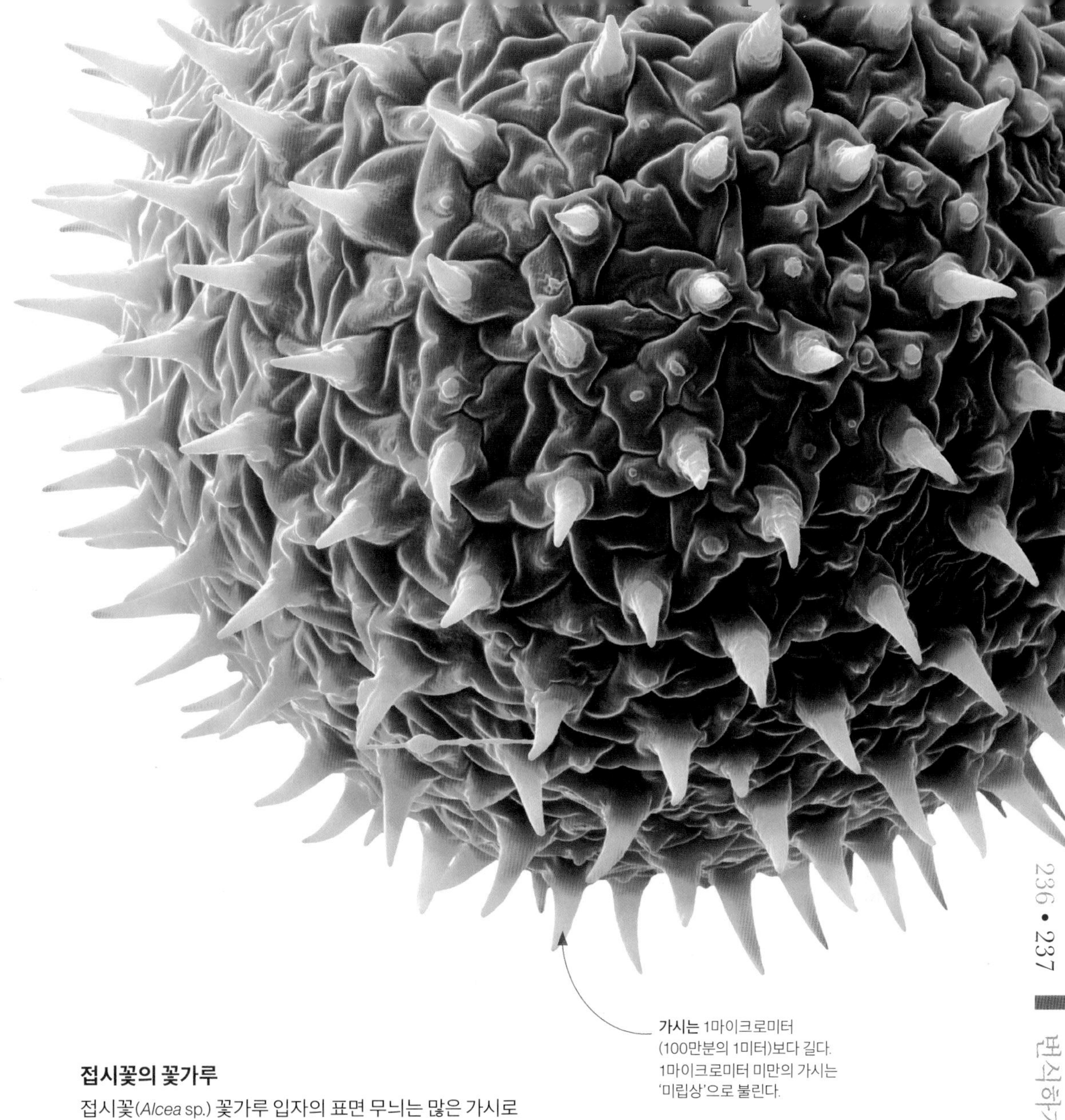

접시꽃의 꽃가루
접시꽃(*Alcea* sp.) 꽃가루 입자의 표면 무늬는 많은 가시로 덮여 있는 자상이다. 이런 가시 때문에 꿀벌은 꽃가루 입자를 꽃가루통에 넣기 힘들 수도 있다. 접시꽃은 사회 생활을 하지 않는 단생벌을 통해 가루받이가 이루어지는 경우가 많다. 단생벌은 뒷다리에 있는 무성한 털을 이용해 꽃가루를 모으고 옮긴다. 주사형 전자 현미경, 2400배율.

꽃가루 입자

꽃식물과 침엽수는 유성 생식에 이용되는 미세한 분말 입자인 꽃가루를 만들어 낸다. 꽃가루 입자는 바람과 물, 벌 같은 매개 동물에 의해 다른 식물로 옮겨간다. 바람에 의해 퍼지는 입자는 더욱 매끄럽고, 가볍고, 작아서 대개 지름이 0.01밀리미터를 넘지 않는다. 그런 꽃가루는 작은 꽃들에서 만들어지며, 봄철과 여름철이면 먼지 같은 꽃가루 뭉치가 바람결에 피어오르는 모습을 이따금 볼 수 있다. 그에 비해 매개 동물이 운반하는 꽃가루는 간혹 지름이 0.1밀리미터를 넘을 정도로 크다. 꽃가루는 다채로운 색깔의 향기로운 꽃을 찾아드는 동물의 몸에 달라붙을 수 있도록 흔히 못처럼 뾰족하거나 갈고리 모양이거나 표면이 끈적끈적하다.

벌은 인간에게 상당히 친숙한 곤충이다. 지난 수천 년 동안 인간은 꿀벌을 키워 왔다. 꿀벌 사회는 알을 낳는 여왕벌과 암컷 일벌 무리, 여왕벌을 수정시킨 뒤에 곧바로 죽고 마는 수벌로 이루어져 있다. 일벌은 알과 유충을 돌보고, 벌집을 관리하고, 꽃에서 꽃가루와 꽃꿀(화밀)을 모아 수백 마리로 이루어진 군집을 부양하기 위한 꿀로 비축한다.

그러나 꿀벌은 전 세계의 벌 종 가운데 일부에 불과하다. 지구에는

벌 집중 조명

2만여 종의 벌이 존재하며, 여기에는 '꽃 애호가'를 의미하는 계통군인 꿀벌류(Anthophila)도 포함된다. 꿀벌류는 말벌과 개미가 포함된 벌목(Hymenoptera)에 속한다. 친척뻘 되는 다른 곤충과 마찬가지로 모든 벌은 가슴과 배 사이에 유난히 잘록한 허리가 있지만 털이 많이 나 있어서 이런 특징은 제대로 드러나지 않는다.

대부분의 벌은 혼자서 독립적으로 살아가며 꿀을 만드는 벌은 소수에 불과하다. 그래도 꿀벌류에 속한 모든 벌은 꽃가루와 꽃꿀의 혼합물을 먹고 새로 부화한 유충에게 먹일 식량을 둥지에 비축한다. 꽃은 강렬한 색채와 향기로 벌을 유인한다. 벌은 공짜 먹이를 얻은 대가로 몸에 붙은 털에 꽃가루를 묻혀 다른 꽃으로 옮겨 준다. 이것은 생식과 씨앗 생산(234~235쪽 참조)에 없어서는 안 될 필수 요건이다. 가장 유능한 꽃가루 매개자로 꼽히는 벌은 전 세계 농작물 가운데 3분의 2가량을 수정시키는 것으로 추정된다. 그러나 이런 중요한 관계는 서식지 감소, 살충제 중독, 기후 변화로 인해 벌 개체 수가 급격히 감소하면서 심각한 위협을 받고 있다.

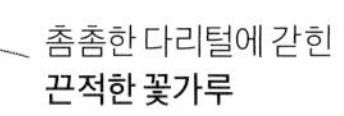

꽃가루 채집가
먹이를 모으는 꿀벌은 꽃꿀을 들이마신 다음 목 주머니 또는 '꿀 주머니'에 담아 벌집으로 가져간다. 벌은 뒷다리의 화분 바구니(corbiculae)로 불리는 조직을 통해 꽃가루를 옮기지만, 많은 양의 꽃가루는 벌의 뻣뻣한 털에 묻고 그중 상당수는 꽃으로 옮겨질 것이다.

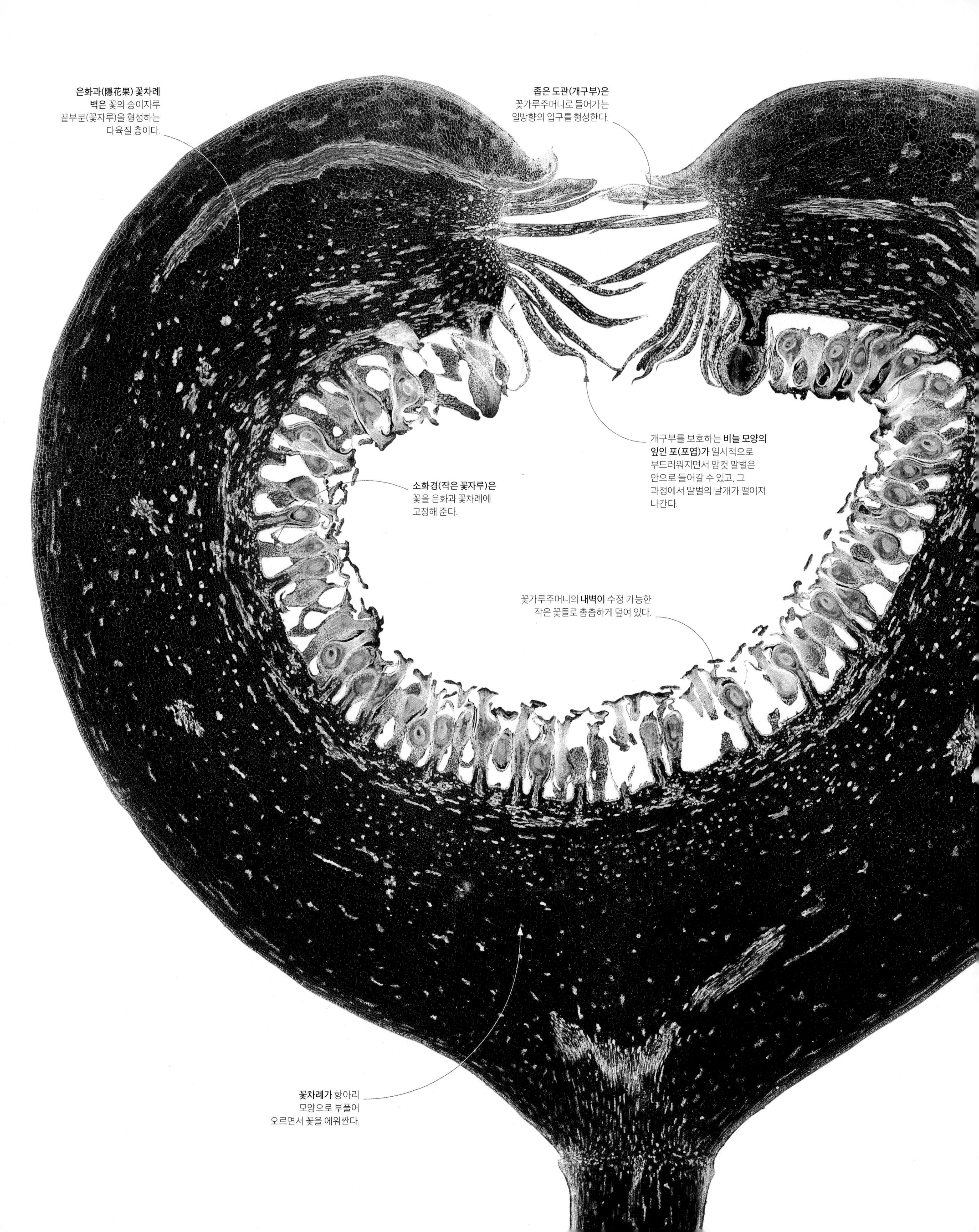

은화과(隱花果) 꽃차례 벽은 꽃의 송이자루 끝부분(꽃자루)을 형성하는 다육질 층이다.
좁은 도관(개구부)은 꽃가루주머니로 들어가는 일방향의 입구를 형성한다.
개구부를 보호하는 **비늘 모양의 잎인 포(포엽)가** 일시적으로 부드러워지면서 암컷 말벌은 안으로 들어갈 수 있고, 그 과정에서 말벌의 날개가 떨어져 나간다.
소화경(작은 꽃자루)은 꽃을 은화과 꽃차례에 고정해 준다.
꽃가루주머니의 **내벽이** 수정 가능한 작은 꽃들로 촘촘하게 덮여 있다.
꽃차례가 항아리 모양으로 부풀어 오르면서 꽃을 에워싼다.

숨겨진 꽃

이와 같은 종단면에서 보듯이 무화과나무(*Ficus* sp.)의 꽃은 부풀어 오른 꽃차례 기저에서 형성된 속이 빈 꽃가루주머니 내부에 숨겨져 있다. 설익은 무화과가 익으려면 암컷 말벌이 침입해 숨겨진 꽃에다 알을 낳으면서 가루받이가 이루어져야 한다.

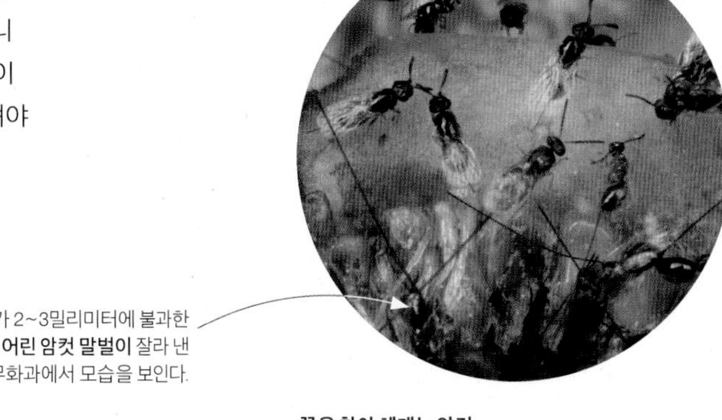

길이가 2~3밀리미터에 불과한 **작고 어린 암컷 말벌이** 잘라 낸 무화과에서 모습을 보인다.

꽃을 찾아 헤매는 암컷
무화과말벌(*Blastophaga psenes*)은 무화과(*Ficus carica*)에만 알을 낳는다. 암컷은 파고 들어갈 만한 무화과를 찾아 최대 10킬로미터까지 꽃가루를 실어 나를 수도 있다.

은밀하게 이루어지는 수분

수많은 식물은 곤충에 의지해 꽃을 수정시킨다. 소수의 식물은 한 종류의 곤충에게만 의지한다. 무화과나무와 무화과말벌 사이의 유대는 매우 각별해서 둘 중 어느 쪽도 상대가 없으면 살아남을 수 없다. 이런 관계는 새끼를 기를 장소를 말벌에게 제공하는 한편 설익은 무화과의 꽃을 수정시킨다. 무화과꽃은 대개 특별한 종의 무화과말벌에 의지한다. 열대 지방에는 850여 종의 무화과와 900여 종의 무화과말벌이 존재한다. 말벌은 무화과를 수정시킨 뒤에 죽지만 그렇다고 해서 무화과가 죽은 말벌로 들어차는 것은 아니다. 무화과에서 분비된 효소는 말벌을 분해하고, 분해된 말벌은 익어 가는 과일에 양분을 공급해 준다.

무화과말벌의 생활사

암컷 무화과말벌은 개구부를 통해 설익은 무화과 속으로 들어간다. 그 과정에서 구멍에 꽉 낀 날개가 떨어져 나간다. 무화과 내부에서 암컷은 수백 송이의 꽃에다 알을 낳고 무화과는 혹 모양의 충영(蟲癭, 300~301쪽 참조)으로 발달해 유충을 보호한다. 말벌의 다리 밑 주머니에 들어 있던 꽃가루가 정상적으로 자랄 수 있는 손상되지 않은 꽃에 뿌려지고 나면 마침내 암컷은 죽음을 맞는다. 날개가 없는 수컷이 먼저 알에서 나와 아직 충영 속에 있는 암컷과 짝짓기를 한다. 마침내 모습을 드러낸 어린 암컷은 꽃가루를 채집해 무화과에서 기어 나와 날아오른다. 다른 무화과에서 처음부터 다시 시작할 준비가 된 것이다.

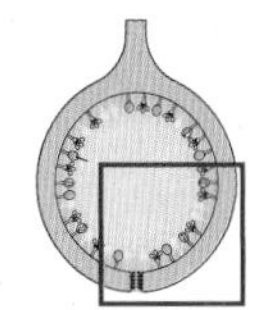
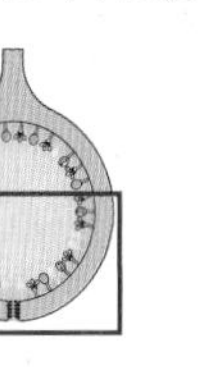

무화과 내부

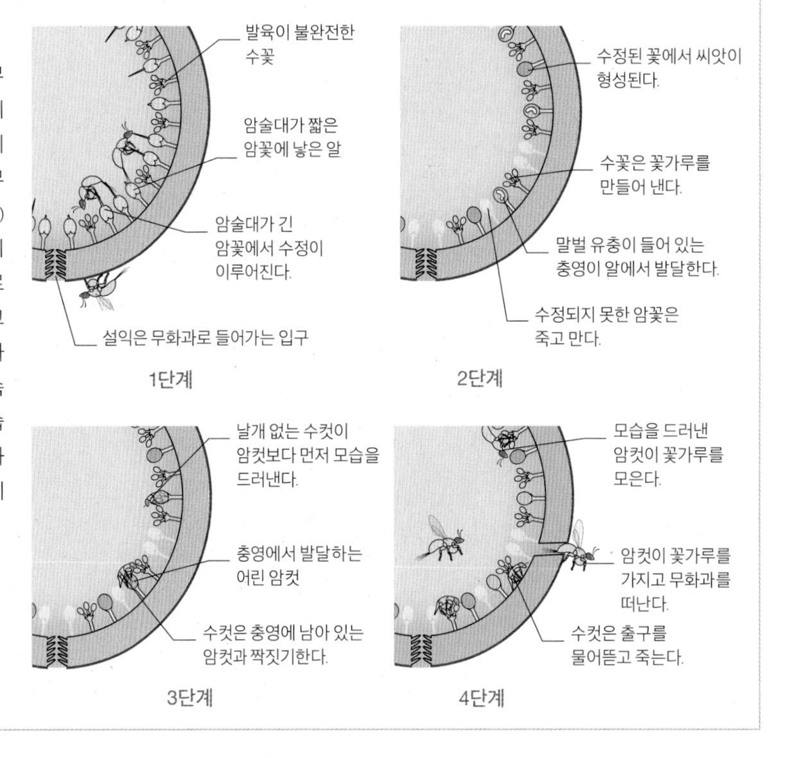

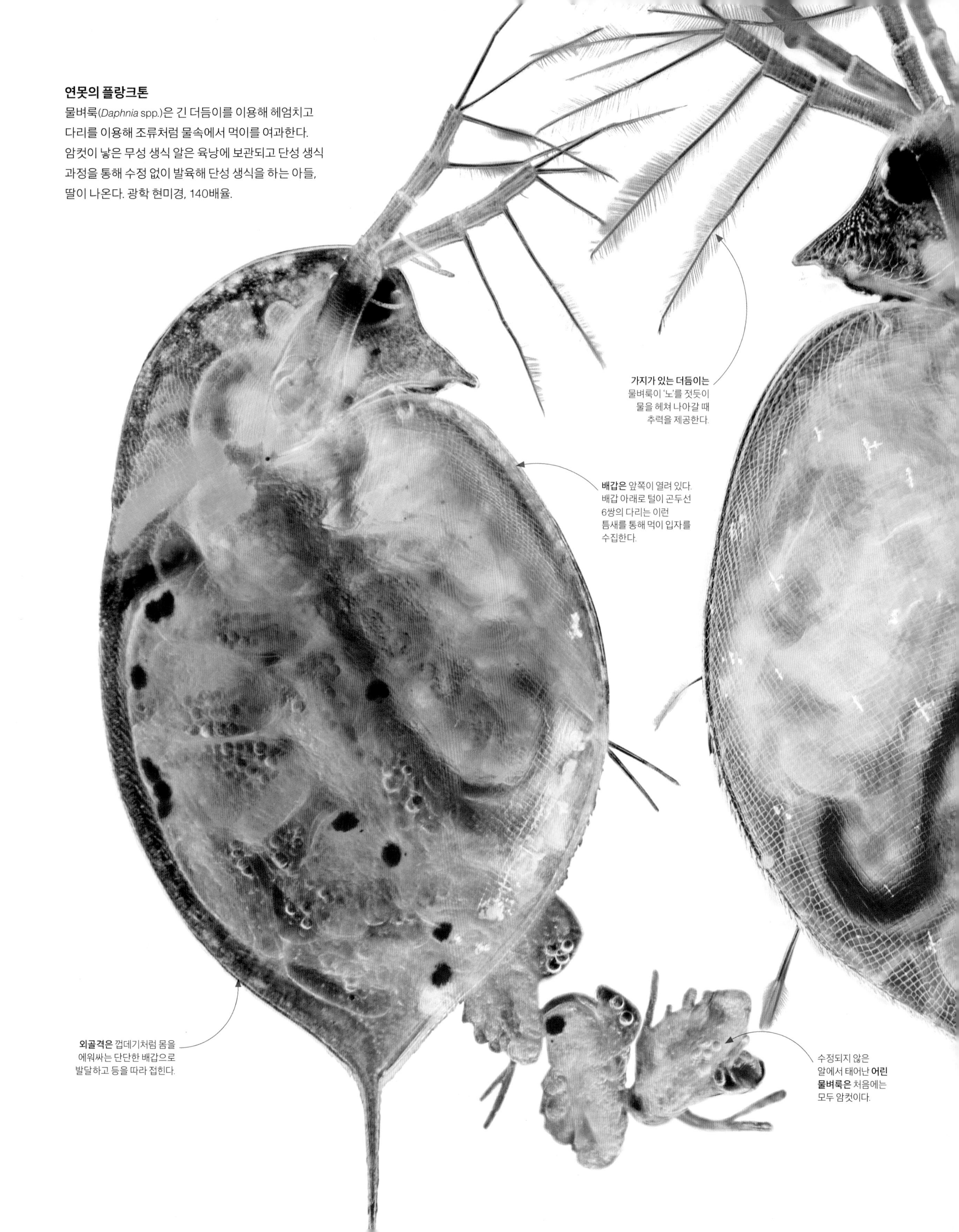

연못의 플랑크톤

물벼룩(*Daphnia* spp.)은 긴 더듬이를 이용해 헤엄치고 다리를 이용해 조류처럼 물속에서 먹이를 여과한다. 암컷이 낳은 무성 생식 알은 육낭에 보관되고 단성 생식 과정을 통해 수정 없이 발육해 단성 생식을 하는 아들, 딸이 나온다. 광학 현미경, 140배율.

호황과 **불황**

서식지나 먹이 자원이 오래가지 못할 경우, 몸집이 작은 수많은 동물은 성장과 번식이 빠른 속도로 진행될 수 있다. 여름 끝 무렵 바싹 말라 버리는 연못에 물벼룩이 우글거리듯, 진딧물은 봄철과 여름철 새로운 식물의 성장을 방해한다. 두 경우 모두 먹이를 찾아다니는 성별이 중요하다. 진딧물과 물벼룩은 수정하지 않고도 알을 낳을 수 있고 덕분에 번식 속도를 높일 수 있다. 그러나 급격한 개체 수 증가로 먹이 공급이 줄어들면 결국 아무것도 남지 않게 된다. 진딧물은 날개를 발달시켜 새로운 곳으로 날아간다. 물벼룩은 그대로 머물며 유성 생식을 통해 알을 낳는다. 겨울을 난 알은 상황이 좋아지면 이듬해 부화한다.

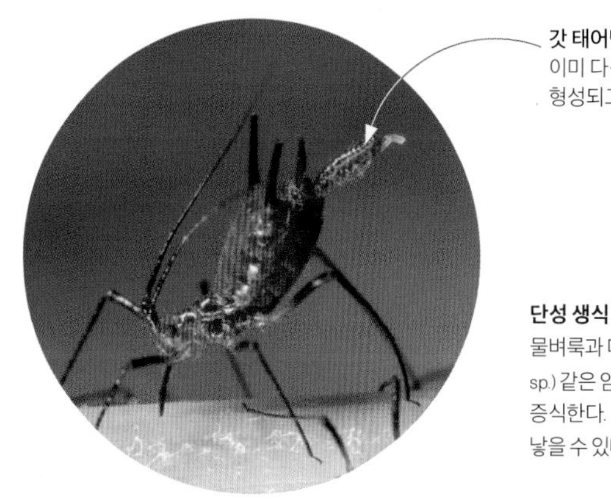

갓 태어난 딸의 체내에서는 이미 다음 번 무성 세대가 형성되고 있다.

단성 생식
물벼룩과 마찬가지로 이런 고들빼기 진딧물(*Uroleucon* sp.) 같은 암컷 진드기는 짝짓기 없이 알을 낳아 빠르게 증식한다. 한 마리의 암컷은 날마다 3~4마리의 딸을 낳을 수 있다.

성별이 없는 알은 투명한 배갑 아래의 **육낭에** 보관되다가 수정 없이 발달할 수 있다.

수정되지 않은 알은 여름철에는 하루 만에 부화한다. 새끼가 알을 낳을 정도로 자라려면 열흘이 걸린다.

물벼룩의 생활사

여름철 물벼룩의 급격한 개체 수 증가로 인해 상황이 나빠지면 무성 생식에서 유성 생식으로의 변화가 일어난다. 수컷이 태어나 짝짓기를 하고 나면 암컷의 몸에서는 수정란이 나온다. 한겨울 동안 단단한 외피가 수정란을 보호하고 이듬해 봄이 되면 새로운 암컷이 부화한다.

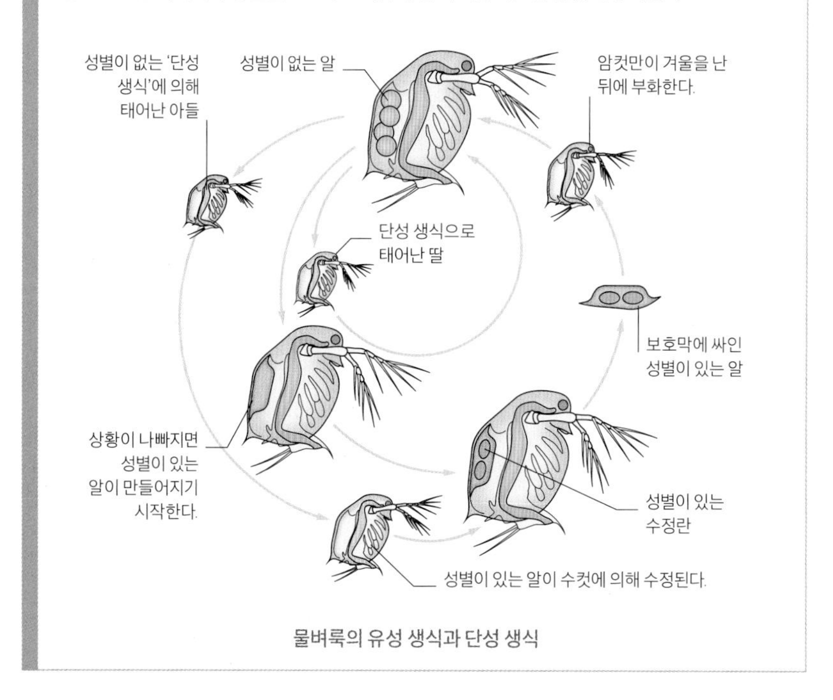

물벼룩의 유성 생식과 단성 생식

굶주림에서 탈출하기

점균류(slime mold)는 단세포로도 살 수 있는 특이한 생물이지만, 일부 세균(224쪽 참조)과 마찬가지로 서로 결합해 집단과 생식 구조를 형성할 수도 있다. 동물도 균류도 아니지만 양쪽의 특성을 모두 보이며, 아메바(132~133쪽 참조)의 친척뻘도 있다. 점균류는 죽은 나무나 낙엽 더미에서 발견되는 세균과 균류에서 잘 자란다. 먹이가 고갈되면 점균류는 생활사의 새로운 단계로 돌입해 생존 가능성을 높일 수 있다.

포자 확산
이런 자실체는 갈적색털점균(*Trichia decipiens*)에 속하는 살아 있는 진균류 덩어리인 변형체에서 싹이 트고 있다. 자실체가 일부 터지면 작은 포자가 바람에 실려 새로운 먹이 공급원으로 날아갈 수 있다. 포자는 그곳에서 아메바 모양의 새로운 세포로 성장할 것이다. 주사형 전자 현미경, 140배율.

점균류의 생존

점균류는 생애 대부분을 점액아메바라는 단세포 생물로 살아간다. 먹이가 부족하면 화학적 신호를 내보내 다른 개체를 끌어들인 다음 합쳐져 변형체로 불리는 덩어리를 형성한다. 줄기가 있는 포자체(포자낭)가 발달해 쪼개지면서 새로운 먹이를 찾아 포자를 바람에 실려 보낸다.

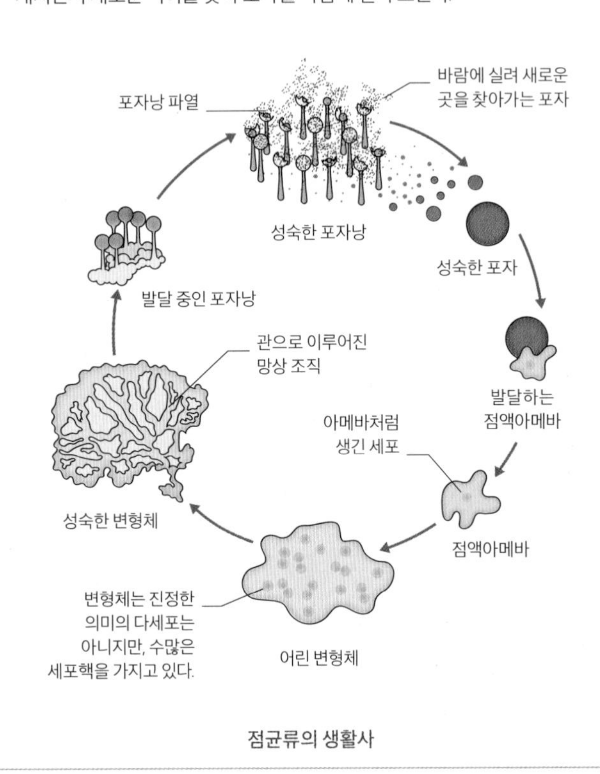

점균류의 생활사

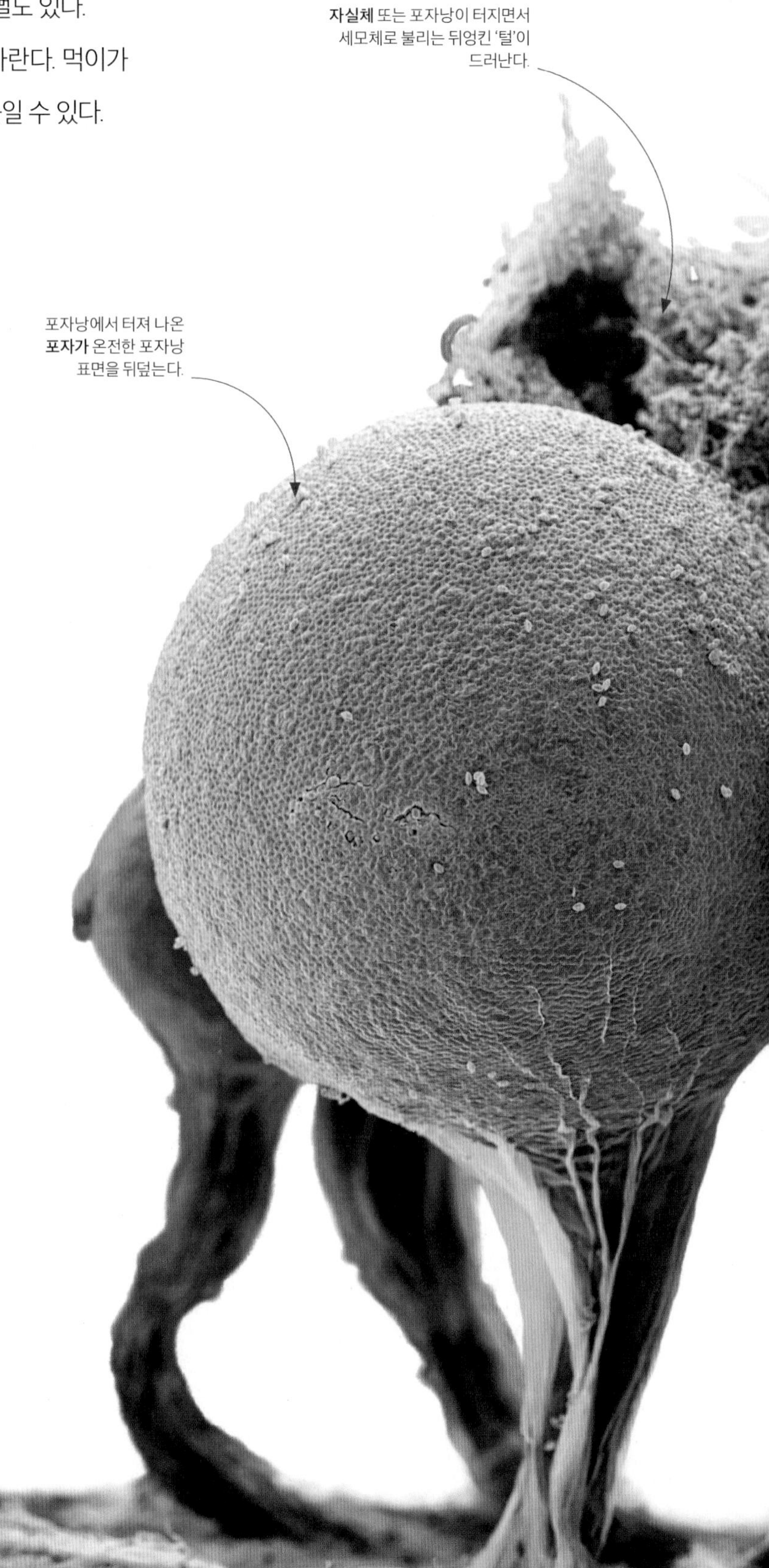

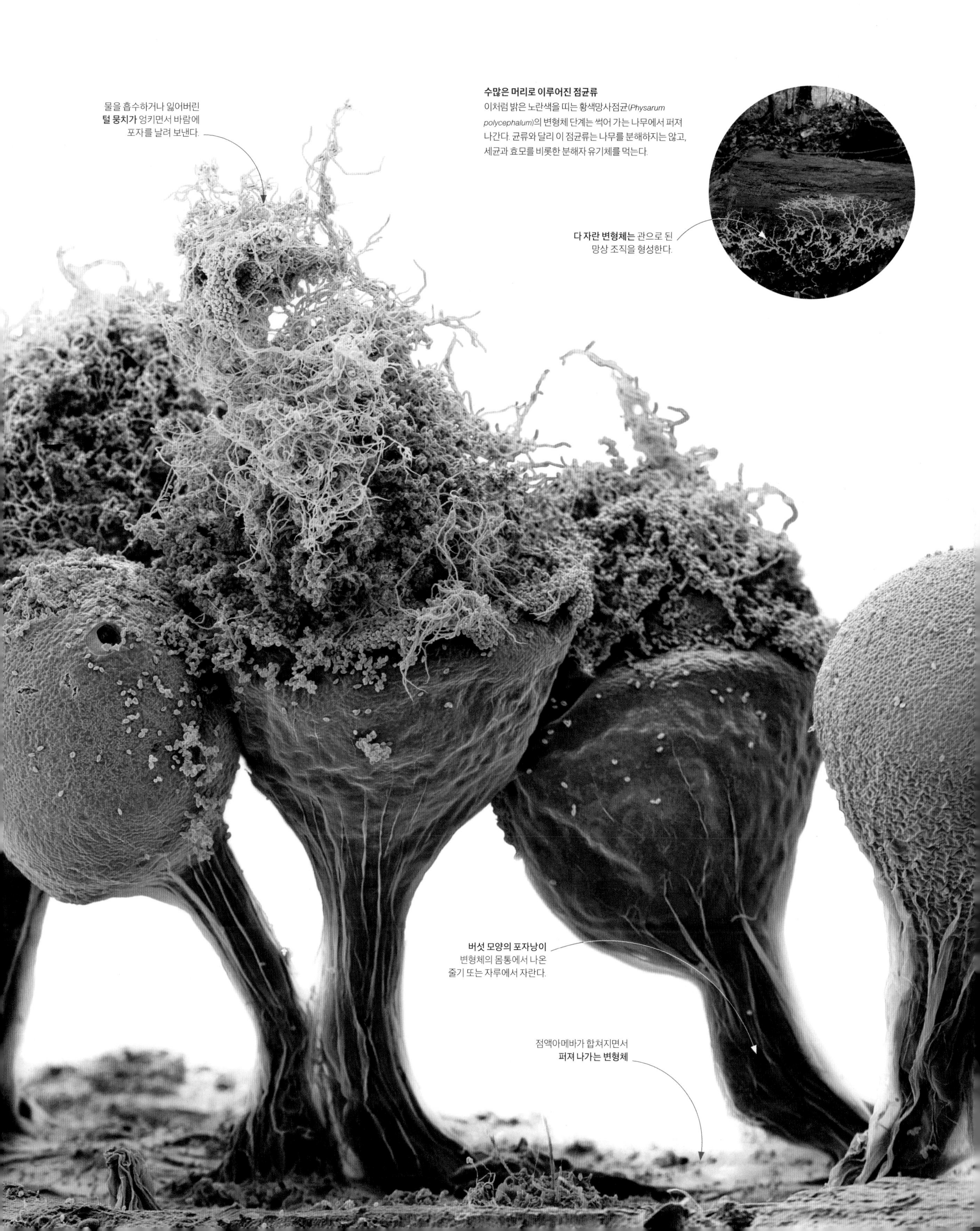

수많은 머리로 이루어진 점균류
이처럼 밝은 노란색을 띠는 황색망사점균(*Physarum polycephalum*)의 변형체 단계는 썩어 가는 나무에서 퍼져 나간다. 균류와 달리 이 점균류는 나무를 분해하지는 않고, 세균과 효모를 비롯한 분해자 유기체를 먹는다.

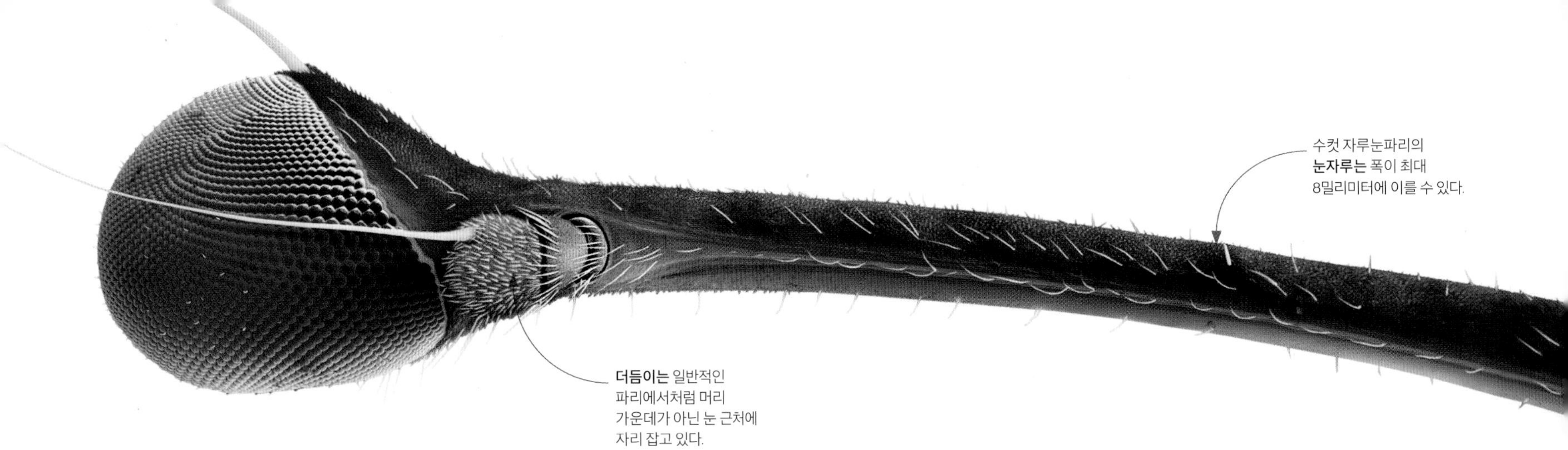

수컷 자루눈파리의 **눈자루는** 폭이 최대 8밀리미터에 이를 수 있다.

더듬이는 일반적인 파리에서처럼 머리 가운데가 아닌 눈 근처에 자리 잡고 있다.

폭넓은 시야

자루눈파리(*Diasemopsis meigenii*)의 눈자루는 주변의 시야를 향상하는 과정에서 진화한 것으로 보인다. 눈자루 덕분에 폭넓은 시야를 갖고 천적이나 경쟁자를 알아볼 수 있게 되었다. 그러나 수컷의 눈자루가 암컷보다 긴 것은 여기에 성 선택이 작용한다는 사실을 보여 준다. 암컷은 자루눈이 긴 수컷과 짝짓기할 가능성이 크다. 일부 종에서는 수컷의 자루눈이 너무 길어서 신체적 부담이 되지 않을까 하는 생각이 들기도 한다. 그래도 번식력에서 얻게 되는 이점은 그런 부담을 상쇄하고도 남는다.

겹눈은 폭넓은 시야를 보인다.

짝짓기 경쟁

수많은 동물은 생존을 위한 몸부림(자연 선택)보다는 배우자 선택(성 선택)을 통해 만들어진 행동이나 해부학적 구조에 적응한다. 번식의 성공이 수컷과 암컷 사이의 경쟁에 달린 곳에서는 밝은색이나 정교한 가지뿔처럼 어느 한 성(性)의 개체가 보여 주는 눈에 띄는 특징이 경쟁자를 누르고 이성이 짝짓기 상대로 선택하게 만드는 요인일 수 있다. 이런 짝짓기 선택은 성체로 살아남을 가능성이 큰 적합하고 건강한 자손의 생산으로 이어질 수도 있지만, 다음 세대의 동물이 짝짓기 상대로 선택하기 쉬운 매력적인 자손을 생산하는 데만 그 의미가 있을 때도 있다. 특이한 번식 특징의 사례로는 이례적으로 멀리 떨어진 수컷 자루눈파리의 눈을 들 수 있다.

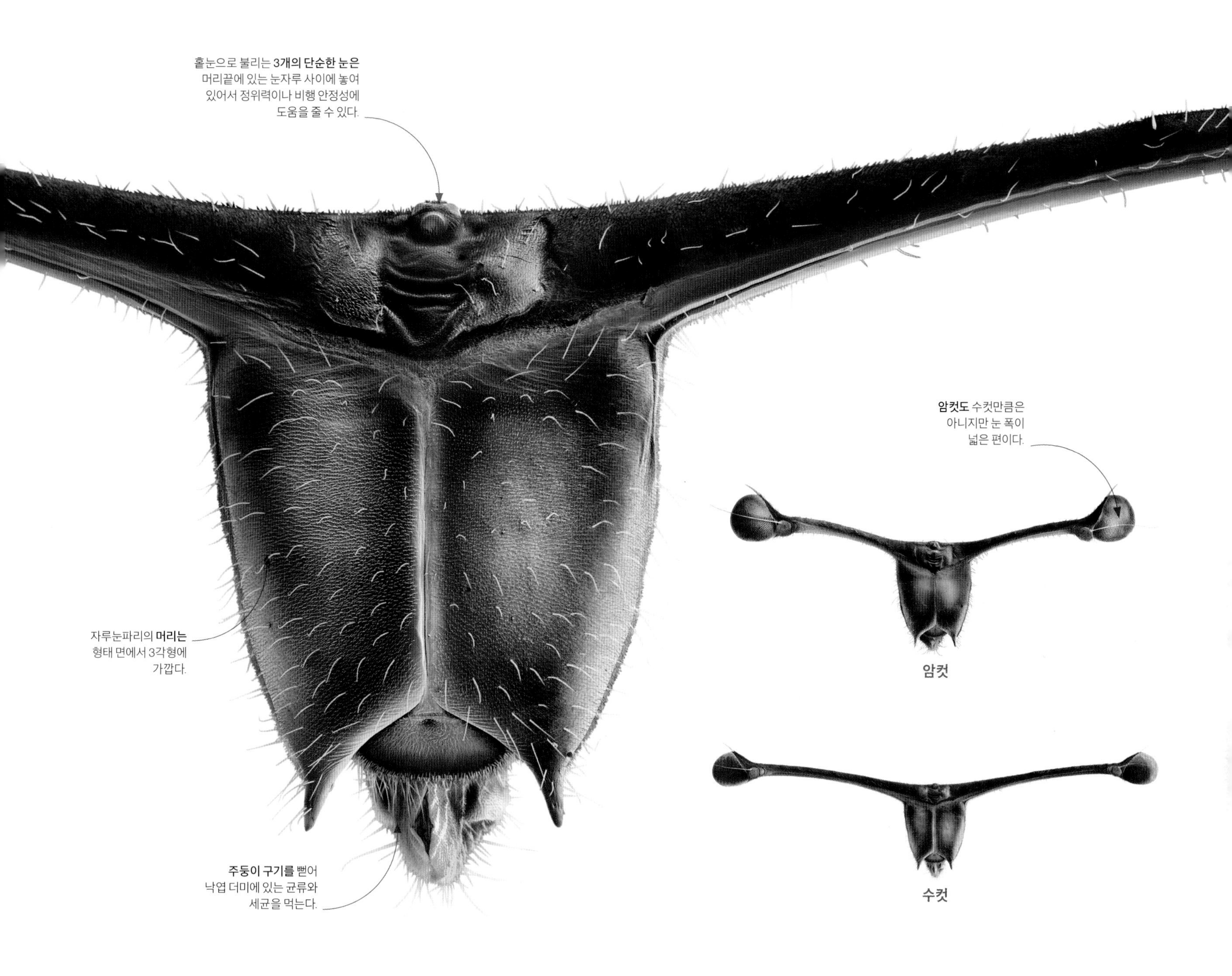

홑눈으로 불리는 **3개의 단순한 눈은** 머리끝에 있는 눈자루 사이에 놓여 있어서 정위력이나 비행 안정성에 도움을 줄 수 있다.

자루눈파리의 **머리는** 형태 면에서 3각형에 가깝다.

주둥이 구기를 뻗어 낙엽 더미에 있는 균류와 세균을 먹는다.

암컷도 수컷만큼은 아니지만 눈 폭이 넓은 편이다.

암컷

수컷

2마리의 수컷 자루눈파리가 짝짓기할 암컷을 차지하기 위해 맞붙어 싸운다.

눈싸움

수컷 자루눈파리는 성적 과시로 불리는 구애 의식을 통해 경쟁한다. 이들은 서로 마주한 채 눈 폭을 서로 비교한다. 암컷은 눈 폭이 가장 넓은 수컷을 선호하는 것처럼 보인다. 그렇게 넓은 눈 폭은 수컷에게 생식력과 유전적 속성이 뛰어나다는 사실을 암컷에게 알려주는 것일 수도 있다.

성 선택

자루눈파리의 눈 폭 같은 생식 특성은 동물이 짝을 찾는 데 도움을 주어 자손을 남기는 능력을 향상한다. 자웅 선택 특성은 같은 종의 수컷과 암컷이 다르게 보이거나 행동하는 성적이형(性的二形)으로 이어졌다. 수컷 멋쟁이극락조(*Cicinnurus magnificus*)는 밝은 깃털로 짝짓기 상대를 유인하지만, 암컷에게는 그런 깃털이 없다.

짝짓기 상대를 두고 경쟁하는 수컷 멋쟁이극락조

말벌은 마르면서 단단하게 굳는 젖은 진흙을 이용해 **둥지를 짓는다.**

둥지 짓기

한 개의 알을 둥지에 직접 낳는다.

알 낳기

말벌은 침으로 먹이를 **마비시킨** 다음 둥지에 넣어 둔다.

먹이 주기

육아실과 저장실
주황색 호리병벌(*Delta latreillei*)은 유충에게 먹이뿐만 아니라 은신처까지 제공한다. 암컷은 진흙을 모아 항아리 모양의 둥지를 지어 알을 낳은 뒤에 마비된 애벌레와 그 밖의 곤충을 육식성 유충에게 먹이로 제공한다.

이 종에 속한 **암컷 거미의** 몸길이는 8.5~15밀리미터에 이른다.

모든 종류의 생명체는 가장 효과적인 방식으로 유전자를 전달할 수만 있다면 무엇이든 한다. 여기에는 수많은 포자, 씨앗, 알, 새끼를 만들어 내는 일이 포함된다. 결과적으로 그중 소수가 천적과 그 밖의 위험을 피해 살아남을 기회를 확보한다. 그러나 어떤 동물은 좋은 부모가 됨으로써 그런 가능성을 높인다. 미시 세계에서는 알을 몸에 지니고 다니는 거미, 새끼를 청결하게 관리하는 혹집게벌레, 유충을 먹이는 말벌처럼 눈에 띄는 가족 생활 사례를 찾아볼 수 있다. 자연계의 질서에서 시간과 에너지를 투자하는 부모는 적은 수의 자손을 만들어 내는 것으로 보상을 받으면서도 생존 가능성은 훨씬 크다.

거미의 모정

닷거미류(*Pisaura mirabilis*) 암컷은 이빨에 알주머니를 물고 있는 3주 동안은 아무것도 먹지 않는다. 알을 낳기 며칠 전 수컷은 짝짓기하는 동안 암컷의 관심을 돌려준 고치실에 싸인 파리를 암컷에게 결혼 선물로 준다. 알이 부화할 준비가 되면 암컷 거미는 천막 같은 거미줄을 쳐서 새끼들이 흩어지기 전까지 보호한다.

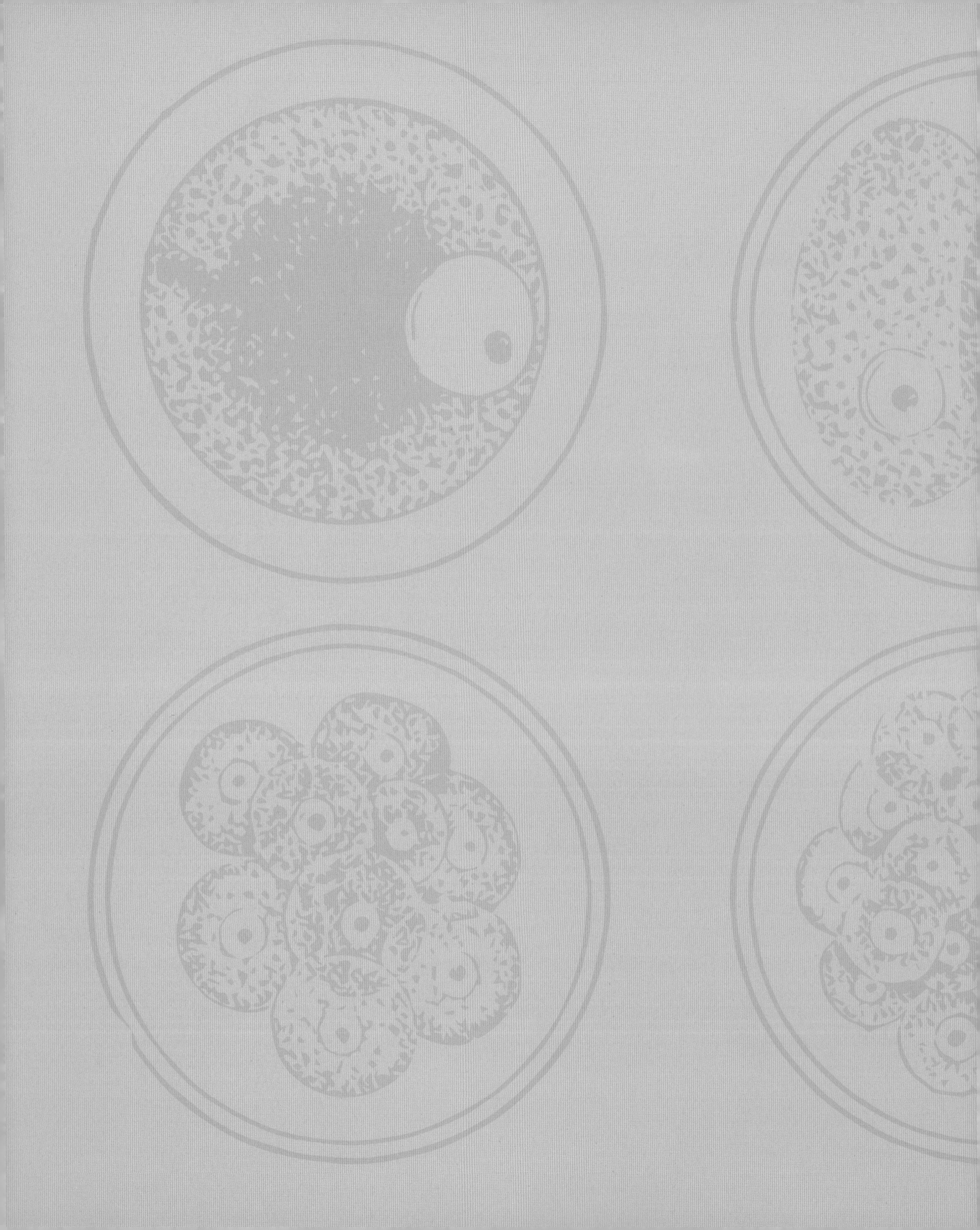

성장과 변화

살아 있는 생명체는 성장한다. 성장은 생명체를 정의하는 중요한 속성이지만, 다세포 생물은 세포 분열, 분기, 분화가 포함된 복잡하고 조직적인 방식으로 성장한다. 어떤 개체의 삶의 시작은 성장, 번식, 확산에 전념하는 여러 단계로 이루어진 생활사의 시작이 될 수도 있다.

단세포 조류
클라미도모나스속(*Chlamydomonas*) 조류의 세포는 2개의 편모, 1개의 엽록체와 안점으로 이루어져 있다는 점에서 볼복스의 세포와 비슷하다. 그러나 이 종은 군체를 형성하지 않고 단세포로 살아간다.

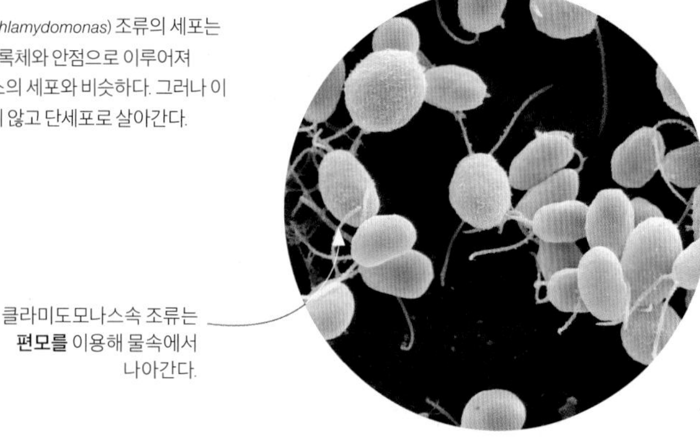

클라미도모나스속 조류는 **편모를** 이용해 물속에서 나아간다.

협력하는 세포들
볼복스의 군체를 이루는 세포마다 광합성을 통해 빛 에너지를 흡수하는 초록색 엽록체와 눈에 보이지 않을 정도로 파닥이면서 세포에 추진력을 주는 2개의 편모(실)가 들어 있다. 일부 세포에서는 다른 세포에 비해 빛에 민감한 안점이 크게 발달한다. 군체가 안점으로 감지한 빛에 가까이 접근하는 동안 내부에서 만들어진 새로운 군체가 생식세포에서 싹을 틔운다. 광학 현미경, 500배율.

세포 군체

수많은 미생물이 단세포인 데 비해 동식물의 몸은 서로 협력하면서 특정한 과제를 수행하도록 특화된 헤아릴 수 없이 많은 세포로 이루어져 있다. 그런데 어떤 생물은 이처럼 다른 수준의 유기체 사이에 존재하는 차이를 메우는 것처럼 보인다. 맨눈으로도 확인할 수 있는 볼복스(*Volvox*)는 연못에 서식하는 구형의 작은 조류로서 속이 빈 세포 군체의 물기 많은 내벽에 얇은 젤리층을 이루며 붙어 있다. 세포 군체는 특화된 부분으로 이루어져 있다. 어떤 세포는 빛을 잘 감지하고 어떤 세포에는 생식 기능이 있다.

새로운 볼복스 군체의 무성 생식
새로운 볼복스 군체의 발달은 세포의 복잡한 운동을 수반한다. 표면의 세포는 편모를 잃고 쪼개져 컵 형태의 배아를 형성한다. 배아는 새로운 군체 바깥쪽에서 편모가 계속 자랄 수 있도록 뒤집혀야 한다.

군체의 한쪽에 있는 세포에는 큰 안점이 있다.
젤리층에 박혀 있는 한 겹의 세포층
물기가 많은 내부의 공간
군체는 파닥이는 편모를 이용해 빛을 향해 나아간다.
부모 군체

1. 부모 군체는 편모를 잃고 갈라지기 시작한다.
2. 컵 형태의 배아가 형성된다(세포에서 편모를 만드는 쪽이 안으로 향한다).
3. 배아가 뒤집힌다.
4. 세포에서 편모를 만드는 쪽이 바깥쪽을 향하고 있다.
5. 새로운 군체의 세포는 편모를 만들어 내고 안점을 형성한다.
새로운 군체 형성

부모 군체 내부에서 형성된 **작은 배아 군체의 세포는** 부모 군체의 세포보다 빽빽하게 차 있다. 모든 세포는 미세한 세포질 가닥을 통해 이웃한 세포와 정보를 교환한다.

부모 군체는 500~5만 개의 세포로 이루어져 있다. 군체는 지름이 1.5밀리미터까지 자라다가 불안정한 상태가 되면 해체된다.

투명하고 무색의 **젤리 같은 세포 기질은** 이웃한 세포와 달라붙은 채 그대로 남아 있다.

엽록소로 채워진 1개의 초록색 엽록체가 **편모가 1개인 세포를** 차지하고 있다.

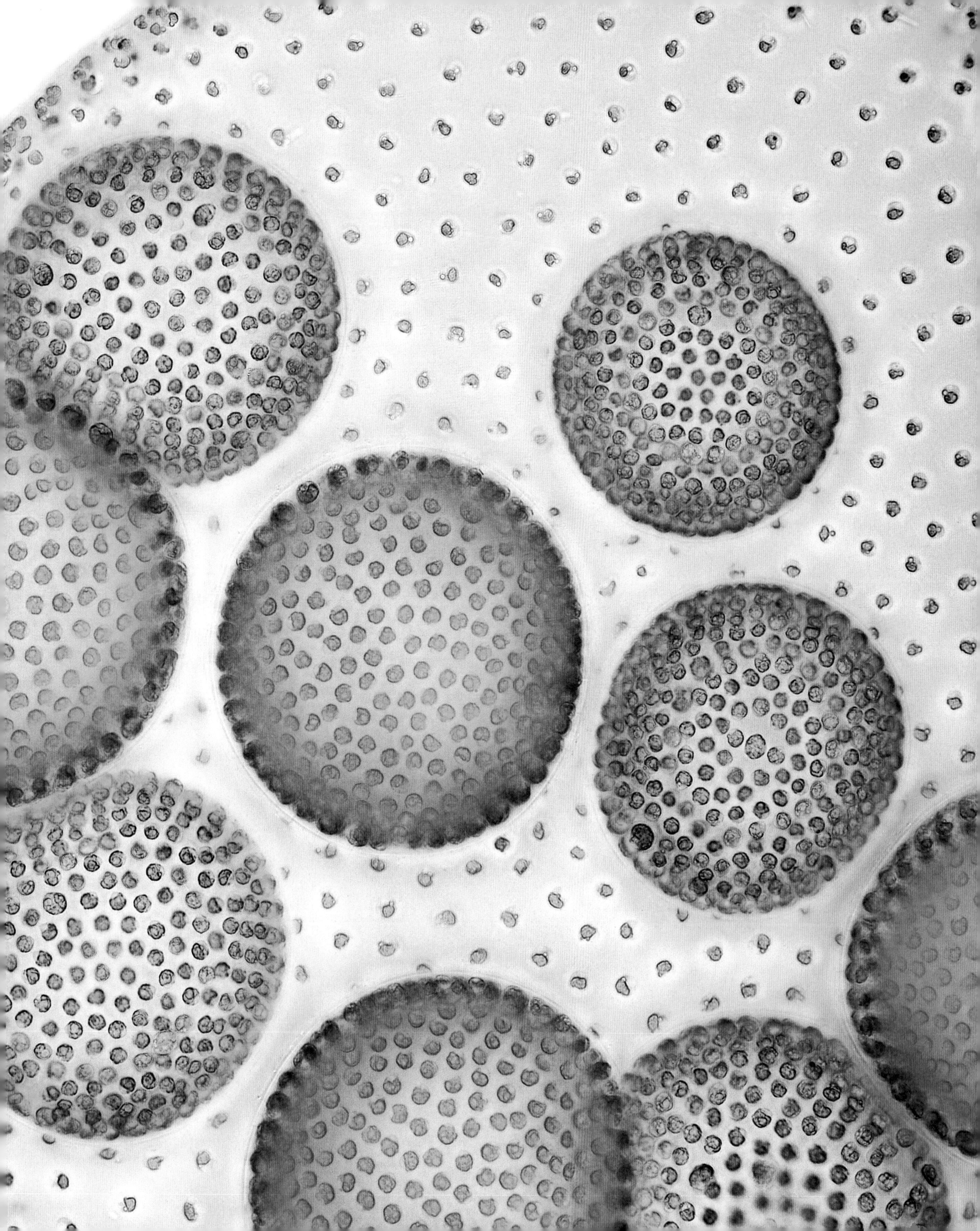

세포 분열

생명체는 세포로 이루어져 있고, 새로운 세포는 다 자란 세포가 분열하면서 만들어진다. 성장하는 동식물의 몸에는 무수한 세포가 있으며 단백질과 그 밖의 새로운 물질을 형성하고 세포 분열을 통해 몸집을 불려 나간다. 형성과 분열을 주기적으로 반복하는 과정은 성장과 발달, 손상을 복구하는 신체 능력에서 중요한 역할을 한다. 모든 세포에는 1개의 수정란에서 나온 복제된 유전자가 들어 있으며, 유전자는 몸의 여러 부분에서 작동되거나 작동되지 않거나 하면서 다양한 방식으로 발달할 수 있다.

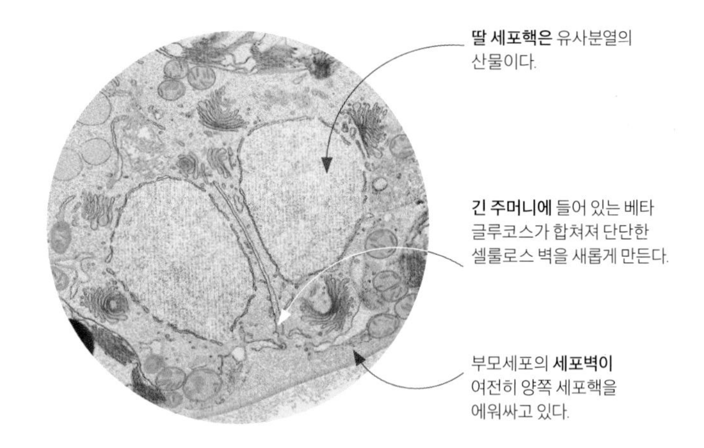

식물 세포 분열
식물과 조류 세포는 단단한 세포벽으로 둘러싸여 있어서 수축만으로는 세포가 쪼개지는 데 필요한 유연성이 부족하다. 대신에 인접한 딸세포끼리 모여 벽을 만든다.

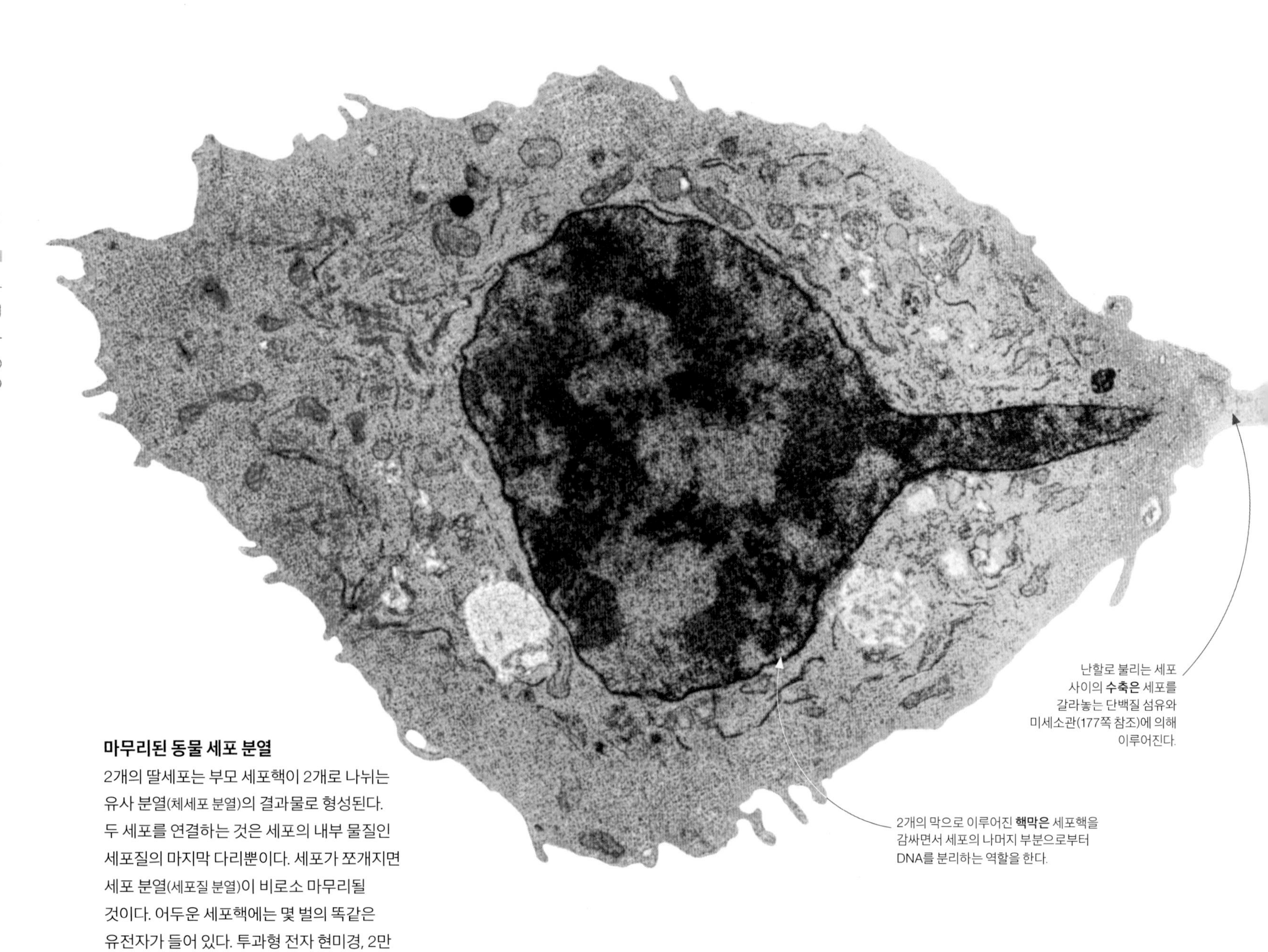

마무리된 동물 세포 분열
2개의 딸세포는 부모 세포핵이 2개로 나뉘는 유사 분열(체세포 분열)의 결과물로 형성된다. 두 세포를 연결하는 것은 세포의 내부 물질인 세포질의 마지막 다리뿐이다. 세포가 쪼개지면 세포 분열(세포질 분열)이 비로소 마무리될 것이다. 어두운 세포핵에는 몇 벌의 똑같은 유전자가 들어 있다. 투과형 전자 현미경, 2만 6000배율.

유사 분열의 단계

세포의 성장 주기는 DNA 복제로 마무리된다. 이로써 감수 분열이나 핵분열을 준비하는 2개의 딸세포에 똑같은 유전자가 제공된다. DNA를 포함한 유전 물질의 실(염색질)이 짧아지고 두꺼워져 염색체를 형성한다. 그 결과 복제된 DNA를 조작하고 딸세포로 분리하기가 쉬워진다.

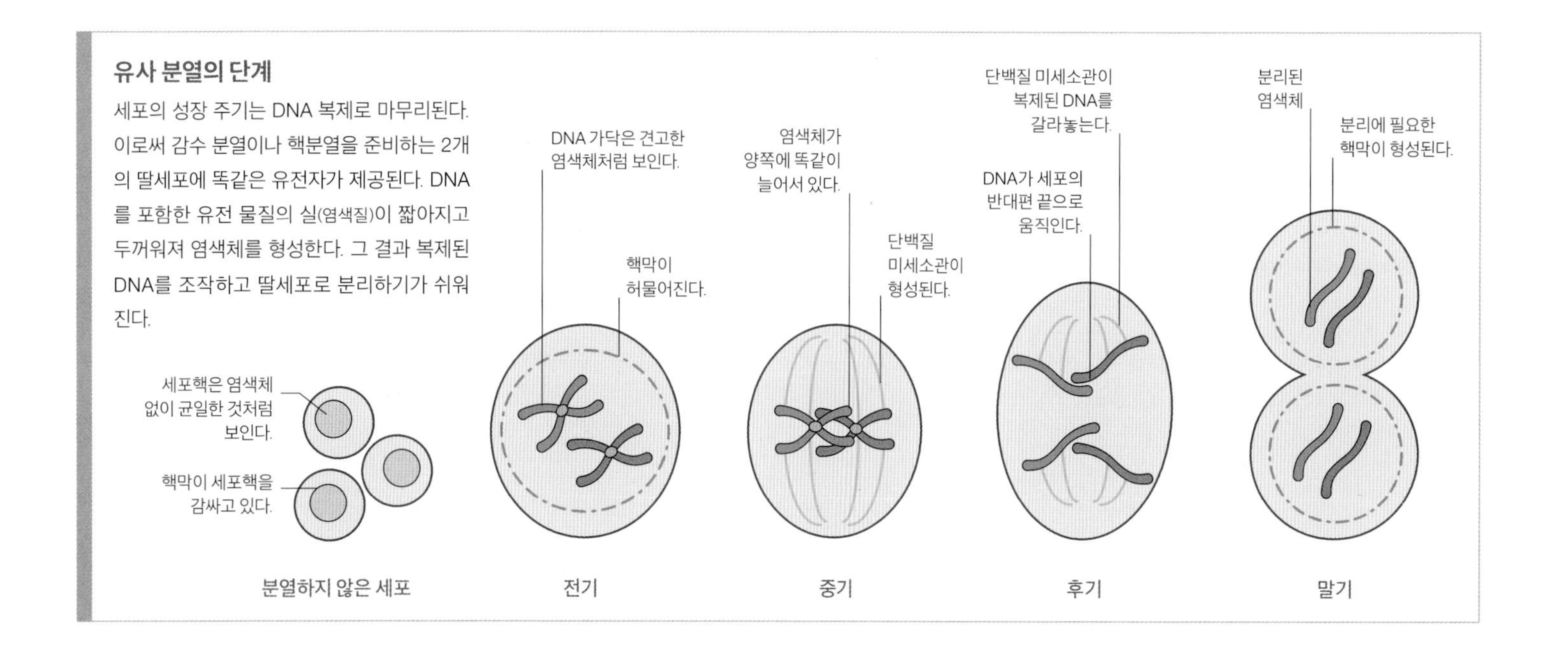

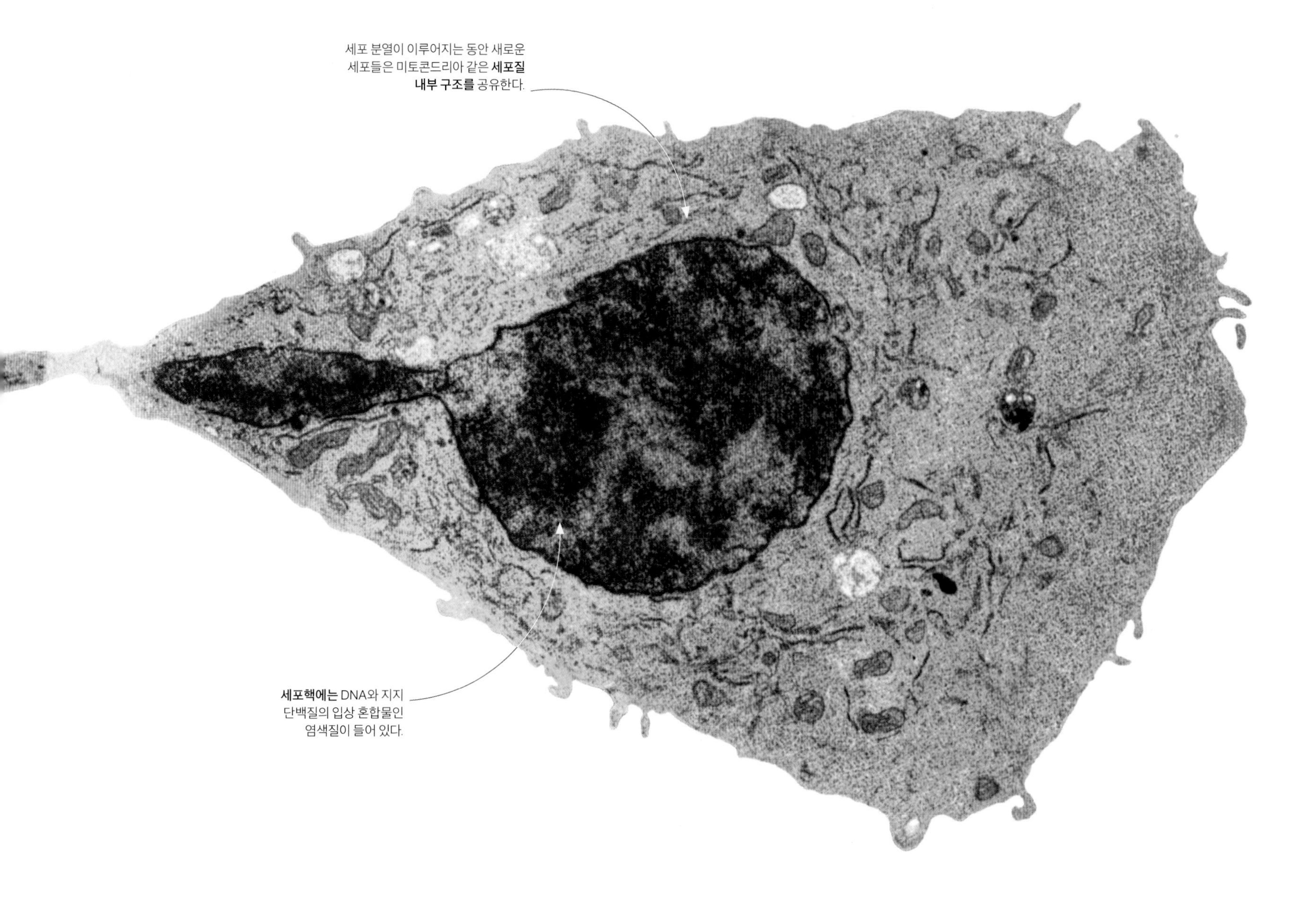

배아 발달

무성 생식(226~227쪽 참조)에 의한 발달이 아니라면 동식물은 수많은 세포로 이루어진 성체를 형성하는 데 필요한 유전 물질이 모두 포함된 수정란으로 시작한다. 세포는 수정되자마자 분열을 시작하고 성체의 다양한 조직과 기관으로 발달하게 될 자신의 운명을 결정지을 자세를 취한다. 수정란의 세포가 유전자 복제로 시작되더라도 이들은 모두 다양한 일을 하게 되어 있으며, 세포에 수반된 유전자는 몸의 다양한 부분을 형성하도록 작동한다.

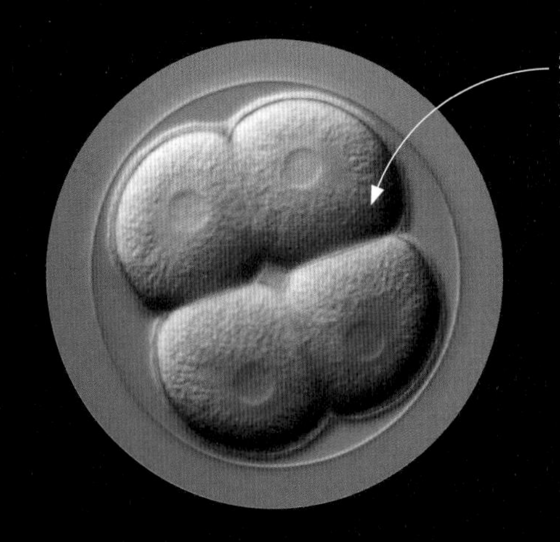

공 모양의 포배
성게(*Paracentrotus lividus*)의 수정란 세포가 세포 분열을 시작한다. 모든 동물의 배아는 이처럼 포배로 불리는 공 모양의 세포로 시작한다.

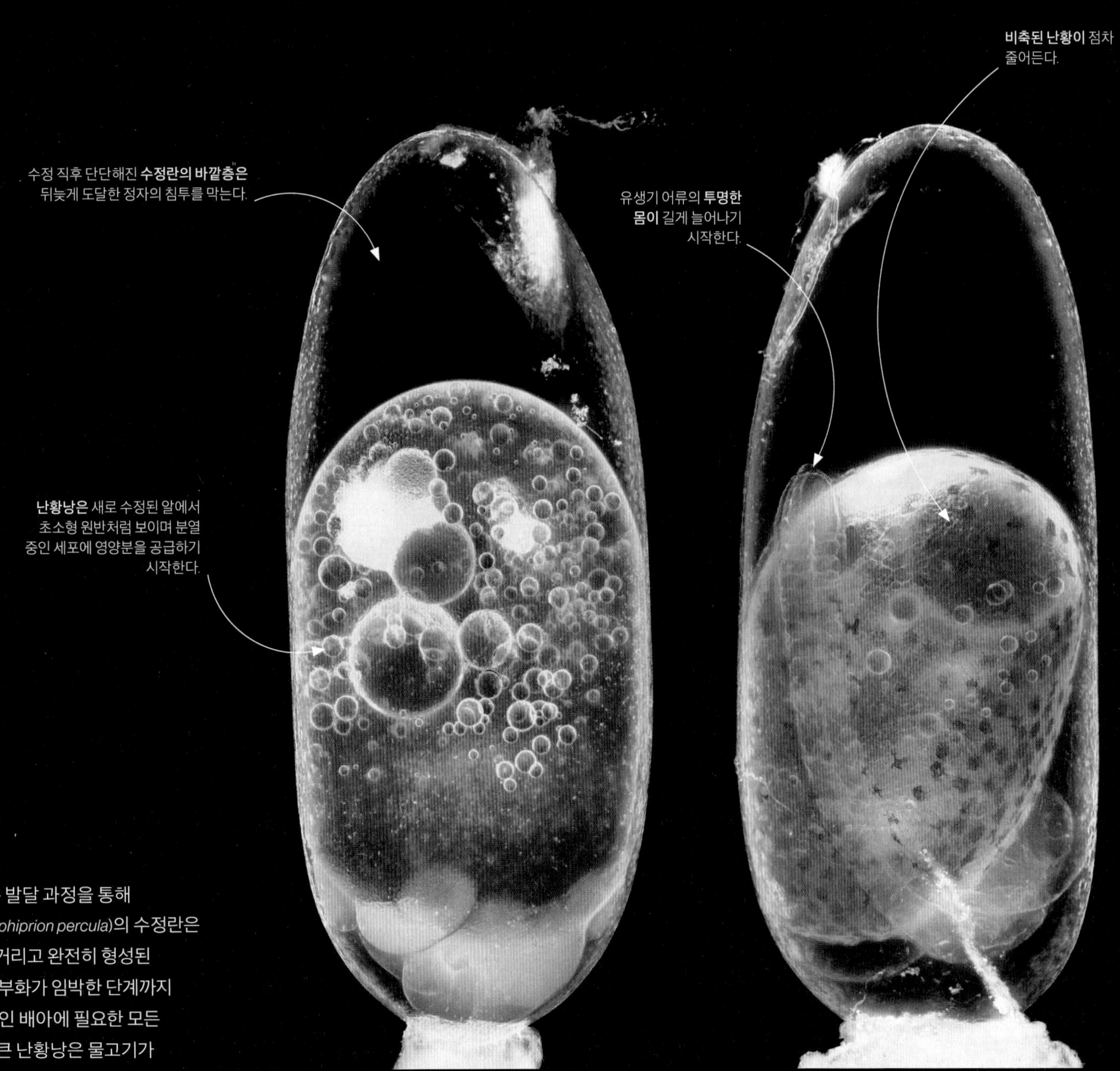

물고기의 부화
1주일이 조금 넘는 발달 과정을 통해 주황흰동가리(*Amphiprion percula*)의 수정란은 유생이 몸을 꿈틀거리고 완전히 형성된 눈으로 볼 정도로 부화가 임박한 단계까지 도달한다. 발달 중인 배아에 필요한 모든 양분을 공급하는 큰 난황낭은 물고기가 자라면서 줄어든다. 광학 현미경, 150배율.

배아 발달 비교

어류와 마찬가지로 일부의 수정란은 알 내부에서 발달하는 배아에 양분을 공급해 줄 난황을 가지고 있다. 이와 달리 포유류의 수정란은 임신한 모체를 통해 양분을 공급받기 때문에 난황의 크기가 매우 작다. 대신에 포유류의 배아는 세포덩이가 모체의 자궁 내벽에 착상한 뒤로 태반이 될 세포 내벽에 붙은 채로 자란다.

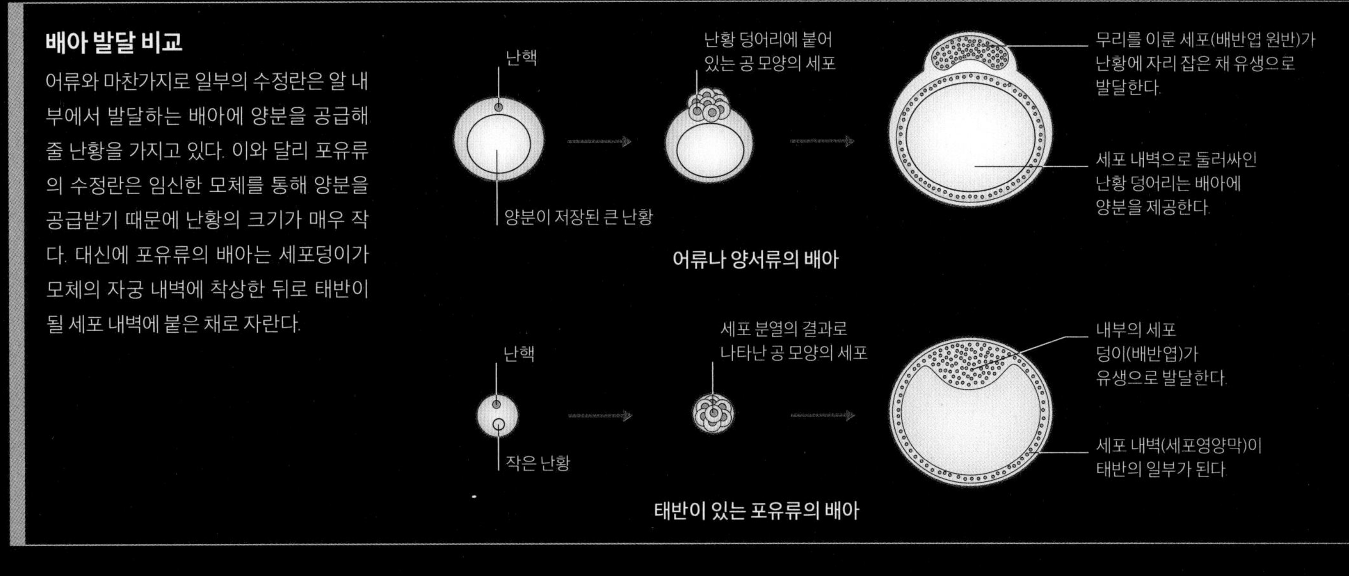

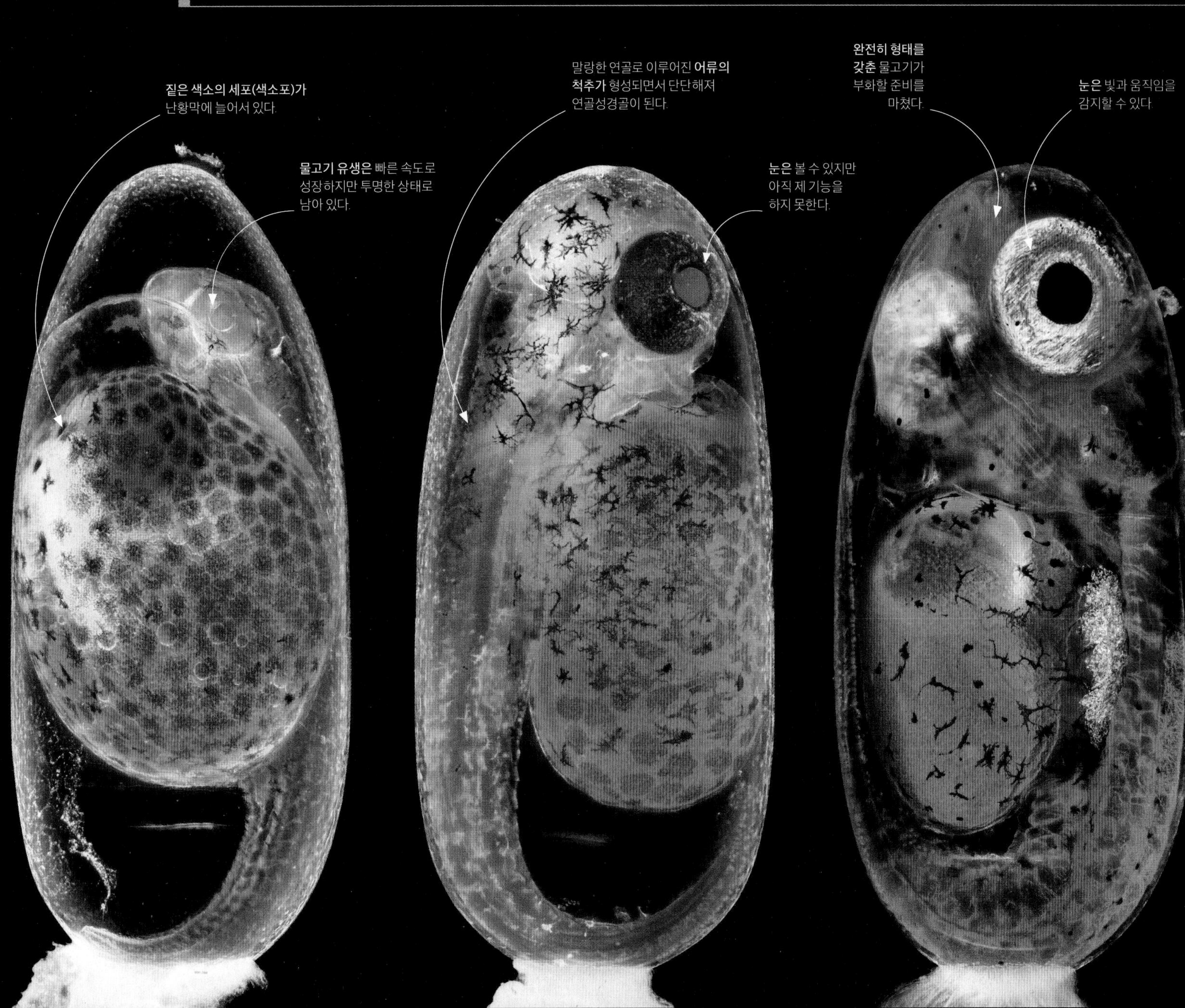

곤충의 알

육지에서 번식하는 동물은 짝짓기를 통해 수컷의 정자가 암컷의 몸에 있는 난자를 향해 헤엄을 칠 수 있다. 수정란은 마르지 않도록 해 주는 알껍데기에 자리를 잡을 것이다. 곤충은 3억 년 넘게 이런 방식을 통해 육지에서 가장 성공을 거둔 동물 가운데 하나가 되었다. 알을 에워싼 단백질 덮개인 난각은 단단해져 흔히 조각품처럼 정교한 문양이 있는 보호막을 형성한다. 장막은 내부에 물을 가두면서도 숨을 쉴 수 있을 만큼 충분히 구멍이 많은 다공성이다. 한편 알에 포함된 영양 물질인 난황은 양분을 공급해 준다. 이로써 배아가 발달할 수 있는 완벽한 조건이 갖춰지고 마침내 유충(성충의 어린 형태)이나 유생으로 부화한다.

알주머니

일부 곤충이 낳은 알 무더기는 알집으로 불리는 1개의 보호용 알주머니에서 결합한다. 바퀴벌레는 특이한 지갑 모양을 한 알집을 바닥에 놓아두고, 메뚜기는 대개 관 모양의 알집을 지면 밑에 묻어 둔다. 사마귀는 알집을 식물의 줄기에 붙여둔다. 알집에 들어 있는 알의 개수는 서너 개에서 수백 개에 이르기까지 곤충의 종에 따라 천차만별이다.

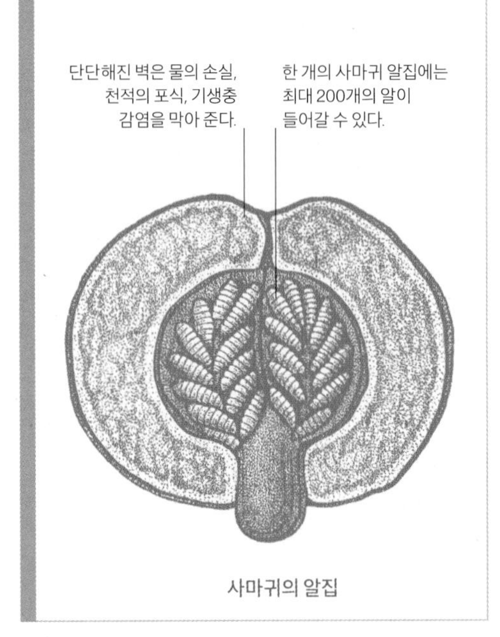

사마귀의 알집

조각 같은 알

얼룩말긴날개나비(*Heliconius charithonia*)의 알은 서로 연결된 돌출부가 무늬를 이룬다. 많은 곤충의 알에서 흔히 볼 수 있는 기하학적 형태는 나비의 난소에서 알껍데기가 형성될 때 자국을 남기는 이와 비슷한 분비세포의 벌집무늬에서 비롯된다. 돌출부에 집중적으로 분포한 작은 구멍은 내부의 배아에 산소가 도달할 수 있게 한다. 주사형 전자 현미경, 300배율.

부화할 장소

수많은 곤충은 부화하기 좋은 장소에 알을 붙일 수 있도록 배에서 끈적끈적한 분비물을 만들어 낸다. 노린재는 부화한 유충에 양분을 공급할 수 있는 식물에 알을 낳는다. 실에 매달린 알은 잎을 기어 다니는 포식성 유충에게서 보호를 받을 수 있다.

유충의 먹이가 될 잎에 **알을** 낳는다.

노린재

매달린 알은 포식성 유충 사이에 벌어지는 동종 포식을 줄일 수 있다.

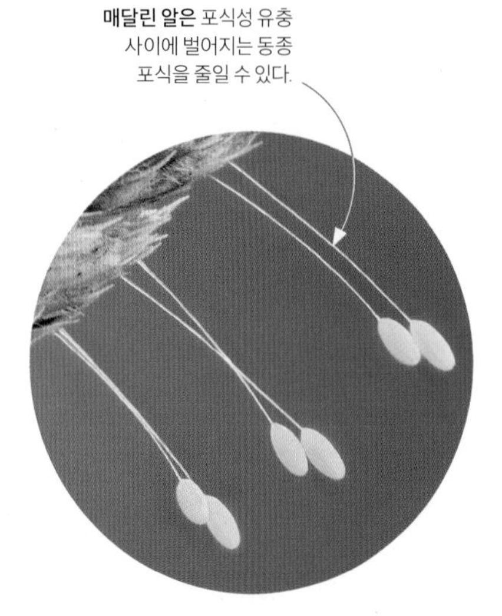
풀잠자리

잎 아랫면에 사슬처럼 낳아둔 알에서 **유충이 부화한다.**

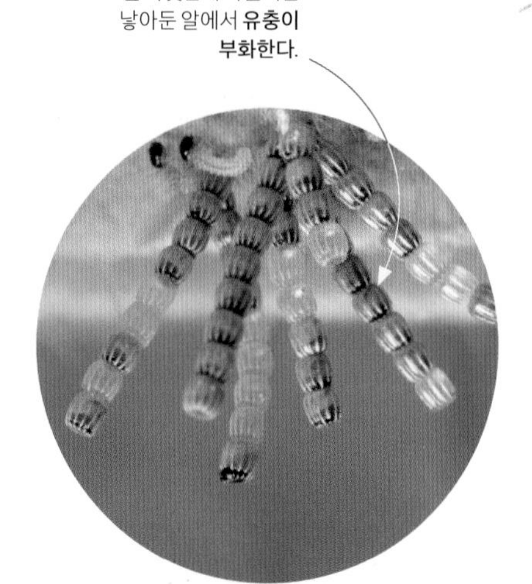
지도나비

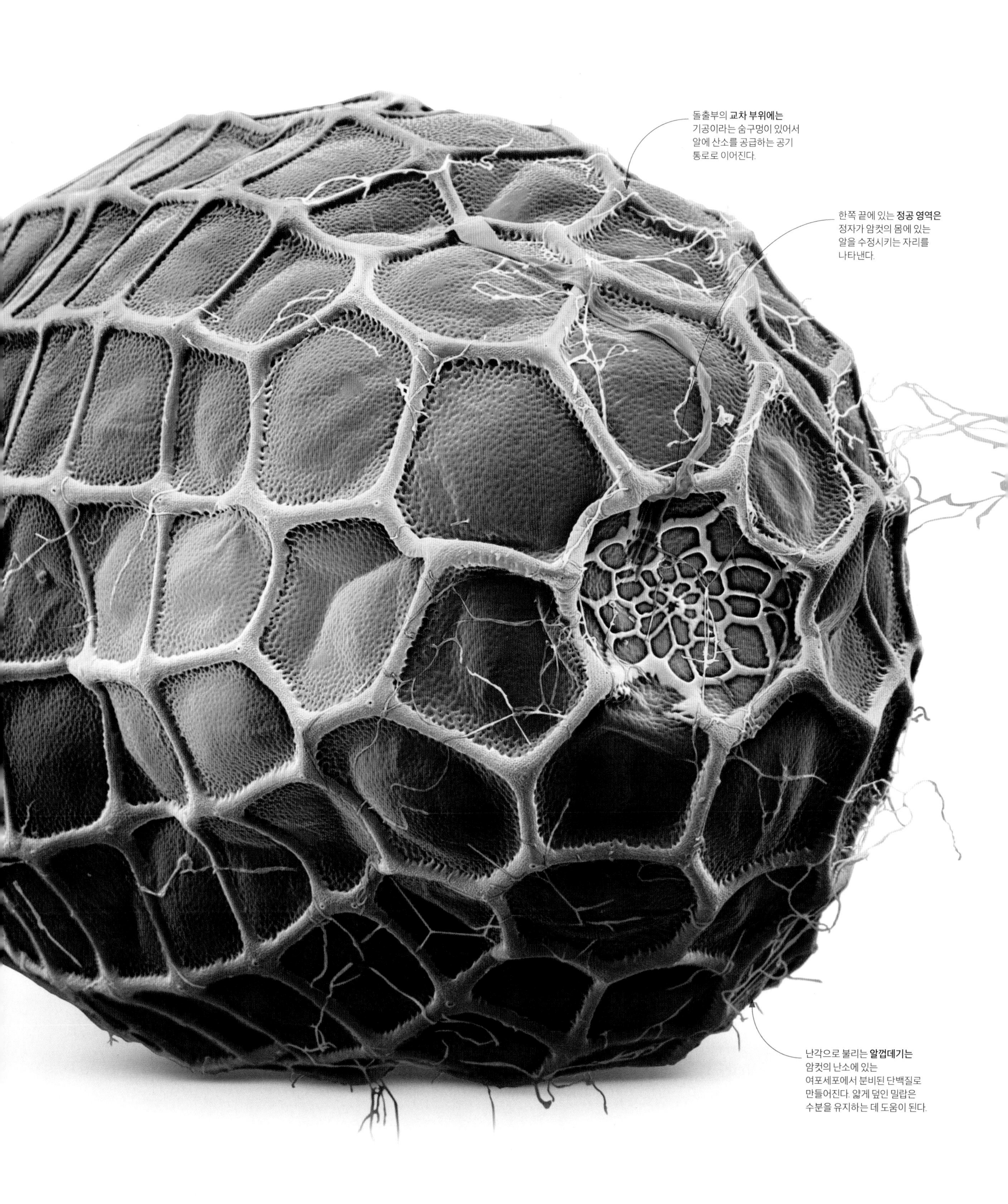

돌출부의 **교차 부위에는**
기공이라는 숨구멍이 있어서
알에 산소를 공급하는 공기
통로로 이어진다.
한쪽 끝에 있는 **정공 영역은**
정자가 암컷의 몸에 있는
알을 수정시키는 자리를
나타낸다.
난각으로 불리는 **알껍데기는**
암컷의 난소에 있는
여포세포에서 분비된 단백질로
만들어진다. 얇게 덮인 밀랍은
수분을 유지하는 데 도움이 된다.

양치류가 자라는 법

식물과 동물은 성체로 발달하는 데 필요한 유전적 청사진이 담긴 단세포(포자나 수정란)에서 자란다. 수정란은 암수 부모(228~229쪽 참조)로 이루어진 2개의 개체에 의해 만들어진 산물이지만, 포자는 하나의 모체(232~233쪽 참조)에 의해 만들어진다. 양치류는 잎의 뒷면에 있는 작은 주머니에 포자를 만든다. 포자낭이 말라 갈라지면서 포자를 퍼뜨리고, 이렇게 흩어진 포자가 습기와 빛의 자극을 받을 수 있는 곳에 내려앉게 되면 싹이 틀 것이다. 정자와 난자를 만들어 내는 잎이 없는 단계를 지나 수정란에서 잎이 무성한 양치류가 자란다.

대부분의 **양치류 잎은** 우편(羽片)으로 불리는 작은 잎으로 갈라진다.

양치류 잎

양치류의 풍성한 잎
양치류 포자는 대개 잎의 뒷면에서 만들어진다. 흔히 '관중'으로 알려진 이 같은 양치류(*Dryopteris filix-mas*)처럼 대부분의 종에서 포자낭군으로 불리는 포자낭 다발은 인편 밑에 놓여 있다. 포자를 배출할 준비가 되면 인편이나 포막이 벗겨진다.

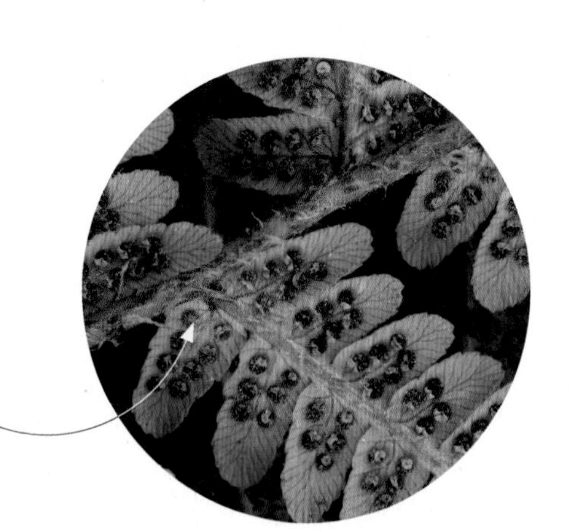

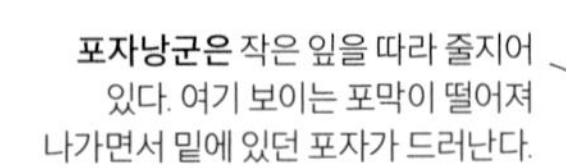

포자낭군은 작은 잎을 따라 줄지어 있다. 여기 보이는 포막이 떨어져 나가면서 밑에 있던 포자가 드러난다.

발달 중인 포자를 감싸고 있는 **포자낭은** 아래쪽에 있는 짧은 줄기를 통해 양치류 잎에 붙어 있다.

2단계 성장

이끼(232~233쪽 참조)와 마찬가지로 두 가지 단계(세대)가 번갈아 가며 나타나는 양치류의 생활사는 단세포로 시작한다. 포자는 한 벌의 염색체를 가진 반수체에 해당하는 세포다. 이런 포자는 단순한 '전엽체'로 발달해 정자와 난자를 만들어 낸다. 수정된 난자는 정자와 난자의 융합이 이루어져 더 크고 잎이 많은 양치류로 성장한다. 이 세포는 2벌의 염색체를 가진 이배체에 해당한다. 이배체 염색체는 많은 동식물에서 나타나며 '예비' 염색체를 보유함으로써 제대로 작동하지 않는 유전자를 감추는 데 도움을 줄 수 있다.

난자를 가진 암컷 생식 기관

수컷 생식 기관은 정자를 만들어 내고 다른 전엽체와 타가 수정한다.

전엽체 뒷면

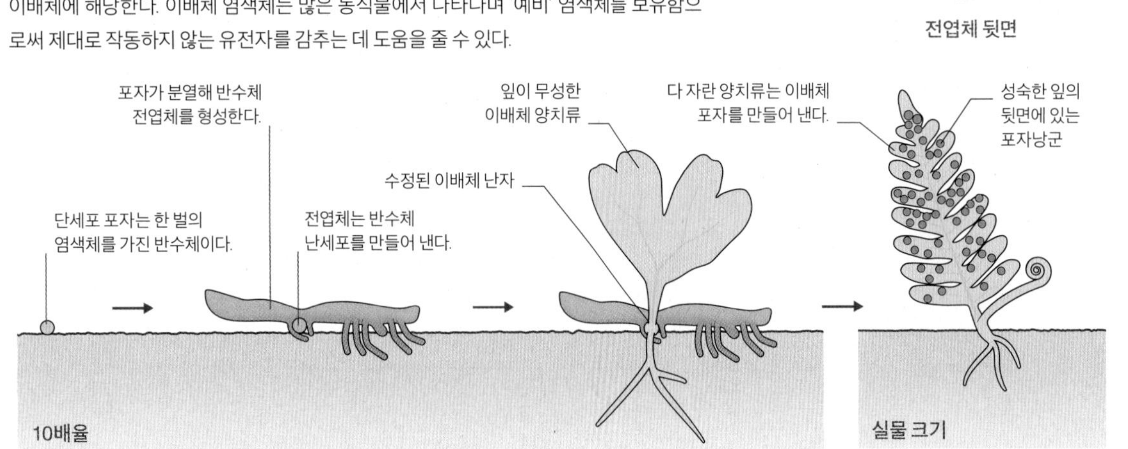

2세대에 걸친 양치류의 성장

포자낭
줄고사리(*Nephrolepis* sp.)의 포자낭은 포자를 배출할 정도로 무르익었다. 포자낭마다 솟아오른 고리 모양의 환대가 있다. 수분을 쉽게 잃어버리는 얇은 세포벽으로 이루어진 환대가 말라 시들면 포자낭의 나머지 부분에서 떨어져 나가고 순식간에 열린 포자낭에서 포자가 흩어져 나온다. 광학 현미경, 700배율.

포자낭 가장자리에 있는
고리 모양의 환대는
추가된 셀룰로스 때문에
단단하다.
포자낭의 환대(가장자리) 돌출부
사이에 있는 세포는 세포벽이
얇아서 수분 손실이 빠르게
이루어진다.

겉씨식물
침엽수와 그 친척뻘 되는 식물은 '밖으로 드러난 씨앗'을 의미하는 겉씨식물로 불리며 꽃이 피지 않는다. 이들의 씨앗에는 꽃식물이나 속씨식물의 씨앗('덮개가 있는 씨앗')에 있는 자방(씨방)이 없다. 겉씨식물의 씨앗은 암 솔방울(수 솔방울은 꽃가루를 만든다) 내부에서 자라고 공기 중에 배출된다. 솔방울 안에 있는 씨앗에는 날개가 있어서 솔방울이 말라 땅에 떨어질 때 잘 흩어질 수 있게 해 준다.

최대 4센티미터에 이르는 **비교적 큰 씨앗은** 주머니쥐가 좋아하는 먹이이다.

버냐파인
(*Araucaria bidwilli*)

약 2센티미터 크기의 **견과 같은 씨앗이** 고약한 냄새를 풍기며 (여기서는 보이지 않지만) 육질의 외피 내부에서 자란다.

은행나무
(*Ginkgo biloba*)

씨앗이 발아하려면 **촉촉한 주황색 피막이** 말라야 한다.

소철
(*Cycas revoluta*)

외떡잎식물
꽃식물 가운데 5분의 1가량은 외떡잎식물이다. 씨앗에는 배아에서 가장 먼저 나오는 떡잎이 한 장만 들어 있다. 외떡잎식물에는 잔디, 사초, 종려나무, 아마릴리스과가 포함된다. 씨앗에는 대개 내배유로 알려지고 탄수화물이 풍부한 영양 조직이 들어 있다. 밀이나 쌀 같은 곡물의 경우는 내배유가 씨앗 대부분을 차지한다.

길이가 대략 12밀리미터에 이르는 **구슬 같은 율무 씨앗에는** 1개의 큰 내배유가 들어 있다.

율무
(*Coix lacryma*)

윤기가 도는 검은 씨앗은 횡단면이 대략 3각형이다.

양파
(*Allium cepa*)

씨앗이 포함된 열매를 덮고 있는 **주머니(장낭기포)는** 포엽으로 불리는 특화된 잎에서 형성된다.

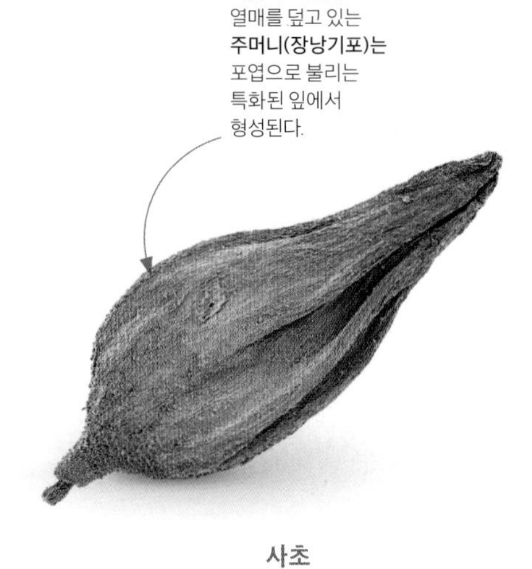

사초
(*Carex buekii*)

진정쌍떡잎식물
씨앗에 2개의 배아엽이 들어 있는 식물은 진정쌍떡잎식물로 불린다. 외떡잎식물과 달리 진정쌍떡잎식물의 씨앗은 크기가 줄어든 내배유를 가지고 있다. 대신에 떡잎은 씨앗의 발아에 필요한 양분을 스스로 저장하거나 광합성을 통해 양분을 만들어 낼 수 있다. 20여만 종에 이르는 꽃식물의 상당수는 진정쌍떡잎식물이다.

분리과라는 **단단하고 홈이 있는 열매** 외피가 씨앗을 감싸고 있다.

회향
(*Foeniculum vulgare*)

여러 개의 편평한 타원형 씨앗이 씨주머니 안에 흩어져 있다.

참깨
(*Sesamum indicum*)

표면이 움푹 파인 **가벼운 씨앗은** 바람에 쉽게 날린다.

개양귀비
(*Papaver rhoeas*)

씨앗

씨앗은 식물 생식의 산물이다. 꽃가루 입자로 전달된 수배우자는 꽃이나 솔방울 내부에서 암배우자와 한데 섞인다. 수정된 하나의 세포는 보호막에 둘러싸인 채 양분을 공급받는 식물 배아로 발달한다. 씨앗은 특별한 확산 방식에 적응해왔다. 공기 중에 떠다니는 씨앗은 작고 가벼운 데 비해 물에서 확산하는 씨앗은 밀도가 낮아 물에 뜬다. 달콤한 과일 속에 들어 있는 씨앗은 과일을 먹은 동물이 다른 곳에 배설한다.

길이가 2센티미터에 이르는 이 씨앗의 **단단한 껍질에는** 풍부한 지방, 단백질, 당분이 들어 있다.

우산소나무
(*Pinus pinea*)

최대 길이가 0.9밀리미터에 불과한 **작은 씨앗에는** 내배엽이 없으며 토양 균류를 통해 성장에 필요한 양분을 얻는다.

난초
(*Neottia ovata*)

표면에 있는 **돌출부가** 동물의 털에 달라붙어 씨앗의 확산을 돕는다.

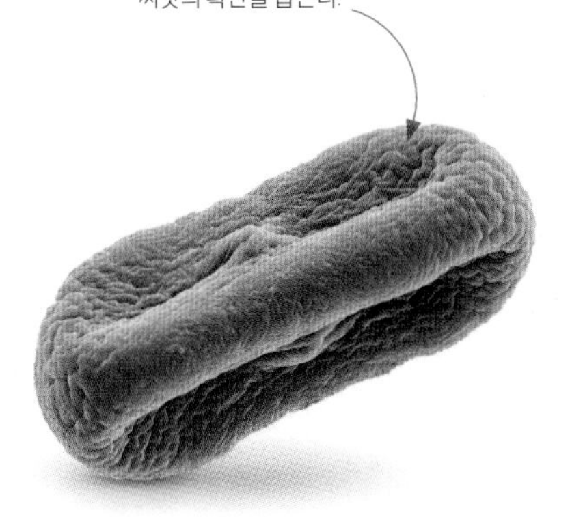

당근
(*Daucus carota*)

사초의 이삭

사초(*Carex* sp.)의 이삭은 1개의 꽃대에 달린 꽃 다발(꽃차례로 불리는 구조)에서 발달한다. 이삭이 점차 마르면서 '산산이 부서질' 준비가 되면 바람이 살짝만 불거나 건드려도 헐거워진 씨앗이 흩어지면서 바닥에 떨어진다.

관 모양의 주머니 (장낭기포)에는 수과로 불리는 단단한 열매가 들어 있으며 여기에 1개의 씨앗이 포함되어 있다.

이삭은 수십 개의 작은 꽃에서 형성되며, 이삭마다 1개의 씨앗을 만들어 낸다.

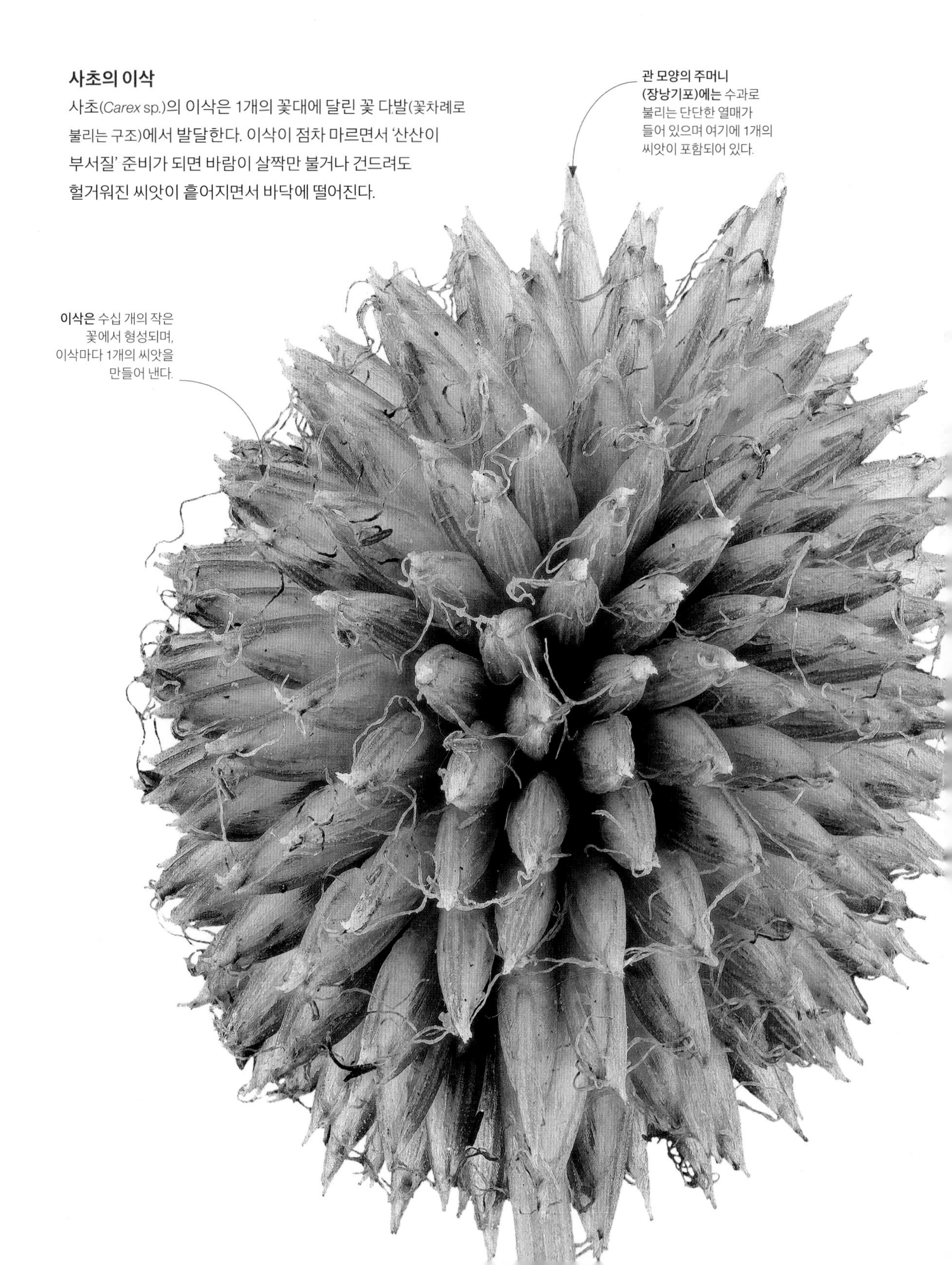

막대한 양분 저장

발아하는 밀알을 촬영한 주사형 전자 현미경 사진에서 보듯이 빵밀(*Triticum aestivum*) 씨앗에는 엄청난 양의 양분이 저장되어 있다. 온기, 습기, 빛이 조건에 맞으면 싹이 트고, 씨앗에 있는 녹말은 어린 새싹에 에너지를 제공한다. 밀은 한 장의 떡잎만 나오기 때문에 외떡잎식물로 분류된다. 반면 2장의 떡잎이 나오는 식물은 진정쌍떡잎식물로 불린다. 주사형 전자 현미경, 30배율.

씨앗 껍질에서 약한 부분인 **주공에서는** 어린뿌리(유근)가 나온다.

일차근 또는 어린뿌리는 아래쪽을 향해 자라면서 묘를 흙 속에 단단히 고정한다.

씨앗 껍질은 씨앗에 저장된 대량의 녹말 주변으로 보호 외막을 형성한다.

어린뿌리의 털은 뿌리가 흙에서 습기와 무기물을 흡수하는 능력을 높여 준다.

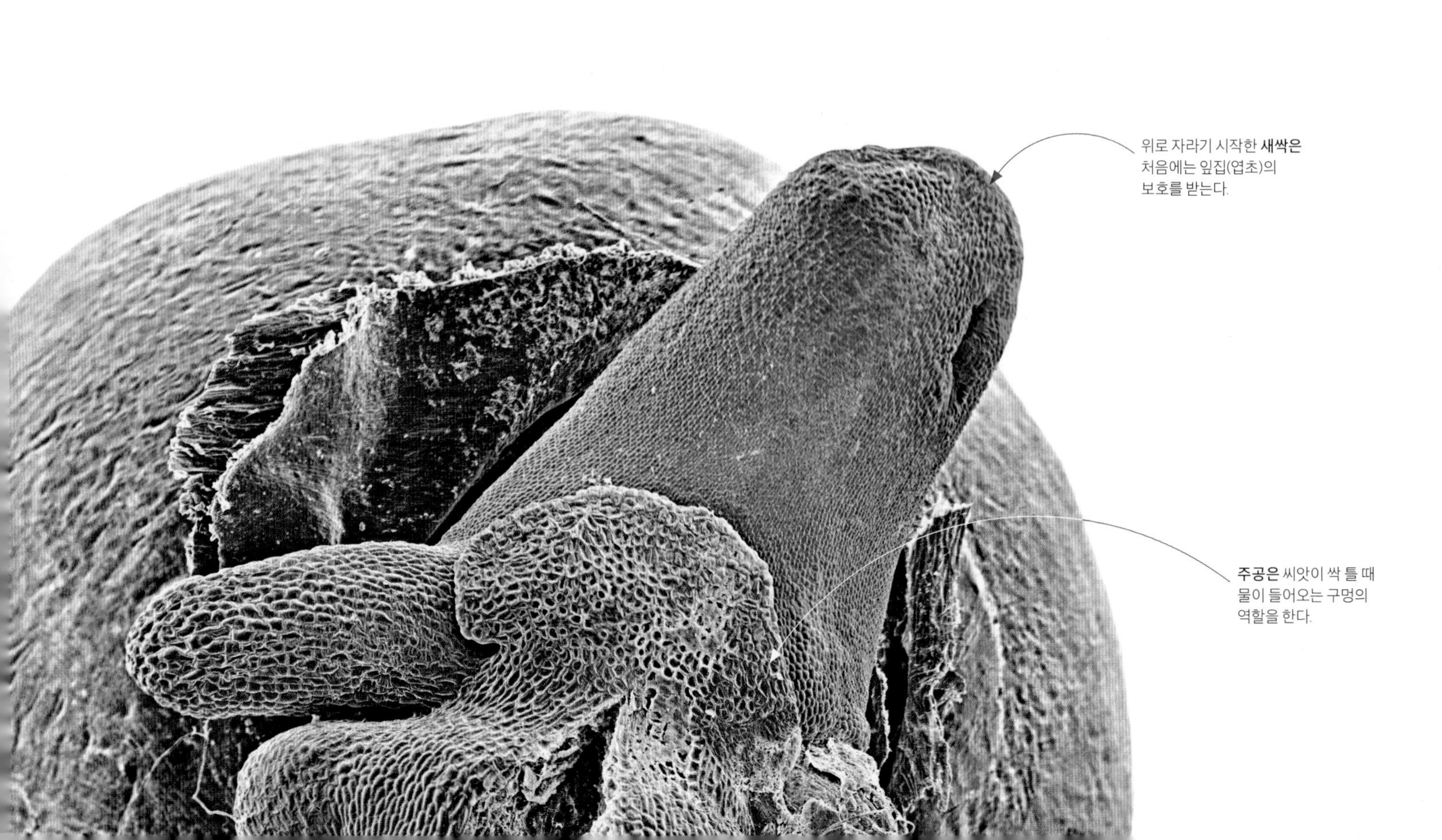

위로 자라기 시작한 **새싹은** 처음에는 잎집(엽초)의 보호를 받는다.

주공은 씨앗이 싹 틀 때 물이 들어오는 구멍의 역할을 한다.

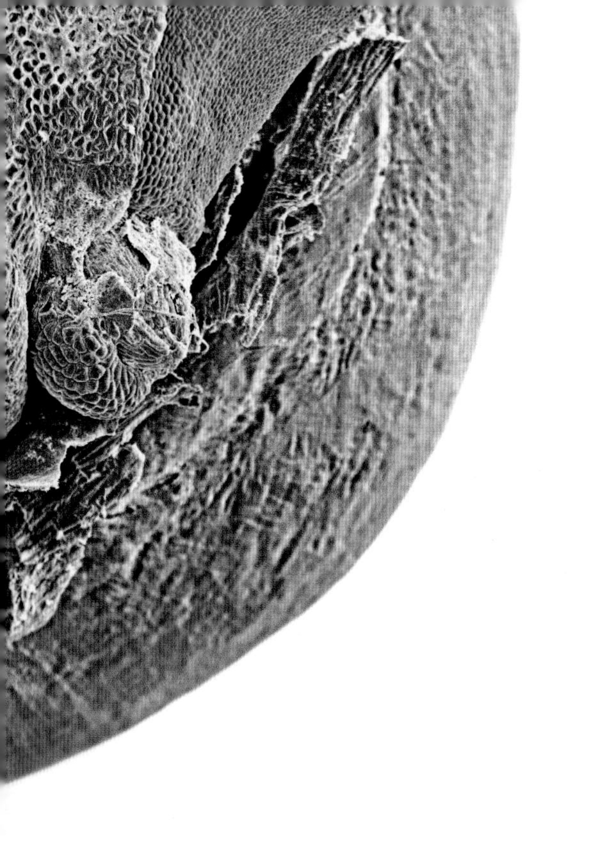

땅 위나 밑에서 싹트기

꽃식물의 배아에는 떡잎이 들어 있어서 초기에 양분을 저장하는 기관의 역할을 한다. 강낭콩 같은 식물에 싹이 틀 때는 떡잎 밑의 줄기(하배축)가 길게 늘어나면서 떡잎을 땅 위로 들어 올린다(지상발아). 저장된 양분이 고갈되면 떡잎은 시들고 만다. 반면에 밀은 떡잎을 땅속에 남겨둔 채 위쪽의 줄기(상배축)가 뻗어 나간다(지하발아).

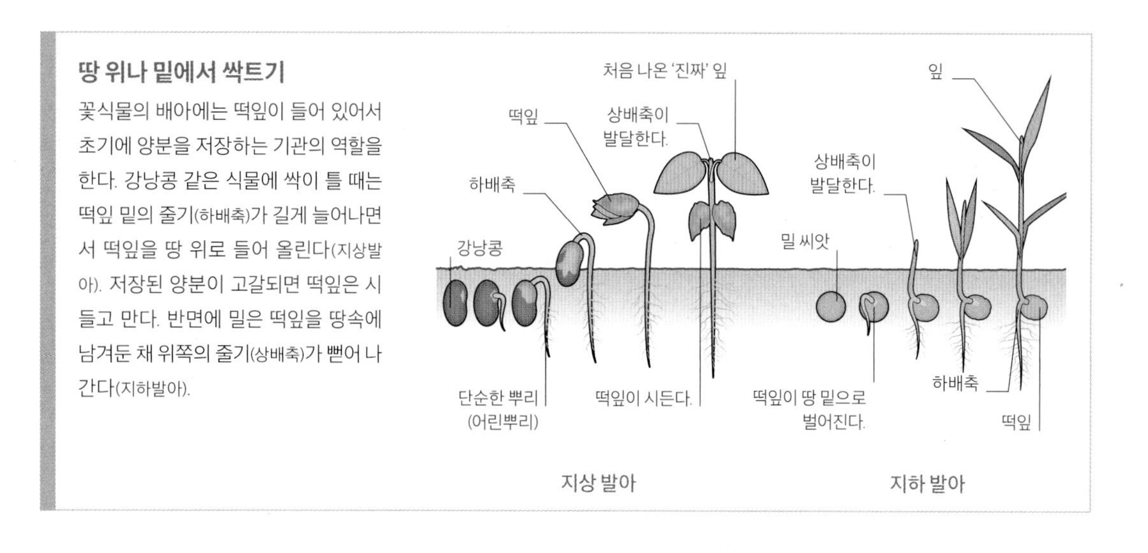

씨앗 발아

대부분의 식물은 두껍거나 얇은 열매에 싸여 있어 동물이나 바람에 의한 확산을 촉진한다. 모든 씨앗에는 식물 발달의 근원이 되는 배아뿐만 아니라 녹말과 단백질이 들어 있어 어린 식물에 필요한 양분을 초기에 제공해 준다. 바람이 퍼뜨리는 씨앗은 작고 가볍지만, 배아에 필요한 많은 양의 양분은 씨앗을 크고 무겁게 만든다. 야생 밀(*Triticum* sp.) 씨앗은 바람에 흩날릴 정도로 가볍지만 오늘날 인간에 의해 재배되는 밀에는 많은 양의 녹말이 들어 있다. 그렇게 크고 무거운 씨앗은 바람에 흩날릴 수 없어 씨앗을 흩뿌리는 사람의 손길에 의지해야 한다.

빵밀 교배

작고 가벼운 야생 외알밀(wild einkorn) 씨앗은 바람에 쉽게 흩날린다. 그러던 중 야생 염소풀과의 자연 교배를 통해 통통한 교배종이 등장했다. 엠머밀(emmer)로 알려진 이 밀은 인간이 재배한 최초의 밀로 전해진다. 이런 엠머밀은 또 다른 염소풀과의 교배를 통해 낟알이 훨씬 굵은 빵밀(bread wheat)을 만들어 냈다. 빵밀은 씨앗이 두꺼워 확산하려면 인간에 전적으로 의지할 수밖에 없다.

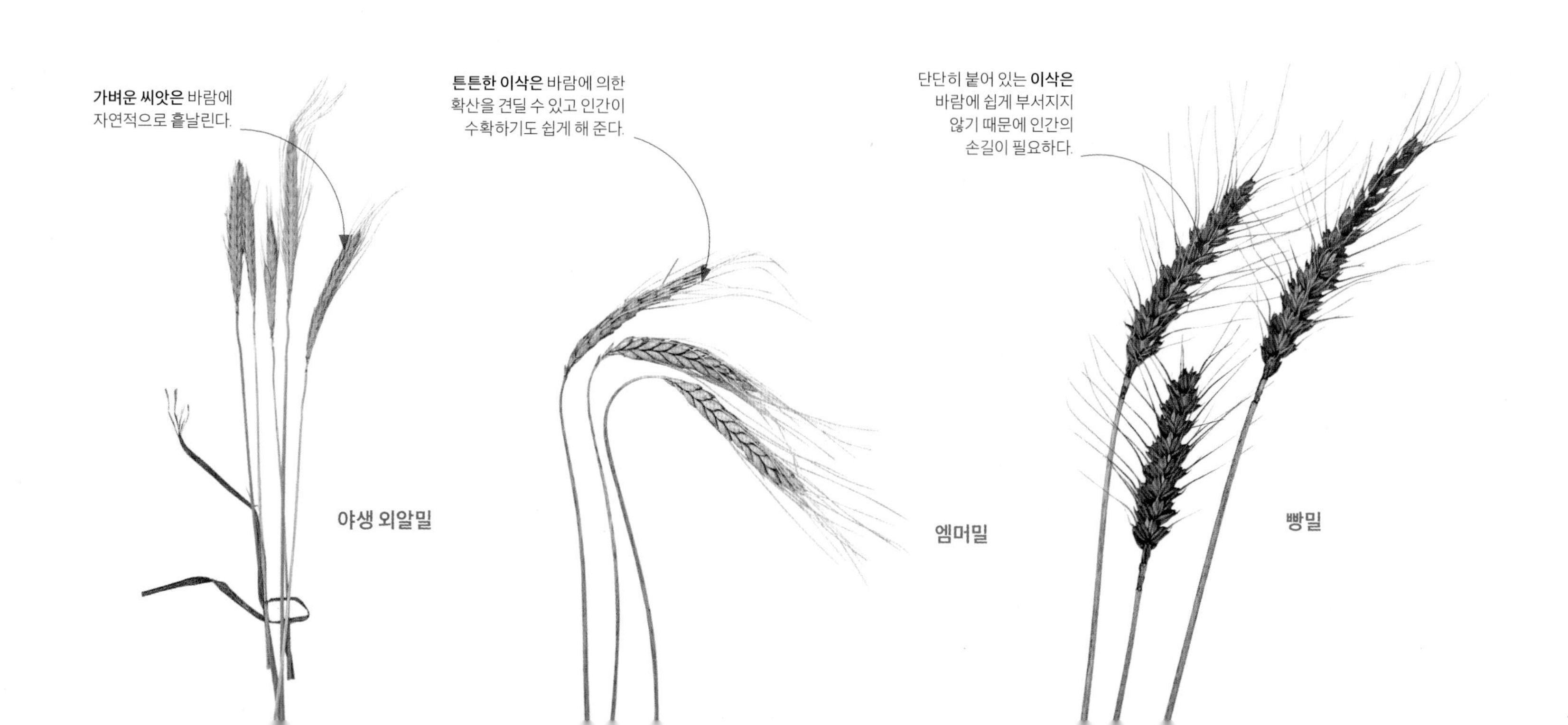

단순한 식물

큰 식물은 단단한 줄기를 키워 잎을 공중에 높이 들어 올리고 뿌리를 땅속 깊숙이 파고들게 한다. 그런 적응을 통해 식물은 위에서 빛과 이산화탄소를 흡수하고 아래에서 물과 무기질을 흡수한다. 하지만 5억여 년 전 육지에 대량 서식하던 최초의 식물 가운데 가장 단순한 식물은 그저 땅에 달라붙어 있었을 뿐이다. 우산이끼와 솔이끼에는 큰 잎과 뿌리를 만드는 데 필요한 복잡한 조직층이 없다. 이끼의 단순한 잎(phyllid)과 뿌리(rhizoid)는 하나의 세포 두께에 불과하며, 그보다 복잡한 식물에 존재하는 단단한 보강물이 없어서 높이 자랄 수 없다.

잎이 무성한 우산이끼의 이면
누운벼슬이끼(*Lepidozia reptans*)를 비롯한 많은 우산이끼와 대부분의 솔이끼에서는 매우 얇고 잎맥이 없는 작은 잎 모양의 돌기(phyllid)가 발달한다. 단순한 조직은 쉽게 마르지만 흡수성이 좋아 대부분의 우산이끼와 솔이끼는 습기가 많은 서식지에서 잘 자랄 수 있다. 광학 현미경, 530배율.

자손 퍼뜨리기
일반적인 우산이끼(*Marchantia* sp.)는 단순한 잎마저 없으며 편평하고 얇은 판처럼 생긴 엽상체에 속한다. 위로 솟은 조직은 생식체로서 이는 무성 생식과 유성 생식 구조를 모두 보여 준다. 이끼는 미세한 실 모양의 헛뿌리로 바닥에 단단히 고정되어 있다.

편평한 엽상체는 이끼의 주된 몸체를 이룬다.

파라솔 모양의 장정기병에서는 유성 생식에 필요한 웅성세포(수세포)를 만든다.

빗물을 맞은 **배상체(무성아컵)는** 무성아(gemmae)로 불리는 디스크 모양의 무성 생식 원형물을 흩뿌려 똑같은 모양의 이끼를 새로 형성한다.

얼룩덜룩한 색깔이 자외선에서 형광빛을 내면서 우산이끼의 세포 조직이 두드러져 보인다.

단순하면서도 복잡한 잎

솔이끼와 우산이끼에는 단세포층으로 이루어진 잎 모양의 돌기가 있어서 광합성과 기체 교환에 이용된다. 일부 이끼에는 좁은 물관이 지나는 굵은 주맥이 있다. 양치류와 그 밖의 '관다발' 식물(206~207쪽 참조)은 보강된 물관, 광합성이나 기체 교환에 특화된 조직층, 밀랍을 입혀 탈수를 막아 주는 외피까지 갖춘 두꺼운 잎을 가지고 있다.

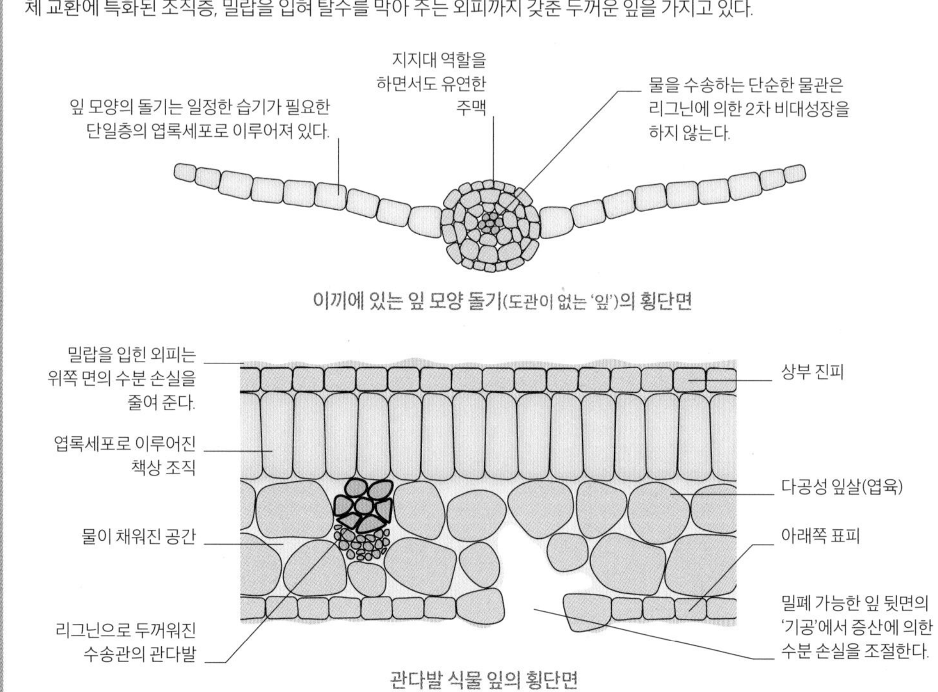

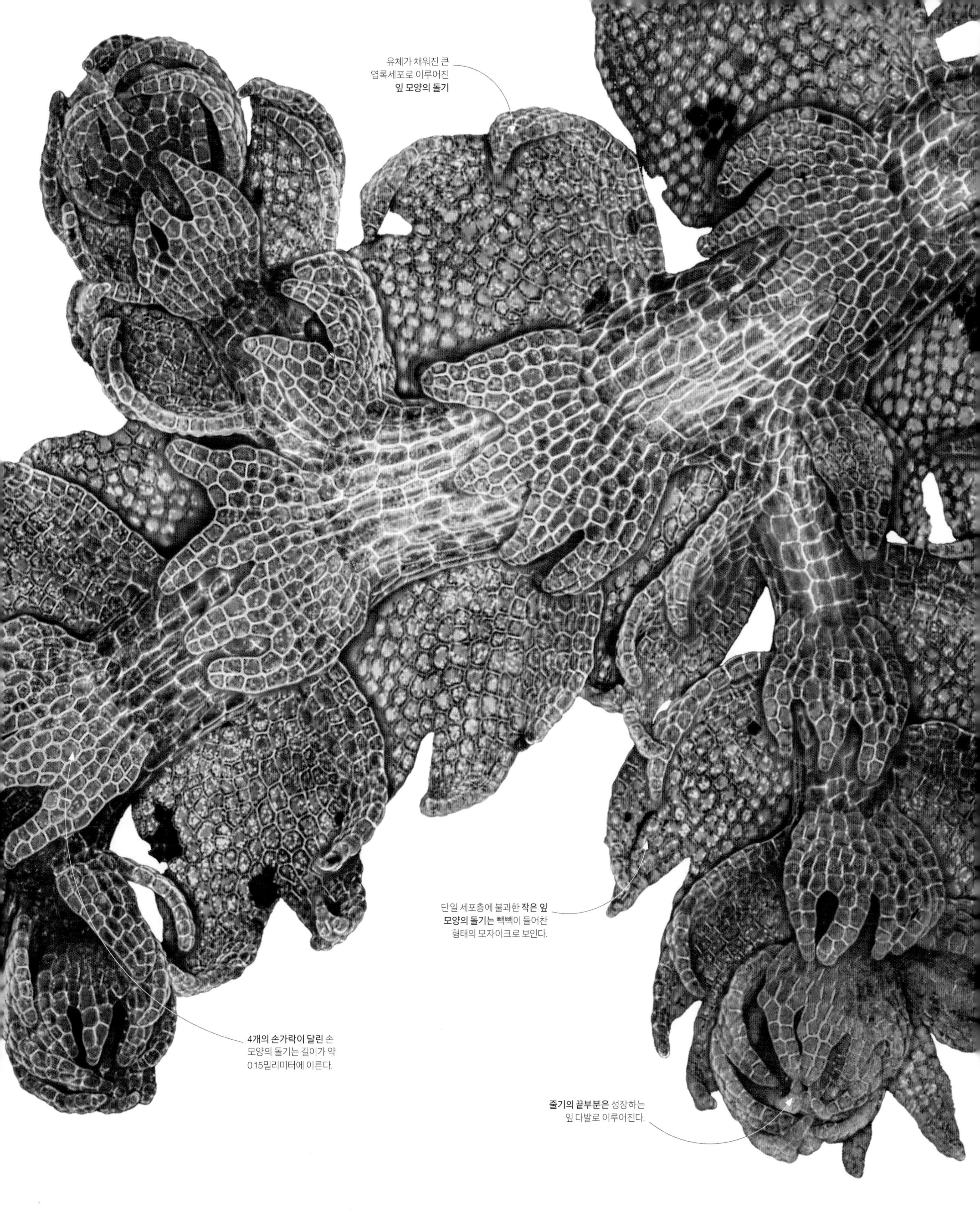
유체가 채워진 큰
엽록세포로 이루어진
잎 모양의 돌기
단일 세포층에 불과한 **작은 잎
모양의 돌기는** 빽빽이 들어찬
형태의 모자이크로 보인다.
4개의 손가락이 달린 손
모양의 돌기는 길이가 약
0.15밀리미터에 이른다.
줄기의 끝부분은 성장하는
잎 다발로 이루어진다.

플랑크톤으로 성장하기

수많은 해양 동물은 플랑크톤(286~287쪽 참조)의 형태로 떠다니는 유생으로 삶을 시작하지만, 결국 해저로 내려가 성게, 게, 달팽이를 비롯한 저서형 무척추동물로 성장한다. 천적이나 조류에 운명이 달린 유생은 흔히 보호용 가시와 껍데기, 헤엄치고 먹이를 잡도록 추력을 제공하는 파닥이는 술 모양의 작은 털(섬모)만을 가지고 있다. 시간이 흘러 여러 차례의 형태 변화를 거친 유생은 마침내 알과 유생을 만들어 낼 만큼 성적으로 성숙한 성체로 탈바꿈한다.

떠다니는 유생
생후 5일 된 모래무치염통성게(*Echinocardium cordatum*)는 극피동물인 성게의 유생을 뜻하는 에키노플루테우스(echinopluteus)로 불린다. 8개의 긴 팔에는 골격을 이루는 단단한 석회질 막대가 달려 있다. 또 팔과 몸의 나머지 부분에는 파닥이는 섬모가 붙어 있다. 광학 현미경, 400배율.

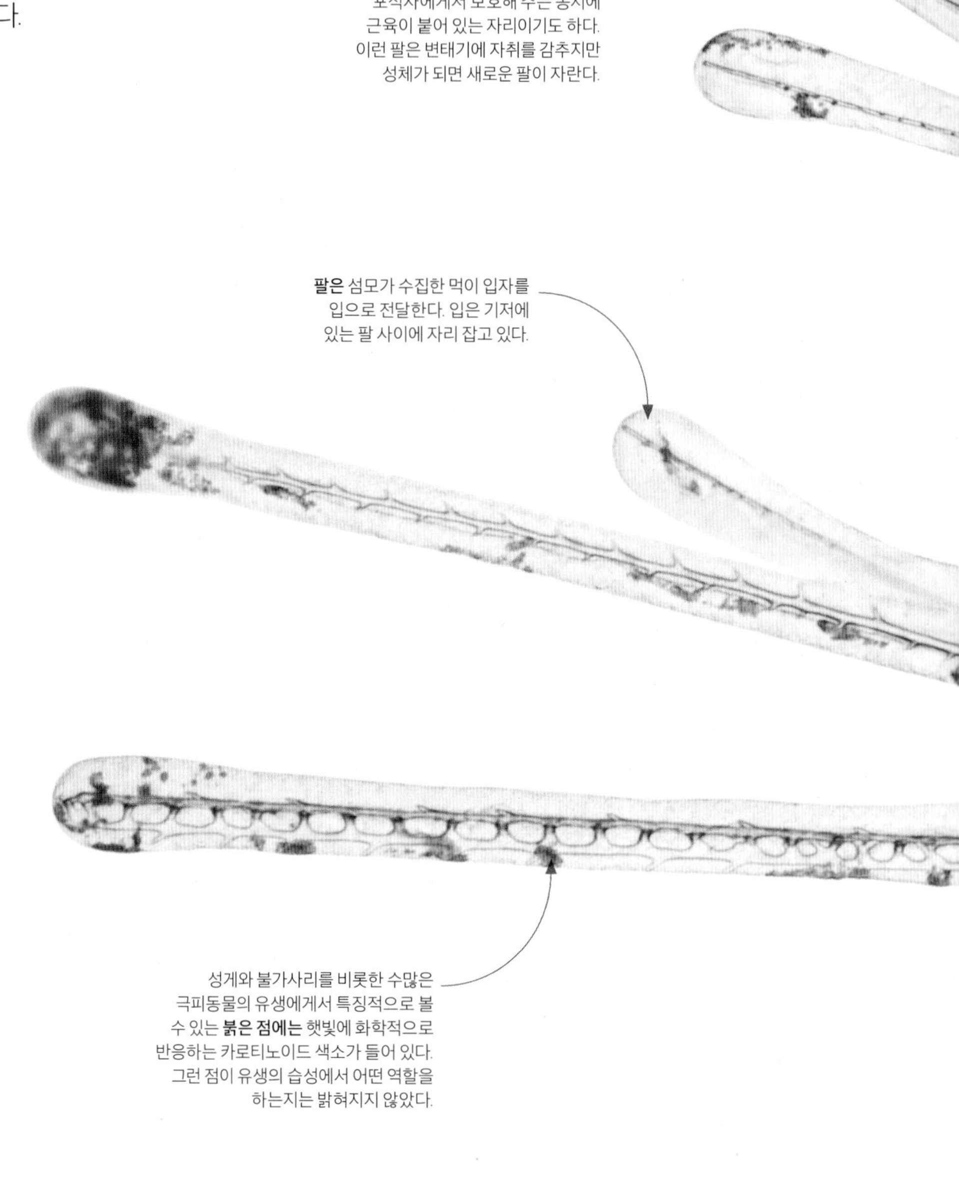

가시 모양의 팔은 작은 부유성 포식자에게서 보호해 주는 동시에 근육이 붙어 있는 자리이기도 하다. 이런 팔은 변태기에 자취를 감추지만 성체가 되면 새로운 팔이 자란다.

팔은 섬모가 수집한 먹이 입자를 입으로 전달한다. 입은 기저에 있는 팔 사이에 자리 잡고 있다.

성게와 불가사리를 비롯한 수많은 극피동물의 유생에게서 특징적으로 볼 수 있는 **붉은 점에는** 햇빛에 화학적으로 반응하는 카로티노이드 색소가 들어 있다. 그런 점이 유생의 습성에서 어떤 역할을 하는지는 밝혀지지 않았다.

플랑크톤 형태의 유생

새우, 바닷가재, 게처럼 다리가 마디로 이루어진 갑각류의 부유성 유생은 예측할 수 없을 만큼 다양한 형태로 나타난다. 오랜 시간에 걸쳐 유생의 발달을 추적해 온 각고의 연구를 통해 동물학자들은 유생과 이들의 성체 형태에 나타난 연관성을 찾아낼 수 있었다.

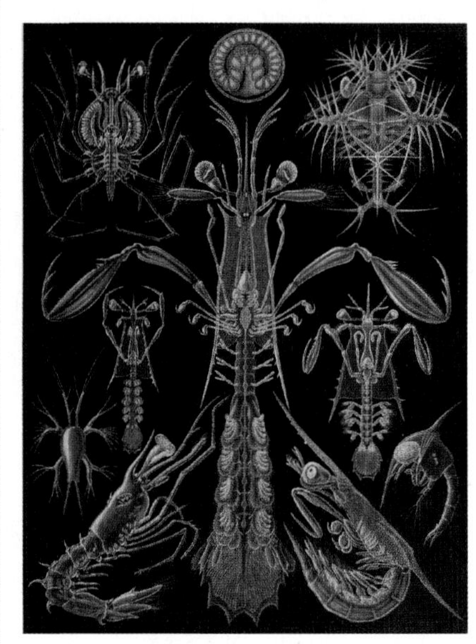

부유성 갑각류 유생, 헤켈의 판화(1904년)

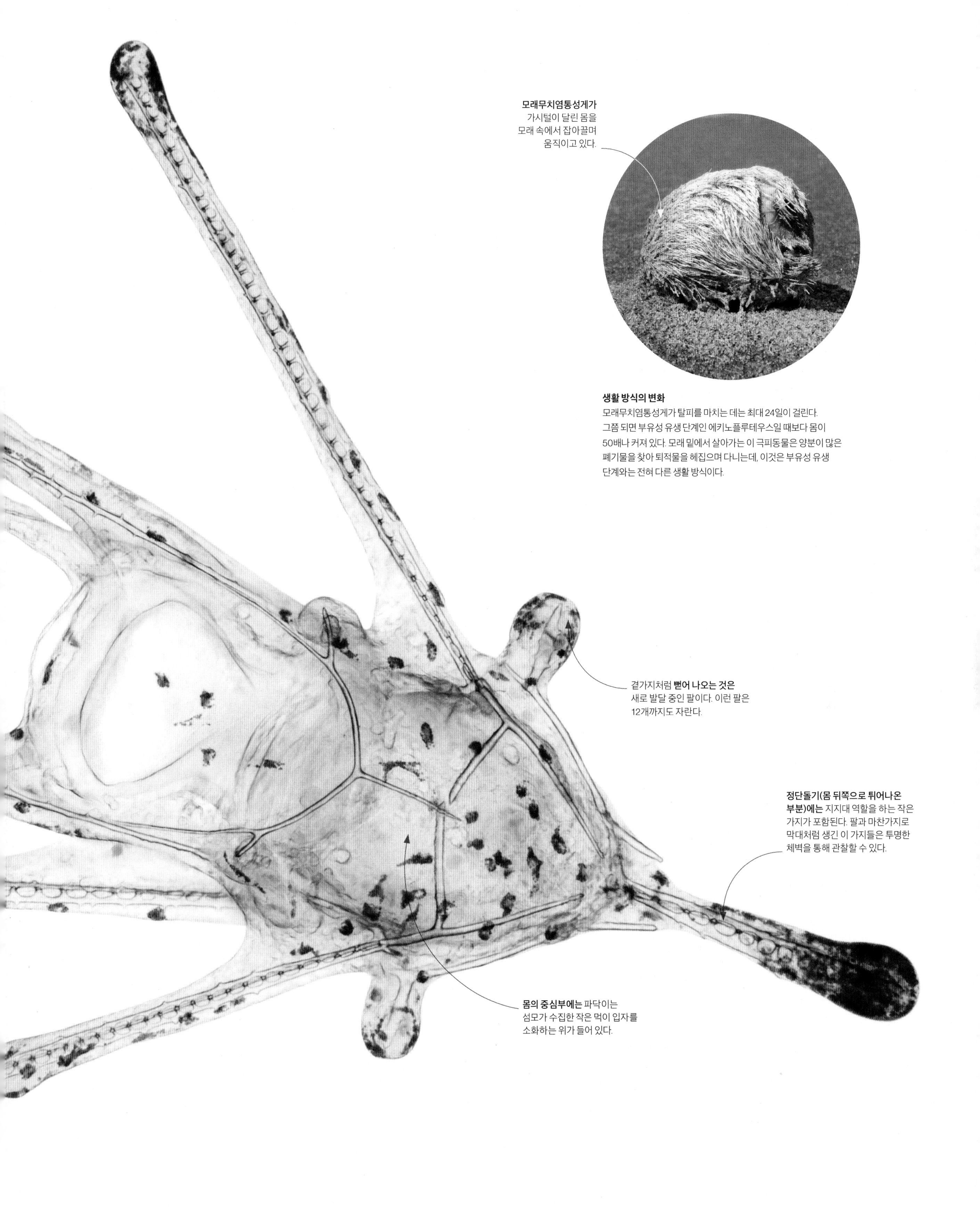

생활 방식의 변화
모래무치염통성게가 탈피를 마치는 데는 최대 24일이 걸린다. 그쯤 되면 부유성 유생 단계인 에키노플루테우스일 때보다 몸이 50배나 커져 있다. 모래 밑에서 살아가는 이 극피동물은 양분이 많은 폐기물을 찾아 퇴적물을 헤집으며 다니는데, 이것은 부유성 유생 단계와는 전혀 다른 생활 방식이다.

단계적으로 성장하기

곤충을 비롯한 절지동물의 갑옷 기능을 하는 각피 또는 외골격은 단단한 표피층이지만 살아 있는 세포로 이루어진 것이 아니기 때문에 자랄 수는 없다. 그래서 곤충은 여러 차례의 탈피를 통해 커진 몸에 맞는 각피를 새로 만들어 낸다. 각피 밑으로 아직은 부드러운 새로운 각피를 포함해 내부에서 형성된 조직이 몸의 앞부분에 있는 한 쌍의 분비샘을 자극해 호르몬이 배출되면 탈피 과정이 시작된다. 각피가 느슨해져 갈라지면 곤충은 몸을 자유롭게 꿈틀거린다. 새로운 각피는 성장하다가 몸집이 커진 곤충의 표면에서 단단해진다.

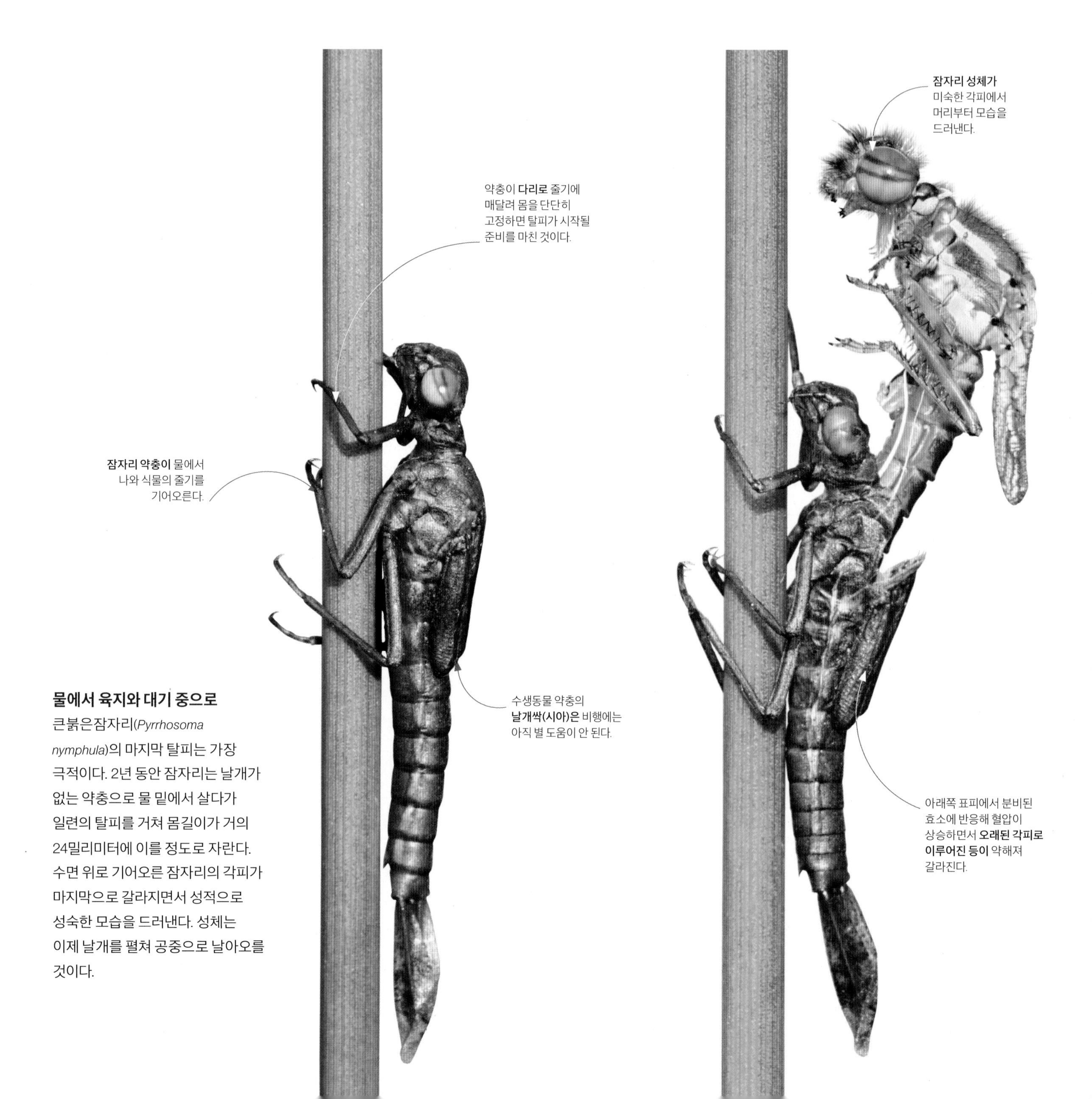

물에서 육지와 대기 중으로

큰붉은잠자리(*Pyrrhosoma nymphula*)의 마지막 탈피는 가장 극적이다. 2년 동안 잠자리는 날개가 없는 약충으로 물 밑에서 살다가 일련의 탈피를 거쳐 몸길이가 거의 24밀리미터에 이를 정도로 자란다. 수면 위로 기어오른 잠자리의 각피가 마지막으로 갈라지면서 성적으로 성숙한 모습을 드러낸다. 성체는 이제 날개를 펼쳐 공중으로 날아오를 것이다.

변태를 통해 성장하기

메뚜기 같은 수많은 곤충은 잠자리와 마찬가지로 일종의 불완전 변태를 경험한다. 다시 말해, 작은 성충의 형태로 자라지만 완전히 형성된 날개는 없는 상태다. 딱정벌레 같은 그 밖의 곤충은 완전 변태를 경험한다. 즉 어린 유충은 성충과는 전혀 다른 모습을 보이며 신체 구조가 획기적으로 재편성되는 동안 번데기 단계를 거친다.

날개가 없는 약충

날개가 싹처럼 약충의 몸에 나타난다.

날개가 달린 성충은 약충과 비슷한 모습이다.

불완전 변태

유충은 몇 차례의 탈피를 경험한다.

번데기는 세포나 고치 내부에서 보호를 받는다.

성충은 유충과는 전혀 다른 모습이다.

완전 변태

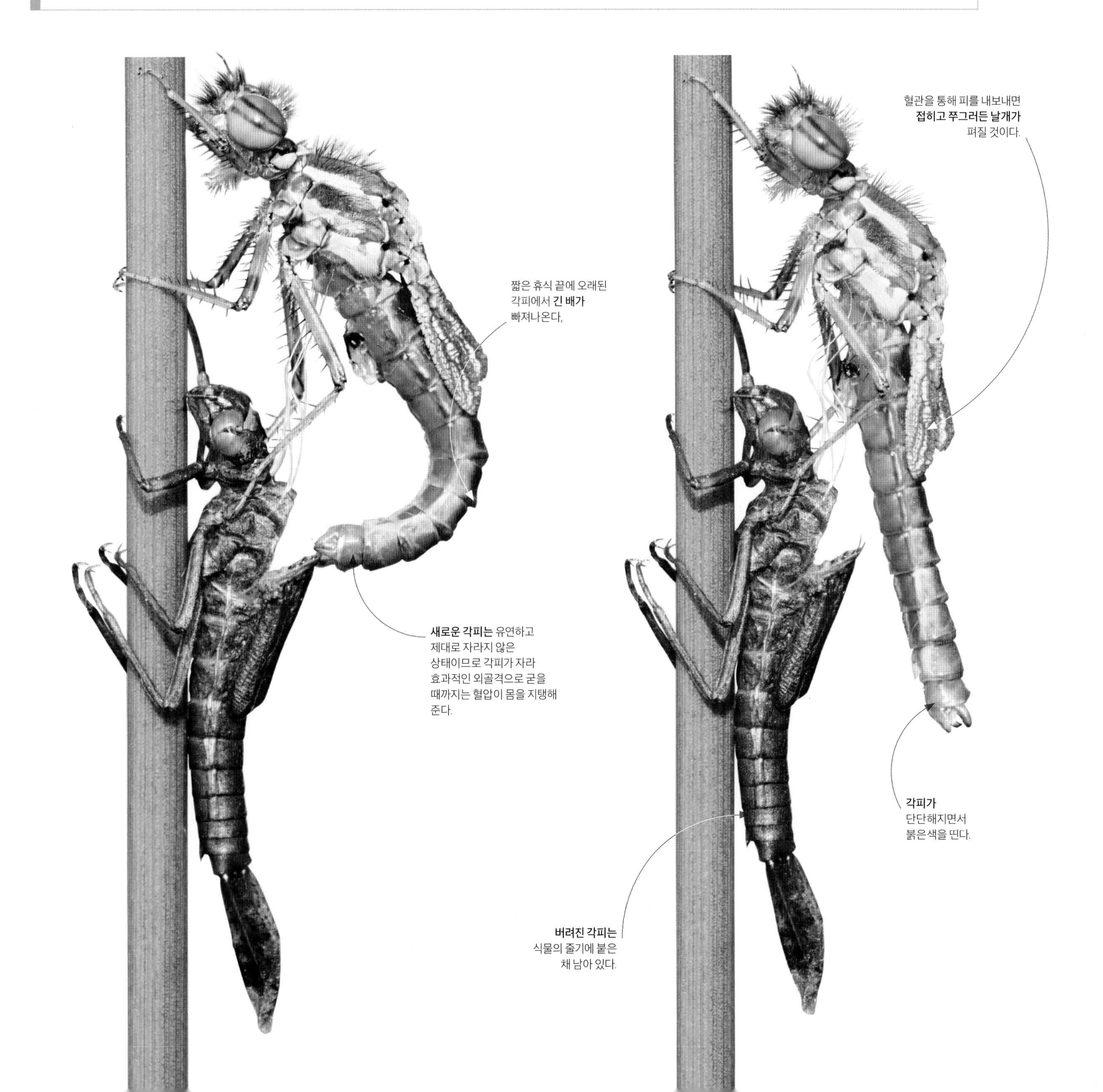

번식 전략

생애 말에 단 한 번 번식하는 하루살이류가 낳은 알은 끊임없이 번식하는 바퀴벌레 같은 곤충이 낳은 알과 맞먹거나 훨씬 많을 수 있다. 하루살이류는 한 번에 수천 개의 알을 낳을 수 있는 데 비해 한 마리의 바퀴벌레가 낳은 수백 개의 알은 오랜 시간에 걸쳐 퍼져 나간다.

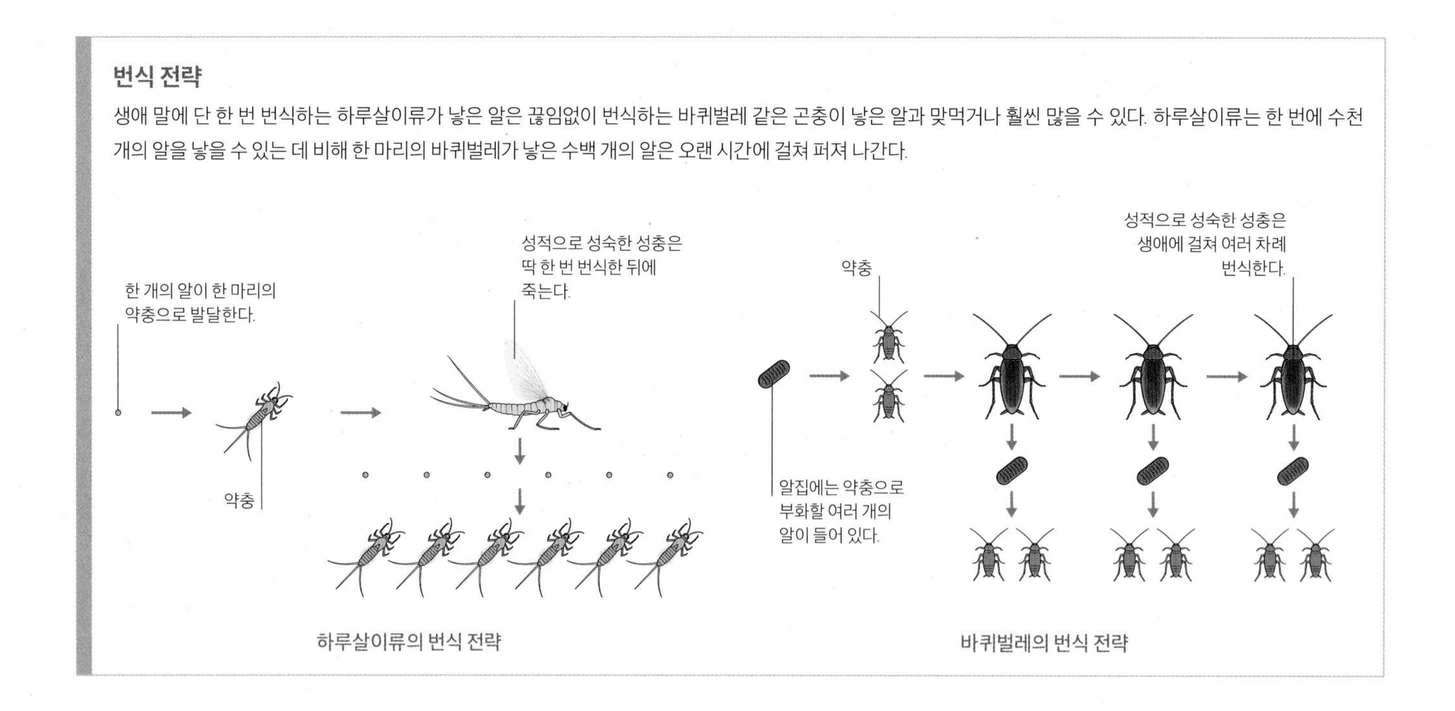

길고 짧은 수명

미소 생물의 삶은 너무 짧을 수도 있고 놀라울 정도로 길 수도 있다. 윤충류 같은 몇몇 작은 동물의 수명은 며칠에 불과한 데 비해 완보동물 같은 일부 동물은 휴면 상태로 몇 년 동안 생존할 수도 있다. 수명이 긴 생명체가 생애 대부분을 성적으로 성숙한 상태로 보낸다면 많은 자손을 생산할 수 있겠지만, 일부 생명체는 성장이 늦어 생애 마지막 단 한 번의 번식으로 많은 자손을 얻는다. 하루살이류는 수생 유충이나 약충 상태로 몇 년 동안 살 수 있다. 그러나 날아다니는 성충으로의 변태는 이들에게 종말의 시작이나 다름없다. 성충이 된 하루살이류는 불과 몇 시간 동안 몰려다니면서 짝짓기하고 알을 흩뜨려 놓은 뒤에 생을 마감한다.

성충으로서의 짧은 생애

지금까지 날개가 없는 수생 약충으로 살아왔기 때문에 새로이 나타난 하루살이 성충의 목표는 오로지 번식하는 것밖에는 없다. 약충은 씹는 구기가 있어서 먹이를 먹고 자랄 수 있었지만, 성충은 입으로 물만 마실 수 있다. 몸에 연료를 공급하는 것이 불가능하더라도 짝짓기 비행에 필요한 에너지는 충분히 남아 있다.

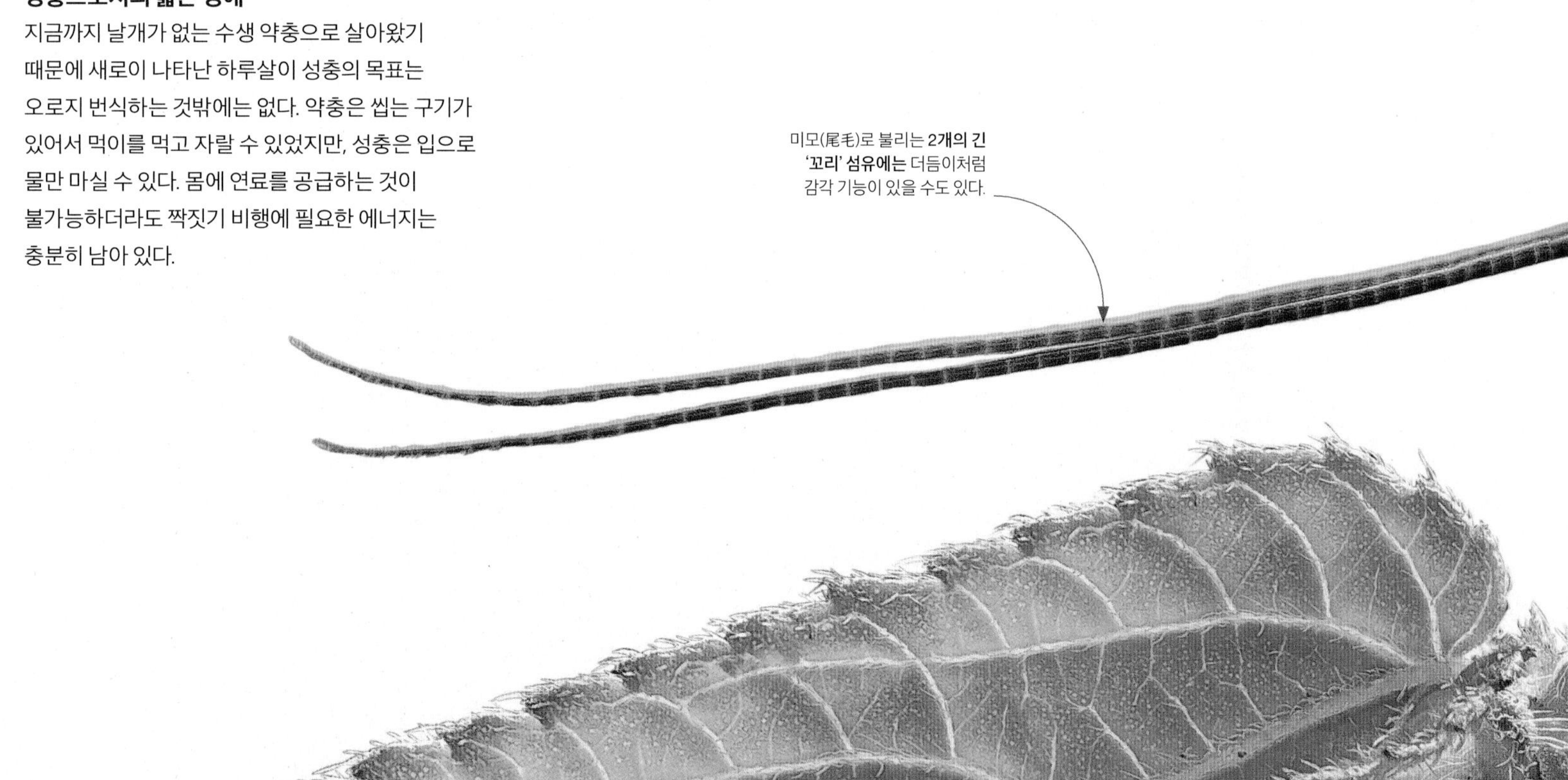
미모(尾毛)로 불리는 **2개의 긴 '꼬리' 섬유에는** 더듬이처럼 감각 기능이 있을 수도 있다.

수생 약충
하루살이류는 생애 대부분을 물속에서 약충으로 살아간다. 날아다니는 성충으로 존재하는 불과 몇 시간 동안 필요한 에너지를 비축하기 위해 대부분의 약충은 조류, 규조류, 폐기물 따위를 먹지만, 서너 종은 포식성이다.

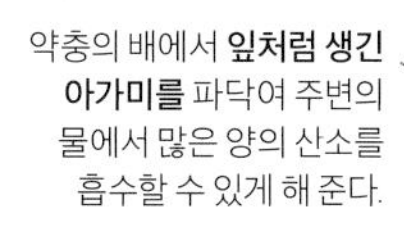

약충의 배에서 **잎처럼 생긴 아가미를** 파닥여 주변의 물에서 많은 양의 산소를 흡수할 수 있게 해 준다.

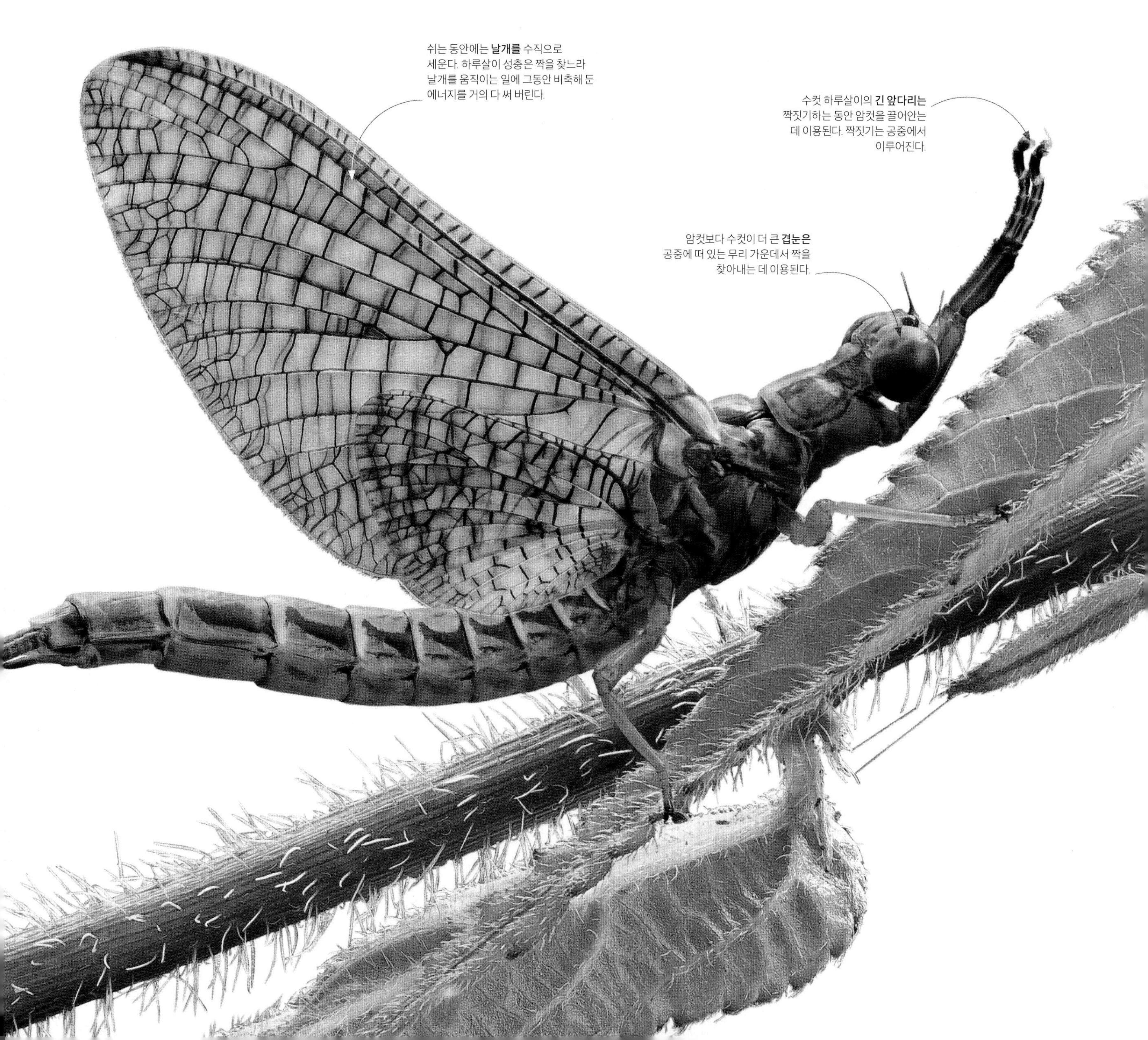

쉬는 동안에는 **날개를** 수직으로 세운다. 하루살이 성충은 짝을 찾느라 날개를 움직이는 일에 그동안 비축해 둔 에너지를 거의 다 써 버린다.

수컷 하루살이의 **긴 앞다리는** 짝짓기하는 동안 암컷을 끌어안는 데 이용된다. 짝짓기는 공중에서 이루어진다.

암컷보다 수컷이 더 큰 **겹눈은** 공중에 떠 있는 무리 가운데서 짝을 찾아내는 데 이용된다.

서식지와 생활 양식

작은 생명체는 치명적일 만큼 열악한 환경을 포함해 가능한 모든 서식지에서 살아간다. 해수면은 무리를 이룬 플랑크톤으로 가득하고, 심해 퇴적물에는 온갖 미생물이 넘쳐난다. 토양 입자들 사이에서는 작은 동물들이 살아가며 작디작은 기생충은 자기보다 큰 생명체의 피부는 물론 장, 피, 심지어 뇌에서도 살아간다.

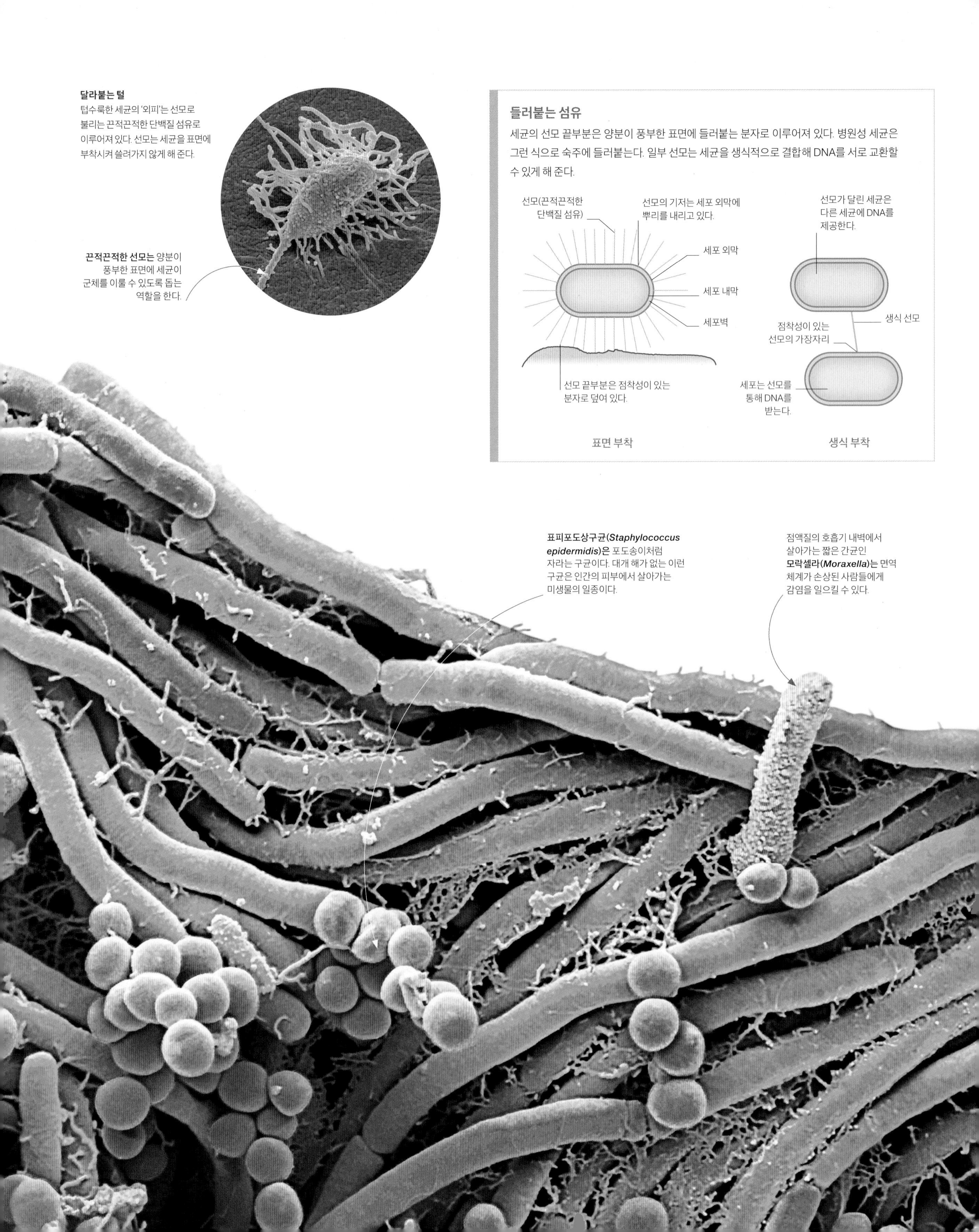

달라붙는 털
텁수룩한 세균의 '외피'는 선모로 불리는 끈적끈적한 단백질 섬유로 이루어져 있다. 선모는 세균을 표면에 부착시켜 쓸려가지 않게 해 준다.
끈적끈적한 선모는 양분이 풍부한 표면에 세균이 군체를 이룰 수 있도록 돕는 역할을 한다.
들러붙는 섬유
세균의 선모 끝부분은 양분이 풍부한 표면에 들러붙는 분자로 이루어져 있다. 병원성 세균은 그런 식으로 숙주에 들러붙는다. 일부 선모는 세균을 생식적으로 결합해 DNA를 서로 교환할 수 있게 해 준다.
선모(끈적끈적한 단백질 섬유)
선모의 기저는 세포 외막에 뿌리를 내리고 있다.
세포 외막
세포 내막
세포벽
선모 끝부분은 점착성이 있는 분자로 덮여 있다.
표면 부착
선모가 달린 세균은 다른 세균에 DNA를 제공한다.
생식 선모
점착성이 있는 선모의 가장자리
세포는 선모를 통해 DNA를 받는다.
생식 부착
표피포도상구균(*Staphylococcus epidermidis*)은 포도송이처럼 자라는 구균이다. 대개 해가 없는 이런 구균은 인간의 피부에서 살아가는 미생물의 일종이다.
점액질의 호흡기 내벽에서 살아가는 짧은 간균인 **모락셀라(*Moraxella*)는** 면역 체계가 손상된 사람들에게 감염을 일으킬 수 있다.

어디든 존재하는 세균

광범위한 분포로 치자면 세균과 어깨를 나란히 할 수 있는 생명체는 바이러스뿐이다. 이들은 땅과 표면에서 그리고 공기 중에 떠다니는 포자로 살아간다. 찻숟가락 하나에 담긴 흙에는 지구상에서 지금까지 살아온 사람들 수보다 몇 배나 많은 세균이 들어 있을 수 있다. 우리 몸의 세포 수만큼이거나 그보다 많은 수의 세균이 몸 안팎에 존재한다. 가장 작은 생물인 세균은 완벽한 군체를 이룬다. 인간의 피부 세포 크기의 10분의 1도 안 되는 하나의 세균은 다른 세균이 들어올 공간을 남겨둔 채 미세한 틈이나 구멍 속에 단단히 자리를 잡을 수 있다. 대부분의 세균에는 '들러붙는' 데 유리한 단백질 섬유가 있다. 유기 영양물, 눈에 보이지 않는 피지 오염 물질, 땀을 비롯해 인간의 여러 분비물은 세균이 증식하는 데 필요한 먹이를 제공한다.

휴대전화 화면에서 살아가는 세균
이 뒤얽힌 세균 덩어리는 휴대전화 화면을 면봉으로 한 번 문질러 얻은 배양균이다. 여기에는 막대 모양의 간균과 공 모양의 구균을 비롯한 여러 종의 세균이 섞여 있다. 실험 결과는 변기 손잡이보다 평균적으로 18배 많은 유해 세균이 휴대전화에 살고 있음을 보여 준다. 주사형 전자 현미경, 2만 1000배율.

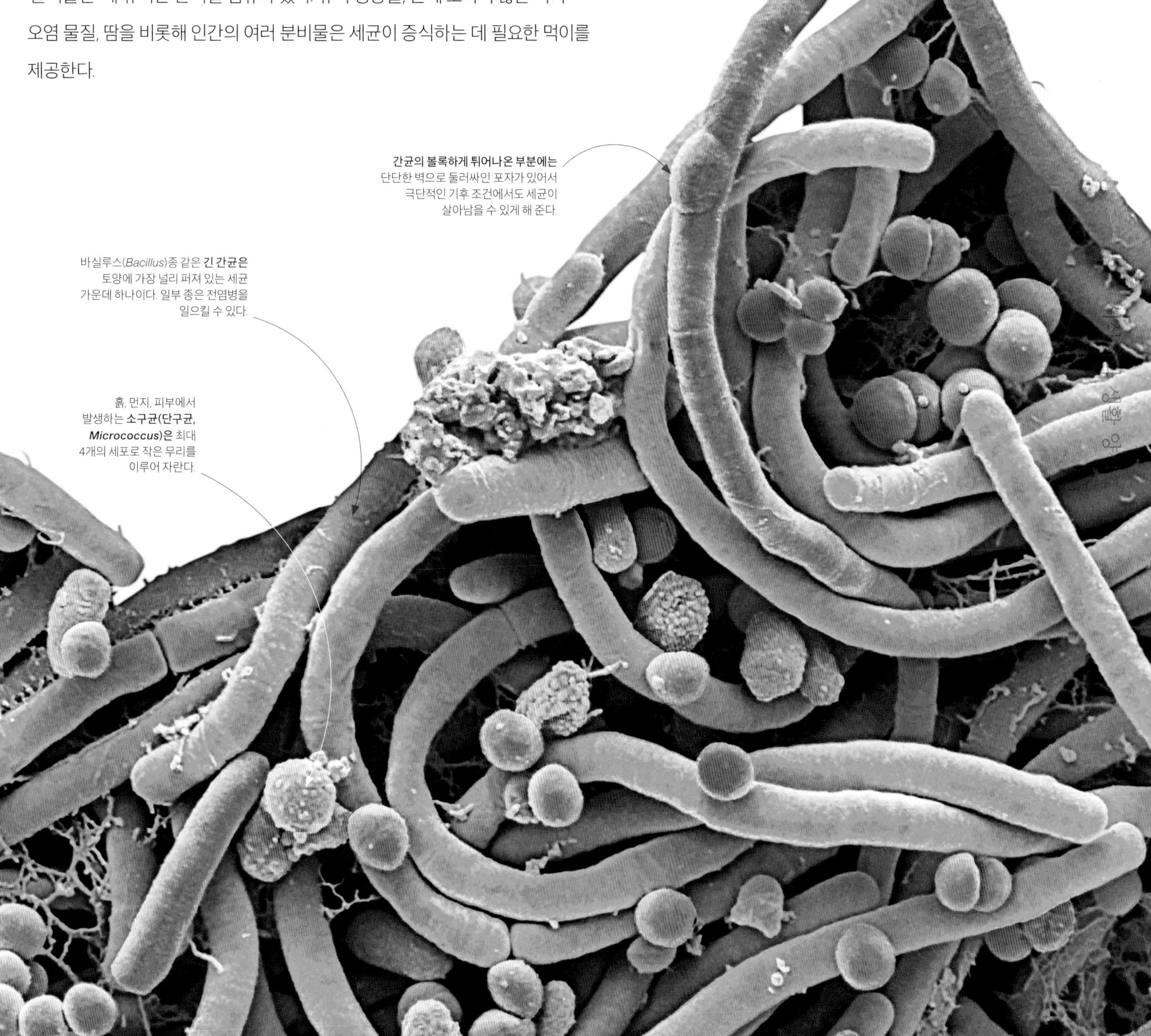

극한 환경에서 살아남기

지구상의 많은 곳은 인간의 관점에서는 '극한' 환경으로 여겨지지만, 극한생물로 알려진 생명체에게는 더할 나위 없이 평범하다. 극한 생물은 대부분 고세균(Archaea)으로 불리는 미생물군에 속한 단세포 미생물이지만, 일부 세균과 몇 종류의 다세포 생물 역시 극한 생물이다. 이들은 고온에서도 생존 가능한 호열균과 극한 추위에서도 살아남는 호냉균으로 분류된다. 호산성균과 호염균은 각각 극도의 산성 환경과 높은 염도에서도 살 수 있다. 여러 가지 극한 환경에 적응한 생물은 다중 극한 생물로 알려져 있다. 수많은 고세균은 특정한 극한 환경에 풍부하게 존재하는 유황이나 암모니아 같은 무기 화합물에서 에너지를 얻는다.

세균의 편모(bacteria flagella)와 비슷한 **고세균 섬유는** 빠른 속도로 헤엄을 칠 수 있을 뿐만 아니라 표면에 달라붙는 기능도 있다.

극호열균

'돌진하는 불덩이'라는 뜻을 가진 피로코쿠스 푸리오수스(*Pyrococcus furiosus*)는 호열균보다 훨씬 높은 온도에서도 살아가는 극호열균이다. 고세균인 이들은 세균과 비슷한 면이 있을 뿐만 아니라 고유의 특성도 가지고 있다.

둥근 세포의 지름은 0.8~1.5 마이크로미터에 이른다.

세포 한쪽 끝에서 최대 50개에 이르는 고세균 편모 (archaella)가 튀어나와 있다.

피로코쿠스 푸리오수스

열수분출공에서 살아가는 생명체

피로코쿠스 푸리오수스는 화산 작용으로 형성된 해저의 '열수분출공'에서 흘러나오는 뜨거운 물과 주변의 차가운 바닷물 사이에서 살아간다. 섭씨 100도에서는 번성하지만 섭씨 70도 밑으로 내려가면 죽는다. 그렇게 높은 열은 대부분의 생물에게서 단백질을 망가뜨리고 파괴하지만, 피로코쿠스 같은 극호열성 고세균은 열을 견뎌내는 효소가 있으며 이들의 DNA는 내열성 단백질의 보호를 받는다. 주사형 전자 현미경, 2만 4000배율.

극한 생물은 어디에서 살아갈까?

극한 생물은 뜨거운 온천과 화산, 덥고 매우 건조한 사막, 꽁꽁 얼어붙은 만년설, 영구 동토층처럼 육지와 바다의 살기 어려운 곳에서도 잘 살아간다. 그 밖에도 열수 분출공, 심해의 해구, 용존 산소가 없는 호수에서도 살아간다. 심지어 유기용제, 중금속, 산성의 광산 잔류물, 핵 폐기물에서도 극한 생물을 발견할 수 있다.

극지방의 얼음과 영구 동토층

심해의 열수 분출공

오염된 산업 현장

산성도가 높은 호수와 화산

사막과 매우 건조한 서식지

용존 산소가 없는 심해의 호수

심해의 퇴적물과 해구

탄산수와 염도가 높은 호수

극한 서식지

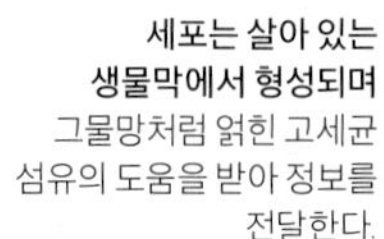

세포는 살아 있는 생물막에서 형성되며 그물망처럼 얽힌 고세균 섬유의 도움을 받아 정보를 전달한다.

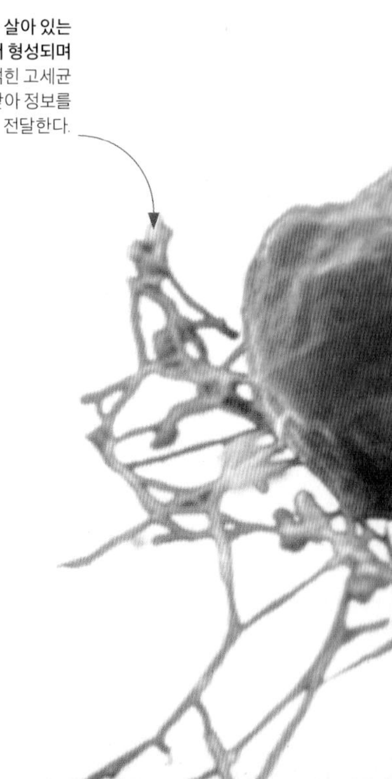

발톱이 달린 뭉툭한 다리로 느릿느릿 걸어 다니는 습성 때문에 '물곰'이라는 별명이 붙은 완보동물은 놀라운 유연성을 자랑하는 초소형 동물이다. 성장하고 활동적으로 지내려면 물에 둘러싸인 환경이 필요하지만, 쇄설물 더미에서 살아가든 모래 입자 사이에서 살아가든 엄청난 개체 수로 번식에 성공을 거둔다. 이들이 좋아하는 서식지인 젖은 이끼에는 TV 거치대 정도의 넓이에 100만 마리가 서식할 수도 있다.

완보동물 집중 조명

극한 환경에서 완보동물은 생존을 위해 중요한 신체 기능을 거의 모두 멈출 수 있으며, 극한 환경에서도 놀랄 만한 적응력을 보여 준다. 다리를 끌어넣고, 수분을 잃고, 건면 상태(툰(tun), 원형 이미지 참조)로 불리는 휴면기에 껍질로 변모하는 단단한 외피를 만든다. 신진 대사를 거의 멈춘 상태로 생명체의 외적인 흔적은 사라져 버린다. 숨겨진 생명 활동을 의미하는 크립토바이오시스(cryptobiosis)로 알려진 휴면 상태를 연구하는 과학자들은 완보동물을 액체 헬륨에 빠뜨리고 전리 방사선에 노출하고 심지어 우주로 보내기까지 했으나 어떤 상황에서도 살아남았다.

이토록 질긴 생명력을 보이는 이유는 아직 완전히 밝혀지지 않았다. 확실한 것은 건면(툰) 상태에서 바람에 날리는 먼지처럼 흩어져 지구 전역에 수많은 종이 분포할 수 있다는 점이다. 이 내구성 덕분에 일부 완보동물은 그린란드의 빙상이나 대양저처럼 더욱 극한 서식지에서도 다른 동족에 비해 잘 살아남는다. 특이한 유전자 조합으로 이런 적응을 설명할 수도 있을 것이다. 완보동물의 DNA 가운데 외부에서 유입된 5분의 1가량은 극한 환경에서도 살아남는 미생물에게서 얻은 것으로 보인다.

매우 건조한 환경에서 살아남기 위해 몸을 바싹 말리면서 완보동물 파라마크로비오투스 케니아누스(*Paramacrobiotus kenianus*)의 **머리와 다리가** 움츠러든다.

소형 갑옷
대부분의 완보동물은 사실상 무색이지만 에키니스쿠스 그라눌라투스(*Echiniscus granulatus*)의 각피는 밤갈색을 띤 단단한 골판으로 배열된다. 가시와 섬유는 이들을 작은 천적에게서 보호해 주고 발마다 있는 4개의 발톱은 먹이인 식물을 붙잡는 데 도움이 된다. 주사형 전자 현미경, 1500배율.

추위에 살아남기

지의류는 균류와 녹조류(또는 남세균)가 동반자 관계를 맺으며 함께 살아가는 생물이다. 균류가 조직을 제공하고 물을 저장할 수 있게 도와주면 조류는 광합성(317~318쪽 참조)을 통해 양쪽 모두에 필요한 먹이를 만들어 내면서 균류의 몸속에서 살아간다. 혼자일 때보다는 함께 있을 때 훨씬 혹독한 환경에서도 살아남을 수 있다. 세포에 천연 부동액이 들어 있는 지의류는 섭씨 영하 20도에서도 광합성이 가능하다. 지의류는 지구 지표면의 80퍼센트에서 서식하는 것으로 추산되지만, 북극의 툰드라 지역에서 흔히 볼 수 있는 우점종이다. 그에 비해 남극에서 반경 670킬로미터 이내에 서식한다고 알려진 지의류는 8종에 불과하다.

지의류 관찰하기
꽃이끼(순록이끼, *Cladonia rangiferina*)는 북극의 광활한 툰드라 지역에서 흔히 자란다. 천연의 옅은 회색을 띤 꽃이끼는 나뭇가지 구조 때문에 수상지의로 분류된다. 주사형 전자 현미경, 250배율.

냉동고에서 살아남기

물은 얼면서 팽창하기 때문에 식물 세포의 세포질에 있는 얼음 결정은 세포막을 파열시켜 못 쓰게 만든다. 수많은 지의류(일부 극지식물과 고산식물)는 세포에 부동액 역할을 하는 화학 물질이 있어서 동결을 막아 준다.

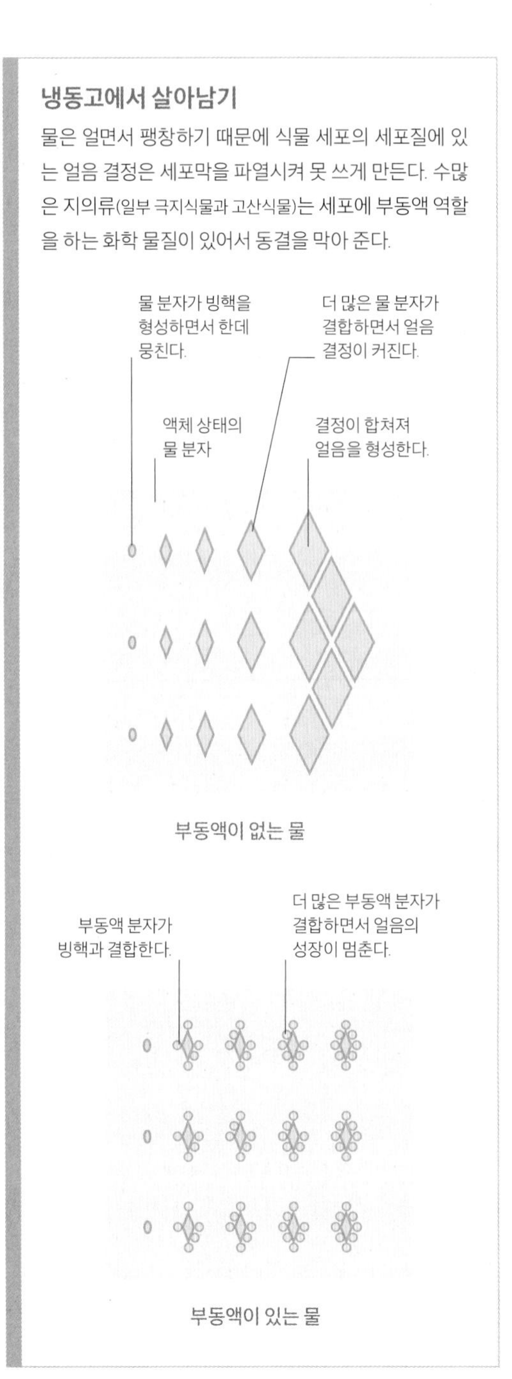

순록의 먹이
지의류는 영양가는 별로 없어도 북극 지방에서 손쉽게 구할 수 있다. 겨울이면 지의류는 순록 먹이의 60~70퍼센트를 제공하며, 이런 먹이를 찾아 순록은 눈 밑을 발로 긁는다.

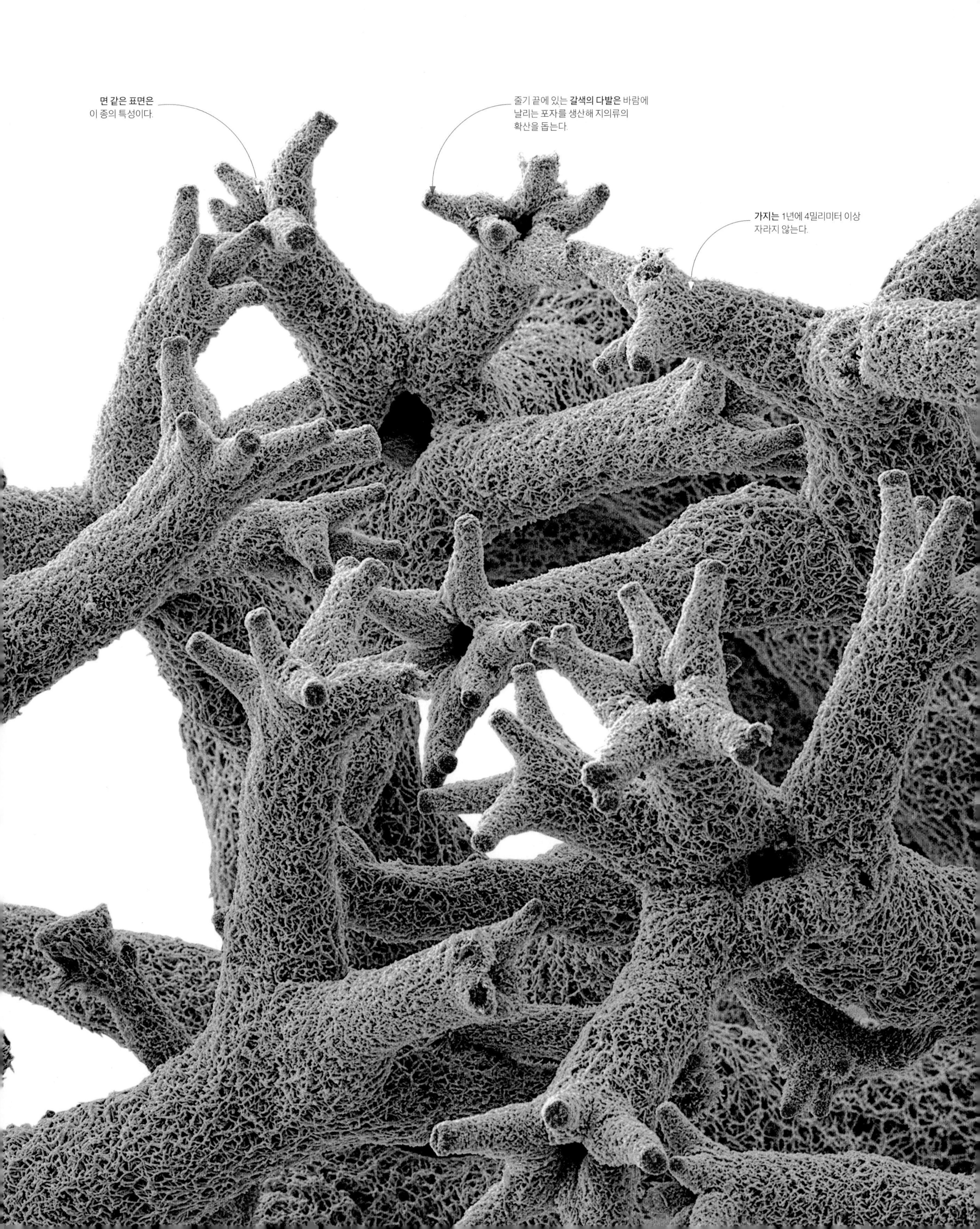
면 같은 표면은
이 종의 특성이다.
줄기 끝에 있는 **갈색의 다발은** 바람에
날리는 포자를 생산해 지의류의
확산을 돕는다.
가지는 1년에 4밀리미터 이상
자라지 않는다.

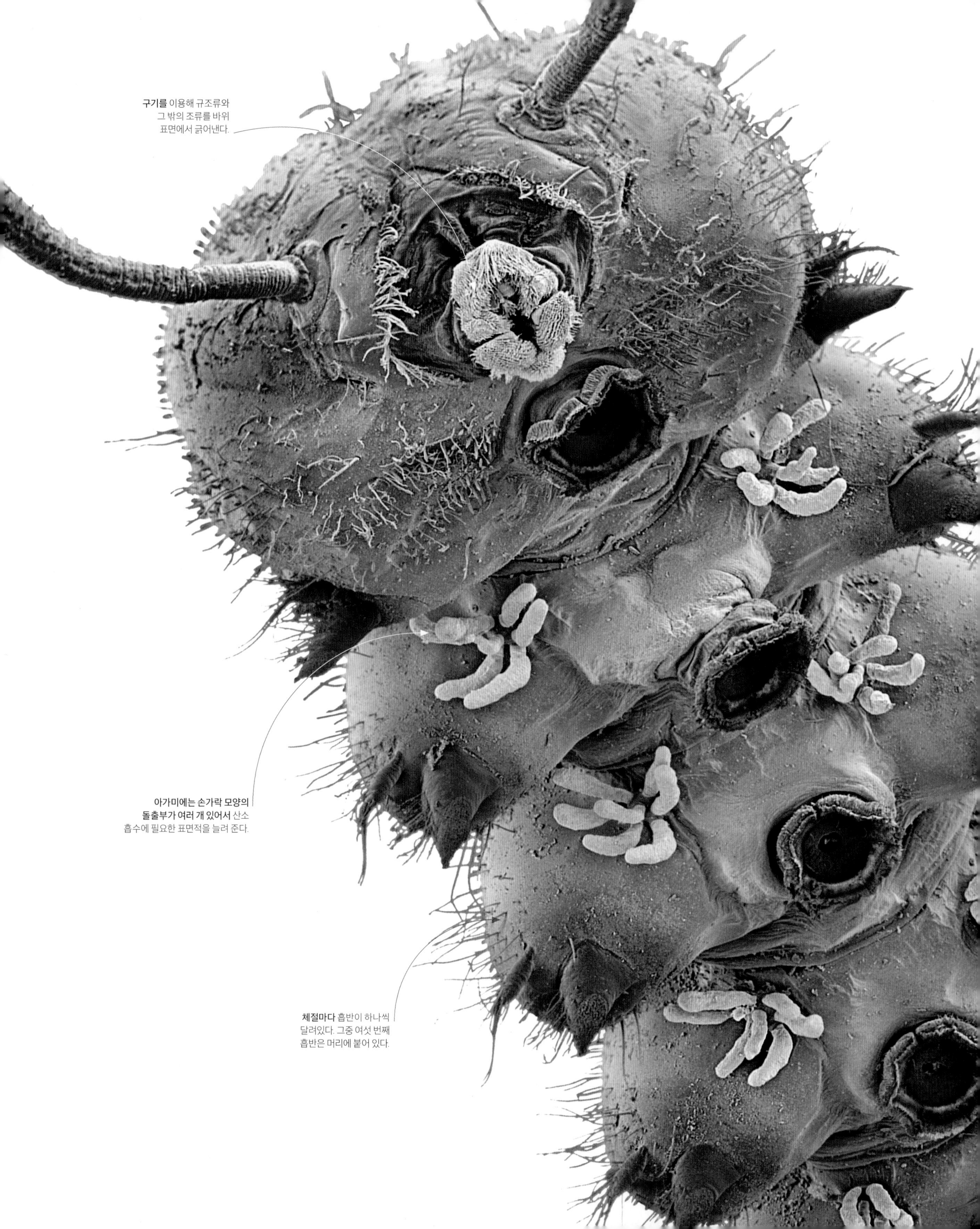
구기를 이용해 규조류와
그 밖의 조류를 바위
표면에서 긁어낸다.
아가미에는 손가락 모양의
돌출부가 여러 개 있어서 산소
흡수에 필요한 표면적을 늘려 준다.
체절마다 흡반이 하나씩
달려있다. 그중 여섯 번째
흡반은 머리에 붙어 있다.

초소형 흡반
망상시맥으로 된 날개가 달린 깔따구(*Liponeura cinerascens*)의 유충 단계에 해당하는 급류 유충의 앞쪽 끝은 물살이 빠른 곳에서 번성하는 이 곤충들의 뛰어난 적응력을 보여 준다. 유충은 발톱과 흡반으로 표면을 단단히 붙잡은 채 흰 아가미로는 기포가 형성된 물에서 많은 양의 산소를 수집한다. 산소는 강바닥에 매달릴 수 있도록 유충의 근육에 동력을 제공한다. 주사형 전자 현미경, 40배율.

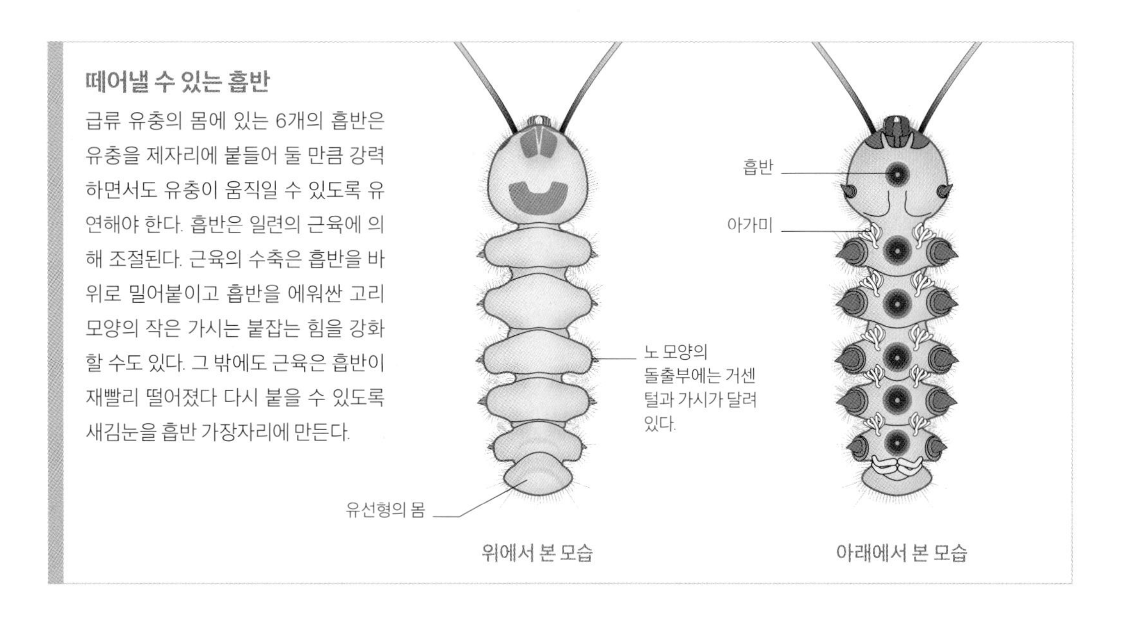

떼어낼 수 있는 흡반
급류 유충의 몸에 있는 6개의 흡반은 유충을 제자리에 붙들어 둘 만큼 강력하면서도 유충이 움직일 수 있도록 유연해야 한다. 흡반은 일련의 근육에 의해 조절된다. 근육의 수축은 흡반을 바위로 밀어붙이고 흡반을 에워싼 고리 모양의 작은 가시는 붙잡는 힘을 강화할 수도 있다. 그 밖에도 근육은 흡반이 재빨리 떨어졌다 다시 붙을 수 있도록 새김눈을 흡반 가장자리에 만든다.

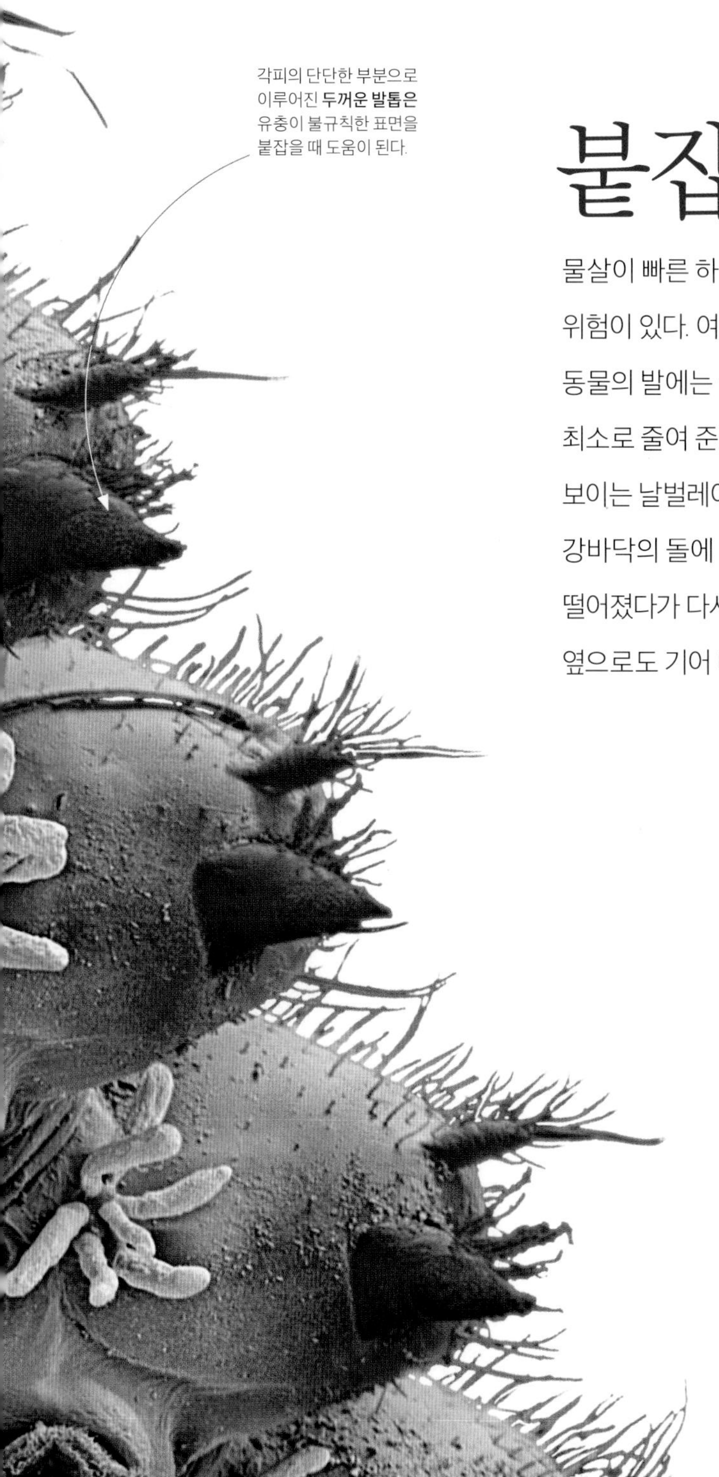

각피의 단단한 부분으로 이루어진 **두꺼운 발톱은** 유충이 불규칙한 표면을 붙잡을 때 도움이 된다.

붙잡고 매달리기

물살이 빠른 하천은 수생 동물에게 많은 양의 산소를 제공하지만, 작은 무척추동물은 휩쓸려갈 위험이 있다. 여기서 영구적으로 살아가려면 바위와 수초에 단단히 매달릴 필요가 있다. 수많은 동물의 발에는 움켜쥘 수 있는 발톱이 있고 유선형의 납작한 형태는 물살에 대한 저항력을 최소로 줄여 준다. 산악 지대의 강에서 볼 수 있는 망상시맥으로 된 날개가 달린 깔따구는 연약해 보이는 날벌레이지만, 급류 유충은 거센 물살을 견뎌내야 한다. 유충은 6개의 흡반을 이용해 강바닥의 돌에 매달린다. 규조류로 불리는 초소형 조류를 먹느라 이리저리 옮겨 다닐 때는 재빨리 떨어졌다가 다시 붙을 수 있다. 거친 서식지에서 작은 유충은 앞뒤로는 물론 물살을 거슬러 옆으로도 기어 다닐 수 있다.

고산 지대의 깔따구
망상시맥으로 된 날개가 달린 깔따구 성충은 여름철에 고지대의 시내에 알을 낳는다. 알에서 부화한 급류 유충은 탈피를 거쳐 최초의 수생 번데기가 된 다음 날아다니는 깔따구가 된다.

깔따구의 영문 명칭(net-winged midge)은 날개에 있는 미세한 주름 형태 때문이다.

해양 플랑크톤을 이루는 구성 요소

수만 종의 플랑크톤은 크고 자유롭게 떠다니는 모자반속의 해조류, 해파리 같은 히드로충류부터 미세한 남세균에 이르기까지 크기에 따라 분류할 수 있다. 거대 플랑크톤, 대형 플랑크톤, 중형 플랑크톤 같은 가장 큰 부유 생물은 대부분 동물 플랑크톤이지만 일부는 광합성을 하며 떠다니는 대형 조류이다. 가장 작은 플랑크톤인 초미소 플랑크톤에는 지구상에서 가장 작지만 가장 풍부하다고 알려진 광합성을 하는 식물 플랑크톤이 포함된다.

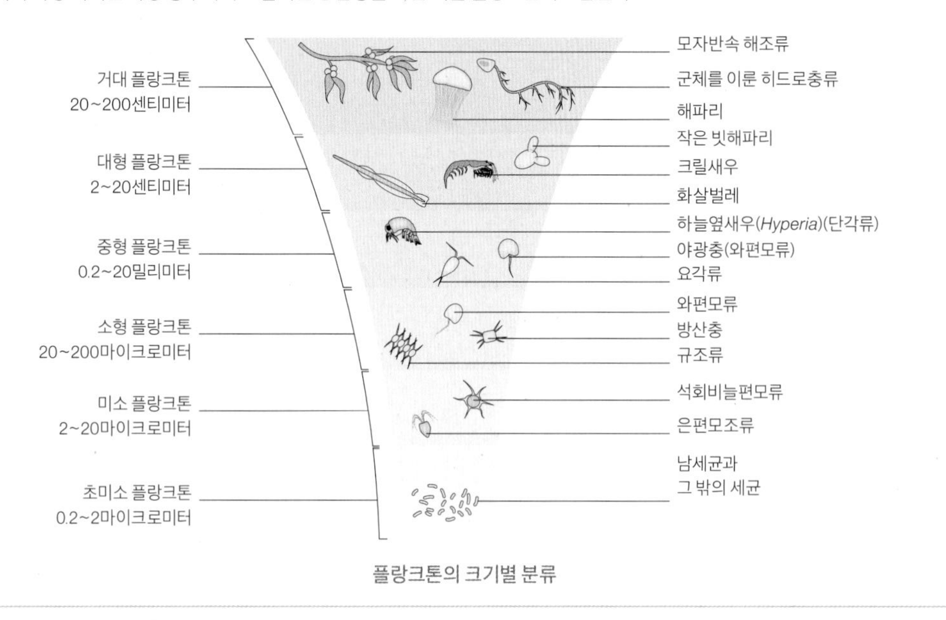

플랑크톤의 크기별 분류

무수한 형태

20세기 초에 제작된 이 판화에서 보듯 일부 유생 플랑크톤(일시 플랑크톤)의 특징은 성체의 형태를 암시한다. 왼쪽 하단에는 성게 유생이 보이고 오른쪽 상단에는 거미불가사리 유생이 보인다. 그 밑으로는 게의 유생인 '조에아(zoea)'가 있고, 오른쪽 하단에는 굴의 유생이 그려져 있다. 그 밖에도 천적으로부터 보호해 주거나 조류 속에서 돛이나 안정판 역할을 하는 가시와 납작한 팔처럼 플랑크톤마다 고유한 특징이 있다.

해양 플랑크톤

해양 플랑크톤이 살아가는 데 없어서는 안 될 필수 요건에는 해양 먹이 그물의 주요 부분을 형성하는 미세한 유기체와 전 세계적인 탄소 순환이 포함된다. 해양 플랑크톤은 해류를 따라 떠다니며 해류에 의지해 퍼져 나간다. 헤엄은 칠 수 있어도 조류를 거스를 만한 힘은 없기 때문이다. 식물 플랑크톤으로 알려진 일부 유기체는 광합성으로 먹이를 만들고 해수면에서 햇빛을 쐬며 살아간다. 동물 플랑크톤은 방산충, 유공충처럼 작은 동물과 미생물로 이루어져 있다. 일부는 식물 플랑크톤을 뜯어 먹지만 자신보다 작은 동물 플랑크톤을 잡아먹는 경우도 있다.

플랑크톤의 생활 양식

식물 플랑크톤은 와편모류, 규조류, 남세균을 포함한 수많은 생물군에 속한다. 납작한 타원형은 햇빛에 최대한 노출될 수 있게 해 준다. 동물 플랑크톤은 전 생활사를 플랑크톤으로 보내는 종생 플랑크톤과 유생일 때만 플랑크톤의 형태를 띠는 일시(정기성) 플랑크톤으로 나뉠 수 있다. 동물 플랑크톤은 성체가 되면 해저로 내려오거나 왕성하게 헤엄을 치는 생물로 성장하기도 한다.

단세포 조류는 무늬가 있는 유리 같은 규산질의 세포벽(규조각)을 가지고 있다.

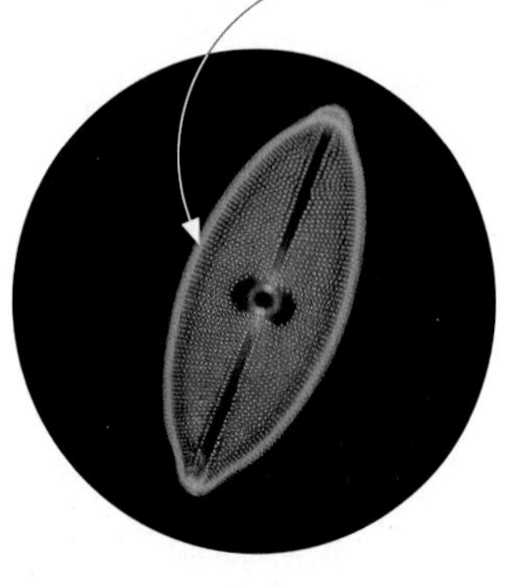

식물 플랑크톤
규조류(*Navicula febigerii*)

부유성 달팽이가 날개 같은 측족을 휘저어 헤엄치고 있다.

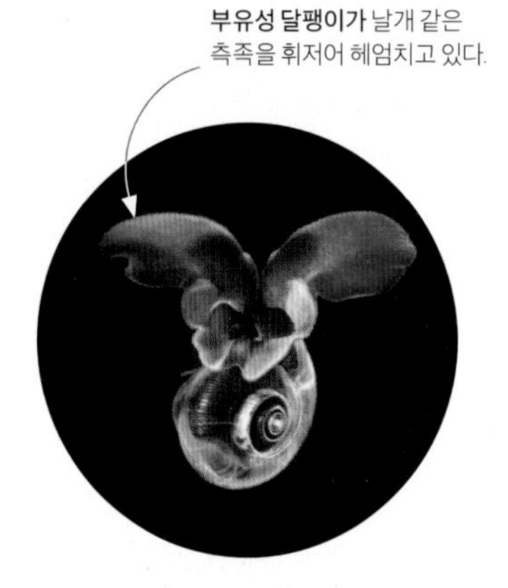

종생 플랑크톤
바다나비(*Limacina helicina*)

물고기 유생은 해류를 따라 떠다니다가 성어가 되면 심해로 이주한다.

일시 플랑크톤
지중해 투라치류(*Trachipterus trachypterus*)

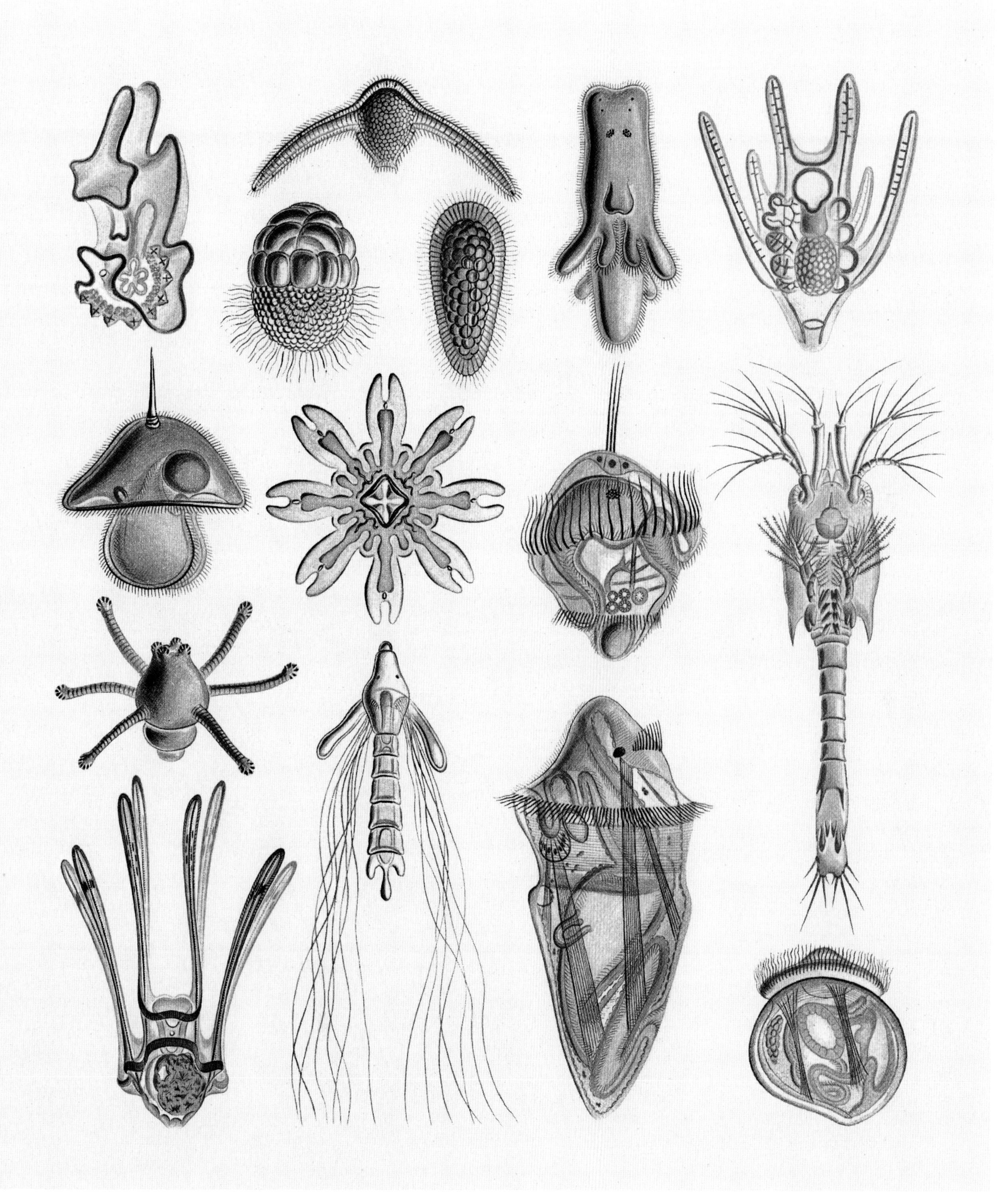

'노 다리'를 뜻하는 요각류로 알려진 초소형 갑각류는 연못에서 심해에 이르기까지 물이 있는 서식지라면 어디서든 살아간다. 많은 요각류가 깃털 같은 부속 기관을 이용해 플랑크톤의 형태로 물기둥에서 노를 저어 그런 이름이 붙었다. 1만 2000여 종으로 추산되는 요각류 가운데 9000여 종은 바다에서 살아간다. 요각류는 부유성 플랑크톤의 형태로 존재할 뿐만 아니라 해저의 퇴적물에서도 널리 나타나며 축축한 낙엽

집중 조명 요각류

더미는 물론 열대 우림의 나무에 기생하는 다육식물 잎에 고인 물에서도 발견된다.

지름이 대개 2밀리미터를 넘지 않는 요각류는 눈물방울 형태의 몸을 얇고 투명한 외골격이 덮고 있다. 그런 외골격을 통해 물속의 산소는 체내로 직접 흡수된다. 대부분의 종은 머리 꼭대기에 1개의 붉은색 겹눈을 갖고 있는데 그 덕분에 외눈박이를 뜻하는 키클롭스(Cyclops)라는 민물 속명을 얻게 되었다. 또 한 쌍의 큰 더듬이와 눈에 띄지 않는 한 쌍의 작은 더듬이도 볼 수 있다. 몸 아래쪽에는 다리 역할을 하는 4~5쌍의 부속 기관이 있으며, 구기로 이용되는 또 다른 한 쌍은 물에서 먹이 입자를 거른다. 요각류는 주로 식물 플랑크톤이나 유기 쇄설물 따위의 초소형 먹이를 먹는다. 일부 요각류는 어류나 고래를 비롯한 해양 동물의 몸에 붙어 기생하기도 한다.

짝짓기 시기에 수컷은 암컷의 더듬이를 잡고서 다리를 이용해 암컷의 몸에 정자를 주입한다. 알은 노플리우스(nauplius)로 불리는 유생의 형태로 부화한다. 유생의 몸은 일련의 부속 기관이 달린 머리와 단순한 형태의 꼬리로만 이루어져 있다. 거듭된 탈피를 통해 유생은 가슴과 배가 있는 성체의 형태를 꾸준히 갖춘다.

암컷은 배에 붙은 주머니에서 알을 배출한다.

한 쌍의 키클롭스 요각류

요각류의 다양성
수많은 요각류는 칼라누스목(왼쪽 위, 광학 현미경, 150배율)과 노플리우스 유생(calanoid, 오른쪽 위, 광학 현미경, 600배율)처럼 플랑크톤의 형태로 떠다닌다. 하팍티쿠스목(harpacticoid, 아래, 광학 현미경, 300배율)과 같은 요각류는 저서성으로 바닥의 퇴적물에서 살아간다.

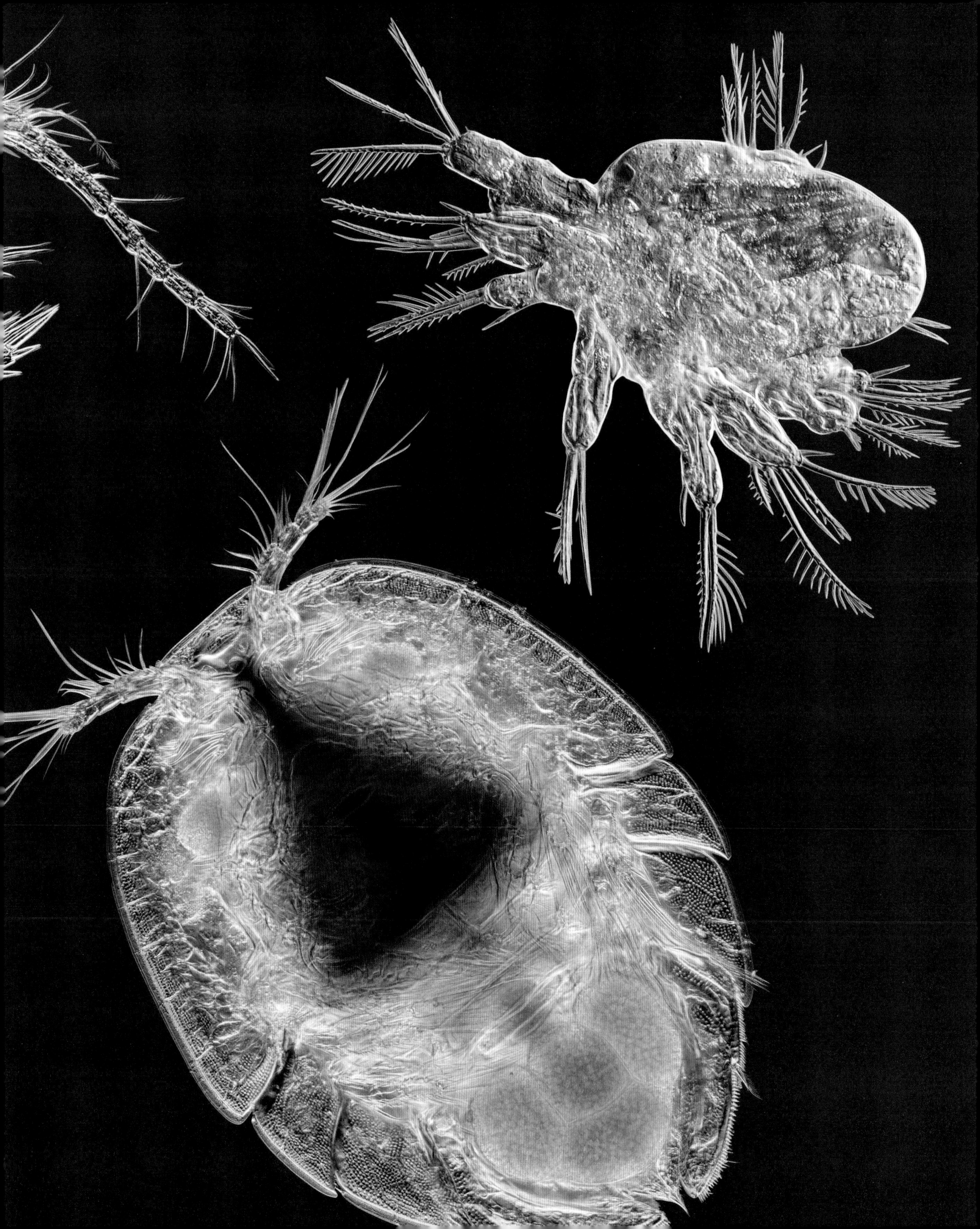

조류
식물과 마찬가지로 조류에는 엽록소로 불리는 초록색 색소가 있어서 광합성을 통해 빛 에너지를 흡수한 다음 당분과 그 밖의 유기 양분을 만들어 낸다. 그러나 조류에서는 잎과 뿌리로 이루어진 진짜 식물의 복잡한 형태를 찾아볼 수 없다. 수많은 조류는 단세포 또는 실이나 구의 형태로 군체를 이룬 세포로 이루어져 있다. 가장 작고 단순한 조류는 남세균이다. 다른 세균과 마찬가지로 남세균 세포는 세포핵이 존재하지 않는 원핵세포이다. 그 밖의 조류는 세포핵으로 포장된 DNA와 엽록체에 엽록소가 들어 있는 복잡한 진핵세포로 이루어져 있다.

둥글고 붉은 세포는 얕은 물이 분홍색을 띠게 만들 수 있다.

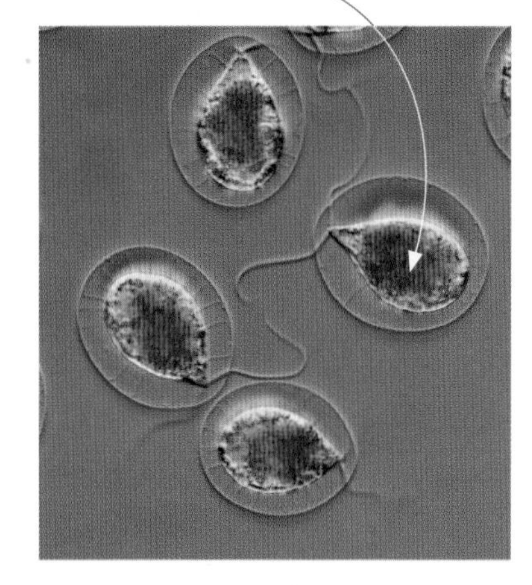

녹조식물
헤마토코쿠스 플루비알리스
(*Haematococcus pluvialis*)

쐐기 모양의 황금색 규조류는 연못 바닥에 부착된 하나의 줄기를 공유한다.

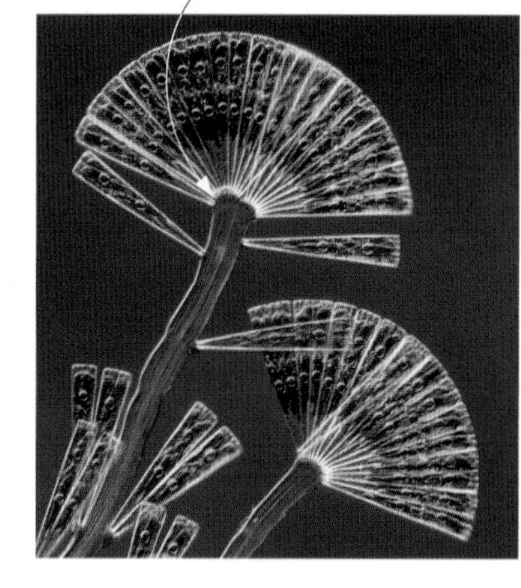

규조류
릭모포라 플라벨라타
(*Licmophora flabellata*)

별 모양의 세포는 대칭을 이루는 2개의 반세포로 이루어진다.

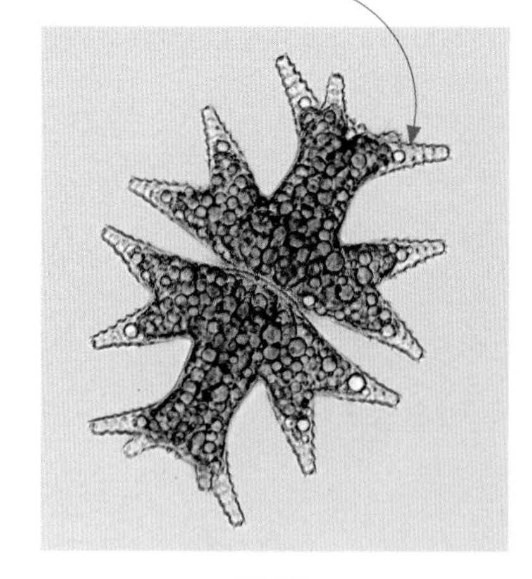

먼지말
미크라스테리아스
(*Micrasterias* sp.)

녹조는 세포 분열이 이루어지면서 원반 모양의 군체를 형성한다.

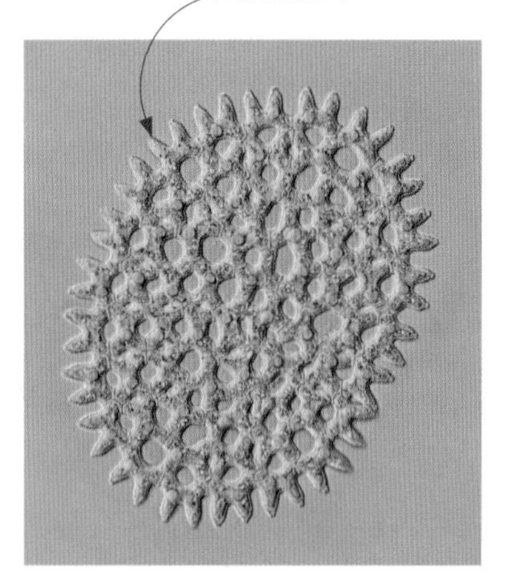

녹조식물
훈장말
(*Pediastrum duplex*)

초록색의 엽록체는 투명한 일련의 세포 내부에서 나선을 이룬다.

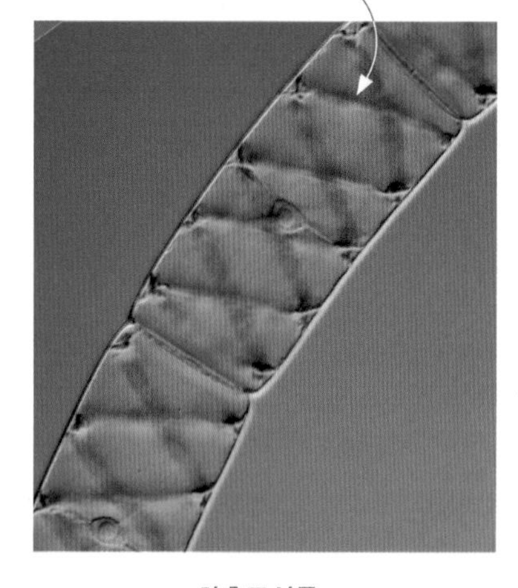

차축조식물
해캄
(*Spirogyra* sp.)

연결 생활체, 세포가 정해진 배열로 서로 연결된 조류 군체

녹조식물
뗏목말
(*Scenedesmus* sp.)

원생동물
단세포 또는 군체를 이루는 원생동물은 세포핵과 그 밖의 내부 조직이 포함된 복잡한 진핵세포로 이루어져 있다. 이들은 유기물 먹이를 먹고 간혹 포식자나 기생 동물로 살아가기도 한다. 원생동물은 스스로 먹이를 찾을 필요가 있기 때문에 대부분의 조류에 비해 대체로 움직임이 자유로운 편이다. 일부는 머리카락 같은 섬모나 편모를 이용해 추진력을 얻거나 먹이 흐름을 만들어 낸다. 그 밖의 원생동물은 위족으로 불리는 돌출된 세포질로 기어 다닌다.

원반 모양의 기생동물이 숙주에 달라붙어 섬모 가장자리를 이용해 먹이를 입으로 실어 나른다.

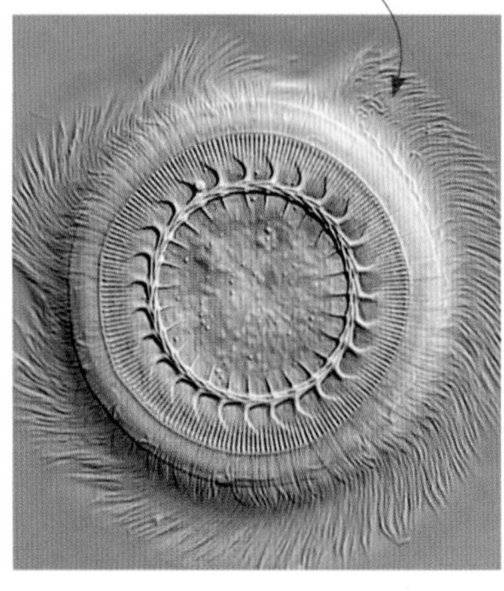

기생 동물
트리코디나 페디쿨루스
(*Trichodina pediculus*)

관 모양의 돌출부는 부력과 먹이를 잡는 데 이용된다.

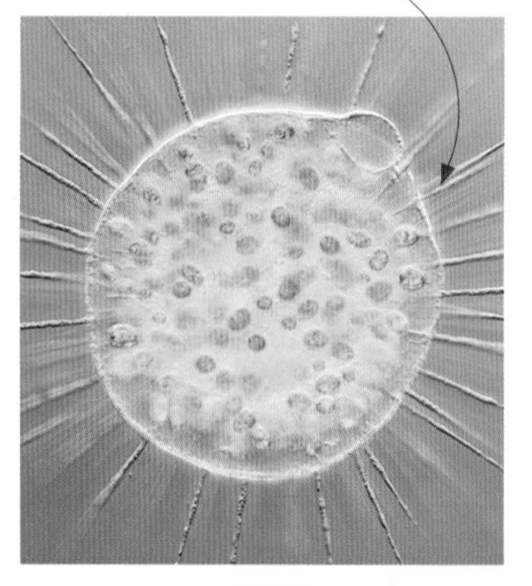

포식 동물
악티노스페리움 에익호르니
(*Actinosphaerium eichhorni*)

껍데기에 붙은 무기질 먼지 입자 속에 **세포가 들어 있다.**

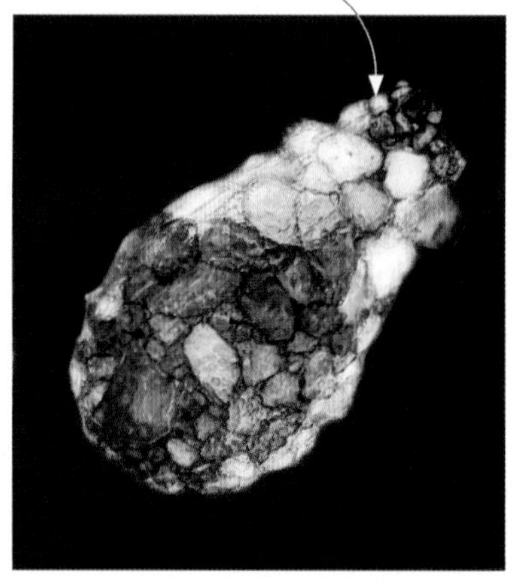

포식 동물
꽃병벌레
(*Difflugia* sp.)

푸른색을 띠는 화학 물질(피코빌린)과 초록색을 띠는 엽록소가 합쳐져 청록색을 만들어 낸다.

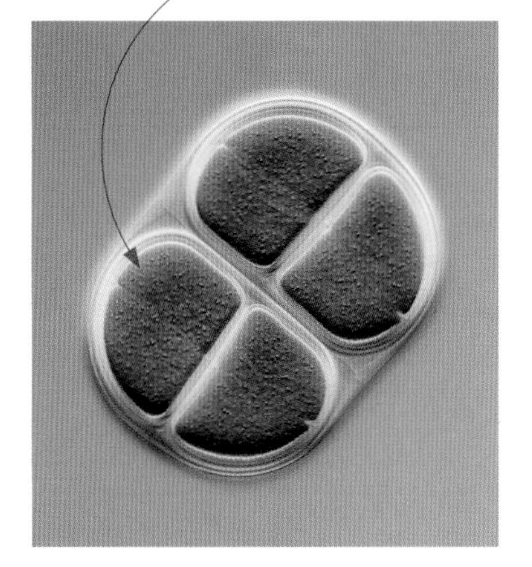

남세균
크로오콕쿠스 투르기두스
(*Chroococcus turgidus*)

둥근 세포가 중앙의 세포핵을 공유하는 2개의 반세포로 분열한다.

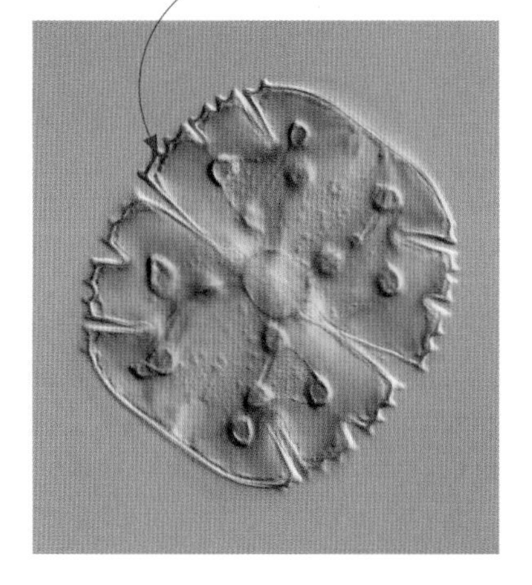

먼지말
미크라스테리아스 트룽카타
(*Micrasterias truncata*)

섬모세포로 이루어진 꽃 모양의 군체가 1개의 줄기에 붙어 있다.

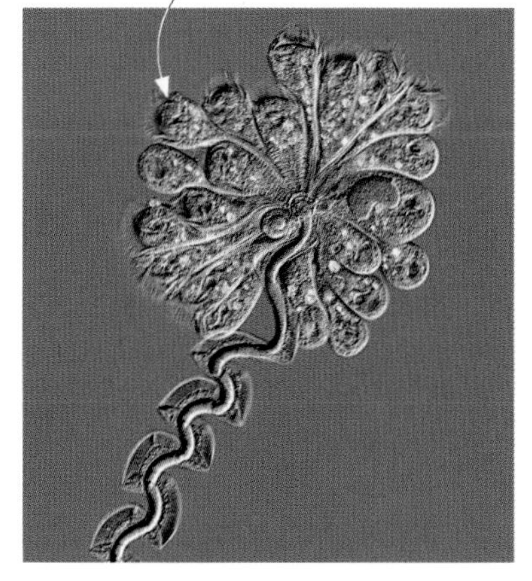

군체를 이룬 여과 섭식 동물
아포카르케시움
(*Apocarchesium* sp.)

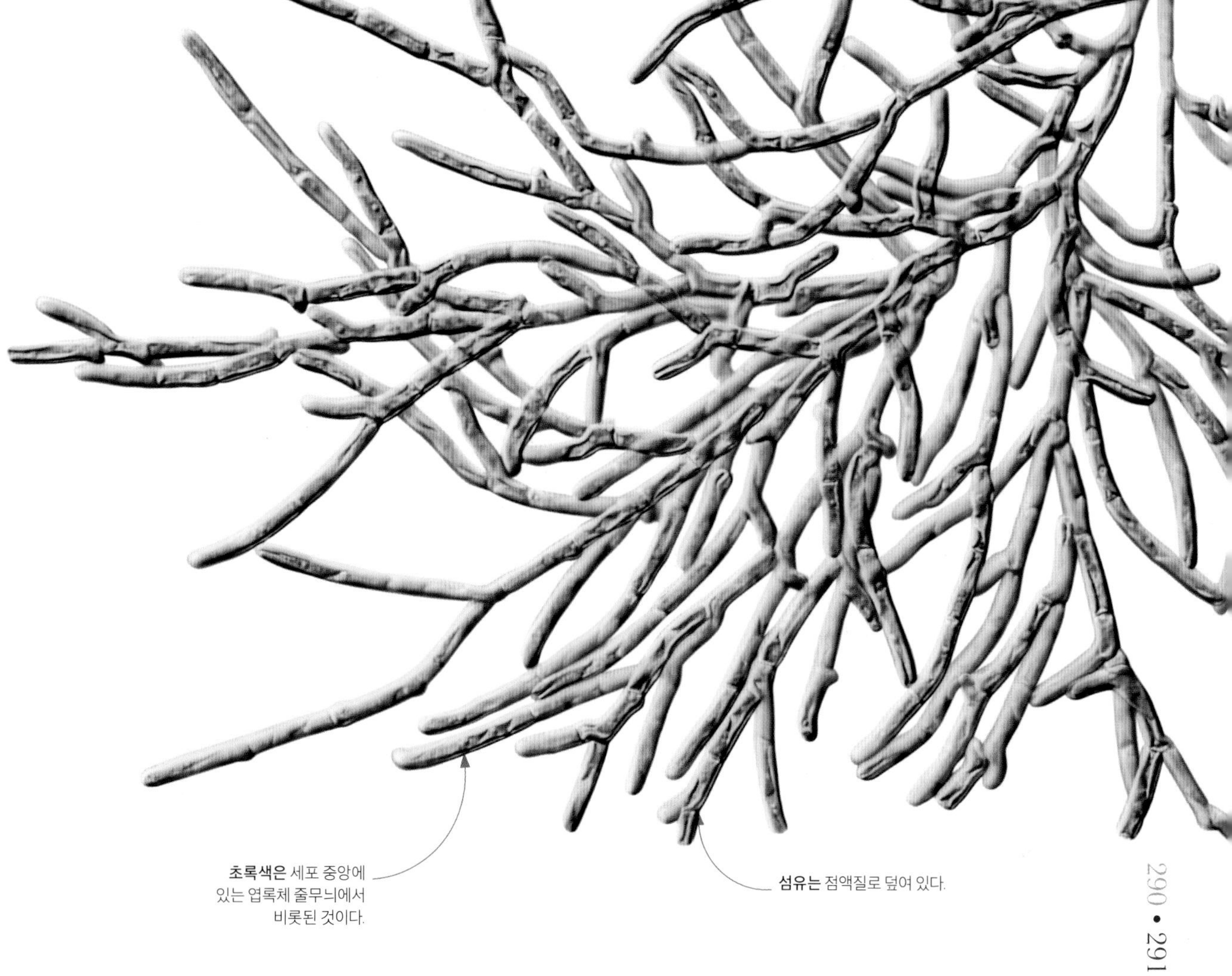

초록색은 세포 중앙에 있는 엽록체 줄무늬에서 비롯된 것이다.

섬유는 점액질로 덮여 있다.

가지를 뻗는 조류
가지를 뻗는 녹조인 미크로탐니온(*Microthamnion* sp.)은 차갑고 맑은 민물에서 발견된다. 이 조류의 복잡한 조직은 놀라울 만큼 단순하다. 가지를 뻗은 각각의 엽상체는 일련의 세포로 이루어진 섬유이다.

연못에서 살아가는 미생물

민물 연못은 미생물이 풍부한 곳이다. 단세포와 다세포 조류는 햇빛이 비치는 물속에서 광합성을 한다. 원생동물로 불리는 미생물은 식물이나 무기물, 사냥한 먹이를 뜯어 먹는다. 이처럼 복잡한 수중 공동체를 이루는 수많은 구성원은 플랑크톤의 형태로 물속을 떠다니지만, 일부는 유기물 먹이의 원천이 무기물 형태로 풍부하게 쌓이는 연못 바닥에서 살아간다. 미생물은 생태계를 이루는 중요한 요소이다. 조류는 광합성을 통해 연못의 먹이 사슬에 필요한 먹이를 만드는 데 비해 원생동물의 상당수는 배설물의 분해를 돕는다.

파닥이는 더듬이는 헤엄치는 데 필요한 추진력을 제공한다.

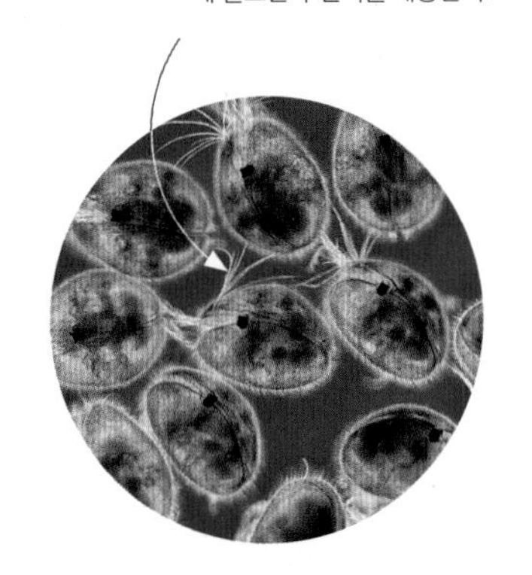

부유성 초식 동물
조개물벼룩
(*Cypris* sp.)

달팽이는 혀나 치설을 이용해 표면에 붙은 조류를 긁어낸다.

저서성 초식 동물
램즈혼달팽이
(*Planorbis planorbis*)

유생은 길고 뾰족한 턱을 이용해 물고기를 비롯한 큰 먹이를 움켜쥔다.

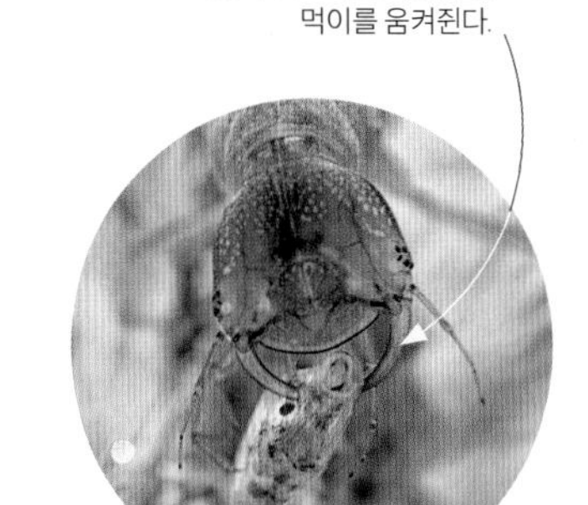

중간 포식자
물방개붙이
(*Dytiscus* sp.)

연못 생태계 구성원
연못의 생태계를 지배하는 것은 무척추동물이다. 조개물벼룩처럼 헤엄을 치는 갑각류는 물속에서 플랑크톤을 수집한다. 달팽이 같은 초식동물은 조류가 덮인 표면에서 먹이를 찾고 포식성 물방개붙이 유생은 연못 바닥에서 먹이를 사냥한다.

민물에서 살아가는 생명체

어떤 생명체도 혼자서는 존재할 수 없다. 분해자에 의해 재활용된 무기질을 이용하는 식물부터 먹이를 사냥하는 포식자와 숙주의 몸에서 살아가는 기생 동물에 이르기까지 모든 생물은 다른 생물에 기대어 살아간다. 민물 연못에서는 가장 작은 생물이 이런 상호 작용을 한다. 복잡한 먹이 그물은 물 한 방울처럼 작은 규모의 서식지에서 살아가는 작은 생명 공동체에서 시작될 수 있다. 연못은 개구리와 물고기처럼 큰 동물로 활기를 띤다. 하지만 이들 역시 광합성 조류에게서 얻은 에너지와 양분을 초식 동물과 육식 동물에 전달하는 벌레, 갑각류, 진드기 같은 다양한 종류의 작은 생명체에 의지해 살아간다.

작은 포식자
맨눈으로는 좀처럼 보기 힘든 대부분의 민물 진드기는 포식성을 보이며 자신보다 훨씬 큰 곤충의 유충 같은 먹이도 제압할 수 있다. 이 사진은 프론티포다(*Frontipoda*)의 놀라운 배 아래 구조를 보여 준다. 다리는 붉은 점으로 보이는 눈의 앞쪽에 자리를 잡고 있으며 기저에서 함께 결합해 있다. 주사형 전자 현미경, 350배율.

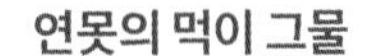

연못의 먹이 그물

위로 뻗은 식물은 연못에 그늘을 드리운다. 따라서 가장자리의 수생 잡초는 햇빛이 비치는 곳에서만 자란다. 상당 부분의 에너지는 유기 쇄설물을 먹는 동물에게 먹이를 제공해 주는 떨어진 낙엽 더미에서 나올 수 있다. 물속의 플랑크톤 가운데 단세포 조류는 식물과 더불어 연못에서 이루어지는 광합성의 상당 부분을 담당하면서 먹이를 생산한다. 이런 먹이와 유기 쇄설물 속의 에너지는 먹이 그물에 있는 상위 생물에게 잇달아 전달된다.

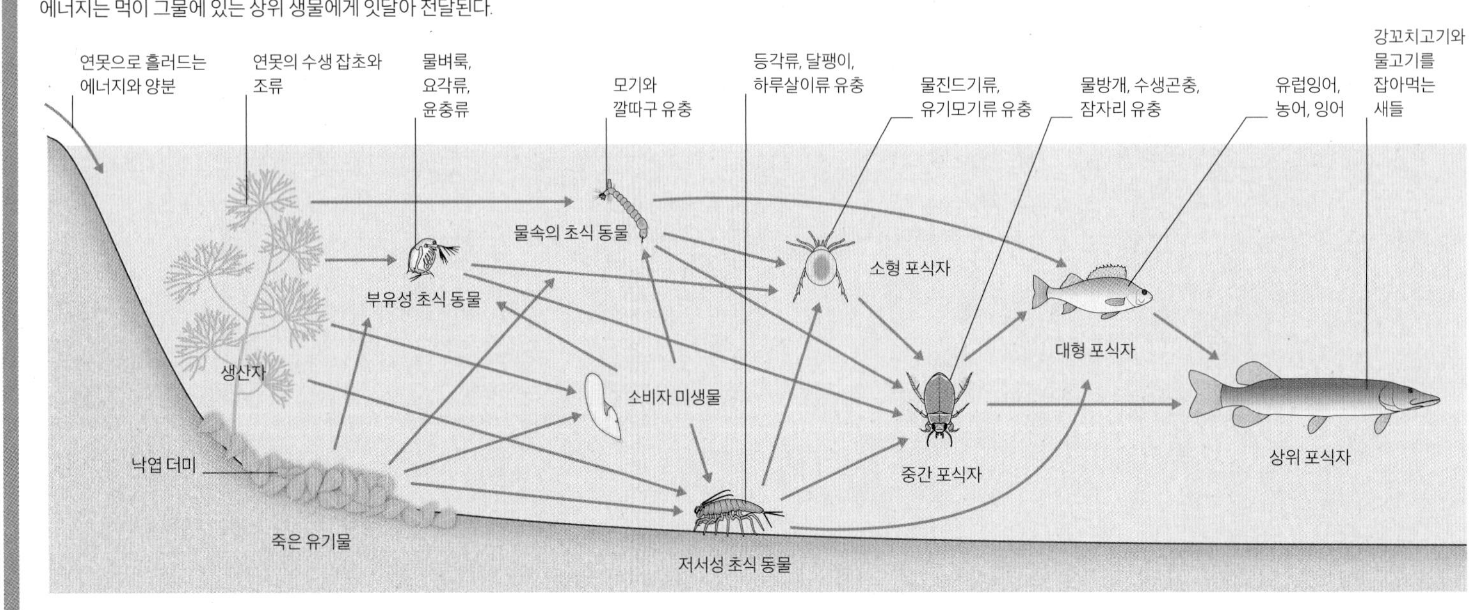

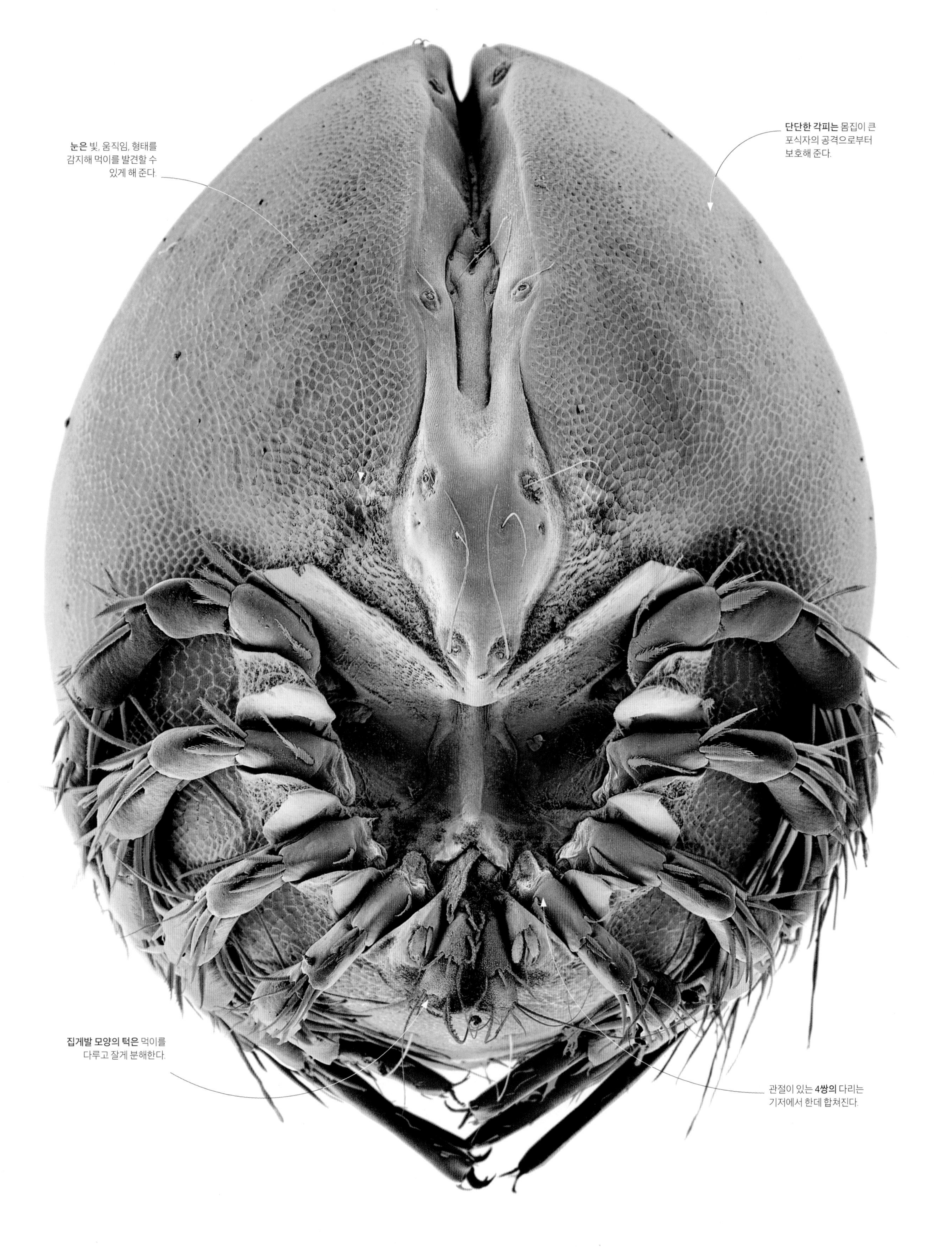
눈은 빛, 움직임, 형태를
감지해 먹이를 발견할 수
있게 해 준다.
단단한 각피는 몸집이 큰
포식자의 공격으로부터
보호해 준다.
집게발 모양의 턱은 먹이를
다루고 잘게 분해한다.
관절이 있는 **4쌍의** 다리는
기저에서 한데 합쳐진다.

'실 모양'을 뜻하는 선충은 어디에나 있다. 선충에 속한 벌레의 개체 수는 지구상에 존재하는 다른 동물을 모두 합친 것보다 많다. 대략 100만 종이 넘는 선충이 존재하고 약 600억 마리가 모든 사람의 몸에서 살아가는 것으로 추정된다. 지구상의 광물질과 바위가 어떤 이유로 사라져 버리더라도 지표면에서는 들끓는 선충 무리를 여전히 볼 수 있을 것으로 짐작된다. 선충은 물과 육지, 다른 동물의 몸처럼 다양한 환경에서도

집중 조명 선충

잘 살아간다. 지표면에서 약 3킬로미터 아래에 있는 광산에서도 발견된 적이 있으며 사막의 열기와 뜨거운 온천, 극지 사막의 추위, 압력이 높은 심해 퇴적물에서도 살아남을 수 있다.

회충과 요충으로도 알려진 선충은 훗날 곤충류, 거미류, 갑각류를 만들어 낸 원시적 형태의 동물군에 가까운 생물을 보여 주는 것으로 여겨진다. 대부분의 선충은 폭이 몇 마이크로미터(100만분의 1미터)에 불과하고 길이도 2.5밀리미터 넘게는 자라지 않는다. 그러나 일부 기생성 선충은 이보다 훨씬 커서 사람의 몸속에서는 35센티미터, 향유고래의 몸속에서는 8.4미터까지 자랄 수 있다. 자유롭게 살아가는 선충은 죽은 유기물을 먹고 살아가는 중요한 진사 식생자다. 수많은 선충은 기생적 생활 방식을 선택해 다른 동물의 몸을 거처로 삼는다. 상당수의 감염은 거의 해가 없고 치료도 쉬운 데 비해 일부 감염은 사상충증과 상피병처럼 장기적 질환을 일으키거나 치명적일 수도 있다.

감각 기관은 선충이 냄새를 맡고, 맛을 보고, 촉감을 느끼고, 온도를 감지할 수 있게 해 준다.

흙 속에 사는 벌레
일부 벌레와 달리 선충의 몸은 체절로 나누어져 있지 않다. 천연 토양 서식지에 있는 이 예쁜꼬마선충(*Caenorhabditis Elegans*) 수컷은 붙잡는 데 이용되는 융선으로 덮인 탄력적인 각피를 가지고 있다. 몸 전체에 분포한 근육은 율동적인 수축을 통해 선충이 움직일 수 있게 해 준다. 주사형 전자 현미경, 650배율.

미시 세계의 다양성

날개응애(Oribatid)로 불리며 움직임이 느린 진드기군은 지금까지 밝혀진 1만 종과 여전히 식별이 필요한 10만 종의 진드기 가운데 절반가량을 차지한다. 이런 상자 진드기(*Atropacarus* sp.) 같은 수많은 진드기는 중무장한 외골격의 보호를 받는다. 날개응애 진드기는 어디서든 볼 수 있는 데도 그 습성에 대해서는 알려진 바가 거의 없다. 진드기 종은 어떤 나무껍질이나 특정한 유형의 토양처럼 다양한 서식지에 따라 전문적으로 나뉜다. 주사형 전자 현미경, 1500배율.

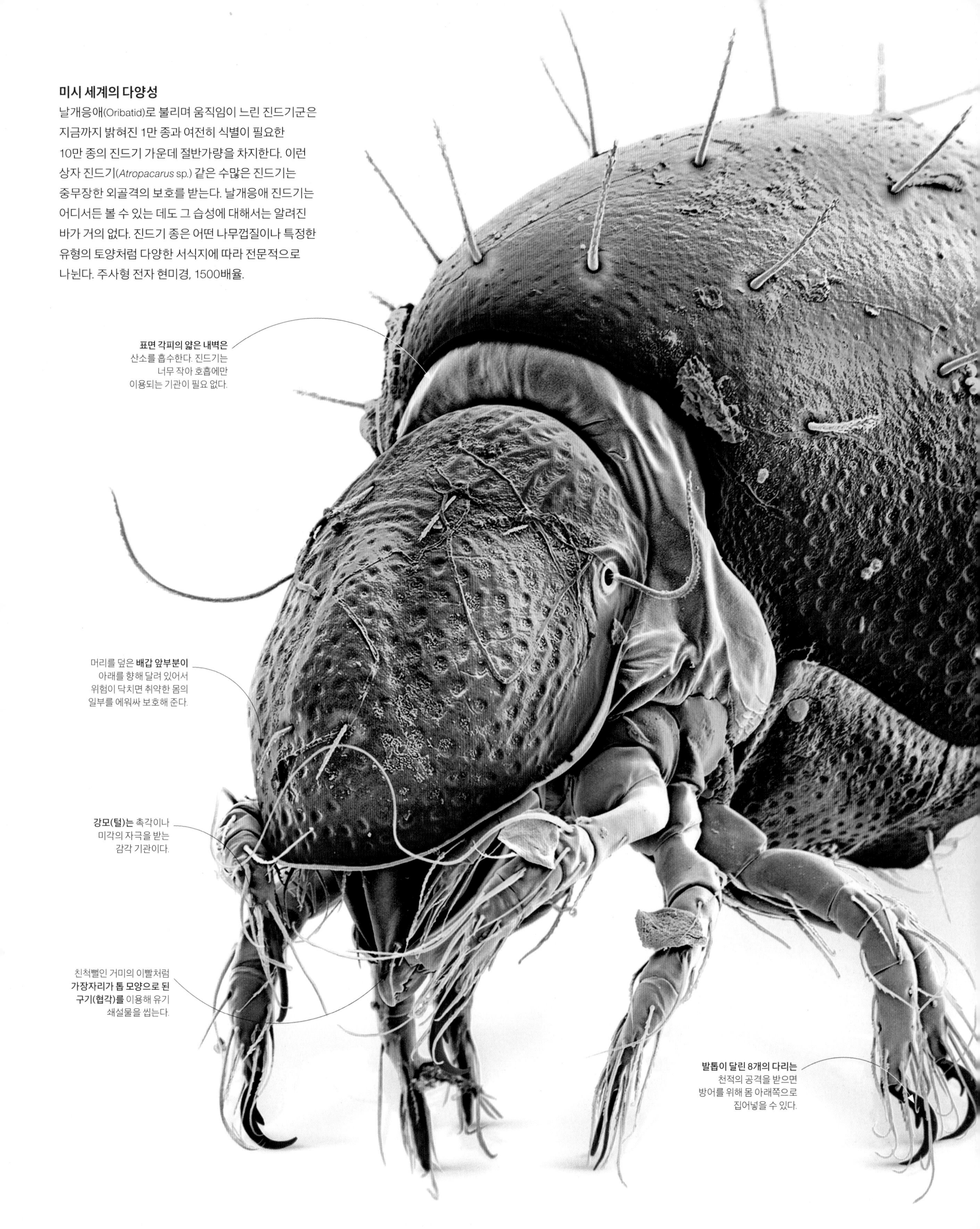

절지동물 군집
진드기는 토양과 낙엽 더미 같은 작은 규모의 서식지를 다양한 절지동물과 공유한다. 여기에는 쇄설물을 재활용하는 톡토기부터 식물을 먹는 결합강은 물론 포식성 거미와 지네, 곤충까지 포함된다.

결합강은 친척뻘인 노래기나 지네처럼 관절로 이루어진 수많은 다리를 가지고 있다.

결합강
(Symphylan)

2개의 더듬이는 낙엽 더미 속에서 방향을 잡게 해 주는 톡토기의 주요 감각 기관이다.

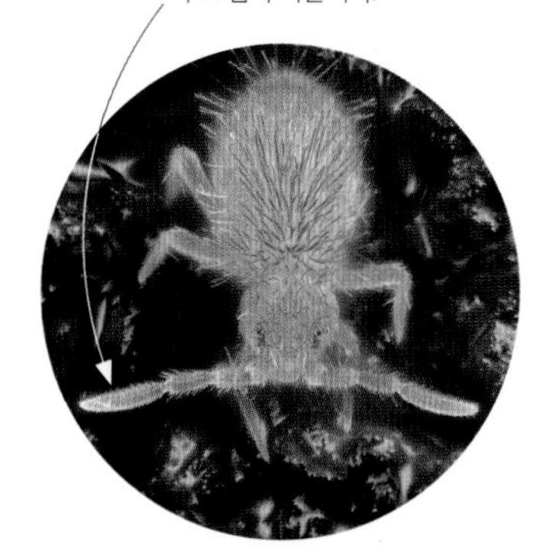

톡토기
(*Sinella curviseta*)

진드기의 외골격에 달라붙은 **흙이나 유기 쇄설물 입자는** 몸을 위장하는 데 도움을 주어 시력에 의지해 먹잇감을 찾는 포식자에게서 보호해 줄 수 있다.

재활용되는 물질

자연계는 무기물이나 유기 쇄설물을 소비하는 동물에 의해 돌아가지만, 그 대부분은 크기가 너무 작아 알아보기 힘들다. 분해자인 미생물, 균류와 더불어 이들의 작용은 양분이 서식지 전반에 걸쳐 재활용될 수 있게 해 준다. 이처럼 눈에 보이지 않는 진사 식생자에는 거미의 친척뻘인 진드기도 포함된다. 숲속에서 0.8제곱미터에 불과한 낙엽 더미에는 50만 마리에 이르는 진드기가 살아갈 수 있다. 일부 진드기는 포식성이나 기생성을 보이며 식물의 수액을 빨아 먹지만, 상당수의 진드기는 미세한 유기 쇄설물 입자를 먹거나 그런 쇄설물에서 자라는 균류를 잡아먹는다.

먹이 그물 속의 진드기

섭식 행동 양식에 나타나는 다양성 덕분에 진드기와 그 밖의 절지동물(관절로 된 다리를 가진 무척추동물)은 복잡한 먹이 그물에서 여러 가지 역할을 할 수 있다. 숲의 서식지에서는 광합성을 하는 식물과 무기물에서 얻은 화학 에너지를 전달하는 역할을 담당한다.

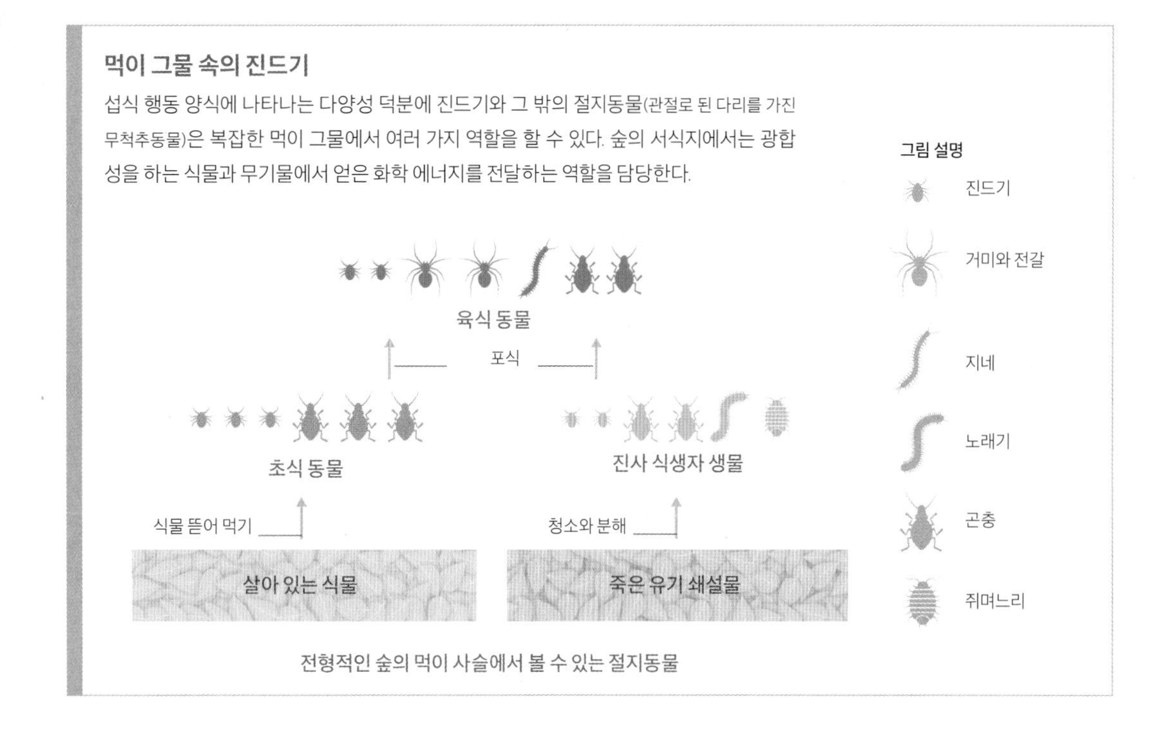

전형적인 숲의 먹이 사슬에서 볼 수 있는 절지동물

모래 입자 속에서

수많은 동물은 맨눈으로 간신히 볼 수 있을 만큼 매우 작고, 그중 몇몇은 일부 단세포 생물과 비교하더라도 훨씬 왜소하다. 모래와 흙 입자 속에서 살아갈 만큼 작은 동물(0.05밀리미터~1밀리미터)은 중형동물상으로 불린다. 여기에는 작은 벌레와 절지동물뿐만 아니라 윤형동물, 동문동물, 복모동물처럼 작은 생물군에 속한 기이한 동물도 포함된다. 이보다 더 작은 것은 아메바 같은 원생동물이 포함된 미소동물상이고, 도약하는 톡토기처럼 1밀리미터가 넘는 큰 동물은 눈에 더 잘 띄는 대형동물상을 형성한다.

퇴적물의 생물 다양성
작은 크기에도 불구하고 모래와 흙에서 살아가는 동물상은 광범위한 생물 다양성을 보여 준다. 이 주사형 전자 현미경 사진에서 보듯, 수많은 동물은 갑각류(요각류와 수염새우류)와 톡토기(날개가 없는 곤충의 친척)가 포함된 절지동물이다. 벌레처럼 생긴 그 밖의 동물(복모동물과 윤형동물)은 아무 관련이 없는 전혀 다른 분류군에 속한다. 그중 상당수는 모래와 흙 속에 대량으로 축적된 무기물과 유기 쇄설물 입자를 먹고 살아간다.

완보동물
같은 동물군에 속한 다른 종과 마찬가지로 에키니스쿠스 그라눌라투스(*Echiniscus granulatus*)를 현미경으로 들여다보면 느리게 움직이는 것처럼 보인다. 이들에게는 '걸음이 느린 동물'을 뜻하는 완보동물이라는 이름이 붙었다. 해양, 담수 퇴적물, 반수생의 지상 서식지에서 흔히 발견되는 생물은 가혹한 환경에서 살아남기 위해 휴면 상태에 들어갈 수도 있다(281쪽 참조). 주사형 전자 현미경, 1350배율.

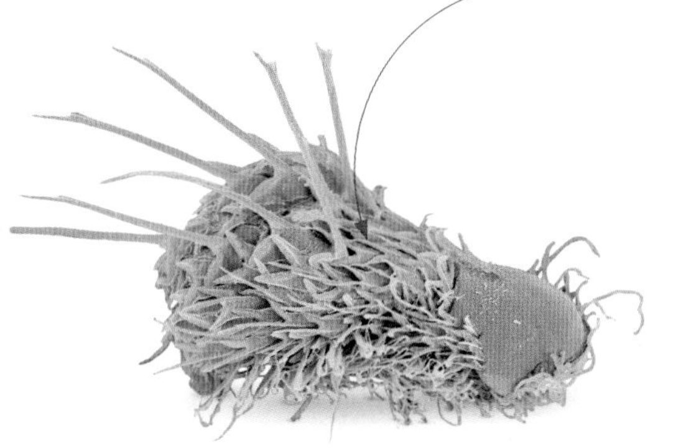

복모동물
복모동물문(Gastrotricha)
담수 퇴적물, 280배율.

윤형동물
질형목(Bdelloidea)
담수 퇴적물, 750배율.

요각류
렙타스타쿠스 매크로닉스(*Leptastacus macronyx*)
해양 퇴적물, 390배율.

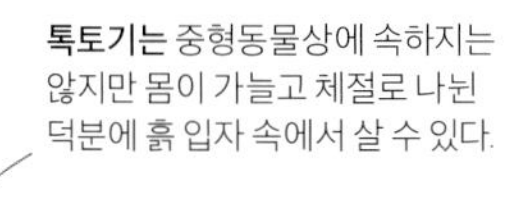

톡토기
장님마디톡토기(*Folsomia candida*)
흙, 30배율.

상어껍질별벌레
파스콜리온(*Phascolion* sp.)
해양 퇴적물, 80배율.

선충
예쁜꼬마선충(*Caenorhabditis elegans*)
흙, 100배율.

동문동물
동문동물문(Kinorhyncha)
해양 퇴적물, 125배율.

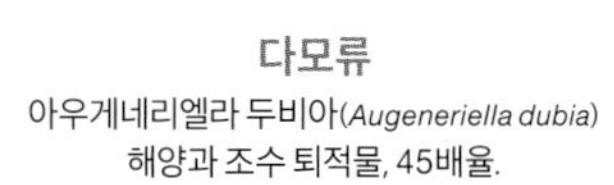

다모류
아우게네리엘라 두비아(*Augeneriella dubia*)
해양과 조수 퇴적물, 45배율.

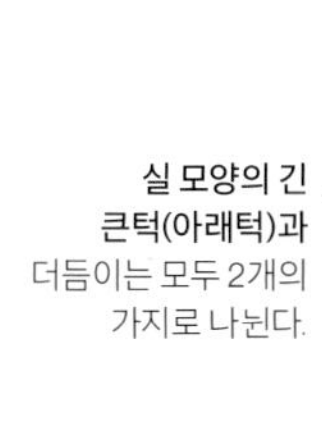

수염새우아강
데로케일로카리스 티피카(*Derocheilocaris typica*)
모래 해변, 340배율.

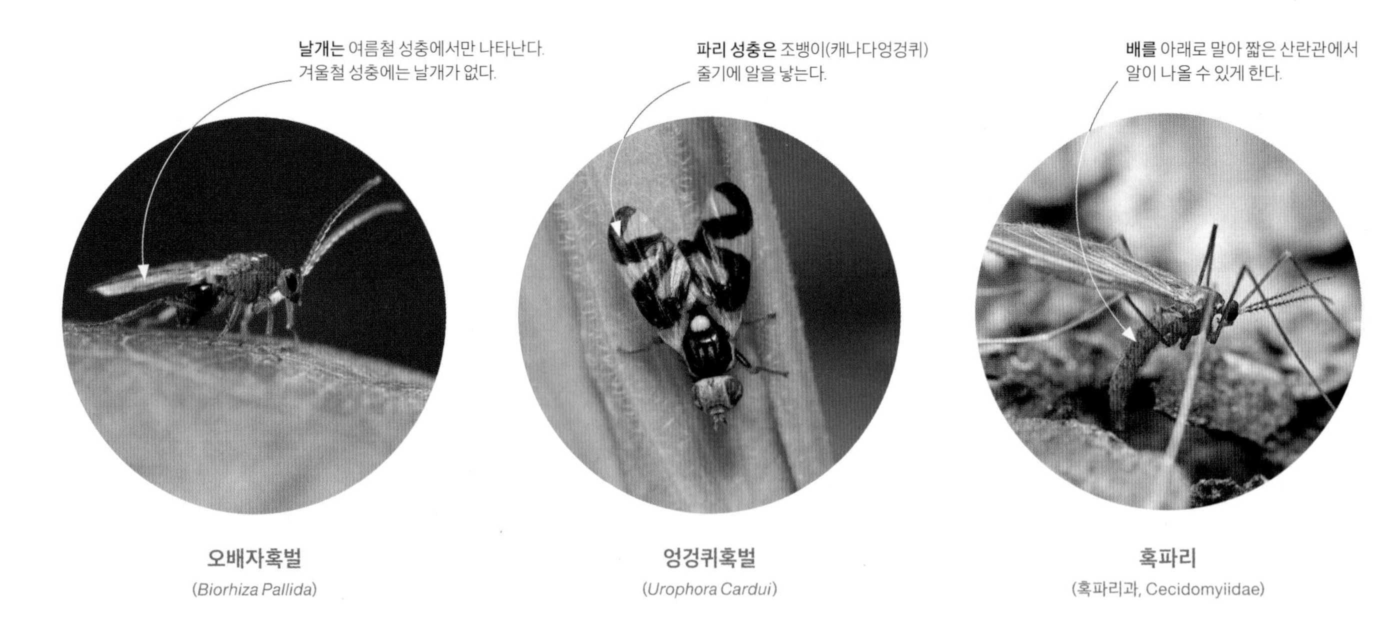

충영을 만드는 곤충
대부분의 충영은 말벌, 파리, 깔따구, 진딧물, 깍지벌레, 진드기에 의해 생긴다. 세균 역시 충영을 만들 수 있으며 균류는 깜부기병과 녹병을 일으킬 수도 있다.

충영 형성

식물과 동물의 관계는 서로에게 이익이 되는 경우가 많지만, 충영(蟲癭)은 대개 이를 만들어 낸 쪽에게 이익이 되는 것처럼 보인다. 일반적으로 혹은 곤충이 식물의 싹, 잎끝, 뿌리, 줄기나 간혹 꽃에다 알을 낳을 때 형성된다. 알에서 부화한 유충이 주변에 있는 식물을 먹기 시작하면 식물을 자극해 조직에 상처를 낸다. 이런 조직이 형성한 혹이나 복잡한 돌기를 충영이라 한다. 충영은 부화한 유충에게 먹이와 안전한 집을 제공한다. 한편 충영 때문에 유충이 식물의 잎을 더 넓게 먹지 못하기 때문에 식물의 입장에서는 이익이 될 수도 있다.

오배자의 다양성
오른쪽의 고전적인 판화에서 곤충의 침입으로 상수리나무에 생긴 다양한 형태의 충영을 확인할 수 있다. (B)는 위쪽에 날아다니는 오배자혹벌 성충과 잔가지에 만든 충영을 보여 준다. (I)는 같은 종의 혹벌 때문에 생겨난 뿌리혹병을 묘사하고 있다. 다양한 곤충의 알이 만들어 낸 나머지 충영은 독특한 형태에 따라 (A) 체리 (C) 기포 (E) 구슬 (F) 아티초크 (H) 커런트라고 불린다.

오배자혹벌의 생활사
오배자혹벌(*Biorhiza pallida*)은 2세대를 형성하며 해마다 서로 다른 2가지 형태의 충영이 나타난다. 여름에는 짝짓기를 마친 암컷이 지상으로 날아와 상수리나무의 어린뿌리에 알을 낳는다. 뿌리혹은 부화한 유충 주변에서 발달한다. 날개가 없고 '단위 생식을 하는' 암컷은 한겨울에 나타나 짝짓기를 하지 않은 채 알을 낳는다. 암컷은 나무줄기로 올라가 동면 중인 잎싹에 알을 낳는다. 오배자로 발달한 나뭇잎에서는 한여름이 되면 날개가 달리고 생식 가능한 암컷과 수컷이 나타난다.

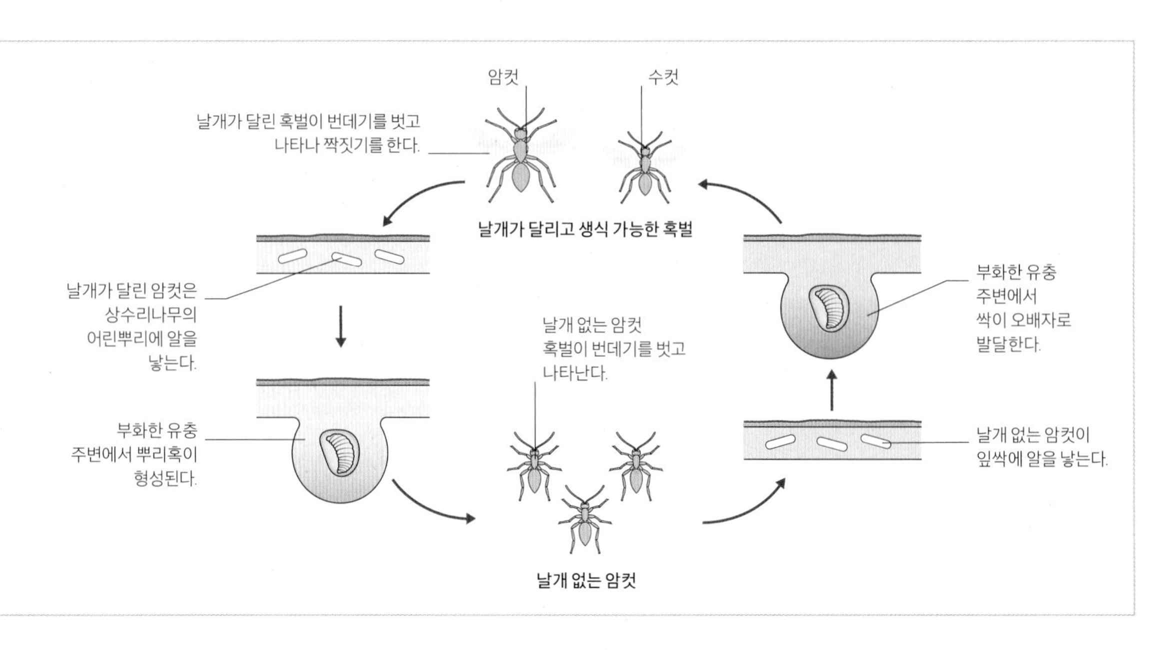

A
B
C
D
F
E
G
I
H

얼얼한 통증과 심각한 질병의 매개체라는 이유로 비난받는 모기의 흡혈은 새끼를 낳는 데 중요한 역할을 한다. 꿀이나 수액처럼 식물에서 나오는 달콤한 액체는 수컷과 암컷 모기 모두가 에너지를 얻을 수 있는 주요 원천이지만, 알에 필요한 단백질을 얻기 위해 암컷은 피를 마셔야 한다. 대부분의 모기종에서 최초의 흡혈은 알의 발달을 돕는 호르몬의 배출을 유도하는 데 필요하다.

집중 조명 모기

무리 속에서 짝짓기를 마친 암컷 모기는 더듬이를 이용해 적당한 숙주의 냄새와 체온을 감지한다. 주둥이 옆에 달린 긴 촉수는 숙주가 내뿜는 이산화탄소에 민감해 숙주의 몸에 정확히 조준하는 데 도움을 준다. 주사기 같은 주둥이로 숙주의 피부를 뚫은 암컷은 상처 속으로 침을 주입한다. 침 속에 있는 항응고제가 피와 섞이면 응고를 막아 피가 막힘없이 흐르게 된다. 암컷은 흡혈하면서 고체 영양분에 필요한 공간을 뱃속에 남겨두기 위해 과도한 액체는 밖으로 내보낸다. 그렇게 해도 암컷이 빨아 먹은 피는 배를 평상시보다 몇 배로 부풀릴 수 있다. 종에 따라 차이가 있지만, 일단 피를 소화해 얻은 단백질로 알을 만들고 나면 암컷은 잔잔한 물 위에 떠다니는 뗏목의 형태로 알을 낳는다.

수생 유충은 수면에 매달린 채 스노클처럼 생긴 호흡관을 통해 숨을 쉬면서 세균과 조류, 그 밖의 플랑크톤을 잡아먹는다. 유충에게는 다리가 없지만 옆구리에 거센 털이 붙어 있어서 몸을 조금씩 흔들며 깊은 물 속으로 헤엄칠 때 도움이 된다. 유충에서 번데기가 되는 현상은 수면에서 이루어지며 종과 온도에 따라 다르겠지만 산란하고 나서 며칠에서 몇 주 사이에 성충이 모습을 드러낸다.

쉼표 부호처럼 생긴 번데기는 대개 수면에 남아 있지만, 배를 잽싸게 움직이며 헤엄칠 수 있다.

질병을 옮기는 매개체
주사형 전자 현미경 사진은 바늘 모양의 주둥이로 사람의 피부를 찌르려는 듯한 자세를 취한 암컷 말라리아(*Anopheles*)모기를 보여준다. 모기의 침은 숙주에게 기생충 질환과 바이러스성 질병을 옮길 수 있다. 흡혈 과정에서 일부 말라리아종은 말라리아의 원인이 되는 말라리아원충(*Plasmodium*)을 옮긴다. 주사형 전자 현미경, 40배율.

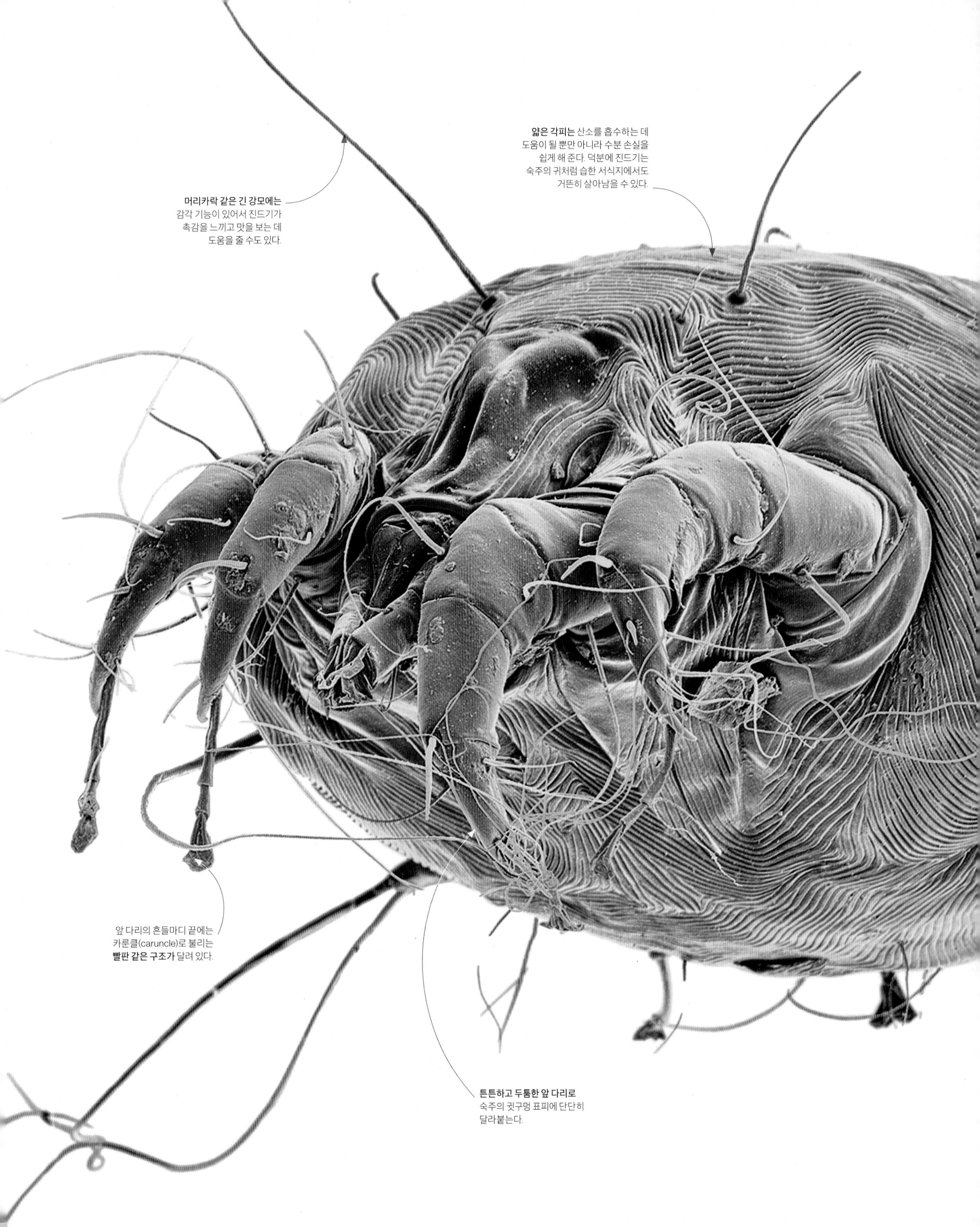
얇은 각피는 산소를 흡수하는 데
도움이 될 뿐만 아니라 수분 손실을
쉽게 해 준다. 덕분에 진드기는
숙주의 귀처럼 습한 서식지에서도
거뜬히 살아남을 수 있다.
머리카락 같은 긴 강모에는
감각 기능이 있어서 진드기가
촉감을 느끼고 맛을 보는 데
도움을 줄 수도 있다.
앞 다리의 흔들마디 끝에는
카룬클(caruncle)로 불리는
빨판 같은 구조가 달려 있다.
튼튼하고 두툼한 앞 다리로
숙주의 귓구멍 표피에 단단히
달라붙는다.

피부에서 살아가기

동물의 피부는 그곳에서 살아갈 정도로 작은 생물에게는 먹을 것이 풍부한 서식지이다. 피부에서 분비된 피지는 물론 피부까지 먹이를 제공하기도 하지만 주름과 모공으로 이루어진 피부 지형은 충분한 은신처가 되기도 한다. 세균 같은 미생물은 진드기와 같은 작은 동물이 그런 것처럼 동물의 피부에서 모든 생활사를 마칠 수 있다. 수많은 진드기는 숙주의 눈에 띄지 않은 채 모낭에 숨어 피지를 먹는다. 그러나 기생 진드기는 이보다 침습성이 강해 해를 줄 수 있다. 일부는 날카로운 구기를 이용해 표피를 물어뜯고, 그 밖의 진드기는 더 깊이 파고 들어가 숙주의 피부에 자극을 주고 감염을 일으키기도 한다.

가느다란 몸은 많은 진드기가 한 가닥의 머리카락 기저 주위에 떼 지어 모일 수 있게 해 준다.

모낭에 숨기
모낭진드기(*Demodex* spp.)는 피부 털의 기저에서 살면서 피지나 표피세포를 먹는다. 드문 일이지만 알레르기 반응을 일으켜 탈모나 여드름을 유발하기도 한다.

피부 서식지

피부 진드기는 다양한 방식으로 서식지에 자리를 잡는다. 굴을 파지 않는 비혈거성 진드기는 노출된 표피나 모낭에서 살아간다. 옴진드기(*Sarcoptes* sp.)는 침으로 숙주의 피부를 부드럽게 해서 몸을 박아넣기 좋게 만든 다음 다리를 이용해 굴을 파서 그 속에 알을 낳는다.

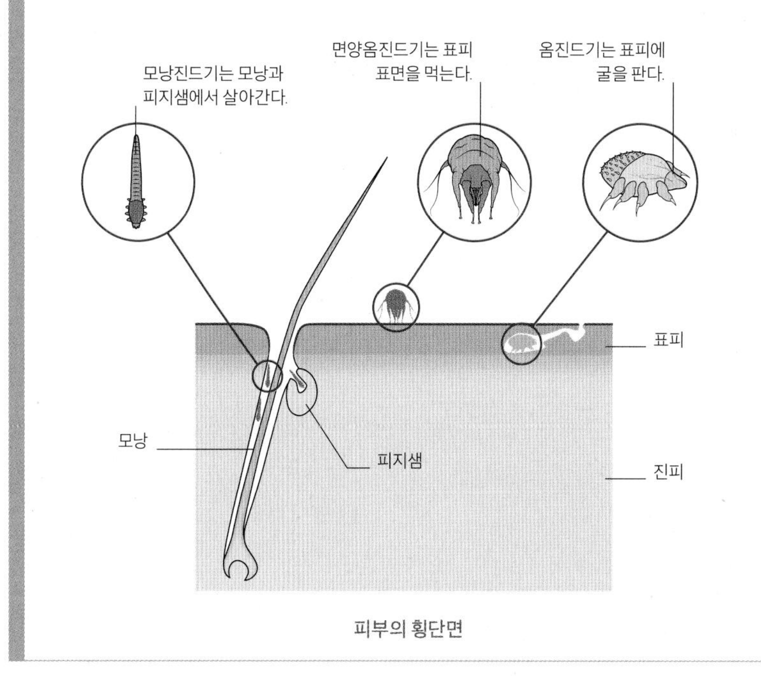

피부의 횡단면

귓속의 거주자
토끼귀옴진드기(*Psoroptes cuniculi*)는 숙주의 피부에 굴을 파는 대신 귓구멍의 표피에 구멍을 뚫어 새어 나오는 조직액을 받아먹는다. 귓구멍이 빨갛게 부어오르면 생채기를 내서 피를 흘리게 하고 여분의 먹이를 얻는다. 진드기가 만들어 낸 상처는 해로운 감염을 일으키기 쉽다. 주사형 전자 현미경, 400배율.

끝으로 갈수록 가늘어지는 긴 뒷다리가 몸 뒤쪽으로 멀리 뻗어 있다.

다리에 붙은 **갈고리 모양의 발톱은** 털줄기(모간) 주변을 감싸 제자리에 단단히 붙들어 둔다.

겹눈의 크기가 줄어들어 있다. 겹눈으로 빛과 어둠을 감지할 수는 있지만, 시력이 썩 좋지는 않다.

털에 몸을 묶어두기

피를 빠는 인간의 머릿니(*Pediculus humanus capitis*)는 숙주에게서 떨어져서는 단 하루도 살 수 없다. 도약하는 벼룩과 달리 머릿니는 편평한 표면에서는 사실상 무력하기 짝이 없다. 기어오르기 위해서뿐만 아니라 단단하게 굳은 알집을 들러붙게 할 자리를 확보하기 위해서도 머릿니의 생활 방식에는 털이 필요하다. 주사형 전자 현미경, 70배율.

배는 얇은 각피에 의해 보호되며 편평해서 이가 털 사이로 쉽게 빠져나갈 수 있게 해 준다.

칼새의 깃털. 이런 이는 몇몇 종의 칼새와 동굴칼새의 몸에 기생한다.

난개는 알집에 붙은 다공성 덮개로서 내부에서 발달 중인 배아가 숨을 쉴 수 있게 해 준다.

깃털이

깃털이(*Dennyus hirundinis*) 같은 식모류(새털이)는 주로 조류의 몸에 기생하며 피부 분비물과 각질, 깃털 따위를 먹고 살아간다.

털에서 살아가기

이는 포유류의 털과 조류의 깃털이 제공하는 서식지에서 살아가도록 특화된 기생충이다. 이처럼 납작하며 날지 못하는 곤충은 뒤얽힌 털을 용케 빠져나와 피부를 물어뜯기도 하고 피를 빨아 먹기도 한다. 상당수의 이는 심지어 털이나 깃털에 알을 단단히 붙여 놓기도 한다. 대부분은 특정한 종의 숙주에서만 살아가며 숙주와 함께 진화해 왔다. 인간의 몸에 기생하며 서로 밀접한 관련이 있는 머릿니와 몸니는 인간과 가장 가까운 친척뻘인 침팬지의 이와 기원이 같다. 인간이 동물의 가죽을 입기 시작한 10만 년 전 우리 몸에서 살던 이는 옷에 알을 낳도록 진화했다. 그 밖의 이는 숙주의 몸에서 떨어진 곳에다 알을 낳지 않는다.

벌어진 다리는 이를 털로 끌어당길 만큼 강하지만 걷기에는 쓸모가 없다.

주둥이처럼 생긴 구기는 작은 날(구침)로 무장되어 있어서 흡혈을 위해 피부를 뚫는 데 이용된다.

암컷의 배에서 나온 접착제 같은 분비물로 형성된 **단단한 알집에는** 배아가 들어 있다. 약충(어린 이)이 부화하고 나면 흰색의 텅 빈 알집은 '서캐(머릿니의 알)'로 보이게 된다.

장내 세균이 인간을 돕는 방식

'친화적인' 장내 세균은 다양한 방식으로 숙주와 상호 작용하면서 인간을 돕는다. 이 세균들은 공간과 양분을 두고 해로운 세균(병원체)과 경쟁한다. 산 같은 화학 물질을 만들어 병원체의 성장을 억제하는 동시에 수지상세포로 불리며 상피(소화관 내벽)에 있는 면역세포와 접촉한다. 이 과정에서 병원체에 대한 숙주의 면역 반응을 자극하고 조절한다.

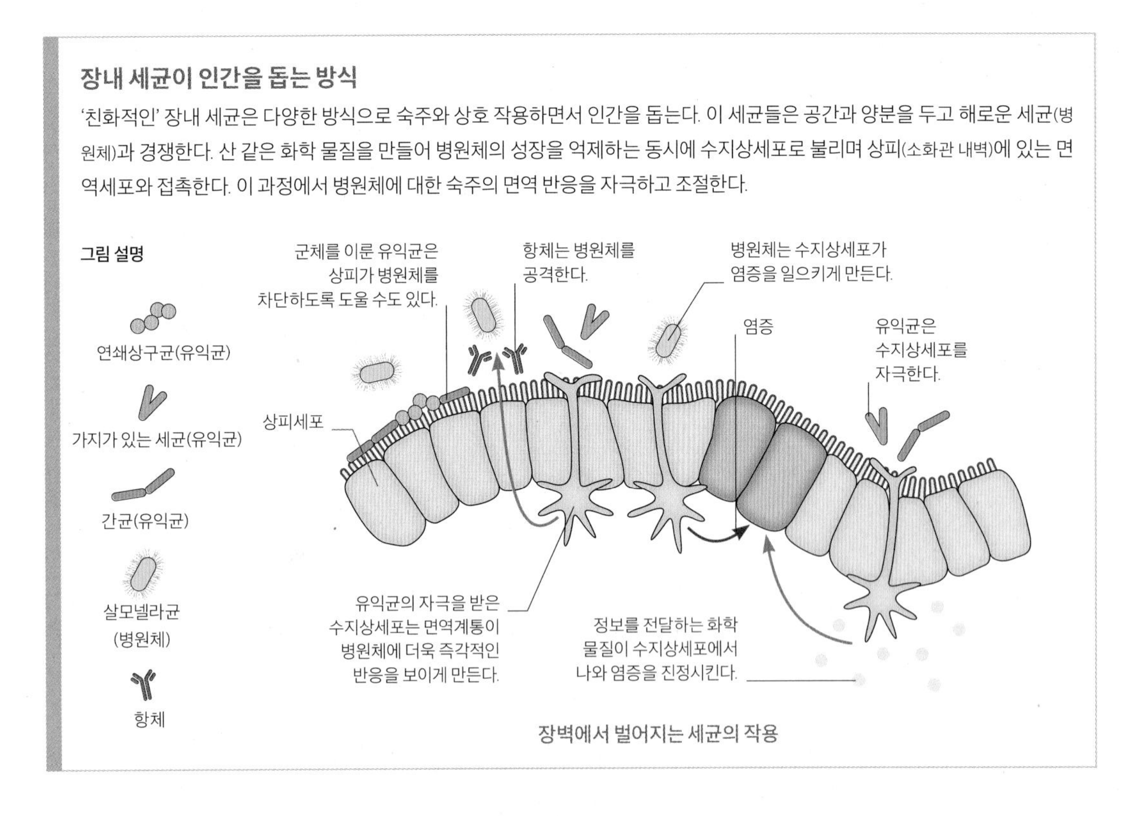

장벽에서 벌어지는 세균의 작용

치료에 쓰이는 미생물
프로바이오틱스는 '살아 있는' 요구르트의 형태로 적당량 섭취하면 인간의 건강에 이익을 주는 미생물이다. 여기에는 위의 산도를 견뎌내고 장에 이르러 대량 서식해야 하는 세균과 효모균이 들어 있다.

젖산균(*Lactobacillus*, 분홍색과 붉은색)은 소화기와 비뇨생식기 질환에 치료제로 이용될 수 있다.

사카로마이세스 보울라디(*Saccharomyces boulardii*, 노란색)는 위장염 치료제로 이용된다.

인간의 장에서 살아가는 생물군
대다수의 장내 세균은 질병을 일으키지 않는다. 오히려 숙주가 먹이를 소화하고 병원체를 퇴치하도록 돕는다. 인체에 서식하는 미생물 군집인 마이크로바이옴(microbiome)에는 우리 몸의 세포 수만큼의 미생물이 들어 있다. 이 표본에서처럼 미생물이 장을 떠나면 인간의 배설물 건조 중량은 50퍼센트 정도가 세균일 수 있다. 주사형 전자 현미경, 1만 5000배율.

소화관 속 생물 공동체

수백 종의 세균은 흰개미부터 인간에 이르기까지 양분이 풍부한 동물의 소화관을 거처로 살아간다. 1밀리리터당 대략 1조에 이르는 세균 세포가 존재하는 것으로 기록되면서 인간의 결장은 지구상에서 가장 밀도가 높은 미생물 서식지 가운데 하나가 되었다. 지나치게 높은 산성도(Ph)와 강력한 소화 효소부터 세균을 없애는 데 온 힘을 기울이는 면역계에 이르기까지 양분 빼고는 문제 투성이인 동물의 소화관은 세균에게 결코 호의적인 서식지가 아니다. '친화적인' 세균은 숙주와 함께 진화하면서 박멸을 피하고 흰개미와 소가 각각 목재와 풀을 소화할 수 있도록 도움을 주었다.

사상세균(분홍색)은 분열되지 않고 자라는 막대 모양의 간균에서 생긴 것일 수 있다.

소화관을 빠져나온 인간의 배설물을 **장내 세균이** 뒤덮고 있다.

막대 모양의 **간균에는** 젖산균이 포함되어 있어서 유해 미생물의 성장을 막고 유용한 양분을 만들어 낸다.

다양한 세균의 형태는 장내에 다양한 종의 세균이 서식한다는 사실을 보여 준다.

인간의 피에서 살아가는 기생충

말라리아원충이 숙주의 적혈구로 들어가면 파괴력이 점점 강해지면서 성장, 번식, 재감염으로 이어지는 주기가 영구히 반복된다. 침입한 분열소체(낭충)는 적혈구 내에서 영양형이 된 다음 분열체로 불리는 구조로 발달한다. 분열체는 다수의 새로운 낭충으로 쪼개지고 세포를 파괴해 더 많은 세포를 감염시킨다. 이 사진은 감염된 혈액의 세포이다. 주사형 전자 현미경, 1만 배율.

기생충의 생활사

모기의 경우에 말라리아원충의 생활사는 생식모세포(배우자모세포)로 불리는 말라리아원충 세포가 들어 있는 피를 암컷이 먹었을 때 시작된다. 모기 뱃속의 생식모세포에서 형성된 수컷과 암컷 생식세포가 하나로 합쳐지면서 수정이 된다. 그 결과 형성된 접합자는 접합자낭으로 발달하고, 접합자낭이 성장해 터지면 포자소체가 배출돼 모기의 침샘으로 이동한다. 그 후로 인간에게 주입된 포자소체는 1차로 간세포, 2차로 혈액에서 생활사의 두 단계를 완성한다.

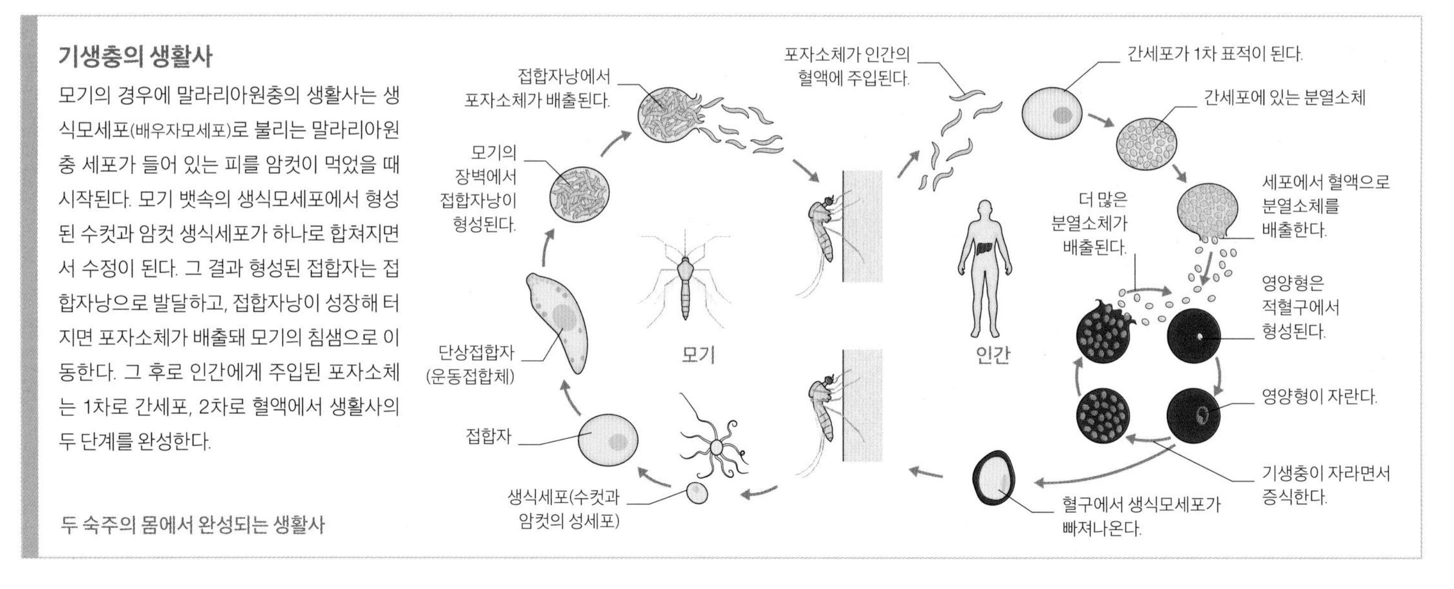

두 숙주의 몸에서 완성되는 생활사

혈구 감염

기생 생물은 숙주의 피부(304~307쪽 참조)나 장(62~63쪽 참조)에서만 사는 것은 아니다. 일부 초소형 기생충은 숙주의 조직에 직접 주입되어 방어벽을 뚫고 증식함으로써 질병을 일으키기도 한다. 말라리아원충은 두 숙주(암컷 모기와 인간 같은 척추동물)에게 옮겨져 말라리아를 일으키는 단세포 기생충이다. 전염은 모기의 흡혈 과정에서 이루어진다. 즉 모기의 침샘에서 살아가는 기생충이 인간의 몸에 주입되거나 인간의 피에서 살아가는 기생충이 모기에게 주입되는 식이다. 말라리아원충의 생활사는 여러 단계를 거치지만, 질병의 증상이 나타나는 것은 적혈구에서 이들 원충이 일정한 주기마다 폭발적으로 늘어날 때이다.

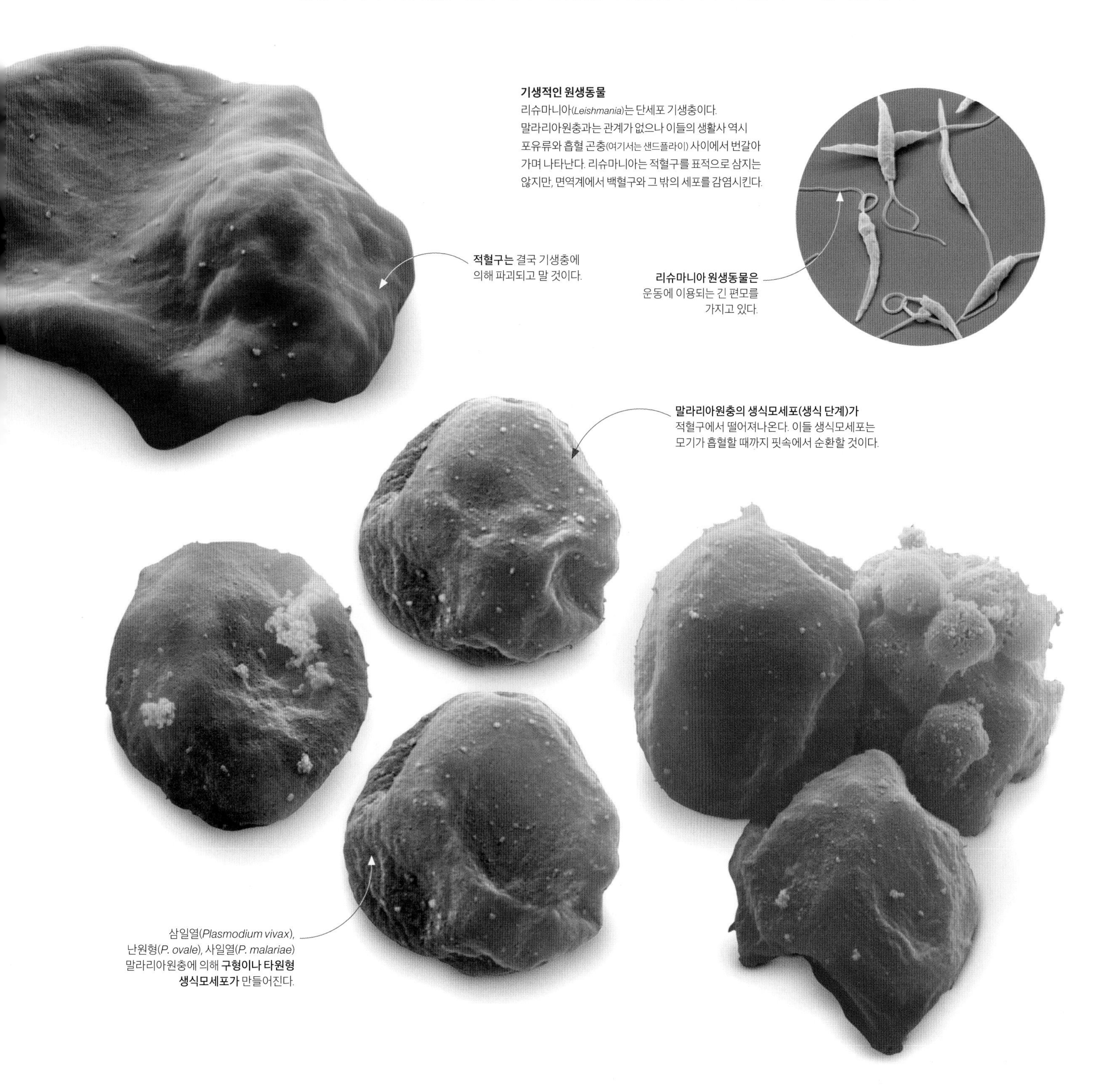

기생적인 원생동물
리슈마니아(*Leishmania*)는 단세포 기생충이다. 말라리아원충과는 관계가 없으나 이들의 생활사 역시 포유류와 흡혈 곤충(여기서는 샌드플라이) 사이에서 번갈아 가며 나타난다. 리슈마니아는 적혈구를 표적으로 삼지는 않지만, 면역계에서 백혈구와 그 밖의 세포를 감염시킨다.

적혈구는 결국 기생충에 의해 파괴되고 말 것이다.

리슈마니아 원생동물은 운동에 이용되는 긴 편모를 가지고 있다.

말라리아원충의 생식모세포(생식 단계)가 적혈구에서 떨어져나온다. 이들 생식모세포는 모기가 흡혈할 때까지 핏속에서 순환할 것이다.

삼일열(*Plasmodium vivax*), 난원형(*P. ovale*), 사일열(*P. malariae*) 말라리아원충에 의해 **구형이나 타원형 생식모세포가** 만들어진다.

균류가 개미를 감염시키는 방식

동충하초(*Ophiocordyceps*) 균류의 생활사는 숙주인 왕개미의 몸과 생활을 이용한다. 개미 몸의 포자는 압력을 가한 액체로 들어찬 액포가 있는 균사(섬유)로 자라나 곤충의 각피를 뚫고 나갈 수 있게 도와준다. 개미의 몸에 들어간 균류는 뇌에 이르는 혈류에 효모 같은 단세포를 순환시킨다. 성장하는 균류는 뇌의 화학 전달 물질에 영향을 미쳐 개미의 행동에 변화를 가져온다. 개미는 둥지를 버리고 관목으로 기어 올라가 거기서 죽음을 맞이한다. 개미에게서 자라난 균류의 자실체는 포자를 배출한 뒤에 주기를 반복한다.

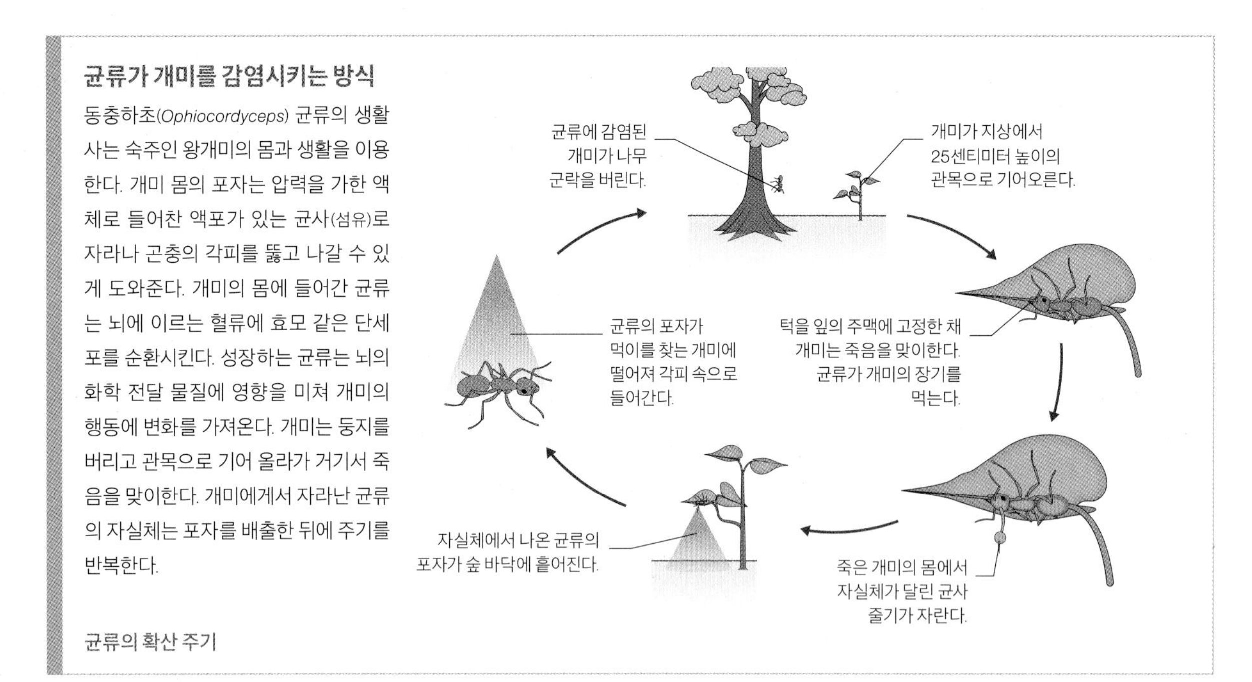

균류의 확산 주기

뇌 기생 생물

살아 있는 모든 생물이 그렇듯 균류의 삶을 움직이는 두 가지 원동력은 생존과 성장에 필요한 먹이를 찾고 번식을 통해 자신의 유전자를 복제하는 것이다. 먹이 공급이 확산을 위한 매개체 역할까지 할 수 있다면 금상첨화일 것이다. 이것은 문자 그대로 곤충에게 질병을 일으키는 균류인 곤충병원균의 성공을 설명해 준다. 포자가 곤충에 달라붙은 다음 발아해 각피나 외피로 침투하고 곤충의 몸 전체에서 뇌까지 퍼져 나간다. 그 과정에서 균류는 곤충의 행동을 조절하는 화학 물질을 배출해 포자 확산에 필요한 최적의 환경을 조성한다.

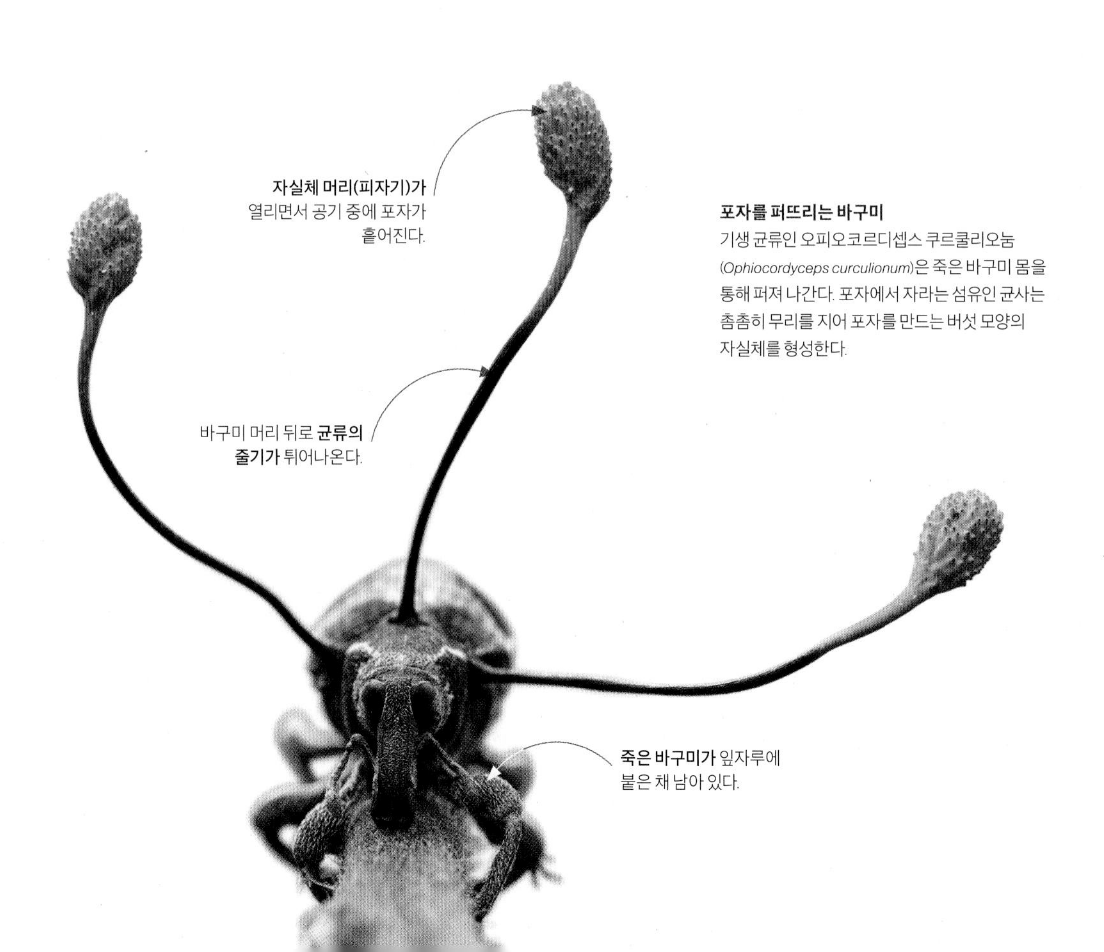

포자를 퍼뜨리는 바구미
기생 균류인 오피오코르디셉스 쿠르쿨리오눔(*Ophiocordyceps curculionum*)은 죽은 바구미 몸을 통해 퍼져 나간다. 포자에서 자라는 섬유인 균사는 촘촘히 무리를 지어 포자를 만드는 버섯 모양의 자실체를 형성한다.

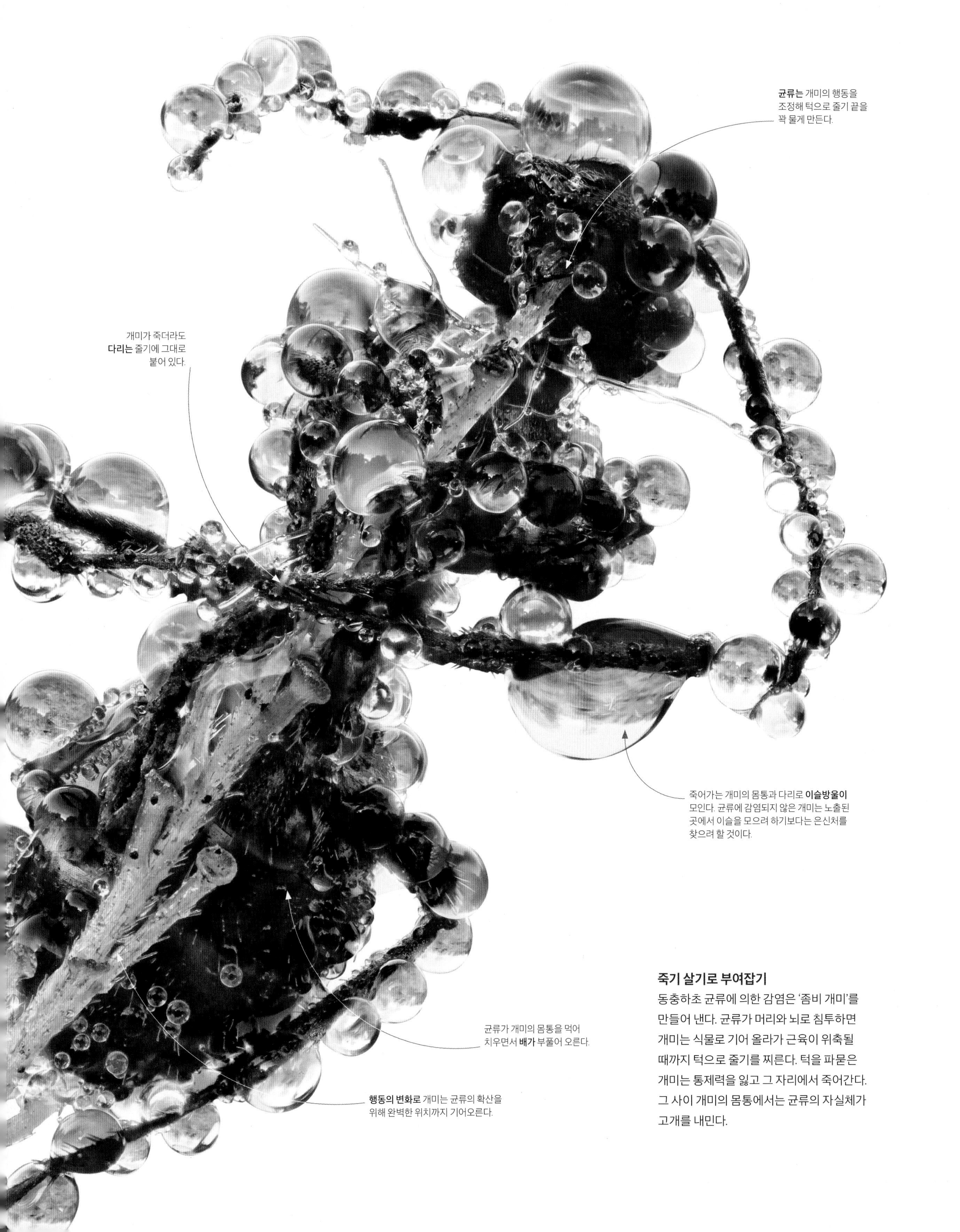

죽기 살기로 부여잡기

동충하초 균류에 의한 감염은 '좀비 개미'를 만들어 낸다. 균류가 머리와 뇌로 침투하면 개미는 식물로 기어 올라가 근육이 위축될 때까지 턱으로 줄기를 찌른다. 턱을 파묻은 개미는 통제력을 잃고 그 자리에서 죽어간다. 그 사이 개미의 몸통에서는 균류의 자실체가 고개를 내민다.

식물과 균류의 협력

식물과 균류는 친밀하면서도 상호 유익한 관계를 발전시켜 왔다. 이런 협력에는 양분의 흡수와 교환도 포함된다. 각 생명체는 땅속에 기반을 둔 조직(식물은 뿌리, 균류는 균사로 불리는 실)에 의지해 넓은 영역에 걸쳐 토양에서 양분을 흡수한다. 뿌리와 결합한 균류(균근)는 균사 조직을 널리 퍼뜨려 썩어 가는 유기 물질에서 질소와 인을 붙잡아 이 중요한 성분을 식물과 공유한다. 그 대가로 식물은 광합성을 통해 만든 당분을 공유함으로써 균류에 탄소를 제공한다.

선홍색의 갓과 보호막 조직인 흰 반점은 이처럼 흔히 볼 수 있는 유독성 균류의 특성이다.

균근 버섯
광대버섯(*Amanita muscaria*) 균류는 흔히 나무뿌리에서 균근으로 자란다. 자실체는 특히 숙주종인 자작나무 밑에서 싹이 튼다.

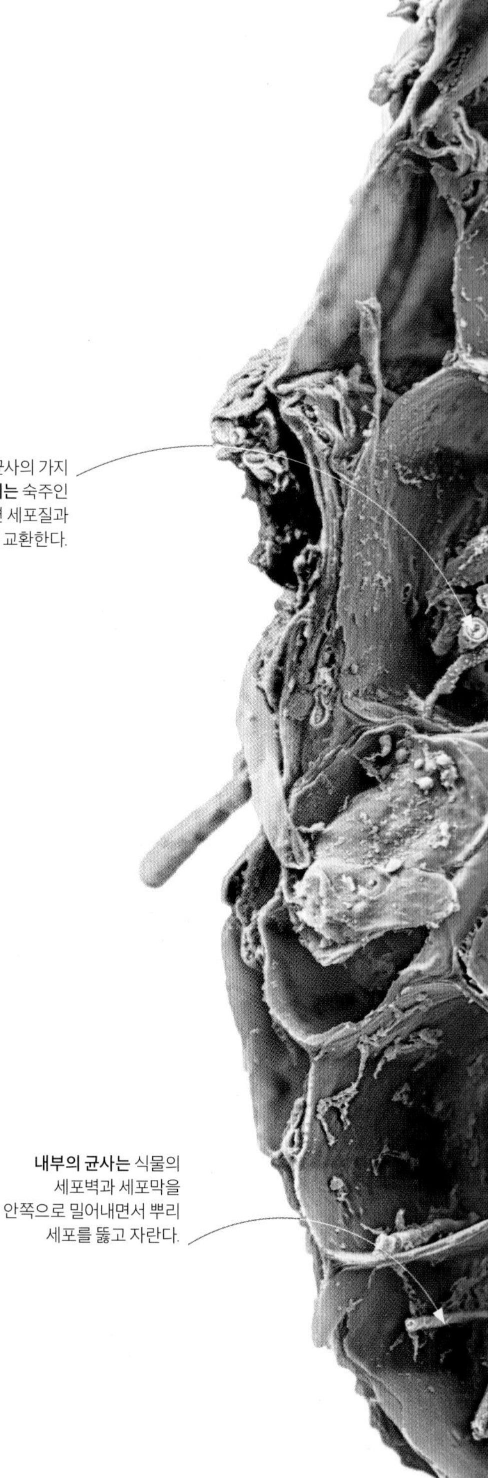

균류에 감염된 뿌리
깔끔하게 포장된 종이상자처럼 보이는 이처럼 수많은 풀뿌리 세포에는 균근의 흰 균사가 들어 있다. 다양한 종류의 균류는 다양한 풀의 뿌리를 감염시킨다. 균류는 풀의 양분 흡수를 보충해 줄 뿐만 아니라 초식 동물과 유독성 금속에 대한 숙주의 저항력을 높여 주기도 한다. 주사형 전자 현미경, 1800배율.

표면에 있는 균류의 균사가 흙 속의 포자에서 싹이 터서 뿌리의 표피층으로 침투한다.

내부에 있는 균사의 가지 끝인 **수지상체는** 숙주인 식물 세포의 주변 세포질과 양분을 교환한다.

내부의 균사는 식물의 세포벽과 세포막을 안쪽으로 밀어내면서 뿌리 세포를 뚫고 자란다.

균근의 유형

뿌리와 결합한 대부분의 균류는 균사가 각각의 뿌리 주변에서 덮개를 형성하고 뿌리 세포 사이에서 자라는 외생균근이다. 내생균근의 더 많은 침습성 실은 수지상체로 불리는 다발과 함께 뿌리 세포로 파고든다. 2가지 유형 모두 나무와 관목에서 나타나지만, 나무가 아닌 식물에서는 내생균근이 더욱 흔하다.

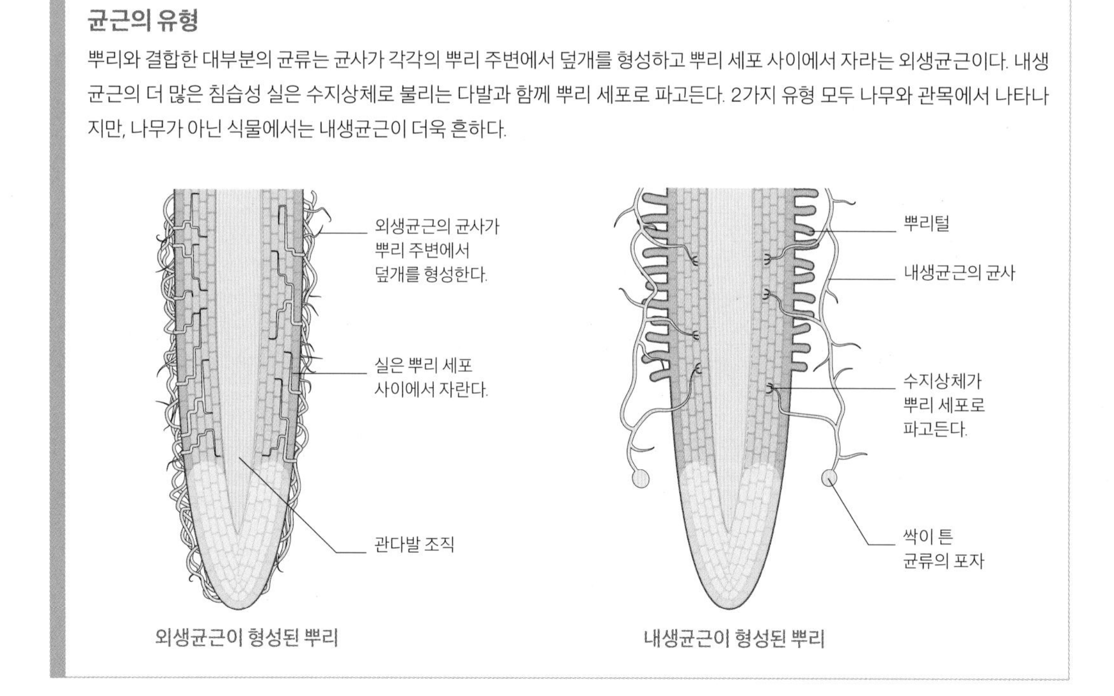

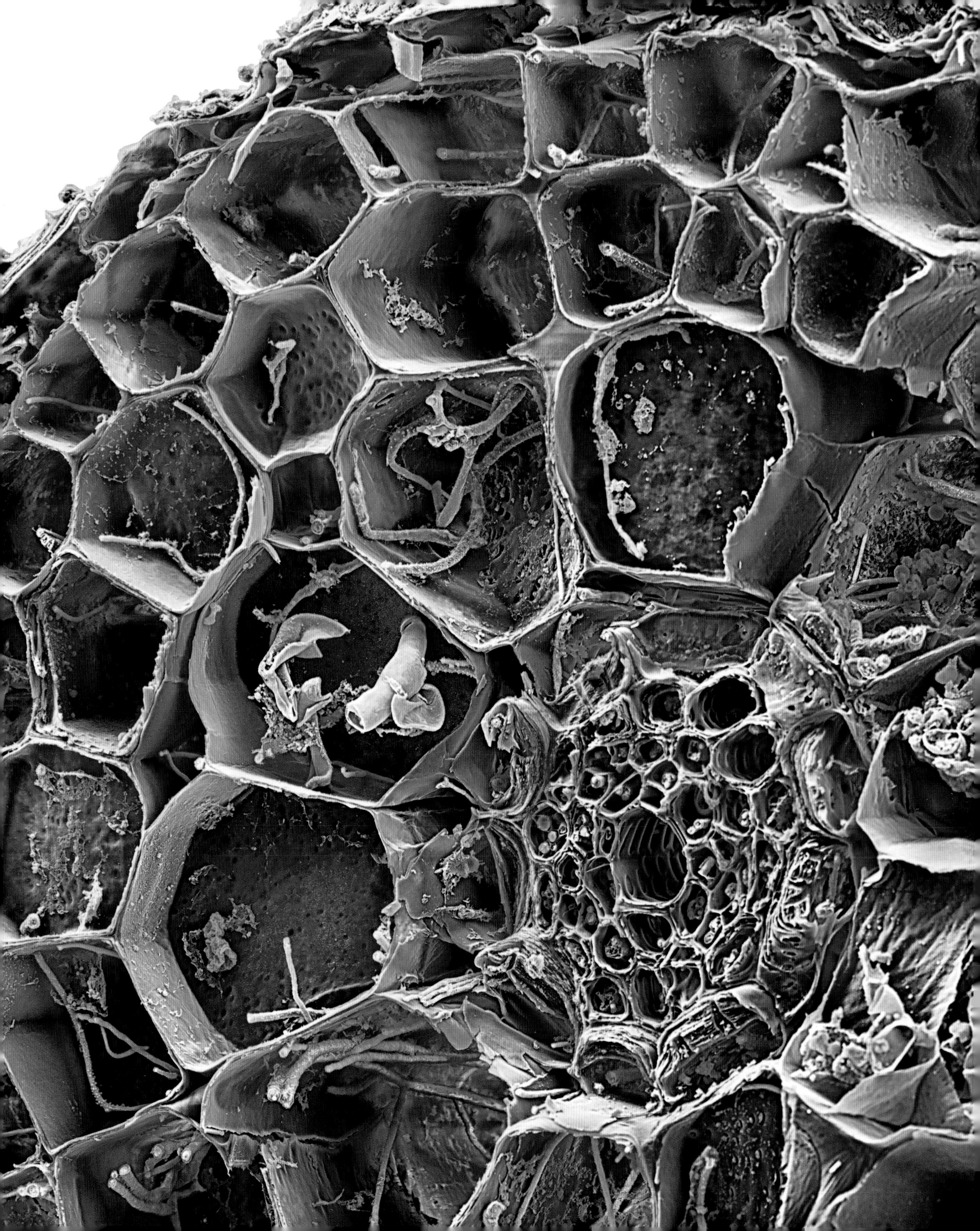

반은 균류이고 반은 조류

균류 가운데 5분의 1가량은 조류와 협력해 지의류로 불리는 유기체를 형성한다. 공생 관계를 이루는 균류와 조류의 상당수는 혼자서도 생존과 성장을 할 수 있지만 둘이 합쳐져 형성된 지의류는 전혀 다른 방식으로 발달한다. 편평하고 잎이 많기도 하고 술이 달리거나 특색이 없는 색채를 띠기도 한다. 어떤 종류든 양분을 흡수하는 균사로 이루어져 있어서 바위나 나무껍질을 비롯한 그 밖의 부착점에 달라붙는다. 균류의 표면 밑에 있는 조류 세포는 빛을 흡수하고 광합성을 통해 빛 에너지를 양분으로 바꾼다.

친밀한 동거

횡단면에서 보듯이 동거를 통해 지의류인 파르멜리아 술카타(*Parmelia sulcata*)를 만드는 두 동반자가 또렷이 드러난다. 균사로 불리는 갈색 섬유는 균류다. 초록색을 띤 구형 단세포인 트레복시아(*Trebouxia*) 조류에는 광합성에 필요한 엽록소가 가득하다. 조류는 광합성을 할 뿐만 아니라 대기 중에서 질소 기체를 추출해 별도의 양분으로 바꾸어 균류와 공유함으로써 둘 사이의 협력 관계가 성공을 거두도록 돕는다. 주사형 전자 현미경, 2590배율.

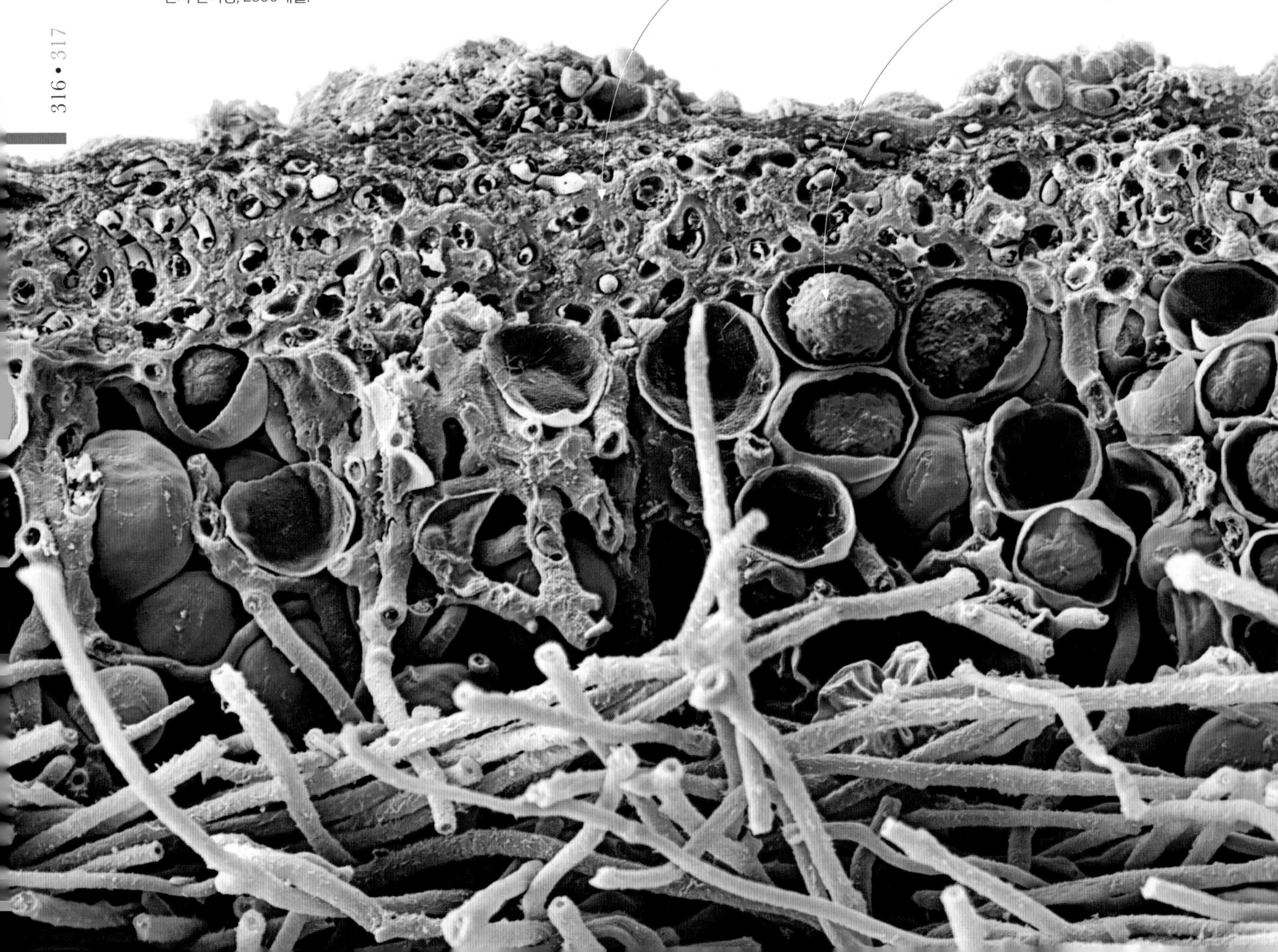

상층은 탄탄하고 흡수력이 없는 균사로 이루어져 있어서 지의류가 햇빛에 마르지 않게 보호하는 역할을 한다.

조류 세포는 빛을 흡수해 이산화탄소와 물로 당분을 만들어 낸다. 또 대기 중의 질소를 화합물로 전환해 단백질로 만들기도 한다.

바위에서 자라기
맨 바위에서 자라는 회색의 접시지의(*Lecanora*)와 노란색의 주황단추지의(*Caloplaca*)는 가장 열악한 장소에서도 지의류가 얼마나 잘 자라는지를 보여 준다.

함께 번창하기

지의류는 전혀 다른 2가지 생물로 이루어져 있다. 균류는 양분을 흡수하고, 조류는 양분을 만들어 낸다. 대개 혼자보다는 함께 할 때 성공을 거두는데, 이것은 둘의 관계가 상호 유익하다는 것을 보여 준다. 상층과 하층은 주로 균류의 섬유로 이루어지는 데 비해 조류 세포는 지의류의 중간에서 섬유와 섞여 있다. 균류의 균사는 표면에 달라붙고 무기질과 물을 흡수하는 역할을 하는 반면, 조류는 당분을 만들어 낸다. 이것은 식물의 뿌리와 잎을 그대로 닮은 매력적인 조합이다.

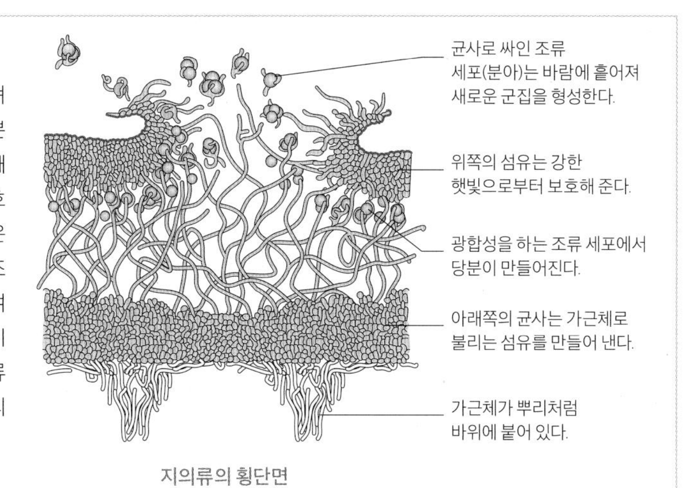

지의류의 횡단면

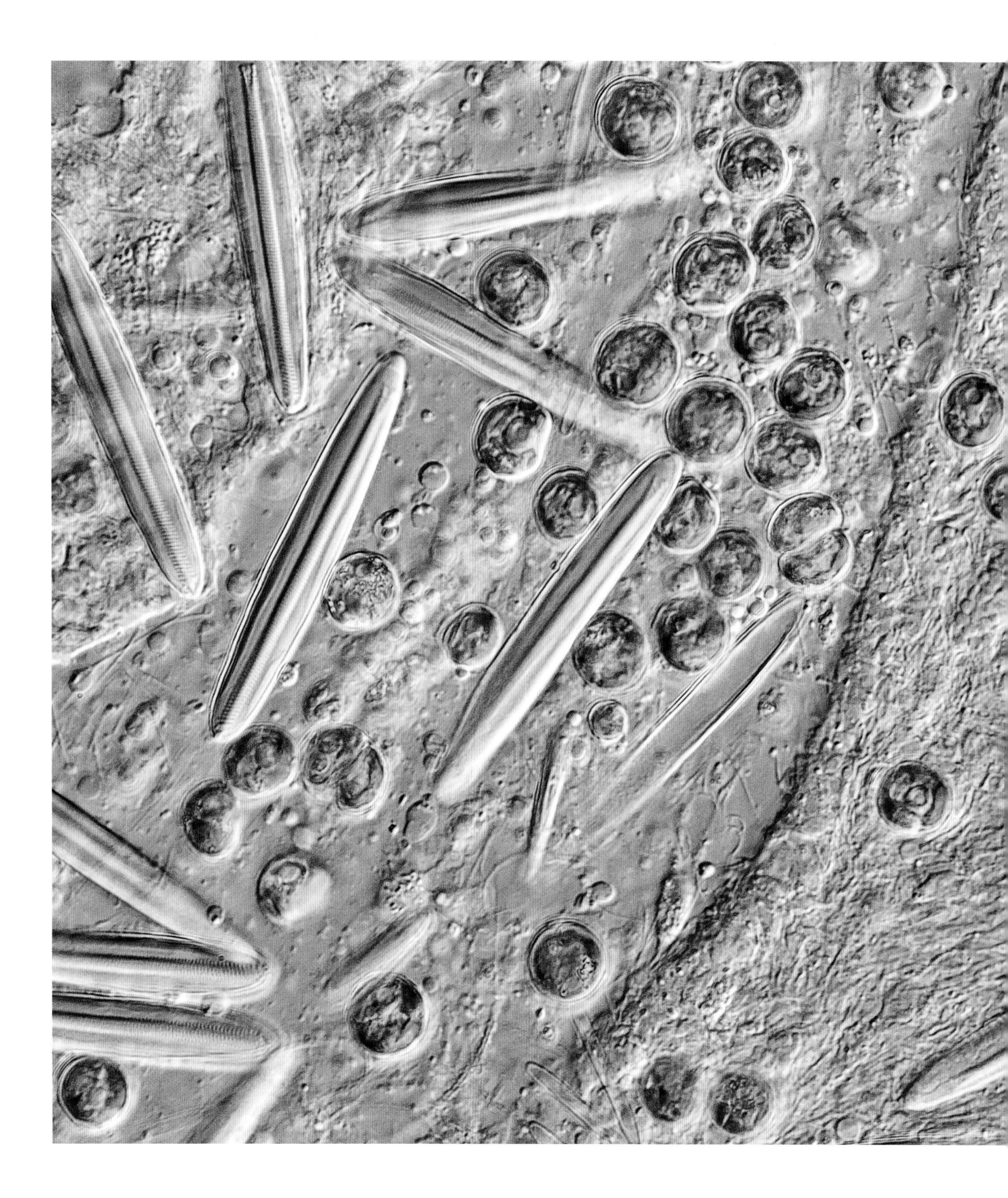

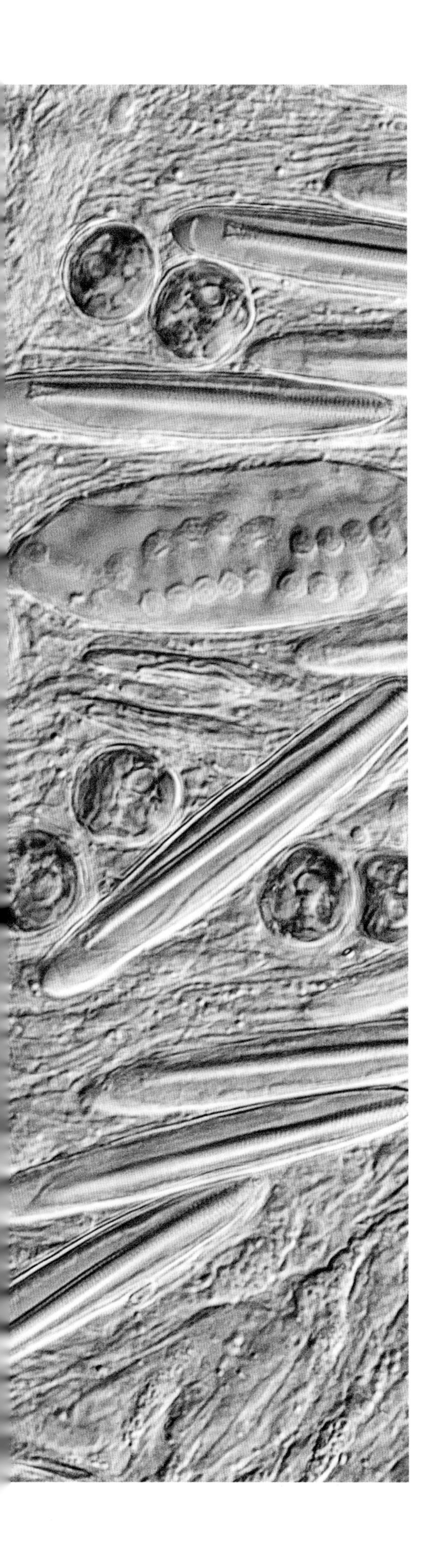

광합성 조력자

일부 단세포 조류는 열대 산호초뿐만 아니라 다양한 연산호, 말미잘, 대합과도 협력 관계를 맺으며 살아간다. 조류는 이처럼 큰 생물 내부에서 살아가면서 광합성을 하고 당분과 산소를 비롯한 그 밖의 양분을 숙주에게 전달한다. 이런 과정은 산호 골격의 석회 침착(석회화)을 활성화함으로써 산호의 성장이 자연 침식을 앞지르도록 해 주기 때문에 산호초의 성공에 결정적인 역할을 한다. 그 대가로 조류(황록공생조류로 알려진 와편모류)는 자신을 쉽게 집어삼킬 수 있는 생물의 위협에서 안전한 은신처를 얻게 된다. 또 광합성에 필요한 이산화탄소와 다양한 무기 양분의 공급을 보장받는다.

유리 말미잘 내부
노란색의 수많은 황록공생조류가 섭식과 방어에 이용되는 길쭉한 자세포와 함께 앱타시아(*Aiptasia*) 유리 말미잘의 촉수 내부에서 살아간다(왼쪽). 세포는 편모가 없는 구형이다. 세포마다 폭이 대략 10마이크로미터에 이르고 와편모류의 엽록체에 들어 있는 광합성 색소를 띤다. 광학 현미경, 2000배율.

추가적 지원
말미잘은 포식성을 보이지만, 황록공생조류에게서 에너지와 산소를 얻기도 한다. 덕분에 말미잘은 먹이가 부족할 때라도 얕은 바다나 조수에서 살아갈 수 있다.

산호에서 살아가는 황록공생조류의 생활사

심비오디니움(*Symbiodinium*) 황록공생조류의 생활사에는 편모를 이용해 자유롭게 움직이며 살아가는 형태와 숙주 내부에서 구형을 띤 단계가 포함된다. 편모 세포가 입을 통해 산호의 폴립으로 들어가 체벽에 이르면 편모를 잃고 구균의 형태가 되지만 광합성은 계속된다.

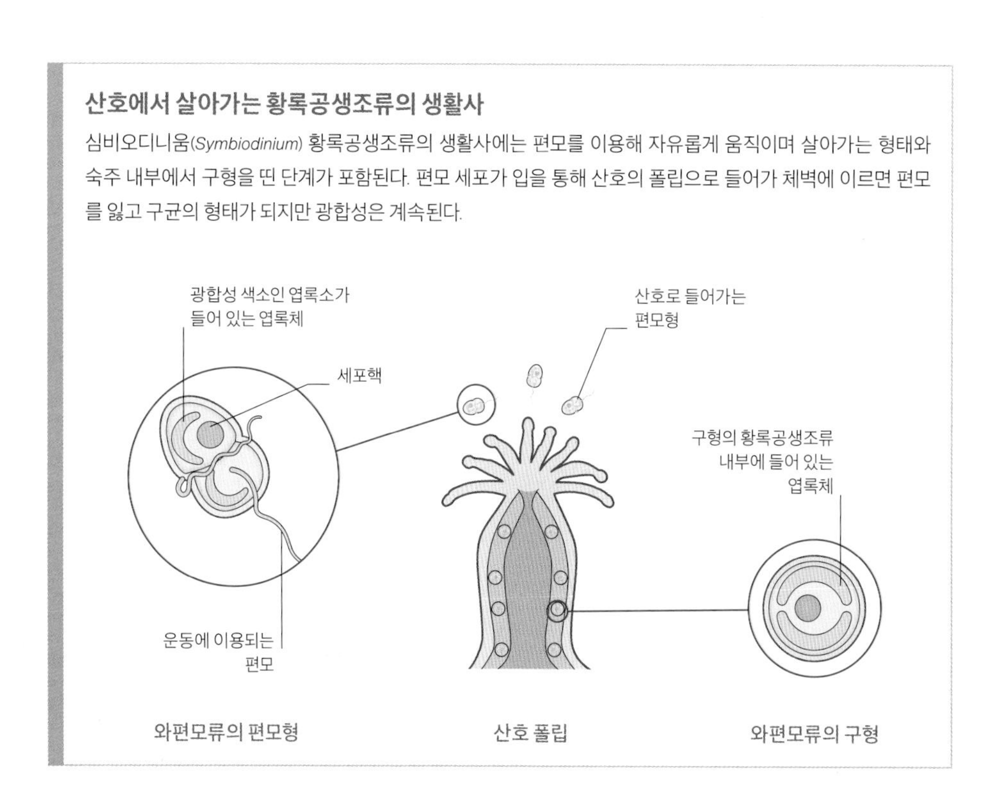

용어 해설

가

가근체(rhizine) 지의류의 뿌리 같은 구조. 표면에 단단히 고정하는 역할을 한다.

가슴(thorax) 동물의 몸에서 머리와 배 사이에 있는 중간 부분.

각질(keratin) 털, 깃털, 발톱, 뿔, 척추동물의 표피를 이루는 질긴 섬유질 단백질.

간균(bacillus) 막대 모양의 세균.

감각기(sensillum) 무척추동물의 외골격에 있는 작은 감각 기관.

감수 분열(meiosis) 염색체 수가 절반으로 줄어드는 세포 분열의 형태에서 세포핵의 분열. 동물의 생식세포(정자와 난자), 식물의 포자 형성 과정에서 감수 분열이 일어난다.

갑각(carapace) 갑각류 같은 동물의 등을 덮고 있는 단단한 껍데기 형태의 덮개.

갑각류(crustacean) 물벼룩, 새우, 게처럼 대개 관절이 있는 여러 쌍의 다리와 2쌍의 더듬이가 있고 간혹 단단한 갑각까지 갖춘 절지동물의 한 분류군.

강모(chaeta) 곤충이나 벌레 같은 무척추동물의 체표면에서 발달하는 털 모양의 구조.

거미류(arachnid) 거미, 전갈, 진드기처럼 대개 관절로 이루어진 4쌍의 다리가 있고 더듬이는 없는 절지동물의 한 분류.

건면(tun) 완보동물로 불리는 작은 동물이 체내 수분을 거의 상실하고 남은 껍질. 그런 껍질 속에서 이들은 휴면 상태에 들어간다. 휴면 생활 참조.

결합 조직(connective tissue) 조직과 조직 사이에 있는 공간을 채우는 동물 조직. 여기에는 연골, 뼈, 지방 조직, 고밀도의 섬유조직 등이 포함된다.

겹눈(compound eye) 각기 수정체가 있는 여러 개의 작은 홑눈 또는 낱눈으로 이루어진 눈. 곤충류와 갑각류를 비롯한 많은 절지동물에서 볼 수 있다.

경쟁(competition) 먹이처럼 공유하는 공동 자원을 두고 서로를 해칠 정도로 맞서는 두 생물 사이의 생태학적 관계.

경피(sclerite) 절지동물의 외골격 일부를 이루는 갑옷처럼 단단한 판.

고세균(archaean) 단세포 생물의 한 분류군. 세포핵이 없다는 점에서 표면상 세균과 비슷하나 화학적 구성에서는 차이를 보인다. 수많은 고세균은 높은 온도나 염도 같은 극한 환경에서도 살아남도록 적응해 왔다.

고치실(silk) 거미 같은 일부 무척추동물과 애벌레가 지어낸 질긴 섬유질 단백질.

골지체(golgi body) 물질을 분류하고 분비하는 데 이용되는 세포 내부의 소포 더미.

골편(ossicle) 극피동물(불가사리, 성게와 그 친척들)의 피부에서 골격을 이루는 단단한 뼈 같은 구조.

공생(symbosis) 기생과 상리 공생처럼 2가지 종 사이에 맺어진 친밀한 생태적 관계.

관다발(vascular bundle) 뿌리, 줄기, 잎맥을 관통해 지나는 목질부와 체관부가 포함된 수송관 다발.

관다발 조직(vascular tissue) 식물의 목질부와 체관부 같은 수송관 또는 동물의 혈관으로 이루어진 조직.

광수용기(photoreceptor) 빛의 자극을 수용하는 감각 기관.

광학 현미경 사진(light micrograph) 광학 현미경을 이용해 얻은 사진.

광합성(photosynthesis) 주로 식물과 조류 같은 생물이 빛을 이용해 이산화탄소, 물, 무기물 따위의 단순한 물질을 당분 같은 양분으로 전환하는 과정.

구균(coccus) 구형의 세균.

구상간균(coccobacillus) 구균과 간균의 중간 형태인 막대 모양의 짧은 세균.

구침(stylet) 진딧물과 모기 같은 일부 곤충류의 찌르는 구기에 있는 날.

굳은날개(elytron) 딱정벌레의 변형된 2개의 앞날개 가운데 하나. 단단하게 굳어 몸을 보호하는 역할을 하며 날지 않을 때는 막질의 뒷날개를 완전히 덮는다.

굴절(refraction) 광선이 구부러지는 현상. 광선이 통과하는 매질의 밀도가 바뀔 때 일어난다.

규조각(frustule) 규조류의 세포벽.

규조류(diatom) 단세포 또는 군체를 이루는 조류로서 규산질로 단단해진 세포벽을 가지고 있다.

균근(mycorrhiza) 양분 교환에서 서로 이익이 되도록 식물의 뿌리와 균류의 균사 사이에 이루어지는 결합. 균류의 균사가 외생균근에서는 뿌리 세포 사이에서 자라고, 내생균근에서는 뿌리 세포를 관통한다.

균류(fungus) 균사로 불리는 섬유의 그물망 형태로 자라고 포자를 생산하는 생물의 분류군. 균류에는 곰팡이, 버섯, 독버섯, 브라켓, 단세포 효모가 포함된다.

균사(hypha) 주변의 먹이를 소화하고 흡수하는 균류의 섬유.

균사체(mycelium) 균류에서 양분을 흡수하는 균사의 조직망.

그람 염색(gram stain) 두 그룹의 세균을 구별하기 위해 한스 크리스티안 그람이 고안한 세포 염색 기술. 그람 양성균은 세포벽이 두껍고 자주색으로 보인다. 그람 음성균은 얇은 세포벽이 두 번째 세포막으로 덮여 있으며 분홍색으로 보인다.

극한생물(extremophile) 높은 온도나 산도처럼 극한 환경에서는 잘 살아가고 그 밖의 환경에서는 번성하지 못하도록 적응한 생물.

기공(stoma) 기체 교환과 증산 작용이 일어나는 식물의 잎이나 줄기 표피에 있는 구멍. 각각의 기공은 2개의 공변세포에 의해 열리고 닫힌다.

기관(organ) 심장처럼 특정한 기능을 수행하며 여러 종류의 조직으로 이루어진 체내 구조.

기관(trachea) (i) 곤충과 관련이 많은 동물의 몸에 있는 수많은 호흡관 중의 하나. 체표면에 있는 기문(숨구멍)에서 깊숙한 내부의 호흡 조직으로 산소를 실어 나른다. (ii) 공기 호흡하는 척추동물의 숨통.

기관지(tracheole) 곤충과 관련이 많은 동물의 기관에서 조직 세포를 뚫고 뻗어 나온 작은 가지. 호흡하는 곳까지 산소를 가져간다.

기문(spiracle) 곤충과 그 밖의 연관된 일부 절지동물의 체벽에 있는 숨구멍.

기생(parasitism) 서로 다른 종의 두 생물(기생 생물과 숙주)이 맺는 생태학적 관계. 이때 기생 생물은 이익을 얻고 숙주는 해를 입는다. 기생 생물은 대개 숙주의 몸 안팎에서 살아가며 숙주를 먹이의 원천으로 이용한다.

꽃가루(pollen) 식물의 구과나 꽃의 웅성 생식 기관에서 만들어진 생식 입자. 꽃가루마다 웅성 세포핵이 들어 있어 수분 작용을 통해 난세포를 수정시킬 수 있다.

꽃밥(anther) 꽃가루를 만드는 수술의 한 부분.

나

나선균(spirillum) 나선 모양의 세균.

나선자포(spirocyst) 먹이를 옭아매는 실을 발사하는 자포동물(말미잘, 해파리와 그 친척들)의 세포. 자포 참조.

난낭(ootheca) 바퀴벌레나 버마재비 같은 일부 곤충의 알집. 난낭마다 여러 개의 알이 들어있다.

난소(ovary) 동물의 암컷 생식 기관으로

난자를 만들어 낸다.

난자(ovum) 암컷 생식세포로서 대개 양분(난황)은 저장되어 있으나 이동 수단은 존재하지 않는다. 난자는 수정이 끝나면 배아로 발달한다.

남세균(cyanobacterium) 양분을 만들기 위해 광합성을 하는 세균 유형.

내골격(endoskeleton) 척추동물의 뼈처럼 동물의 몸에서 발달해 함께 자라는 골격.

내밈근(protractor muscle) 팔다리처럼 몸의 일부를 뻗는 근육.

내균근(endomycorrhiza) 균근 참조.

내피(endothelium) 모세혈관벽을 형성하거나 이보다 큰 혈관 내벽을 이루는 단일층의 세포 조직.

뉴런(neurone) 동물의 신경계를 이루는 신경세포.

능동 수송(active transport) 생물이 에너지를 이용해 세포막의 농도가 낮은 쪽에서 높은 쪽으로 물질을 이동시키는 과정.

다

단백질(protein) 탄소, 수소, 산소, 질소와 더불어 이따금 황을 포함하는 복잡한 유기물. 단백질은 살아 있는 생물에서 볼 수 있는 가장 다양한 종류의 분자이고 효소, 항체, 매개체, 신호체를 비롯한 다양한 유형은 각각 다양한 기능을 수행한다.

담자기(basidium) 흔히 볼 수 있는 식용 버섯 같은 균류에서 포자를 만들어 내는 곤봉 모양의 구조.

더듬이(antenna) 무척추동물의 머리에 길쭉하게 붙은 한 쌍의 감각 기관.

더듬이다리(pedipalp) 거미류의 촉수.

데스미드(desmid) 대개 단세포이지만 절반으로 나뉘어 거울에 비친 것처럼 대칭을 이루는, 2개의 세포로 보이는 조류의 일종.

독낭포(toxicyst) 포식성 단세포 생물에게서 볼 수 있는 세포 소기관인 모포의 일종. 먹이를 잡는 유독성 실이 발사된다.

독립 영양 생물(autotroph) 이산화탄소와 물이 포함된 단순한 무기물을 이용해 양분(포도당)을 만드는 식물 등의 생물.

독액(venom) 방어 또는 먹잇감을 제압하기 위해 생물이 만들어 낸 독. 침이나 송곳니를 통해 목표물에 주입한다.

동물 공생 조류(zoochlorella) 다른 생물(히드라, 짚신벌레 등)의 조직 내부에서 상리공생의 형태로 살아가는 초록색 조류.

동물 플랑크톤(zooplancton) 광합성으로 양분을 만들지 않고 먹이를 섭취하는 작은 동물, 또는 동물 같은 미생물이 포함된 플랑크톤.

두순/이마방패(clypeus) 상순(윗입술) 위에 있는 곤충의 머리 앞부분.

두절(scolex) 숙주의 장벽에 달라붙는 데 이용되는 빨판과 갈고리가 달린 촌충의 머리.

DNA(deoxyribonucleic acid) 모든 세포 유기체와 일부 바이러스에서 유전되는 특징을 암호화한 유전 물질.

떡잎(cotyledon) 씨앗의 성장을 촉진하기 위해 양분을 저장하는 기능을 하며 발아 직후에 펴지는 잎 모양의 구조.

라

레그헤모글로빈(leghemoglobin) 식물의 뿌리혹에서 발견되는 헤모글로빈의 형태로, 산소에 결합함으로써 식물이 필요로 하는 질소 고정 세균을 방해하지 못하게 막아 준다.

루시페라아제(luciferase) 생물 발광에서 빛을 만들어 내는 루시페린의 전환을 포함한 화학 반응을 일으키는 효소.

루시페린(luciferin) 생물 발광 현상을 일으키는 생물에서 볼 수 있는 빛을 방출하는 단백질.

리그닌(lignin) 섬유질의 질긴 물질로서 목재의 주요 화학적 성분.

리보솜(ribosome) 세포의 DNA에서 얻은 정보를 이용해 단백질을 만드는 세포 내의 작은 알갱이.

리소좀(lysosome) 소화 효소가 포함된 세포 내의 소포 또는 소낭.

마

마이크로미터(micrometer) 측정 길이의 단위. 1미터의 100만분의 1.

막판 띠(membranellar band) 나팔벌레 같은 단세포 생물에서 볼 수 있는 섬모의 띠.

메테인 생성 세균(methanogen) 물질 대사에 의해 메테인을 만들어 내는 미생물(대개 고세균).

모세혈관(capillary) 두께가 세포 하나 정도의 얇은 막으로 이루어진 미세한 형태의 혈관으로 혈액과 주변 조직 사이에서 물질 교환이 이루어지는 장소.

모포(trichocyst) 짚신벌레 같은 일부 단세포 생물에서 볼 수 있는 구조. 먹이를 잡거나 표면에 달라붙기 위한 용도로 실을 발사한다.

목질부(xylem) 식물에서 물과 무기물을 실어 나르는 수송관.

무성 생식(asexual) 서로 다른 세포의 유전자가 섞이지 않는 생식. 유전적으로 똑같이 복제된 자손을 생산한다.

무척추동물(invertebrate) 척추가 없는 동물.

물질 대사(metabolism) 살아 있는 생명체 내부에서 일어나는 모든 화학 반응.

미세모(microtrichium) 곤충의 각피에 붙은 미세한 감각모.

미세소관(microtubule) 세포 내에서 속이 빈 단백질 관. 세포골격을 지지하는 역할을 한다.

미세융모(microtrix) 촌충의 몸에서 볼 수 있는 초소형 털 같은 돌기. 미세융모는 기생충이 먹이를 흡수하는 표면적을 넓혀 준다.

미세융모(microvillus) 세포막에 있는 짧은 털처럼 생긴 돌기. 양분을 흡수하는 표면적을 넓혀 준다. 장의 내벽에 있는 세포도 이런 목적으로 미세융모를 가지고 있다.

미소 생물상(microbiota) 한 장소에서 살아가는 미생물 군집.

미소 서식지(microhabitat) 좁은 지역이나 공간에 국한된 작은 생물의 서식지.

미토콘드리아(mitocondrion) 진핵생물의 세포 내부에 있는 세포 소기관. 호기성 호흡이 이루어지는 주요 장소이다. 호기성 참조.

미호기성 생물(microaerophile) 산소가 저농도일 때 잘 자라는 생물.

밑마디(scape) 곤충의 더듬이 기저에 있는 마디.

바

바이러스(virus) 대개 유전 물질(DNA, RNA)을 포함한 단백질 외피로 이루어진 작은 전염성 입자. 바이러스는 세포로 이루어진 생물이 아니며, 생물의 세포에 침입해야만 증식할 수 있다. 바이러스는 독자적인 복제 능력이 없으므로 대다수 전문가가 '살아 있다고' 인정하지 않는다.

발아(germination) 씨앗에서 제 기능을 하는 뿌리와 잎이 달린 어린 식물로의 발달.

발효(fermentation) 혐기성 호흡의 다른 표현.

방사관(corona radiata) 포유류를 비롯한 일부 동물의 수정되지 않은 난자를 둘러싼 여포 세포의 바깥쪽 막.

방산충(radiolarian) 단단한 규산질 또는 스트론튬 광물질로 이루어진 긴 가시(축족)와 섬유질의 위족을 가진 아메바 비슷한 단세포 생물.

배(abdomen) 동물의 흉강이나 가슴 뒷부분으로, 대개 소화 기관과 생식 기관이 들어 있다.

배아(embryo) 수정란에서 발달한 매우 어린 식물이나 동물.

번데기(pupa) 딱정벌레나 나비 같은 곤충류의 생활사에서 대개 고치에 둘러싸여 움직임이 없는 중간 단계. 고치 속의 유충은 완전 변태를 거쳐 성충이 된다.

벌집구멍(alveolus) 단단한 층(외피)을 이루는 유체로 채워진 소포로서 와편모류 같은 일부 미생물의 세포막 아래에 있다.

변태(變態, metamorphosis) 성장 과정에서 애벌레가 나비로, 올챙이가 개구리로 탈바꿈하는 몸의 형태 변화.

변형체(plasmodium) 합포체 참조.

병원체(pathogen) 질병을 일으키는 생물.

복제, 복제 생물(clone) 유전적으로 똑같은 개체.

부절(tarsus) 동물의 발. 절지동물에서 부절은 다리 끝에 있는 마지막 마디다.

분생자(conidium) 균류에 의해 만들어진 무성 생식 포자의 형태.

분생자병(conidiophore) 균류에서 분생자를 만들어 내는 생식 줄기.

분해자(decomposer) 무기물과 폐기된 유기물을 먹는 생물. 분해로 불리는 이런 과정은 더욱 단순한 물질로 분해하여 양분을 재생하는 데 도움이 된다. 대부분의 균류와 많은 세균은 분해자이다.

비브리오(vibrio) 쉼표 모양의 세균.

빈 창자(jejunum) 포유류 소장의 첫 번째 부분.

뿌리혹(root nodule) 유익한 질소 고정 세균이 침입하여 어떤 식물(콩과식물)의 뿌리에서 발달하는 혹.

사

산란관(ovipositor) 곤충류를 비롯한 많은 종류의 동물 암컷이 알을 낳는 관.

삼투압(osmosis) 용질의 농도가 낮은 쪽에서 높은 쪽으로 막을 통한 물의 이동.

상리 공생(mutualism) 서로 다른 종의 두 생물 사이에 형성된 서로에게 이익이 되는 생태적 관계.

상족(epipodium) 어떤 종류의 아메바 껍질에 나타난 틈새. 이런 틈새를 통해 아메바는 위족을 밖으로 뻗는다.

상피(epithelium) 동물의 체표면이나 장기 내벽을 두른 조직.

생물(organism) 살아 있는 존재.

생물막(biofilm) 바위나 동물의 장 내벽에 붙어 살아가는 미생물의 얇은 막.

생물 발광(bioluminescence) 생물이 효소에 의한 화학적 촉매 반응으로 빛을 만드는 현상.

생물 정화(bioremediation) 오염 물질의 농도를 낮추기 위해 다른 생물에 해로운 물질을 미생물로 화학 분해하는 것.

서식지(habitat) 생물이나 생물종이 나면서부터 살아가는 장소.

석회암(limestone) 석회질(백악질)이 압축되어 형성된 퇴적암. 흔히 유공충이나 석회비늘편모류의 껍질이 들어있다.

석회질(calcareous) 탄산칼슘으로 이루어진 백악질의 무기물.

선모(pilus) 세균에서 뻣뻣하게 선 거센털 같은 구조. 표면은 물론 DNA 교환을 허용하는 다른 세균에 달라붙는 데도 이용된다.

선태식물(bryophyte) 양치류와 종자식물에서 볼 수 있는 지지 조직과 관다발 조직(목질부와 체관부)이 없는 우산이끼와 이끼 따위의 단순한 식물.

섬모(cilium) 세포에 붙어 파닥이는 짧은 털 모양의 구조로서 이동을 하거나 조류를 만드는 데 이용된다. 섬모는 대개 세포 표면의 전부 또는 일부를 덮고 있다.

섬모(radiole) 일부 해양 벌레의 깃털처럼 생긴 촉수. 산소와 먹이 입자를 수집하는 데 이용된다.

세균(bacterium) 미토콘드리아처럼 세포핵과 그 밖의 내부 분실이 없는 단세포 생물의 한 분류군. 세균은 고세균으로 불리며 표면상 비슷한 생물과는 화학적으로 다른 구성을 보인다.

세대 교번(alternation of generations) 성세포(정자나 꽃가루핵, 난자)를 만들어 내는 단계와 포자를 생산하는 단계가 번갈아 나타나는 식물의 생활사. 이끼류와 양치류 같은 일부 식물은 포자를 배출하지만, 종자식물은 포자를 보존해 구과나 꽃 내부에 성세포를 만들어 내는 단계로 발달시킨다.

세동맥(arteriole) 동맥에서 모세혈관으로 혈액을 실어 나르는 작은 혈관.

세정맥(venule) 모세혈관에서 정맥으로 혈액을 실어 나르는 작은 혈관.

세포골격(cytoskeleton) 세포 내부의 단백질로 형성된 미세소관, 액틴 섬유, 중간 섬유가 이루는 지지 골격.

세포벽(cell wall) 세균, 식물, 균류, 대부분의 조류 같은 일부 생물에서 세포막 바깥에 있는 조직층.

세포 소기관(organelle) 특정한 기능의 수행과 관련이 있는 세포핵이나 미토콘드리아 같은 세포 내부의 구조.

세포질(cytoplasm) 살아 있는 세포 내부와 세포핵, 미토콘드리아, 엽록체 같은 세포 소기관 사이에 있는 얇은 젤리 같은 물질.

세포질체(cytosome) 짚신벌레나 유글레나처럼 일부 단세포 생물의 측면에 있는 입 모양의 구멍.

세포핵(necleus) 진핵생물의 세포 내부에 있는 세포 소기관으로 DNA가 들어있다.

센털(seta) 무척추동물의 털 모양 구조로 흔히 감각 기능을 갖는다.

셀룰로스(cellulose) 질긴 섬유질의 탄수화물로서 식물과 그 밖의 생물에서 세포벽을 형성한다.

소골편(ossicle) 척추동물의 작은 뼈.

소포(vesicle) 세포 내부에 유체가 들어찬 작은 주머니. 액포보다 작다.

수용기(receptor) 자극을 감지하고 반응을 일으키는 분자나 세포.

수정(fertilization) 정자와 난자가 합쳐져 배아로 발달할 수 있는 수정란(접합자)을 만들어 내는 결합.

수지상체(arbuscule) 식물 뿌리와 균류가 일종의 공생 관계를 맺은 뿌리(균근) 세포 내부에서 발달한 균사가 만들어 낸 나뭇가지 모양의 구조.

수축근(retractor muscle) 몸의 일부를 굽히거나 잡아당기는 근육.

숙주(host) 기생충 같은 또 다른 생물을 옮기거나 보유하는 생물.

스피로헤타(spirochete) 코르크 따개처럼 생긴 세균.

식도(esophagus) 척추동물의 소화계에서 위로 이어지는 소화관의 일부.

식물 플랑크톤(phytoplankton) 조류를 포함해 광합성으로 양분을 만들 수 있는 플랑크톤의 일부.

식세포 작용(phagocytosis) 단세포의 아메바와 일부 백혈구처럼 어떤 종류의 세포가 입자를 집어삼키고 소화하는 활동.

식충식물(carnivorous plant) 동물을 사로잡아 소화하는 과정에서 양분(특히 질소)의 일부를 얻도록 적응한 식물.

신경 섬유(nerve fiber) 신경세포에서 연장된 섬유질. 전기 자극을 멀리까지 전달하는 데 이용된다.

신경절(ganglion) 동물의 몸을 제어하는 데 도움이 되는 신경 조직 덩어리.

신틸론(scintillon) 생물 발광에 이용되는 화학 물질이 들어있는 소포. 와편모류 일부에서 볼 수 있다.

실꽃말미잘(cerianthid) 점액으로 만든 관이나 퇴적물에서 살아가는 말미잘.

심피(carpel) 씨와 열매를 생산하는 꽃의 자성 생식 기관. 암술로도 불린다.

쌍구균(diplococcus) 구균(구 모양의 세포)이 쌍을 이루어 나타나는 세균.

쌍떡잎식물(dicotyledon) 씨앗 속에 2개의 떡잎이 있는 꽃식물.

씨방(ovary) 식물의 자성 생식 기관인 암술의 일부.

아

아가미(gill) 수생 동물에서 산소를 흡수하는 데 이용되는 구조로 대개 깃털 모양이다.

아랫입술(labium) 곤충의 구기에서 아랫입술.

RNA(ribonuclei acid) DNA의 지시를 단백질로 '해석'할 수 있게 해 주는 세포 유기체의 유전 물질. (코로나바이러스 같은) 일부 바이러스에는 RNA만 있을 뿐

DNA는 없다.

안점(stigma) 일부 미생물에서 빛 방향 정보를 제공하는 안점.

알(egg) 발달 중인 배아가 들어있는 껍질로 싸인 동물의 알.

액틴 섬유(actin filament) 세포 내의 실 같은 단백질 구조로서 지지대 역할을 하는 세포골격의 일부. 액틴 섬유는 근육에서 발견되는 단백질 섬유에 섞여 있다.

액포(vacuole) 세포 내부에 유체가 가득 찬 주머니. 식물 세포는 대개 커다란 수액 액포가 있어서 조직을 견고하게 유지하는 데 도움이 된다. 일부 단세포 생물과 동물 세포에는 먹이 액포가 있어서 먹이 입자를 소화한다.

약충(nymph) 대개 발달하지 않은 시아(wing bud)를 갖고 있다는 점에서 날아다니는 성충과는 형태 면에서 다른 곤충의 어린 형태.

어린뿌리(radicle) 발아한 식물의 묘에서 나온 첫 번째 뿌리.

여과 섭식자(filter feeder) 그물 같은 구조를 통해 물속에 떠다니는 먹이 입자를 걸러내는 동물.

여포(follicle) 동물의 난소에서 수정되지 않은 난자 주변에 있는 세포 집합체.

역(domain) 생명의 나무에서 가장 기본적인 구분. 세균과 고세균(둘 다 복잡한 내부 구조가 없는 단세포), 진핵생물(세포핵과 미토콘드리아, 흔히 엽록체가 포함된 구조로 이루어진 복잡한 세포)의 3개 역으로 나뉜다.

연골(cartilage) 질기면서도 탄력이 있는 결합 조직으로서 척추동물의 골격을 이루는 구성 요소.

연동운동(peristalsis) 소화계의 내용물을 이동시킬 때 이용되는 장벽의 근육 수축 운동.

연쇄상구균(streptococcus) 구균(공 모양의 세포)의 사슬 형태로 발생하는 세균.

열매(fruit) 씨앗을 포함하는, 꽃식물의 잘 익은 자성 부분.

염색체(chromosome) 세포의 DNA 대부분을 담고 있는 실 모양의 구조. 염색체는 세포 분열이 이루어지는 동안 동식물 같은 진핵생물의 세포에는 나타나지만 세균과 고세균 같은 원핵생물의 세포에는 나타나지 않는다.

엽록소(chlorophyll) 식물을 비롯해 광합성을 하는 생물이 양분을 만드는 데 필요한 빛 에너지를 흡수할 때 이용하는 초록색 색소.

엽록체(chloroplast) 엽록소가 들어 있는 세포 내부의 분실 또는 세포 소기관으로서 광합성에 이용된다.

온섬모(holotrichous) 완전히 섬모로 덮인 단세포 생물.

와편모류(dinoflagellate) 흔히 갑옷 같은 판으로 단단하게 굳어 지지대 역할을 하는 외피와 파닥이는 편모로 이루어진 단세포 조류. 어떤 와편모류는 산호를 비롯한 다른 동물 조직에서 살아가며 광합성을 통해 얻은 양분으로 숙주의 먹이를 보충해 준다.

외떡잎식물(monocotyledon) 씨앗 속에 떡잎이 하나 들어있는 꽃식물.

외배엽(ectoderm) 초기 동물의 배아에서 형성된 세포의 바깥층. 자포동물(말미잘, 해파리와 그 친척들)은 성체가 되어서도 남아 있는 데 비해 다른 동물에서는 상피와 신경 조직 같은 다양한 조직으로 발달한다.

외생균근(ectomycorrhiza) 균근 참조.

외피(pellicle) 유글레나와 와편모류 같은 일부 단세포 생물의 세포막 밑에 있는 굳은 지지층.

외형질(ectoplasm) 단단한 세포질 외층. 아메바는 외형질을 이용해 기어 다니는 위족을 만들어 낸다.

우지(ramus) 일부 절지동물에서 볼 수 있는 긴 가시 같은 구조. 꼬리 모양의 꼬리 우지는 많은 종류의 갑각류에서 찾아볼 수 있다.

원생동물(protozoan) 아메바나 짚신벌레처럼 광합성으로 유기물을 만들기보다는 유기물을 섭취하는 복잡한 단세포 생물. 공식적인 원생동물계로 분류된 생물에는 아메바, 점균류와 그 친척뻘 되는 생물이 포함된다.

원핵생물(prokaryote) 세포핵이나 그 밖의 내부 세포 소기관이 없는 단순한 세포로 이루어진 생물. 세균과 고세균은 원핵생물에 들어간다.

위상차(phase contrast) 세부적인 구조를 구별하기 쉽게 투명한 표본의 대비를 강조하는 현미경 검사법에서 이용되는 기술.

위색(false color) 특징을 강조하기 위해 전자 현미경 사진에 추가되는 인공색.

위족(pseudopod) 아메바나 백혈구 같은 세포가 만들어 낸 세포질의 확장. 이동과 식세포 작용에 이용된다.

윗입술(labrum) 곤충의 구기에서 위쪽 '입술'.

유공충(foraminiferan) 아메바 같은 단세포 생물의 일종으로 아주 작은 껍데기 속에 들어 있다.

유글레나(euglenid) 대개 파닥이는 편모가 있는 단세포 조류의 일종. 일부 유글레나는 광합성으로 양분을 만들어 내다가 주변에서 먹이를 잡아먹을 수도 있다.

유사 분열(mitosis) 세포 분열 중에 진핵세포의 세포핵이 복제된 별개의 염색체로 분열하는 과정. 유사 분열은 같은 수의 염색체와 똑같은 DNA를 가진 세포를 만들어 내며, 다세포체의 성장 기간이나 단세포 생물의 유성 생식 중에 일어난다.

유전적(genetic) DNA에 의해 결정된 특징이 한 세대에서 다음 세대로 전해지는 것.

유충(larva) 성체와는 대개 전혀 다른 형태를 보이는 동물의 어린 형태. 따라서 성장 과정에서 변태를 경험할 수밖에 없다.

육식 생물(carnivore) 살아 있는 동물을 먹는 생물.

잎살(mesophyll) 식물의 잎에서 위쪽과 아래쪽 표피 사이에 있는 조직층. 광합성과 기체 교환에 이용된다.

자

자낭(ascus) 누룩곰팡이(*Aspergillus*) 같은 일부 균류에서 포자를 만들어 내는 주머니 모양의 구조.

자실체(fruiting body) 균류에서 버섯처럼 포자를 생산하는 구조.

자침(cnidocil) 자포를 발사하는 데 이용되는 머리카락 형태의 방아쇠.

자포(cnida) 해파리, 산호와 그 친척뻘 되는 자포동물에서 볼 수 있는 특화된 세포로서 여기에는 방어용 침을 쏘거나 먹이를 무력하게 만들 수 있는 섬유를 가진 폭발적인 소포가 들어 있다.

자포(nematocyst) 자포동물(말미잘, 해파리와 그 친척들)의 침세포. 자포 참조.

작은 돌기(papilla) 식물이나 동물의 몸에 나타난 작은 돌출부.

작은턱(maxilla) 절지동물의 구기를 이루는 한 쌍의 구조 가운데 하나로서 먹이를 처리하거나 다루는 데 이용된다.

장세포(enterocyte) 사람의 장 내벽을 이루는 세포.

저서성(benthic) 해양, 연못, 강 같은 수생 서식지의 바닥에서 살아가는 생물의 습성.

저작기(mastax) 먹이를 부수는 데 이용되는 윤형동물의 근육질 인두.

전갈붙이(pseudoscorpion) 전갈처럼 생긴 작은 거미류이지만 꼬리 침이 없어 별개의 생물군으로 분류된다.

전체절(prosoma) 거미 같은 거미류의 몸에서 (결합한 머리와 가슴으로 이루어진) 첫 번째 부분.

점성(viscosity) 유체의 흐름에 대한 저항의 정도. 당액처럼 걸쭉해서 잘 흘러가지 않는 유체는 물처럼 쉽게 흘러가는 유체보다 점성이 높다.

점액(muscus) 동물에 의해 만들어진 끈적끈적한 물질. 대개 방어용이다.

점액질(mucilage) 식물에 의해 만들어진 끈적끈적한 물질.

접합(conjugation) 세균과 균류 같은 일부 생물에서 일어나는 생식 과정. 접합을 통해 서로 합쳐진 세포는 DNA를 전달하거나 교환한다.

정자(sperm) 수컷의 성세포. 파닥이는 편모가 적어도 1개 이상 있어서 난자를 향해 헤엄칠 때 동력을 제공한다.

제노솜(xenosome) 어떤 단세포 생물의 껍데기나 외피와 결합한 파편 입자.

조류(alga) 규조류나 해조류처럼 광합성을 하지만 식물이 아닌 생물.

조직(tissue) 한 가지 또는 여러 가지 기능을 함께 수행하는 세포의 집합. 조직의 사례로 식물 잎의 표피와 동물의 혈액을 들 수 있다.

종(species) 교배를 통해 독자적으로 생존과 번식이 가능한 자손을 생산할 수 있는 개체들로 이루어졌다고 대체로 여겨지는 생물의 유형.

종속 영양 생물(heterotroph) 광합성이나 화학 합성으로 양분을 만드는 대신 다른 생물이 만든 유기물을 먹거나 흡수하는 생물.

주둥이(proboscis) 꿀을 빨아 먹는 나비의 돌돌 말린 구기처럼 긴 코 또는 코처럼 생긴 기관.

주사형 전자 현미경 사진(scanning electron micrograph, SEM) 주사형 전자 현미경을 이용해 얻은 사진. 표본의 표면을 전자빔으로 촬영해 얻은 이미지를 3차원으로 나타낸다.

주촉성(thigmotaxic) 몸이 표면과 접촉할 수 있도록 비좁은 공간을 향해 움직이는 경향이 있는 동물의 방어 행동.

중간섬유(intermediate filament) 세포의 단백질 섬유로서 지지대 역할을 하는 세포골격의 일부.

중교(mesoglea) 자포동물(말미잘, 해파리와 그 친척들)의 체벽에 있는 젤리층.

중편(midpiece) 정자세포의 중간에 있는 '목' 부분. 에너지를 배출하는 미토콘드리아가 있어서 헤엄치는 동력을 제공한다.

중형 동물상(meiofauna) 크기가 1밀리미터에서 0.05밀리미터에 이르며 토양, 진흙, 모래 입자 사이에서 살아가는 작은 동물의 군집.

증산 작용(transpiration) 식물의 잎 표면에서 물이 빠져나가는 작용. 조직의 증발에 의해 나타난다.

지방 조직(adipose tissue) 축적된 지방이 들어있는 동물 조직.

지의류(lichen) 균류와 조류가 상호 유익한 관계를 유지하며 함께 살아가는 복합 생물.

진사 식생자(detritivore) 생물체의 유기물 조각을 먹고 살아가는 동물.

진정 쌍떡잎식물(eudicot) '진짜' 쌍떡잎식물. 오늘날 진정 쌍떡잎식물과 직접적인 관련이 없다고 알려진 목련이나 수련 같은 일부 '기저 쌍떡잎식물'을 제외하고 같은 조상에게서 내려온 것으로 보이는 대다수 쌍떡잎식물을 포함하는 꽃식물의 분류군.

진피(dermis) 척추동물의 피부에서 가장 두꺼운 조직층으로 얇은 표피 아래에 자리 잡고 있다.

진핵생물(eukaryote) 내부에 세포핵, 미토콘드리아, 엽록체를 비롯한 세포 소기관이 있는 복잡한 세포로 이루어진 생물. 동물, 식물, 균류, 원생동물, (대부분의 조류가 포함된) 유색조식물은 모두 진핵생물이다.

질산화 작용(nitrification) 분해 과정에서 배출된 질소 화합물이 어떤 종류의 토양 세균에 의해 식물이 흡수하고 이용할 수 있는 질산염으로 전환되는 과정.

질소 고정(nitrogen fixation) 일부의 세균과 미생물에 의해 대기 중의 질소 기체가 아미노산 같은 유기적 형태로 전환되는 과정. 일부 질소 고정 세균은 토양에서 자유롭게 살아가며 그 밖의 세균은 뿌리혹 내부에서 일부의 식물과 상호 유익한 관계를 맺으며 살아간다.

차

책상 조직(palisade) 엽록체가 많이 들어 있는 잎살 조직의 일부로 광합성에 주로 이용된다.

처녀생식(parthenogenesis) 수정하지 않고 발달하는 알의 무성 생식. 진드기와 물벼룩 같은 일부 동물에 국한된다.

척추동물(vertebrate) 등뼈가 있는 동물.

첨체(acrosome) 정자 머리에서 소화 효소가 들어 있는 소낭(주머니). 수정이 이루어지는 동안에 난자막을 뚫고 들어간다.

체관부(phloem) 광합성에 의해 생산된 용해성 양분(주로 당분)을 수송하는 데 이용되는 식물의 수송관.

체절(segment) (i) 지렁이나 지네의 체절처럼 동물의 몸에서 반복되는 구성단위. (ii) 절지동물의 마디 사이에 있는 다리 접합 부분.

초식 생물(herbivore) 살아 있는 식물이나 조류를 먹는 생물.

촉수(palp) 무척추동물의 구기에 있는 손가락 모양의 돌출부로서 먹이를 다루거나 다른 용도로도 이용된다.

축족(axopod) 방산충으로 불리는 단세포 생물이 먹이를 잡을 때 이용하는 단단한 못처럼 생긴 위족 또는 일시적으로 돌출한 세포체.

출아(budding) (i) 식물이나 조류에서 자라는 새싹의 형성. (ii) 히드라 같은 동물의 몸에서 튀어나온 돌기의 형성. 모체에서 떨어져나와 독립적인 개체로 발달한다. (iii) 모세포 분열에 의한 새로운 효모 세포의 생성.

치설(radula) 연체동물에서 혀와 비슷한 기관의 긁는 표면으로서 먹이를 모으는 데 이용된다.

치설돌기(odontophore) 연체동물의 입에서 치설을 떠받치는 혀처럼 생긴 뻣뻣한 돌기.

카

카로티노이드(carotenoid) 노란색, 주황색, 붉은색의 색소군. 카로티노이드는 빛을 차단하거나 광합성에 필요한 빛 에너지의 흡수를 돕는 것처럼 다양한 생물에 의해 다양한 용도로 이용된다.

캄브리아기 대폭발(cambrian explosion) 약 5억 4000만 년 전, 현존하는 다양한 동물의 주요 분류군(문)이 그 조상에게서 갑자기 발생한 선사 시대의 사건.

컴퓨터 영상 합성 기술(computer generated imagery, CGI) 컴퓨터 소프트웨어를 이용해 만든 이미지.

콜라겐(collagen) 동물 조직의 지지와 강화에 이용되는 섬유질 단백질.

큐티클(cuticle) (i) 식물의 잎과 줄기의 표피를 덮어 보호하는 밀랍층. (ii) 일부 무척추동물의 표피를 보호하는 바깥층. 곤충류 같은 절지동물에서는 지지대 역할을 하는 외골격으로 굳는다.

크리스타(crista) 미토콘드리아의 내막이 접힌 부분. 유기 호흡과 관련된 막 결합 화학 반응의 표면적을 늘리는 데 이용된다.

큰턱(mandible) 곤충류를 포함해 절지동물의 구기를 이루는 한 쌍의 구조 중 대개 물거나 뚫는 데 이용되는 부분.

키틴(chitin) 질소가 함유된 섬유질의 단단한 탄수화물로서 균류의 세포벽과 절지동물의 외골격을 이룬다.

타

타이코 낭포(ptychocyst) 꽃말미잘에서 볼 수 있는 자포의 종류. 떠받치는 관을 조립하는 데 이용된다.

탄수화물(carbohydrate) 탄소, 수소, 산소가 포함된 유기 물질. 에너지를 배출하는 당분이나 녹말, 신체 구조를 지지하는 셀룰로스 같은 물질을 통틀어 탄수화물이라고 한다.

탈질소 반응(denitrification) 토양 세균이 질산염을 대기 중의 질소로 바꾸어 토양의 비옥도를 낮추는 과정.

통성 혐기성균(facultative anaerobe) 유기 호흡과 무기 호흡을 모두 할 수 있는 생물. 호기성, 혐기성 참조.

퇴적암(sedimentary rock) 퇴적물이 쌓이고 압축되면서 단단하게 굳어 형성된 석회암 같은 바위.

투과형 전자 현미경 사진(transmission electron micrograph, TEM) 투과형 전자 현미경을 이용해 얻은 사진. 표본으로는 얇은 박편이 이용되고 따라서 2차원으로 보인다.

틸라코이드(thylakoid) 엽록체 내부의 납작한 주머니로서 빛을 흡수하는 색소인 엽록소가 들어 있으며 광합성을 수행한다.

파

파지(phage) 세균을 감염시키는 바이러스.

펩티도글리칸(peptidoglycan) 세균의 세포벽을 이루는 단단한 물질.

편모(flagellum) 세포에 붙은 머리카락 같은 조직으로서 이동이나 먹이 수집 등의 활동에 이용된다. 세균의 편모는 프로펠러처럼 회전하고, 진핵생물의 편모는 채찍처럼 휘젓는다.

편성 호기성(obligate aerobe) 생존을 위해 (산소가 필요한) 호기성 호흡을 해야 하는 생물.

평형곤(haltere) 파리(파리목)의 뒷날개에서 파생된 한 쌍의 곤봉 모양 구조로서 비행할 때 균형을 잡아 준다.

폐쇄자낭과(cleistothecium) 누룩곰팡이 같은 자낭균류의 포자낭.

폐포(alveolus) 포유류의 폐 속에 공기가 채워진 작은 주머니. 공기와 혈액의 기체 교환이 이루어지는 장소.

포도당(glucose) 가장 흔한 당분 또는 가용성 탄수화물의 일종으로서 살아 있는 세포 내부에서 호흡에 이용된다.

포도상간균(staphylobacillus) 간균(막대 모양의 세포)의 다발 형태로 발생하는 세균.

포도상구균(staphylococcus) 구균(공 모양의 세포)의 다발 형태로 발생하는 세균.

포자(spore) 수정하지 않고 성체로 발달하는 생식 단세포. 균류, 양치류, 이끼류 같은 생물의 확산에 이용된다.

포자낭군(sorus) 양치식물에서 포자를 만드는 주머니 무리. 대부분의 양치식물에서 포자낭군은 잎의 뒷면에서 발달하며 포막으로 불리는 우산 모양의 덮개로 덮여 있다.

표피(epidermis) 식물이나 동물의 표층 세포를 이루는 조직.

플랑크톤(plankton) 드넓은 바다에 떠다니는 대체로 작은 생물의 군집.

하

하악골(mandible) 척추동물의 아래턱을 이루는 뼈.

하인두(hypopharynx) 혀 모양의 구조로 곤충의 구기를 이루는 구성 성분.

합포체(syncytium) 제한된 종류의 생물에서만 찾아볼 수 있는 조직 형태. 막이나 벽에 의해 몸이 별개의 세포로 나뉘지 않고 불규칙하게 퍼진 다량의 세포질을 통해 많은 세포핵이 흩어져 있다. 점균류의 합포체는 변형체로 불린다.

항생 물질(antibiotic) 세균이나 균류 같은 미생물이 만든 물질로서 경쟁 관계에 있는 다른 미생물을 억제하거나 죽인다. 페니실린 같은 많은 항생 물질은 세균 감염을 치료하는 데 의학적으로 이용된다.

항체(antibody) 림프구로 불리는 면역계 세포에서 분비되는 단백질로서 병원체처럼 외부에서 들어온 해로운 입자를 무력화하거나 파괴하는 데 이용된다.

헛뿌리(rhizoid) 이끼나 우산이끼의 뿌리 같은 구조. 표면에 단단히 고정하는 역할을 한다.

헤모글로빈(hemoglobin) 혈류에서 산소를 결합하고 실어 나르는 데 이용되는 적혈구 단백질.

헴(heme) 적혈구의 헤모글로빈에서 산소를 실어 나르며 철이 들어 있는 화학군.

현미경 검사법(microscopy) 현미경을 이용하는 기술이 포함된 검사법.

현미경 사진(micrograph) 현미경을 이용해 찍은 사진.

현탁물식자(suspension feeder) 물속에 부유하는 먹이 입자를 수집하는 동물.

혈소판(platelet) 혈액 응고와 연관된 혈액 세포의 조각.

혐기성(anaerobic) 산소를 이용하지 않거나 산소 농도가 낮은 환경을 이용하는 호흡 작용 등을 일컫는다.

협각(chelicera) 집게나 송곳니 모양으로 먹이를 수집하는 데 이용되는 거미류(진드기, 거미와 그 친척들)의 구기.

형성층(cambium) 분열 중인 세포가 들어 있는 고리 형태의 식물 줄기 조직으로서 식물이 성장하는 동안 줄기가 굵어지게 한다.

호기성(aerobic) 산소 또는 산소 농도가 높은 환경을 이용하는 호흡 작용 등을 일컫는 말.

호중구(neutrophil) 면역계의 일부인 백혈구. 식세포 작용에 의해 이질적인 입자를 집어삼킨다.

호흡(respiration) 먹이 분자에서 가용 에너지를 배출하는 생물의 화학 작용.

화분관(pollen tube) 식물의 구과나 꽃의 자성 생식 기관에서 싹튼 꽃가루 입자에서 자란 관. 화분관은 웅성 세포핵(정핵)을 난세포로 옮기는 역할을 한다.

화석(fossil) 선사 시대에 살았던 생물의 광물화된 유해나 흔적.

화학 합성(chemosynthesis) 세균과 고세균이 무기물에 있는 에너지를 이용해 단순한 물질(이산화탄소, 물, 무기물 따위)을 당분 같은 양분(유기물)으로 전환하는 과정.

확산(diffusion) 농도가 낮은 쪽에서 높은 쪽을 향해 점진적으로 퍼져 나가는 입자의 운동.

환절(annulus) 벌레 같은 동물의 몸이나 버섯 줄기에서 볼 수 있는 고리나 띠.

황록공생조류(zooxanthella) 산호, 나새류, 대합 같은 다른 생물의 조직에서 상리공생의 형태로 살아가는 노란색 조류. 대개 와편모류이다.

효소(enzyme) 살아 있는 생물체 내에서 화학 반응을 촉매하는 단백질. 화학 반응마다 서로 다른 효소가 필요하다.

후체부(opisthosoma) 거미 같은 거미류의 배.

휴면 생활(cryptobiosis) 완보동물 같은 일부 생물이 시도하는 휴면 상태. 이때 신체 기능이 느려지는 것은 극한 환경에서 살아남는 데 도움이 된다.

흡기(haustorium) 균류와 일부 기생 식물의 뿌리 같은 구조로서 양분을 흡수하는 데 이용된다.

찾아보기

다

라

마

바

사

아

자

차

카

타

파

하

도판 저작권

DK would like to extend special thanks to these people for their help in supplying and interpreting exceptional scanning electron micrographs.

Martin Oeggerli at *Micronaut*
www.micronaut.ch

Oliver Meckes at *Eye of Science*
www.eyeofscience.de

Charlotte Peterson-Hill at *Science Photo Library*
www.sciencephoto.com

DK would also like to thank:

Senior Editor:
Helen Fewster

Senior Art Editors:
Duncan Turner
Sharon Spencer

Design assistance:
Jessica Tapolcai

Editorial assistance:
Ankita Gupta
Tina Jindal

Jackets assistance:
Priyanka Sharma
Saloni Singh

Image retouching:
Steve Crozier

Additional illustrations:
Mark Clifton
Dan Crisp

Reference section contributor:
Richard Beatty

Indexer:
Elizabeth Wise

Proofreader:
Richard Gilbert

The publisher would like to thank the following for their kind permission to reproduce their photographs:

(Key: a-above; b-below/bottom; c-centre; f-far; l-left; r-right; t-top)

1 Science Photo Library: Steve Gschmeissner. **2-3 Science Photo Library:** Steve Gschmeissner. **4-5 Igor Siwanowicz:** (t). **6-7 Igor Siwanowicz**. **8-9 David Liittschwager:** Natural History Photography. **10 Science Photo Library:** Eye Of Science. **11 Science Photo Library:** Wim Van Egmond (tc); Steve Gschmeissner (tr, bc/Mite); Power And Syred (ftr); Gerd Guenther (bc); Eye Of Science (br); Claus Lunau (fbr). **12-13 Andre De Kesel**. **14 Science Photo Library:** Wim Van Egmond (bc); Steve Gschmeissner (tl, tc, tr, c, cr); Anne Weston, Em Stp, The Francis Crick Institute (cl); Marek Mis (bl, br). **15 Getty Images:** Science Photo Library / SPL / Steve Gschmeissner (tl). **Science Photo Library:** Daniel Schroen, Cell Applications Inc (cl); Marek Mis (bl). **Sebastian Vieira:** (br, cr). **16-17 Getty Images / iStock:** DigitalVision Vectors / Grafissimo. **18-19 Science Photo Library:** Eye Of Science. **18 Alamy Stock Photo:** Mint Images Limited / Mint Images (cl). **20-21 Science Photo Library:** Biophoto Associates. **20 Dreamstime.com:** Lertwit Sasipreyajun (tl). **22-23 Science Photo Library:** Dennis Kunkel Microscopy. **23 Alamy Stock Photo:** Nigel Cattlin (cla). **24-25 Getty Images / iStock:** CathyKeifer. **24 Dorling Kindersley:** Makoto Honda / www.honda-e.com (t). **Damien L'Hours', Neo-Rajah:** (br). **26 naturepl.com:** Visuals Unlimited (c). **26-27 Science Photo Library:** Eye Of Science. **28 Science Photo Library:** (tr); Eye Of Science (tl, c); Dr Gary Gaugler (tc); SCIMAT (cl); Steve Gschmeissner (cr, br); AMI Images (bl); Dennis Kunkel Microscopy (bc). **29 Science Photo Library:** (tl, bl); Dennis Kunkel Microscopy (cl); Eye Of Science (br). **30 Science Photo Library:** (cb). **30-31 M. Oeggerli:** Micronaut 2008, supported by School of Life Sciences, FHNW. **32-33 M. Oeggerli:** Micronaut 2008, kindly supported by FHNW. **32 Science Photo Library:** Eye Of Science (crb). **34-35 Andre De Kesel**. **35 Getty Images / iStock:** Matthew J Thomas (ca). **36 Science Photo Library:** Wim Van Egmond (cb). **36-37 Science Photo Library:** Steve Gschmeissner. **38 Science Photo Library:** Wim Van Egmond (tl). **38-39 Science Photo Library:** Frank Fox. **40-41 Science Photo Library:** Eye Of Science. **40 Science Photo Library:** Biophoto Associates (t). **42 Dr. Robert Berdan:** Science & Art Multimedia, www.canadiannaturephotographer.com (tl). **42-43 Waldo Nell**. **44-45 Igor Siwanowicz**. **45 Waldo Nell:** (clb). **46-47 Arno van Zon**. **47 Science Photo Library:** K Jayaram (cr). **48 Alamy Stock Photo:** alimdi.net (bc); Minden Pictures / Ingo Arndt (tc); Nature Picture Library / Alex Hyde (cl); Phil Degginger (c); Razvan Cornel Constantin (bl). **Dreamstime.com:** Razvan Cornel Constantin (tr); Brett Hondow (tl). **Jan Rosenboom:** (cr, br). **49 Dreamstime.com:** Razvan Cornel Constantin (tr). **Getty Images / iStock:** ConstantinCornel (cl). **naturepl.com:** Klein & Hubert (bl). **50 M. Oeggerli:** Micronaut 2011, with kind support of FHNW. **51 naturepl.com:** Kim Taylor (tr). **52 Dreamstime.com:** Edward Phillips (tl). **52-53 Andre De Kesel**. **54 Dreamstime.com:** Travellingtobeprecise (c). **54-55 Science Photo Library:** Eye Of Science. **56-57 Science Photo Library:** Power And Syred. **57 Dorling Kindersley:** Von Reumont, B.M.; Campbell, L.I.; Jenner, R.A. Quo Vadis Venomics? A Roadmap to Neglected Venomous Invertebrates. Toxins 2014, 6, 3488-3551. https://doi.org/10.3390/toxins6123488 (bc). **Dreamstime.com:** Mularczyk (tr). **58-59 M. Oeggerli:** Micronaut 2014, supported by School of Life Sciences, FHNW. **59 Dreamstime.com:** Cathy Keifer (cr). **60 Science Photo Library:** Steve Gschmeissner (tr, cra). **61 Science Photo Library:** Steve Gschmeissner. **62 Science Photo Library:** Steve Gschmeissner. **63 Science Photo Library:** Steve Gschmeissner (b). **64 Science Photo Library:** Dennis Kunkel Microscopy (bc). **65 Alamy Stock Photo:** Minden Pictures / NiS / Jogchum Reitsma. **66 Waldo Nell**. **67 Waldo Nell:** (t). **Science Photo Library:** Marek Mis (clb). **68 Science Photo Library:** Michael Abbey (tl). **68-69 eye of science**. **70-71 Getty Images / iStock:** DigitalVision Vectors / Nastasic. **72-73 Daniel Kordan (c):** (t). **72 Dreamstime.com:** Cathy Keifer (crb). **74-75 Science Photo Library:** Medimage. **75 Science Photo Library:** Thomas Deerinck, Ncmir (tr). **76-77 Science Photo Library:** Eye Of Science. **77 Science Photo Library:** Eye Of Science (tc). **78 Science Photo Library:** Steve Gschmeissner (cra). **78-79 Science Photo Library:** Eye Of Science. **80 Science Photo Library:** AMI Images (c). **80-81 Science Photo Library:** Eye Of Science. **82 Dreamstime.com:** John Anderson (c). **82-83 Getty Images:** Universal Images Group / Wild Horizons. **84 Dreamstime.com:** Raulg2 (clb). **84-85 Science Photo Library:** Steve Gschmeissner. **85 Dreamstime.com:** Roblan (tr). **86-87 Science Photo Library:** Marek Mis. **87 Alamy Stock Photo:** Nature Photographers Ltd / Paul R. Sterry (cr). **88 Science Photo Library:** Zephyr (tl). **88-89 Science Photo Library:** Eye Of Science. **90 Science Photo Library:** Steve Gschmeissner (cra). **90-91 Science Photo Library:** Eye Of Science. **92 Science Photo Library:** Susumu Nishinaga. **93 Science Photo Library:** Lennart Nilsson, TT (tr). **94 Dreamstime.com:** Vaclav Volrab (cl). **94-95 Science Photo Library:** Marek Mis. **96 Alamy Stock Photo:** All Canada Photos / Glenn Bartley. **97 Alamy Stock Photo:** All Canada Photos / Glenn Bartley (cl). **Dreamstime.com:** Rudmer Zwerver (cr). **98-99 Getty Images:** Moment / mikroman6. **100 Waldo Nell:** (bl). **Science Photo Library:** Alfred

Pasieka (tc). **100-101 Waldo Nell:** (c). **101 Waldo Nell:** (b). **102 Alamy Stock Photo:** imageBROKER / Volker Lautenbach (cr). **Biodiversity Heritage Library:** Smithsonian Libraries (bc). **102-103 Andre De Kesel**. **104-105 Science Photo Library:** Steve Gschmeissner. **104 Dreamstime.com:** Alptraum (clb). **106 Alamy Stock Photo:** F1online digitale Bildagentur GmbH / Matthias Lenke (bl). **naturepl.com:** MYN / Paul van Hoof (crb). **107 Alamy Stock Photo:** blickwinkel / Lenke. **108 Science Photo Library:** Eye Of Science (bc); Dr David Furness, Keele University (cb). **108-109 Science Photo Library:** Eye Of Science. **110-111 Khairul Bustomi**. **111 Dreamstime.com:** Dwi Yulianto (tl). **112 Science Photo Library:** Javier Torrent, Vw Pics (tl). **112-113 Getty Images:** 500px / Voicu Iulian. **114-115 Andre De Kesel**. **115 Science Photo Library:** Eye Of Science (c). **116 Dreamstime.com:** Cătălin Gagiu (clb). **116-117 Waldo Nell**. **118-119 Science Photo Library:** Gerd Guenther. **119 Alamy Stock Photo:** Eric Nathan (tc). **120 Alamy Stock Photo:** Nature Picture Library / Georgette Douwma (tr). **Alexander Semenov:** (b). **121 Alexander Semenov:** (t). **122 Dreamstime.com:** Piyapong Thongdumhyu (cra). **123 Science Photo Library:** Thomas Deerinck, NCMIR. **124-125 Getty Images:** 500Px Plus / Yudy Sauw. **125 Alamy Stock Photo:** Nature Picture Library / MYN / Lily Kumpe (tr). **126-127 Dreamstime.com:** Evgeny Turaev. **128-129 Science Photo Library:** Frank Fox. **130 Alamy Stock Photo:** blickwinkel / Fox (cb). **130-131 Alamy Stock Photo:** Panther Media GmbH / Kreutz. **132 Alamy Stock Photo:** blickwinkel / Guenther (tl); Panther Media GmbH / Kreutz (b). **Science Photo Library:** Gerd Guenther (c). **132-133 Getty Images / iStock:** micro_photo (tc). **133 Science Photo Library:** David M. Phillips (tr). **134-135 Waldo Nell**. **134 Biodiversity Heritage Library:** Smithsonian Libraries (tc). **135 Science Photo Library:** Rogelio Moreno (tr). **136 Alamy Stock Photo:** Biosphoto / Christoph Gerigk (crb). **Science Photo Library:** Wim Van Egmond (c). **137 Science Photo Library:** Wim Van Egmond. **138 Science Photo Library:** Jannicke Wiik-Nielsen (bc). **138-139 Science Photo Library:** Jannicke Wiik-Nielsen. **140-141 Waldo Nell**. **141 Dreamstime.com:** Vlasto Opatovsky (cr). **142-143 Science Photo Library:** Rogelio Moreno. **143 Science Photo Library:** Wim Van Egmond (crb). **144-145 Igor Siwanowicz**. **145 Science Photo Library:** Frank Fox (cr). **146 Science Photo Library:** Frank Fox. **147 Alamy Stock Photo:** blickwinkel / Hartl (cr). **Science Photo Library:** Frank Fox (tc). **148 Alamy Stock Photo:** agefotostock / Marevision (bl). **148-149 Evan Darling:** Slide preparation and imaging by Evan Darling, whos other image making can be seen on Instagram @lambdascans. **150-151 Alamy Stock Photo:** blickwinkel / Lenke. **151 Getty Images / iStock:** JanMiko (cr). **152 naturepl.com:** Jan Hamrsky (cb). **152-153 naturepl.com:** Jan Hamrsky. **154-155 Science Photo Library:** Eye Of Science. **154 Dorling Kindersley:** Jonas O. Wolff ,Wolfgang Nentwig,Stanislav N. Gorb, doi: https://doi.org/10.1371/journal.pone.0062682.g001 (cla). **Shamsul Hidayat:** (c). **156-157 Science Photo Library:** Dr Morley Read. **157 Science Photo Library:** Alex Hyde (tl). **158 Alamy Stock Photo:** Nature Picture Library (br). **Andre De Kesel:** (bl). **159 Dreamstime.com:** Angel Luis Simon Martin (bl). **Andre De Kesel:** (br). **160-161 Science Photo Library:** Eye Of Science. **160 Dorling Kindersley:** Sakes, Aimee & Wiel, Marleen & Henselmans, Paul & Van Leeuwen, Johan L & Dodou, Dimitra & Breedveld, Paul. (2016). Shooting Mechanisms in Nature: A Systematic Review. PLOS ONE. 11. e0158277. 10.1371 / journal.pone.0158277. (cla). **161 Science Photo Library:** Wim Van Egmond (tr). **162-163 Andre De Kesel**. **163 Alamy Stock Photo:** Minden Pictures / Stephen Dalton (tc). **164-165 Science Photo Library:** Marek Mis. **165 Dreamstime.com:** Romantiche (cr). **166 Science Photo Library:** Steve Gschmeissner (tl). **167 Andre De Kesel**. **168-169 Science Photo Library:** Steve Gschmeissner. **168 Alamy Stock Photo:** Nature Picture Library / Michael Hutchinson (tl). **Science Photo Library:** Claude Nuridsany & Marie Perennou (tc). **170 Paul Hollingworth Photography:** (b). **171 Science Photo Library:** Power And Syred. **172-173 John Hallmen**. **172 Getty Images / iStock:** Bee-individual (tl). **174-175 Library of Congress, Washington, D.C.:** Giltsch, Adolf, 1852-1911, LC-DIG-ds-07542. **176-177 Science Photo Library:** Dr Torsten Wittmann. **177 Science Photo Library:** Don W. Fawcett (cr). **178 Science Photo Library:** Dennis Kunkel Microscopy (bl); Steve Gschmeissner (tl, tc, tr, cl, c, cr, bc, br). **179 Science Photo Library:** Steve Gschmeissner (tl, tr, cl, bl). **180-181 Science Photo Library:** Steve Gschmeissner. **180 Science Photo Library:** Steve Gschmeissner (tl, tc, tr). **182 Science Photo Library:** Wim Van Egmond (tl). **183 Biodiversity Heritage Library:** Harvard University, Museum of Comparative Zoology, Ernst Mayr Library. **184 Science Photo Library:** Steve Gschmeissner (ca). **185 Science Photo Library:** Steve Gschmeissner. **186 Science Photo Library:** Eye Of Science (br); Steve Gschmeissner (tl, tc, cl, c, cr, bl, bc); Ikelos GMBH / Dr. Christopher B. Jackson (tr). **187 Science Photo Library:** Steve Gschmeissner (cl, bl); Natural History Museum, London (r). **188 Science Photo Library:** Eye Of Science (cl). **188-189 Science Photo Library:** Eye Of Science. **190-191 M. Oeggerli:** Micronaut 2013. With kind support by School of Life Sciences, FHNW. **191 Science Photo Library:** Steve Gschmeissner (crb). **192 © State of Western Australia (Department of Primary Industries and Regional Development, WA):** Pia Scanlon. **193 Greg Bartman:** USDA APHIS PPQ, Bugwood.org (tr). **194-195 SuperStock:** Ch'ien Lee. **194 Alamy Stock Photo:** Biosphoto / Husni Che Ngah (cla). **Dreamstime.com:** Cathy Keifer (c); Lidia Rakcheeva (tl); Mohd Zaidi Abdul Razak (tc). **SuperStock:** Minden Pictures (ca); Minden Pictures / Piotr Naskrecki (cl). **196 Alamy Stock Photo:** Islandstock (cl). **196-197 Alexander Semenov**. **198-199 Science Photo Library:** Ted Kinsman. **199 OceanwideImages.com:** Gary Bell (tc). **Science Photo Library:** Ted Kinsman (cra). **200-201 Dr. Adam P. Summers**. **201 Dreamstime.com:** Awcnz62 (c). **202-203 Science Photo Library:** Steve Gschmeissner. **204-205 Waldo Nell**. **204 Science Photo Library:** Marek Mis (br). **206-207 Science Photo Library:** Steve Gschmeissner. **206 123RF.com:** Gabriele SiebenhÃ¼hner (crb). **Dreamstime.com:** Svetlana Foote (c). **208 Science Photo Library:** Eye Of Science (tr, cl, cr, bl, bc, br); Martin Oeggerli (tl); Steve Gschmeissner (tc). **SuperStock:** Minden Pictures / Albert Lleal (c). **209 Science Photo Library:** Stefan Diller (tl); Visuals Unlimited, Inc. / Dr. Stanley Flegler (cl); Eye Of Science (bl); Science Source / Ted Kinsman (r). **210 Alamy Stock Photo:** Minden Pictures / Mark Moffett (tl). **210-211 M. Oeggerli:** Micronaut 2018, supported by Pathology, University Hospital Basel, and School of Life Sciences, FHNW. **212 Shutterstock.com:** pets in frames (cl). **212-213 Science Photo Library:** Power And Syred (c). **213 Science Photo Library:** Power And Syred. **214 Dreamstime.com:** Juan Francisco Moreno GÁmez (cl). **214-215 Igor Siwanowicz**. **216-217 Science Photo Library**. **217 Science Photo Library:** Eye Of Science (tr). **218-219 Alamy Stock Photo:** Quagga Media. **220-221 Science Photo Library**. **222-223 Science Photo Library:** NIAID / National Institutes Of Health. **223 Science Photo Library:** KTSDESIGN (cb). **224 Dreamstime.com:** Iuliia Morozova (cl). **224-225 Science Photo Library:** Eye Of Science. **226-227 Science Photo Library:** Wim Van Egmond (t). **226 Avalon:** M I Walker (crb). **228 Science Photo Library:** Lennart

Nilsson, TT (tr). **229 Science Photo Library:** Eye Of Science. **230 Science Photo Library:** Nature Picture Library / Alex Hyde (cl). **230-231 Science Photo Library:** Eye Of Science. **232 Getty Images / iStock:** Anest (c). **Science Photo Library:** Eye Of Science (br). **233 Science Photo Library:** Eye Of Science. **234-235 Martin Oeggerli:** Micronaut. **235 Dreamstime.com:** Alfio Scisetti (c). **236 Science Photo Library:** Eye Of Science (cl, br); Steve Gschmeissner (tl, tr, c, cr, bc); Power And Syred (tc); Ikelos Gmbh / Dr. Christopher B. Jackson (bl). **237 Dorling Kindersley:** Sue Barnes / EMU Unit of the Natural History Museum, London (bl). **Science Photo Library:** Eye Of Science (cl); Steve Gschmeissner (tl); Linear Imaging / Linnea Rundgren (tr). **238-239 Getty Images:** John Kimbler. **239 Science Photo Library:** Susumu Nishinaga (cb). **240 Science Photo Library:** Steve Lowry. **241 Alamy Stock Photo:** Minden Pictures / Mark Moffett (tr). **242-243 Science Photo Library:** Marek Mis. **243 naturepl.com:** Doug Wechsler (c). **244-245 Science Photo Library:** Eye Of Science. **245 Alamy Stock Photo:** Nature Picture Library (tr). **246-247 M. Oeggerli:** Micronaut 2013, supported by School of Life Sciences, FHNW. **247 Biodiversity Heritage Library:** Smithsonian Libraries (br). **naturepl.com:** Mark Moffett (bc). **Martin Oeggerli:** Micronaut 2013, kindly supported by School of Life Sciences, FHNW (cr); Micronaut 2013, supported by School of Life Sciences, FHNW (crb). **248 Dreamstime.com:** Kengriffiths6 (tl, tc, tr). **248-249 Andre De Kesel**. **250-251 Alamy Stock Photo:** Patrick Guenette. **252-253 Science Photo Library:** Frank Fox. **252 Science Photo Library:** AMI Images (tc). **254 Science Photo Library:** Biophoto Associates (tr). **254-255 Science Photo Library:** Steve Gschmeissner (b). **256 Science Photo Library:** Gerard Peaucellier, ISM (tr). **256-257 Daniel Knop:** (b). **258 Alamy Stock Photo:** bilwissedition Ltd. & Co. KG (cl); Nik Bruining (bl). **naturepl.com:** Hans Christoph Kappel (br). **Science Photo Library:** Nicolas Reusens (bc). **258-259 Martin Oeggerli:** Micronaut. **260 Alamy Stock Photo:** Chris Lloyd (c). **260-261 Science Photo Library:** Rogelio Moreno. **262 Alamy Stock Photo:** Hans Stuessi (cl). **Dreamstime.com:** Cl2004lhy (tr); Antonio Ribeiro (tl); Tatsuya Otsuka (tc). **Science Photo Library:** Steve Gschmeissner (bl); Gerd Guenther (c); Petr Jan Juracka (cr); Power And Syred (bc, br). **263 Science Photo Library:** Eye Of Science (cl); Th Foto-Werbung (tl); SCIMAT (bl); US Geological Survey (br). **264-265 Science Photo Library:** Eye Of Science. **266 Dreamstime.com:** Callistemon3 (c). **266-267 Science Photo Library:** Magda Turzanska. **268 Biodiversity Heritage Library:** Smithsonian Libraries (bl). **268-269 Science Photo Library:** Wim Van Egmond. **269 Alamy Stock Photo:** Steve. Trewhella (tr). **270 Science Photo Library:** Nature Picture Library / / 2020vision / Ross Hoddinott (bl, br). **271 Science Photo Library:** Nature Picture Library / / 2020vision / Ross Hoddinott (bl, br). **272-273 Andre De Kesel**. **273 Science Photo Library:** Nature Picture Library / Jan Hamrsky (tr). **274-275 Getty Images / iStock:** DigitalVision Vectors / ilbusca. **276-277 Science Photo Library:** Steve Gschmeissner. **276 Science Photo Library:** Steve Gschmeissner (tl). **278-279 Science Photo Library:** Eye Of Science. **280-281 eye of science**. **281 Science Photo Library:** Eye Of Science (cb). **282 Dreamstime.com:** Anna Krivitskaia (c). **282-283 Science Photo Library:** Edward Kinsman. **284-285 eye of science**. **285 Dreamstime.com:** Wirestock (br). **286 Science Photo Library:** John Burbidge (bc); Alexander Semenov (br, fbr). **287 Getty Images / iStock:** ZU_09. **288 Waldo Nell:** (r). **Science Photo Library:** Teresa Zgoda (cb). **289 Waldo Nell:** (b, tr). **290 Science Photo Library:** Wim Van Egmond (tl, tc, cl, c, cr, bc); Rogelio Moreno (tr); Gerd Guenther (bl); Frank Fox (br). **291 Science Photo Library:** Wim Van Egmond (tl, cl); Rogelio Moreno (bl); Gerd Guenther (tr). **292 Alamy Stock Photo:** RGB Ventures / Charles Krebs (tl). **naturepl.com:** Jan Hamrsky (tc, tc/Diving Beetle). **293 M. Oeggerli:** Micronaut 2010, kindly supported by FHNW, Muttenz. **294-295 Science Photo Library:** Steve Gschmeissner. **294 Science Photo Library:** Dennis Kunkel Microscopy (cb). **296-297 M. Oeggerli:** Micronaut 2014, supported by School of Life Sciences, FHNW. **297 naturepl.com:** Doug Wechsler (tc). **Science Photo Library:** Wim Van Egmond (tr). **298 Science Photo Library:** Eye Of Science. **299 Science Photo Library:** Dennis Kunkel Microscopy (cl, bc); Eye Of Science (tl); Steve Gschmeissner (tc, cr); David Scharf (tr, c, bl, br). **300 Dreamstime.com:** Henrikhl (tr); Paul Reeves (tc). **Science Photo Library:** Nature Picture Library / Solvin Zankl (tl). **301 Alamy Stock Photo:** Science History Images. **302-303 Science Photo Library:** Eye Of Science. **302 Science Photo Library:** Claude Nuridsany & Marie Perennou (cb). **304-305 M. Oeggerli:** Micronaut 2014, supported by School of Life Sciences, FHNW. **305 Science Photo Library:** Steve Gschmeissner (tl). **306 Alamy Stock Photo:** blickwinkel / H. Bellmann / F. Hecker (clb). **306-307 M. Oeggerli:** Micronaut 2007. **308 Science Photo Library:** Steve Gschmeissner (c). **308-309 M. Oeggerli:** Micronaut, 2012, kindly supported by School of Life Sciences, FHNW. **310 Science Photo Library:** Eye Of Science (tl, c). **311 Science Photo Library:** Eye Of Science (cl, clb, bc, br, cr). **312 Alamy Stock Photo:** Biosphoto / Frank Deschandol & Philippe Sabine (b). **313 John Hallmen**. **314 Dreamstime.com:** Heinz Peter Schwerin (cl). **314-315 Science Photo Library:** Eye Of Science. **316-317 Science Photo Library:** Eye Of Science. **318-319 Waldo Nell**. **319 Dreamstime.com:** Andy Nowack (cr).

추천의 말

미소 생물, 사랑과 공부의 시작

밤하늘에 반짝이는 별을 보면 좀 더 가까이 다가가서 보고 싶다는 생각이 든다. 멀리 떨어져 있어 작아 보이지만 가까이에서 보면 더 아름다우리라 생각하기 때문이다. 마찬가지로 우리 주변에서 볼 수 있는 작은 것이라도 가까이 들여다보면 재미있는 일이 많다. 더욱이 작은 것을 크게 확대하면 여러 가지 재미난 이야기를 찾을 수 있다. 이 책은 작디작은 미소 세계(micro world) 안에서 일어나는 재미난 생명 이야기를 우리에게 들려준다. 눈에 보이지 않는 미생물뿐만 아니라 원생동물을 비롯해 벌레나 이끼에 이르기까지 크기가 작은 온갖 생물들이 만들어 내는 이야기는 우리에게 새롭고 흥미로운 세계를 열어 준다.

"아는 만큼 보인다." 아는 것이 얼마나 중요한지를 잘 알려주는 말이다. 그런가 하면 "열심히 노력하는 것도 중요하지만, 즐기는 사람을 이기지 못한다."라고도 한다. 그러기에 제대로 알고 많이 즐기는 것이 삶의 방법으로는 으뜸이라 할 수 있다. 예전부터 사람들은 공부의 중요성을 말하면서 좋은 선생과 좋은 책 그리고 좋은 환경을 꼽았고, 여기에 자신의 노력을 덧붙였다. 하나만 덧붙이자면 노력에 재미를 더해야 한다. 누구나 노력이 중요하다는 것을 알지만, 재미가 없으면 좋은 결과를 얻기 어렵다. 물론 신바람 나는 재미는 스스로 찾아가는 노력이 먼저이지만, 좋은 자료와 좋은 책이 있으면 더 쉽게 찾을 수 있다.

사람들이 과학이 어렵다고 한다. 과학 가운데 생물학이 어렵다는 사람도 있고 쉽다는 사람도 있다. 쉽다는 사람은 아마도 생물이 가진 삶의 방법을 이해하기 때문일 것이고, 어렵다는 사람은 모두를 외우려 하기 때문일 것이다. 모든 생물은 생명을 유지하는 데에 모든 방법을 이용하고 있다. 몸집이 크거나 작거나 살아가는 방법은 근본적으로 같기 때문이다. 『미소 생물』은 크기가 작은 생물들이 살아가는 여러 가지 방법에 대해 차분하게 설명해 준다. 이러한 설명을 통해 비록 몸집이 작은 생명체라고 해서 결코 무시할 수 없는 삶의 모습을 갖추고 있다는 사실을 알 수 있다. 더 나아가 생명의 신비로움과 경이로움을 느낄 수 있으며 나아가 생명의 아름다움에 감사하는 겸손한 마음까지도 갖게 한다.

자연의 경이로움은 직접 보지 않고서는 알아보기가 쉽지 않다. 그런데 이 책은 자연을 직접 눈으로 보는 것처럼 생명의 신비로움과 경이로움을 우리에게 생생하게 전해 준다. 최신 기술을 활용한 고배율 현미경 사진과 설명으로 작은 생물들이 사는 모습과 방법을 알려준다. 이 책 자체가 한 권의 초정밀 고해상 현미경인 셈이다. 작은 크기의 생물이 살아가는 삶의 방법을 쉽게 이해할 수 있도록 지식과 정보를 알려주는 것이 이 책의 장점이다. 한 가지 아쉬움이라면 미소 생물 중 일부의 이름이 학명으로만 표기된 점이다. 아직 우리 학계의 공부가 미치지 못한 탓인가, 작은 생명체들 모두에게 친근한 우리말 이름을 붙이지 못했다. 물론 생물이 사는 곳은 너무나 넓고 생물의 종류도 그만큼 많아 그럴 수밖에 없다. 바로 그것이 자연과 환경이고 생명 현상의 하나다. 이 책을 읽는 젊은 독자들이 아름다운 우리말 이름을 붙여 주면 좋겠다.

『미소 생물』을 통해 자연과 생명에 관한 이해가 넓어지고 자연과 생명의 신비로움과 경이로움을 찾아가는 재미를 맛볼 수 있다. 우리가 미처 알지 못했던, 그리고 미처 깨닫지 못했던 미소 생물의 신비로운 생명 현상을 보고 느낄 수 있도록 안내하는 훌륭한 지침서이다. 따라서 이 책을 곁에 두고 틈틈이 펼쳐 본다면 생명의 신비로움과 경이로움을 배우는 동시에 생명의 아름다움도 느끼는 즐거움까지 함께 누릴 수 있을 것이다.

이재열(경북 대학교 명예 교수)

미소
생물
도감

차례

미소 생물 도감

세밀화로 보는 미소 생물의 분류

인류가 자연계를 체계적으로 정리하기 시작한 것은 정보 저장과 불러오기를 통해 손쉽게 찾아볼 수 있다는 실용적 이유에서다. 그러나 생물 종을 군으로 분류하는 일은 그 사이의 진화 관계를 밝히는 것 못지 않게 깊은 의미가 있다.

생물의 분류

큰 생물군을 그보다 작은 생물군으로 나누는 오늘날 생물 분류의 계층 체계는 스웨덴의 박물학자인 칼 폰 린네(Carl von Linné, 1707~1778년)에 의해 형태를 갖추었다. 그는 호모 사피엔스(*Homo sapiens*)처럼 라틴 어로 종명을 나타내는 이명법을 고안했다. 그러나 다양성을 자랑하는 초소형 생물 대부분은 린네 이후로 성능이 향상된 현미경에 의해 발견되었으며, 생물학자들이 세포, 유전학, 생화학에 대해 더 많은 사실을 밝히고 나서야 이 생물들 사이의 유사성이 제대로 평가를 받기 시작했다. 모든 생명체가 진화의 산물임을 찰스 다윈(Charles Robert Darwin, 1809~1882년)이 입증한 이후로 생물 형태의 관련성은 생물 분류를 주도해 왔다. 린네의 이명법은 오늘날에도 여전히 쓰이지만, 생물은 계통군으로 불리는 진화군에 따라 분류된다. 각각의 계통군에는 공통의 조상에게서 나온 모든 자손이 포함된다. 오늘날 계통군과 거기에 포함된 생물 종의 수는 계속해서 수정된다.

기린목바구미의 분류

동물은 하나의 계(동물계)로 분류된다. 동물은 대개 근육과 신경이 포함된 다세포의 몸을 가지고 있다는 점에서 세균이나 식물처럼 다른 계에 속한 생물과는 다르다.

문(phylum)
동물계는 30개 이상의 주요 문으로 나뉜다. 그중 절지동물문(Arthropod)에는 관절로 연결된 다리와 외골격을 가진 거미류, 갑각류, 곤충류를 포함한 동물이 모두 들어간다.

강(class)
절지동물문에서 가장 큰 강인 곤충강(Insecta)에 속한 성충의 몸은 머리, 가슴, 배의 세 부분으로 나뉘며 관절로 연결된 6개의 다리, 날개, 2개의 더듬이를 가지고 있다.

목(order)
딱정벌레목(Coleoptera)에 속한 곤충이 날지 않을 때는 단단한 방패(겉날개)로 변형된 앞날개 한 쌍이 막으로 된 뒷날개 한 쌍을 가려 준다.

과(family)
잎말이바구미로 불리는 거위벌레과(Attelabidae)의 딱정벌레는 긴 주둥이와 일자형의 더듬이를 가지고 있다. 이 과에 속한 수많은 종은 말린 잎에 알을 낳는다.

속(genus)
트라켈로포루스속(*Trachelophorus*) 잎말이바구미는 특이할 정도로 늘어난 긴 목 때문에 기린목바구미라는 이름이 붙었다. 암컷보다는 수컷의 목이 길다.

종(species)
붉은색과 검은색이 두드러지는 기린목바구미(*Trachelophorus giraffa*) 같은 종은 대개 생존 가능한 자손을 낳기 위해 이종 교배할 수 있는 개체군으로 여겨진다.

딱정벌레에 이름 붙이기
1860년에 프랑스의 곤충학자 앙리 제켈(Henri Jekel, 1816~1891년)은 린네의 명명법보다 앞서 마다가스카르에서 채집한 표본에서 이 딱정벌레를 설명했다. 그 과학적 이름(*Trachelophorus giraffa*)은 '기린 같은 목이 달린 벌레'를 의미한다.

기린목바구미

미시 세계의 다양성
오늘날 수많은 단세포 생물은 별도의 생물군으로 분류될 정도로 동식물과는 거리가 있다고 알려져 있다. 야베즈 호그(Jabez Hogg, 1817~1899년)의 판화 『현미경』(1883년)에는 껍데기를 벗긴 유공충(맨 위와 맨 아래), 섬모충류와 편모충류(왼쪽 하단), 족포자충류로 불리는 벌레 같은 기생충(상단 중앙)을 포함한 미생물의 일부를 보여 준다. 이들은 윤형동물로 불리며 투명한 관 속에서 살아가는 초소형 동물과 나란히 보인다(하단 중앙).

GREGARINIDA, POLYCYSTINA, FORAMINIFERA, ROTIFERA, ETC.

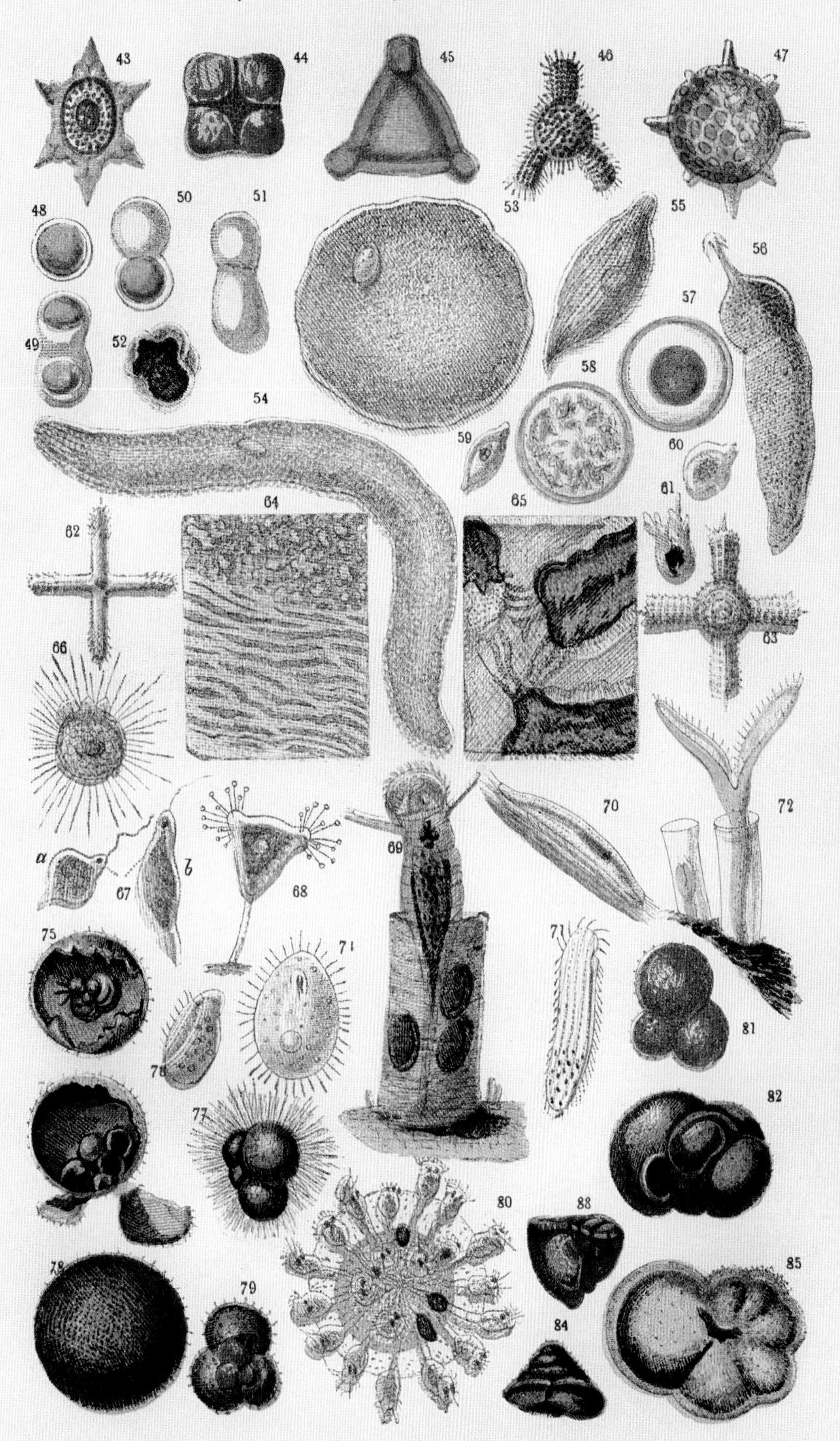

Tuffen West, del.

Edmund Evans.

PLATE III.

극호염균

에우리고세균문(Euryarchaeota) 고세균계(Archaea)

모든 고세균과 마찬가지로 극호염균 역시 세포핵이 없는 초소형의 단세포 생물이다. 그런 점에서는 세균과 비슷하지만, 세포막 구성과 그 밖의 화학적 특징에서 고세균은 세균과는 다르다. DNA는 고세균이 실제로 진핵생물(『미소 생물』 12~13쪽 참조)에 더 가깝다는 것을 보여 준다.

극호염균은 고염의 사막 호수를 비롯해 바닷물 염도의 4배 이상인 환경에서도 살아남는다. 자외 복사로부터 이 균을 보호해 주는 카로티노이드색소는 물을 붉게 물들인다. 세포막에 있는 또 다른 색소는 빛 에너지를 흡수해 물질 대사에 동력을 공급하는 데 이용된다. 그러나 극호염균은 스스로 양분을 만들어 내는 광합성은 할 수 없다. 대부분은 산소를 필요로 하지만, 일부는 산소 없이도 자란다.

할로박테리움속
다른 호염균과 마찬가지로 할로박테리움속(*Halobacterium*) 세균은 염도가 높은 환경에서만 생존할 수 있다. 사해(요르단, 이스라엘), 마가디 호수(케냐), 그레이트솔트호(미국)에서 살아간다.

메테인 생성 세균

에우리고세균문(Euryarchaeota) 고세균계(Archaea)

메테인 생성 세균은 산소 없이 호흡하는 고세균이다. 대신에 이산화탄소를 이용해 수소 기체를 산화시키는 과정에서 생성된 폐기물로 메테인을 배출한다. 늪이나 습지에 풍부해서 죽은 식물을 분해해 '습지 기체'인 메테인, 황화수소, 이산화탄소를 만들어 낸다. 또 수많은 동물, 그중에서도 특히 초식 동물의 장에 서식한다. 구형이나 막대형인 이 미생물의 일부는 뜨겁고 건조한 사막의 토양, 지각층 깊은 곳의 암석, 화산 온천을 비롯한 가장 극한 환경에서도 잘 살아간다. 메타노피루스 칸들레리(*Methanopyrus kandleri*)는 수심 2000미터의 섭씨 80~110도에 이르는 열수공 바닥에서도 살아가며, 그린란드 빙상에 3000미터 깊이까지 구멍을 뚫어 채취한 얼음 조각인 빙하 코어에서도 발견되었다.

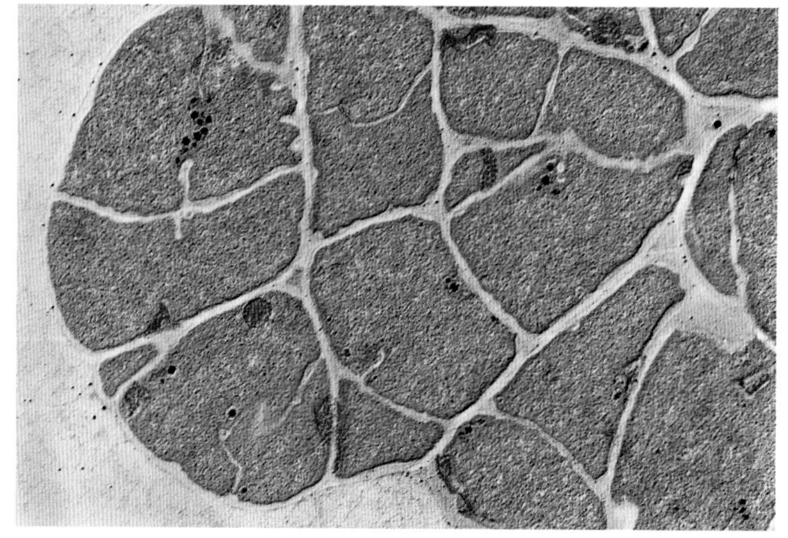

메타노사르치나속
투과형 전자 현미경 사진은 메타노사르치나속(*Methanosarcina*) 고세균(초록색, 세포벽은 노란색)을 보여 준다. 이 고세균들은 심해의 열수공, 쓰레기 매립지, 동물의 장을 비롯해 폭넓은 서식 환경에서 살아간다.

극호열균

에우리고세균문(Euryarchaeota) 크렌고균문(Crenarchaeota) 고세균계(Archaea)

극호열균은 열수 분출공, 석유 매장지, 온천에서 산소 없이 살아가는 혐기성 고세균이다. 대개 이 고세균은 섭씨 60~95도에서 자란다. 그런 온도에서는 대부분 생물의 복잡한 생물학적 분자가 풀어지거나 '성질이 변해' 쓸모없게 되고 만다. 그러나 극호열균 분자는 고온에도 견디는 화학적 결합을 보이며 DNA 주변으로는 보호용 단백질이 있다. 관련된 단백질은 진핵생물의 염색체를 구성하는데, 이것은 고세균이 진핵생물의 조상일 수도 있다는 증거가 된다. 태평양의 열수 분출공에서 발견된 게오겜마 바로시(*Geogemma barossii*)는 최고의 극호열균 가운데 하나이다. 이들은 섭씨 121도에서도 번식하고 섭씨 130도에서도 생존 가능하다. 극호열균을 발견하기 전까지만 해도 과학자들은 섭씨 121도에서는 어떤 생물도 살아남을 수 없다고 생각했다.

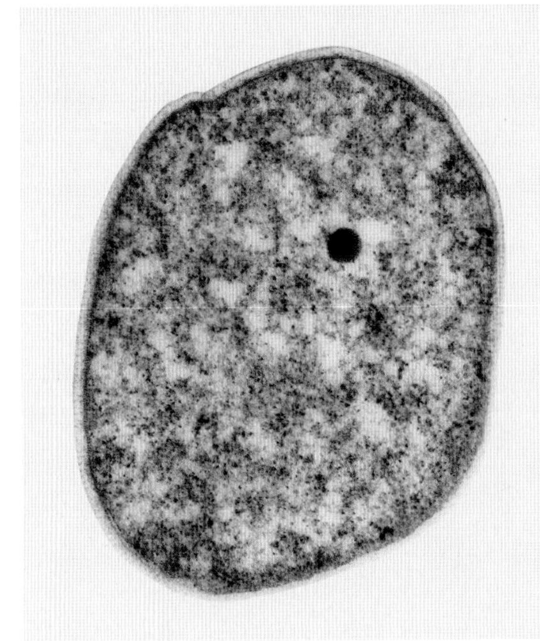

술포로부스속
술포로부스속(*Sulfolobus*)은 화산 활동과 밀접한 관계가 있어서 섭씨 40~95도에 이르는 머드팟, 온천, 열수 분출공에서 살아간다. 산에 강한 세포벽을 가지고 있으며 pH 1~6의 산성 환경에서만 살아남는다.

초소형 고세균

나노고세균문(Nanoarchaea) 고세균계(Archaea)

최초의 나노고세균은 2002년 아이슬란드 연안의 열수 분출공에서 발견되었다. 나노아르케움 이퀴탄스(*Nanoarchaeum equitans*)라는 이름이 붙은 이 고세균은 이보다 훨씬 큰 호열성 고세균에 붙어 있었다. 지름이 0.5마이크로미터(가장 큰 바이러스 크기)보다 작아서 가장 작은 고세균으로 알려져 있다. 이후로 미국과 러시아의 온천, 태평양의 열수 분출공 같은 전 세계의 서식지에서도 나노고세균이 발견되었다. 작은 크기 때문에 DNA 크기라든지 독립적인 삶을 살아갈 능력에도 제한을 받는다. 그 결과 대개는 다른 미생물에 기생하거나 자신보다 큰 숙주와 상호 공생 관계를 유지하는 것으로 보인다.

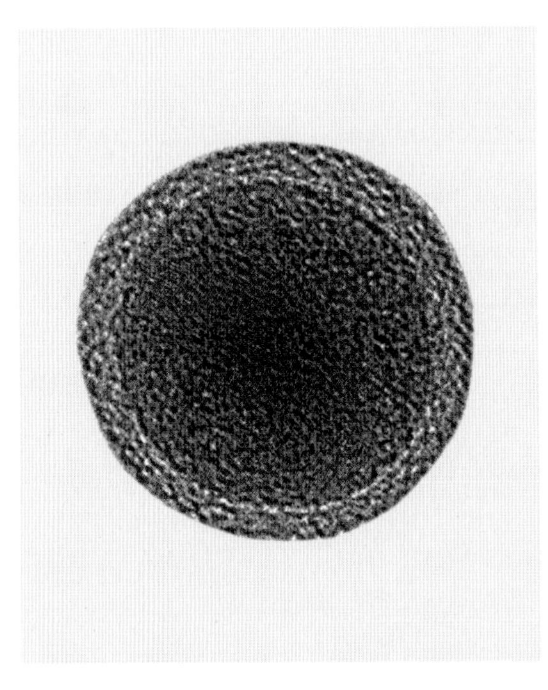

파르바카에움
광산에서 흘러나오는 산성이 강한 물에서 발견된 파르바카에움(*Parvarchaeum*)은 이보다 큰 고세균과 공생 관계를 갖는다.

프로테오박테리아

프로테오박테리아문(Proteobacteria) 세균계(Bacteria)

프로테오박테리아는 세포벽 주변에 외막이 추가로 있는 다양한 그람 음성균(『미소 생물』 33쪽 참조)에 속한다. 대개 막대형이나 나선형이다. 이 생물군에 속한 몇몇 종은 채찍 모양의 편모가 있어서 운동에 이용한다. 수많은 프로테오박테리아는 혐기성이어서 대사 작용에 산소가 필요하지 않다.

발진티푸스 같은 소화기 계통의 감염과 질병을 일으키는 경우도 많다. 병원성 프로테오박테리아는 순식간에 번식할 수 있다. 가령 하나의 대장균(*Escherichia coli*) 부모 세포는 20분마다 2개의 '딸' 세포를 만들어 낼 수 있다. 그러나 상당수의 프로테오박테리아는 병원체가 아니다. 실제로 이들은 유기 물질을 분해하거나 토양에 질소를 고정함으로써 생태계에서 중요한 역할을 한다(『미소 생물』 26쪽 참조).

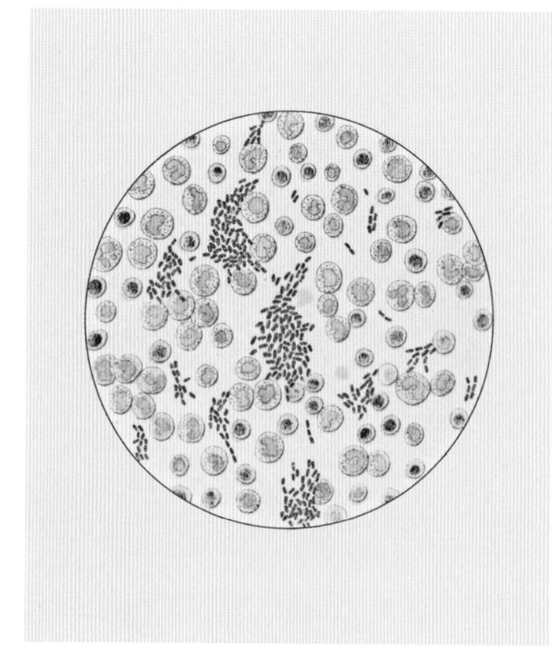

살모넬라균
이 프로테오박테리아(푸른색)는 식중독을 일으키는 것으로 잘 알려져 있다. 장티푸스를 일으키는 살모넬라균(*Salmonella*)은 혈액으로 전달돼 감염이 온몸으로 퍼져 나갈 수 있다. 여기 보이는 것은 인간의 혈류를 감염시킨 살모넬라균이다.

후벽균

후벽균문(Firmicutes) 세균계(Bacteria)

후벽균은 구형이나 막대형이며 세포벽 주변에 외막이 없는 그람 양성균이다. 상당수는 휴면 포자를 변형시켜 어려운 환경을 견뎌낸다. 세균은 세포벽 내에서 분열하고 한쪽이 다른 한쪽을 집어삼켜 건조, 자외선 복사, 높은 온도, 동결을 이겨낼 수 있는 내생포자를 형성한다. 내생포자는 몇 세기 동안 휴면 상태로 남아 있다가 상황이 나아지면 원상태로 돌아가 대사 작용을 재개할 수 있다.

후벽균은 유기 양분을 이용하지만, 헬리오박테리아(*Heliobacterium*) 같은 몇몇 종은 빛 에너지를 이용해 영양을 공급한다. 그러나 대부분의 광합성세균과 달리 산소는 만들어 내지 않는다. 후벽균에 속한 클로스트리디움 파스트리아눔(*Clostridium pasteurianum*)은 대기 중의 질소를 고정한다고 알려진, 가장 독립적으로 살아가는 세균이다.

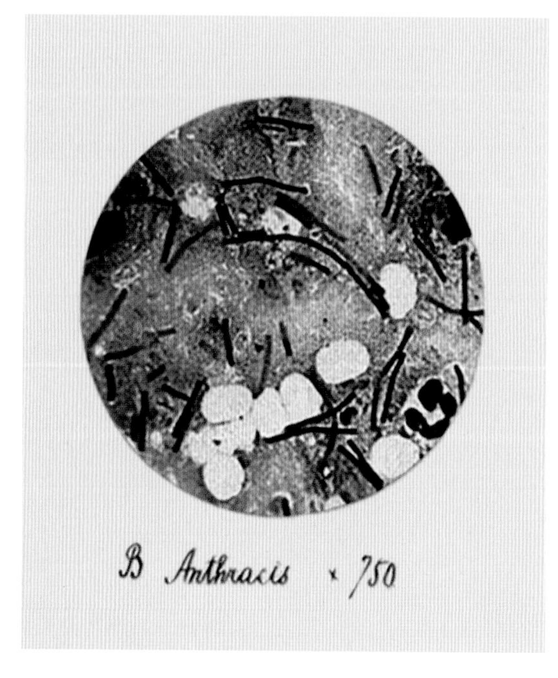

병원성 후벽균
이 현미경 사진은 탄저병을 일으키는 병원성 후벽균인 탄저균(*Bacillus anthracis*)을 보여 준다.

엑시도박테리아

엑시도박테리아문(Acidobacteria) 세균계(Bacteria)

육생과 수생 환경에서 모두 살아가며 토양에서도 매우 풍부하게 서식하는 엑시도박테리아는 다양한 생물군을 형성한다. 그러나 이들의 생태계와 대사 작용에 대해서는 다른 생물군만큼 충분히 밝혀지지 않았다. 여기에는 이 세균이 실험실에서 배양하기 어려운 것도 한몫한다. 이 문에 속한 대부분의 세균은 산성 환경에서만 잘 살아남는다.

엑시도박테리아는 토양과 그 밖에 유기 물질이 풍부한 퇴적물에서 흔히 볼 수 있으며, 민물과 하수 장치에서도 잘 살아간다. 이들의 역할에 대해서는 완전히 밝혀지지 않았지만, 식물의 건조물을 분해하고 토양의 질소 순환을 조절하며 양분과 물을 가두어 토양 생태계에서 중요한 역할을 하는 것만은 틀림없다. 식물의 뿌리가 이 세균에 노출되면 더욱 왕성하게 자란다.

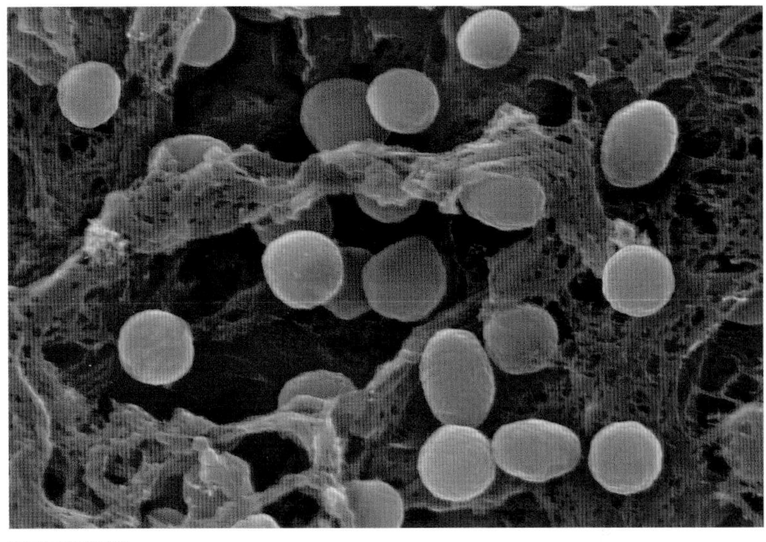

엑시도박테리아
인공적으로 착색된 주사형 전자 현미경 사진은 구형의 엑시도박테리아를 보여 준다. 이 문에 속한 수많은 세균은 막대 모양의 혐기성 종이다.

남세균

남세균문(Cyanobacteria) 세균계(Bacteria)

예전에는 남조식물로 불리던 남세균은 해양, 민물, 습한 토양에서 살아가며 산소성 광합성을 이용하는 가장 작은 생물이다(『미소 생물』 20~21쪽 참조). 햇빛을 이용해 양분을 만들어 내는 과정에서 산소를 이용한다. 수많은 종은 대기 중의 질소를 다른 생물이 이용할 수 있는 화합물로 결합해 바다를 비옥하게 해 준다. 수많은 남세균은 연결된 세포의 움직이는 사상체인 연쇄체를 형성한다. 오실라토리아속(*Oscillatoria*, 흔들말속)의 연쇄체는 조류가 햇빛을 향해 방향을 바꿀 수 있도록 도와준다. 과학자들은 최소 10억 년 전 이보다 큰 세포가 남세균을 집어삼켰다고 믿는다. 그런 남세균은 결국 오늘날 살아 있는 모든 식물과 조류 세포에서 빛을 거둬들이는 조직인 엽록체로 진화했다.

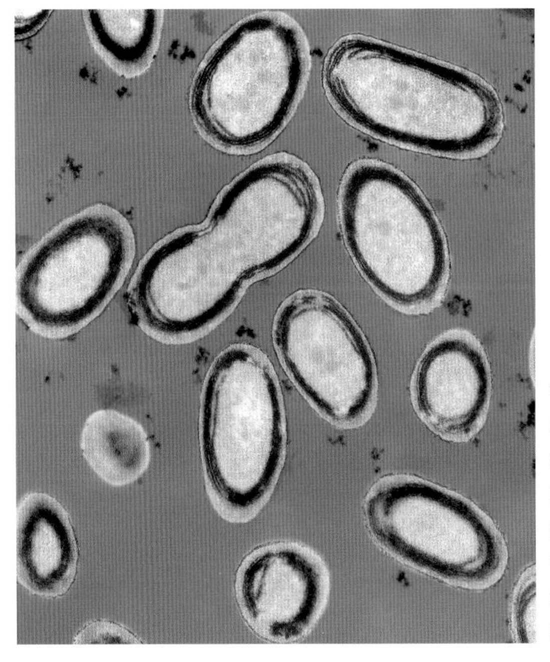

해양 남세균
프로클로로코쿠스(*Prochlorococcus*)는 지구에서 가장 풍부하면서도 작은 광합성 생물일 것이다. 구형 조직은 지름이 0.5~0.7마이크로미터에 불과하다.

방선균

방선균문(Actinobacteria) 세균계(Bacteria)

방선균은 육생과 수생 환경에서 분기한 세포 사슬로 균체를 형성하며 살아가는 그람 양성균(『미소 생물』 33쪽 참조)이다. 대개는 다른 생물 내부에서 기생이나 공생을 하지 않고 독립 생활을 한다. 수많은 방선균은 토양 속의 셀룰로스 같은 유기 물질의 분해에서 중요한 역할을 한다.

방선균은 굉장한 의학적 가치가 있다. 토양에 서식하는 스트렙토미세스속(*Streptomyces*) 종은 수많은 항생제의 원료가 된다. 실제로 모든 천연 항생제 가운데 3분의 2가량은 이 문에서 나온다. 게다가 일부 식물은 방선균의 도움을 받아 질소를 고정한다. 가령 프란키아(*Frankia*)는 어떤 식물의 뿌리혹에서 살아가면서 식물이 필요로 하는 대부분의 질소를 공급한다. 몇몇 방선균은 병원체로 분류되는데, 코리네박테리움(*Corynebacterium*)은 디프테리아를 일으키고 미코박테리움(*Mycobacterium*)은 결핵과 한센병을 일으킨다.

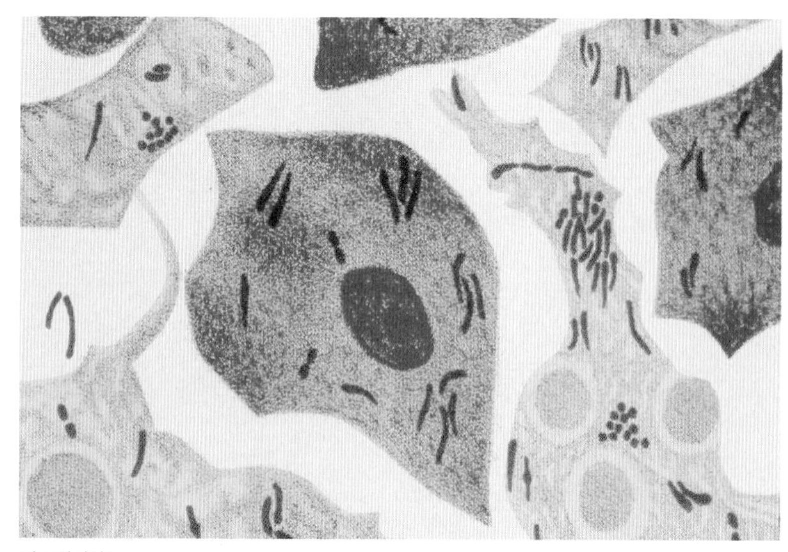

디프테리아균
이 삽화는 세포를 감염시켜 디프테리아를 일으키는 병원체인 디프테리아균(*Corynebacterium diphtheriae*, 붉은색)을 보여 준다. 이 균은 1884년 독일의 세균학자인 에드윈 클레프스(Edwin Klebs, 1834~1913년)와 프리드리히 뢰플러(Friedrich Loeffler, 1852~1915년)가 발견했다.

데이노코쿠스

데이노코쿠스문(Deinococci) 세균계(Bacteria)

최초의 세균은 뜨겁거나 매우 뜨거운 온도에서도 살아남을 수 있는 호열균이나 극호열균이었을 것이다. 오늘날 데이노코쿠스문에 속한 그 후손의 상당수는 지구상에서 가장 열악한 환경에도 적응해 왔다. 온천에서 살아가는 테르무스속(*Thermus*)은 섭씨 65~70도에서 가장 잘 자라고 섭씨 80~90도에서도 살아남을 수 있다.

데이노코쿠스문에 속한 다른 세균은 자외 복사에도 매우 강하다. 가령 데이노코쿠스 라디오두란스(*Deinococcus radiodurans*)는 사람을 죽음에 이르게 하는 데 필요한 양보다 1000배 이상 강한 자외 복사에도 살아남을 수 있다. 국제 우주 정거장 프로젝트에 참여 중인 과학자들은 이 세균이 지구 밖의 우주 공간에서 3년 동안 생존할 수 있다는 사실을 알아냈다. 이것은 생명체가 우주 전체에 존재한다는 범종설(汎種說)과도 부합한다.

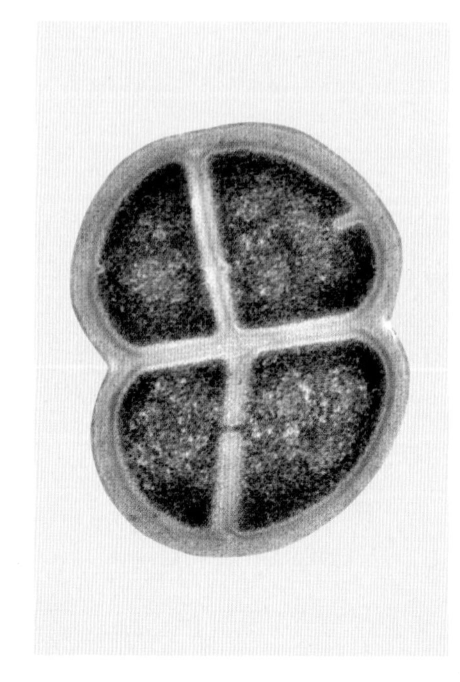

데이노코쿠스 라디오두란스
강인함 덕분에 '코난 더 박테리움(Conan the Bacterium)'이라는 별명이 붙은 데이노코쿠스 라디오두란스는 매우 높은 열, 가뭄, 복사, 산도, 진공 상태를 비롯한 다양한 형태의 극한 환경에서도 살아남을 수 있는 다중 극한 생물이다.

의간균

의간균문(Bacteroidetes) 세균계(Bacteria)

의간균은 인간과 그 밖의 동물의 장에서 발견되는 중요한 세균이다. 막대 모양을 한 그람 음성균(『미소 생물』 33쪽 참조)인 이 균은 다양한 생물군을 형성한다. 즉 대사 작용에 산소가 필요한 호기성이거나 비호기성일 수도 있고, 움직일 수 있는 운동성이거나 비운동성일 수도 있다.

의간균은 토양과 그 밖의 퇴적물은 물론 민물과 바닷물에서도 살아갈 수 있다. 이들은 체내에서 처리할 수 없는 단백질과 당분을 분해해 인간의 소화계에서 중요한 역할을 한다. 가령 박테로이데스 프라길리스(*Bacteroides fragilis*)는 인간의 대장에서 건강한 미생물군의 일부를 형성하지만, 수술이나 질병, 외상 때문에 혈류나 주변 조직으로 옮겨지면 감염을 일으킬 수도 있다. 이 생물군에서 토양에 서식하는 세균인 사이토파가(*Cytophaga*)는 죽은 식물의 셀룰로스를 분해한다.

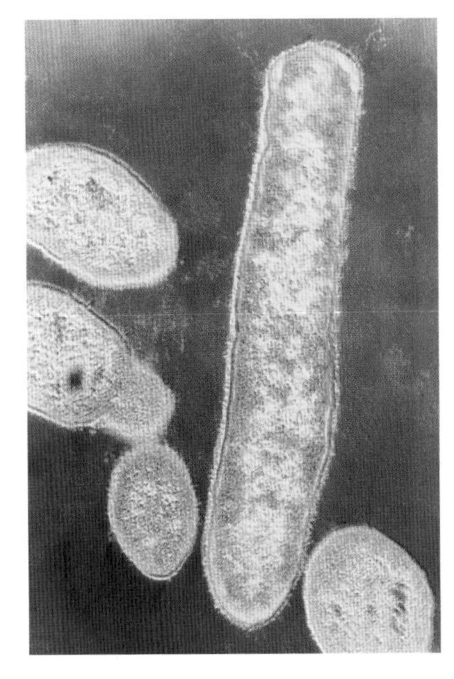

장내 세균
포유동물의 장에서 박테로이데스(*Bacteroides*) 세균은 복잡한 분자를 간단한 분자로 분해해 소화를 돕는다. 이 균들이 대개 단백질과 동물성 지방을 먹는 숙주의 몸에서 두드러지는 데 비해 프레보텔라(*Prevotella*)종은 탄수화물을 주로 먹는 숙주의 몸에서 흔히 볼 수 있다.

푸소박테리아

푸소박테리아문(Fusobacteria) 세균계(Bacteria)

막대 모양의 푸소박테리아는 산소가 없는 환경에 적응한 그람 음성균이다. 이 생물군에 속한 세균의 역할에 관해서는 완전히 밝혀지지 않았지만, 인간을 포함한 수많은 동물의 건강한 구강과 위장에 서식하는 미생물군에서 흔히 볼 수 있는 구성 성분이다. 일부는 해양 환경에서 독립 생활을 하며 그 밖의 세균은 병원체로 살아간다.

인간의 경우 일부 푸소박테리아는 조산(早産)과 관련이 있으며 그 밖의 세균은 궤양, 조직 괴사, 패혈증의 원인이 되는 감염을 일으키는 것으로 알려져 왔다. 입속의 푸소박테리움 누클레아툼(*Fusobacterium nucleatum*)은 치석으로 불리는 석회질 침전물 축적에 한몫한다. 손을 쓰지 않으면 충치와 잇몸병을 일으킬 수도 있다.

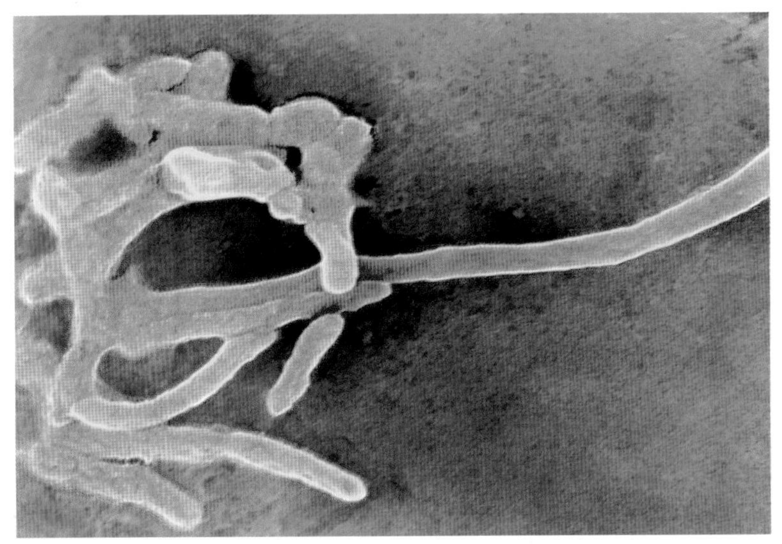

푸소박테리움 누클레아툼
혐기성 그람 음성균인 푸소박테리움 누클레아툼은 인간의 입에 서식하며 잇몸병의 원인이 된다.

엑스카바타

엑스카바타아계(Excavata) 원생동물계(Protozoa)

고세균과 세균(『미소 생물 도감』 6~11쪽 참조)을 제외한 모든 생물과 마찬가지로 엑스카바타는 세포핵(『미소 생물』 12~13쪽 참조)이 있는 진핵생물이다. 단세포이고 편모로 움직이며 몸의 구멍(cavity) 또는 홈 때문에 엑스카바타라는 이름을 얻게 된 이 생물군은 일부 생물에 먹이를 제공하는 데 도움을 준다.

최초로 발견된 엑스카바타(민물에 서식하는 유글레나속) 표본은 식물처럼 광합성을 하면서도 먹이를 흡수하거나 사로잡는 방식으로 빛 없이도 살아갈 수 있는 것으로 관측되었기 때문에 초기 생물학자들을 당황하게 했다. 대부분의 엑스카바타는 광합성을 하지 않고 기생 생물로 살아간다. 기생 트리파노소마는 수면병과 그 밖의 질병을 일으킨다. 흰개미 몸속에 살면서 목재를 먹어 치우는 일부 종을 포함한 수많은 엑스카바타는 호흡을 위해 산소가 필요하지 않은 혐기성이다.

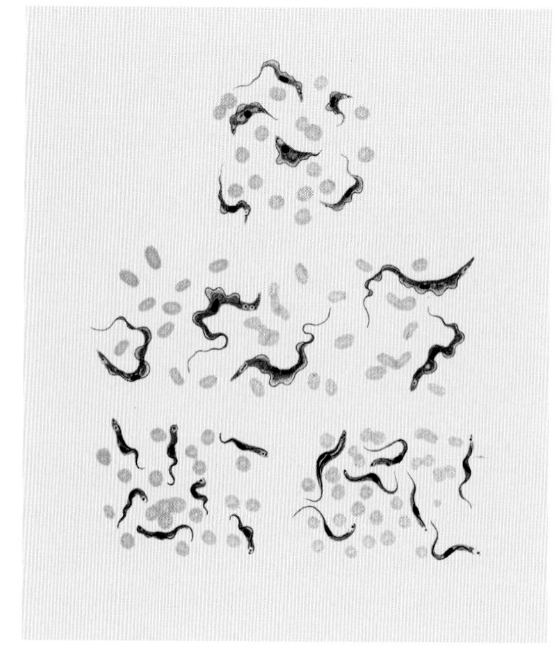

기생 트리파노소마
트리파노소마(푸른색)는 체체파리에 의해 인간에게 전파되는 샤가스병(Chagas disease)과 수면병을 비롯한 다양한 질병의 원인이 된다. 이 표본은 트리파노소마에 감염된 아프리카의 낙타와 소에게서 발견된 것이다.

깃편모충

깃편모충강(Choanoflagellata) 코아노조아문(Choanozoa) 원생동물계(Protozoa)

바다와 민물에 폭넓게 서식하며 동물에 가장 가까운 생물군이다. 동물계에 속한 해면과 일부 끈벌레의 세포는 깃편모충의 세포와 매우 비슷한 조직에서 자란다. 지금까지 밝혀진 깃편모충은 대략 125종이다.

깃편모충 고유의 세포는 타원형이며 한가운데에 파닥이는 편모가 달리고 한쪽 끝에는 작은 돌출부가 있다. 편모는 세균 같은 먹이 입자를 깃으로 가볍게 실어 날라 물살을 일으켜 가두고 잡아먹는다. 깃편모충은 플랑크톤으로 헤엄을 치든지 표면에 달라붙어 있으며, 단생으로 혼자 살아가거나 군체를 이루어 모이기도 한다. 일부 종은 단단한 바깥층으로 자기 방어를 하고 다른 종은 점액으로 몸을 둘러싼다.

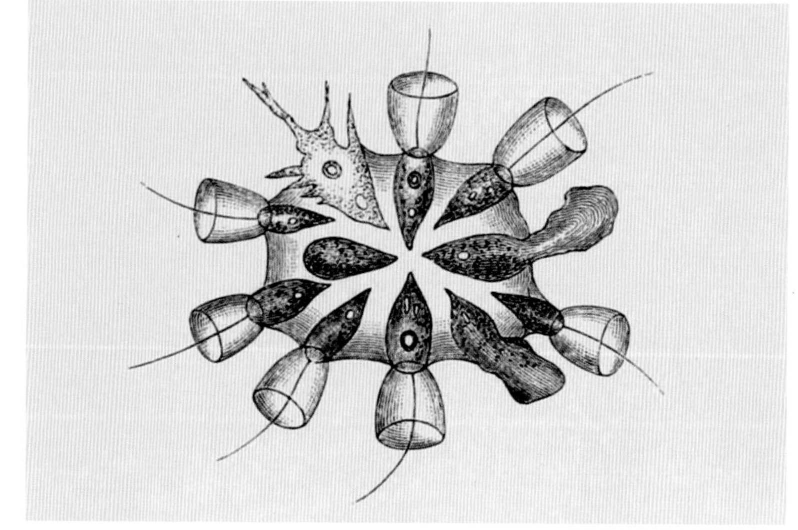

깃편모충 군체
깃편모충 군체를 묘사한 이 삽화(1886년)는 개체마다 원뿔형 깃에서 튀어나온 1개의 편모를 보여 준다.

스트론튬 방산충

방사극충강(Acantharea) 라디오조아문(Radiozoa) 리자리아아계(Rhizaria) 유색조식물계(Chromista)

방산충은 해양 플랑크톤의 형태로 흔히 볼 수 있는 단세포 생물이다. 중앙의 세포체에서 나온 바늘 모양의 긴 위족을 이용해 작은 먹이를 잡는다. 방산충은 방사상 가시와 세포 내부에 1개 이상의 구멍이 뚫린 구형을 특징으로 한 정교한 골격을 가지고 있다. 대개 방산충 골격은 규산질로 이루어져 있지만, 살아 있는 생물에서는 매우 드물게도 방사극충강에서는 스트론튬(칼슘과 비슷하지만 무거운 원소) 황산염으로 이루어져 있다. 스트론튬 황산염은 세포가 죽고 나면 분해되기 때문에 방사극충류는 대체로 화석을 형성하지 않는다. 흔히 방사극충류의 세포 내에 있는 공생조류는 이들에게 먹이의 일부를 공급한다. 지금까지 150여 종이 밝혀졌다.

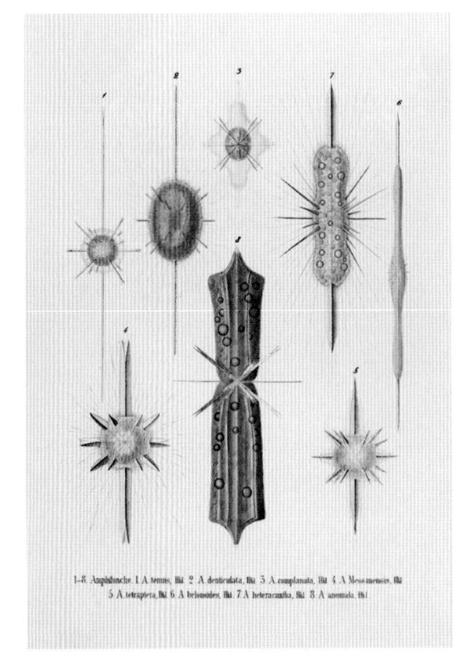

암필론체 방산충

방사극충강에 속한 생물군은 놀라울 정도로 다양한 형태를 보여 준다. 1862년에 발표된 에른스트 하인리히 필리프 아우구스트 헤켈(Ernst Heinrich Philipp August Heeckel, 1834~1919년)의 작품집『방산충(*Die Radiolarien*)』에 소개된 이 삽화는 서로 전혀 다른 앰필론체속(*Amphilonche*) 8종을 보여 준다.

규산질 방산충

다공낭충강(Polycystina) 라디오조아문(Radiozoa) 리자리아아계(Rhizaria) 유색조식물계(Chromista)

다공낭충류에 속한 방산충은 규산질 골격을 가지고 있으며 대다수 방산충을 차지한다. 지금까지 8000종 이상이 밝혀졌다. 규산질은 쉽게 분해되지 않고 해저 일부는 이 방산충의 죽은 골격으로 이루어진 '방산충 연니'로 덮인다. 수많은 다공낭충류의 골격은 화려한 구처럼 보이지만, 하위 생물군인 나셀라리아(Nassellaria)의 골격은 거의 원뿔 모양이며 종에 따라 많은 차이를 보인다. 또 다른 하위 생물군인 콜로다리아(Collodaria)는 개별 세포가 내장된 채로 젤리처럼 떠다니는 군체를 형성한다. 방사극충류와 마찬가지로 다공낭충류에 속한 방산충의 일부 종에는 공생조류가 들어 있다. 방산충에 대해서는 여전히 밝혀지지 않은 것이 많은데, 여기에는 실험실에서 배양하기 어려운 것도 한몫한다.

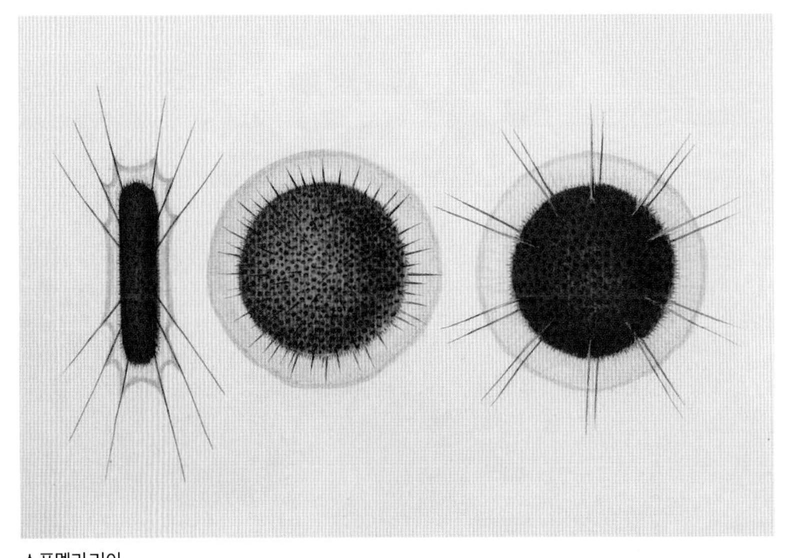

스푸멜라리아

헤켈의 작품집『방산충』에 소개된 이 그림은 하위 생물군인 스푸멜라리아(spumellaria)에서 나온 다공낭충류에 속한 2종의 방산충인 스폰고트로쿠스 브레비스피누스(*Spongotrochus brevispinus*, 왼쪽과 오른쪽)와 스폰고트로쿠스 롱기스피누스(*S.longispinus*)를 보여 준다.

유공충

육질편모동물문(Foraminifera) 리자리아아계(Rhizaria) 유색생물계(Chromista)

방산충(『미소 생물 도감』 13쪽 참조)과 마찬가지로 유공충은 얇고 유연한 위족(가짜 발)과 껍데기 같은 골격을 지닌 단세포 해양생물이다. 방산충과 달리 대부분의 유공충은 해저에서 살아가지만 일부 종은 부유성이다. 보호 기능이 있는 유공충 껍질(외각)은 대개 세포가 자람에 따라 새로운 방이 추가되는 연결된 방의 형태로 발달한다. 작은 천공들과 함께 하나의 주요 구멍을 통해 세포 물질과 위족을 주변으로 확장한다. 서로 합쳐져 끊임없이 변하는 그물망을 형성한 위족은 기어서 이동하거나 외각을 만들고 먹이를 수집하는 데 이용된다. 유공충의 먹이에는 분해된 유기 분자, 세균, 무척추동물 유생이 포함된다. 일부 종에는 공생조류가 기생한다.

외각은 세포가 분비한 유기 물질로 시작하지만 대개 탄산칼슘으로 단단해지거나 모래 알갱이를 비롯한 외부 입자로 강화된다. 부유성 유공충에는 글로비게리나(*Globigerina*)가 포함되는데, 이들은 죽자마자 외각이 가라앉아 해저의 상당 부분을 뒤덮는다. 가장 큰 유공충은 제노피오포어(xenophyophore)로서 폭이 최대 20센티미터까지 자란다. 이들은 여러 개의 세포핵을 지닌 단세포 생물이지만, 거대한 몸의 지극히 작은 일부만 살아 있는 조직이다.

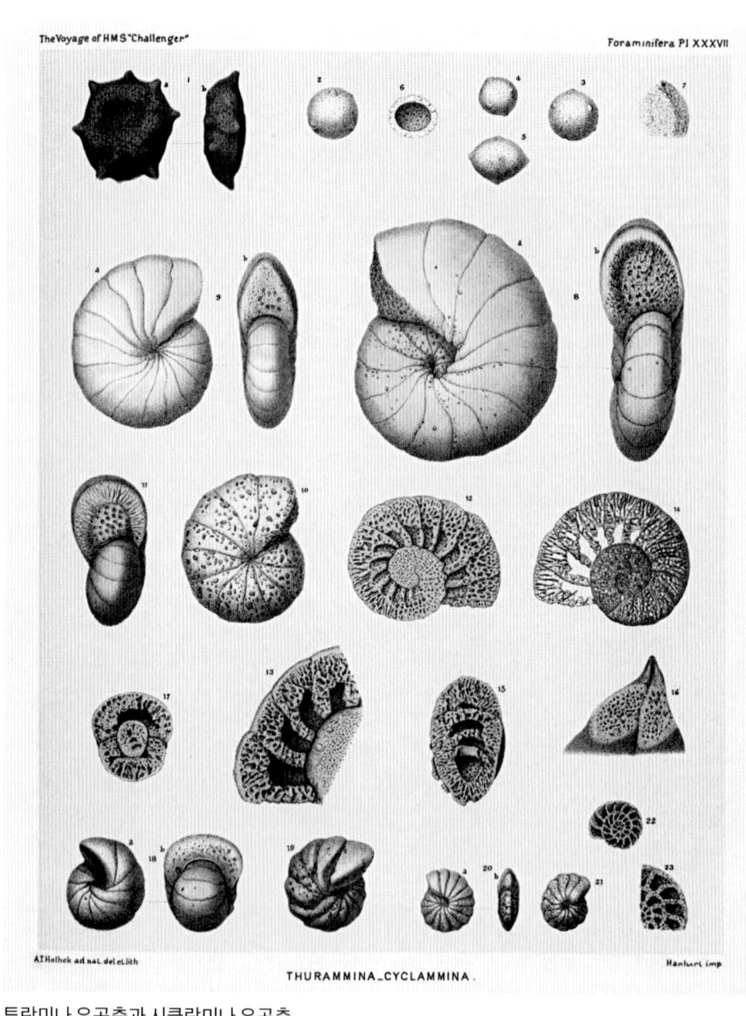

투람미나 유공충과 시클람미나 유공충
이 삽화는 영국의 해양 조사선인 챌린저 호(HMS Challenger, 1873~1876년)의 탐사 활동 중에 수집된 유공충을 보여 준다. 가장 윗줄에 있는 종은 투람미나속(*Thurammina*)에 속하고 나머지는 퀴클람미나속(*Cyclammina*)이다.

부유성 유공충
글로비게리나(*Globigerina*, planktonic foraminiferan)

저서성 유공충
바쿨로집시나(*Baculogypsina*, benthic foraminiferan)

대형 제노피오포어
제노피오포리아(Xenophyophorea, large xenophyophore)

저서성 유공충
페네로플리스 플라나투스(*Peneroplis planatus*, benthic foraminiferan)

석회비늘편모류와 그 친척들

착편모조류문(Haptophyta) 하크로비아아계(Hacrobia) 유색생물계(Chromista)

착편모조류는 광합성을 통해 빛에서 에너지를 얻는 단세포 생물이다. 대개 해양 플랑크톤이지만 일부는 민물에서도 살아간다. 대부분의 착편모조류는 석회비늘편모류(coccolithophore)로서 탄산칼슘으로 이루어진 단단한 외부 덮개가 있는 해양 미세조류이다. 석회비늘편모류는 죽고 나면 해체된 골격이 해저로 가라앉아 해양 상부의 탄소를 제거함으로써 지구의 탄소 순환에서 중요한 역할을 한다.

석회비늘편모류의 형태는 다양하며 종 사이에 다양하게 나타나는 코콜리드(coccolith)라는 복잡한 개별 단위로 이루어져 있다. 생활사를 통틀어 다양한 형태의 코콜리드가 자랄 수도 있고, 코콜리드가 전혀 없을 수도 있어서 식별과 분류를 어렵게 한다. 코콜리드는 투명하지만 작은 거울처럼 빛을 분산시켜 개체수가 폭발적으로 늘어난 곳에서 바닷물이 우윳빛을 띠게 만든다. 에밀리아니아 훅슬레이(*Emiliania huxleyi*)라는 종은 다양한 해양 서식지에서 잘 살아가지만, 대부분의 종에게는 양분이 적고 일사량이 많은 열대 해양이 최상의 서식지이다. 모든 착편모조류가 석회비늘편모류인 것은 아니다. 가령 페오시스티스(*Phaeocystis*)는 부유성 미세조류로서 대량 발생하면 해변에 엄청난 양의 거품이 발생할 수 있다.

석회비늘편모류
에밀리아니아 훅슬레이의 세포는 타원형의 코콜리드로 덮여 있다. 온대, 아열대, 열대 해양에서 주요한 플랑크톤을 형성하는 이 종은 가장 폭넓은 분포를 보이며 풍부한 석회비늘편모류이다.

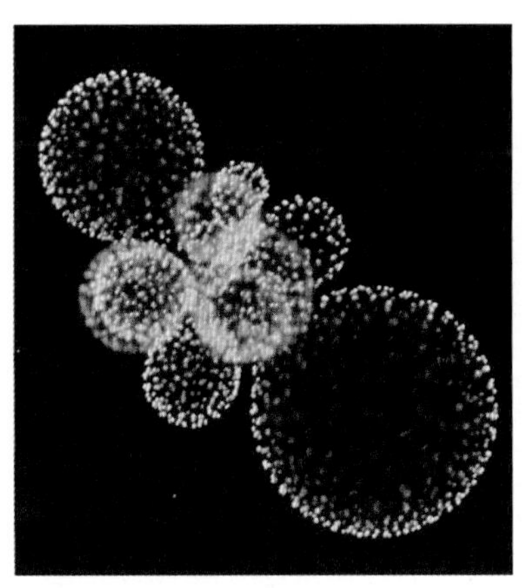

석회비늘편모류가 아닌 조류
페오시스티스(*Phaeocystis* sp., non-coccolithophore alga)

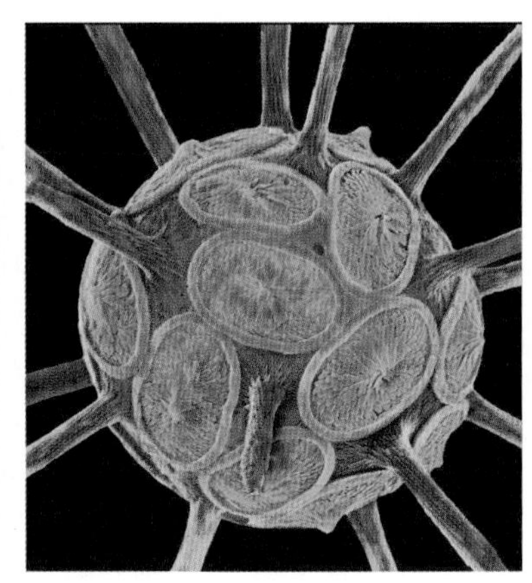

라브도스페라세안 석회비늘편모류
라브도스페라 클라비게르(*Rhabdosphaera claviger*, rhabdosphaeraceaen coccolithophore)

칼립트로스페라세안 석회비늘편모류
칼립트로스페라 오블롱가(*Calyptrosphaera oblonga*, calyptrosphaeraceaen coccolithophore)

와편모류

와편모류하문(Dinoflagellata) 피하낭아계(Alveolata) 유색생물계(Chromista)

단세포 생물인 와편모류는 해양 플랑크톤과 민물 호수에서 흔히 볼 수 있다. 지금까지 밝혀진 와편모류는 2000종이 넘는다. 그중 절반가량은 광합성을 통해 양분을 만들어 내지만, 상당수는 작은 생물을 잡아먹을 수도 있다. 일부는 해저에서 살아가고, 소수는 기생 생물로 살아간다. 와편모류는 허리둘레의 홈에 파닥이는 편모가 감겨있고 두 번째 편모는 그 뒤로 뻗어 있다. 편모의 운동에 힘입어 와편모류는 나선 모양으로 물살을 헤쳐 나아간다. 수많은 와편모류는 뾰족한 뿔이나 돌기 형태를 띤 외부의 셀룰로스 판으로 보호를 받는다.

황록공생조류로 알려진 일부 종은 산호초에는 없어서는 안 될 존재로서 이들은 산호 조직과 다른 동물에서 양분을 만들어 내면서 공생한다. 그 밖의 와편모류는 파괴적인 면모를 보인다. 독립 생활을 하는 일부 종은 물속에서 과다 증식해 유독성 '적조'를 일으킴으로써 어류는 물론 인간까지 위험에 빠뜨린다. 피로시스티스(*Pyrocystis*)와 그 밖의 일부 와편모류는 밤에 바닷물의 운동으로 자극을 받으면 푸른빛을 낸다고 알려져 있다.

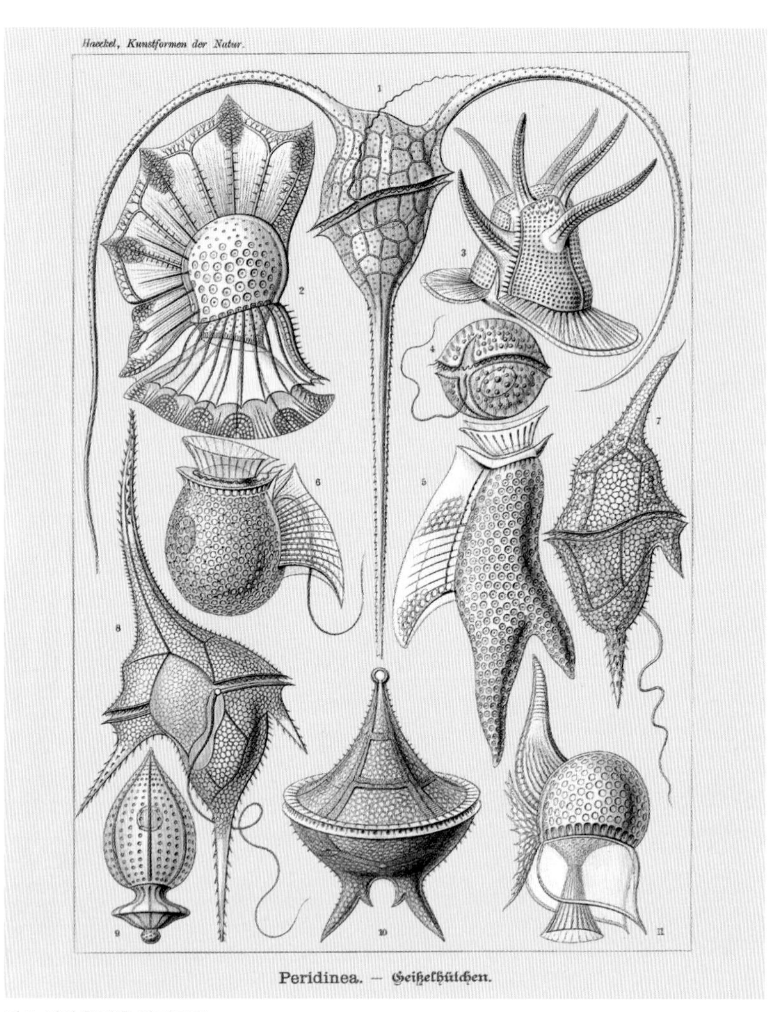

방호 기관을 갖춘 와편모류

19세기에 제작된 이 삽화는 트리포스 트리포스(*Tripos tripos*, 기존의 세라티움 트리포스, 도1)와 트리포스 히룬딜네라(*Tripos hirundinella*, 기존의 세라티움 히룬딜네라, 도8)를 포함해 2개의 편모와 2개의 셀룰로스 뿔로 무장한 와편모류를 보여 준다.

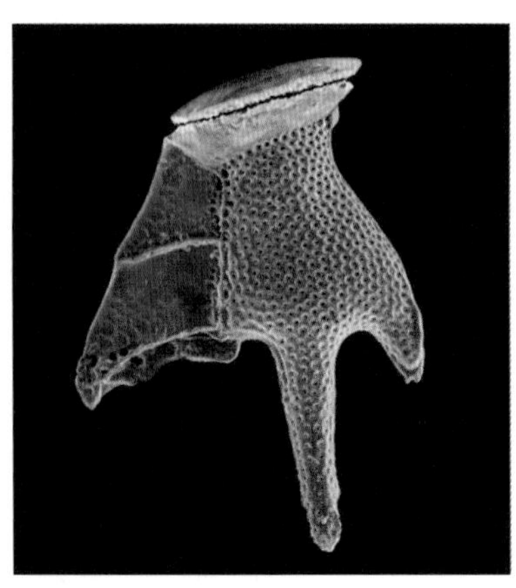

방호 기관을 갖춘 해양 와편모류

디노피시스(*Dinophysis* sp., armored marine dinoflagellate)

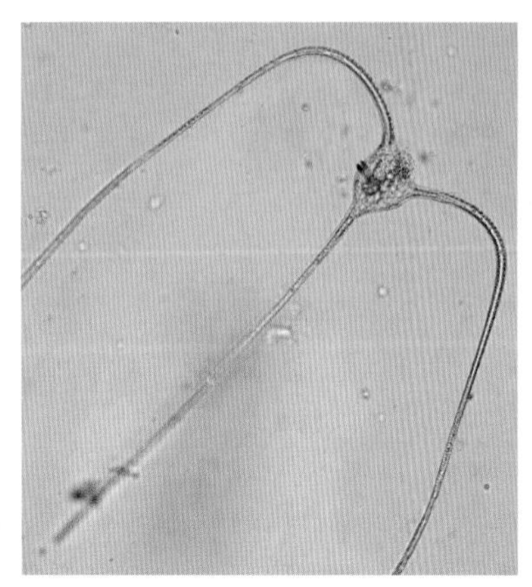

방호 기관을 갖춘 해양 와편모류

트리포스 매크로세로스(*Tripos macroceros*, armored marine dinoflagellate)

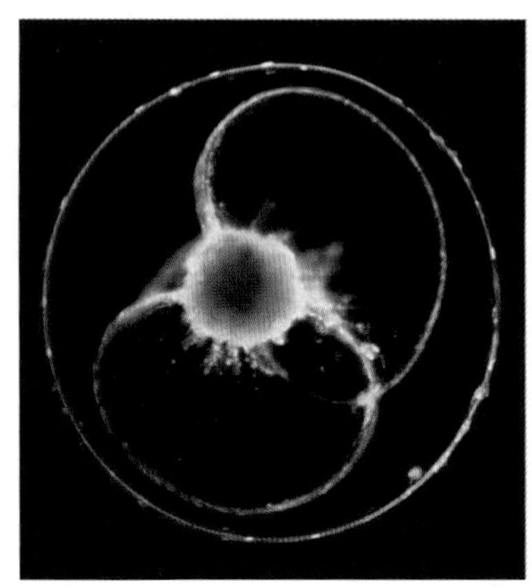

방호 기관이 없는 해양 와편모류

피로시스티스(*Pyrocystis* sp., unarmored marine dinoflagellate)

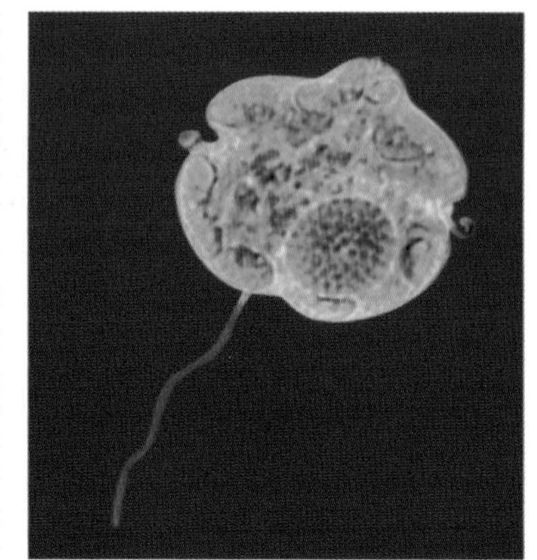

방호 기관이 없는 해양 와편모류

카레니아(*Karenia* sp., unarmored marine dinoflagellate)

섬모충

섬모충문(Ciliophora) 피하낭아계(Alveolata) 유색생물계(Chromista)

섬모충은 파닥이는 머리카락 같은 섬모를 이용해 움직이고 먹이 흐름을 만들어 내는 단세포 생물이다. 섬모가 표면 전체를 덮고 있거나 일부 혹은 줄지어 나타날 수도 있다. 해저나 호수 바닥에 붙어 있는 섬모충도 있고 물기둥의 떠다니는 잔해에 붙어 있는 섬모충도 있다. 지금까지 밝혀진 종은 대략 4500여 종이고, 모든 종은 해양과 민물 환경뿐만 아니라 습한 토양에도 널리 서식한다. 섬모충은 단세포 생물임에도 입이나 식도와 맞먹는 복잡한 구조를 갖추고 있다. 이들의 형태는 트럼펫 모양부터 타원과 넓은 원반에 이르기까지 다양하다. 그중 일부는 군체를 이룰 수도 있다. 몇몇 섬모충은 기생 생물로 살아간다. 다수는 세균이나 죽은 입자처럼 작은 먹이를 먹지만, 입을 펼쳐 다른 섬모충을 비롯해 자신만 한 크기의 먹이를 먹을 수 있는 섬모충도 있다.

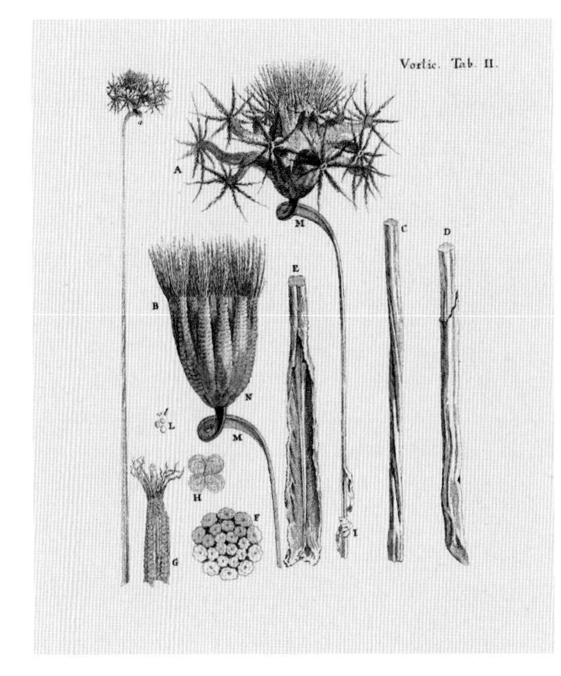

종벌레
이 삽화는 종벌레속(*Vorticella*)에 속한 200여 종 가운데 일부를 보여 준다. 자유롭게 헤엄을 치는 단계가 끝나면 섬모충은 종 모양의 몸이 줄기를 통해 표면에 달라붙는 착생 방식을 받아들인다.

포자충

첨복포자충문(Apicomplexa) 피하낭아계(Alveolata) 유색생물계(Chromista)

5000종이 넘는 포자충은 치명적인 말라리아 기생충인 말라리아원충(*Plasmodium*)이 포함된 단세포 기생 생물이다. '첨복체'로 불리는 구조가 있어서 숙주의 세포로 침투할 때 이용한다. 숙주에는 인간부터 벌레에 이르는 모든 종류의 동물이 포함되며 기생충의 종류에 따라 달라진다.

포자충은 한 가지 이상의 숙주에서 살아가는 몇 단계를 거치는 복잡한 생활사를 보인다. 말라리아원충의 생활사에는 2가지 숙주(인간이나 그 밖의 척추동물과 모기)가 연루된다. 척추동물 내부에서는 세포가 폭발적으로 늘어나도록 증식하면서 기생충이 적혈구를 공격 대상으로 삼는다. 크립토스포리디움(*Cryptosporidium*)과 톡소플라스마(*Toxoplasma*)는 인간에게 질병을 일으키는 포자충이다.

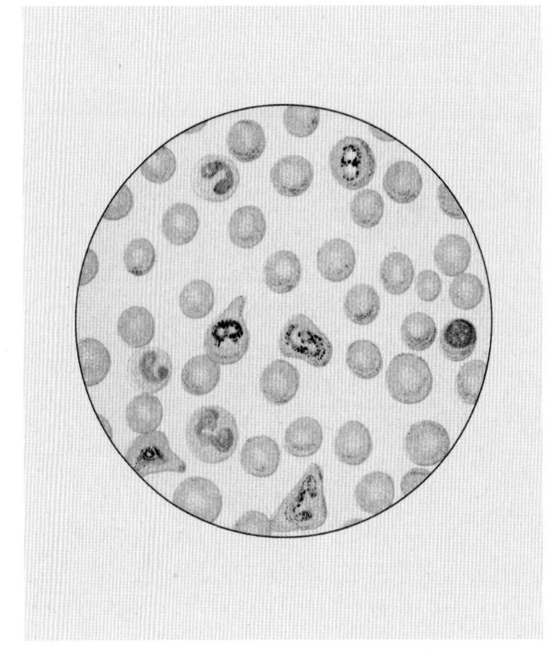

적혈구를 감염시키는 말라리아원충
현미경을 이용한 관찰은 말라리아원충에 감염된 인간의 적혈구를 보여 준다. 그 결과 적혈구가 파괴되고 말라리아로 이어질 것이다. 이 속에 속한 5종은 인간에게 자주 감염된다.

아메바

아메바강(Tubulinea) 아메바문(Amoebozoa) 원생동물계(Protozoa)

아메바는 몸의 일부(위족)를 일시적으로 내밀어 형태를 바꾸면서 기어 다니는 단세포 생물이다. 독립 생활을 하므로 숙주에 침입하는 경우가 매우 드문 아메바는 아메바강으로 불리는 생물군에 속하며 해양, 담수, 토양 서식지에서 발견된다. 민물에서 발견되는 아메바 프로테우스(*Amoeba proteus*)는 일반적인 종이다. 현미경으로 들여다보면 대개 그보다 작은 단세포 생물을 삼키는 식포(닫힌 주머니)가 체내에 형성되어 있을 것이다. 아메바 프로테우스는 1개의 핵을 가지고 있지만, 친척뻘 되는 일부 종은 단일 세포 안에 수백 개의 세포핵을 지니고 있으며 폭이 몇 밀리미터에 이를 수도 있다.

위에서 살펴본 유형은 껍질이 없는 '무각' 아메바이지만, 대접벌레속(*Arcella*)과 꽃병벌레속(*Difflugia*)에 속한 종처럼 껍질이 있는 '유각' 아메바도 있다. 이 아메바들은 세포 주변에 보호용 덮개인 '외각(껍질)'을 형성한다. 이런 외각은 몸에서 나온 분비물 또는 주변에서 얻을 수 있는 입자로 만들어진다. 외각에는 위족을 밖으로 뻗을 수 있는 구멍이 있다. 아메바의 외각은 보존이 잘 되어 화석 기록에 흔히 남아 있다.

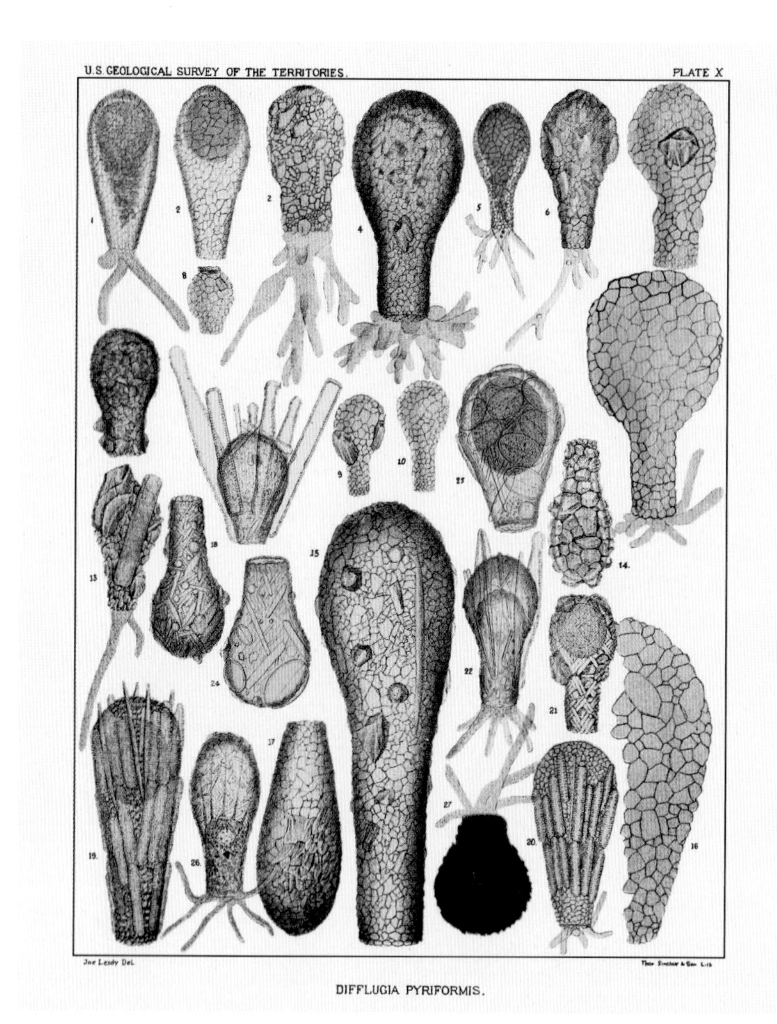

유각 아메바
19세기 『북아메리카 민물 근족충류(*Freshwater Rhizopods of North America*)』(1879년)라는 작품집에 소개된 이 삽화는 유각 아메바인 디플루기아 리네아리스(*Difflugia linearis*)의 많은 형태를 보여 준다. 과거에는 아메바가 근족충류의 하위 생물군으로 분류되었다.

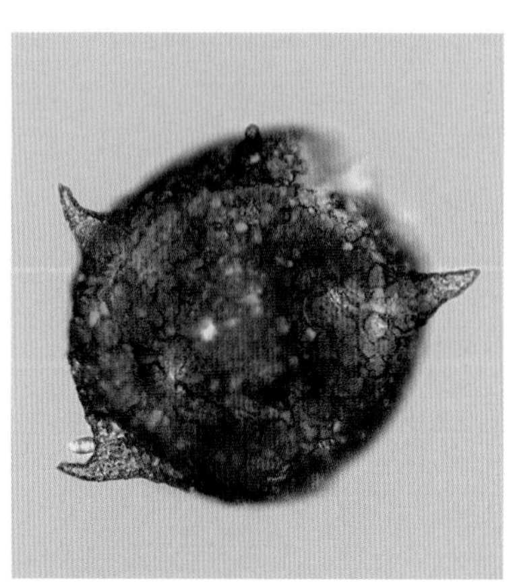

유각 아메바
대접벌레속(*Arcella* sp., testate amoeba)

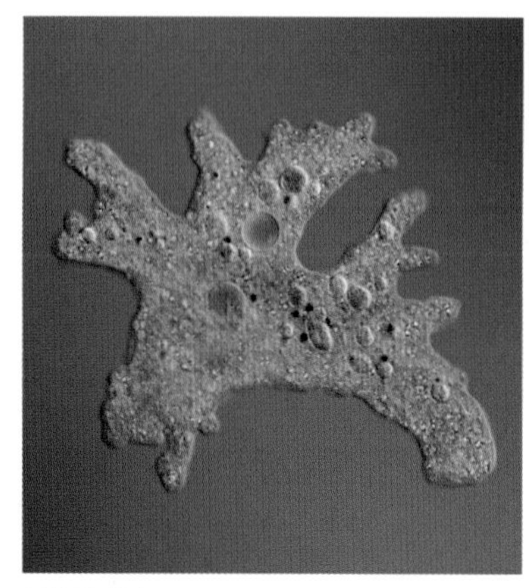

무각 아메바
아메바 프로테우스(*Amoeba proteus*, naked amoeba)

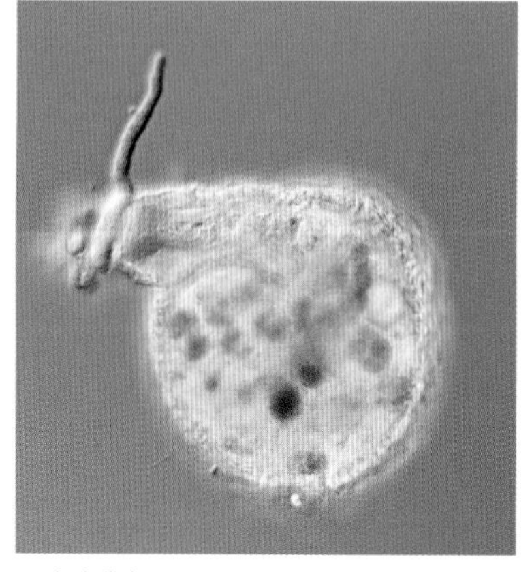

유각 아메바
또아리벌레속(*Lesquereusia* sp., testate amoeba)

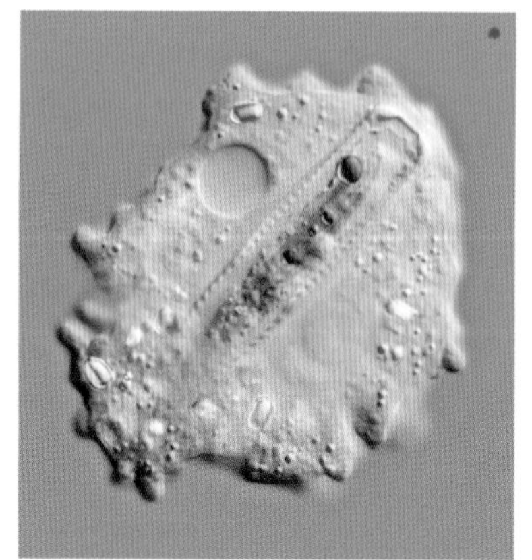

무각 아메바
뿔아메바속(*Mayorella* sp., naked amoeba)

점균류

변형균강(Myxogastrea) 딕티오스텔레아강(Dictyostelea) 아메바문(Amoebozoa) 원생동물계(Protozoa)

한때 균류로 분류된 적도 있지만 오늘날 900여 종에 이르는 점균류는 관련이 없는 몇 개의 생물군으로 분류되고 있다. 가장 잘 알려진 점균류는 아메바의 친척뻘 되며 단세포 아메바로 삶을 시작한다. 일부 종에서는 먹이가 부족하면 아메바끼리 모여 다세포의 '민달팽이'를 이룬다. 다른 유형의 아메바는 짝짓기를 통해 자손을 낳고 변형체(세포막으로 나뉘지 않고 다수의 세포핵을 포함하는 광범위한 조직체)로 성장한다. 습기가 많은 삼림 지대 바닥에 나타나는 것은 이처럼 다수의 변형체가 모여서 형성된 끈적끈적한 형태이다. 2가지 형태의 점균류 모두 포자낭에서 배출된 포자가 널리 퍼진다. 점균은 썩어 가는 물질 주변에서 흔히 발견되지만 분해자는 아니며 세균이나 효모, 그 밖의 균류를 포함한 분해자를 먹는다.

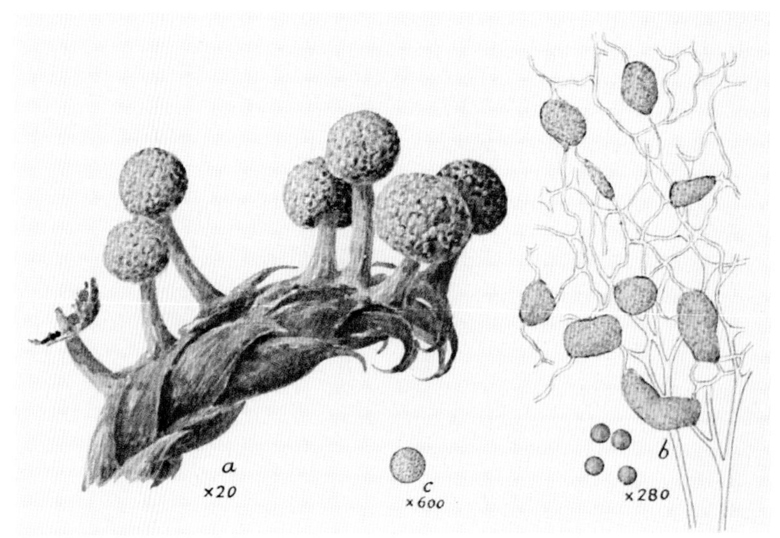

피사룸 시트리눔

피사룸 시트리눔(*Physarum citrinum*)은 밝은 노란색 줄기와 포자낭을 가진 독특한 변형체 점균류이다. 흔히 이끼류나 우산이끼류와 함께 썩어 가는 목재에서 자란다.

물곰팡이

난균강(Oomycetes) 난균문(Oomycota) 부등편모조류아계(Heterokonta) 유색생물계(Chromista)

난균류는 대체로 기생성을 보이는 균류와 비슷한 생물 형태로 식물과 수생 동물에 질병을 일으킬 수 있다. 세포벽이 키틴질이 아닌 셀룰로스로 이루어져 있고 편모가 달린 포자를 만들어 내는(진짜 균류에는 편모가 없다.) 난균류는 진짜 균류와는 관계가 없다. 그러나 대부분 균사로 불리는 미세한 섬유망을 통해 살아 있는 조직이나 무기물에서 양분을 흡수해 균류와 비슷한 방식으로 자란다. 균류와 마찬가지로 난균류 역시 백분병, 마름병, 녹병, 곰팡이병, 썩음병, 줄기마름병처럼 다양한 질병을 일으킨다. 습한 환경과 민물에서 잘 번식하기 때문에 간혹 물곰팡이로 불리기도 한다. 난균류가 일으키는 심각한 질병에는 감자 잎마름병, 참나무의 갑작스러운 고사, 양배추와 순무 같은 작물의 '흰녹가루병' 등이 있다. 지금까지 밝혀진 난균류는 500종 이상이며 그중 일부는 단세포이다.

노균병

이 삽화는 장미 등의 식물에 해를 입히는 노균병(위)과 감자 잎마름병을 보여 준다. 이런 질병을 일으키는 것은 물곰팡이인 감자역병균(*Phytophthora infestans*)이다.

원심성 규조류

규조류강(Bacillariophyceae) 대롱편모조식물문(Ochrophyta) 부등편모조류아계(Heterokonta) 유색생물계(Chromista)

규조류는 해양과 민물 서식지에서 흔히 찾아볼 수 있는 단세포 조류이다. 상자 형태의 투명한 규산질 구조(규조각)가 세포를 보호한다. 규조각은 한쪽이 다른 한쪽을 상자 뚜껑처럼 덮고 있는 2개의 반쪽으로 이루어져 있다. 흔히 정교한 무늬를 보이는 이 규조각은 개별적인 종을 식별하는 데 중요하다. '원심성' 규조류에서는 규조각을 위에서 보면 대개 원형이지만, 종에 따라 4각형이나 3각형일 수도 있다. 원심성 규조류는 해양 플랑크톤에서 발견되는 주요 하위 생물군을 형성하고, 수생 먹이 그물에서 생산자로서 중요한 역할을 한다. 세포에는 물에 가라앉지 않게 해 주는 기름방울이 들어 있다. 남극의 해빙 밑에서도 잘 살아간다.

바다의 보석
여기 보이는 것처럼 원심성 규조류의 규조각은 작은 구멍, 골, 가시로 된 매우 정교한 문양을 나타낼 수 있다. 복잡한 구조 덕분에 규조류는 '바다의 보석'으로 불리기도 한다.

우상형 규조류

원시배선규조아강(Bacillariophycidae) 위배선규조아강(Fragilariophycidae) 규조류강(Bacillariophyceae) 대롱편모조식물문(Ochrophyta) 유색생물계(Chromista)

원심성 규조류에서 진화한 것으로 여겨지는 우상형 규조류는 길쭉한 형태를 띠며 담수에서 흔히 볼 수 있다. 자유롭게 떠다니는 플랑크톤의 형태와 물 밑 표면에 붙은 채로 살아가는 형태로 발견된다. 일부 종은 개체가 서로 연결돼 사슬 형태를 이루며 자라기도 한다. 원심성 규조류와 달리 규조각의 구멍을 통해 튀어나온 조직 섬유를 이용해 표면을 따라 미끄러지듯 움직일 수 있다. 원심성 규조류와 마찬가지로 무성 생식 중에 세포가 분열하면 각각의 '딸세포'는 기존에 있던 규조각의 절반씩을 차지하고 거기에 맞추어 자란다. 그 결과 세대를 거듭할수록 세포의 크기는 점점 작아진다. 세포가 원래 크기의 절반보다 작아지면 규조류는 유성 생식을 통해 세포 크기를 회복한다.

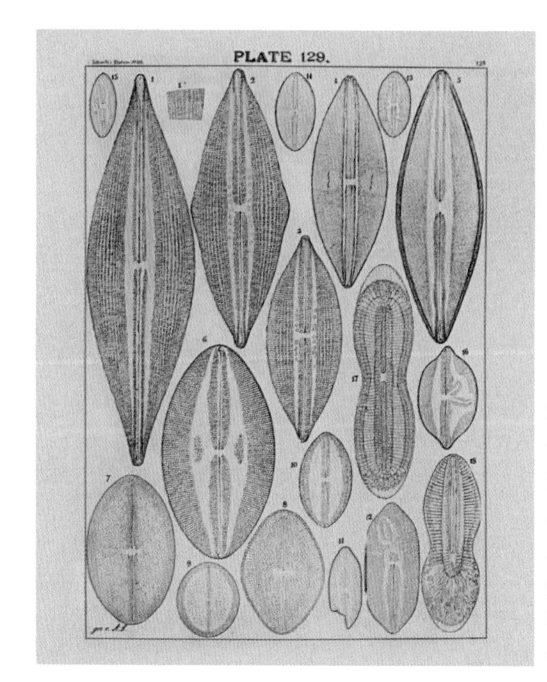

기어 다니는 규조류
이 삽화는 '배 모양'을 의미하는 나비큘라속(*Navicula*) 우상형 규조류를 보여 준다. 이 규조류는 서로의 몸 위로 기어 다닐 수도 있고 현미경용 슬라이드 유리 같은 단단한 표면에서 기어 다닐 수도 있다.

황조류

황조강(Chrysophyceae) 대롱편모조식물문(Ochrophyta) 부등편모조류아계(Heterokonta) 유색생물계(Chromista)

황조류는 단세포이든 군체를 이루든 규조류나 갈조류와 가까운 관계이다. 군체를 이루는 황조류는 1000여 종이다. 대개는 민물에서 발견되지만 일부 종은 해양에서도 살아간다. 친척뻘인 다른 조류와 마찬가지로 황조류 역시 갈조소로 불리는 황갈색 색소가 있어서 광합성에 필요한 햇빛을 모으고 엽록소가 만들어 낸 초록색을 가린다.

대부분의 황조류는 편모가 있어서 헤엄을 칠 때 이용한다. 세포가 아주 작아서 고배율 현미경으로만 볼 수 있다. 함께 뭉쳐 군체를 이루는 황조류도 있고, 동물의 조직에서 살아가는 황조류도 있다. 비과학적인 측면에서 '황조류'는 흔히 프림네시움 파르붐(Prymnesium parvum)이라는 단 하나의 종을 가리킨다. 이 종은 어류 폐사를 일으킬 수 있으나 사람에게는 해롭지 않다고 알려져 있다.

세균을 먹는 조류
민물 호수와 연못에서 살아가는 이 초소형 조류는 디노브리온속(*Dinobryon*)이다. 여기에 속한 종은 광합성은 물론 세균을 집어삼키는 섭식 영양을 통해 에너지를 얻는다.

갈조류

갈조강(Phaeophyceae) 대롱편모조식물문(Ochrophyta) 부등편모조류아계(Heterokonta) 유색생물계(Chromista)

지금까지 밝혀진 갈조류는 1500~2000여 종에 이른다. 갈조류는 대부분의 해양 다세포 조류(해조류)에서 대규모 생물군을 형성한다. 갈조류는 바다가 육지와 만나는 조간대 밑에서 성장세를 보인다. 조간대는 빛이 들어오는 동시에 특히 서늘하다고 꼽히는 곳이다. 해조류의 구조는 육상 식물보다 단순하다. 양분을 흡수하는 뿌리 대신에 '부착기'로 불리는 조직을 이용해 표면에 달라붙는다. 가장 큰 종은 태평양 연안에 서식하는 자이언트켈프로서 길이가 최소 45미터 이상 자랄 수 있다. 랙(wrack)은 공기 노출에도 강하고 흔히 볼 수 있는 갈조류로서 안전한 지역의 암초가 많은 해안을 뒤덮을 때가 많다. 랙의 엽상체는 대개 가지처럼 뻗어 있고 간혹 공기가 채워진 부표가 있어서 물에 뜨게 해 준다.

모자반속에 속한 해조류
『자연의 예술적 형상』에 실린 이 삽화는 모자반속(*Sargassum*) 2가지 종의 해조류를 보여 준다. 여기에 속한 대부분의 해조류는 해저에 달라붙은 채 살아가지만, 일부 종은 자유롭게 떠다닐 수도 있다.

홍조류

홍조문(Rhodophyta) 식물계(Plantae)

7300종이 넘는 홍조류에는 다양한 해조류뿐만 아니라 일부 단세포 조류도 포함된다. 엽록소만 가지고 있을 때보다 광합성에 필요한 빛을 더 많이 흡수하도록 돕는 색소인 피코빌리단백질이 있어서 대개 분홍색이나 붉은색을 띠며 심해에서도 다양한 종이 자랄 수 있다. 홍조류의 형태는 다양한 편이지만 갈조류에 비하면 대체로 작고 가냘프다. 상당수는 공기 중에 오랫동안 노출되면 살 수 없기 때문에 조간대에 있는 바위 웅덩이나 썰물 때의 수면 밑에서 자라고 간혹 다른 해조류 위에서도 자란다. 일부 온대종은 계절에 따라 성장한다. 즉 가을이면 잎이 지고 봄이 되면 되살아난다. 겔 형태 식품이나 실험실 세균 배양액에 이용되는 한천을 추출하기 위해 홍조류 양식이 많이 이루어지고 있으며 식용 김도 채취되고 있다.

'산호질'(『미소 생물 도감』 35쪽 참조) 홍조류는 조직에 탄산칼슘이 비축되어 있어서 단단한 구조를 갖는다. 이 생물군에는 깃털 모양의 참산호말, 바위 위의 붉은 얼룩처럼 보이는 페인트위드, 모래로 덮인 해저에서 느슨한 상태로 가지를 뻗어 단단한 결절처럼 자라고 다른 생물의 서식지가 되는 마를(maerl)도 포함된다.

도박과

도박과(Halymeniaceae)에 속한 3종의 홍조류를 그린 이 삽화는 스웨덴에서 1879년에 발표된 『플로리다의 형태학(*Florideernes morphologi*)』에 소개된 것이다.

아이리시모스(*Chondrus crispus*, irish moss)

페인트위드(*Lithophyllum cabiochiae*, paintweed)

덜스(*Palmaria palmata*, dulse)

참산호말(*Corallina officinalis*, coral weed)

녹조류

녹조식물문(Chlorophyta) 윤조식물문(Charophyta) 식물계(Plantae)

흔히 조류로 알려진 수많은 유형의 생물 중에서 육상 식물과 가장 가까운 것은 녹조식물과 윤조식물로 불리며 8000여 종에 이르는 2가지 형태의 녹조류를 형성한다. 해양, 민물은 물론 육지에도 널리 서식하는 이 녹조류에는 초록색 해조류 같은 단세포 식물 플랑크톤과 다세포 조류가 포함된다. 초록색 해조류는 상추 모양부터 관 모양이나 솔 모양에 이르기까지 다양한 형태를 띠며 해저에 널리 퍼져 있다. 민물에서는 차축조류로 불리는 조류가 육상 식물과 비슷하게 가지를 뻗는 줄기를 키운다. 반면에 해캄(*Spirogyra*)은 연못에서 뒤엉킨 사상체의 형태로 살아간다.

광합성을 하는 단세포의 녹조식물은 해양 플랑크톤에서 중요한 역할을 한다. 공생녹조류로 불리는 일부 해양종은 동물의 체내 조직에서 공생한다. 해저에서 살아가는 그 밖의 종은 줄기가 있는 컵이나 초록색 구처럼 자란다. 이런 거대한 단세포는 폭이 2센티미터 이상일 수 있다. 데스미드(desmid)로 불리는 부유성 녹조류는 양분이 부족한 민물에서도 잘 살아간다. 이 조류는 모두 대칭을 이루고 거의 둘로 분열된다. 육지의 녹조류는 나무 둥치처럼 습한 곳에서 발견된다. 지의류(『미소 생물 도감』 29쪽 참조)로 살아가는 대부분의 조류는 이 생물군의 단세포 종이다.

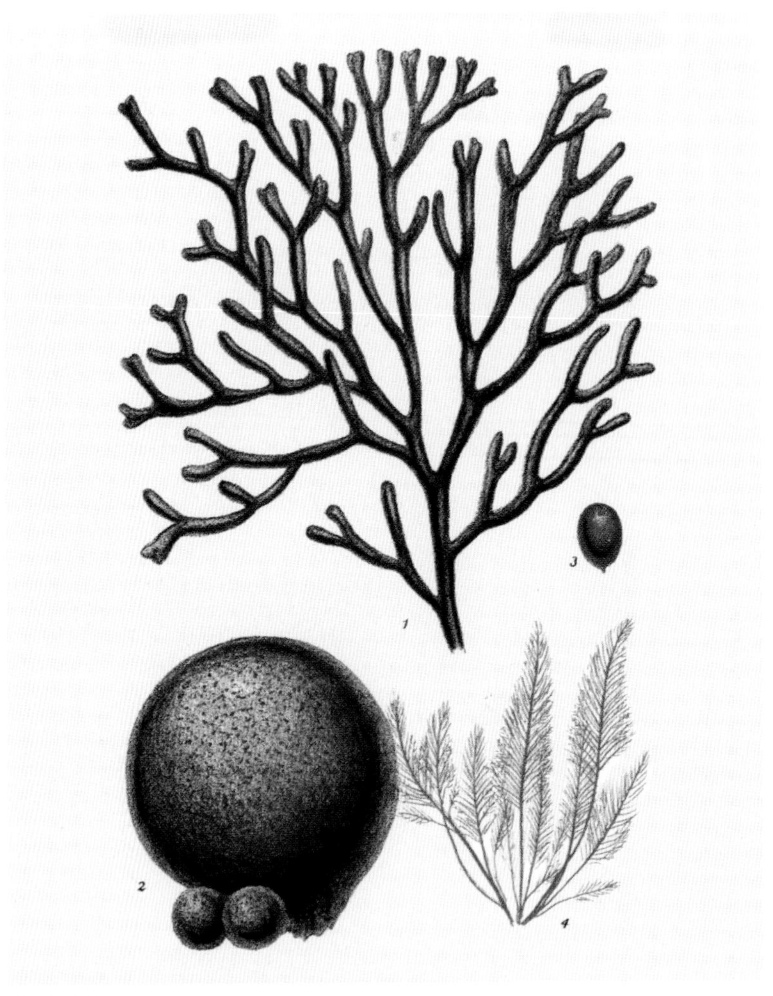

해양 녹조류
엄선된 해양 녹조류는 다소 대조적인 형태를 보여 준다. 개청각(*Codium tomentosum*, 위)은 가지가 분기한 구조인 데 비해 코디움 부르사(*Codium bursa*, 왼쪽 아래)는 다공질의 구형이다.

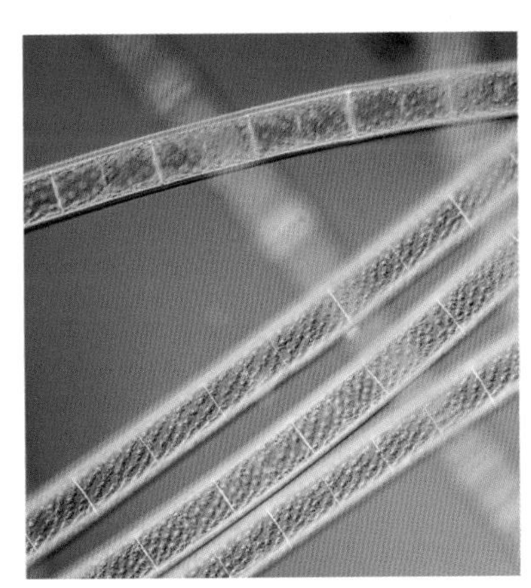

해캄(*Spirogyra*, water silk)

삿갓말(*Acetabularia* sp., mermaid's wineglass)

갈파래(*Ulva compressa*, sea lettuce)

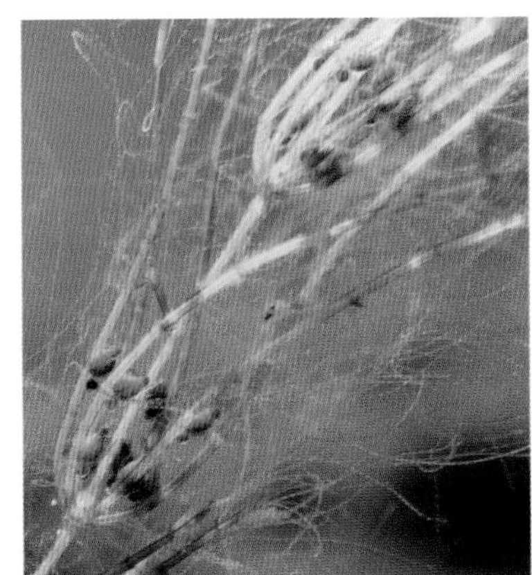

차축조류(*Chara globularis*, stonewort)

선태식물

각태식물문(뿔이끼문, Anthocerotophyta) 선태식물문(Bryophyta) 태류식물문(우산이끼문, Marchantiophyta) 식물계(Plantae)

대부분의 식물은 양분과 물을 수송하는 광범위한 관다발조직계를 가지고 있다. 그러나 2만 5000종의 붕어마름(각태식물문), 이끼(선태식물문), 우산이끼(태류식물문)는 관다발 조직이 없고 통틀어 선태식물로 불린다. 선태식물의 학명(*bryophytes*)은 그리스 어의 이끼(bryon)와 식물(phyton)이 합성된 단어다. 선태식물은 뿌리로 양분을 흡수하지 않고 헛뿌리로 불리는 짧은 섬유를 단단히 고정해 바위나 건물 벽처럼 관다발 식물이 자랄 수 없는 곳에서도 자랄 수 있다.

선태식물은 씨앗이나 꽃을 만들어 내지 않고 대개 포자낭에 자리 잡은 포자를 통해 번식한다. 모든 육상 식물과 마찬가지로 선태식물의 생활사는 배우체와 포자체의 두 세대가 번갈아 가며 나타난다. 배우체는 수정에 참여하는 생식세포를 만들고, 수정을 통해 만들어진 포자체는 포자를 만들어 낸다. 다른 식물과 달리 선태식물에서는 두 세대 중에 배우체 세대가 더 오래 유지된다.

우산이끼
대체로 매우 작은 식물에 속하는 우산이끼는 헤켈의 『자연의 예술적 형상』에 소개된 이 삽화에서 보듯 자세히 살펴보면 다양한 형태를 지니고 있다.

붕어마름(*Anthoceros* sp., hornwort)

붉은물이끼(*sphagnum capillifolium*, red bog moss)

솔이끼(*Polytrichum commune*, common haircap)

우산이끼(*Marchantia polymorpha*, common liverwort)

씨 없는 관다발 식물

석송강(Lycopodiopsida) 고사리강(Polypodiopsida) 관다발식물문(Tracheophyta) 식물계(Plantae)

관다발 식물에는 물과 양분의 이동 통로가 되는 물관부와 체관부라는 특화된 조직이 있다. 생식을 위해 대부분의 관다발 식물은 씨앗을 만들어 낸다. 그러나 석송, 양치류, 쇠뜨기를 비롯한 일부 관다발 식물은 씨앗, 열매, 꽃을 맺지 않고 포자를 통해 생식한다. 지금까지 알려진 씨 없는 관다발 식물은 1만 2000여 종에 이를 정도로 매우 다양하다. 아주 작은 종도 있지만, 가장 큰 나무고사리는 키가 20미터까지 자랄 수 있다.

어떤 식물이든 배우체와 포자체의 두 세대가 번갈아 가며 나타난다. 선태식물을 제외한 모든 식물에서는 포자체 세대가 더 오래 유지된다. 양치류 같은 씨 없는 관다발 식물에서 두 세대는 모두 독립 생활을 하는 식물이다. 이들의 포자체 세대는 포자를 생산하는 비교적 큰 식물로 묘사된다. 대개 습기가 있는 적당한 환경에서는 단순하고 눈에 잘 띄지 않는 배우체 세대의 식물이 나타나며 그 기간에 암수의 생식 구조가 발달한다. 수컷 생식 구조에서 배출된 정자세포는 암컷 생식 구조의 난세포로 헤엄쳐가고 그 결과 새로운 포자체가 형성된다.

피침형 꼬리고사리

이 삽화는 양치식물의 한 형태인 피침형 꼬리고사리(*Asplenium obovatum*)를 보여 준다. 양치류는 쇠뜨기나 석송과 달리 대엽으로 불리는 복잡한 잎을 가지고 있다.

쇠뜨기(*Equisetum arvense*, field horsetail)

석송(*Huperzia phlegmaria*, coarse tassel fern, clubmoss)

델타공작고사리(*Adiantum raddianum*, delta maidenhair fern)

나무고사리(*Dicksonia antarctica*, soft tree fern)

겉씨식물

소철강(Cycadopsida) 은행나무강(Ginkgoopsida) 마황강(Gnetopsida) 구과식물강(Pinopsida) 관다발식물문(Tracheophyta) 식물계(Plantae)

겉씨식물은 1000종 이상의 목본식물을 이룬다. 뿌리, 줄기, 잎뿐만 아니라 물과 무기질, 광합성을 통해 얻은 생산물을 수송하는 관조직을 가지고 있다. 씨앗은 꽃식물(속씨식물)처럼 씨방에 싸여 있지 않고 대포자엽으로 불리는 잎 모양의 구조에 노출된 채 놓여 있다. 겉씨식물에서 가장 큰 생물군을 구성하는 구과식물(침엽수)에서는 대포자엽이 모여 구과를 형성한다. 수정이 이루어지려면 암구과는 수구과에게서 꽃가루를 받아야 한다. 주목과 은행나무에는 구과마다 하나의 씨앗이 들어 있다.

대부분의 구과식물은 상록수이고 상당수는 길고 얇은 바늘 모양의 잎을 가지고 있다. 가장 큰 나무(자이언트 세쿼이아)와 가장 오래 사는 나무(강털소나무)는 모두 구과식물이다. 성장 속도가 더딘 열대의 소철은 겉씨식물의 또 다른 분류군을 형성한다. 소철에도 갈라진 잎이 달려 있어서 외관상으로는 종려나무처럼 보인다. 마황류는 남아프리카 나미브 사막의 가장 건조한 지역이 원산지인 웰위치아를 포함해 이보다 작지만 다양한 생물군을 이룬다. 리본 모양의 잎이 바닥을 따라 자란다.

대표적인 구과식물

독일가문비(*Picea abies*)는 씨앗을 품은 구과와 바늘 모양의 잎을 가지고 있다. 하나의 암구과는 가지의 가장 끝부분에 모여 있고(아래와 오른쪽), 작은 크기의 수구과는 가지 주변에 모여 있다(왼쪽 윗부분).

소철(*Cycas circinalis*, queen sago cycad)

은행나무(*Ginkgo biloba*, ginkgo)

웰위치아(*Welwitschia mirabilis*, welwitschia)

사이프러스(Cupressaceae, cypress)

꽃식물

쌍떡잎식물강(Magnoliopsida) 관다발식물문(Tracheophyta) 식물계(Plantae)

35만여 종의 속씨식물(또는 꽃식물)은 식물에서 가장 큰 분류군을 이루고 있다. 대부분은 육생이지만 상당수는 민물에서 자라며 얕은 바다에서 살아가는 종도 일부 있다. 식물의 크기는 지름이 2밀리미터인 수생 좀개구리밥부터 높이가 100미터에 이르는 유칼립투스나무에 이르기까지 다양하다. 꽃식물이 씨앗을 품은 다른 식물과 다른 점은 씨앗을 품은 열매를 만들어 내는 생식 기관으로서 꽃이 존재한다는 것이다. 꽃의 수술에는 웅성 생식세포가 포함된 꽃가루가 들어 있고, 심피 내부의 밑씨(꽃에서 암술머리와 암술대가 포함된 부분)에는 자성 생식세포가 들어 있다.

17만 5000여 종에 이르는 진정쌍떡잎식물은 속씨식물 가운데 최대의 분류군을 이룬다. 발아되자마자 씨앗은 2장의 떡잎으로 발달한다. 진정쌍떡잎식물의 꽃잎과 그 밖의 꽃기관의 수는 4나 5의 배수를 이루고 잎은 그물맥을 이룬다. 또 다른 분류군인 외떡잎식물에는 6만 종이 넘는 식물이 포함된다. 외떡잎식물의 씨앗은 한 장의 떡잎만 만들어 낸다. 대체로 이들의 꽃기관은 3의 배수를 이루고 잎은 나란히맥을 이룬다.

관동

이 삽화는 국화과(Asteraceae)에 속한 진정쌍떡잎식물인 관동(*Tussilago farfara*)을 보여 준다. 관동은 예로부터 약재로 이용되어 왔으나 오늘날에는 해로운 독소가 들어 있다고 알려져 있다.

튤립나무(*Liriodendron tulipifera*, tulip tree)

남방습지난초(*Dactylorhiza praetermissa*, southern marsh orchid)

노란바늘꽃(*Protea leucospermum*, yellow pincushion)

산사나무속(*Crataegus monogyna*, common hawthorn)

털곰팡이와 그 친척들

접합균문(Zygomycota) 균계(Fungi)

다른 균류와 마찬가지로 털곰팡이(pin mold)는 미세한 실 같은 균사의 형태로 자라고 퍼져 나가 균사체로 불리는 털 뭉치를 형성한다. 균사체는 효소를 배출해 주변의 유기 물질에서 양분을 소화하고 흡수한다.

털곰팡이는 빵처럼 탄수화물 먹이가 풍부한 곳에서 잘 살아간다. 포자를 만들어 내는 작은 포자낭에 핀 모양의 곧은 줄기가 달려 있어서 그런 이름이 붙었다. 포자는 유성 생식이나 무성 생식을 통해 만들어진다. 포자는 새로운 먹이원을 찾아 공기 중에 흩어지고 발아해 새로운 균사체를 형성한다. 털곰팡이와 그 밖의 균류는 분해자의 역할을 한다. 리조푸스속(*Rhizopus*)과 무코르속(*Mucor*) 일부 곰팡이는 빵의 부패를 일으키고 필로볼루스속(*Pilobolus*) 곰팡이는 동물의 배설물에서 자란다. 털곰팡이의 친척뻘인 균류는 무척추동물에 기생한다.

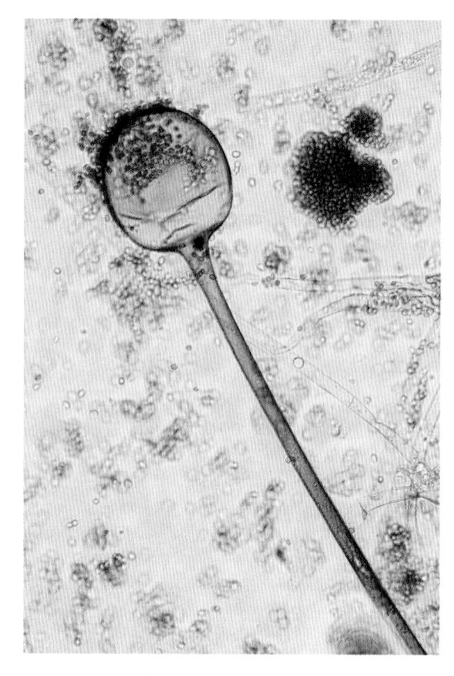

검은빵곰팡이
흔히 볼 수 있는 이 곰팡이(*Rhizopus stolonifer*)의 포자낭에는 길이가 1.5밀리미터에 불과한 줄기가 달려 있다.

담자균

담자균문(Basidiomycota) 균계(Fungi)

가장 친숙한 균류에 속하는 담자균은 담자과(basidiocarp)로 불리는 자실체에서 유성포자를 만들어 내기 때문에 함께 분류된다. 이 균류는 버섯, 독버섯, 브라켓의 형태로 나타난다. 담자과 덮개 내부에서 미세한 구조(담자기)로 싹튼 포자는 대개 갓 뒷면의 주름이나 덮개 아래의 구멍을 통해 공기 중에 배출된다. 이 균류 대부분은 분해자로 살아가며 목재를 소화할 수 있다. 담자과는 흔히 나무 몸통이나 그루터기에서 싹튼다. 수많은 균류의 균사는 식물의 뿌리와 함께 균근이 자리를 잡을 수 있게 해 준다. 서로 돕는 공생적 결합을 통해 균류와 식물에 모두 유익한 양분을 교환한다. 녹병균과 깜부기병균은 식물에 기생하며, 이 균의 포자가 싹트는 담자기(basidia)는 감염된 식물에 배출된다.

노란개암버섯
목재를 먹는 노란개암버섯(*Hypholoma fasciculare*)의 자실체는 죽은 나무의 몸통이나 그루터기에서 싹트고 갓 밑의 주름을 통해 포자를 배출한다.

자낭균

자낭균문(Ascomycota) 균계(Fungi)

균계에서 가장 큰 분류군은 곧추선 버섯 모양으로 바닥을 타고 뻗어 나가는 곰팡이나 단세포로 자라는 종을 모두 아우른다. 자낭균은 유성포자를 만들어 내는 초소형 주머니(자낭)를 가지고 있다는 공통점이 있다. 푸른곰팡이(*Penicillium*) 같은 일부 균에서 자낭은 털곰팡이의 포자낭과 비슷한 작은 주머니로 자란다. 곰보버섯과 송로버섯에서는 자낭이 이보다 훨씬 큰 자실체로 발달해 툭 터지면서 포자를 배출한다. 자낭균에는 우리에게 친숙한 미생물인 효모균도 포함된다. 단세포인 사카로미세스속(*Saccharomyces*)의 단세포 균은 제빵이나 알코올 발효에 상업적으로 이용되는 데 비해 칸디다속(*Candida*) 균은 질병을 일으킬 수 있다. 자낭은 단세포나 초소형 균사의 분열로 발달한다. 피부사상균으로 불리는 일부 자낭균이 무좀 같은 피부 감염을 일으키는 데 비해 다른 균은 지의류에서 가장 흔히 볼 수 있는 곰팡이다.

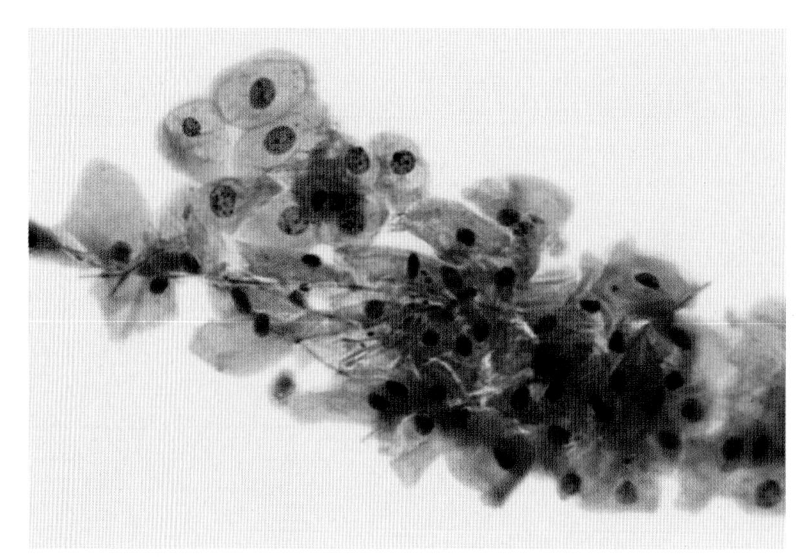

칸디다 이스트 감염
인간의 장내 세균 가운데 양성 세균인 칸디나 알비칸스(*Candida albicans*)는 면역 체계가 약한 사람들 사이에서 구강 칸디다증의 발병 원인이 될 수 있다.

지의류

담자균문(Basidiomycota) 자낭균문(Ascomycota) 균계(Fungi)

지의류는 균류와 공생(상호 의존적인) 관계를 맺으며 조류나 남세균으로 구성된 복합 생물이다. 공생 관계를 맺은 균류의 이름에 따라 분류되므로 모든 지의류는 2개의 균류 문 가운데 하나에 속하게 된다. 조류나 남세균은 광합성으로 양분을 만들어 그중 일부를 균류에 전달한다. 균류의 섬유는 공생하는 상대 유기체를 보호할 뿐만 아니라 물과 무기질을 모으는 역할도 한다.

지의류는 잎 형태(엽상지의), 나뭇가지 형태(수상지의), 조각 형태(고착지의), 가루 형태(분말지의)로 나타날 수 있다. 맨 바위와 나무껍질, 북극의 툰드라, 온대 지역, 뜨거운 사막, 심지어 유독성 폐기물 더미에 이르기까지 대부분의 육지 환경에서 자란다. 성장 속도는 매우 느리지만, 연구 결과는 일부 지의류가 수천 년 동안 생존할 수 있다는 사실을 보여 준다.

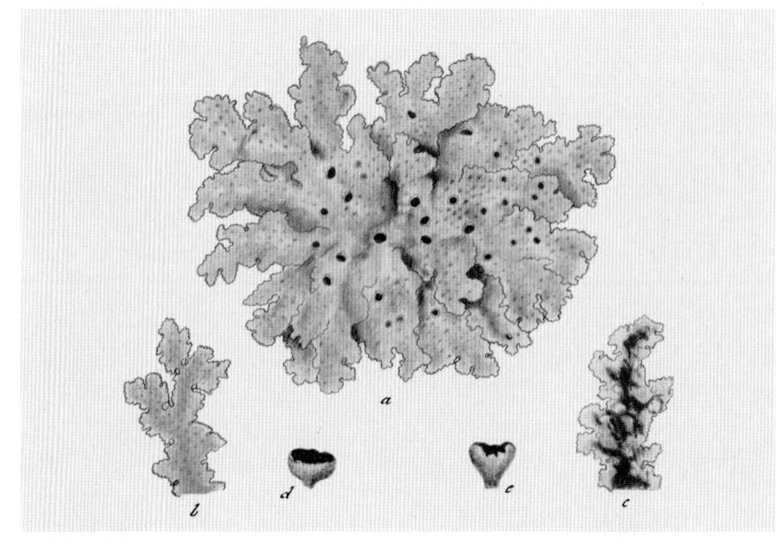

스틱타속 지의류
스틱타속(*Sticta*) 지의류는 엽상지의 구조를 보이며 바위와 나무껍질, 목재에서 자란다. 열대 우림에서 흔히 볼 수 있으며, 거기서 남세균과 공생 관계를 맺으며 살아가는 지의류는 공기 중의 질소를 고정할 수 있다.

해면

해면동물문(Porifera) 동물계(Animalia)

오늘날 가장 단순한 다세포동물로 꼽히는 해면은 5000종 이상 존재한다고 알려져 있다. 대개는 해양의 바위나 부드러운 퇴적물의 한 지점에 몸을 고정한 채 물속에서 살아가지만 몇몇 종은 민물을 선호하기도 한다. 크고 다채로운 색을 띤 수많은 해면종이 산호초를 터전으로 살아간다. 해면은 다양한 형태의 세포로 이루어져 있지만, 다른 동물이 가진 기관이나 특화된 조직은 찾아볼 수 없으며 신경계도 가지고 있지 않다.

가장 단순한 종은 작고 속이 빈 꽃병처럼 생겼다. 측면의 작은 입수공을 통해 물을 받아들이고 먹이 입자를 걸러낸 뒤에 맨 위쪽의 커다란 출수공을 통해 배출한다. 수천 개의 세포에 붙은 작은 털(편모)을 휘둘러 물살을 만든다. 대부분의 해면은 위강과 관계(구계)처럼 구조가 더 복잡하지만 원리는 같다. 퇴적물이 구멍을 막을 수도 있으므로 살아가려면 맑은 물이 필요하다. 해면의 몸은 다양한 방식으로 지탱된다. 석회해면류는 탄산칼슘으로 이루어진 작은 골격 단위(골편)를 가지고 있고, 육방해면류는 이산화규소로 이루어진 골편을 가지고 있다. 보통해면류는 해면질로 불리는 섬유성 단백질에 의해 지탱된다.

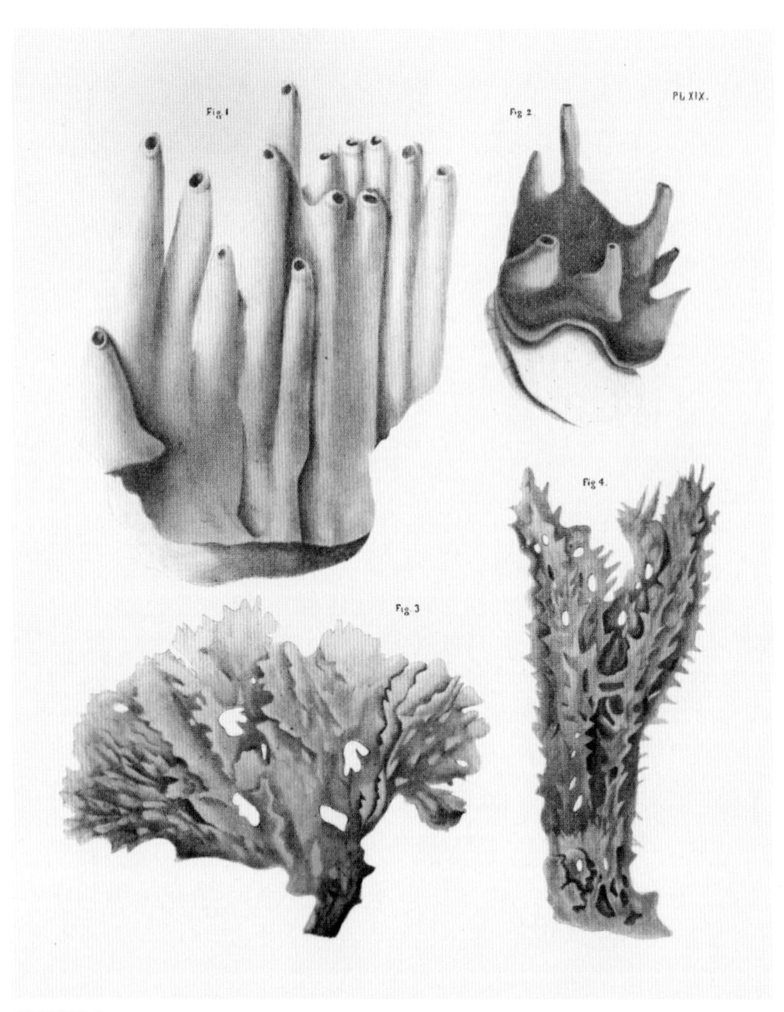

해면의 형태
해면은 다양한 형태를 보인다. 네오페트로시아 수브트리앙굴라리스(*Neopetrosia subtriangularis*, 맨 위 왼쪽)는 관 모양, 네오페트로시아 카보나리아(*N. carbonaria*, 맨 위 오른쪽)는 컵 모양, 클라트리아 비르굴토사(*Clathria virgultosa*)와 미칼레 앙굴로사(*Mycale angulosa*, 아래)는 나뭇가지 모양(수상)이다.

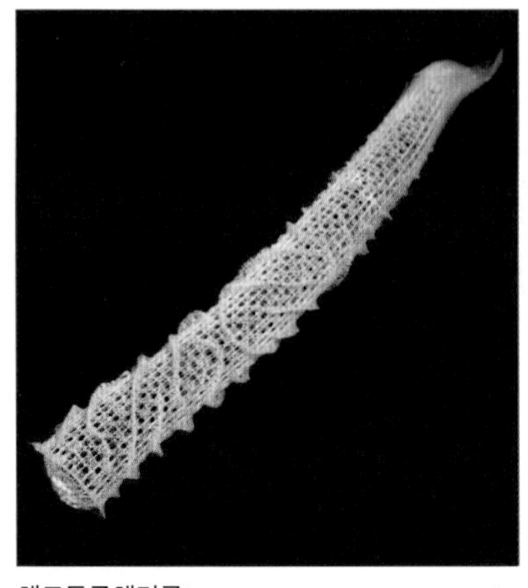

해로동굴해면류(*Euplectella aspergillum*, venus's flower basket)

항아리해면(*Xestospongia muta*, giant barrel sponge)

노란관해면(*Aplysina fistularis*, yellow tube sponge)

굴해면(*Cliona delitrix*, burrowing sponge)

빗해파리

유즐동물문(Ctenophora) 동물계(Animalia)

100~150여 종에 이르는 빗해파리는 전 세계 해양에 서식하는 거의 투명한 동물이다. 해파리와 비슷하게 생겼지만 가까운 관계는 아니다. 빗해파리는 흔히 둥글거나 타원형이지만 간혹 허리띠처럼 길쭉한 종도 있다. 뇌는 없지만 단순한 신경계는 있다.

빗해파리는 체표면을 따라 파닥이는 털(섬모)이 8줄로 빗처럼 늘어서 있어서 '빗을 가진 동물'이라는 의미의 '유즐동물'로 불리게 됐다. 섬모는 물속에서 앞으로 나아가는 데 이용되며, 빗해파리는 섬모를 유영에 이용하는 가장 큰 동물로 꼽힌다. 대개 작은 플랑크톤을 먹는 포식자이지만, 일부 종은 이보다 큰 요각류, 크릴새우, 해파리, 다른 빗해파리도 잡아먹는다. 대부분의 유즐동물은 끈적끈적한 교포(접착세포)로 이루어진 갈라지고 집어넣을 수 있는 2개의 촉수를 이용해 먹이를 잡는다. 빗해파리가 삼킨 먹이는 효소에 의해 녹고 액체가 된 먹이는 섬모에 의해 구계로 밀려 들어간다. 많은 빗해파리는 생물 발광을 통해 대개 푸른색이나 초록색 빛을 스스로 만들어 낼 수 있다.

다양한 형태

1904년 독일의 생물학자 헤켈이 발표한 『자연의 예술적 형상』에 소개된 이 삽화는 다양한 형태의 빗해파리를 보여 준다.

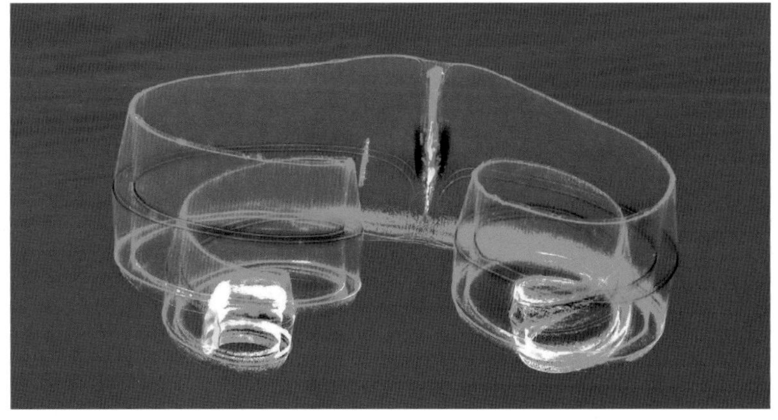

띠빗해파리(*Cestum veneris*, venus girdle)

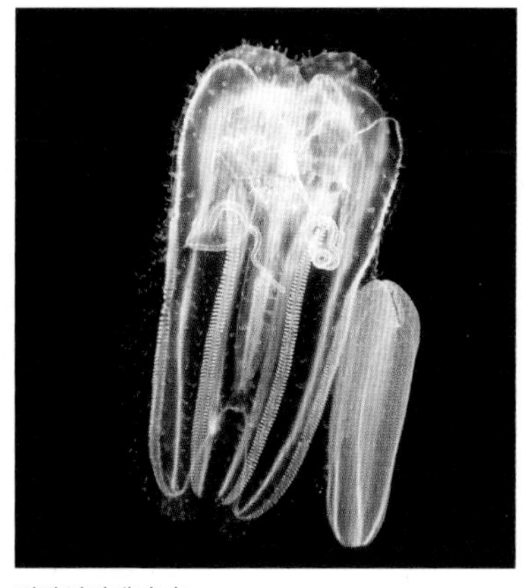

점박이빗해파리(*Leucothea pulchra*, spotted comb jelly)

감투해파리(*Mnemiopsis leidyi*, sea walnut)

히드로충류

히드로충강(Hydrozoa) 자포동물문(Cnidaria) 동물계(Animalia)

히드로충류는 해파리, 말미잘, 산호와 같은 자포동물문에 속한다. 자포동물은 체표면의 찌르는 세포(자포)로 유명한 해양 동물이다. 자포동물의 소화관에는 입과 항문의 역할을 하는 하나의 구멍만 존재한다. 이런 구멍 둘레에 있는 촉수가 뻗어 나와 먹이를 잡는다. 위를 향한 채 고정된 형태는 폴립으로 불리고, 거꾸로 뒤집힌 채 유영하는 형태는 메두사로 불린다.

히드로충류의 생활사는 2가지 단계의 세대 교번을 경험한다. 폴립 단계는 싹이 나는 방식(출아)으로 무성 생식을 해서 메두사를 형성한다. 메두사 단계는 수정할 성세포를 만들어 새로운 폴립을 형성한다. 대부분의 히드로충류는 군체를 이루어 해양에서 살아간다. 하위군인 히드로충은 해조류처럼 보이며 해저에서 가지를 뻗은 군체를 이룬다. 개별적인 폴립은 가지에 있는 관을 통해 먹이를 공유하며, 군체에는 생식에만 참여하는 특화된 폴립이 존재한다. 군체를 이루며 떠다니는 히드로충류도 상당수 존재하며 작은부레관해파리를 포함한 관해파리가 특히 두드러진다. 작은부레관해파리는 공기를 채운 커다란 부표처럼 부풀어 오른 폴립과 그 밑으로 길게 뻗은 촉수에서 독을 쏘는 폴립으로 이루어져 있다. 그 밖에도 헤엄치는 데 특화된 폴립을 가진 종도 있다.

포피드 히드로충류
『자연의 예술적 형상』에 소개된 이 삽화는 해양 표면에서 군체를 형성한 관해파리를 보여 준다.

작은부레관해파리(*Physalia physalis*, portuguese man o'war)

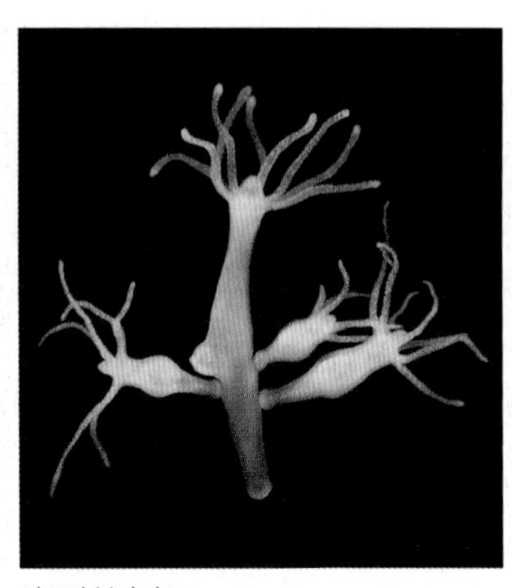
히드라 불가리스(*Hydra vulgaris*, freshwater hydrozoan)

바다부채히드로충류(*Solanderia ericopsis*, sea fan hydrozoan)

투불라리아 인디비사(*Tubularia indivisa*, oaten pipes hydrozoan)

해파리

입방해파리강(Cubozoa) 해파리강(Scyphozoa) 십자해파리강(Staurozoa) 자포동물문(Cnidaria) 동물계(Animalia)

해파리강에 속한 '진짜' 해파리는 접시 모양의 몸(갓)에 있는 근육을 수축시켜 서서히 헤엄치는 해양 동물이다. 200여 종에 이르는 해파리 중에서 가장 큰 종은 폭이 2미터에 이르고 쏘는 촉수의 길이는 30미터 이상일 수도 있다. 갓은 중교로 불리는 젤리층에 의해 강화된다. 해파리 역시 4개나 8개의 주름진 '입팔(구완)'이 중앙의 입 아래로 매달려 있다. 대부분의 해파리는 물고기와 그 밖의 큰 먹이를 먹고 살아가며 사람에게 위험한 종도 있다. 하위 분류군인 리조스토마속(*Rhizostoma*) 해파리는 팔에 '초소형 입'이 달려 있어서 점액으로 붙잡은 플랑크톤을 집어삼킨다. 대개 암컷과 수컷이 나뉜 암수 딴몸이다. 알은 해저에서 작은 폴립으로 자란 뒤 결국 작은 메두사를 형성한다.

상자해파리(입방해파리강)는 따뜻한 바다에 서식한다. 크기는 작지만 인간에게 극심한 통증을 유발하고 심지어 죽음에 이르게 할 수도 있다. 이 해파리들은 다른 해파리보다 헤엄치는 속도가 빠르고 작은 눈이 달려 있어 사냥에 도움이 된다. 가장 큰 입방해파리는 맹독성 해파리이다. 다리 달린 해파리(십자해파리강)에는 한 곳에 몸을 고정한 채 살아가는 트럼펫 모양의 작은 해파리가 포함되며 인간에게 해를 입히지 않는다.

진짜 해파리

아우렐리아속(*Aurelia*, 달해파리), 드리모네마속(*Drymonema*), 플로레스카속(*Floresca*), 펠라기아속(*Pelagia*)에서 엄선된 진짜 해파리는 다양한 해파리의 형태를 보여 준다.

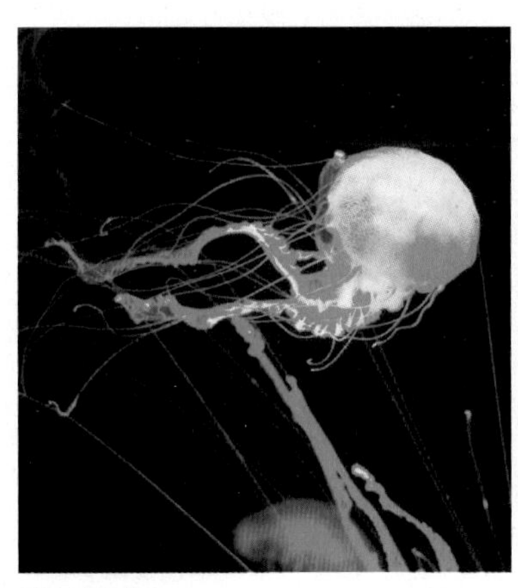

맹독성해파리(*Chironex fleckeri*, sea wasp)

태평양대양해파리(*Chrysaora fuscescens*, pacific sea nettle)

사자갈기해파리(*Cyanea capillata*, lion's mane jellyfish)

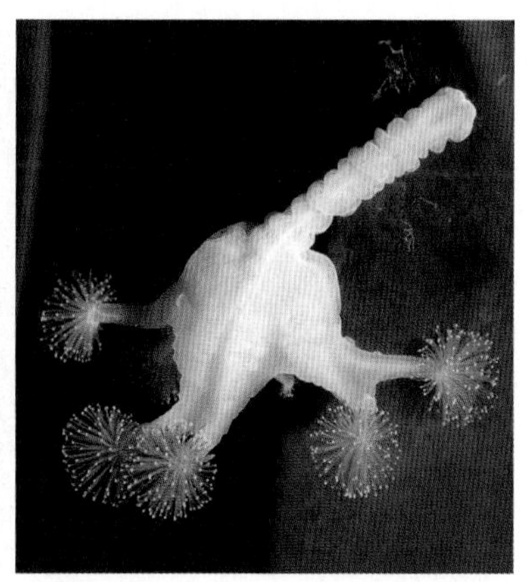

다리달린해파리(*Lucernaria quadricornis*, stalked jellyfish)

말미잘

해변말미잘목(Actiniaria) 꽃말미잘목(Ceriantharia) 산호충강(Anthozoa) 자포동물문(Cnidaria) 동물계(Animalia)

1000종이 넘는 말미잘의 몸(폴립)은 대개 컵 모양이고 바위나 산호 표면에 붙어 있으나 간혹 부드러운 퇴적물에 반쯤 묻고 있을 때도 있다. 대체로 한 자리에 고정된 채 살아가지만, 일부는 물에 떠다닌다. 폴립의 원통형 몸통 꼭대기는 구반(口盤)으로 불리며, 갈라진 틈처럼 생긴 입이 촉수에 둘러싸여 있다. 자포로 무장한 촉수를 뻗어 플랑크톤, 새우, 작은 물고기처럼 지나가는 먹이를 잡아 몸쪽으로 끌어당길 수 있다. 일부 열대종은 폭이 0.9미터에 이르기도 한다.

많은 말미잘은 세포 안에서 살아가는 단세포 와편모류(황록공생조류)와의 공생 관계를 통해 양분을 추가로 얻는다. 말미잘은 유성 생식을 위해 정자와 난자를 물속에 배출한다. 수정란은 자유롭게 떠다니는 유생으로 발달한 뒤에 폴립으로 성장한다. 말미잘은 여러 조각으로 분해되어 새로운 폴립으로 재생되는 무성 생식도 할 수 있다. 유성 생식과 비교해 무성 생식은 더 많은 수의 자손을 더 빨리 생산할 수 있게 해 준다.

다채로운 말미잘
집게 말미잘(오른쪽 위)은 집게 껍데기에 붙어 있을 때가 많다. 독을 쏘는 말미잘의 촉수는 집게를 보호해 주고 말미잘은 집게의 움직임 때문에 일어난 먹이 입자를 먹는다.

꽃말미잘(*Cerianthus membranaceus*, tube anemone)

구근촉수말미잘(*Entacmaea quadricolor*, bubble-tip anemone)

깃털말미잘(*Metridium senile*, plumose anemone)

맥픽말미잘(*Urticina mcpeak*, mcpeak anemone)

석산호

돌산호목(Scleractinia) 산호충강(Anthozoa) 자포동물문(Cnidaria) 동물계(Animalia)

지구에는 1600종이 넘는 석산호가 존재한다. 경산호로도 알려진 이 산호는 연산호와 달리 단단한 골격으로 이루어져 있으며 오스트레일리아의 그레이트배리어리프 같은 산호초를 형성하는 일등 공신이다. 경산호는 싹이 나는 출아를 통해 증식하는 작은 개별 폴립으로 이루어지며 수천에 이르는 개체의 연속적인 조직이 만들어진다. 예외적으로 혼자 살아가는 단생종도 있는데, 싹을 틔우지는 않아도 더 많은 탄산칼슘을 비축함에 따라 몸집이 점차 커진다. 산호충강에 속하는 석산호와 말미잘에게는 공통점이 있다. 양쪽 모두 원통형의 폴립마다 꼭대기에는 입, 촉수, 쏘는 세포로 이루어진 구반이 있다.

석산호 폴립은 탄산칼슘으로 이루어진 골격을 몸체 밑에 저장해 끊임없이 자라는 지지물을 만든다. 흔히 볼 수 있는 군체의 형태에는 기둥 모양, 뇌 모양, 잎 모양, 접시 모양, 외피로 덮인 형태, 덩어리 형태가 있다. 산호 폴립은 산호석으로 불리는 단단한 컵 속으로 몸을 끌어당겨 자기 방어를 한다. 산호는 동물계에 속하지만, 얕은 바다에서 살아가는 많은 종은 먹이를 공급해 주는 와편모류(황록공생조류)의 숙주가 되어 함께 살아간다(『미소 생물 도감』 16쪽 참조).

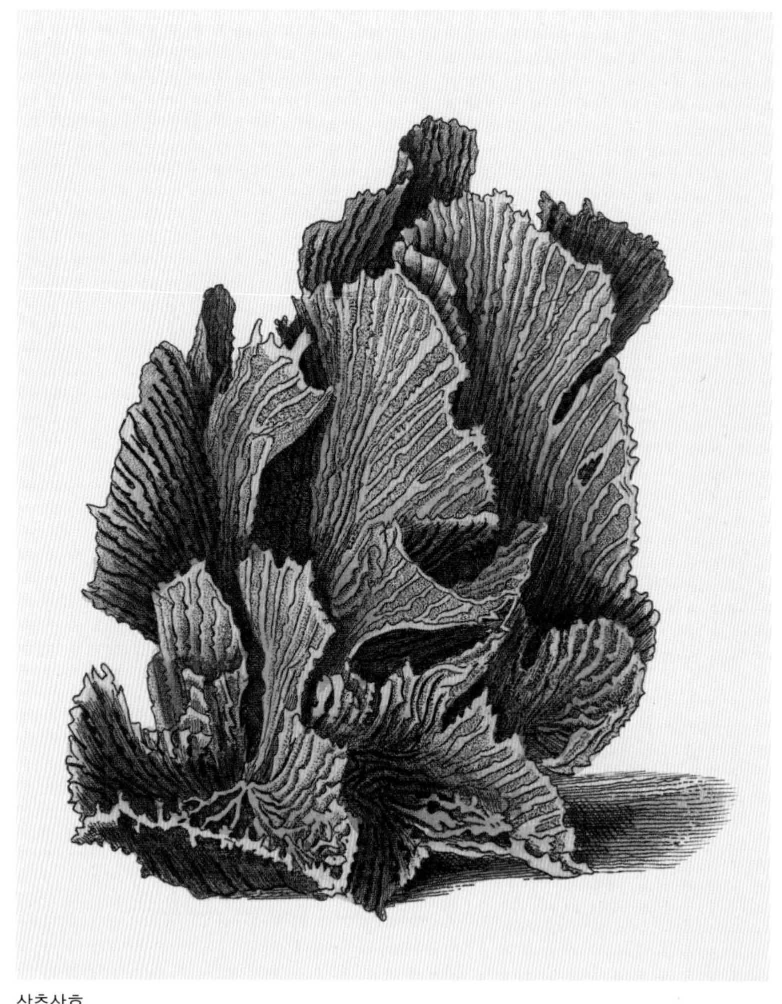

상추산호

자라는 상추처럼 나선형을 이룬 판 덕분에 상추산호(*Pectinia lactuca*)라는 명칭을 얻게 된 석산호는 군체를 이루며 자란다. 판은 지름이 최대 0.9미터에 이를 수도 있다.

홈이있는뇌산호(*Diploria labyrinthiformis*, grooved brain coral)

테이블산호(*Acropora* sp., table coral)

토치산호(*Euphyllia glabrescens*, torch coral)

썬산호(*Tubastraea* sp., sun coral)

편형동물

편형동물문(Platyhelminthes) 동물계(Animalia)

2만 종이 넘는 편형동물의 일부 종은 다른 동물에 기생하지만, 나머지는 해양이나 습한 육지 환경에서 살아간다. 자포동물이나 유즐동물(『미소 생물 도감』 31~35쪽 참조)과 달리 편형동물은 뇌를 비롯한 기관을 가지고 있다. 파닥이는 작은 털(섬모)이나 근육을 이용해 바닥을 기어 다닌다. 얇고 납작한 몸체는 아가미 없이도 물에서 산소를 흡수할 수 있게 해 준다. 다른 동물에 기생하지 않고 독립 생활을 하는 편형동물은 몸통 아래쪽에 관 모양의 입이 있으며 대개 육식성을 보여 일부 종은 멍게나 산호를 먹고 살아간다. 촌충과 흡충은 다른 동물에 기생하면서 심각한 질병을 일으킬 수도 있다. 성체가 된 촌충은 인간을 비롯한 척추동물의 장에 서식하며 흡충은 체조직에서 살아간다.

좌우 대칭
편형동물은 다양한 형태에 비해 좌우 대칭을 보여 주는 가장 단순한 동물로 꼽힌다. 해면이나 해파리 같은 단순한 동물과 달리 좌우 측면과 머리, 꼬리를 가지고 있다.

윤형동물

윤형동물문(Rotifera) 동물계(Animalia)

2200여 종에 이르는 윤형동물은 민물 생태계에 풍부한 초소형 동물이다. 코로나로 불리는 섬모의 둥근 관이 있어서 먹이를 잡거나 헤엄을 칠 때 또는 두 가지 용도로 동시에 이용된다. 코로나의 형태는 종에 따라 다양하다. 윤형동물의 입에는 단단한 저작기가 있어서 먹이를 부수거나 찢는 데 이용한다. 많은 종은 발에서 분비한 접착제를 이용해 물밑 바닥에 몸을 고정하고, 소수 종은 군체를 형성하기도 한다. 윤형동물은 몸을 수축시켜 체내의 물을 빼낸다든지, 수분 결핍을 견뎌내고 상황이 호전될 때만 부화하는 알을 낳는다든지 하는 방식으로 건조한 환경에서도 살아남는다. 델로이드 로티퍼(bdelloid rotifer)는 암컷으로만 존재한다고 알려져 있다. 한때 별개의 문으로 분류되던 구두충류(Acanthocephalan)는 고도로 변형된 기생 윤형동물로서 몸길이가 최대 65센티미터에 이를 수 있다.

플로스큘라리아 링겐스
한 자리에 고정된 채 살아가는 이 착생 민물 윤형동물(*Floscularia ringens*)은 작은 폐기물 입자를 이용해 만든 보호관 내부에서 몸길이가 최대 1.5밀리미터까지 자랄 수 있다. 관(부착기)은 수생 식물의 잎에 달라붙는다.

태형동물

태형동물문(Bryozoa) 동물계(Animalia)

태형동물 또는 이끼벌레는 대개 유전적으로 같은 개체(개충)가 서로 연결된 채 군체를 이루어 살아가는 수생 생물이다. 각 개충은 폭이 0.5밀리미터 정도에 불과하지만, 군체는 수백만에 이르는 개충을 포함할 수도 있다. 개충으로 이루어진 군체는 산호 군체와 비슷해 보이나 해부학적으로는 개충이 더욱 복잡한 구조를 띤다. 태형동물은 속이 비고 섬모로 이루어진 촉수 왕관(촉수관)을 이용해 여과 섭식을 하고 2개의 구멍(입과 항문)이 달린 소화계를 가지고 있다. 군체는 해조류의 엽상체에서 매트처럼 자라거나 해저면에서 최대 몇 센티미터 높이로 가지를 뻗은 구조물을 형성한다. 각 개충은 단단한 백악질 상자로 보호를 받는다. 모든 군체에는 섭식과 배설을 담당하는 통상개충은 물론 전문적으로 방어, 생식, 양분 저장을 담당하는 그 밖의 개충도 들어 있다.

해양 태형동물은 나새류, 어류, 갑각류, 불가사리류의 먹이가 되고 민물종은 달팽이와 곤충의 유생에게 먹힌다. 4000종 이상의 태형동물이 현존하며 멸종된 종은 화석에 두드러지게 남아 있다.

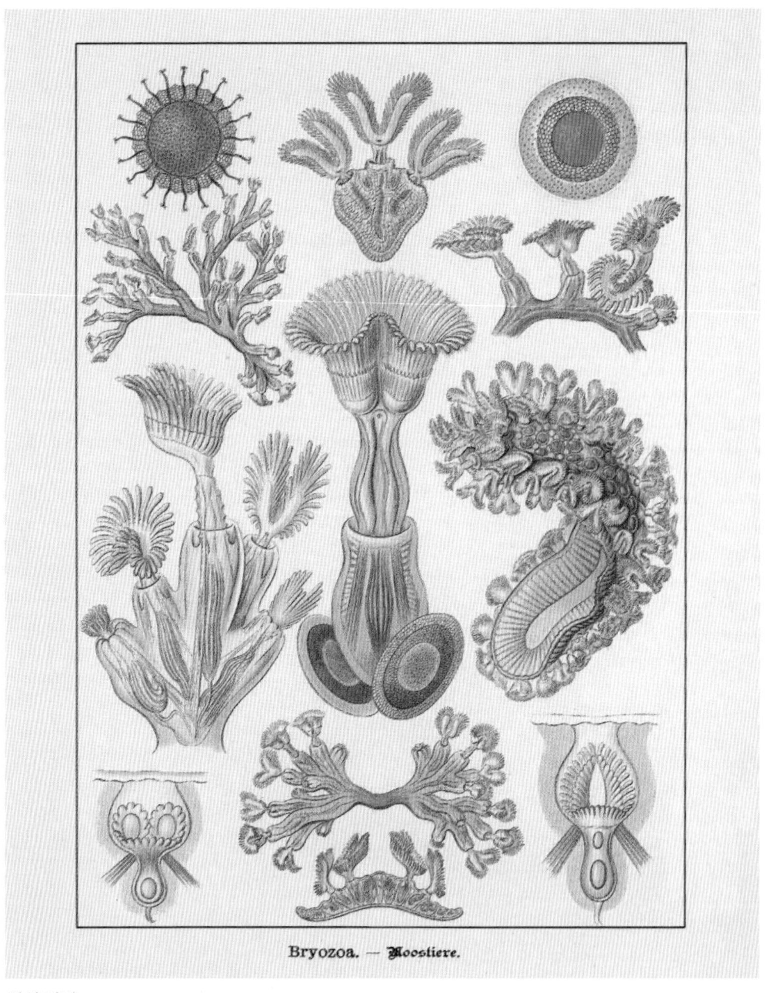

섭식 기관

여기 보이는 태형동물은 길게 늘어난 촉수관을 가지고 있다. 입 주변에 자리 잡은 이 기관은 그 밖의 많은 수생 동물에게서 볼 수 있는 촉수와 달리 속이 비어 있다.

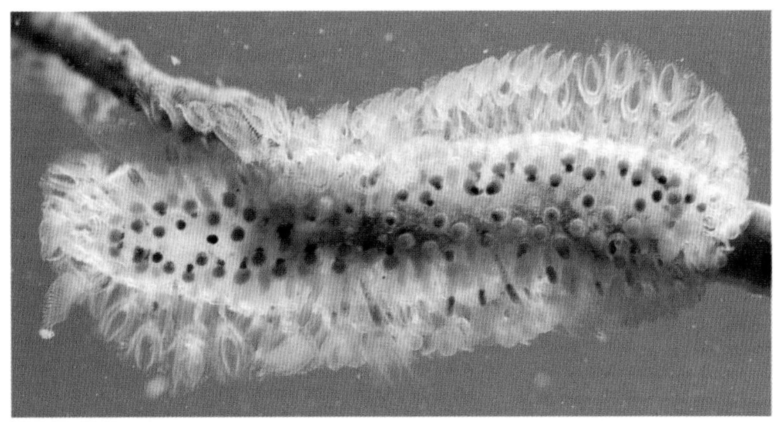

담수태형동물(*Cristatella mucedo*, freshwater bryozoan)

모조산호(*Myriapora truncata*, 'false coral')

완족동물

완족동물문(Brachiopoda) 동물계(Animalia)

완족동물 또는 개맛은 겉보기에는 이매패류 연체동물(『미소 생물 도감』 40쪽 참조)과 생김새가 비슷하지만, 몸의 구조가 전혀 다른 2개의 껍데기로 이루어진 해양 무척추동물이다. 크기가 다른 완족동물의 껍데기는 좌우를 나타내는 이매패류와 달리 위아래를 나타낸다. 대개 근육질의 자루를 이용해 해저에 붙어 있다. 자루 부근의 껍데기 사이에 놓인 몸통은 뒤로 기울어져 있고 앞쪽 공간에는 촉수가 나선형으로 배열된 U자 모양의 여과 기관인 촉수관(『미소 생물 도감』 37쪽 참조)이 자리 잡고 있다. 껍데기가 열리면 개맛은 촉수관을 통해 물을 조금씩 빨아들여 먹이 입자를 얻는다. 완족동물은 대부분 크기가 작아 가장 큰 것도 껍데기가 10센티미터에 불과하다. 330여 종이 현존하며 그보다 많은 수가 화석으로 남아 있다.

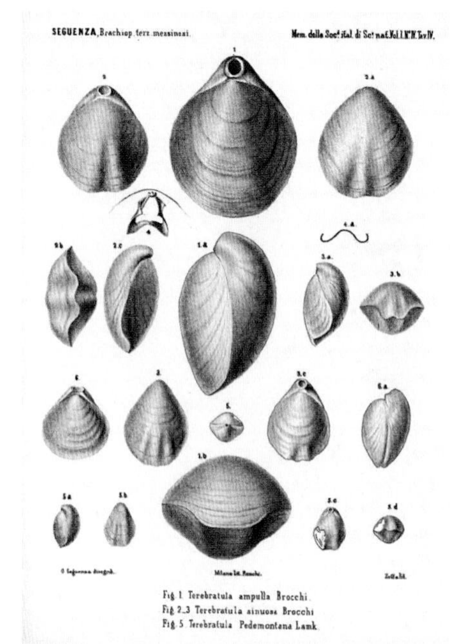

비대칭 완족동물

이 삽화는 테레브라툴라속(*Terebratula*) 완족동물의 비대칭성을 보여 준다. 윗줄과 아랫줄 껍데기들은 크기와 모양이 확연히 다르다.

끈벌레

유형동물문(Nemertea) 동물계(Animalia)

900여 종으로 이루어진 끈벌레는 주로 해양 바닥을 기어 다니지만 일부는 헤엄도 칠 수 있는 포식성 벌레다. 대체로 움직임이 느리고 체형이 길고 좁으며 피부는 점액이 덮여 매끄럽다. 일부 종은 밝은 노란색, 주황색, 붉은색, 초록색을 띤다. 간혹 가시까지 달린 특이한 관 모양의 주둥이가 머리나 입에서 튀어나와 환형동물, 이매패류, 갑각류 같은 먹이를 움켜쥔 다음 독으로 제압할 수도 있다. 끈벌레는 청소동물이기도 하다. 몸길이가 자그마치 30미터가 넘는 신발끈벌레(*Lineus longissimus*)는 세상에서 가장 긴 동물일 것이다. 이들은 용해된 유기 물질을 피부를 통해 흡수하는 방식으로 먹이를 어느 정도 섭취한다.

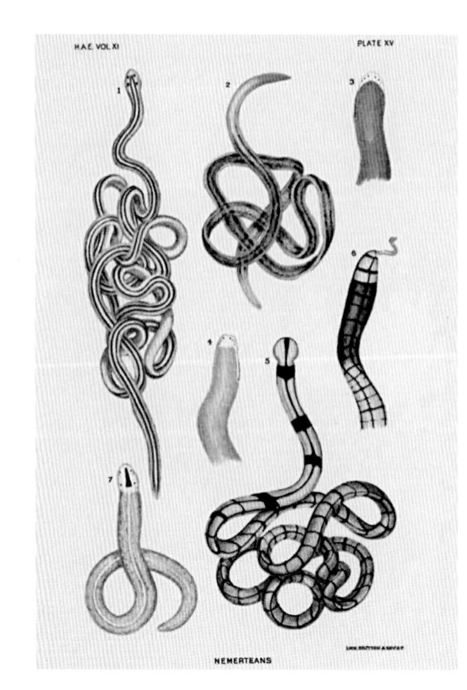

끈벌레

네메르톱시스속(*Nemertopsis*), 파라네메르테스속(*Paranemertes*), 끈벌레속(*Lineus*), 카리넬라속(*Carinella*), 테트라스템마속(*Tetrastemma*)에 속한 끈벌레를 묘사한 이 삽화는 1846년에 그려진 것이다. 모든 끈벌레는 매우 길고 얇은 형태를 특징으로 한다.

군부

다판강(Polyplacophora) 연체동물문(Mollusca) 동물계(Animalia)

군부는 바위 표면에 살면서 조류를 훑어 먹는 껍데기가 있는 해양 연체동물이다. 대개 치설로 불리는 혀 모양의 구조가 있어서 먹이를 훑는 데 이용한다. 두툼한 '외투막'은 등의 일부 또는 전체를 덮는다. 등을 덮은 외투막 아래로 여러 쌍의 아가미가 있다. 배 쪽에 있는 잘 들러붙는 근육질의 '발'을 이용해 느릿느릿 기어 다닌다. 초기 종은 껍데기가 하나뿐이었을 것으로 보이지만, 오늘날 군부는 서로 맞물린 8개의 각판을 구부려 공 모양을 만들 수 있다.

가장 큰 군부는 길이가 30센티미터에 이르지만, 대개는 이보다 훨씬 작다. 군부의 알이 부화하면 대다수의 다른 연체동물과 마찬가지로 담륜자(trochophore)로 불리는 헤엄치는 작은 유생이 되고 성장해 성체가 된다. 940여 종은 대부분 얕은 바다에서 살아간다.

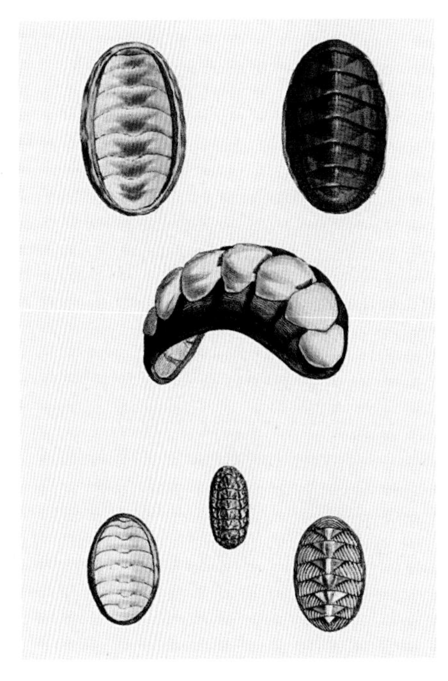

많은 각판
군부는 '많은 판을 지니고 있다'는 뜻을 가진 다판강을 형성하며, 여기서는 8개의 개별적인 각판을 볼 수 있다.

무판류

미공강(Caudofoveata) 구복강(Solenogastres) 연체동물문(Mollusca) 동물계(Animalia)

300종이 넘는 무판류는 해저에서 살아가는 벌레 같은 연체동물이다. 껍데기는 없지만, 대체로 치설을 갖고 있다는 점에서 연체동물의 일반적인 특징을 공유한다. 무판류는 1밀리미터에서 30센티미터에 이르기까지 길이가 다양하다. 상당수가 짧은 털이나 비늘로 몸을 덮고 있다.

하위군에 속하는 미공강은 진흙에서 먹이 입자를 얻고 후방의 아가미는 물에 드러낸 채 해양 퇴적물에 머리를 묻고서 살아간다. 또 다른 하위군인 구복강에는 히드로충 같은 동물을 먹는 육식 동물이 포함된다. 무판류에 속한 생물군 사이의 관계는 분명하지 않지만, 군부처럼 껍데기가 있는 조상에게서 진화했을 것으로 보인다.

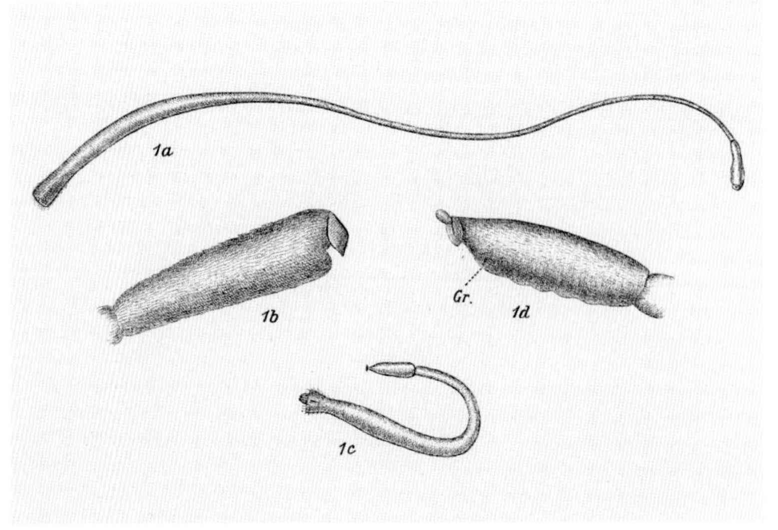

껍데기가 적은 연체동물
이 삽화는 무판류의 하위 분류군인 미공강에 속한 연체동물 2종인 케토데르마 프로둑툼(*Chaetoderma productum*, 1a, b)과 케토데르마 니티둘룸(*C. nitidulum*, 1c, d)의 머리 부분을 자세히 보여 준다.

이매패류

이매패강(Bivalvia) 연체동물문(Mollusca) 동물계(Animalia)

이매패류에는 9200여 종이 있다. 수생 연체동물에 속하는 이 분류군에는 새조개, 홍합, 대합, 굴, 가리비가 포함된다. 대부분의 이매패류는 바다에 살지만, 1000종 이상은 민물에서도 살아간다. 모든 종은 접번에 의해 연결된 2개의 껍데기가 내부의 말랑한 몸통을 에워싸고 있다. 해부학적으로 2장의 껍데기(반각)는 몸의 좌우 측면을 나타낸다. 강력한 근육이 반각을 꼭 다물게 만들어 탈수를 막고 천적에게서 보호해 준다. 이매패류에게도 발이 있으나 흔히 혀처럼 생겼고 기어 다닐 때보다 구멍을 팔 때 이용된다. 머리라고 할 만한 것은 없고 아주 작은 뇌를 가지고 있다. 껍데기 밑으로 크고 납작한 아가미가 있어서 먹이 입자를 거르는 데 이용한다.

이매패류는 대체로 모래나 진흙에 몸을 묻거나 단단한 표면에 달라붙어 물 위나 아래의 다양한 환경에서 살아가는 정주형 동물이다. 바닥을 파고드는 종은 수축 가능한 한 쌍의 수관부를 물속에서 길게 내민다. 입수관으로는 물과 먹이 입자를 빨아들이고 출수관으로는 물과 찌꺼기를 배출한다. 몸이 긴 배좀벌레는 가라앉은 목재에 구멍을 파고 일부 종은 돌에 구멍을 내기도 한다.

가리비
이 삽화에서는 독특한 형태로 골이 진 가리비 껍데기를 볼 수 있다. 가리비는 껍데기를 여닫는 방식으로 일종의 추진력을 만들어 낼 수 있다.

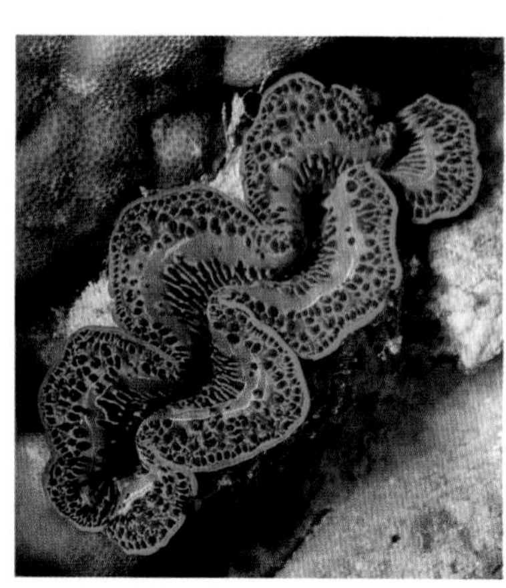
거거(*Tridacna gigas*, giant clam)

불꽃가리비(*Ctenoides scaber*, flame scallop)

진주담치(*Mytilus edulis*, blue mussels)

새조개(*Cerastoderma edule*, common cockle)

복족류

복족강(Gastropoda) 연체동물문(Mollusca) 동물계(Animalia)

복족류로 알려진 달팽이와 민달팽이는 연체동물에서 가장 큰 분류군을 이룬다. 6만 5000종이 넘는 복족류는 바다, 민물, 육지를 가리지 않고 어디든 살아간다. 모든 복족류는 대개 눈과 촉수가 달린 명확한 머리를 가지고 있다. 대부분의 종은 군부와 마찬가지로 바닥을 기어 다닌다. 발달 과정 중에 상체가 뒤틀려 내부 구조가 비대칭을 이룬다. 상당수의 종은 보호를 위해 나선형의 껍데기 속으로 몸통을 끌어당길 수 있다. 많은 복족류는 뿔 모양의 선개(덮개)가 있어서 안으로 숨어 들어갈 때 껍데기 입구를 폐쇄한다.

다수의 복족류는 혀 모양의 치설을 이용해 먹이를 훑어 먹는다. 물레고둥 같은 일부 바다고둥은 주둥이 끝에 송곳 같은 치설이 있다. 이 고둥들은 육식 동물이고 그중 일부는 먹이가 되는 개체의 껍데기를 뚫어 속살에 이를 수 있다. 껍데기가 없는 복족류인 민달팽이는 다른 형태의 보호 수단을 이용한다. 일부 바다 민달팽이의 밝은 신체색은 흔히 독이 있다는 경고 신호를 천적에게 보내는 것이다. 껍데기가 없는 복족류인 바다나비는 지느러미 같은 돌출부(측족)를 휘저어 헤엄칠 수 있다.

육지 달팽이

이 삽화는 정원달팽이(*Cornu aspersum*, 위), 로마달팽이(*Helix pomatia*, 가운데), 숲달팽이(*Cepaea nemoralis*, 왼쪽 아래)를 비롯해 유럽이 원산지인 비교적 큰 육지 달팽이를 묘사한 것이다.

아프리카달팽이(*Achatina fulica*, giant african land snail)

네오나새류(*Nembrotha kubaryana*, variable neon sea slug)

얼룩군소(*Aplysia fasciata*, mottled sea hare)

문어, 오징어, 갑오징어

두족강(Cephalopoda) 연체동물문(Mollusca) 동물계(Animalia)

오징어, 문어, 앵무조개, 갑오징어는 지능적인 포식성 연체동물의 하위 분류군인 두족류에 속한다. 지금까지 800여 종이 밝혀졌으며 모두 바다에서 살아간다. 그리스 어로 '발 달린 머리'를 뜻하는 두족류(Cephalopod)는 머리가 팔에 연결된 방식을 설명하고 있다. 최초의 연체동물이 보유했던 발은 몸통 앞으로 진화하면서 움켜잡을 수 있는 팔을 갖추게 되었다.

앵무조개는 현존하는 가장 원시적인 두족류로 꼽히며 달팽이 같은 외각과 60~90개에 이르는 빨판 없는 팔(극모)을 가지고 있다. 오징어와 갑오징어에게는 빨판이 달린 8개의 팔과 그보다 긴 2개의 촉수가 있으며, 문어는 촉수 없이 빨판이 달린 8개의 팔만 가지고 있다. 지느러미까지 갖춰 움직임이 빠른 사냥꾼인 오징어는 수관에서 재빨리 물을 내뿜어 추진력을 얻는다. 문어에게도 제트 추진력이 있지만 오징어보다는 움직임이 느리다. 두족류는 단단한 부리로 먹이를 찢고 뛰어난 색각을 자랑하는 큰 눈을 가지고 있다. 순식간에 몸 색깔을 바꿔 의사를 전달하거나 위장술을 펼치기도 한다. 오징어와 갑오징어는 내부에 막대 모양의 껍질을 갖고 있지만, 문어에게는 없다. 두족류의 알은 다른 연체동물처럼 유생이 아닌 작은 성체로 부화한다.

문어와 갑오징어
삽화에서 위쪽에 보이는 것은 전 세계 해양에서 흔히 볼 수 있는 문어(*Octopus vulgaris*)다. 분홍색을 띠는 갑오징어(*Sepia orbignyana*, 아래)는 최대 450미터 수심에서도 발견된다.

오징어(*Sepioteuthis sepioidea*, caribbean reef squid)

코코넛문어(*Amphioctopus marginatus*, coconut octopus)

앵무조개(*Nautilus pompilius*, chambered nautilus)

참갑오징어(*Sepia apama*, giant cuttlefish)

환형동물

환형동물문(Annelida) 동물계(Animalia)

체절동물 또는 환형동물은 2만 2000종 이상이 존재한다. 이 생물군에는 지렁이, 거머리는 물론 참갯지렁이 같은 해양 벌레도 포함된다. 몸의 체절은 흔히 표면에서 고리 형태로 나타난다. 환형동물에는 단단한 골격이 없어서 근육 작용과 내부의 정수압(유체 압력)을 통해 형태를 유지한다.

다모류는 가장 다양한 생물군을 이룬다. '많은 강모'를 뜻하는 다모류는 체절마다 강모가 붙어 있으며 다양한 생김새를 보인다. 가시고슴도치갯지렁이는 보통 벌레의 형태와 달리 몸이 둥글다. 상당수 벌레의 측면에는 뻣뻣한 강모가 붙어 있는 다리 모양의 덮개(측족)가 있다. 몇몇 벌레는 헤엄을 치지만 대개는 해저에서 살아간다. 다모류에는 단단한 턱을 가진 가시고슴도치갯지렁이, 진흙을 먹는 작은검은갯지렁이, 몸에 영구적인 관을 두르는 새날개갯지렁이(관벌레)처럼 활동적인 포식자도 포함된다. 새날개갯지렁이는 촉수를 부채처럼 펼쳐 바닷물이나 진흙에서 먹이 입자를 얻는다. '거의 없는 강모'를 뜻하는 빈모강에는 지렁이와 거머리가 포함된다. 거머리는 양쪽 끝에 빨판이 있어서 움직이는 데 도움이 된다. 대개 거머리는 피를 빨아 먹는 기생 동물이지만 일부는 포식 동물이다.

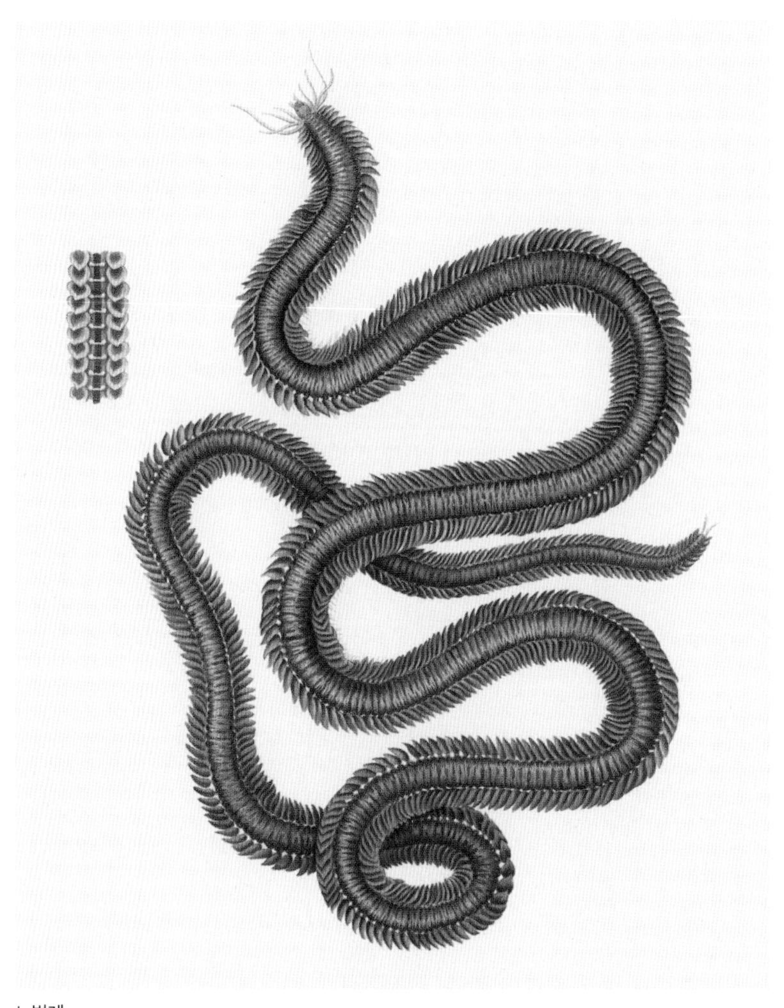

노벌레
노벌레(*Phyllodoce lamelligera*)는 다모류의 일종이다. 수백 개의 체절마다 헤엄치는 데 이용되는 노 모양의 측족이 있다.

푸른지렁이(*Perionyx* sp., blue earthworm)

갯지렁이(*Nereis pelagica*, slender ragworm)

공작벌레(*Sabella pavonina*, peacock worm)

거머리(*Hirudinea*, leech)

선형동물

선형동물문(Nematoda) 동물계(Animalia)

선충이나 회충은 지구상의 거의 모든 서식지에서 살아가며, 2만 5000종 이상이 존재한다고 알려져 있다. 몸길이가 대개 몇 밀리미터도 안 되지만 기생종은 이보다 훨씬 길 수 있다. 선충은 토양과 해양 퇴적물에 많고 세균이나 작은 동물을 잡아먹되 흔히 먹이에 구멍을 내서 체액을 퍼낸다.

길고 가느다란 선충의 몸은 끝으로 갈수록 가늘어진다. 곤충과 마찬가지로 단단한 외피(각피)를 벗는 탈피를 경험한다. 암수딴몸이나 암수한몸으로 번식할 수 있다. 많은 종이 농작물을 망치는 주요 해충이다. 동물에 기생하는 기생충에는 인간에게 상피병(코끼리피부병) 같은 질병을 일으키는 일부 종도 포함된다. 가장 크다고 알려진 선충은 몸길이가 8미터 이상으로 향유고래의 몸속에 기생한다.

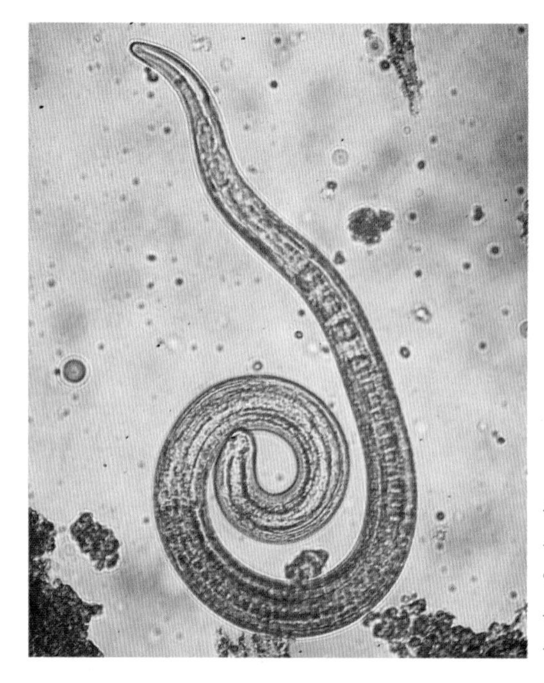

선모충
선모충속(*Trichinella*) 선충은 인간과 가축의 몸속에 기생한다. 유충이 근육조직으로 옮겨가면 선모충증을 일으킬 수 있다.

화살벌레

모악동물문(Chaetognatha) 동물계(Animalia)

화살 모양의 포식자인 화살벌레는 상당수가 플랑크톤의 형태로 존재하며 해저에서 살아가면서 해양 먹이 그물에서 중요한 부분을 차지한다. 100종 이상이 밝혀졌으며 최대 12센티미터까지 자란다. 1개체가 암컷과 수컷의 생식 기관을 모두 갖춘 암수한몸으로 알에서 작은 성체로 곧장 발달한다.

요각류나 물고기 유생 같은 먹이를 감지하면 꼬리를 이용해 재빨리 앞으로 돌진하고 입 주변에 난 강모로 먹이를 잡는다. 이때 간혹 독을 주입해 먹이를 마비시키기도 한다. 일부 종은 밤에는 수면으로 올라오고 낮에는 바닥으로 가라앉아 먹이를 쫓는다. 그런 화살벌레도 해파리부터 만타가오리에 이르기까지 수많은 동물의 먹이가 되고 만다.

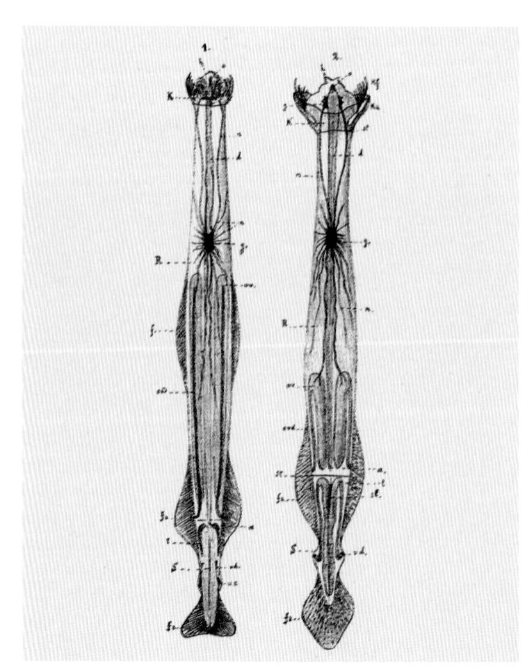

턱에 강모가 붙은 화살벌레
뻣뻣하면서도 유연한 화살벌레의 투명한 몸에는 지느러미도 달려 있다. 입에는 강모가 붙어 있으며 모악동물은 '강모가 붙은 턱'을 의미한다.

복모동물

복모동물문(Gastrotricha) 동물계(Animalia)

800여 종에 이르는 복모동물은 대개 몸길이가 1밀리미터도 안 되는 작은 벌레처럼 생겼으며 바다와 민물에서 살아간다. 퇴적물 입자 사이 혹은 표면에서 살아가는 복모동물은 작은 먹이와 죽은 유기 물질을 빨아들여 먹는다. 편형동물(『미소 생물 도감』 36쪽 참조)과 마찬가지로 납작한 복부 쪽의 섬모를 이용해 표면에서 미끄러지듯 움직이지만, 일부 종은 자벌레처럼 원호를 그리며 움직이고 플랑크톤처럼 유영하는 종도 서너 종 된다. 많은 복모동물에는 가시, 비늘, 강모가 덮여 있고 모래 입자를 빨아들였다 배출할 점착성 관도 있다. 1개체가 암수의 생식 기관을 모두 갖춘 암수한몸일 수도 있고 암컷으로만 이루어진 개체군으로 존재하기도 한다. 알은 유생 단계를 거치지 않고 작은 성체로 부화한다.

케토노투스 심로티
케토노투스 심로티(*Chaetonotus simrothi*) 사진은 체절이 없는 복모동물의 전형적인 몸을 보여 준다. 몸은 가시가 있는 각피로 덮여 있고 꼬리 부분(오른쪽)에는 2개의 점착성 관이 보인다.

동문동물

동문동물문(Kinorhyncha) 동물계(Animalia)

진흙의 용(mud dragon)으로 널리 알려진 동문동물(키노링, kinorhynch)은 주로 진흙 퇴적물에 살면서 삼킨 진흙에서 먹이 입자를 걸러낸다. 270여 종이 알려져 있다. 대체로 1밀리미터를 넘지 않는 몸은 체절로 나뉘고 보호판이 덮여 있어서 초소형 곤충의 유충처럼 보인다. 동문동물은 방어를 위해 가시가 있는 머리를 몸통 속으로 거둬들일 수 있다. 머리를 앞으로 내밀어 진흙에 고정하는 사이 몸을 뒤로 잡아당기면서 움직인다. 동문동물은 측면에 움직일 수 있는 강모가 붙어 있고 대개 꼬리 끝에는 이보다 긴 가시가 달려 있다. 절지동물이나 선형동물과 마찬가지로 자라면서 외피(각피)를 벗는다. 암수딴몸이지만 암컷과 수컷은 비슷하게 생겼다.

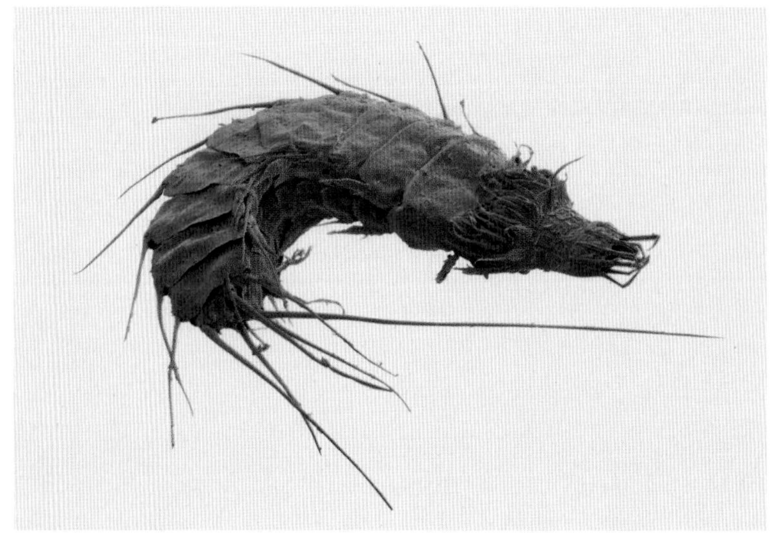

안티고모나스 키노링
외부의 각피는 안티고모나스(*Antygomonas*)종처럼 키노링의 몸을 보호한다. 키노링의 몸은 가시 달린 체절로 나뉘고 머리(오른쪽)를 완전히 안으로 집어넣을 수 있다.

완보동물

완보동물문(Tardigrada) 동물계(Animalia)

물곰으로도 불리는 완보동물은 몸길이가 대개 1밀리미터도 안 될 만큼 작고 기어 다닌다. 이끼류의 표면처럼 축축한 서식지뿐만 아니라 담수와 해저에서도 살아간다. 관 모양의 입에는 구침으로 불리는 바늘 모양의 구조가 있어서 식물과 초소형 동물의 세포에 구멍을 뚫어 체액을 빨아들이는 데 이용한다. 곤충류와 마찬가지로 자라면서 단단한 외피(각피)를 벗는다. 암수딴몸이지만 일부 개체군은 암컷으로만 이루어져 있다. 1300종이 넘는 완보동물은 체내 수분을 거의 상실하고 쪼그라든 건면(tun) 상태로 극한 환경에서도 살아남을 수 있는 것으로 유명하다.

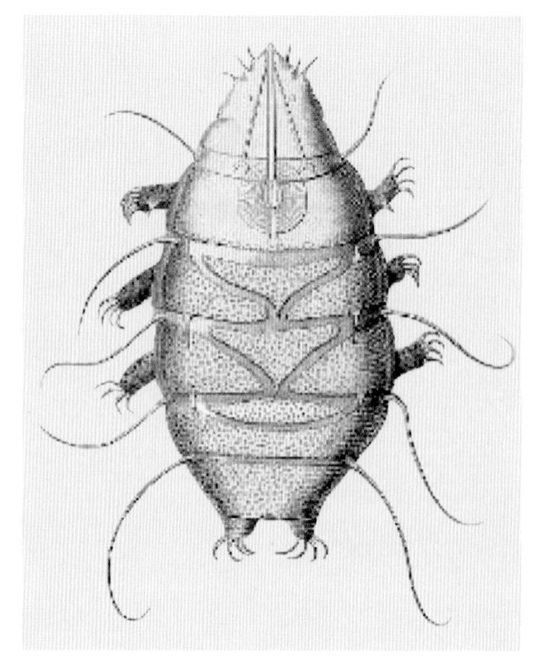

가시곰벌레속
다른 완보동물과 마찬가지로 가시곰벌레속(*Echiniscus*) 동물들은 체절로 이루어진 원통형의 몸통, 관절이 없고 작은 발톱이 달린 짤막한 4쌍의 다리를 가지고 있다.

우단벌레

유조동물문(Onychophora) 동물계(Animalia)

220종이 넘는 우단벌레는 습기가 많은 열대우림에서 살아가며 애벌레처럼 생긴 포식동물이다. 환형동물(『미소 생물 도감』 43쪽 참조)과 마찬가지로 우단벌레의 몸은 체절로 나뉘어 있다. 머리에 2개의 더듬이가 달려 있고 내장 기관은 피에 잠긴 내부의 체강에 자리 잡고 있다. 헤아리기 어려울 정도로 많은 다리는 관절이 없고 뭉툭하며, 부드러운 피부 바깥에는 단단한 외골격이 없다.

우단벌레는 몸이 쉽게 마르기 때문에 습기가 많은 곳에서만 살아간다. 매복했다가 먹이를 공격하는 야행성 포식 동물로 간혹 자기 몸집만 한 무척추동물을 잡아먹기도 한다. 이때 끈적끈적한 점액을 내뿜어 먹이를 마비시킨다.

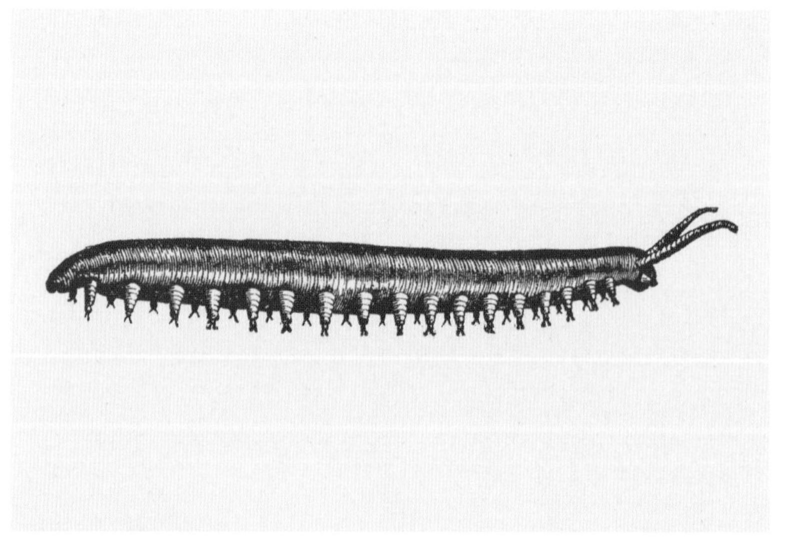

수많은 다리를 가진 벌레
케이프우단벌레(*Peripatopsis capensis*)는 17쌍의 다리를 가지고 있다. 페리파톱시데과(Peripatopsidae)에 속한 우단벌레는 13~25쌍의 다리를 보유한다.

바다거미

바다거미강(Pycnogonida) 협각아문(Chelicerata) 절지동물문(Arthropoda)

바다거미는 1300종이 넘는 것으로 알려져 있으며 전 세계 해양에서 해저를 따라 종종걸음치는 모습이 포착된다. 몸통이 다리에 비해 왜소하고 소화계가 다리 쪽으로 뻗어 있다. 바다거미는 몸집이 대체로 작지만, 가장 큰 종은 다리 폭이 최대 75센티미터에 이르기도 한다. 대개 4쌍의 걷는 다리를 가지고 있지만, 일부 종은 5~6쌍의 다리를 가지고 있다. 바다거미는 해면이나 산호처럼 움직이지 않는 동물을 먹는 포식자다. 섭식에 이용되는 바다거미의 부속 기관(첼리포어)은 집게발처럼 생긴 거미류의 구기(협각)와 관계가 있을 수도 있으며, 이런 이유로 바다거미는 육지 거미와 같은 협각아문으로 분류된다. 첼리포어 외에도 입에는 조금씩 움직이는 관 모양의 주둥이가 있어서 먹이를 빨아들인다.

콜로센데이스 로부스타
이 바다거미종(*Colossendeis robusta*)은 주로 히드로충류를 먹고 살아가며 남극 주변의 대륙붕에서 발견된다. 수심 3600미터에서도 발견된 기록이 있다.

투구게

퇴구강(Merostomata) 협각아문(Chelicerata) 절지동물문(Arthropoda)

투구게는 진짜 게(『미소 생물 도감』 53쪽 참조)보다는 거미류에 더 가깝다. 이 해양 동물은 오늘날 4종만 남아 있고 상당수의 신체 특징을 공유한다. 배갑으로 불리는 말발굽 모양의 방패막이 있어서 몸의 앞부분을 보호한다. 후미에는 움직일 수 있는 긴 가시가 있어서 필요할 때마다 몸을 일으키는 데 이용한다. 투구게는 5쌍의 다리를 가지고 있고, 대부분의 거미류처럼 많은 홑눈으로 이루어진 겹눈이 있다. 해저에 사는 투구게의 먹이에는 살아 있는 것도 있고 다른 동물이 먹다 남긴 죽은 물고기도 있다. 번식기가 되면 큰 무리를 지어 해변에 모인다. 짝짓기가 끝나면 암컷은 부화할 때까지 알을 모래에 묻어 둔다.

대서양투구게
매끄럽고 단단한 배갑과 꼬리가시(꼬리마디)를 가진 대서양투구게(*Limulus polyphemus*)는 퇴구강의 전형적인 모습을 보여 주며 미국의 대서양 연안에서 살아간다.

거미, 전갈과 그 친척들

거미강(Arachnida) 협각아문(Chelicerata) 절지동물문(Arthropoda)

거미, 전갈, 좀진드기, 참진드기는 공기 호흡을 하는 절지동물 분류군에서 우리에게 친숙한 거미류에 속한다. 6만 5000여 종이 존재하는 거미류는 대개 4쌍의 다리를 가지고 있고, 머리와 다리 부분이 결합한 머리가슴과 배의 두 부분으로 이루어져 있다. 대부분의 절지동물과 달리 더듬이가 없다.

거미(거미목)는 먹이를 마비시키는 독을 이빨로 주입하는 데 비해 전갈(전갈목)은 꼬리의 침으로 먹이를 제압한다. 고치실을 생산하는 거미의 능력은 거미줄을 치는 것 외에도 은신처의 내벽을 두르거나 먹이를 옭아매거나 고치를 만들어 알을 보호하는 등 다양한 용도로 이용된다. 고치실은 특히 새끼 거미가 길고 가는 거미줄을 만들어 바람을 타고 먼 거리를 이동하는 데도 쓰인다. 많은 거미는 적극적으로 사냥을 할 수도 있고 매복했다가 먹이를 잡을 수도 있다. 전갈붙이(의갈목/앉은뱅이목)로 불리는 가짜 전갈(의갈)은 전갈과 형태는 비슷하지만 꼬리에 침이 없고 다른 분류군을 형성한다.

참진드기와 좀진드기(진드기목)는 소형 혹은 초소형의 큰 동물군을 이룬다. 많은 종은 그보다 큰 동물에 붙어 피부를 뜯어먹거나 피를 빨아 먹는다. 그 밖의 종은 집게발 같은 구기가 있는 작은 포식자다.

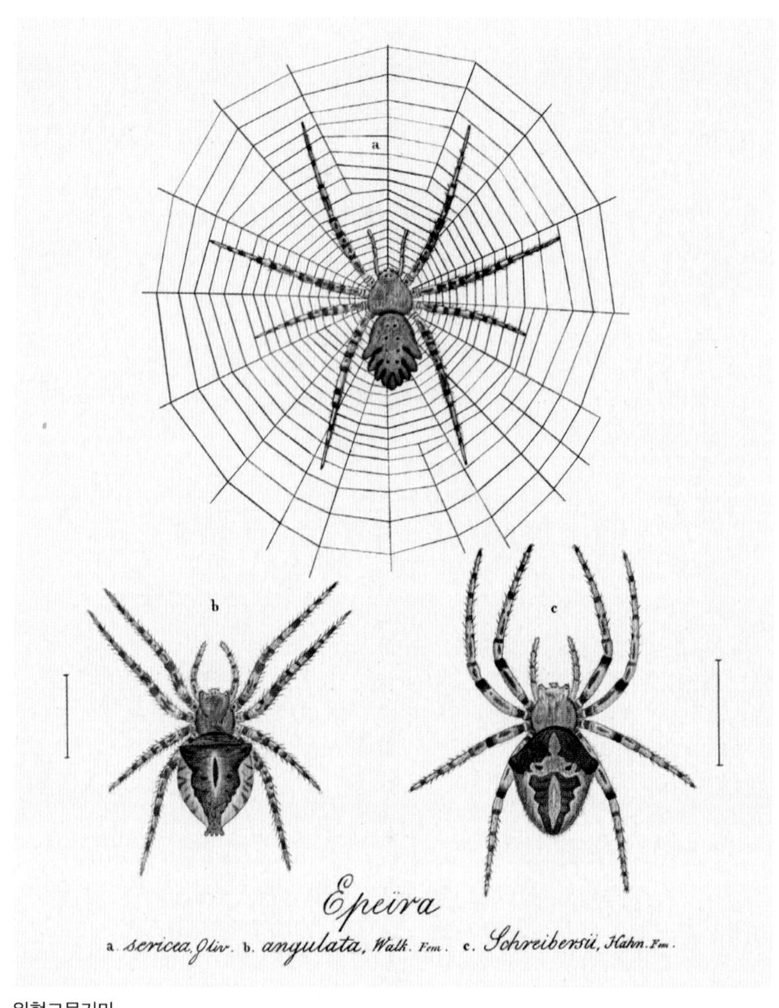

원형그물거미
원형그물거미(왕거미과)를 묘사한 이 삽화는 1820년대에 카를 빌헬름 한(Carl Wilhelm Hahn, 1786~1835년)이 그렸다. 거미줄에 매달린 거미는 유럽에서 가장 큰 거미로 꼽히는 노랑거미(*Argiope lobata*) 암컷이다.

멕시코붉은무릎타란툴라(*Brachypelma smithi*, mexican redknee tarantula)

깡충거미(*Carrhotus xanthogramma*, jumping spider)

집전갈붙이(*Chelifer cancroides*, house pseudoscorpion)

양참진드기(*Ixodes ricinus*, sheep tick)

지네와 노래기

다지아문(Myriapoda) 절지동물문(Arthropoda)

다지류는 다리가 많은 육생 절지동물이다. 지네, 노래기, 결합강 같은 소규모 분류군을 포함해 1만 6000종 이상이 존재한다. 노래기는 대개 낙엽 더미나 쓰러진 통나무에서 살아간다. 주로 죽거나 살아 있는 식물성 재료를 먹고 살아가지만 일부 종은 포식성을 보인다. 어떤 노래기 종은 최대 750개에 이르는 다리를 가지고 있지만, 일부 다지류의 다리는 10개도 채 못 된다. 노래기의 몸을 이루는 체절마다 지네(1쌍)와 달리 2쌍의 다리가 달려 있다. 노래기의 몸은 원통형이거나 납작할 수 있다. 몸통이 짧은 과에 속한 노래기는 쥐며느리(『미소 생물 도감』 51쪽 참조)와 비슷하게 생겼고 자기 방어를 위해 몸을 공처럼 동그랗게 말 수 있다.

지네는 머리 뒤에 있는 독을 품은 발톱을 이용해 먹이를 공격하는 포식자이다. 체절마다 한 쌍의 다리가 달려 있고 그리마과(Scutigeridae)에 속한 종은 다리가 매우 길다. 지네는 대체로 야행성이고 납작한 형태를 보인다. 가장 큰 종은 작은 파충류, 포유류, 조류까지 잡아먹을 수 있다. 다지류의 한 분류군인 결합강(결합류) 또는 가짜 지네(pseudocentipede)는 작고 독이 없으며 토양에서 썩어 가는 식물을 먹고 살아간다.

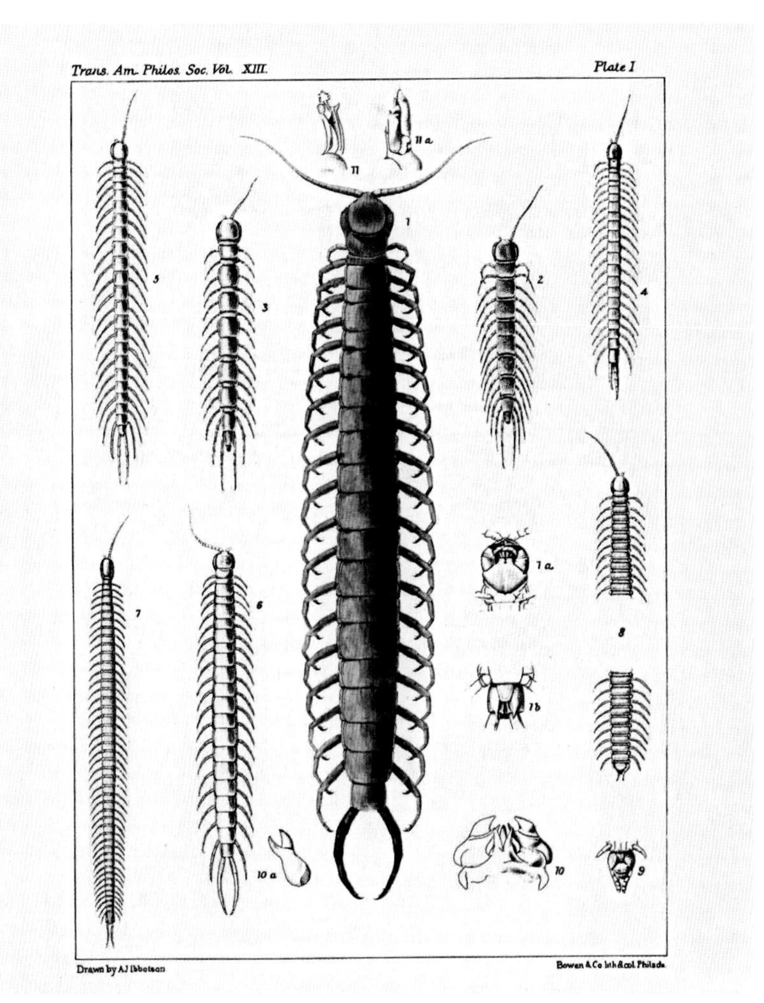

붉은머리왕지네

최대 20센티미터까지 자라며 독이 있는 붉은머리왕지네(*Scolopendra heros*)의 밝은 몸 색깔은 천적이 접근하지 못하게 경고하는 효과가 있다.

노란줄무늬노래기(*Anadenobolus monilicornis*, yellow-banded millipede)

진분홍용노래기(*Desmoxytes purpurosea*, shocking pink dragon millipede)

메가라줄무늬지네(*Scolopendra cingulata*, megarian banded centipede)

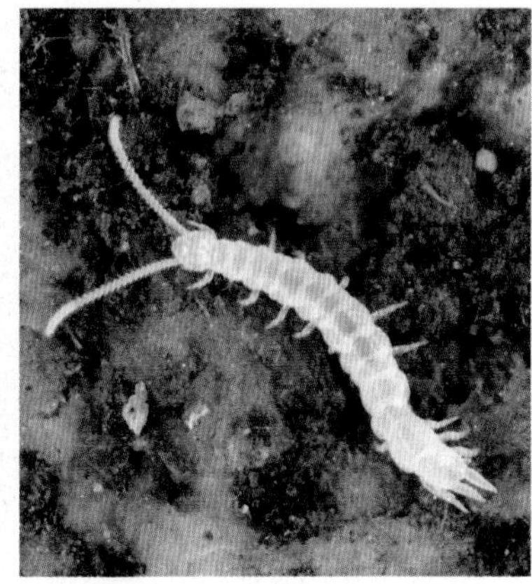

정원지네(*Scutigerella immaculata*, garden centipede)

물벼룩과 그 친척들

새각강(Branchiopoda) 갑각아문(Crustacea) 절지동물문(Arthropoda)

다양하고 주로 민물에 서식하는 물벼룩(새각류)은 800여 종의 작은 갑각류로 이루어져 있다. 갑각류는 모든 종류의 게와 새우가 포함된 하위 분류군이다. 새각류라는 이름을 얻게 된 것은 상당수의 부속 기관에 아가미가 들어 있기 때문이다. 새각류(branchiopod)는 '아가미 발'을 의미한다. 어떤 새각류는 염수호에서도 살아가고 몇몇 종은 바다에서도 발견된다. 물벼룩으로 불리는 생물군은 연못에서 흔히 볼 수 있다. 몸이 긴 무갑류(요정새우)는 몇 센티미터까지 자랄 수 있고 뒤집힌 채 헤엄치는 것으로 유명하다.

새각류는 주로 헤엄을 치면서 다리에 붙은 작은 털로 먹이를 잡는다. 미국투구새우는 연못 바닥을 파헤치고 다닌다. 많은 새각류는 가뭄에도 살아남을 수 있는 알을 낳고 바람을 타고 새로운 서식지로 이동한다.

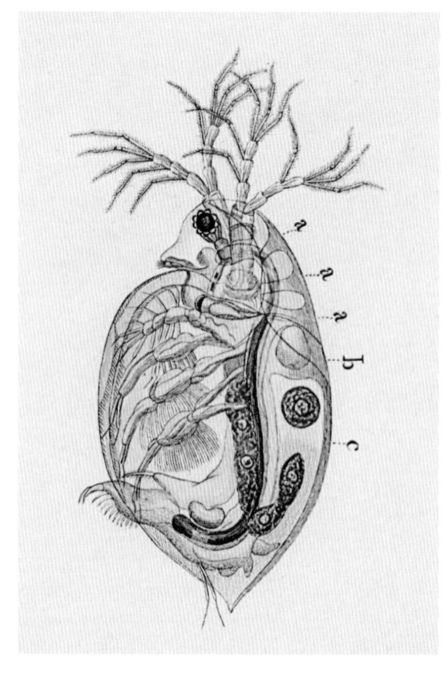

물벼룩속
물벼룩(*Daphnia pulex*)은 새각류 중에서 가장 먼저 연구가 이루어졌다. 외피 대부분이 투명해서 1798년에 조지 쇼(George Shaw, 1751~1813년)가 그린 삽화에서 보듯이 내부 기관을 쉽게 들여다볼 수 있다.

요각류

요각아강(Copepoda) 소악강(Maxillopoda) 갑각아문(Crustacea) 절지동물문(Arthropoda)

새각류와 마찬가지로 요각류도 갑각아문에 속하며 1만 3000여 종이 알려져 있다. 자유롭게 헤엄을 치는 요각류는 플랑크톤의 형태로 상당수 존재하며 해양 먹이 사슬에서 중요한 부분을 차지하지만, 2800여 종은 민물에서 살아간다. 몸길이가 1~2밀리미터에 불과한 대부분의 요각류는 길고 독특한 더듬이를 가지고 있으며 체처럼 생긴 구기로 물에서 작은 식물 플랑크톤을 걸러내기도 하고 그 밖의 작은 동물을 잡아먹기도 한다. 많은 요각류는 낮에는 천적을 피해 심해로 내려갔다가 밤이 되면 수면에 모습을 드러내는 '수직 이동'을 날마다 경험한다. 어떤 종은 해저에서 살아가지만, 어류와 무척추동물의 몸에 기생하는 종도 있다. 기생하는 요각류는 자유롭게 살아가는 친족과 몸의 형태가 전혀 다를 때가 많고 몸길이가 30센티미터까지 자랄 수 있다.

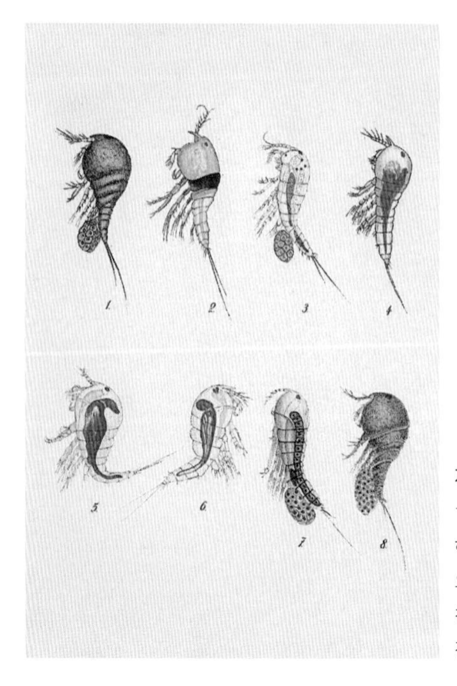

저서성 요각류
1921년에 그려진 이 삽화는 하팍티쿠스목(Harpacticoida)에 속한 엄선된 요각류를 보여 준다. 이 분류군은 매우 짧은 첫 번째 쌍의 더듬이만을 가지고 있다는 점에서 다른 요각류와 구별된다.

따개비

초갑아강(Thecostraca) 소악강(Maxillopoda) 갑각아문(Crustacea) 절지동물문(Arthropoda)

1000여 종에 이르는 따개비는 한자리에 붙박인 채 살아가고 몸에 백악질 판을 분비해 자기 방어를 한다. 따개비는 대개 2가지 형태를 띤다. 고랑따개비는 바위나 그 밖의 표면에 단단히 들러붙어 살아가며 거의 원뿔처럼 생겼다. 거위목따개비는 근육질의 자루에 놓인 더 크고 납작한 몸을 가지고 있다. 근두류는 대개 게나 새우 같은 십각류의 몸에 기생하는 따개비를 일컫는다. 게에게 붙은 암컷은 숙주의 몸속으로 덩굴손을 뻗어 양분을 흡수해 게를 쇠약하게 만든다.

백악질 판 내부에서 살아가는 따개비는 극모(먹이를 여과하는 부속지)를 뻗어 바닷물에서 먹이 입자를 얻는다. 성체가 된 따개비는 자유롭게 움직일 수 없지만, 유생은 헤엄쳐 다니면서 새로 정착할 곳을 선택할 수 있다.

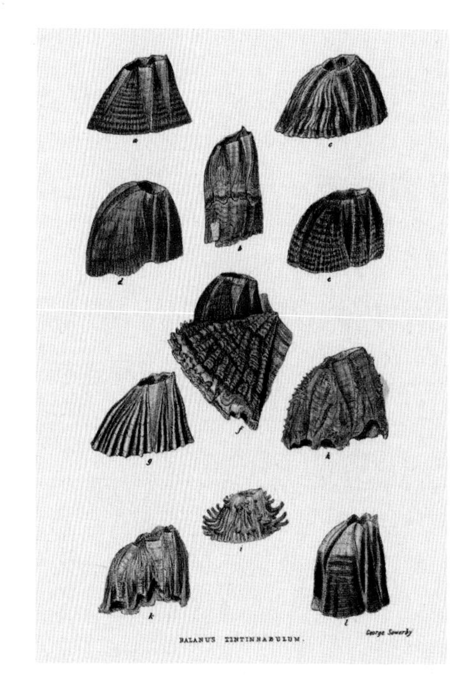

고랑따개비
형태가 다양한 고랑따개비는 원통형이나 원뿔형 갑각류로서 조간대에서 살아간다. 이 삽화는 최대 5센티미터로 자라 대형종으로 꼽히는 메가발라누스 틴틴나불룸(*Megabalanus tintinnabulum*)을 보여 준다.

등각류

등각목(Isopoda) 연갑강(Malacostraca) 갑각아문(Crustacea) 절지동물문(Arthropoda)

이 분류군에는 1만여 종이 포함된다. 그중 절반 정도는 육지에 서식하는 쥐며느리이고 나머지 절반은 대개 해양에 서식하는 수생종이다. 대체로 납작한 등각류의 몸은 일련의 각질판으로 보호를 받는다. 일반적으로 작은 편이지만, 대형 심해종은 몸길이가 50센티미터에 이를 수도 있다. 해변에 서식하는 갯강구는 수면 위나 (일시적으로) 아래에서도 살 수 있지만, 대부분의 해양 등각류는 해저를 파고들거나 기어 다니는 완벽한 수생 동물이다. 암컷은 배 쪽에 알을 보호하는 육낭이 있다. 알은 다른 갑각류처럼 자유롭게 헤엄치는 유생 단계를 거치지 않고 곧바로 작은 성체로 부화한다. 예외적으로 다른 갑각류의 몸에 기생하는 하나의 하위군을 제외하고 등각류는 대개 조류나 사체를 먹는다. 바다이(바다나무좀과)는 바닷속 목재를 먹는다.

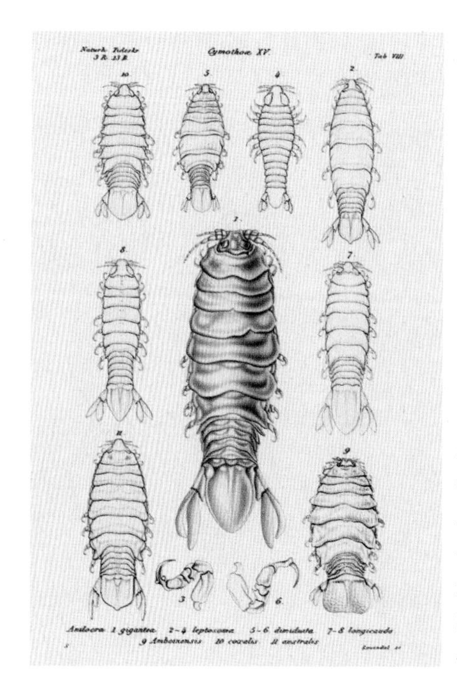

기생하는 갯강구
아닐로크라속(*Anilocra*) 등각류는 어류에 기생한다. 지나가는 물고기의 몸에 재빨리 들러붙어 숙주가 죽을 때까지 몸을 물어뜯고 피 등 체액을 빨아 먹는다. 암컷 아닐로크라 기간테아(*Anilocra gigantea*, 가운데)는 몸길이가 10센티미터까지 자랄 수 있다.

바닷가재, 새우와 그 친척들

십각목(Decapoda) 연갑강(Malacostraca) 갑각아문(Crustacea) 절지동물문(Arthropoda)

십각류는 그 수가 최대 38개에 이르는 가변적인 부속지를 가지고 있으며, 그중 10개는 다리인 것으로 보인다. 첫 번째 다리 한 쌍은 간혹 무거운 턱다리로 변형되기도 한다. 십각목에는 대부분의 새우뿐만 아니라 대하, 가재, 바닷가재, 게 등이 포함된다. 게는 집게하목과 단미하목의 두 하목에 속한다(『미소 생물 도감』 53쪽 참조). 3000여 종에 이르는 새우는 상당수가 잡식성이다. 대개 바다에서 살지만 민물새우도 있다. 새우는 길고 얇은 배를 가지고 있고, 머리와 가슴이 합쳐져 머리가슴을 형성하는데 여기에 2개의 긴 더듬이가 달려 있다. 대체로 헤엄을 쳐서 움직인다. 갑각류 중에서 갯가재(mantis shrimp)를 포함해 영어 이름에 흔히 새우(shrimp)가 붙은 많은 하위군은 십각목에 들어가지 않는다.

'바닷가재(lobster)'는 몸이 길고 기어 다니는 다양한 십각류를 가리킨다. 가재하목에 속한 진짜 바닷가재는 집게처럼 생긴 집게다리가 있고 밤이면 살아 있거나 죽은 먹이를 찾아 해저를 기어 다닌다. 닭새우하목에 속한 닭새우는 진짜 바닷가재와 비슷하게 생겼지만 집게다리는 없고 더듬이에 있는 날카로운 가시의 보호를 받는다. 흔히 슬리퍼바닷가재로 불리는 매미새우 역시 닭새우하목에 속한다.

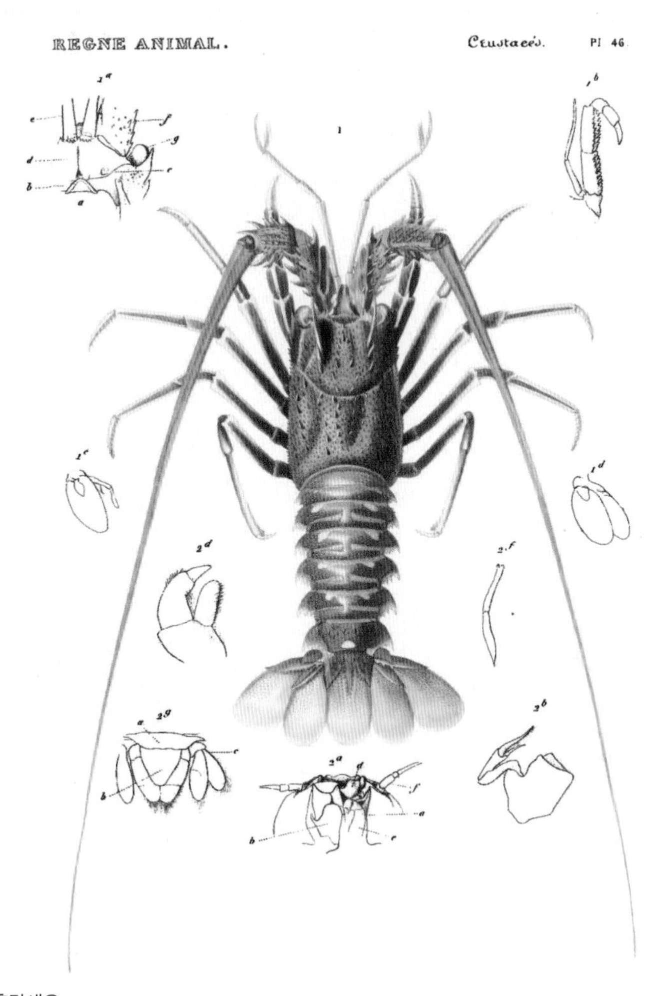

분홍닭새우
분홍닭새우(*Palinurus mauritanicus*)는 밤이 되면 작은 게와 벌레를 잡아먹고 낮에는 바위틈에 은신한다. 분홍닭새우의 영어명(pink spiny lobster)은 앞으로 뻗은 가시 때문이다.

푸른광대새우(*Hymenocera picta*, harlequin shrimp)

예쁜이줄무늬꼬마새우(*Lysmata amboinensis*, Pacific cleaner shrimp)

플로리다블루(*Procambarus alleni*, blue crayfish)

캘리포니아닭새우(*Panulirus interruptus*, California spiny lobster)

게

집게하목(Anomura) 게하목(Brachyura) 십각목(Decapoda) 연갑강(Malacostraca) 갑각아문(Crustacea)

다른 십각류와 대조적으로 게하목에 속한 진짜 게는 머리와 가슴이 합쳐진 머리가슴 밑으로 작은 배가 숨겨져 있으며, 갑각으로 불리는 단단한 외골격의 보호를 받는다. 이처럼 땅딸막하고 폭이 넓은 몸통은 균형감을 주어 바닷가재보다 훨씬 빨리 기거나 달릴 수 있게 해 준다. 바위가 많은 해안에 서식하는 단단한 게부터 거미게와 화살게에 이르기까지 게의 해부학적 구조는 종에 따라 다르다. 게의 긴 다리는 부드러운 퇴적물 위에서 몸무게를 분산시켜 준다. 일부 게는 노 모양의 뒷다리가 있어서 헤엄을 치고 심지어 물고기를 잡을 수도 있다. 해안에 서식하는 농게와 달랑게는 물 밖에서 먹이를 찾고 긴 자루눈으로 위험을 살핀다. 다른 게는 민물이나 육지에 서식하지만 육지에 서식하는 종은 번식을 위해 물로 되돌아가야 한다.

집게하목에 속한 집게는 자기 방어를 위해 텅 빈 연체동물 껍질을 갖고 다니면서 말랑하고 구부러진 배를 껍질 속으로 넣는다. 이 분류군에는 몸이 크고 육지에서 살아가는 도둑게는 물론 진짜 게를 닮은 그 밖의 종이 포함된다. 집게류에는 모두 10개의 다리가 있지만, 뒷다리의 크기가 훨씬 줄어들어 있어서 다리가 4쌍뿐인 것처럼 보인다.

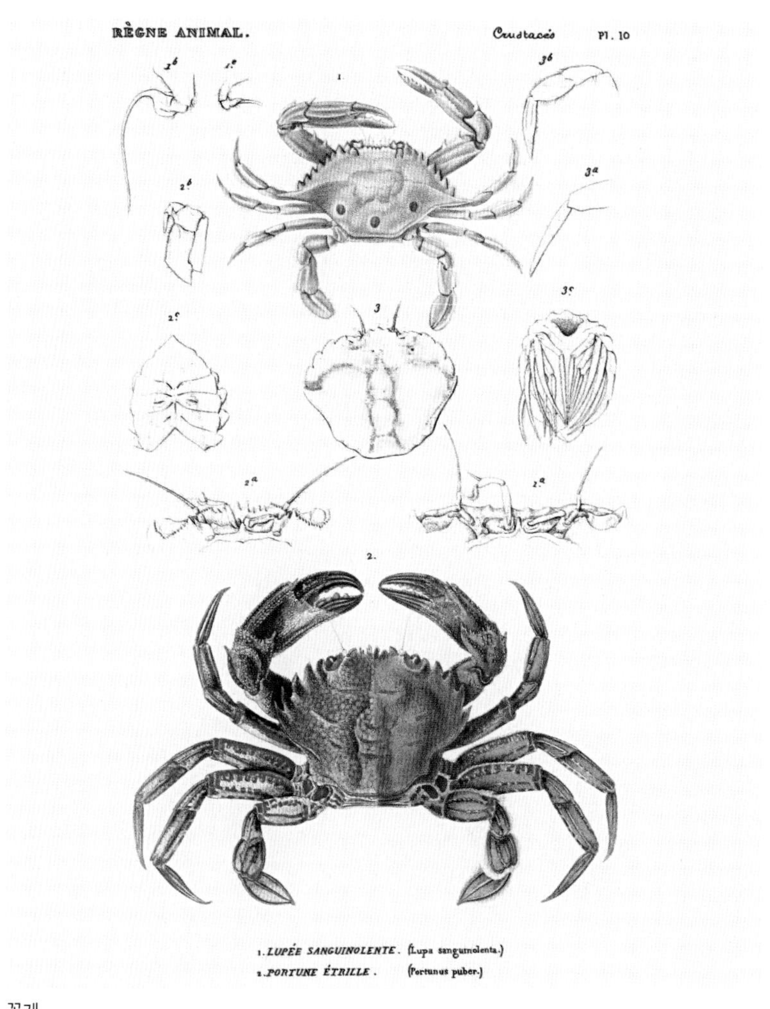

꽃게

점박이꽃게(*Portunus sanguinolentus*, 위)와 벨벳게(*Necora puber*, 아래)의 노처럼 생긴 뒷다리는 헤엄을 치는 데 도움이 된다. 도2(아래)의 왼쪽은 탈피 이후의 모습을 보여 준다.

화살게(*Stenorhynchus seticornis*, arrow crab)

서아프리카농게(*Afruca tangeri*, west african fiddler crab)

갈라파고스붉은게(*Grapsus grapsus*, sally lightfoot crab)

흰점박이집게(*Dardanus megistos*, white-spotted hermit crab)

톡토기

톡토기강(Collembola) 육각아문(Hexapoda) 절지동물문(Arthropoda)

한때 곤충류로 여겨지던 톡토기는 오늘날 3600여 종이 포함된 별개의 생물군으로 분류된다. 곤충과 마찬가지로 작고 날개가 없는 이 절지동물은 6개의 다리를 가지고 있다. 그러나 톡토기에게는 곤충에게서 볼 수 있는 기문과 기관(호흡하는 구멍과 관)이 없다. 주로 습기가 많은 토양 속이나 주변에서 살아가며 아주 흔하게 볼 수 있다.

일부 종은 구형인 데 비해 그 밖의 종은 길고 얇은 몸을 가지고 있다. 톡토기의 영어 이름(springtail)은 가장 두드러진 신체 특징으로 꼽히는 포크처럼 갈라진 교차다리 덕분에 붙여졌다. 평상시 배 밑에 고리로 고정되어 있던 교차다리는 천적의 위협을 받으면 고리가 풀리면서 순식간에 바닥을 치고 공중제비를 통해 멀리까지 도약할 수 있게 해 준다. 덕분에 톡토기는 위기를 피할 수 있다.

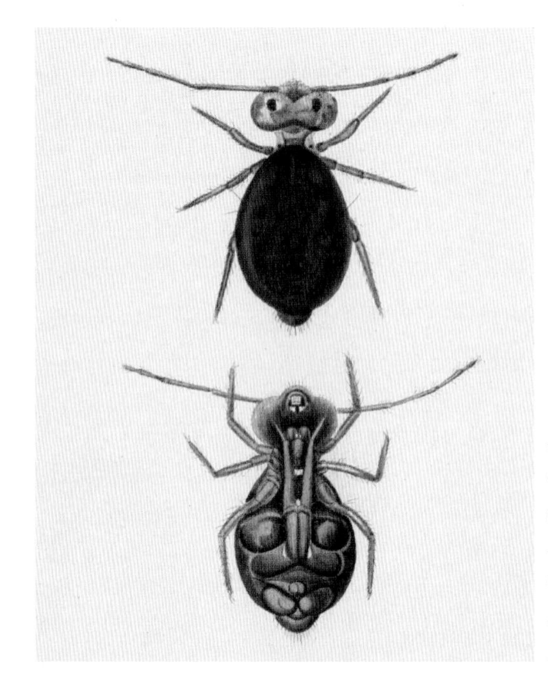

구형의 톡토기
이 삽화는 둥근톡토기과(Sminthuridae)에 속한 구형 톡토기의 등과 배를 보여 준다. 아래쪽에서 본 모습에서 포크처럼 갈라진 교차다리가 보인다.

좀

좀목(Zygentoma) 곤충강(Insecta) 육각아문(Hexapoda) 절지동물문(Arthropoda)

550여 종에 이르는 좀은 전 세계적으로 바위 밑, 동굴 내부, 흔히 인간의 거주지 같은 습한 육지 서식지에서 살아간다. 가정집에서 좀은 대개 시리얼, 직물에서 당분과 전분을 먹고 심지어 제본된 책의 풀까지 먹는다. 날개는 없지만 몸이 머리, 3쌍의 다리가 달린 가슴(중간부), 배로 나뉜다. 좀은 몇 개의 작은 수정체로 이루어진 겹눈을 가지고 있다. 다른 곤충과 마찬가지로 기문으로 불리는 측면의 구멍을 통해 숨을 쉬며 기문은 몸 전체에 뻗어 있는 공기가 채워진 관(기관)으로 연결된다. 몸이 반짝이는 비늘로 덮인 납작한 유선형의 몸에는 3개의 긴 꼬리 섬유가 달려 있다. 그러나 다른 곤충과 달리 좀은 몇 차례의 성숙한 영(각 탈피 사이의 단계)을 거치면서 성충으로서 외골격을 벗는 탈피를 계속 경험한다.

좀
야행성 종은 흔히 가정집에서 볼 수 있다. 이 좀은 머리카락, 카펫 섬유, 종이, 커피, 심지어 비듬까지도 먹고 살아간다. 좀의 생육에는 75퍼센트 이상의 습도가 요구된다.

하루살이

하루살이목(Ephemeroptera) 곤충강(Insecta) 육각아문(Hexapoda) 절지동물문(Arthropoda)

3000여 종에 이르는 하루살이는 민물에서 아가미로 호흡하고 조류, 규조류, 다른 곤충의 유충 따위를 먹으면서 유충 단계로 대부분의 생애를 산다. 날아다니는 곤충으로 탈바꿈하기 전에 유충은 다른 곤충에 비해 훨씬 많은 40~50차례의 탈피를 경험한다.

하루살이는 곤충의 가계도에서 맨 아래쪽에 자리잡을 만큼 '원시적' 분류군이다. 이것은 다른 곤충처럼 몸 위로 날개를 납작하게 접지 못하고 뒤에 수직으로 세우고 있는 것만 봐도 짐작할 수 있다. 뒷날개는 앞날개보다 훨씬 작고 뒷날개가 아예 없는 종도 일부 있다. 하루살이의 비행력은 떨어지고 성충이 되면 먹지 않은 채 짝짓기하고 산란할 때까지만 살기 때문에 어떤 종은 수명이 서너 시간에 불과하다. 성충과 유생은 대개 꽁무니에 3개의 긴 '꼬리'를 가지고 있다.

혼례 춤
에페메라 다니카(*Ephemera danica*)종에 속한 수컷 하루살이는 서서히 흘러가는 강 인근에 크게 무리를 지어 날아다니면서 암컷과의 짝짓기에 앞서 '혼례 춤'을 춘다.

풀잠자리

풀잠자리목(Neuroptera) 곤충강(Insecta) 육각아문(Hexapoda) 절지동물문(Arthropoda)

풀잠자리목에 속한 풀잠자리와 그 친척뻘 되는 곤충은 유충일 때는 날개가 외부에 나타나지 않는 내시류에서 가장 오래된 생물군 가운데 하나를 이루며 4000종이 넘는 것으로 알려져 있다. 나비, 나방, 파리, 벌, 딱정벌레 역시 내시류에 속한다.

작은 곤충을 먹는 날개 없는 포식자인 풀잠자리 유충은 먹이의 체액을 빨아들이는 턱이 있다. 번데기 단계로 들어간 유충은 그 속에서 성충의 형태가 완성된다. 날아다니는 성충은 그물망처럼 생긴 정교한 날개를 가지고 있고 쉴 때는 가녀린 몸 위로 날개를 접어 둔다. 일부 종은 포식성을 보이는 데 비해 그 밖의 종은 식물의 즙액만을 먹거나 아무것도 먹지 않는다.

개미귀신
18세기에 그려진 삽화는 미렘멜레온속(*Myremeleon*) 개미귀신 성충을 묘사한다. 개미귀신은 풀잠자리와 가까운 친척뻘로서 유충이 모래 속에 남긴 낙서 같은 흔적 때문에 북아메리카에서는 이들을 '두들버그(doodlebug)'라 부른다.

잠자리와 실잠자리

잠자리목(Odonata) 곤충강(Insecta) 육각아문(Hexapoda) 절지동물문(Arthropoda)

잠자리는 몸이 길고 흔히 밝은 신체색을 띠는 포식성 곤충이다. 2쌍의 날개를 이용해 앞뒤로 날거나 허공을 맴돈다. 이런 신체 조건은 2쌍의 큰 눈과 더불어 앞으로 뻗은 다리를 이용해 공중에서 곤충을 잡거나 바닥에서 먹이를 낚아챌 수 있게 해 준다. 일부 잠자리는 비행 중에도 먹이를 추적하지만, 그 밖의 종은 식물에 앉아 먹이가 가까이 올 때까지 기다린다. 수컷은 흔히 자신의 세력권을 다른 수컷에게서 지키려 하고 일부 종은 먼 거리를 이주하기도 한다. 잠자리는 생애 대부분을 민물에서 유충으로 보낸다. 잠자리 유충 역시 포식성이며 마스크로 불리는 머리 아래의 접번(경첩) 구조를 이용해 먹이를 쏘아 잡는다. 유충의 먹이에는 다른 무척추동물, 새끼 양서류, 심지어 작은 물고기까지 포함된다.

5000여 종에 이르는 실잠자리 역시 잠자리목에 속한다. 실잠자리는 길고 얇은 배와 함께 잠자리보다 더욱 정교한 몸을 가지고 있다. 잠자리보다는 날렵하지 않지만 대체로 잠자리와 비슷한 생활 양식을 보인다. 실잠자리는 간혹 쉬는 동안 하루살이처럼 다채로운 색깔의 날개를 등 뒤로 젖힌다.

긴꼬리잠자리
긴꼬리잠자리(*Anax junius*)와 늪잠자리(*Epiaeschna heros*)는 왕잠자리과에 속한 잠자리들이다. 짜깁기 바늘과 생김새가 비슷해서 영어 속명(darner)을 얻게 된 이 잠자리들은 날아다니는 작은 곤충을 잡아먹는다.

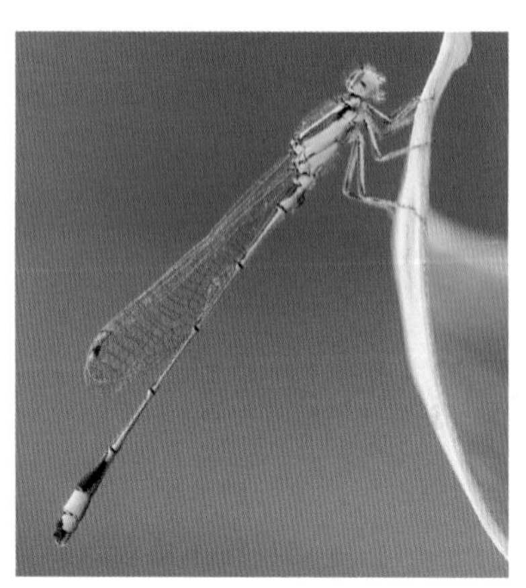
사하라블루테일(*Ischnura saharensis*, Sahara bluetail)

왕잠자리(*Aeshnidae*, darner)

줄무늬물잠자리(*Calopteryx splendens*, banded demoiselle)

하인의에메랄드잠자리(*Somatochlora hineana*, Hine's emerald dragonfly)

메뚜기, 귀뚜라미, 여치

메뚜기목(Orthoptera) 곤충강(Insecta) 육각아문(Hexapoda) 절지동물문(Arthropoda)

메뚜기, 귀뚜라미, 여치를 통틀어 메뚜기목(직시류)으로 부르며 2만 종이 넘게 있다. 이 분류군에 속한 곤충은 멀리 뛰어오르게 해 주는 커다란 뒷다리로 쉽게 알아볼 수 있다. 메뚜기목에 속한 곤충은 신체의 일부끼리 문질러 '마찰음'을 낼 수 있으며 그 소리는 종마다 다르다. 성충은 2쌍의 날개가 있지만, 대개는 멀리 도약할 때만 날개를 이용한다. 떼를 지어 이동하는 메뚜기를 제외하면 대부분의 종은 멀리까지 날아가지 못한다. 뒷다리는 밝은색을 띠고 있어서 천적을 놀라게 할 수도 있다.

메뚜기의 더듬이는 짧고 상당수는 풀을 뜯어 먹기 좋게 발달했다. 간혹 수백만 마리씩 떼를 지어 다닐 정도로 군집성이 강한 메뚜기는 농작물을 닥치는 대로 먹어 치워 농사에 심각한 해충이 될 수도 있다. 덤불 귀뚜라미로도 불리는 여치는 긴 더듬이와 메뚜기목에 속한 다른 곤충에 비해 넓고 납작한 몸을 가지고 있다. 땅강아지는 삽 모양의 앞다리를 이용해 굴을 판 다음 땅속에서 생애 대부분을 살아간다. 거기서 이들은 짝짓기도 하고 새끼도 기르고 먹이가 될 식물 뿌리, 곤충 유충, 벌레를 찾아다닌다. 귀뚜라미목에 속한 어린 곤충은 날개가 없는 작은 성충처럼 보인다.

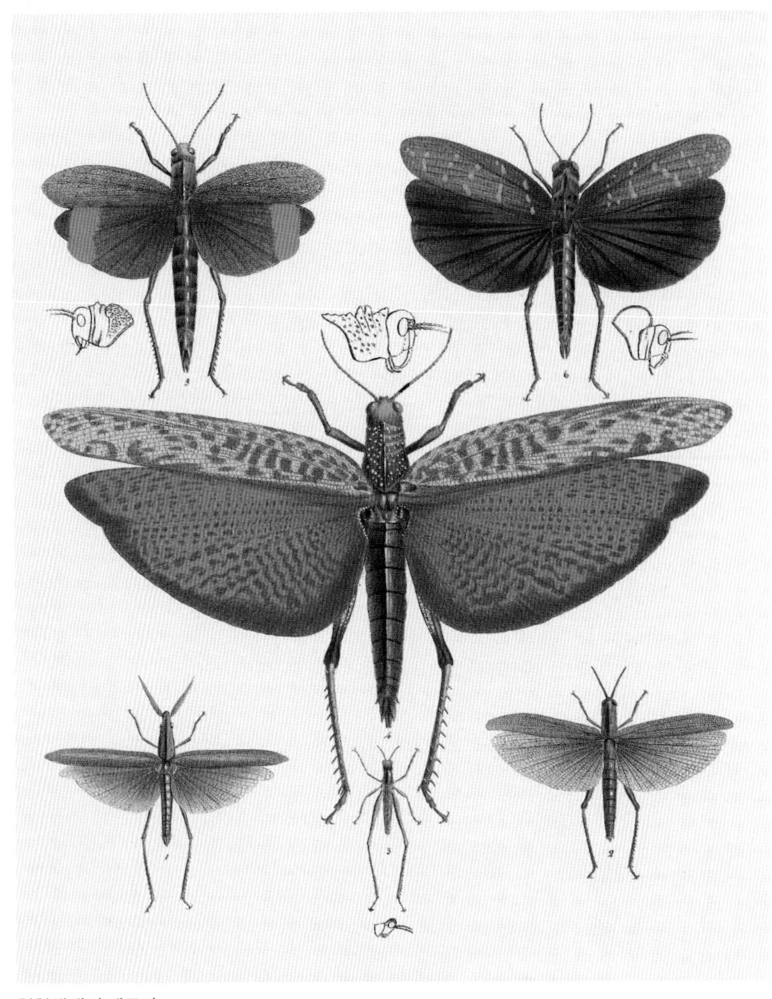

형형색색의 메뚜기
이 삽화는 날개가 밝은색을 띤 다양한 메뚜기를 보여 준다. 일부 종의 수컷은 암컷을 유인하기 위해 이처럼 강렬한 체색을 띤다.

날개끝검은메뚜기(*Stethophyma grossum*, large marsh grasshopper)

자이언트웨타(*Deinacrida tibiospina*, mount arthur giant weta)

여치(*Saga pedo*, bush cricket)

대벌레와 가랑잎벌레

대벌레목(Phasmida) 곤충강(Insecta) 육각아문(Hexapoda) 절지동물문(Arthropoda)

대벌레목에 속한 대벌레와 가랑잎벌레는 3000종이 넘고 주로 열대에 서식하는 생물군이다. 지구상에서 가장 긴 곤충으로 몸길이가 무려 64센티미터에 이르는 프리가니스트리아 키낸시스(*Phryganistria chinensis*)는 대벌레목에 속한다. 어떤 가랑잎벌레의 몸은 원통형의 막대기처럼 보이는 데 비해 납작하고 썩어 가면서 '갉아 먹힌' 듯한 낙엽처럼 보이는 것도 있다. 대벌레는 불완전 변태를 경험한다. 대개 바닥에 떨어진 알은 부화하기까지 몇 달이 걸릴 수도 있다. 작은 성충처럼 생긴 약충은 일련의 단계(영)를 거쳐 발달하며 번데기 단계는 거치지 않는다.

대체로 야행성인 이들은 낮에는 식물 사이에 미동도 없이 있으면서 뛰어난 위장술을 보이다가 밤이 되면 활동을 시작해 주로 나무와 관목의 잎을 갉아 먹는다. 많은 대벌레는 날개가 없지만, 날개가 있어서 날 수 있는 대벌레도 있다. 날개가 있는 일부 종은 밝은색을 띤 뒷날개를 갑자기 펼쳐서 천적을 놀라게 한다. 그밖에도 다리에 방어용 가시가 있는 종도 있다. 많은 종은 수컷이 수정시키지 않고도 무정란을 낳을 수 있는 단성 생식이 가능하다.

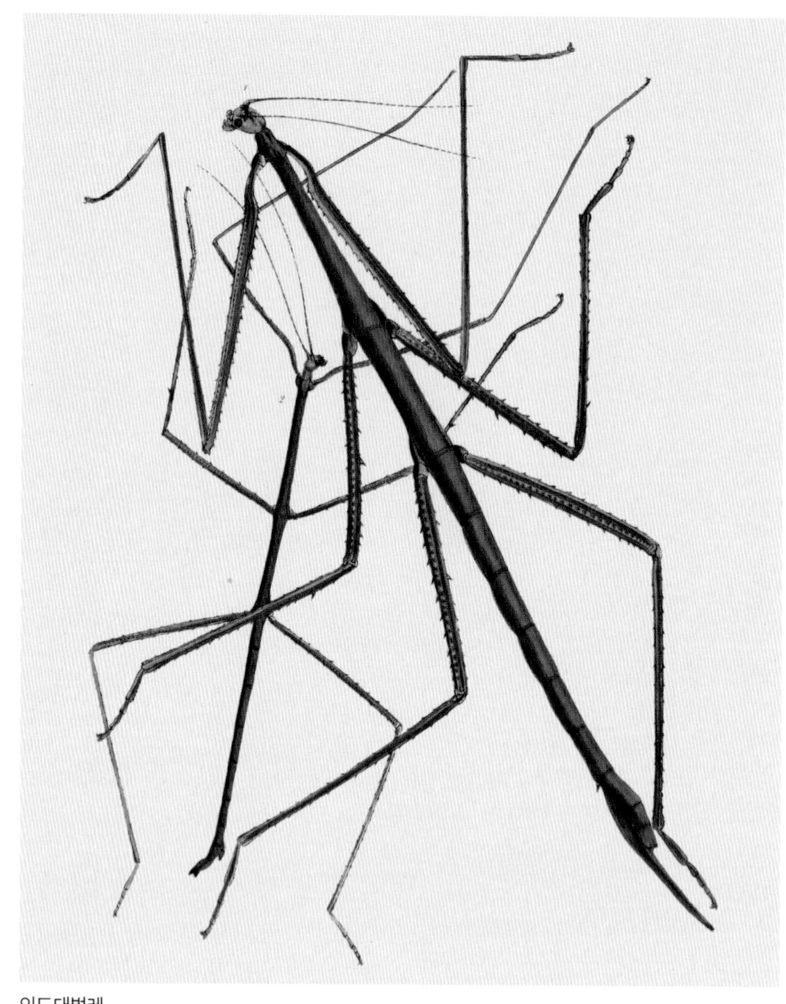

인도대벌레
이 인도대벌레(*Carausius morusus*)는 곤충학자인 존 오바디야 웨스트우드(John Obadiah Westwood, 1805~1893년)가 『동양 곤충학 진열장(*Cabinet of Oriental Entomology*)』(1848년)에 소개한 삽화이다. 그는 곤충의 다리에 있는 방어용 가시를 묘사했다.

가랑잎벌레(*Phyllium Philippinicum*, leaf insect)

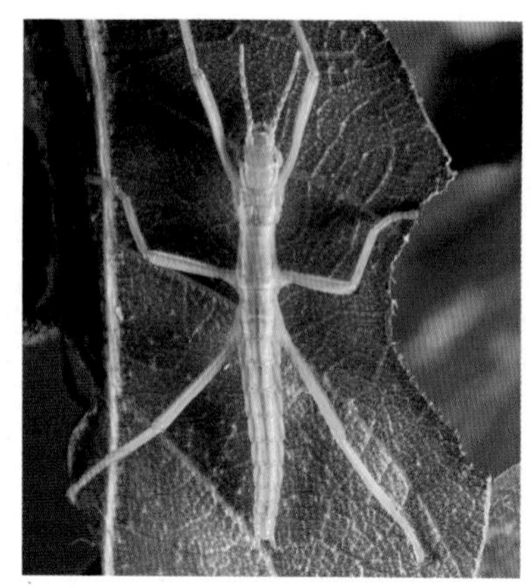

로드하우섬대벌레 약충(*Dryococelus australis*, Lord Howe Island stick insect (nymph))

황금눈대벌레(*Peruphasma schultei*, golden-eyed stick insect)

가장자리날개대벌레(*Ctenomorpha marginipennis*, margin-winged stick insect)

사마귀

사마귀목(Mantodea) 곤충강(Insecta) 육각아문(Hexapoda) 절지동물문(Arthropoda)

사마귀는 길쭉한 포식성 곤충으로 이루어진 2400여 종의 거대한 분류군을 형성한다. 삼각형의 머리에 양 눈이 멀리 떨어진 채 불룩 튀어나와 있다. 머리를 돌려 뒤를 돌아볼 수 있어서 먹이가 얼마큼 떨어져 있는지 판단하는 데 도움이 된다. 대부분의 사마귀는 가시 달린 앞다리를 접은 채 먹이가 가까이 다가오기만을 기다렸다 덮치는 포식자이다. 이들은 온갖 종류의 곤충을 잡아먹고 몸집이 큰 사마귀의 경우에는 작은 척추동물까지도 먹는다.

수컷은 대개 천적인 새의 위협이 덜한 밤에 암컷을 찾아 날아다닌다. 사마귀는 위장술에 뛰어나 대부분의 종은 주변의 막대기, 나무껍질, 나뭇잎과 비슷한 초록색이나 갈색을 띤다. 난초 같은 꽃과 비슷하게 생긴 꽃사마귀는 위장술을 펼치고 먹이를 유인하기 위해 밝은 분홍색을 띠기도 한다.

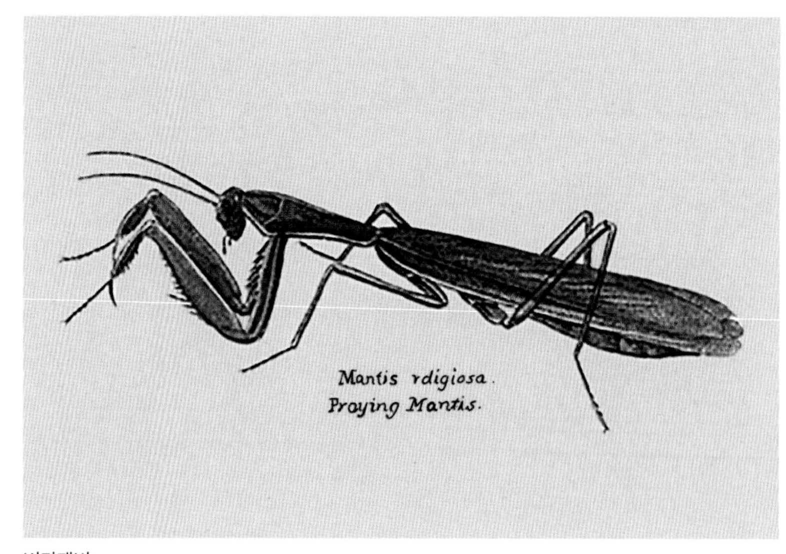

버마재비
기도하는 자세를 떠올리게 하는 각도로 구부러진 독특한 앞다리 덕분에 기도하는 사마귀로도 불리는 버마재비는 나방, 파리, 메뚜기를 비롯한 무척추동물을 잡아먹는다.

집게벌레

집게벌레목(Dermaptera) 곤충강(Insecta) 육각아문(Hexapoda) 절지동물문(Arthropoda)

1900여 종의 집게벌레는 몸이 납작해서 나무껍질 밑처럼 비좁은 틈새로도 비집고 들어갈 수 있는 야행성 곤충이다. 꼬리 끝에 꼬리털(미각)로 불리는 집게발이 있어서 방어용 또는 수컷의 교미용으로 쓰인다. 집게벌레는 대개 썩은 동물을 먹고 사는 청소동물이지만, 일부는 무기물, 꽃잎을 포함한 식물, 작은 곤충을 먹이로 삼는 육식성이나 잡식성을 보이기도 한다. 집게벌레는 낮에는 어두운 틈새에 숨어 있다. 이들의 생활사에는 유충이나 번데기 단계가 없어서 어린 집게벌레는 작은 성충처럼 보인다. 짧지만 단단한 앞날개는 그 밑에 있는 접힌 뒷날개를 보호하지만, 상당수의 집게벌레는 날개가 없거나 거의 날지 못한다. 곤충으로서는 이례적으로 어미가 알을 보호하고 갓 부화한 새끼를 먹여 키우는 모성 돌봄을 보여 준다.

집게벌레의 꼬리털
《런던 곤충 학회지(*Journal of the Entomological Society of London*)》에 소개된 이 삽화(1907년)는 3종의 집게벌레가 가지고 있는 독특한 집게발 모양의 꼬리털을 보여 준다.

바퀴

바퀴목(Blattodea) 곤충강(Insecta) 육각아문(Hexapoda) 절지동물문(Arthropoda)

4600여 종에 이르는 바퀴는 유난히 긴 더듬이에 납작한 몸과 씹는 구기를 가지고 있다. 몸길이가 10센티미터에 이를 정도로 흔히 몸이 크고 야행성이다. 전 세계적으로 따뜻한 지역에서 흔히 볼 수 있고 다양한 먹이를 먹는다.

가장 널리 알려진 종은 따뜻한 건물에서 발견되는 갈색의 해충으로 움직임이 민첩하다. 먹이가 풍부하면 떼를 지어 모여 불쾌한 냄새로 음식을 오염시킨다. 이보다 덜 알려진 수천 종의 야생종은 낙엽 더미, 썩어 가는 목재, 그 밖의 은밀한 서식지에서 살아간다. 일부 종에서는 암수 모두 날개가 있지만, 수컷만 날개가 있는 종도 있고 암수 모두 날개가 없는 종도 있다. 날개가 있는 종에서는 단단한 앞날개가 그 밑에 있는 섬세한 뒷날개를 보호한다.

쿠바땅굴바퀴
날지 못하는 이 야행성 종(*Byrsotria fumigata*)은 몸길이가 최대 5센티미터까지 자란다. 흙 속으로 파고 들어가고 습한 숲속의 낙엽을 먹는다.

이

다듬이벌레목(Psocodea) 곤충강(Insecta) 육각아문(Hexapoda) 절지동물문(Arthropoda)

1만 종이 넘는 이는 균류, 조류, 전분질 물질을 먹는 날개 달린 다듬이벌레와 책좀이 포함된 작은 곤충이고, 일부는 기생충으로 살아간다. 기생충인 이는 날개가 없고 조류나 포유류의 몸에 붙어 살아간다. 무는 이는 주로 조류에 기생하고 피를 빠는 이는 포유류에 기생한다. 이 기생충 대부분은 전 생애를 숙주의 몸에서 보내며 상당수는 특정 숙주종에만 국한해 살아간다.

기생충으로 살아가는 이는 납작한 몸에 갈고리 모양의 발톱이 달려 있어서 털이나 깃털에 매달리는 데 이용하는데 일부 종은 몸통이 넓거나 길쭉하다. 이는 부화할 때까지 숙주의 몸에 남아 있을 수 있도록 알(서캐)을 털에 붙여 둔다. 인간의 몸에 기생하는 두 종류의 이는 피부를 자극하고 발진티푸스 같은 질병을 퍼뜨릴 수 있다.

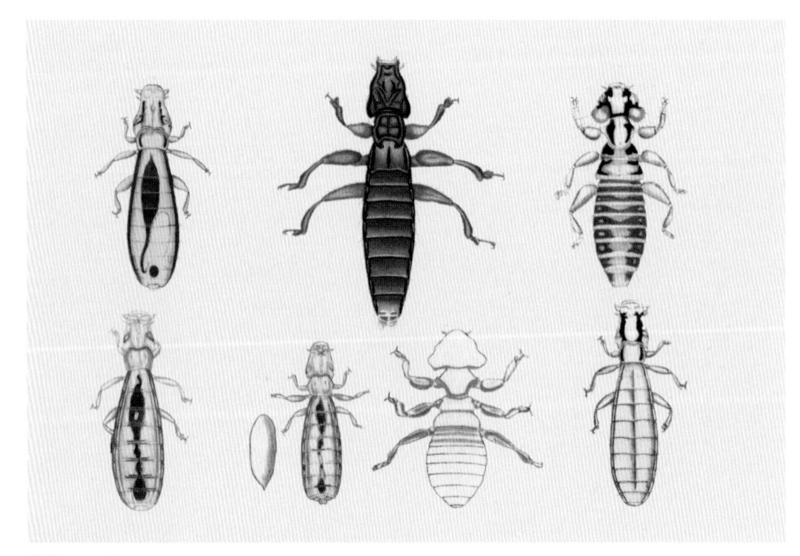

새이(무는 이)
새이(biting lice) 그림 모음은 먹이를 입으로 옮기는 데 이용되는 짧은 앞다리를 보여 준다. 씹는 저작형 구기가 있어서 각질이나 깃털을 먹는 데 이용한다.

노린재류

반시목(Hemiptera) 곤충강(Insecta) 육각아문(Hexapoda) 절지동물문(Arthropoda)

많은 곤충이 '벌레'로 통용되지만, 곤충학자들은 반시목에 속한 매우 다양한 곤충을 진짜 곤충이라고 정의한다. 7만 5000여 종의 노린재류에는 육생 매미충, 금노린재, 방귀벌레, 매미, 진딧물은 물론 수생 소금쟁이, 송장헤엄치개까지 포함된다.

대부분의 노린재류는 몸집이 작거나 매우 작지만, 가장 큰 종은 최대 15센티미터까지 자랄 수 있다. 노린재류에 속한 많은 곤충이 날 수 있고 일부 종은 큰 날개, 작은 날개를 가지고 있거나 날개가 없을 수도 있는데, 다형성의 사례로 볼 수 있다. 매미충과 매미는 도약에 뛰어난 능력을 보인다. 반시목에 속한 모든 곤충은 로스트럼(rostrum)으로 불리는 긴 빨대 형태의 구기가 있어서 그 끝에 날카로운 탐침(바늘 모양의 부속지)이 달려 있다. 로스트럼은 사용하지 않을 때는 몸체 밑으로 접혀 있다. 대부분의 노린재는 식물의 즙액을 먹지만, 침노린재(자객벌레)와 소금쟁이를 포함한 일부 종은 동물 먹이의 체액을 빨아 먹는다. 진딧물, 깍지벌레나 가루이를 비롯해 그 친척뻘 되는 곤충은 농작물에 해를 주는 심각한 해충이다. 암컷은 흔히 수컷 없이도 알을 낳을 수 있는 단위 생식을 하고 빠른 속도로 증식한다.

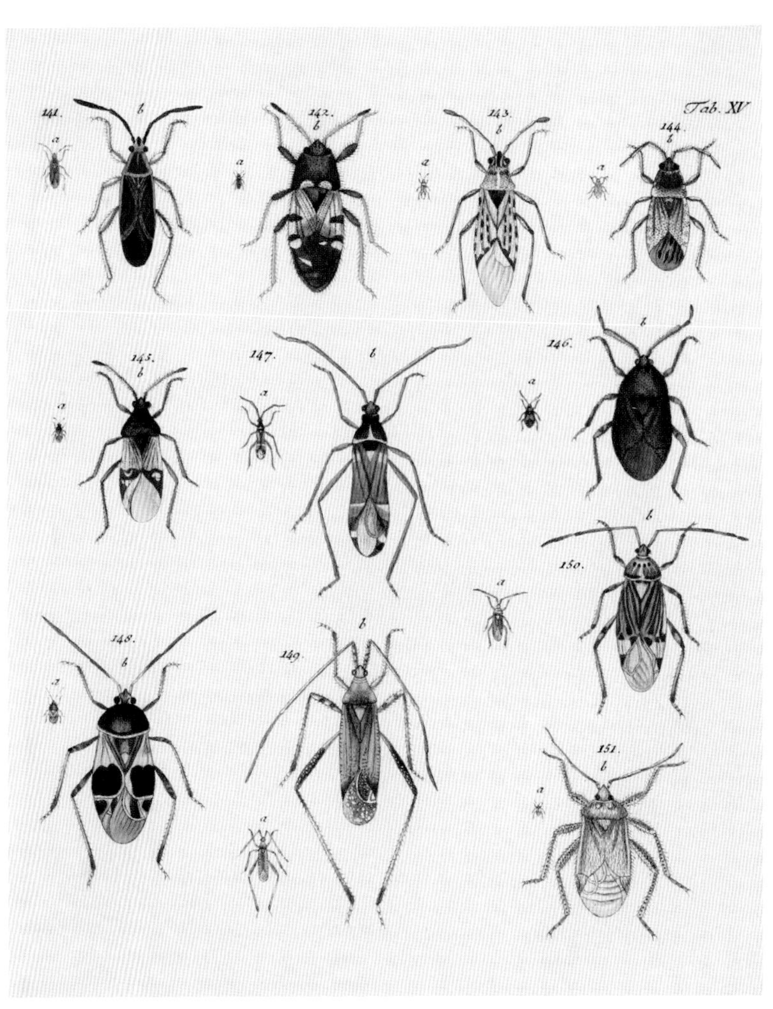

씨앗벌레

여기 보이는 곤충은 전반적으로 씨앗벌레 또는 박주가리벌레로 알려져 있다. 일부 종의 밝은 체색은 천적에게 맛이 없다고 경고해 주는 효과가 있다.

붉은줄무늬매미충(*Graphocephala coccinea*, red-banded leafhopper)

호박노린재(*Coreidae*, squash bug)

17년매미(*Magicicada* sp., periodical cicada)

소금쟁이(*Gerris* sp., water strider)

개미, 벌, 말벌

막시목/벌목(Hymenoptera) 곤충강(Insecta) 육각아문(Hexapoda) 절지동물문(Arthropoda)

막시목은 막시류로 통용되며 곤충 가운데 가장 다양한 분류군에 속한다. 여기에는 11만 5000여 종이 포함된다. 대개 이 생물군에 속한 종은 2쌍의 투명한 막질의 날개가 있으며 앞날개가 뒷날개보다 크다. 막시류는 대체로 무는 구기를 가지고 있지만 많은 벌은 대신에 꿀을 빠는 긴 혀를 가지고 있다.

개미, 벌, 말벌에게는 배의 첫 번째와 두 번째 체절 사이에 좁고 잘록한 '허리'가 있어서 몸을 유연하게 해 준다. 이 때문에 기생종은 바늘처럼 생긴 산란관을 곤충이나 거미 먹이에 조준하기가 쉽다. 이 종에서 유충은 부화하자마자 숙주를 먹기 시작한다. 그러나 잎벌을 포함해 막시목에 속한 일부 분류군은 허리가 없으며, 톱처럼 생긴 암컷의 산란관은 유충이 먹게 될 식물 조직을 자른다. 벌, 전형적인 말벌, 일부 개미의 경우에는 산란관이 독침으로 변형된다. 개미뿐만 아니라 수많은 벌과 말벌은 여왕벌이 이끌고 생식능력이 없는 일벌이 다음 세대의 유충을 먹이고 기르는 사회적 군체를 이루면서 살아간다.

다양한 벌

이 삽화는 위에서 아래로 봄부스속(*Bombus*, 뒤영벌), 실로코파속(*Xylocopa*, 어리호박벌), 아칸토푸스속(*Acanthopus*, 큰목수벌), 멜렉타속(*Melecta*, 우는벌)의 전혀 다른 4종의 벌을 차례로 보여 준다.

잎벌(Symphyta, sawfly)

꿀벌(*Apis* sp., honeybee)

베짜기개미(*Oecophylla* sp., weaver ant)

말벌(*Vespa* sp., hornet)

딱정벌레

딱정벌레목(Coleoptera) 곤충강(Insecta) 육각아문(Hexapoda) 절지동물문(Arthropoda)

딱정벌레목은 곤충류 가운데 가장 다양한 종이 포함된 분류군에 속한다. 지금까지 밝혀진 것만 해도 40여만 종이고 앞으로도 더 많은 종이 발견될 것으로 보인다. 딱정벌레목에는 헤아릴 수 없을 정도로 많은 소형종부터 일부 무거운 종까지 다양한 곤충이 있다. 이 생물군이 성공을 거둔 것은 몸에 꼭 들어맞아서 아래쪽의 기능적인 뒷날개를 보호하는 단단한 앞날개(굳은날개)를 특징으로 하는 강하고 다부진 신체 구조 덕분이다.

딱정벌레는 유충과 성충 사이에 번데기 단계를 거치는 완전 변태를 한다. 성충과 유충 모두 목재, 식물의 잎과 뿌리, 균류, 썩은 고기, 배설물 따위의 다양한 먹이를 먹는다. 일부 종은 포식성을 보인다. 수생 딱정벌레는 다양한 기술을 이용해 수면 밑에 공기를 보유한다. 물방개(물방개과)는 물에 뛰어들 때 배와 굳은날개 사이에 공기를 보유한다. 일부 딱정벌레는 먹이를 찾아 이동하기도 한다. 소나무좀(*Dendroctonus ponderosae*)은 하루에 최대 110킬로미터까지 날아갈 수 있다.

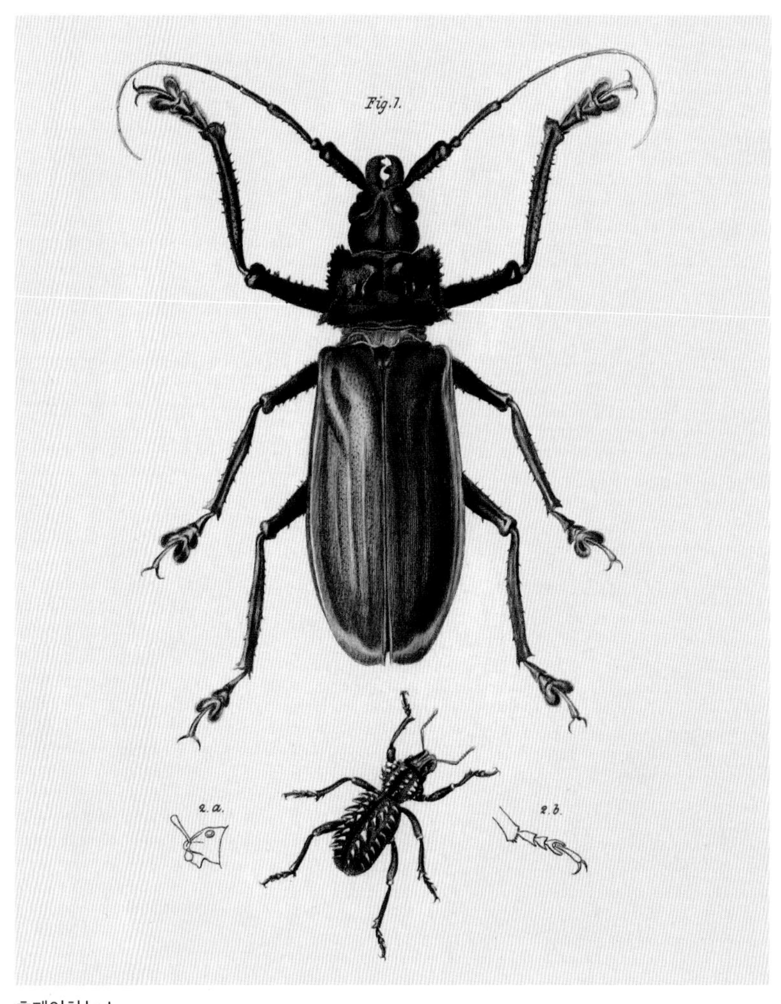

호페이하늘소

동남아시아가 원산지인 호페이하늘소(*Rhaphipodus hopei*)는 숲에 서식하며 다른 하늘소와 달리 매우 긴 더듬이를 가지고 있다.

딱정벌레(*Calosoma sycophanta*, ground beetle)

칠점무당벌레(*Coccinella septempunctata*, seven-spotted ladybug)

물방개(*Noterus* sp., diving beetle)

유럽사슴벌레 수컷(*Lucanus cervus*, European stag beetle (male))

총채벌레

총채벌레목(Thysanoptera) 곤충강(Insecta) 육각아문(Hexapoda) 절지동물문(Arthropoda)

6000종이 넘는 총채벌레는 상당히 흔히 볼 수 있는 가늘고 작은 곤충이다. 덥고 습한 날이면 사람의 피부에서 성충을 발견할 수도 있다. 대부분의 종은 구기를 이용해 잎과 꽃잎에 구멍을 뚫어 그 밑에 있는 세포를 먹는다. 총채벌레는 대량으로 발생할 수 있고, 일부 종은 토마토와 완두콩 같은 농작물에 직접 피해를 주거나 바이러스를 퍼뜨림으로써 심각한 피해를 주는 해충이다. 총채벌레는 꽃가루와 균류의 포자를 먹을 수도 있고 몸집이 큰 일부 종은 다른 곤충의 포식자가 될 수도 있다. 총채벌레목에 속한 곤충은 가장자리에 긴 털을 두른 4쌍의 날개가 있지만, 많은 종과 개체는 성충일 때 날개가 없다.

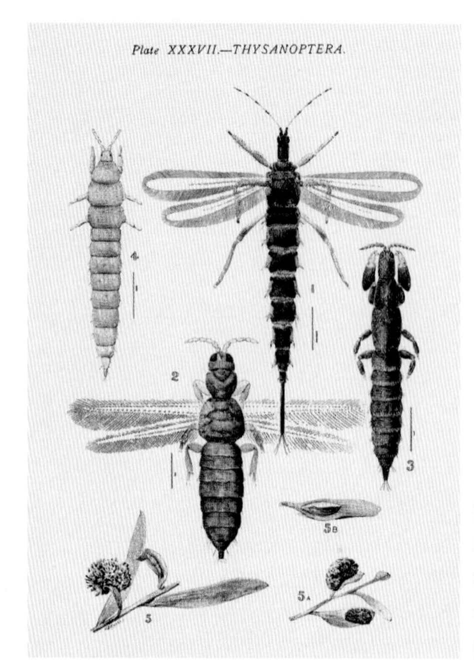

총채벌레와 충영

이 삽화는 오스트레일리아의 총채벌레종과 곤충이 세포를 먹어 식물에 형성된 충영(gall, 비정상적인 성장)을 보여 준다.

굴뚝날도래

날도래목(Trichoptera) 곤충강(Insecta) 육각아문(Hexapoda) 절지동물문(Arthropoda)

굴뚝날도래는 1만 4500여 종의 생물군을 이루며, 그중 아가미 호흡을 하는 수생 유충은 민물 생태계에서 중요한 부분을 차지한다. 굴뚝날도래 유충은 고치를 만들어 내는 능력을 바탕으로 다양한 생활 양식을 발전시켜 왔다. 상당수는 식물, 모래 입자, 연체동물 껍데기로 보호 덮개를 형성할 때 고치실을 이용한다. 다른 종은 고치실로 그물을 만들어 먹이 입자를 가두기도 하고 은신처를 만들어 두었다가 작은 먹이가 나타나면 뛰쳐나가 잡기도 한다. 대체로 야행성인 성충은 갈색을 띤 작은 나방처럼 보이며 일부 종은 전혀 먹지 않지만 어떤 종은 식물의 즙액을 빨아 먹을 수도 있다. 성충의 날개는 짧은 털로 덮여 있다. 뉴질랜드에 서식하는 서너 종의 유충은 조간대 바위 웅덩이에서 성장하는 보기 드문 해양 곤충이다.

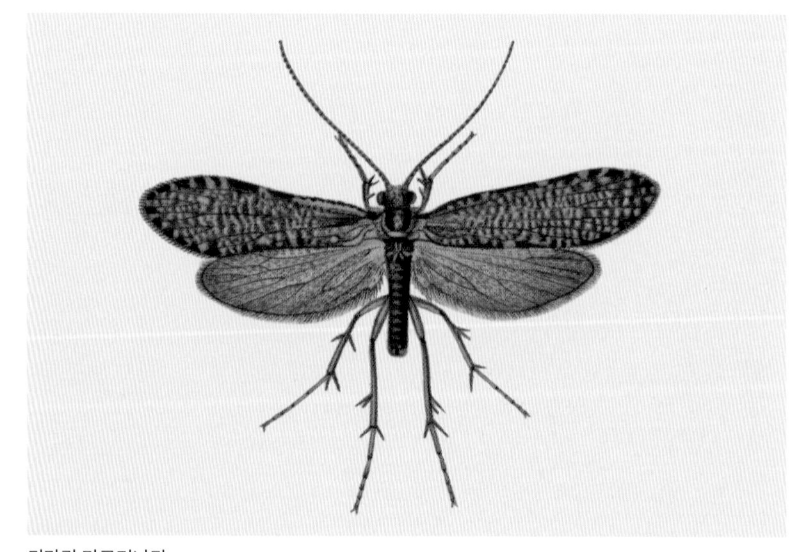

키마라 마르기나타

이 종(*Chimarra marginata*)의 성충은 해마다 6월이면 유럽의 강에서 모습을 드러내기 시작해 10월까지 날아다닌다.

나방과 나비

나비목(Lepidoptera) 곤충강(Insecta) 육각아문(Hexapoda) 절지동물문(Arthropoda)

17만 5000종이 넘는 나비목에 속한 나비와 나방은 매우 비슷한 생활 방식을 지녔지만 둘 사이에는 해부학적으로나 행동학적으로나 다소 차이가 있다. 나비는 대개 낮에 날아다니는 데 비해 나방은 야행성이다. 나비는 더듬이 끝이 곤봉처럼 생겼고 대체로 쉴 때 날개를 몸에 수직으로 세워 둔다. 나방은 곧거나 깃털이 달린 더듬이를 가지고 있고 흔히(늘 그렇지는 않다.) 배 위로 날개를 접어 둔다. 대부분 나방의 앞뒤 날개는 날개가시로 불리는 갈고리 모양의 구조로 결합해 있다. 나비목에 속한 모든 곤충은 밝은색을 띤 비늘이 있어서 무늬와 반점을 만들 수도 있다. 성충이 먹이를 먹게 되면(일부 종에서는 먹이를 먹지 않는다.) 긴 관처럼 생긴 주둥이를 통해 식물의 즙액 따위를 빨아 먹는다. 나비목의 가계도에서 나방은 몸통과 대부분의 줄기를 차지하는 데 비해 나비는 큰 가지 하나를 차지할 뿐이다. 나비와 나방은 완전변태를 경험한다. 애벌레는 씹는 구기를 가지고 있어서 대개 특정 종에 따라 특정한 식물을 먹는다. 관절로 이루어진 3쌍의 다리와 앞다리(전각)로 불리는 뭉툭한 5쌍의 다리가 배에 달려 있다.

나방의 생활사

17세기에 묘사된 황제나방의 4단계 생활사는 알, 애벌레(유충 단계), 번데기, 날아다니는 성충을 보여 준다.

소나무박각시(*Sphinx pinastri*, pine hawkmoth)

멧노랑나비(*Gonopteryxs rhamni*, common brimstone)

라임나비(*Papilio demoleus*, lime butterfly)

메탈마크(부전네발나비과, Riodinidae, metalmark)

파리

파리목(Diptera) 곤충강(Insecta) 육각아문(Hexapoda) 절지동물문(Arthropoda)

날아다니는 곤충의 큰 분류군을 이루는 파리목에 속한 곤충은 한 쌍의 날개를 가지고 있다. 뒷날개 대신에 평형곤으로 불리는 곤봉 모양의 감각 기관이 있어서 움직임을 감지하고 공중에서 복잡한 동작을 할 때 균형을 잡아 준다. 똥파리, 물결넓적꽃등에, 각다귀, 모기 같은 주요 생물군을 비롯해 지금까지 12만 5000종 이상이 밝혀졌다. 대체로 성체는 액체로 된 먹이를 먹지만, 액체를 빨아 먹느냐, 꽃가루를 먹느냐, 다른 곤충을 먹느냐, 모기처럼 피를 먹기 위해 살을 뚫느냐에 따라 구기의 형태는 다양하다.

꽃가루와 꿀을 먹는 종은 식물의 중요한 꽃가루 매개자이다. 반면에 몇몇 종의 모기는 사람에게 말라리아를 감염시키는 병원체인 말라리아원충을 옮긴다. 파리목에 속한 많은 곤충은 칙칙한 신체색을 띠는 데 비해 물결넓적꽃등에, 말벌 같은 곤충에는 검은색과 노란색 줄무늬가 나타나 있다. 다리가 없는 파리목 유충은 성충보다 더욱 다양하다. 뻣뻣한 털이 나 있고 물에서 사는 모기 유충부터 별다른 특징이 없는 구더기에 이르기까지 다양한 형태를 보인다. 대개 유충의 먹이는 성충의 먹이와는 전혀 다르다.

털파리
비비오속(*Bibio*) 파리는 털파리 또는 성마가파리로 불린다. 죽거나 썩어 가는 식물, 노출된 식물 뿌리, 꿀을 먹는다.

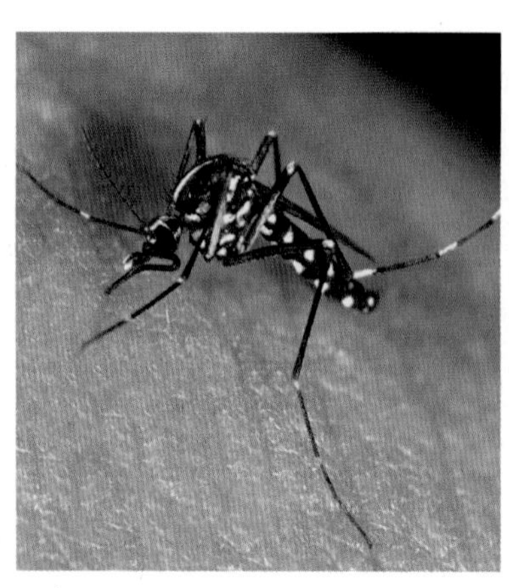

모기(Culicidae, mosquito)

물결넓적꽃등에(*Myathropa florea*, hoverfly)

등에(Bombyliidae, beefly)

똥파리(Calliphoridae, blowfly)

벼룩

벼룩목(Siphonaptera) 곤충강(Insecta) 육각아문(Hexapoda) 절지동물문(Arthropoda)

2600여 종의 벼룩은 작지만 포유류와 조류의 피를 빨아 먹는 데 전문적인 소질을 보인다. 날개는 없으나 자기 몸길이의 200배가 넘는 30센티미터 정도로 멀리 도약할 수 있다. 좁은 몸통은 숙주의 털이나 깃털 사이에서 움직이는 데 유리하다.

벼룩은 이와 달리 숙주의 몸에 계속 머물지 않는다. 벼룩은 흔히 은신처와 굴을 이용하는데, 여기서 다리가 없고 구더기처럼 생긴 유충은 유기 쇄설물을 먹고 성충으로 자란다. 벼룩종마다 특별한 숙주를 선택하는 경향이 있으나 어느 정도 융통성은 존재한다. 가령 괭이벼룩은 개에서도 살 수 있다. 벼룩은 선페스트를 비롯해 사람에게 심각한 질병을 퍼뜨릴 수 있고, 모래벼룩(*Tunga penetrans*)처럼 피부로 파고드는 종은 열대 지역에서 심각한 문제가 된다.

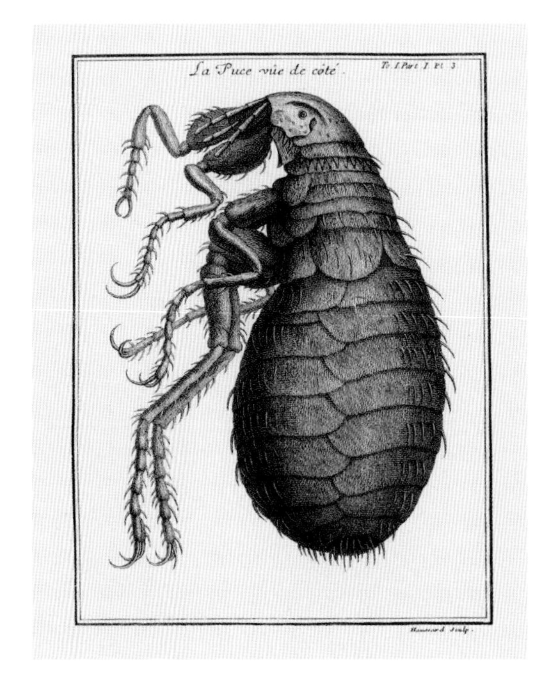

사람벼룩
이름과는 달리 사람벼룩(*Pulex irritans*)은 집에서 기르는 개와 고양이를 비롯한 다양한 포유류에서 살아가며 질병의 매개체 역할을 한다.

밑들이

밑들이목(Mecoptera) 곤충강(Insecta) 육각아문(Hexapoda) 절지동물문(Arthropoda)

600여 종의 생물군을 이루는 밑들이는 주로 습한 서식지에서 찾아볼 수 있다. 이들의 머리에는 아래쪽을 향하고 끝에 입이 달린 부리 모양의 특이한 돌출부(주둥이)가 있다. 가장 큰 밑들이과(Panorpidae)의 수컷은 전갈처럼 몸 위로 동그랗게 말린 꼬리가 있으나 짝짓기에만 이용되고 침으로는 이용되지 않는다. 이 과의 성충은 주로 죽거나 죽어가는 곤충을 먹는 데 비해 애벌레처럼 생긴 유충은 땅에서 사체를 찾아다닌다. 밑들이잠자리과에 속한 각다귀붙이는 나뭇가지에 매달려 긴 뒷다리로 곤충을 잡는다. 눈밑들이과에 속한 밑들이(눈벼룩)는 날개 없이도 벼룩처럼 도약할 수 있는 작은 곤충이며 추운 지역의 이끼류에서 살아간다.

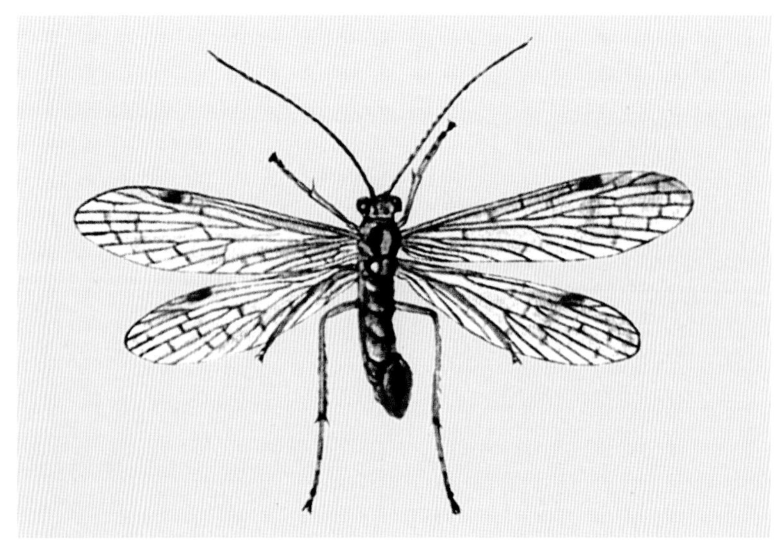

독일밑들이
밑들이목에 속한 다른 종과 마찬가지로 독일밑들이(*Panorpa germanica*)는 썩어 가는 과일이나 식물, 죽은 곤충을 먹이로 하기 때문에 전혀 해가 없다.

성게

성게강(Echinoidea) 극피동물문(Echinodermata) 동물계(Animalia)

940여 종에 이르며 극피동물문에 속한 성게는 바다에서만 살아가는 해양 동물이다. 5방사상 대칭을 이루는 성게의 몸은 골편으로 불리는 작은 조각으로 이루어진 외골격으로 덮여 있다. 일부의 골편은 합쳐져 구형 또는 거의 구형에 가까운 덮개(피각)를 형성한다. 피각은 대체로 단단하며 측면을 따라 유연한 돌출부(관족)가 5줄로 내려온다. 관족은 매달리고, 기어오르고, 간혹 걷는 데도 이용된다. 아래쪽을 향한 성게의 입에는 끌 모양의 이빨이 있다. 상당수의 종은 바위에서 조류를 뜯어 먹고 그 외 종은 해저에서 먹이를 얻는다.

성게의 몸은 길고 움직일 수 있는 가시로 덮여 있다. 일부의 성게는 가시로 독을 주입할 수 있다. 석필성게는 크고 두꺼운 가시가 추가로 덮여 있다. 전형적인 성게는 5방사상 대칭을 이루지만, 일부 종은 그런 대칭성을 잃고 앞뒤가 뚜렷한 모습을 보인다. 여기에는 진흙 속으로 파고드는 염통성게가 포함된다. 납작한 몸이 잔가시로 촘촘하게 덮인 연잎성게는 모래에 몸을 전부 또는 반쯤 묻은 채 먹이를 여과한다.

스푸트니크성게
몇 종의 성게를 묘사한 19세기의 삽화에는 열대 해역의 산호초 틈에서 살아가는 스푸트니크성게(*Phyllacanthus imperialis*, 위쪽 중앙)도 포함되어 있다.

붉은석필성게(*Heterocentrotus mamillatus*, red slate pencil urchin)

연잎성게(Clypeasteroida, sand dollar)

긴침성게(*Diadema* sp., diademed sea urchin)

유럽성게(*Echinus esculentus*, European edible sea urchin)

해삼

해삼강(Holothuroidea) 극피동물문(Echinodermata) 동물계(Animalia)

1700여 종에 이르는 해삼은 극피동물 가운데 다양한 분류군을 형성한다. 성게를 수직으로 길게 늘여서 입을 앞으로 향하게 한 채 옆으로 놓아둔 듯한 모양새다. 큰닻해삼(*Synapta maculata*)처럼 큰 종은 몸길이가 2.5미터까지 자랄 수 있다. 전형적인 해삼은 돌기로 덮여 있어서 표피가 거친 피클과 더욱 비슷하다. 아래쪽에는 걷거나 잡는 용도의 관족이 있다. 여러 갈래로 뻗은 촉수가 입을 둘러싸고 있어서 여과 섭식을 하거나 퇴적물을 삼킬 수 있게 해 준다. 다채로운 해삼의 몸색깔은 흔히 주변 환경과 대비를 이루는데 천적이 접근하지 못하게 하는 효과가 있을 것으로 보인다. 일부 종은 체내에 독소가 있어서 위장술을 펼칠 필요가 없다.

건드리면 장기의 일부가 밖으로 나오고 새로운 장기가 나올 수 있는 종도 있다. 바다돼지로 불리는 종은 커다란 발 모양의 족상돌기(관족)가 있어서 해저에서 소 떼처럼 움직이면서 진흙 퇴적물에서 먹이를 걸러 먹는다. 바다돼지와 심해에 서식하는 해삼은 모두 지느러미가 있어서 헤엄을 칠 수 있고 먹이를 먹을 때만 해저로 내려온다.

오스트레일리아해삼
콜로키루스속(*Colochirus*, 윗줄 왼쪽과 아랫줄) 오스트레일리아해삼 4종의 입 주변으로 촉수를 볼 수 있다.

파인애플해삼(*Thelenota ananas*, pineapple sea cucumber)

노란해삼(*Colochirus robustus*, yellow sea cucumber)

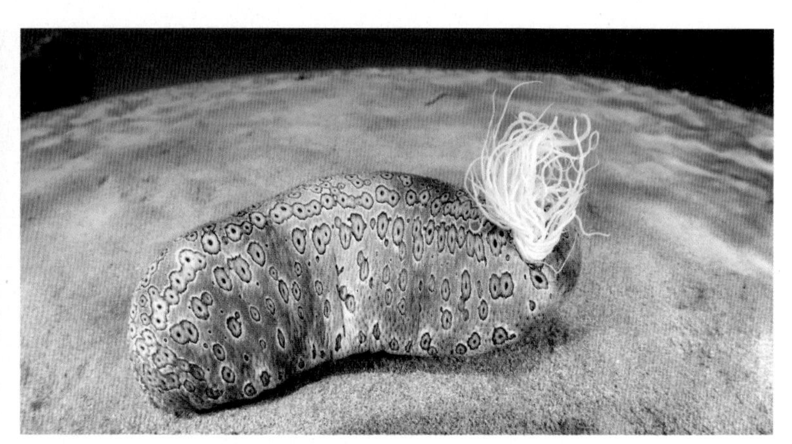

표범해삼(*Bohadschia argus*, leopard sea cucumber)

바다나리와 갯고사리

바다나리강(Crinoidea) 극피동물문(Echinodermata) 동물계(Animalia)

대부분의 바다나리는 불가사리와 성게보다 심해에 서식하며 자루를 이용해 해저에 달라붙어 있다. 관족으로 불리는 수천 개의 유연한 돌기로 덮인 팔은 먹이 입자를 잡아 중앙의 입으로 가져간다. 다른 극피동물과 마찬가지로 바다나리는 소골편으로 불리는 백악질 조각으로 이루어진 골격을 가지고 있으며 5방사대칭을 이룬다. 물이 채워진 관으로 된 수압 장치(수관계)가 있어서 관족을 작동한다.

갯고사리는 바다나리처럼 자루가 없지만 같은 방식으로 섭식을 한다. 흔히 화려한 색깔을 띠고 밤에 먹이를 찾는 갯고사리는 먹이를 잡기 위해 산호 같은 표면에 자리를 잡는다. 팔을 휘저어 느릿느릿 헤엄칠 수 있다. 바다나리와 갯고사리를 합쳐 600여 종이 존재하는 것으로 알려져 있다.

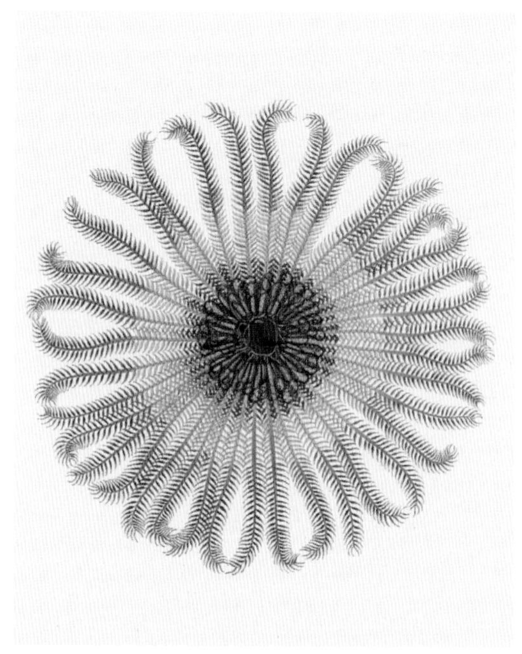

갯고사리
이 삽화는 팔이 37개인 갯고사리 코마텔라 스텔리게라(*Comatella stelligera*)를 배쪽(아래쪽)에서 본 모습을 묘사하고 있으며, 1899~1900년에 인도네시아에서 진행된 네덜란드의 시보가(Siboga) 탐사 기간에 그려진 것이다.

거미불가사리

거미불가사리강(Ophiuroidea) 극피동물문(Echinodermata) 동물계(Animalia)

1600여 종에 이르는 거미불가사리는 불가사리처럼 대개 5개의 팔을 가졌지만 몸의 구조는 다르다. 빨판이 없는 족상돌기(관족)는 걷는 데 이용하지 않고 먹이를 먹고 탐색하고 감지하는 데 이용된다. 거미불가사리는 팔을 휘둘러 해저를 '걸어 다니며' 팔은 골편에 의해 강화된다. 주로 밤에 팔을 들어 올린 채 족상돌기, 가시, 점액 분비물을 덫처럼 이용해 물속에서 작은 먹이 입자를 걸러 먹는다. 일부 종은 먹이를 찾아 진흙 속으로 파고들기도 하고 작은 물고기와 새우처럼 더 큰 먹이를 잡기도 한다. 거미불가사리는 지름이 몇 센티미터에 불과하지만 삼천발이로 불리는 하위군은 폭이 최대 1미터까지 자랄 수 있다.

거미불가사리
이 삽화는 마크로피오트릭스 카필라리스(*Macrophiothrix capillaris*)의 5개의 긴 팔을 제외한 몸의 중앙부를 보여 준다. 자유롭게 헤엄치는 유생은 해저로 가라앉아 이와 같은 성체로 자란다. 이 종은 최대 750미터 수심에서 발견되기도 한다.

불가사리

불가사리강(Asteroidea) 극피동물문(Echinodermata) 동물계(Animalia)

불가사리는 해저에서 포식자로 살아간다. 가장 큰 종은 폭이 최대 1미터까지 자랄 수 있으며 1800여 종이 알려져 있다. 대개 5개의 팔이 있지만 이보다 많은 팔을 가진 종도 있다. 불가사리는 아래쪽에 있는 입을 뻗어 비교적 크지만 움직임이 느린 먹이를 집어삼킬 수도 있다. 일부 종은 위장을 먹이 쪽으로 뻗어 밖에서 소화할 수도 있다. 대개 빨판 기능이 있는 수천 개의 관족이 붙은 유연한 팔이 있어서 걷거나 먹이를 쥐거나 찢는다. 팔이 뻣뻣한 종은 퇴적물 속으로 파고 들어가 숨어 있는 먹이를 찾아내거나 작은 먹이 입자를 먹는다. 이들의 관족에는 빨판이 없고 바닥을 파는 용도로만 쓰인다. 불가사리는 난자와 정자를 바다로 흘려보내고 수정란은 헤엄치는 유생이 된다.

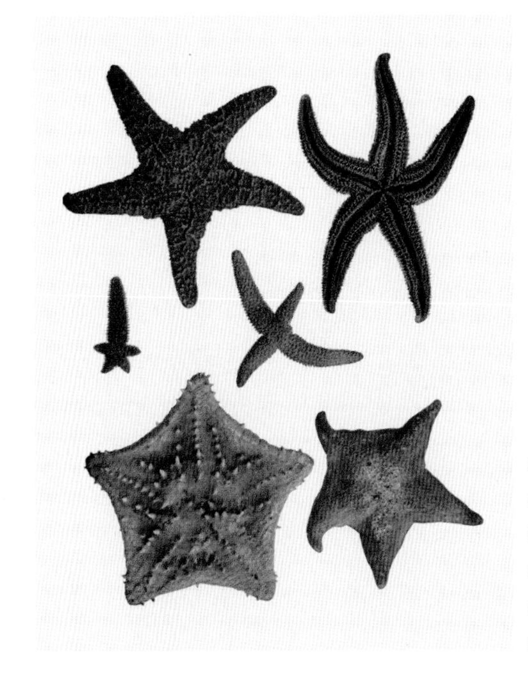

북아메리카불가사리
주황색과 자주색 형태로 나타나는 황토불가사리(*Pisaster ochraceus*, 윗줄 왼쪽), 불가사리(*Asterias rubens*), 초코칩불가사리(*Nidorellia armata*, 아랫줄 왼쪽)가 포함된다.

별벌레아재비

장새강(Enteropneusta) 반삭동물문(Hemichordata) 동물계(Animalia)

별벌레아재비(acorn worm)는 움직임이 느린 해양 동물로서 전구 모양의 독특한 '코(주둥이)'는 컵 속에 도토리가 있는 것처럼 보인다. 몸에 붙은 섬모와 점액 분비를 통해 물이나 진흙에서 먹이 입자를 걸러낸다. 110종 가운데 상당수는 부드러운 퇴적물에 굴을 파고 살아가며 일부 심해종은 해저를 기어 다닌다. 대부분의 종에서 수정란은 헤엄치는 유생으로 부화한다. 성체의 몸길이는 몇 센티미터에서 2미터 이상에 이를 수도 있다. 반삭동물문에는 작은 관을 만들어 내는 벌레인 또 다른 강(프테로브랑스강)이 있다. '반삭동물문'은 척삭동물(chordates, 『미소 생물 도감』 72~81쪽 참조)과 진화 과정에서 관계가 있을 수 있음을 암시하지만, 오늘날 반삭동물과 가장 가까운 관계에 있는 현생 동물은 극피동물이라고 알려져 있다.

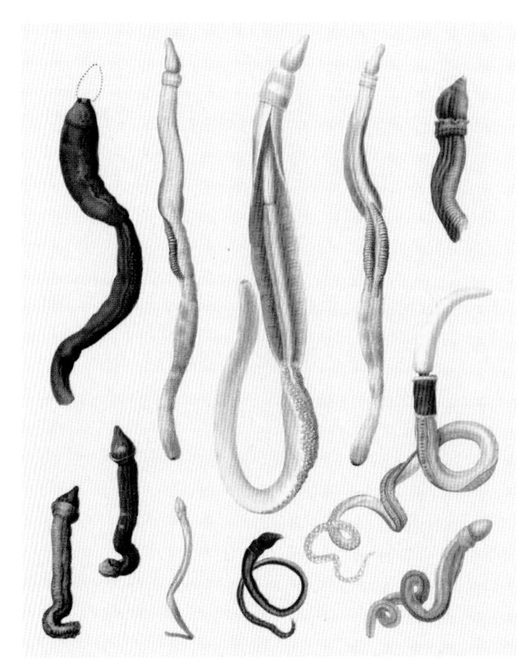

발라노글로수스
이 삽화는 발라노글로수스속(*Balanoglossus*) 종을 보여 준다. 이들은 해저를 파고 들어가 섬모를 흔들어 물의 흐름을 유도함으로써 유기물 입자를 입으로 나른다.

창고기

두삭동물아문(Cephalochordata) 척삭동물문(Chordata) 동물계(Animalia)

30여 종에 불과한 창고기는 얕은 해저의 모래 퇴적물에서 몸을 반쯤 묻은 채 살아가는 작은 물고기처럼 생긴 동물이다. 무척추동물이지만 척추동물처럼 척삭동물문에 속한다. 척삭동물의 몸은 적어도 유생이나 배아 단계에서 척삭으로 불리는 막대 모양의 단단한 골격 구조에 의해 강화된다. 척추동물의 경우 척삭은 배아 단계에서 존재하다가 성체가 되면 척추로 발달한다. 창고기의 척삭은 등을 관통하면서 지지해 준다. 창고기는 헤엄을 칠 수 있지만 대개는 해저에 서식하는 저생동물로 물에서 플랑크톤을 여과해 먹고 살아간다. 위협을 느끼면 양 측면에 있는 근육을 수축시켜 물고기와 같은 방식으로 헤엄쳐 달아난다. 진짜 골격은 없으며 피부를 통해 기체를 완전히 교환한다.

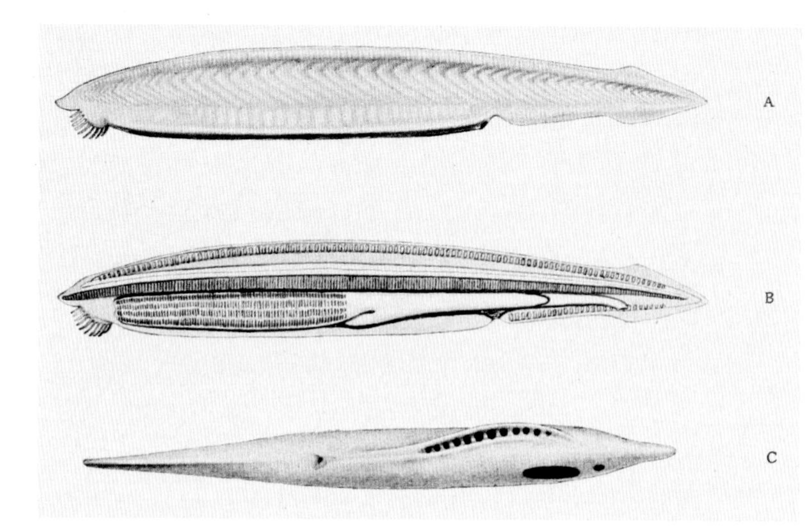

창고기

3가지 창고기 그림은 섬모로 불리는 입 주변의 작은 섬유와 좁은 꼬리지느러미(위), 해부한 성체의 입에서 항문에 이르는 창자(가운데), 유생(아래)을 보여 준다.

먹장어

먹장어강(Myxini) 척추동물아문(Vertebrata) 척삭동물문(Chordata) 동물계(Animalia)

먹장어는 장어와 생김새는 비슷하지만 관계는 없다. 4억 년 전쯤 턱이 있는 물고기로 진화하기 전까지 전 세계 바다를 누비고 다니던 고대의 턱 없는 물고기 가운데 오늘날까지도 남아 있는 대표적인 물고기이다. 80여 종에 이르는 먹장어는 모두 해저에서 살아간다. 다모류 같은 무척추동물을 먹이로 삼지만, 고래처럼 큰 동물의 사체도 안에서부터 먹는다. 미발달한 눈은 있어도 지느러미는 없다. 입에는 단단한 이빨이 달린 혀가 있고 입 주변에는 감각기인 가느다란 수염이 나 있다. 몸통을 따라 줄지어 늘어선 구멍을 통해 다량의 점액을 분비해 자기 방어를 한다. 연골로 이루어진 두개골이 있으며 몸은 척추가 아닌 유연한 척삭이 지탱해 준다.

먹장어

대서양먹장어(*Myxine glutinosa*)의 입 주변으로는 수염이 나 있고 몸 전체를 따라 늘어선 점액 분비선을 통해 다량의 점액을 분비한다.

멍게와 그 친척들

미삭동물아문(Urochordata) 척삭동물문(Chordata) 동물계(Animalia)

3050여 종에 이르는 피낭동물은 해초강(움직이지 못하는 멍게를 포함한 해초류), 탈리아강(살프를 포함해 자유롭게 떠다니는 종), 유형강(부유성 유형류)의 3가지 강으로 분류된다. 멍게는 대개 얕은 바다에서 살아간다. 척삭은 멍게와 살프의 유생에 모두 존재하지만 성체가 된 유형류에도 남아 있다. 척삭은 척추동물의 배아에도 존재하며 이런 유사성 덕분에 피낭동물은 척추동물과 같은 척삭동물문에 들어간다. 성체는 해저 표면에 달라붙어 해면처럼 물에서 여과 섭식한다. 그러나 해면과 달리 멍게의 몸은 피낭으로 불리는 질긴 보호막으로 덮여 있다. 관 모양의 수관이 있어서 입수공으로 바닷물을 끌어들이고 출수공으로 배출한다.

일부의 개별적인 작은 멍게(개충)는 함께 모여 지름이 최대 1미터가 넘는 군체를 형성한다. 한 자리에 붙박여 있는 해초류와 달리 살프는 자유롭게 떠다니고 물을 끌어들였다가 배출하면서 형성된 추력을 이용해 앞으로 나아간다. 살프는 단독으로도 헤엄칠 수 있고 최대 3미터에 이르는 군체를 길게 형성하기도 한다.

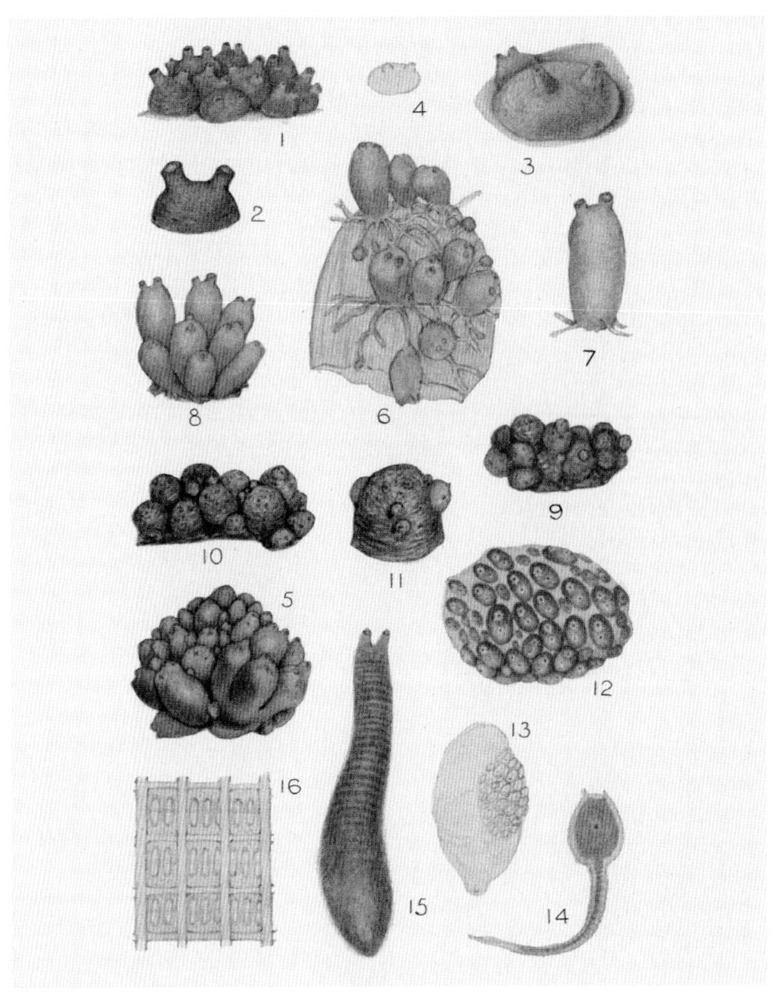

주황바다포도

20세기에 제작된 이 삽화는 군체를 이루는 멍게종인 주황바다포도(*Stolonica socialis*, 도6)를 비롯한 영국 피낭동물을 보여 준다. 도14는 자유롭게 헤엄치는 올챙이 모양의 피낭동물 유생을 보여 준다.

금초롱곤봉멍게(*Rhopalaea* sp., blue sea squirts)

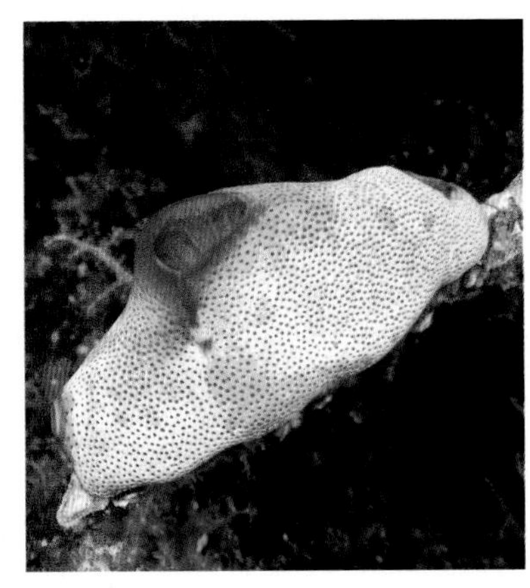

초록통멍게(*Didemnum molle*, green barrel sea squirt)

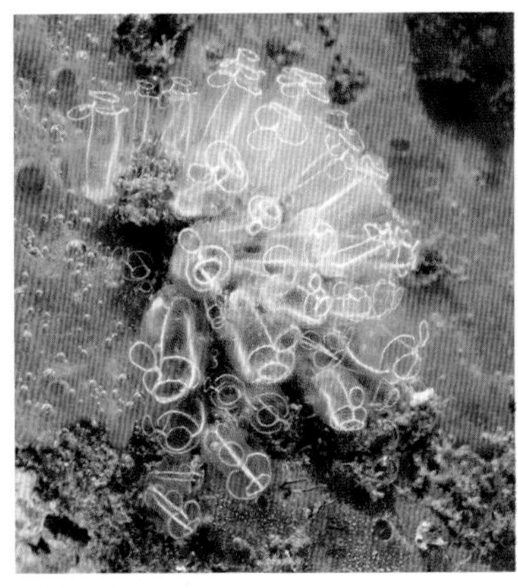

전구멍게(*Clavelina lepadiformis*, light-bulb sea squirt)

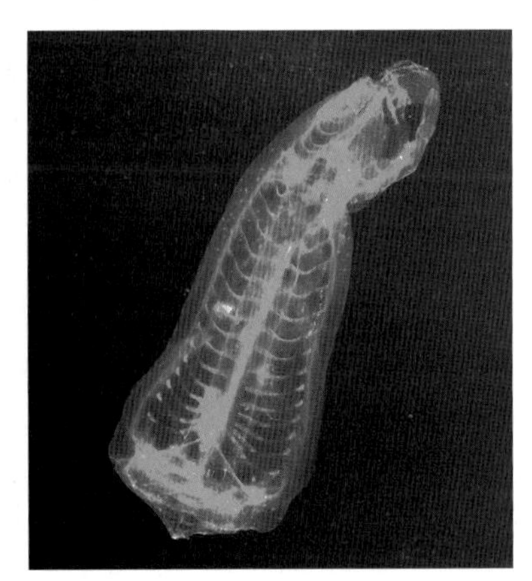

살프(Salpida, free-floating salp)

칠성장어

칠성장어강(Petromyzonti) 척추동물아문(Vertebrata) 척삭동물문(Chordata) 동물계(Animalia)

생물학자들은 먹장어처럼 턱이 없는 칠성장어 38종을 밝혀냈다. 이들은 유일하게 현존하는 턱 없는 어류로 꼽히며 미발달한 척추를 가지고 있다. 모든 종은 민물에서 산란하지만, 4분의 1가량은 성어가 되면 바다로 나간다. 애머시이트(ammocoete)로 불리는 치어는 강 퇴적물에서 먹이 입자를 걸러 먹으며 살다가 장어처럼 생긴 성어로 모습이 바뀐다. 바다칠성장어와 그 밖의 일부 종에서 어린 성어는 강 하류를 따라 바다로 가서 다른 물고기에 기생해 살아간다. 이들은 빨판 같은 입에 있는 긁는 이빨로 숙주에 달라붙어 살다가 번식기가 되면 민물로 헤엄쳐 되돌아온다. 일부 성어는 아무것도 먹지 않은 채 치어일 적에 비축해 둔 양분으로 살아가다가 번식을 마치고 죽음에 이른다.

뱀파이어 물고기
이 바다칠성장어(*Petromyzon marinus*)는 흡입 컵처럼 생긴 입으로 먹이를 사로잡아 날카롭고 단단한 이빨로 먹잇감의 살을 긁어내는 기생종이다.

은상어

전두아강(Holocephali) 척추동물아문(Vertebrata) 척삭동물문(Chordata) 동물계(Animalia)

53여 종으로 이루어진 은상어는 주로 심해의 해저 가까이에서 살아간다. 상어나 가오리처럼 연골로 된 골격을 가진 은상어는 머리가 크고 등지느러미에 가시가 달려 있으며 판 모양의 이빨(치판)이 있다. 가장 큰 종은 몸길이가 1.5미터 이상 자랄 수 있다. 은상어는 천천히 헤엄치면서 주로 무척추동물을 잡아먹는다. 상어와 마찬가지로 체내 수정을 하고 암컷은 커다란 알을 낳는다.

은상어는 3가지 과로 이루어져 있다. 짧은코은상어과 또는 쥐고기과는 쥐꼬리처럼 가늘어지는 긴 꼬리를 가지고 있다. 쟁기코은상어과 또는 코끼리은상어과에 속한 은상어의 유난히 돌출된 코는 먹이를 파내는 데 이용될 수 있다. 긴코은상어과 또는 귀신고기과는 수많은 감각신경이 분포한 긴 코로 먹이를 찾는다.

독가시치
이 삽화는 특유의 큰 눈과 돌출된 짧은 코 때문에 토끼고기로도 불리는 은상어(*Chimaera monstrosa*)를 보여 준다.

상어와 가오리

판새아강(Elasmobranchii) 척추동물아문(Vertebrata) 척삭동물문(Chordata) 동물계(Animalia)

뼈가 있는 경골어류(『미소 생물 도감』 76~77쪽 참조)와 달리 상어와 가오리의 골격은 연골로 이루어져 있다. 500여 종에 이르는 상어와 600종 이상의 가오리가 존재한다. 일부 상어종은 면도칼처럼 날카롭고 교체 가능한 이빨을 가지고 있다. 상어는 먹이에서 나오는 미세한 전류도 감지하는 능력을 포함해 감각이 뛰어나게 발달해 있다. 경골어류와 달리 체내 수정을 통해 번식하며 암컷은 새끼나 커다란 난낭을 낳는다. 일부 상어는 유선형의 날렵한 몸매를 자랑하며 먹이 사슬에서 최고 포식자에 해당한다. 그러나 고래상어(*Rhincodon typus*)와 돌묵상어(*Cetorhinus maximus*) 같은 몇몇 종은 천천히 이동하면서 플랑크톤을 먹는다. 해저에서 연체동물과 갑각류를 잡아먹고 살아가는 상어도 있다.

가오리는 모래나 진흙에 납작한 몸을 반쯤 숨긴 채 대개 해저 가까이에서 살아가며, 옆쪽에 있는 가슴지느러미를 이용해 물살을 가르고 나아간다. 몸 아래쪽에는 아가미구멍이 있고 눈 뒤에는 분수공으로 불리는 구멍이 있어서 물에서 산소를 받아들인다. 톱가오리, 가래상어, 반조피시는 납작한 상어처럼 보이는 길쭉한 가오리이다. 톱가오리의 긴 '톱'에는 전기 수용기가 있어서 먹이를 탐지한다.

가시대서양홍어

가오리의 일종인 가시대서양홍어(*Amblyraja radiata*)의 아래쪽에는 크고 작은 방어용 가시가 섞여 있다. 이 수컷의 지느러미다리(교미기)는 꼬리 양쪽에서 손가락 모양의 부속지로 보일 수도 있다.

황소상어(*Carcharhinus leucas*, bull shark)

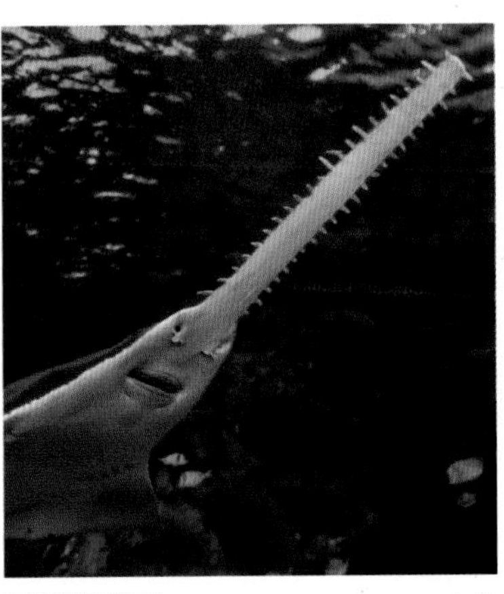

큰이빨톱가오리(*Pristis pristis*, largetooth sawfish)

남방무늬색가오리(*Himantura uarnak*, reticulate whipray)

육기어류

실러캔스강(Coelacanthi) 폐어강(Dipnoi) 척추동물아문(Vertebrata) 척삭동물문(Chordata) 동물계(Animalia)

육기어류와 조기어류는 모두 경골어류이지만, 두 분류군은 전혀 다르다. 육기어류의 두꺼운 가슴지느러미와 배지느러미에는 인간의 팔다리뼈에 해당하는 작고 튼튼한 뼈가 들어 있다. 육지의 모든 척추동물은 육기어류에 속한 조상에게서 진화한 것으로 보인다.

해양 실러캔스 2종과 담수 폐어 2종을 포함해 오늘날까지 남아 있는 육기어류는 8종에 불과하다. 실러캔스는 1938년 남아프리카 연안에서 한 어부의 손에 잡혀 살아 있는 모습이 확인되기 전까지 멸종된 것으로 여겨졌다. 이들은 몸길이가 최대 2미터에 이르고 두꺼운 뼈비늘이 피부를 보호한다. 움직임이 느리고 심해에서 살아가는 실러캔스는 수중 동굴을 좋아한다. 이들의 먹이는 주로 두족류와 작은 물고기로 이루어져 있다. 암컷은 큰 알을 만들어 체내에서 부화시킨 다음 새끼를 낳는다. 폐어는 늪이나 유속이 느린 강에서 살아간다. 대개 폐가 2개(오스트레일리아종은 1개)인 덕분에 수면에서도 공기를 들이마실 수 있다. 건기에는 비활성의 하면(夏眠, 여름잠) 상태로 우기가 될 때까지 휴식에 들어간다.

남아메리카폐어
남아프리카폐어는 가늘고 긴 지느러미를 가지고 있고 수위가 떨어지면 진흙에 머무른다. 물에서는 숨을 쉬기 위해 수면으로 올라와야만 한다.

서인도양실러캔스(*Latimeria chalumnae*, West Indian Ocean coelacanth)

서아프리카폐어(*Protopterus annectens*, West African lungfish)

남아메리카폐어(*Lepidosiren paradoxa*, South American lungfish)

조기어류

조기어강(Actinopterygii) 척추동물아문(Vertebrata) 척삭동물문(Chordata) 동물계(Animalia)

3만여 종의 해양종과 민물종이 포함된 조기어류는 무척추동물의 최대 분류군을 이룬다. 육기어류와는 대조적으로 지느러미가 가느다란 뼈로 된 지느러미가시로 지탱된다.

조기어류는 크기, 해부학적 구조, 생활 양식에서 다양함을 보인다. 산갈치는 몸길이가 최대 11미터까지 자라는 데 비해 페도시프리스(*Paedocypris*)는 몸길이가 8밀리미터에 불과하며, 개복치는 무게가 최대 2.3톤에 이를 수도 있다. 장어는 길고 뱀처럼 생긴 몸을 물결 모양으로 진동하면서 헤엄치고, 일부 장어는 등골뼈가 100개 넘는 유연한 척추를 가지고 있다. 길고 장어처럼 생긴 용고기는 측면을 따라 분포한 발광기(야광 반점)를 이용해 어두운 심해에서 먹이를 유인한다. 청어를 비롯한 수많은 종은 몸이 어뢰처럼 유선형이어서 민첩하게 움직일 수 있다. 돛새치는 물 밖으로 튀어나올 때 이보다 훨씬 빠른 시속 110킬로미터에 이른다. 일부 연어종은 생애 대부분을 바다에서 보낸 다음 산란을 위해 민물로 이주하는 매우 흥미로운 생활사를 보여 준다. 민물로 돌아오는 여정은 수천 킬로미터에 이를 수도 있고 빠른 물살을 거슬러 올라가야 할 수도 있다. 연어는 상류로 올라갈 때 폭포와 급류를 뛰어넘으면서 위기를 극복한다.

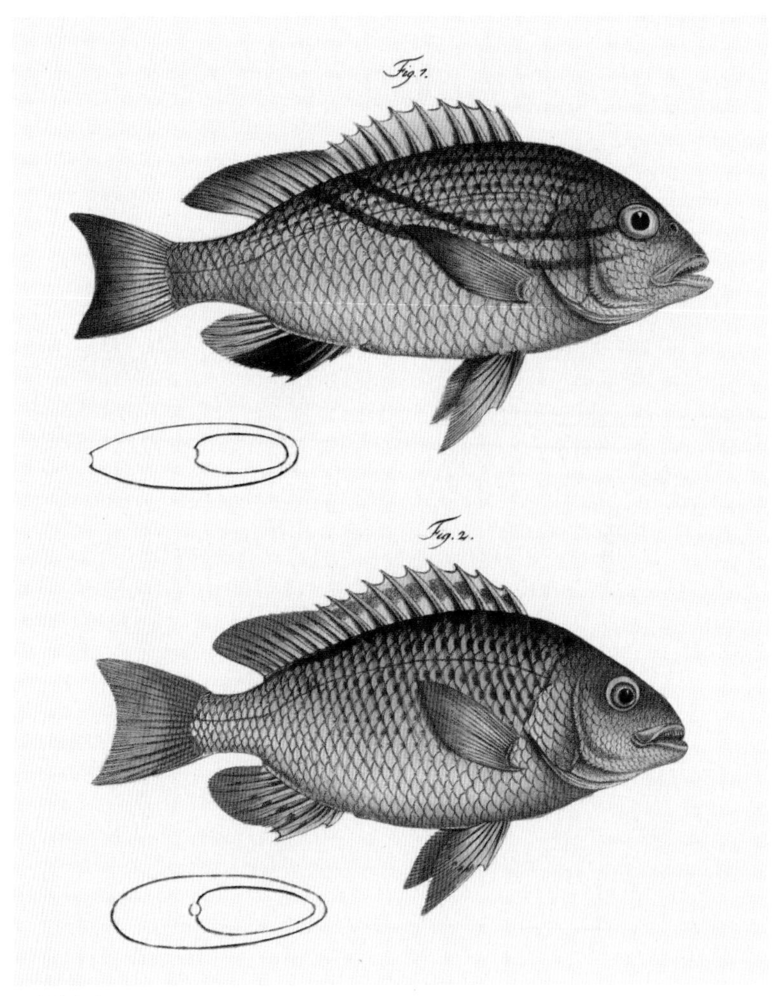

노랑벤자리

이 삽화는 일본노랑벤자리(*Callanthias japonicus*)를 보여 준다. 노랑벤자리는 척추동물 가운데 가장 큰 농어목(Perciforme)에 속한 많은 분류군 가운데 하나이다.

레오폴디에인절피시(*Pterophyllum leopoldi*, leopold's angelfish)

멸치(*Engraulis japonicus*, Japanese anchovies)

복해마(*Hippocampus kuda*, yellow seahorse)

개복치(*Mola mola*, ocean sunfish)

양서류

양서강(Amphibia) 척추동물아문(Vertebrata) 척삭동물문(Chordata) 동물계(Animalia)

8000여 종으로 이루어진 이 분류군에는 도롱뇽과 영원(도롱뇽목, Caudata), 개구리와 두꺼비(개구리목, Anura), 무족영원(무족영원목, Gymnophiona)이 포함된다. 양서류의 피부는 축축하고 물이 스며들 수 있다. 전형적인 생활사를 살펴보면, 어릴 때는 물속에서 아가미 호흡을 하다가 성체가 되면 육상으로 올라온다. 일부 종은 완전히 수생인 데 비해 완전히 육생인 종도 있다.

개구리와 두꺼비는 양서강에서 최대의 분류군을 이룬다. 피부가 거칠고 몸집이 크고 다리가 짧은 것은 두꺼비로 불리지만 이런 구분이 정확한 것만은 아니다. 다 자란 개구리와 두꺼비는 도약하기 쉽게 긴 뒷다리와 짧고 유연성이 없는 척추를 가지고 있다. 모두 머리와 입이 크고 양쪽 눈의 시력이 좋아서 비교적 큰 먹이도 집어삼킬 수 있다. 많은 종은 천적을 쫓아내는 독을 피부에서 만들어 내고 화려한 체색으로 존재감을 드러낸다. 도롱뇽과 영원은 주로 무척추동물을 잡아먹는 포식자이다. 무족영원은 다리가 없는 양서류로 뱀이나 지렁이와 비슷하게 생겼다. 시력은 형편없으나 지렁이처럼 구부릴 수 있는 촉수로 코에 냄새를 전달해 먹잇감을 탐지할 수 있다.

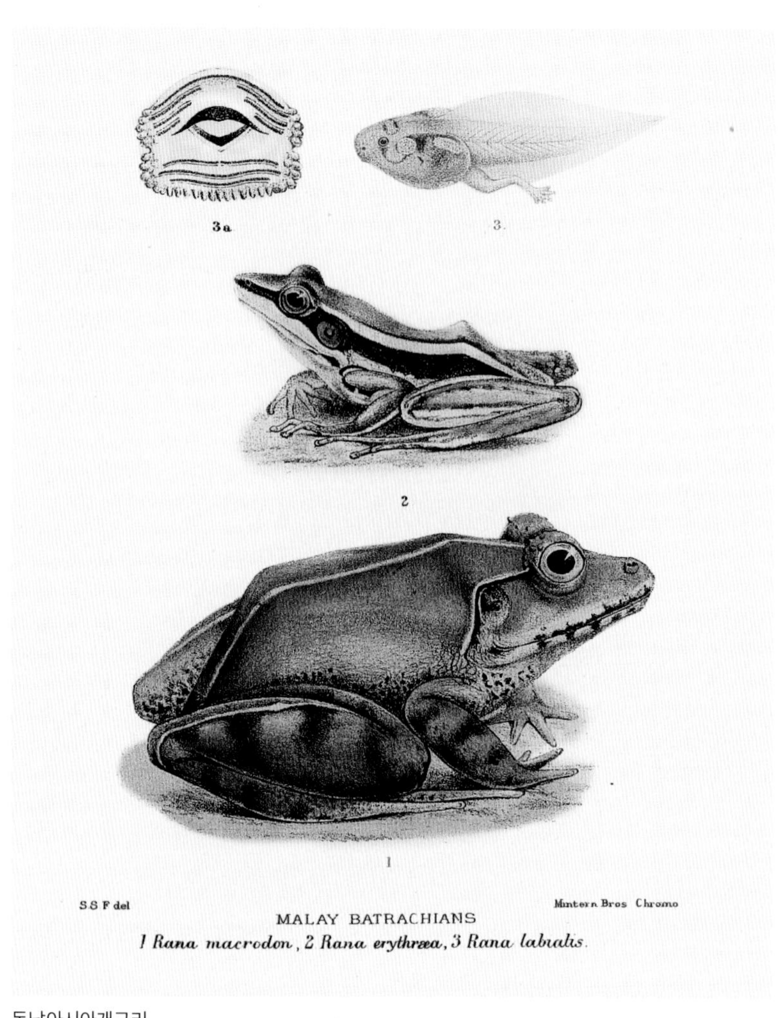

동남아시아개구리

이 삽화는 위에서 아래로 하얀입술강개구리(*Chalcorana labialis*), 청개구리(*Hylarana erythraea*), 블라이스강개구리(*Limnonectes macrodon*)의 올챙이를 묘사하고 있다. 이 3종은 모두 동남아시아에 서식한다.

할리퀸독개구리(*Oophaga histrionica*, harlequin poison frog)

북부빗영원 유생(*Triturus cristatus*, northern crested newt, larva)

불도롱뇽(*Salamandra salamandra*, fire salamander)

코타오무족영원(*Ichthyophis kohtaoensis*, Koh Tao Island caecilian)

파충류

파충류강(Reptilia) 척추동물아문(Vertebrata) 척삭동물문(Chordata) 동물계(Animalia)

1만여 종에 이르는 파충류는 모두 변온 동물로서 따뜻한 곳과 서늘한 곳 사이를 오가며 체온을 조절한다. 도마뱀(뱀목)은 가장 다양한 분류군이며 도마뱀붙이, 스킹크(skink), 이구아나가 포함된다. 양서류와는 대조적으로 도마뱀의 피부는 대개 비늘이 덮이고 물이 스며들지 않는다. 대부분은 육지에 알을 낳지만, 새끼를 낳는 종도 있다. 알은 건조해지지 않도록 방수막에 싸여 있다. 도마뱀의 상당수는 포식자이다. 역시 뱀목에 속하는 뱀은 턱을 분리해 커다란 먹이를 통째로 삼킬 수 있다.

대부분의 거북(거북목)은 민물에서 살아가지만, 다수가 육지에서 살아가며 바다에서 사는 거북도 7종 된다. 거북과 땅거북의 위껍데기(배갑)와 아래껍데기(복갑)는 모두 서로 맞물린 납작한 뼈로 이루어져 있다. 모든 거북은 육지에 알을 낳고 바다거북의 경우에 이것은 장거리 여행을 의미할 수 있다. 악어(악어목)는 물에서 대부분의 시간을 보내는 반수생 포식자인 동시에 죽은 먹이를 찾아다니는 청소부이다. 엄밀히 말하자면, 파충강에는 오래전에 멸종한 공룡의 깃털 덮인 자손인 조류(『미소생물 도감』 80쪽 참조)도 포함된다.

나무에서 살아가는 도마뱀
남아메리카 종인 이구아나(*Iguana iguana*)는 뱀목에 속하며 나무에서 살아간다.

나일악어(*Crocodylus niloticus*, Nile crocodile)

표범도마뱀붙이(*Eublepharis macularius*, leopard gecko)

고삐뱀(*Gonyosoma frenatum*, rein snake)

매부리바다거북(*Eretmochelys imbricata*, hawksbill turtle)

조류

조류강(Aves) 척추동물아문(Vertebrata) 척삭동물문(Chordata) 동물계(Animalia)

1만 1000종이 넘는 조류는 정온동물로서 일정한 체온을 유지하고 깃털이 있는 척추동물 가운데 다양한 분류군을 형성한다. 그중에서 수많은 명금류가 포함된 참새목은 가장 큰 분류군을 이룬다. 이들은 3개의 발가락은 앞을 향하고, 1개의 발가락은 뒤를 향하고 있어서 나뭇가지에 매달리기에 적합하다. 이와는 대조적으로 딱따구리는 대개 2개의 발가락이 앞을 향하고 2개의 발가락이 뒤를 향하는 대지족을 가지고 있다. 버팀목 역할을 하는 뻣뻣한 꼬리 깃털과 함께 이런 발가락 구조는 딱따구리가 나무를 기어오를 수 있게 해 준다. 낮에 활동하는 주행성 조류는 시력이 뛰어나고 발을 이용해 먹이를 잡아 갈고리 같은 부리로 갈기갈기 찢는다. 맹금류 가운데 하나인 매(*Falco peregrinus*)는 시속 298킬로미터의 속도로 비행할 수 있으며 현존하는 동물 가운데 가장 빠르다. 대부분의 조류는 날 수 있지만, 펭귄을 포함해 날지 못하는 분류군도 있다. 펭귄은 번식기 외에는 바다에서 살아가며 물속에 들어가 먹이를 구하는 데 적응했다. 어떤 조류의 먹이는 다양하지만 먹이가 매우 특별한 경우도 있다. 가령 벌새는 꽃에서 꿀을 찾아다닌다. 벌새의 길고 구부러진 부리는 이들이 좋아하는 꽃의 크기나 형태와 조화를 이룬다.

멸종 위기에 처한 참새목

참새목에 속한 꿀빨이새(*Anthochaera phrygia*)는 오스트레일리아 동부 숲의 멸종 위기종이다. 2020년에 발생한 산불은 이미 제한되어 있던 서식지의 상당 부분을 파괴했다.

붉은꼬리말똥가리(*Buteo jamaicensis*, red-tailed hawk)

황제펭귄(*Aptenodytes forsteri*, emperor penguin)

북부홍관조(수컷)(*Cardinalis cardinalis*, northern cardinal (male))

도가머리딱다구리(*Dryocopus pileatus*, pileated woodpecker)

포유류

포유강(Mammalia) 척추동물아문(Vertebrata) 척삭동물문(Chordata) 동물계(Animalia)

포유류는 어미가 새끼에게 젖을 먹이는 척추동물에 속한다. 상당수의 포유류는 털로 덮여 있다. 6500종 중에 대부분은 육지에서 살아가지만 일부는 물에서 살아가고 날 수 있는 종도 있다. 450여 종으로 이루어진 영장류에는 인간과 그 밖의 유인원(보노보, 고릴라, 침팬지, 오랑우탄)이 포함된다. 영장류는 대개 숲에서 살아가며 서식지가 열대 지역에 국한되어 있다. 일부 종은 움켜잡는 꼬리가 있어서 가지가 우거진 나무를 날쌔게 이동할 때 다섯 번째 팔다리 역할을 한다. 일부 유인원은 도구를 만드는 데 뛰어난 능력을 보인다. 박쥐는 진짜 비행이 가능한 유일한 포유류이다. 어떤 박쥐는 시각과 후각을 이용해 먹이를 찾아내고, 그 밖의 박쥐는 밤에 곤충을 사냥할 때 (소리를 이용한) 반향 정위를 통해 자신의 위치를 알아내기도 한다. 고래목에 속한 고래와 돌고래 중에도 반향 정위를 이용하는 종이 많다. 돌고래는 머리에 밀랍을 입힌 엽(葉)이 있어서 소리를 모으고 음향 탐지기의 일부로 작용한다. 말, 소, 기린, 사슴을 포함해 발굽이 있는 동물은 초식 동물로 풀을 뜯는다. 그에 비해 많은 포유류는 무리를 지어 사냥하는 늑대와 대체로 혼자 사냥하는 고양이과를 포함해 육식 동물이다.

열대우림의 원숭이

콜롬비아 열대 우림의 좁은 지역이 원산지인 흰발타마린(*Saguinus leucopus*)은 몸집에 비해 비교적 큰 꼬리가 달린 작은 원숭이다. 다른 타마린이나 마모셋원숭이와 달리 보통 쌍둥이를 낳는다.

아프리카코끼리(*Loxodonta africana*, African bush elephant)

기린(*Giraffa camelopardalis*, giraffe)

멧밭쥐(*Micromys minutus*, harvest mouse)

호랑이(*Panthera tigris*, tiger)

찾아보기

도판 저작권

2-3 Dreamstime.com: Patrick Guenette. **4 Andre De Kesel**. **5 Science Photo Library**. **36 Science Photo Library:** Eye Of Science (crb); Power And Syred (cra). **7 Berkeley Lab:** (crb). **Science Photo Library:** Eye Of Science (cra). **8 Getty Images / iStock:** powerofforever (cra). **Wellcome Collection:** Tuberculosis and anthrax bacilli, actinomyces and micrococci, seen through a microscope. Five photographs. Wellcome Collection. Public Domain Mark (crb). **9 Science Photo Library:** Dennis Kunkel Microscopy (cra); Claire Ting (crb). **10 Alamy Stock Photo:** BSIP SA / BOSCARIOL (cra). **Pacific Northwest National Laboratory:** TEM micrograph of Deinococcus radiodurans. Image courtesy Alice Dohnalkova, Pacific Northwest National Laboratory (bc). **11 Science Photo Library:** CNRI (cra, crb). **12 Alamy Stock Photo:** Alpha Stock (crb). **Wellcome Collection:** Trypanosomes at 1000X magnification. Coloured process print after R. D. Muir. Wellcome Collection. Public Domain Mark (cra). **13 Biodiversity Heritage Library:** Harvard University, Museum of Comparative Zoology, Ernst Mayr Library (cra, crb). **14 Biodiversity Heritage Library:** MBLWHOI Library (cr). **NOAA:** Image courtesy of IFE, URI-IAO, Lost City science party, and NOAA. (bc/Xenophyophorea). **Science Photo Library:** Wim Van Egmond (bl, br); Steve Gschmeissner (bc). **15 Getty Images:** De Agostini Editorial / De Agostini Picture Library (bl). **Science Photo Library:** Steve Gschmeissner (cr, bc, br). **16 Dorling Kindersley:** David Patterson / Bob Andersen (br). **Getty Images / iStock:** itsme23 (cr); Sinhyu (bc); Oxford Scientific (bc/Pyrocystis). **SuperStock:** Minden Pictures / Albert Lleal (bl). **17 artscult.com:** (cra). **Getty Images / iStock:** powerofforever (crb). **18 Biodiversity Heritage Library:** Cornell University Library (cr). **Getty Images / iStock:** micro_photo (bc). **Science Photo Library:** Gerd Guenther (bc/Lesquereusia, br); Marek Mis (bl). **19 Alamy Stock Photo:** Glasshouse Images / JT Vintage (bc). **Biodiversity Heritage Library:** University of Toronto - Gerstein Science Information Centre (cra). **20 Biodiversity Heritage Library:** New York Botanical Garden, LuEsther T. Mertz Library (cra); Smithsonian Libraries (br). **21 Alamy Stock Photo:** AF Fotografie (cra). **artscult.com:** (br). **22 Alamy Stock Photo:** Nature Picture Library / Sue Daly (bc/Dulse); Nick Upton (bl); Roberto Nistri (bc). **Biodiversity Heritage Library:** Smithsonian Libraries (cr). **Dreamstime.com:** Sandyloxton (br). **23 Biodiversity Heritage Library:** MBLWHOI Library (cr). **Dreamstime.com:** Ashish Kumar (bc); Wrangel (bc/Sea lettuce); Mps197 (br). **Shutterstock.com:** Lebendkulturen.de (bl). **24 Alamy Stock Photo:** Chris Mattison (bc/Red Bog Moss). **Biodiversity Heritage Library:** University Library, University of Illinois Urbana Champaign (cr). **Dreamstime.com:** Dmitry Maslov (bc); Ian Redding (br). **Shutterstock.com:** Gondronx Studio (bl). **25 Biodiversity Heritage Library:** Cornell University Library (cr). **Dreamstime.com:** Steve Callahan (bc); Mkojot (bc/Delta Maidenhair); Orest Lyzhechka (bl); Karin De Mamiel (br). **26 Biodiversity Heritage Library:** New York Botanical Garden, LuEsther T. Mertz Library (cr). **Dreamstime.com:** Bennnn (bl); Adam Radosavljevic (br); Simona Pavan (bc/Ginkgo); Puripat Penpun (bc). **27 Biodiversity Heritage Library:** New York Botanical Garden, LuEsther T. Mertz Library (cr). **Dreamstime.com:** Cindy Daly (br); Lukich (bc); Chris Moncrieff (bc/Southern Marsh Orchid); Twilightartpictures (bl). **28 Biodiversity Heritage Library:** MBLWHOI Library (crb). **Dreamstime.com:** Piyapong Thongdumhyu (cra). **29 Biodiversity Heritage Library:** New York Botanical Garden, LuEsther T. Mertz Library (crb). **Wellcome Collection:** Candida albicans. Wellcome Collection. CC0 1.0 Universal (cra). **30 Biodiversity Heritage Library:** American Museum of Natural History Library (cr). **Dreamstime.com:** John Anderson (bc); Christian Weiß (bl); Kevin Panizza / Kpanizza (bc/Yellow Tube Sponge); Seadam (br). **31 Alamy Stock Photo:** WaterFrame / WaterFrame_fba (bl). **Biodiversity Heritage Library:** Smithsonian Libraries (cr). **Dreamstime.com:** Tignogartnahc (bc); Vojcekolevski (br). **32 Biodiversity Heritage Library:** Smithsonian Libraries (cr). **Dreamstime.com:** Aldorado10 (bl); Daniel Poloha (bc/Hydroid Fan); Jeremy Brown (br). **Getty Images / iStock:** micro_photo (bc). **33 Alamy Stock Photo:** Andrey Nekrasov (br). **Biodiversity Heritage Library:** University Library, University of Illinois Urbana Champaign (cr). **Dreamstime.com:** Pniesen (bc/Cyanea capillata); Koval Viktoria (bl); Lynda Dobbin Turner (bc). **34 Biodiversity Heritage Library:** Harvard University, Museum of Comparative Zoology, Ernst Mayr Library (cr). **Dreamstime.com:** Deeann Cranston (br); Vojcekolevski (bl); Steve Estvanik (bc/Plumose Anemone). **naturepl.com:** Chris Newbert (bc). **35 Alamy Stock Photo:** Florilegius (cr). **Dreamstime.com:** John Anderson (bl, br); Cigdem Sean Cooper (bc); Vojcekolevski (bc/Torch Coral). **36 Biodiversity Heritage Library:** Smithsonian Libraries (cra, crb). **37 Alamy Stock Photo:** agefotostock / José Antonio Hernaiz (br). **Biodiversity Heritage Library:** Smithsonian Libraries (cr). **Science Photo Library:** Wim Van Egmond (bl). **38 Biodiversity Heritage Library:** Smithsonian Libraries (cra, crb). **39 Alamy Stock Photo:** The Book Worm (crb). **Biodiversity Heritage Library:** Smithsonian Libraries (cra). **40 Biodiversity Heritage Library:** Smithsonian Libraries (cr). **Dreamstime.com:** Mariuszks (bc/Blue Mussels); Seadam (bl, bc); Slowmotiongli (br). **41 Biodiversity Heritage Library:** Harvard University, Museum of Comparative Zoology, Ernst Mayr Library (cr). **Dreamstime.com:** Martin Pelanek (bl); Suwat Sirivutcharungchit (bc); Seadam (br). **42 Biodiversity Heritage Library:** Smithsonian Libraries (cr). **Dreamstime.com:** Izanbar (bc); Peterclark1985 (bl); Rodho (bc/Nautilus); Tignogartnahc (br). **43 Alamy Stock Photo:** blickwinkel / Hecker (bc); Nature Photographers Ltd / Paul R. Sterry (bc/Peacock Worm). **Biodiversity Heritage Library:** Smithsonian Libraries (cr). **Dreamstime.com:** Koolsabuy (br). **Getty Images / iStock:** ePhotocorp (bl). **44 Alamy Stock Photo:** Archive PL (crb). **Dreamstime.com:** Olga Rudneva (cra). **45 Science Photo Library:** Claude Nuridsany & Marie Perennou (cra); David Scharf (crb). **46 Alamy Stock Photo:** Darling Archive (cra). **Dreamstime.com:** Patrick Guenette (crb). **47 Alamy Stock Photo:** Paul Fearn (cra). **Biodiversity Heritage Library:** Smithsonian Libraries (crb). **48 Biodiversity Heritage Library:** Museums Victoria (cr). **Dorling Kindersley:** Paolo Mazzei (br). **Dreamstime.com:** Geza Farkas (bc); Volodymyr Melnyk (bl); Conny Skogberg (bc/House Pseudoscorpion). **49 Alamy Stock Photo:** Oliver Thompson-Holmes (bc); mauritius images GmbH / Hana und Vladimir Motycka (br). **Biodiversity Heritage Library:** Smithsonian Libraries (cr). **Dreamstime.com:** James Jacob (bl); Mikelane45 (bc/Scolopendra Cingulata). **50 Biodiversity Heritage Library:** Harvard University, Museum of Comparative Zoology, Ernst Mayr Library (cra); Smithsonian Libraries (crb). **51 Biodiversity Heritage Library:** MBLWHOI Library (cra); Smithsonian Libraries (crb). **52 Biodiversity Heritage Library:** Smithsonian Libraries (cr). **Dreamstime.com:** Nicefishes (bc/Blue Crayfish); Piboon Srimak (bl); Vojcekolevski (bc). **Getty Images:** The Image Bank / Stephen Frink (br). **53 Alamy Stock Photo:** Michael Patrick O'Neill (bl). **Biodiversity Heritage Library:** Smithsonian Libraries (cr). **Dreamstime.com:** Tristan Barrington (bc/Sally Lightfoot Crab); Edwin Butter (bc); Ralf Lehmann (br). **54 artscult.com:** (cra). **Getty Images:** De Agostini Editorial / De Agostini Picture Library (crb). **55 Biodiversity Heritage Library:** Cornell University Library (crb). **Getty Images:** De Agostini Editorial / De Agostini Picture Library (cra). **56 Biodiversity Heritage Library:** Smithsonian Libraries (cr). **Dreamstime.com:** Alslutsky (bc); Imphilip (bl); Stuartan (bc/Banded Demoiselle); Paul Sparks (br). **57 Biodiversity Heritage Library:** Smithsonian Libraries (cr). **Dreamstime.com:** Siedykholena (br); Rudmer Zwerver (bl). **naturepl.com:** Ingrid Visser (bc). **58 Biodiversity Heritage Library:** NCSU Libraries (archive.org) (cr). **Dreamstime.com:** Lukas Blazek (bl); Klomsky (bc/Peruphasma Schultei); Simon Shim (br). **naturepl.com:** Emanuele Biggi (bc). **59 Alamy Stock Photo:** Florilegius (bc). **Wellcome Collection:** Ten insects, including the earwig, cockroach, grasshopper, praying mantis, cricket and mole cricket. Coloured engraving by J. W. Lowry after C. Bone (cra). **60 Biodiversity Heritage Library:** Cornell University Library (crb); Smithsonian Libraries (cra). **61 123RF.com:** Zhang YuanGeng (bc). **Biodiversity Heritage Library:** Smithsonian Libraries (cr). **Dreamstime.com:** Darius Baužys (br); Paul Lemke (bl); Julie Feinstein (bc/Periodical Cicada). **62 Alamy Stock Photo:** Zoonar GmbH / Alfred Schauhuber (bl). **artscult.com:** (cr). **Dreamstime.com:** Cbechinie (bc); Liewwk (bc/Weaver Ant); Tomas1111 (br). **63 Alamy Stock Photo:** Hakan Soderholm (bc). **Biodiversity Heritage Library:** Smithsonian Libraries (cr). **Dreamstime.com:** Oleksii Kriachko (br); Oskanov (bl); Sovpag (bc/Ladybird). **64 Alamy Stock Photo:** Florilegius (crb). **Biodiversity Heritage Library:** NCSU Libraries (archive.org) (cra). **65 Dreamstime.com:** Samuel Areny (bc/Common Brimstone); Ian Redding (bl, br); Glomnakub (bc). **Rijksmuseum, Amsterdam:** C. Mensing, 2020, 'workshop of Maria Sibylla Merian, Metamorphosis of a Small Emperor Moth, after 1679', in J. Turner (ed.), Dutch Drawings of the Seventeenth Century in the Rijksmuseum, online coll. cat. Amsterdam: hdl.handle.net / 10934 / RM0001. COLLECT.55730 (accessed 27 May 2021). (cr). **66 Biodiversity Heritage Library:** Smithsonian Libraries (cr). **Dreamstime.com:** FlorianAndronache (bc); Marcouliana (bl); Ava Peattie (bc/Beefly); Dennis Jacobsen (br). **67 Biodiversity Heritage Library:** Smithsonian Libraries (cra). **Dreamstime.com:** Pavel Kusmartsev (crb). **68 Alamy Stock Photo:** Keith Corrigan (cr). **Dreamstime.com:** Marie Debs (bc); Mollynz (bl); Ashish Kumar (bc/Diadema); Wrangel (br). **69 Biodiversity Heritage Library:** Harvard University, Museum of Comparative Zoology, Ernst Mayr Library (cr). **Dreamstime.com:** Ethan Daniels (br); Asther Lau Choon Siew (bl); Vojcekolevski (bc/Yellow Sea Cucumber). **70 Biodiversity Heritage Library:** Smithsonian Libraries (cra, crb). **71 Alamy Stock Photo:** Alpha Stock (crb). **Biodiversity Heritage Library:** University Library, University of Illinois Urbana Champaign (cra). **72 Alamy Stock**

Photo: Archive PL (crb). **Biodiversity Heritage Library:** Smithsonian Libraries (cra). **73 Biodiversity Heritage Library:** MBLWHOI Library (cr). **Dreamstime.com:** James Dvorak (br); Natalie11345 (bl); Francofirpo (bc); Seadam (bc/Clavelina). **74 Biodiversity Heritage Library:** Naturalis Biodiversity Center (crb). **The New York Public Library:** Rare Book Division, The New York Public Library. "Great, or Sea Lamprey, Petromyzon marinus." The New York Public Library Digital Collections. 1806. https://digitalcollections.nypl.org/items/510d47da-6343-a3d9-e040-e00a18064a99 (cra). **75 Biodiversity Heritage Library:** Naturalis Biodiversity Center (cr). **Dreamstime.com:** Richard Carey (br); Jill Lang (bc). **Getty Images / iStock:** E+ / RainervonBrandis (bl). **76 Alamy Stock Photo:** Pally (bc); Pally (br). **Dreamstime.com:** Slowmotiongli (bl). **Getty Images / iStock:** DigitalVision Vectors / ilbusca (cr). **77 Biodiversity Heritage Library:** Harvard University, Museum of Comparative Zoology, Ernst Mayr Library (cr). **Dreamstime.com:** Lukas Blazek (br); Michael Siluk (bl); Slowmotiongli (bc); Bill Kennedy (bc/Orange Seahorse). **78 Biodiversity Heritage Library:** Smithsonian Libraries (cr). **Dreamstime.com:** Dirk Ercken (bl, bc); Ondřej Prosický (bc/Fire Salamander). **Getty Images:** Photodisc / R. Andrew Odum (br). **79 Biodiversity Heritage Library:** Harvard University, Museum of Comparative Zoology, Ernst Mayr Library (cr). **Dreamstime.com:** Cleanylee (bc/Rat Snake); Johannes Gerhardus Swanepoel (bl); Slowmotiongli (bc); Isabellebonaire (br). **80 Biodiversity Heritage Library:** Smithsonian Libraries (cr). **Dreamstime.com:** K Quinn Ferris (bc); Petar Kremenarov (bl); Vladimir Seliverstov (bc/Emperor Penguin); Svetlana Foote (br). **81 Biodiversity Heritage Library:** Smithsonian Libraries (cr). **Dreamstime.com:** Paul Banton (bc/Giraffe); Beehler (bl); Vishwa Kiran (br); Photowitch (bc)

Cover image:

Freshwater Rhizopods of North America

For further information see: www.dkimages.com